新编21世纪心理学系列教材

变态心理学

第3版

Abnormal Psychology

王建平 张 宁 王玉龙 朱雅雯 主编

中国人民大学出版社
·北京·

图书在版编目（CIP）数据

变态心理学/王建平等编著．—3 版．—北京：中国人民大学出版社，2018.4
新编 21 世纪心理学系列教材
ISBN 978-7-300-25588-0

Ⅰ.①变… Ⅱ.①王… Ⅲ.①变态心理学-高等学校-教材 Ⅳ.①B846

中国版本图书馆 CIP 数据核字（2018）第 032715 号

新编 21 世纪心理学系列教材
变态心理学（第 3 版）
王建平　张宁　王玉龙　朱雅雯　编著
Biantai Xinlixue

出版发行	中国人民大学出版社		
社　　址	北京中关村大街 31 号	**邮政编码**	100080
电　　话	010－62511242（总编室）		010－62511770（质管部）
	010－82501766（邮购部）		010－62514148（门市部）
	010－62511173（发行公司）		010－62515275（盗版举报）
网　　址	http://www.crup.com.cn		
	http://www.ttrnet.com（人大教研网）		
经　　销	新华书店		
印　　刷	天津中印联印务有限公司	**版　　次**	2008 年 12 月第 1 版
规　　格	185 mm×260 mm　16 开本		2018 年 4 月第 3 版
印　　张	27	**印　　次**	2025 年 6 月第 14 次印刷
字　　数	646 000	**定　　价**	59.80 元

作者简介

王建平，博士（北京大学），博士后（中国科学院、哈佛大学医学院），北京师范大学心理学部教授、博士生导师，首都医科大学临床心理学系副主任，中国心理卫生协会认知行为治疗（CBT）专业委员会副主任委员，中国心理学会临床心理学注册工作委员会委员，中国第一批临床心理学注册督导师、创伤治疗师，美国认知治疗学院（ACT）会士（Fellow）以及认证 CBT 治疗师。担任《心理科学进展》《中国心理卫生杂志》等杂志编委。以第一主编或译者身份编写和翻译《变态心理学》、《临床心理学》、《心理社会肿瘤学》、《认知行为治疗》“有效的疗法：认知行为治疗丛书”、“学校常见心理问题丛书”、《儿童与青少年认知行为疗法》、《焦虑障碍及其治疗》等教材和专著 30 余部，以第一或通讯作者身份发表中外学术论文 140 余篇。从事精神医学相关临床、教学和科研工作 10 年，心理咨询/治疗临床实务工作 30 余年。

张宁，医学博士，主任医师，教授，博士生导师，南京医科大学附属脑科医院副院长，江苏省精神卫生中心副主任，南京神经精神病学研究所所长，南京医科大学认知行为治疗研究所所长，国家临床重点专科、江苏省重点学科及江苏省临床重点专科学科带头人，中国心理学会注册心理督导师。任中华医学会精神医学分会常委、中国医师协会精神科分会副会长、中国心理卫生协会常务理事、中国心理卫生协会认知行为治疗专业委员会主任委员、亚洲认知行为治疗协会候任主席等职务。承担国家、省部级课题 20 余项，在国内外发表论文 200 余篇，主编、参编著作（教材）60 余部。享受国务院特殊津贴，为中国医师协会精神科医师分会杰出精神科医师、江苏省首届创新争先团队奖负责人、江苏省有突出贡献的中青年专家、江苏省优秀科技工作者。

王玉龙，应用心理学博士，湖南师范大学教育科学学院心理学系副教授，硕士生导师，主要研究领域为青少年自伤行为、心理挫折的发生及应对、青少年网络成瘾、家庭照料以及创伤后应激障碍等。在《心理学报》《中国临床心理学杂志》等核心期刊发表论文 30 余篇，有专著两部，编、译《变态心理学》《变态心理学案例教程》等教材多部，主持和参与多项国家级、省部级课题。

朱雅雯，西北师范大学心理学院教师，从事大学生心理健康教育与咨询工作，讲授“变态心理学”“发展与学习心理”等课程。研究方向主要为强迫障碍的心理病理机制及干预策略，在国内外心理学期刊发表学术论文十余篇，参与科研项目 3 项，参与翻译、修订专业书 4 部。

内容简介

这是一本最新的变态心理学教科书，由北京师范大学心理学部王建平教授领衔编写，可谓是深入了解人类异常行为和心理的标准入门书。

本书最新的特点体现在，内容和体系上完全依据《精神障碍诊断与统计手册》（第5版）（DSM-5）的最新变化进行编写，更新和完善了各主要心理障碍的诊断标准，力求体现学科最新的发展变化。此外，在保留第2版核心特色的基础之上，本书还增添了新的案例资料，加入了新的图片，更新了推荐影片和视频，并补充随文提问的环节以促进读者对相关问题的思考。

全书共16章，涵盖了有关心理障碍的大部分知识：第一章到第三章主要介绍了心理障碍的概念、理论、研究方法及评估诊断，第四章到第十五章系统介绍了常见心理障碍的临床症状、心理病理机制及干预策略，第十六章则简要介绍了变态心理学的伦理和法律知识。

经过全面的修订，新版教材对变态心理学的阐释更加深入浅出，内容更加丰富精彩。读者无论是何背景，透过这本兼具科学性与可读性的优秀教材，都能获益良多。

第3版前言

2008年本书第1版正式面世，距今已有十年的时光，此间变态心理学的研究进展日新月异，我们对人类异常心理和行为的了解也愈加深入。为了紧跟学科专业的发展脚步，2013年我们对第1版的《变态心理学》进行了修订，而今年依据美国精神病学协会（或美国精神医学学会，American Psychiatric Association，APA）出版的《精神障碍诊断与统计手册》（第5版）（DSM-5），我们又对第2版的《变态心理学》进行了内容和体系上的更新，以体现当下变态心理学发展的主流趋势。在不到十年的时间里两次对此书进行修订，正是源于我们出版这本《变态心理学》的初衷——希望这本《变态心理学》是一本兼具科学性和可读性的好教材。

随着社会经济的发展，人们的物质生活水平在不断地提高，越来越多的人开始关注自身的心理健康，希望了解哪些表现属于正常行为，哪些表现属于异常行为，以及如何更好地对心理健康问题进行早期预防，并寻求相关从业人员的专业干预。普通大众关注心理健康的需求，促使越来越多的临床心理学工作者致力于开展各种心理障碍心理病理机制的研究，并不断探索各种干预方法的有效性。正是基于诸多研究者的贡献，有关人类异常心理和行为丰富的研究成果不断累积，变态心理学这一学科正在迈向更深的领域，必将为人类的心理健康事业立起一座宏伟的灯塔。通过三十余年的临床、科研和教学工作，我深刻地体悟到，只有科学、准确地认识和了解某种心理障碍，我们才能更好地进行预防和治疗。本书始终如一地秉承科学的态度，希望向广大读者介绍变态心理学前沿科学的研究发现。因此，在修订的过程中，基于实证研究的理念，我们吸纳了众多新的研究成果，供广大读者学习与参考。

科学严谨的诊断手册将有助于我们更好地认识和了解某一心理或精神障碍。美国精神病学协会出版的《精神障碍诊断与统计手册》（DSM）已成为精神卫生领域临床实践的标准参考书。2013年5月，DSM-5正式出版发行。与《精神障碍诊断与统计手册》（第4版修订版）（DSM-Ⅳ-TR）相比，DSM-5更加强调维度诊断，并对一些精神障碍进行了结构式的重组。因此，根据DSM-5的最新变化，此版《变态心理学》在内容和体系上也做出了相应的调整，更新和完善了各种心理障碍的诊断标准。

作为一本面向广大师生的专业教材，我们希望此书在突出科学性的同时，也可以兼顾可读性。通过阅读和学习此书，读者可以了解和认识各种常见的心理障碍，理解和掌握这些心理障碍的心理病理机制以及可能的干预方式。本书在第2版的基础上添加了一些案例资料，增加了一些图片，更新了推荐影片，增加了随文提问的环节，修改了欠妥当的文字表述。各章具体修订如下：

第一章中，将第2版第二章变态心理学的理论简化为第一章中的一节，文中增加了一些图片，并增加了一个专栏。对文中不太恰当的表述进行了修改或删除。根据最新研究成果，更新了相应的文献资料。

第二章未做大的改动，仅调整了部分语言表述，以便更准确、严谨。

第三章中，我们参照最新出版的DSM－5进行了调整，主要表现在将DSM－Ⅳ－TR的分类系统更换为DSM－5的分类体系，并概括介绍了DSM－5的主要变化。与此同时，考虑到多轴诊断对临床工作者，特别是对临床心理学家的价值，我们仍然保留了DSM系统中多轴诊断的相关描述，但仅作为对DSM发展史的一种说明。

第四章中，我们根据DSM－5的新变化，对章节进行了重新编排，删除了强迫症、躯体形式障碍和神经衰弱；更新了惊恐障碍、场所恐惧症、社交焦虑障碍、广泛性焦虑障碍、特定恐惧症临床表现的研究文献；将诊断标准更换为DSM－5版。

第五章强迫及相关障碍是全新的章节，主要包括强迫障碍、躯体变形障碍、囤积障碍、拔毛障碍及抓痕障碍，重点介绍了强迫障碍的临床表现、病因及治疗。

第六章躯体症状及相关障碍是全新的章节，包括疾病焦虑障碍、躯体症状障碍及转化障碍，重点介绍了疾病焦虑障碍的临床表现、病因及治疗。

第七章中，根据DSM－5的体系，不再单独系统介绍癔症和特定文化相关障碍，而是将创伤后应激障碍、急性应激障碍以及适应障碍作为主要介绍的内容，补充了儿童创伤后应激障碍的相关内容，将解离性身份识别障碍作为创伤后应激障碍的鉴别诊断来阐述。

第八章中，根据DSM－5，不再使用心境障碍的称呼，并分别详细地添加了关于重性抑郁障碍和双相障碍的病因和治疗的内容，且将自杀放入专栏进行介绍。

第九章中，新增了一个有关人格改变的专栏，并对原来有关边缘型人格障碍的心理治疗的专栏进行了补充，增加了心理动力学疗法中心智化基础疗法的介绍，也因此将上一版的一个专栏扩充为两个，分别介绍边缘型人格障碍的心理动力学疗法和辩证行为疗法。此外，还增加了案例，并补充了一些流行病学资料，将各种人格障碍的诊断标准更新为DSM－5版。

第十章中，对该章的整体结构做了相应的调整，删除了偏执型精神障碍和急性而短暂的精神病性障碍，增加了妄想性障碍和短暂精神病性障碍，并对这两个障碍的临床表现、诊断、鉴别诊断及治疗等方面做了介绍。章节中涉及的各心理障碍的诊断标准均以DSM－5为准，增加了有关精神分裂症、短暂精神病性障碍的两个案例。对精神分裂症的病因和治疗进行了许多调整和补充，语言表述也做了细微的调整。

第十一章中，增加了DSM－5新增的回避性/限制性进食障碍评估与病因。对睡眠-觉醒障碍一节的改动较大，根据DSM－5增加了发作性睡病，并补充了与呼吸有关的睡眠障碍具体类别。

第十二章中，根据DSM－5全面更新了对性心理及性功能障碍部分的诊断术语，包括性别烦躁、性欲倒错障碍和性功能失调，并补充了相关的诊断标准及流行病学资料。同时，补充和替换了一些推荐的影视资料。

第十三章中，根据 DSM－5 的变化，对其结构进行了调整，详细对物质相关障碍的概念进行解释说明。重点介绍了酒精相关障碍和阿片类物质相关障碍，删除了非物质成瘾，补充了物质使用相关障碍的流行病学、病因学和治疗方面的最新的研究。

第十四章中，增加了一个案例，并更新了流行病学资料和诊断标准，补充了一些最新病因和治疗的相关研究。增加了儿童青少年期心理障碍的分类体系，将焦虑障碍、抑郁障碍、注意缺陷/多动障碍、抽动障碍、品行障碍和对立违抗障碍归类到“内外化问题”分类体系中。

第十五章中，增加了痴呆的病因，以及正常衰老和异常衰老的内容，更新了一些中外文文献。根据 DSM－5，更新了相应的诊断标准。对文中过时的数据资料进行修改更新。

第十六章中，删除了精神疾病的影响，增添了一些新的案例资料，更新了一些新的文献资料。

在第 3 版的修订安排中，王建平教授负责第二、四、五、六、七、八、九、十一、十三、十四章的内容，张宁教授负责第三、十、十二章的内容，王玉龙副教授负责第一、十五、十六章的内容。各章的具体执笔情况是：第一章，王玉龙；第二章，孙凌、王建平；第三章，孙越异、张宁；第四章，朱雅雯、王建平；第五章，朱雅雯、王建平；第六章，朱雅雯、王建平；第七章，徐慰、王建平；第八章，徐慰、王建平；第九章，夏宇欣、王建平；第十章，钱丽菊、张宁；第十一章，孙凌、王建平；第十二章，裴涛、张宁；第十三章，胡治、王建平；第十四章，余萌、王建平；第十五章，王玉龙；第十六章，王玉龙。

基于 DSM－5 的变化，第 3 版的《变态心理学》在整体结构上进行了一些改动和调整。为了给读者呈现出比较清晰的结构脉络，我与我的博士生朱雅雯讲师前后讨论多次，朱雅雯博士做了大量的组织和协调工作。在整个修订过程中，中国人民大学出版社的张宏学编辑提供了宝贵的建议，并协助我们共同完成了整书的修订，第 3 版《变态心理学》的顺利出版，离不开张编辑辛勤的付出。

在本书修订过程中，每位修订者认真查阅最新文献，仔细阅读全文，精心筛选案例资料，以期为广大读者奉献一本制作优良的好教材。但是无论修订者怎么努力，总难免会有不足之处，我们非常需要同行专家学者和广大读者为本书提出宝贵意见，以便今后进一步修订和完善。

王建平

2017 年 12 月于北京

第2版前言

本书在5年前出版了第1版。按理说，5年时间还不足以让一本教材变得毫无价值，但正如本书初版前言中所宣称的，我们希望这本《变态心理学》具备一本好教材所具备的科学性和可读性。

现代科学的发展可谓日新月异，如果你对心理病理现象有兴趣并且足够勤奋，那么你几乎每天都能看到新的研究成果出现。有些研究成果甚至重要到可能改变我们对心理病理现象的关注重点。例如，2010年《自然》杂志上一项有关精神分裂症患者神经发育病理变化的研究成果就很可能把我们的目光引向神经发育的方向。事实上，只有将诸如此类的科学成果及时地补充到本书中才能使本书真正尽可能地接近科学性。而关于如何使一本教材具有可读性的问题也是一个需要不断探索和求新的过程。在本书初版中，我们尽管将不少案例融入到理论知识的介绍当中，但在量上仍显不够，很多重要知识由于缺乏案例的生动描述而显得抽象晦涩，因而很自然地，我们需要在新版中补充一些新的案例。此外，初版中还有一些不尽如人意的地方，如文字表达欠妥、知识陈旧过时等，都将在新版中有所修订。这就使得本书的所有章节都有不同程度的修改和更新，具体如下。

第一章中，我们增加了1个案例和1个专栏，并试着对“变态”一词的含义进行了澄清，但真正作了大幅修改的是“第三节　变态心理学在中国的发展”。我们认为，要想让源自西方文化的变态心理学实现真正的本土化，系统了解我国传统的变态心理学思想是必要的，而正好戴月明（2008）在这个方面做了比较系统的工作，为我们修订这一部分提供了很好的资源。

第二章中，我们增加了两个案例和两个专栏，并补充了一些较新的研究成果。值得一提的是，我们在本书初版的基础上扩展了对心理动力学理论的介绍，在现代心理动力学的内容上，如自我理论、客体关系理论等方面花了更多的笔墨，试图反映心理动力学在今天的主流思想。

第三章中，我们增加了3个对于变态心理学研究很重要的内容：流行病学研究、统计显著性和临床显著性、研究的伦理问题。

第四章中，我们增加了3个案例，并对出版中的文字表达作了较多的调整和修改，力图达到更准确、更通俗。当然，本章最重要的补充是针对即将出版的DSM-5所作的介绍。尽管DSM-5在我们修订的时候还只是征求意见版，但预计在本书出版时，DSM-5正式版也将发布，因此在此较详细地介绍其内容是非常必要的。

第五章中，我们增加了两个专栏，并对具体内容作了诸多细小的调整，尤其对各种障碍的治疗部分调整较大，如在日常焦虑的治疗中增加了冥想的方法、在神经衰弱的治疗中介绍了放松疗法和森田疗法等。

第六章中，我们增加了3个专栏和1个案例，并对相关知识进行了比较多的补充。例如：为了更好地理解分离性漫游症，我们补充了与之相似的障碍（狂乱、分离性恍惚障碍）；为了更全面地介绍癔症现象，我们补充了人格解体障碍和癔症性精神病；为了更全面地了解癔症的发病原因，我们补充了行为主义和社会文化理论的观点；还补充了创伤后应激障碍（PTSD）的易感性、PTSD的认知加工治疗、特定文化障碍中的北极癔症。

第七章中，我们增加了两个专栏，并在流行病学资料和治疗方面进行了一些调整和补充。

第八章中，我们增加了1个专栏，并在各类人格障碍中补充了一些最新的流行病学调查结果。在反社会型人格障碍中，引入了人格五因素模型的视角，并对病因学的心理学观点和社会学观点进行了更详细的介绍；在边缘型人格障碍中，加入了DSM-Ⅳ的诊断标准，补充了病因学的生物学因素，并进一步充实了心理学因素；其他类型的人格障碍中也都有不同程度的调整和修改。

第九章中，我们增加了两个专栏，并在分类学、流行病学和病因学方面补充了一些最新的研究成果。

第十章中，我们增加了1个专栏，并在具体内容上进行了较多的修改。例如：在关于"什么是进食障碍"部分中，除了对进食障碍的表现特点进行了较多调整和补充外，还增加了进食障碍作为一种疾病类型的发展历程；在神经性厌食症中增加了DSM-5的分类内容；其他进食障碍（反刍障碍、异食癖）也是本书初版中没有的。相对来说，对睡眠障碍一节的修改主要表现在文字表达上。

第十一章中，我们主要增加了一些性相关障碍的诊断标准（DSM-Ⅳ-TR），包括恋物癖、摩擦癖、性厌恶障碍、性唤起障碍、早泄。

第十二章中，由于我们认为初版中根据国际禁毒公约的分类过于医学化，所以在新版中按物质性质和功能分类。也正因为如此，这一章可能是新版各章内容中修改幅度最大的章节，整个"第二节 精神活性物质"有差不多3/4都是全新的内容。

第十三章中，我们增加了两个专栏，并补充了不少流行病学资料以及诊断、治疗方面的材料，这在孤独症、注意缺陷/多动障碍等中均有明显反映。

第十四章中，我们增加了1个案例，并补充了一些流行病学资料，一些障碍的诊断标准（DSM-Ⅳ-TR），如痴呆、谵妄、遗忘症，还在初版的基础上进行了更详细的介绍。

第十五章中，我们增加了两个专栏和1个案例，并补充修改了一些过时陈旧的知识，例如《中华人民共和国精神卫生法》在本书初版出版时尚未通过，而在修订新版时正式获得了通过（2012年10月26日），就在新版中有所体现。

以上就是对新版《变态心理学》修订内容的简单介绍。这里还需要进一步说明的是，DSM-5在本书修订过程中尽管还只是意见稿，但已相当完善了，所以我们除了在第四章中对其作了总体介绍外，在之后具体障碍的介绍中也经常会提及其内容以做参考之用。

在本次的修订安排中，王建平教授负责第三、五、六、七、八、十、十二、十三章的内容，张宁教授负责第四、九、十一章的内容，王玉龙博士负责第一、二、十四、十五章的内容。各章的具体执笔情况是：第一章，王玉龙；第二章，王玉龙；第三章，孙凌、王建平；第四章，孙越异、张宁；第五章，王辰怡、王建平；第六章，李毅飞、王建平；第七章，陶璇、王建平；第八章，唐苏勤、王建平；第九章，张宁；第十章，尉玮、王建平；第十一章，裴涛、张宁；第十二章，唐谭、王建平；第十三章，张怡、王建平；第十四章，王玉龙；第十五章，王玉龙。本书的修订历时两年有余，在这一旷日持久的过程中，中国人民大学出版社的张宏学女士自始至终都表现出了极大的耐心，并不遗余力地提供帮助；修订初稿完成后，又是张女士对全书的体例和风格进行了统一。可以说，本书的出版与张女士的工作是分不开的。此外，一本书的修订当然还离不开读者的意见，以及那些奋斗在科研最前线并为本书提供新成果的人。在此，我们一并致以崇高的敬意，谢谢你们！

尽管我们在修订过程中尽了最大的努力，但一本教材无论怎么修改都难免有不足，因此我们非常需要各位同行专家和读者不吝赐教，你们的宝贵意见是使本书能够在未来的修订中精益求精的最大支持。

编者

2013 年 5 月于北京

前　言

这是我和张宁教授的第一次合作，也是我的第三本《变态心理学》教材。2001年在我着手编写第一本《变态心理学》教材的时候，国内还只有我的博士导师陈仲庚教授与张伯源教授在1985年出版的《变态心理学》，短短几年的时间，国内各种版本的变态心理学方面的书好像变戏法似的出版了十几本，说明大家认识到了这门课程的重要性，这是一件好事情。但也给我们带来了压力和更多的思考。

一本好的《变态心理学》应该是什么样的？翻遍各种版本（中国、外国）的《变态心理学》教材，觉得作为好的教材应该具有两个最基本的特点：一是科学性；二是可读性。

所谓科学性，就是能客观地反映事物的真相。这是任何一本科学读本都应该具备的最起码的特点，作为教材的《变态心理学》当然也不例外。变态心理学研究的内容简单地讲就是偏离常态的心理现象。这一说法乍听起来似乎简单明了，十分易懂，但细想一下，就会发现这句话什么也没说清楚。例如，什么样的状态是常态？偏离常态多少是变态？事实上，我们很难给这些问题一个清晰的结论。更复杂的是，随着时代的变迁和社会的发展，原来被认为正常的现象，现在觉得异常，譬如，"跳大神"在以前的中国十分普遍，被当作一种活人与死人的交流方式，现在却通常被认为是癔症的表现；以前被认为是异常的现象，现在却开始被当作正常现象来看待，譬如，同性恋现象在以前完全被看成是异端、变态，现在却被认为是正常的。另外，文化也是一个重要的迷惑因素，在一种文化中显得匪夷所思的事情，在另一种文化中却再正常不过。至于具体情境中的具体心理现象，要分清正常还是变态就更加复杂、更加困难了。这是心理科学的特殊性，这种特殊性使我们无法像定义物理科学一样来定义它的科学性。我们只能依从它的特殊性，客观地反映这门学科的时代特异性和文化特异性。为了照顾其时代特异性，我们尽量遵循最新与最经典相结合的原则。当最经典的材料与最新的研究成果相互冲突且难以抉择时，我们会将两者列出，以供读者参考。为了依从其文化特异性，我们以美国成熟的变态心理学学科体系为基本框架，结合中国文化下的变态心理学思想及特定的社会心理现象，既照顾到学科的最前沿，又力图反映中国的本土化问题。

一本教材的最终目的是为了传播知识，而知识要得以传播又必须有人去读它。我想，人们读它的理由除了因为它是科学知识之外，还有一个更重要的原因，那就是有趣。变态心理学作为一门学科，会涉及大量的理论、研究报告以及诊断条目。要把这些枯燥的内容变得有趣不是一件容易的事。我们主要从两个方面来尝试着解决这一问题：一是文字，在编写过程中，我们力图保持文字的准确、平实、流畅，尽量多短句、简单句，少长句、复杂句；二是内容，除了保持语言的可读性，我们也尽量在内容上使用生动形象的案例材料。我们在书中使用了大量的典型案例，并通过对案例的分析来说明各种心理障碍的临床特点、成因和干预。此外，为了让读者更直观或更深入地了解各种心理障碍，我们在每一章的最后还推荐了相应的影片或书目。当然，“纸上得来终觉浅，绝知此事要躬行”，任何深入的学习都需要经过实践的洗礼，所以，如有可能，去精神病医院见习或实习将是一个有益且有趣的经历。

本书的框架和具体内容的编排以及书稿完成后的审定，主要由我们两个人共同商定，同时也吸取了那些学习本课程的本科生、研究生的课后反馈意见和建议。由于这一教材主要面向国内普通高校中的心理学专业本科生和研究生，也供心理学专业高职高专学生及相关专业，如哲学、法学、教育学、管理学、社会工作等专业的学生参考，我们在商定过程中淡化了本书的医学色彩，因此，本书中没有将心理病理现象（症状学）专列一章，而是结合各种心理障碍具体进行阐述。此外，我们还将与心理因素相关的生理障碍排除在外。另一方面，我们增加了一些尚未被各种诊断系统（如CCMD-3、DSM-Ⅳ等）正式纳入，却是现代社会中普遍存在的心理健康问题，如网络成瘾。这些都是与我们几年前出版的《变态心理学》不一样之处。此外，这本书的资料大部分是比较新的研究成果，同时也带来一些新的诊断观点和治疗方法。

在具体的章节安排上，由张宁教授负责组织第四、九、十一章的编写工作，由王建平负责组织第二、三、五、六、七、八、十、十二、十三、十四、十五章的编写工作，第一章由我们两人共同组织编写。各章具体的执笔情况是：第一章，王建平、张宁、王玉龙；第二章，王玉龙、王建平；第三章，夏宇欣、王建平；第四章，孙越异、张宁；第五章，杨智辉、王建平；第六章，王晓燕、王建平；第七章，王晓菁、王建平；第八章，毕玉、王建平；第九章，张宁；第十章，付丹丹、王建平；第十一章，裴涛、张宁；第十二章，洪晔、王建平；第十三章，彭勃、王建平；第十四章，朱利钢、王建平；第十五章，夏宇欣、王建平。初稿完成后，王建平的博士研究生付丹丹和王玉龙对各章进行认真修改，并对全书的体例和风格进行了统一，为本书的最后定稿付出了很多心血。在此，我们对他们的工作表示衷心的感谢，也感谢那些对本书的出版作出努力的老师和学生以及我们前一本《变态心理学》的读者，当然也要对本书所有引文的作者表示崇高的敬意，你们的工作给了我们巨大的启发和帮助，由衷地表示谢意！

由于水平和时间有限，编写中难免出现错漏之处。我们诚恳地欢迎各位同行专家以及每一位使用本书的读者批评指正，以便今后进一步修订和完善。

王建平
于哈佛大学医学院附属医院
张宁
于南京脑科医院
2008年3月

目　录

专　栏

第一章 绪　论

变态是相对常态而言的，但心理世界是如此复杂，以至于我们很难清楚地区分什么是常态，什么是变态。尽管如此，我们仍然能够发现变态心理包含的一些基本元素，根据这些元素可以在某种程度上对变态心理作出判断。通过概括这些基本元素，我们确立了变态心理的一些标准，却难以给它一个精确的定义。

人们对变态心理现象的认识有一个漫长的历史。早在史前社会，人们就对变态心理与行为有着朴素的认识。随着文明的出现和发展，人们对变态心理的认识也越来越多。与之相应，变态心理治疗的实践也在不断发展。我国的传统文化中包含了丰富的变态心理学思想，但并没有得到系统科学的总结，因此，现代的变态心理学主要来源于西方。

第一节　心理障碍与病理心理学

在生活中，我们经常会看到一些不可思议的行为，你是如何看待这些行为的？它们是变态行为吗？你可以对下面这些例子作出判断。

> 一个女人在丈夫去世后产生了严重的抑郁，睡眠困难，食欲不振。这是心理障碍，还是寻常的哀伤反应？
>
> 一个年轻人约会的时候，在女友拒绝的情况下，强行与女友发生了性关系。这是诊断心理问题的依据，还是性犯罪？
>
> 一个女孩偶尔会暴饮暴食，然后采用一些方法呕吐出来。这是心理障碍，还是对社会以瘦为美的标准的正常反应？
>
> 一个非洲的小女孩为了形成装饰性的伤疤，用刀划破自己的手臂和脸。这是一种病理性的自伤，还是一种正常的文化行为？

对于上面的这些描述，我们每个人都会有自己的判断，但是你的判断正确吗？你判断的标准是什么？这就涉及我们如何来看待变态心理的问题了。

一、心理障碍及其相关概念

（一）一些易混淆的概念

许多人乃至一些专家本着“以人为本”的原则，认为“变态心理”这一术语是一种贬义的说法，带有消极的意味，因此主张把“心理变态”称为“心理障碍”（psychological disorder），基于此，本书将在大多数情况下使用“心理障碍”这一说法。但书名仍然沿用“变态心理学”。

思考：这些概念只是说法不同，还是有实质性的差异？

除了“心理变态”和“心理障碍”，我们在一些书中还会经常看到诸如“心理问题”“心理疾病”“精神疾病”“神经症”和“精神病”等一系列概念。它们经常被混用，要完全将它们区分开来是很困难的，但我们还是决定试着谈谈对这些概念及其关系的理解。

心理问题一般是指患者意识到自己的心理出现了某些异常，这些异常让其困扰，但还没有达到疾病的程度。心理问题只有变得严重了，影响到了其正常的生活和工作，才被认为是心理疾病。从某种角度讲，心理问题与心理疾病是一种程度上的区别。

精神疾病包括神经症、精神病及其他（如人格障碍）。**神经症**主要指由心理社会（环境）因素引起的一组表现为焦虑、抑郁、恐惧、强迫、疑病症状或神经衰弱症状的精神障碍。神经症的患者能够意识到自己的痛苦，并有强烈的就医愿望，它属于轻性的精神疾病。而**精神病**通常没有明显的发病诱因，被认为主要是由生物学因素引起的。精神病患者不能意识到自己有病，对自己的精神疾病没有认识和判断能力，他们去医院就诊经常是由于家属的要求或强迫，而不是自愿的，它属于重性的精神疾病。

本书所说的心理变态或心理障碍是相对正常心理而言的，包括从心理问题到精神病的一切超出正常范围的心理状态或行为。至于平常老百姓以及影视中所说的“神经病”则多是指精神病了。本书也没有对心理和精神两个术语作进一步的区分，将二者视为相同的，有时使用心理，有时使用精神。

（二）心理障碍的基本元素

案例

过去一年来，布莱德曾经听到一些神秘的声音，要求他辞去工作、离开家人，并准备应对外星人的入侵。这些声音给布莱德带来了极大的困扰和很多情绪问题。他认为这些声音来自一个遥远的宇宙生物。尽管这些声音给了他人生目标，并让他觉得自己特殊，但被这些“人”选择为目标还是让他紧张和焦虑。他对即将来临的外星人入侵也非常害怕。尤其是，当他拒绝这些命令时，这个声音就羞辱他、威胁他，让他的白天也变成噩梦。布莱德用餐很简单，因为他害怕这个“人”在他的食物中下毒。他在离家很远的地方找到了一间安静的公寓，同时在家里放了很多武器弹药。他的家人和朋友想方设法要和他联系，以了解他的困境，希望他结束这种走火入魔的生活。可是，他只是越来越退缩到自己的世界里，即一个充满怪声音以及想象的危险世界当中。

布莱德疯了吗？看起来是的。但对于科学判断，仅仅“看起来”还是不够的，还必须有一些比较公认的标准。那么，心理障碍的标准又是什么？

为了区分心理正常和心理障碍，有专家提出心理障碍包括7个基本元素，包含的元素越多就越倾向于被判定为心理障碍。以下是对这7个元素的描述。

1. 痛苦

患者心理障碍的人通常是痛苦的。一个强迫症患者尽管自己认为完全没有必要，但可能会一天洗一百次手。这样的冲突会让他焦虑而痛苦。一个抑郁症患者看不到未来的希望，对生活的一切失去了兴趣，同时睡不着，吃不下，他所感受到的痛苦迫使他想通过自杀来解脱。

但值得注意的是，并非所有的心理障碍都是令人痛苦的，也并非所有的痛苦都能构成心理障碍的条件。例如，一个躁狂发作的患者整天处于自我感觉极为良好的状态，他精力充沛，思维敏捷，头脑里充满了“伟大的”幻想，他不会感到任何的痛苦。所以，尽管痛苦在判定心理障碍中是重要的，但它既不是充分条件，也不是必要条件。

2. 适应不良

几乎所有的心理障碍都会导致适应方面的问题。例如：一个社交恐惧症患者完全失去与人交流的功能，这使他难以适应正常的人际环境；一个抑郁症患者天天自怨自艾，无精打采，不能完成任何工作，没有生活目标。当然，适应不良的严重程度是必须考虑的，这种适应不良只有当严重影响到正常生活和工作时才被认为是心理障碍。

3. 不合理

人们习惯于给行为一个合理的解释，当一个行为怪异到无法理解时，我们倾向于认为它是变态的。例如，一个精神分裂症患者会告诉医生，他的每一根头发都是一根特制的天线，他可以通过这些天线与外星人进行联系。在诉说的时候，他还会作出与人通信的动作，脸上带着神秘的笑意。像这样的想法和举动是很难用正常的方式进行解释的，医生一般会认为他有妄想症状。

但是，很多时候，行为是具有文化特异性的。也就是说，在一种文化下合理的行为，在另 种文化下可能是不合理的。例如，上面提到的非洲小女孩用小刀划破自己的手和脸的行为，如果发生在中国这样的文化背景下，一定会被认为是病理性的，而在她自己的文化背景下却是正常的。

4. 不可预知性和失去控制感

一个生性温和的人在不同时间、不同情境下都会表现出平静稳定、从容淡定的特点。这使人们觉得，这个人的行为是可预知和可控的。而一个边缘型人格障碍患者却会表现出极不稳定的行为，昨天还表示要好好活着，今天却可能要割腕自杀。这种情绪和行为的迅速变换令人难以捉摸和预测，给人一种失控感。

不过，在一些特殊的环境中，有些人有意识地表现出不稳定的行为或情绪以迷惑对手，这种行为或情绪虽然是不可预知的，却是正常的。

5. 少见和非传统性

我们也会发现，有心理障碍的人表现出来的行为方式经常是少见的和非传统的。例如，一个露阴癖的患者经常在阴暗人少的地方对路过的年轻女性突然露出阴茎以达到性欲的满足。但是，如果把少见和非传统性作为界定变态的标准就会带来很多问题。其实，一个社会往往很难根据传统辨别变态和怪僻或者他人无权干涉的个人特质。我们经常看到一些行为古怪的人，如一位老人在家里养了一条大蟒蛇，却从不与人交往。但你能就此断定他是变态的吗？

专栏 1-1

你是不是一个“怪人”？

根据威克斯（Weeks）的研究，以下 15 个特性（重要性由上到下递减）就是“怪人”的特征。最前面 5 个是决定性的，而具有其中任何 10 个就可以称为“怪人”：

- 不随俗
- 有创造力
- 有强烈的好奇心
- 理想化
- 快乐地坚持嗜好（一种以上）
- 从小就显得与众不同
- 聪明
- 有主见而且勇于发表意见
- 不喜欢与人竞争
- 有不寻常的饮食或生活习惯
- 对他人的意见或陪伴不感兴趣
- 有捉弄人的幽默感
- 单身
- 长子或独生子
- 常拼错字

6. 旁观者不适

心理障碍患者的行为方式可能使旁观者不舒服。例如，有一个躁狂发作的患者一旦发病就会站在阳台上通宵唱歌，这种行为自然严重地影响了周围邻居的正常休息，使他们很受困扰。另外，有些人格障碍患者表现出的过度依赖、过度讨好或过度敌视也会让旁人很不舒服。

要注意的是，有些性格上的特点，如邋遢，也会使旁人不舒服，但这不能作为心理障碍的标准。

7. 违背标准

任何社会都有一套规范，我们习惯于把符合规范的行为看成是正常的，把违背规范的行为看成是异常的。例如，在我们的文化中，一个有劳动能力的成年个体需要工作，却不愿找工作，天天待在家里由父母供养着，这样的行为被认为是不正常的。当然，社会规范也是相对而言的，在一个极其强调爱和忠诚的社会里，会把过分的仇恨和背叛看成不正常的行为，但在另一个社会里，情况可能完全不同。

总之，这 7 个元素在判别心理障碍中都有一定的作用，但是我们也要清楚，这些标准并不清晰客观；相反，它们往往是模糊而主观的。我们只能说，一种行为越符合这 7 个元素，被判定为变态行为的可能性会越大。

（三）心理障碍的定义

通过对心理障碍基本元素的分析，我们大致可以给心理障碍下这样一个定义：**心理障碍是一种不为某种特定文化所期待或非典型的行为反应，常常表现为内部的心理功能紊乱，并伴随着痛苦或功能性损伤而出现。**见图 1－1。

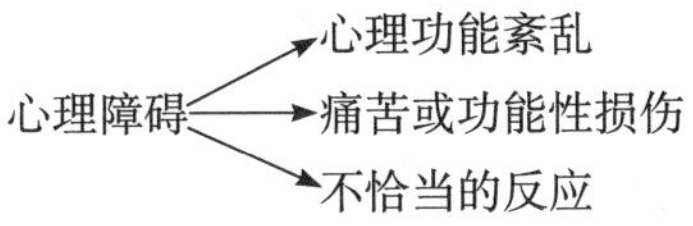

图 1－1　定义心理障碍的标准

我们将心理障碍的 7 个元素综合成 3 个标准，即心理功能紊乱、痛苦或功能性损伤和不恰当的反应，似乎使心理障碍的含义更加简单明了。而事实上，根据这一含义我们仍然很难清楚地区分正常行为和心理障碍，因为我们无法明确特定社会中“功能正常”和“功能紊乱”之间的界限。

心理功能紊乱（psychological dysfunction）涉及认知、情感和行为各方面功能的衰变，可是，我们在实践中却很难把握一些表现是功能性损伤还是正常反应。例如，一个人参加宴会，整个晚上都心神不定，尤其当陌生人靠近时更是紧张不安，为了逃避这种不安，他提前离开了宴会现场。这样的情绪功能显然是不太正常的。但是，换一种情况，一个人参加宴会，另一个让他十分害怕的人也参加了，为了避免碰上这个人，他提前离开了宴会现场。这时的反应就不能认为是情绪功能紊乱了。也就是说，我们很难在正常和异常的心理功能之间划一条清晰的界限。也正因为如此，大多数临床专家把正常和异常当做一个心理的连续体，而不是非此即彼地进行二分。

功能性损伤（impairment）这一概念有必要介绍一下，因为它在诊断中是有用的。我们每个人都有一些性格特点，比如害羞，这是正常的。但是，如果一个人因为害羞而不敢与人交往，不敢上学，不敢上班，这就严重地影响了个体的正常生活，我们就可以说这个人的社会功能受损了。这与心理功能紊乱说明了同一个问题：所谓心理障碍不过是正常心理的一种极端形式。

（四）判定心理障碍的几点建议

1. 注意判定标准的社会性

我们或许在前面的分析中已经意识到了，判定心理障碍的很多标准具有社会性，例如，少见和非传统性、旁观者不适以及违背标准等元素都属于社会判断。

> **思考：**心理障碍和生理疾病哪一个更难以准确判定？为什么？

我们知道，社会的标准具有特异性，这种特异性具体表现在两个方面：一方面是时间特异性，即在同一社会的不同时期里，判定标准会发生变化。例如，在 20 世纪 50 年代之前，人们对于同性恋现象是不能容忍的，完全把它看成是一种病态行为，但随着科学技术的发展，人们逐渐认识到部分同性恋是由遗传基因决定的，于是开始接纳这种现象，并将其排除在心理障碍的诊断之外，在美国的有些州还通过立法保护这种现象。另一方面是空间特异性，即在同一时期的不同社会里，人们判定变态的标准有所差异。在本章的开头部分，我们提到的那位在身体上雕刻装饰花纹的小女孩就是一个很好的例子。其实，在非洲和其他洲的许多原始的土著文明中，都有一些非常古怪的习惯，这些习惯如果放到现代社会，很容易被人看成变态行为。这些告诉我们，要根据具体的社会文化环境，用发展的眼光看待心理障碍的标准。

2. 注意判定标准的主观性

心理障碍的诊断之所以困难，就在于其判定标准过于主观。我们在上面提到了7个元素，但没有一个元素是可以客观量化的，每一个元素都可以有不同的理解。临床工作者在对心理障碍作出诊断时，主要依据自己的经验和对心理障碍的理解。因此，很多时候，在面对一个不太典型的患者时，即使是两个具有多年临床经验的专家也可能得出完全不同的结论。

这就要求我们在诊断心理障碍时，要注意尽量收集患者各个方面的资料，并将这些资料与患者的行为联系起来，参照各种心理障碍的元素进行分析，而不要过多依靠主观的推测进行判断。

3. 注意判断者的不同角度

旁观者和当事人对同样的行为问题作出的判断通常是不一样的。一般来说，当事人很少会将自己的行为判定为异常，有三个原因：第一，当事人比旁观者更了解情况。对旁观者而言不可预测和不可理解的事情，对当事人来说未必如此。让旁观者不适的行为，却不会使当事人感到不适。第二，遭受心理创伤的个体在某个时段或许会感到痛苦，从而表现出一些疯狂的行为，但旁观者却倾向于用老眼光看待当事人，从而看不到患者的改善和发展。第三，当事人通常倾向于用更加欣赏的眼光看待自己的行为，认为自己是正常的，甚至是受欢迎的。

这就要求我们在作出诊断时，不能仅仅依靠患者或旁观者提供的材料，而要向两方面寻找证据。

4. 不要给自己贴标签

我们在学习变态心理学的时候，会看到很多有关心理障碍症状的描述，有时还会接触到心理障碍患者。在这个过程中，一些学生容易把某些症状与自己联系起来，并得出自己也患有某种心理疾病的结论。因此，在这里有必要作一个预先警告：这是一个不太好的经历，而且作者和读者都有可能碰到。我们在前面提到，异常和正常没有明确的界限，它们共同构成了一个心理连续体。这意味着，即使你是一个心理健康的人也会有类似异常心理的体验，如：遭受挫折时，你可能感到抑郁、焦虑，甚至绝望；在极端疲惫时，你可能出现幻觉；等等。你很可能会把这些体验记在心里，并且从不与人交流，所以你所经历的也从没有得到正确的解释。当你看到书中有关症状描述时，你可能会惊恐于这些症状与你的情况如此吻合，从而怀疑自己患了什么心理障碍。

这实际上是给自己贴了标签，对心理健康有着极为消极的影响，因此，在学习这门学科时要注意避免出现这种情况。避免的方法有很多，这里介绍两种：第一，深入理解书中所讲的各种症状，这样你就会发现你身上出现的所谓症状和心理障碍的症状有很大的差异；第二，多与他人交流这方面的体验，你会发现你身边的大多数人有类似的经历。

二、变态心理学的研究对象与任务

（一）变态心理学的研究对象

变态心理学（abnormal psychology）又称病理心理学（pathological psychology），是心理学的一个分支，是探索、理解和预测人类行为异常的一门科学。它致力于研究人的认知、情感、意志、智力、人格等方面的异常表现，研究行为异常发生、发展、变化的原因和规律，并把这些科学知识应用于实际（张伯源，陈仲庚，1986）。这里的行为包括两个方面的内容：一是外显的、能观察到的活动；二是思想、情感、态度、人格特征等内隐活动。我们通常把行为异常和心理异常或障碍看成是同义词。

对于变态心理学的研究范围历来有很多争议。德国心理学家冯特（Wundt）通过对精神病患者的观察，认为各种精神病患者所表现的是十分明显而持久的心理损害，它们的形式多样、各不相同，从而得出变态心理学应该作为心理学的独立分支的结论。显然，他认为变态心理学研究的内容就是精神病患者所表现的精神症状。另一个德国心理学家斯托林（G. Storring）把变态心理学的范围扩大到一切临界状态和人格特征，并提出心理学与精神病学的分工，强调心理学着重研究不正常的心理过程。

无论是冯特，还是斯托林，他们都把变态心理学的研究范围缩小了。精神病患者表现的行为异常当然是变态心理学的研究内容，但异常行为也会出现在其他非精神病和神经症中。例如，正常人在患有某种躯体疾病，或在某些药物的作用下，或在其他特殊意识情况下也可能出现行为异常，这些也应该是变态心理学的研究对象。不正常的心理过程是变态心理学的重要内容，但病态的人格特征、智力的畸变等也是变态心理学的研究对象。还有，“不正常”这一说法并不准确，更准确的说法应该是“病理”和“病态”的特点。“不正常”指偏离正常，而偏离正常并不意味着是病态的，例如，弱智和智力超常都是非正常状态，但只有弱智才是变态心理学的研究对象。

当然，也有研究者认为，“变态”的含义应为“特殊”而非“病态”，与常态相对，本身是一个生物-心理-社会文化综合的概念，不带有日常生活中所使用的侮辱性色彩。根据这一观点，智力超常或者记忆力超常也应列入变态心理学研究的范围之内。这一看法又将变态心理学的研究范围扩大了。事实上，将“abnormal”理解为“特殊”并不准确，更准确的理解应该是“病理”和“病态”。只有这样我们才能说清楚在变态心理学中为什么只研究智力发育迟滞而不研究智力超常。

变态心理学不仅要对行为异常的各种表现加以描述、分类和解释，还要尽量阐明其发生的原因和机制。行为异常受多种因素的影响，表现形式也纷繁复杂，人们对异常心理现象产生的原因及规律的认识尚不完善和确切，还很难圆满地解释各种异常现象，因此，变态心理学还是一门需要不断发展的科学。但是，随着生物学、脑科学、文化人类学等学科的进一步发展，对于变态心理学的许多问题，我们找到了解释和解决的新途径。

（二）变态心理学的任务

变态心理学的任务是由它的研究对象决定的。由于变态心理学研究的是人的异常行为，因此，变态心理学研究的主要任务是揭示异常行为的特点、原因，并形成科学的预防和治疗方案。具体而言，包括理论和实践两方面的内容。

变态心理学的理论任务是帮助揭示正常心理活动的本质及其变化规律。正常心理活动极其复杂，在一般情况下难以分析，但是，异常心理现象作为心理活动的极端形式却能凸显某些方面的特点，这从研究和探索的角度来说是有利的。心理学家可以把心理障碍看作一种优良的实验情境。对异常心理现象的研究，将增进对心理科学知识的了解，使人更全面地理解正常心理现象，并对某些心理学理论和心理机制的假设予以证实或证伪。例如，脑功能的定位说就是开始于对失语症患者的临床研究。这一假设的证实就是基于失语症患者的临床研究。1861年，布洛卡（Paul Broca，1824—1880）接待了一位失语症患者。该患者右侧身体瘫痪，只能说“tan”，而智力的其他方面正常。该患者去世后，尸检的结果表明，患者的左侧额叶受到损伤。1874年，卡尔·威尔尼克（Carl Wernicke，1848—1905）描述了一种新的失语症：这种患者的脑损伤发生在颞叶，患者说话流畅，但所说的话没有意义；患者有听觉，但不能理解别人的话语。这些发现使人们相信，语言功能是特定脑区的功能。

变态心理学的实践任务是促进人类心理健康事业的发展。通过研究变态心理的发生、发展和变化的原因及规律，人们能更有计划、有目的，更科学地预防和治疗异常心理现象。对自身来说，有了异常心理的相关知识将有助于更多地了解自己，从而提高人们的适应能力，增强心理健康。对一般医务人员来说，有了关于变态心理学的研究和知识就能够充分地了解机能疾病的原因和充分估计行为异常的多种表现，更有效地诊治躯体疾病，并可根据各种患者的心理特点有针对性地进行保健和治疗工作。对精神科医生来说，深入了解精神疾病的心理学解释和掌握一些心理学的基本方法，能为他们的临床工作提供启发和借鉴，尤其能为各种心理治疗技术的发展提供理论依据和借鉴。对于心理健康工作者，如心理咨询师来说，掌握变态心理学知识，有利于正确理解来访者心理问题的本质，从而为来访者提供恰当的帮助和建议。对于教师、司法人员、企业管理人员，以及一切从事与人打交道的工作者，变态心理学的知识能使他们在各自的岗位上识别种种异常行为，了解人际关系困难的可能原因和特殊表现，从而提高工作效率。

第二节　对心理障碍的认识及其演变

思考：变态心理学为什么会有一个漫长的过去，却只有一个短暂的历史？

那句关于心理学的名言同样适用于变态心理学，即变态心理学有一个漫长的过去，却只有一个短暂的历史。系统探讨和科学解释异常心理现象是近百年来的事，但是，当我们追溯人类认识心理障碍的过去时，我们却发现，早在史前社会就有很多有关心理疾病的描述和治疗。此后的每个社会都为认识和治疗心理障碍作出了巨大努力。通过审视过去的观点，我们能够了解到，现在临床领域常犯的错误或引起争论的地方其实古已有之。同时，这一学科过去的发展脉络对未来的发展趋势有着非常重要的启示作用。

一、史前社会

我们对古代社会有关心理疾病的观念和治疗的了解，都是历史学家通过对考古学家所发掘的资料进行推测而来的。所以，这里所有的结论都不是定论，随着新证据的出现，它们将会被不断地修正。

大部分历史学家认为，在史前社会，人们把异常行为看成是邪灵的作用。用这种超自然的观点来解释异常行为，可以追溯到50万年前的石器时代。在欧洲和南美洲找到石器时代留下来的头骨，发现头骨上有由石器切割出的特有的洞。历史学家认为，这种行为实际上是一种称为环钻术（trephination）的外科手术，它是为了治疗一种严重的异常行为，包括幻觉（听到或看到事实上并不存在的东西）、抑郁症（极端的悲伤和身体不能行动）。在颅骨上挖洞，就是要释放邪恶的灵魂，从而达到治愈的目的。

近年来，有些历史学家开始对此提出质疑，认为环钻术的发现并不能证明石器时代的人们相信邪恶灵魂引起异常行为。这种手术也可能是用来取出颅骨碎片或血块的。但是，不管如何，在后来的社会中，的确存在着把异常行为归因于鬼神附体的观点，在埃及人、中国人以及希伯来人的历史中都有记载。例如，《圣经》上就曾描述，邪恶的灵魂如何影响所罗门国王，以及大卫王如何装疯，让他的敌人以为他有一种超自然的力量附身。

驱魔术（exorcism）是这一时期治疗异常行为的主要方法，通常由巫师和祭司主持。在中国的旧小说中，也经常可以读到做道场驱魔驱鬼的描述。所谓驱魔术就是采取一些仪式劝诱邪灵离开受害人的身体，或者通过折磨的方式迫使邪灵离开受害人的身体。

史前社会的人们习惯于用其他超自然的观点解释异常行为，例如，认为月亮会影响心灵，见专栏1-2。

专栏 1-2

月亮影响异常行为吗？

在原始社会里，人们还相信月亮具有神秘力量，它的改变可以用来预测很多事情。人们认为月亮可以使女人怀孕，使植物成长，使人们发疯。这种观点一直产生着一定的影响。晚近的社会，人们使用“疯狂的”（lunatic）和“精神错乱”（lunacy）（luna在拉丁文中代表月亮）形容一些人的怪异行为，亦即月亮一样的特质。

直到今天，仍有许多人相信，月亮的盈亏会影响人的行为。比如：警察有时会发现，在月圆之夜有更多暴力行为和怪异的犯罪；一些医院说，月圆之夜有更多的人生产；等等。有些科学家对这一现象进行了解释，认为月亮造成海洋潮汐涨落的现象同样可推论到人的身上，因为人体的大部分也是液体。例如：月亮的能量影响到母亲羊水的活动，从而使得小孩出生；潮起潮落和地心引力对体液的影响造成了某些人怪异行为的出现。也有些科学家反对这种说法，他们认为，月圆之夜一些怪异行为的出现只不过是预期和暗示的结果，即每当这个时候，有些人就会对自己一些不寻常的想法、欲望或感受特别敏感。另有一些研究人员对孩子出生、犯罪以及异常行为作统计分析，却发现只有一小部分证据支持月亮对人类行为有影响。

进入现代社会，心理病理现象的超自然论虽早非主流，却也远没有成为历史陈迹，在欧美的一些宗教小团体和一些科学文化水平欠发达的地方仍有相当市场。

二、古希腊和古罗马时期

这一时期重点介绍三个人物：希波克拉底、亚里提斯和盖伦。

希波克拉底（Hippocrates，前460—前370）的主要贡献之一是通过把心理障碍归因于自然原因而向关于心理障碍的流行看法提出了挑战。他认为，异常行为是由内在生理问题产生的疾病。更具体一点，他相信脑部的病变是异常行为的根源。希波克拉底对大脑的集中研究使西方对待心理障碍的态度产生了重大改变。那时，人们把癫痫称为“神圣的疾病”，认为它是受神控制的结果。但希波克拉底说：“如果你砍开你的头……你就会发现损害身体的不是神，而是疾病。”希波克拉底还认识到了环境压力和社会压力对心理障碍的作用。例如，他主张有时可将患者与家人隔离或让患者搬离原来的住所，以免来自家庭的压力造成负面的影响。

公元1世纪时，亚里提斯（Aretaeus）留意到躁狂和抑郁经常出现在同一个人身上，认为这可能是同一种疾病的不同表现。这就是现在所谓的躁郁症或双相情感障碍。同时，他还提出，某些人格方面的特征极易使个体产生一些特定的临床症候群。这一观点成为现代变态心理学领域经常强调的心理障碍易感素质和人格特质理论的重要渊源。

古罗马医生盖伦（Galen，129—198）继承和发展了希波克拉底的思想。希波克拉底/盖伦学说中最有意思也是对后人影响最大的是体液说。希波克拉底认为人脑的正常运转与四种体液（humors）有关，即黄胆汁、黑胆汁、血液和黏液。医生们认为某种体液过多或过少就会引发某种疾病，例如，黄胆汁过多会使人躁狂，黑胆汁过多会使人抑郁。要治疗这些心理的功能失调，就要改变潜在的生理病态现象。例如，通过安静的生活、多吃蔬菜、禁欲、运动、单独生活，甚至适度的放血来减轻由于分泌过多的黑胆汁而导致的抑郁症状。

这一时期，哲学家和医生们还发现了一些心理疾病，如忧郁症（melancholia）、躁狂、痴呆症、妄想、幻觉、歇斯底里症（hysterical disorder）等。对于这些心理障碍，希波克拉底和盖伦寻求生理上的解释，开启了异常行为的科学观点。

三、中世纪

在欧洲，中世纪时教会控制了一切，人们不再相信科学，鬼神论卷土重来。行为通常被解释为善与恶或神与魔之间的冲突。凡是异常的行为，尤其是心理功能失常，都被看作魔鬼附体的结果。虽然有些科学家和医生依然坚持要从医学上去解释和治疗心理障碍，但在这种氛围下，他们的影响力相当微弱。

中世纪是一个战乱频繁、瘟疫横行的时代，人们把这些归因于魔鬼，对魔鬼附身充满了恐惧。这一时期的异常行为明显增加。此外，欧洲还暴发了群体疯狂（mass madness）的现象，即大批民众同时表现出某些妄想和幻觉。有两种主要形式：歇斯底里性舞蹈症

(tarantism) 和变狼狂 (lycanthropy)。歇斯底里性舞蹈症是一种躁狂形式，患病者认为自己为一种狼蜘蛛所咬，必须剧烈跳舞才能解毒。变狼狂患者认为自己被野狼或其他动物占有，拥有狼的外表和狼的行为。《黑夜传说》就是一部关于狼人（变狼狂）的电影，这种传说实际上起源于中世纪。

在中世纪，驱魔术再度成为治疗心理障碍的主要方法，主要由教士主持治疗。他们通过吟诵、恳求或祈祷使邪灵离开受害者，或者饮下圣水和苦水驱赶邪灵。如果这些都失效了，他们就会用侮辱，甚至通过挨饿、鞭打和浸入沸水等极端方式来驱魔。直到中世纪结束，鬼神论及其治疗方法才慢慢地被停止使用。心理障碍的医学观点重新得到人们的重视。在 13 世纪末，英国在审判精神失常时，常将其归因为自然因素，很多有心理障碍的人在医院里接受治疗。

四、文艺复兴时期和启蒙运动时期

文艺复兴时期是一个科学文化活动非常繁荣的时期，有关心理障碍来自鬼神的观点继续衰退。德国医生和天文学家约翰·韦尔（Johann Weyer，1515—1588）出版了一本书，断言多数被当作巫婆烧死的人只不过是精神上或身体上有病而已，心灵像身体一样，也会患病。他被认为是心理病理学现代研究的创始者。

这一时期，心理障碍患者的治疗状况开始得到改善。在英国，地方的教区为家庭提供经济支持，照顾精神病患者。在整个欧洲，宗教的神庙致力于用人道和爱来治疗有精神病的人。比利时的吉尔（Gheel）神庙是其中最有名的。从 15 世纪开始，世界各地的人都到这里来做心理治疗，并在当地定居下来，使这个地方成为世界上第一个心理障碍患者的“殖民地”。吉尔是今天心理健康实施计划社区服务的先驱。但是，这种护理和治疗的改进并没有持续太久，到 16 世纪中期就开始退化。由于私人家庭、社区住宅和医院能够容纳病人的数量太少，当时的市政当权者就把医院和修道院变成精神病医院（asylums），专门用于护理心理障碍患者。这种机构本来想提供良好的护理，但随着入住的人数越来越多，空间也变得越来越拥挤。精神病医院成了实际上的监狱，里面的患者所处的环境极其恶劣，同时还遭受到非常残酷的对待。

我们常说的“疯人院”一词正是圣玛丽医院的讹用形式，意指一种混乱的喧闹。圣玛丽医院是伦敦的一家精神病院，它在 16 世纪晚期被挤得很满，而且十分混乱，里面的尖叫声经常会让路过医院的人大吃一惊。那些异常好奇的人可能会付一个便士去仔细观察那些狂暴的病人。与此类似，1784 年在维也纳建立的“疯人塔”也是为了把病人限制在紧靠外边墙壁的地方而建造的，这样使当地百姓可以观察到。

在启蒙运动时期，欧洲文艺复兴的思想在继续发展。1793 年，菲利普·皮内尔（Philippe Pinel，1745—1826）开始负责巴黎的一家大型精神病院——拉比斯特精神病院（La Bicetre）。在他负责之前，有人这样描述里面病人的遭遇：“都被铁环束缚在他们病房的墙上，这些铁环使他们平直地靠着墙……他们夜晚不能躺下……食物通常是一种很软的粥……他们被假定为动物……不在乎食物是好是坏。”尽管有许多人反对，皮内尔还是给病人解除了锁镣，并开始了保存病历和记录以及同病人谈话的活动。珍妮·埃斯奎罗尔（Jean Esquirol，1772—1840）是皮内尔的学生，她又增建了10所新的精神病院，并根据同样的原则来治疗病人。同时，英国一位名叫威廉·图克（William Tuke）的基督徒建立了约克精神病医院，并进行了类似的改革。此后，波士顿的一位老师多罗西娅·迪克斯（Dorothea Dix，1802—1887）在美国促成了类似的改革。

五、20世纪早期

到19世纪后期，出现了两种相反的观点：一是体因性观点（somatogenic perspective），认为心理障碍是由生理原因造成的；二是心因性观点（psychogenic perspective），认为心理障碍的主要原因是心理的。

前文提到的希波克拉底把异常行为看成是脑部疾病造成的这一观点，就是体因性观点。但是，这种观点一直到19世纪晚期才开始被广泛接受。有两个主要原因：一是德国著名的研究者埃米尔·克雷佩林（见专栏1-3）在一本很有影响力的教科书中主张，生理因素，如疲惫，是心理功能失常的原因。他还测量各种药物对异常行为的效果。第二个原因是对梅毒本质和病因的揭示。梅毒是由病菌侵入大脑引起的性传播疾病。晚期梅毒患者的行为症状和认知症状通常表现为被害妄想（delusion of persecution）或夸大妄想和其他古怪行为，而这些是精神病的常见症状。1870年左右，路易·巴斯德（Louis Pasteur）提出的疾病细菌学论，促使医学界发现了导致梅毒的病菌。这一发现使人们相信，器质上的病变是许多心理疾病的主要原因。但是，生物医学的方法在20世纪的前半期并没有给人们带来令人振奋的结果，直到20世纪50年代，随着一些有效药物的发现，体因性的观点才真正给心理障碍患者带来了新的希望。

专栏 1-3

现代精神病学创始人：埃米尔·克雷佩林

埃米尔·克雷佩林（Emil Kraepelin，1856—1926），德国精神病学家，现代精神病学创始人。曾担任冯特的助手，从事药物心理学研究，并进行了最早的精神病学实验心理学研究。1883年出版的《精神病学纲要》一书使克雷佩林闻名于世。他被后人认为是近代精神疾病分类体系DSM系统的先驱。克雷佩林也是人格测验的先驱，他最早使用自由联想测验来诊断精神病人。他还是神经官能症（neuroses）、精神病（psychoses）等专有名词的提出者。克雷佩林一生强调精神疾病的生物学理论，与弗洛伊德等人的精神疾病心理学理论相对立。

心因性观点得到注意也是在19世纪晚期，它主要得益于催眠术的研究。催眠术能把人带入一种特殊的意识状态之中，在这种状态中，个体很容易受施术者的暗示。最早使用这种方法治疗心理疾病的人是一个名叫安东·梅斯梅尔（Anton Mesmer，1734—1815）的医生。他告诉患者，他们的心理疾病是由一种难以觉察的体液造成的，这种体液叫“动物磁”（animal magnetism），只要阻断“动物磁”，患者的心理疾病就能得到治愈。具体做法为，梅斯梅尔让患者坐在黑屋子里的一口盛满化学品的大缸中，梅斯梅尔穿着飘逸的长袍，手持一根木棍击打患者有问题的部位。很奇怪的是，这种方法对很多患者有效。人们把这种方法称为“梅斯梅尔术”（mesmerism），这实际上就是后来所说的催眠术，因此，梅斯梅尔被认为是催眠术的创始人。

很多著名的科学家和医生对梅斯梅尔的暗示法表现出了极大的兴趣。其中之一就有当时法国著名的神经病学家让·夏可（Jean Charcot，1825—1893），他认为催眠术的某些部分对心理障碍确实有效。1885年，西格蒙德·弗洛伊德从维也纳来到巴黎成为夏可的学生。弗洛伊德回到维也纳后与医生约瑟夫·布洛伊尔（Josef Breuer，1842—1925）进行了联合研究。布洛伊尔此前的一些研究发现，他的病人在催眠当中能非常坦率地说出他的问题、冲突和恐惧，醒来后不记得自己说过什么而症状却得到了很大的缓解。弗洛伊德加入后，两人的研究最终发现了无意识及其对心理障碍的影响，并由弗洛伊德创立了精神分析理论（psychoanalysis theory）。弗洛伊德通过精神分析技术治疗患者，发现回忆和重现那些已经转化为无意识的情绪创伤，有助于释放紧张情绪，达到治疗目的。弗洛伊德的工作使人们相信，心理障碍的很大一部分原因是心理因素。

但是，精神分析的方法不能有效治疗严重的心理障碍患者，而且治疗时间太长，这对患者过多且治疗人员缺乏的精神病院是不适用的。

六、目前的趋势

在20世纪50年代，研究人员开发了一些新的精神药物（psychotropic medication），这些药物通过影响脑部，从而减轻许多心理障碍的症状，包括抗精神病药（antipsychotic drugs）、抗抑郁药（antidepression drugs）和抗焦虑药（antianxiety drugs）。这些药物的效用使得精神症状有明显的快速缓解，同时促进了心理卫生事业的改革，到20世纪70年代末期，大批的重度心理障碍患者走出精神病院，回归社会。门诊成为诊断严重行为问题患者的主要形式，这些患者即使需要住院，也只是短期的。中度和轻度心理障碍患者主要采用私人心理治疗（private psychotherapy）的方式，患者向心理治疗师付费接受个体治疗。这使治疗变得昂贵。在现代的西方福利社会，大部分的健康保险包括私人心理治疗的费用。门诊治疗也提供一些比较便宜的地方，如社区心理健康中心、家庭服务中心以及其他的社会服务机构。治疗的问题除了焦虑障碍和抑郁症之外，还包括生活上的一些问题，如婚姻、家庭、学校等方面的问题。

现在的临床领域里同时存在很多理论观点。20世纪50年代以前，精神分析的观点是心理障碍的主导观点。而在50年代以后，其他有影响力的观点纷纷出现，包括行为主义、认知、人本-存在以及社会文化的观点。这些观点都有一定的影响力，但没有一个是最主要的。它们的观点看似冲突和矛盾，实际上却是可以互补和结合的，因此，系统整合的观点慢慢地成为一种新的趋势。

在20世纪50年代以前，从事心理治疗的只有精神科医生，此后，有越来越多的人从事心理治疗，除精神科医生，还有临床心理师、心理咨询师、学校心理师、精神科护士、夫妻治疗师和家庭治疗师等。不同的专业人员接受不同的训练，具体分工也有所差异。

第三节　变态心理学的理论

随着变态心理学的发展，人们对心理障碍的病因也研究得越来越深入。但这一状况并没有让事情变得更清楚，相反，人们越来越难以理解心理障碍到底是如何发生的了。面对同一现象，总有不同的研究者尝试着从不同的角度去寻找原因，并根据找到的原因设计出不同的治疗方案。这些来自不同角度的成果就慢慢形成不同的理论取向。目前主流的变态心理学理论取向有生物学、心理动力学、人本主义和存在主义、行为主义、认知、社会文化、系统整合的观点。每一种理论取向都对心理障碍的发生机制作出了基本假设，同时每年都有大量的研究成果或应用成果来证实或证伪这些基本假设。

> 思考：变态心理学的理论取向这么多的原因是什么？

一、生物学理论

遗传基因和神经科学是生物学理论取向解释心理障碍的两个角度。随着行为遗传学的出现和发展，人们越来越有理由相信，除了身体特征可以通过基因遗传，人的个性特征以及行为方式也受到遗传基因的影响。

许多临床遗传学的研究，如家系研究、双生子研究、寄养子研究和分子遗传学的研究发现，基因能够对行为，包括异常行为，产生影响。实验数据显示，遗传因素在情感障碍、精神分裂症、智力障碍、老年痴呆以及其他心理障碍中起着重要作用（Hyman，1999）。大量的家系调查、双生子以及寄养子的研究均已证实精神分裂症属多基因遗传疾病，遗传度高达80%（余波，徐方云，2013）。特定恐惧症等早期焦虑障碍具有重要影响，两者病症的遗传影响显著大于环境因素的影响。而行为遗传学研究专家罗伯特·普洛明（Robert Plomin）综合7项家系研究的结果显示，抑郁症患者家庭成员的发病危险为9%，明显高于3%的基线水平，提示遗传因素在发病中的重要作用。陈祉妍等（2006）基于住院患者的研究显示，同卵双生子的共病率为40%，显著高于异卵双生子的共病率11%。

神经科学的发展为生物学理论取向提供的证据最为有力。临床工作者在研究中发现，一些心理障碍的发生与特定脑部的病变有关。亨廷顿氏病（Huntington's disease）就是一种典型的脑部退化的疾病，其特征表现为情绪爆发性、记忆力丧失、认知困难、自杀想法、不随意的身体动作，以及怪异的想法。这种病的发生与基底核出现严重的病变有关。心理病理学家对神经递质的研究让人们相信，心理障碍的异常表现与神经元之间传递信息的化学递质相关。例如，抑郁症的5-羟色胺假说是抑郁症发生机理中较公认的假说，并随着药物的治疗得到了进一步证实。5-羟色胺活动水平过低会减少对行为的抑制，导致不安定、冲动、对环境的过激反应，以及易激惹、自杀、冲动性暴食及过度性行为等。精神分裂症也有谷氨酸系统缺陷假说和多巴胺假说。这两个假说都认为是神经递质的异常导致了精神分裂症的种种症状表现。

生物学取向治疗方法包括药物治疗、电休克疗法和精神外科学。药物治疗主要通过化学药物影响神经递质的释放达到控制症状的目的。目前使用较多的药物有四种：抗焦虑药、抗抑郁药、抗双相障碍药和抗精神病药。电休克疗法（electroconvulsive therapy，ECT）常用于治疗抑郁症，约有 60%的抑郁症患者的情绪能得到改善（Rey & Walter，1997；Sackeim et al.，1990）。精神外科学（psychosurgery）主要通过对患者进行脑部切除手术达到治疗疾病的目的。但这种手术的后果是不可逆的，一般不到万不得已不会考虑。

二、心理动力学理论

心理动力学派在人格和变态心理学研究中主要关心的是心理动力（意识或无意识）如何影响人们的心理。他们相信，一个人的行为无论正常与否，大部分都是由一种潜在的心理力量决定的，他们把这种潜在的力量称为动力（dynamic）。人的行为、思想以及情绪的产生是不同动力互动的结果。当这些动力之间发生冲突时，就会产生异常的行为和心理。除了弗洛伊德（见专栏 1－4），他的同事们也为精神分析学派的创立作出了巨大贡献，其中最著名的是卡尔·荣格（Carl Jung，1875—1961）和阿尔弗雷德·阿德勒（Alfred Adler，1870—1937），他们是西方非常有影响力的临床理论家。

专栏 1－4

西格蒙德·弗洛伊德

西格蒙德·弗洛伊德（1856　1939）出生于维也纳，其下有三个弟弟和四个妹妹。他的父亲和那个时代中的大多数人一样，是个十分独裁的人，了解弗洛伊德的家庭背景对于理解他的理论十分重要。

尽管弗洛伊德的家庭收入十分有限，一家人不得不挤在一间小小的公寓中，但是他的父母都竭尽全力地培养显示出智力天赋的弗洛伊德。弗洛伊德兴趣广泛，但他面临的职业选择十分有限，因为他是一名犹太后裔。他最终选择了医学，在 26 岁的时候，他获得了维也纳大学的医学学位，仅四年之后，他就成了维也纳大学的一名颇有声望的讲师。

弗洛伊德将其一生的大部分精力用来形成并拓展自己的精神分析理论。有趣的是，他一生中最富创造力的阶段却正是他自身情绪问题最为严重的时候。在步入 40 岁之后不久，弗洛伊德出现了诸多的身心障碍。同时还伴有对死亡的恐惧和其他类型的恐惧症。因此，他开始进行困难的自我分析过程。通过探索自己的梦境的含义，他发现了人格发展的动力学基础。他首先对自己的童年经历进行了分析，结果发现他从自己的父亲身上感受到了强烈的敌意。他还回忆起了自己儿时对母亲——一位有魅力的、温和的、对人关切的女性——产生的性感受。接着，弗洛伊德从临床上观察病人对其问题的分析过程，并最终总结出了他的理论。

心理动力学理论，也称精神分析理论，源于20世纪初奥地利维也纳医生西格蒙德·弗洛伊德的工作。这一学派与其他学派不同，它来自精神病的治疗实践，而非大学心理学实验室研究，它是一个非学院的心理学派。正如弗洛伊德所说："精神分析最初是一种特殊的治疗方法，而现在它也成了一门科学的名称——无意识心理过程的科学。"无意识理论是心理动力学理论的基石。弗洛伊德把人的心理活动分为意识、前意识、无意识，但认为无法直接觉察到的无意识才是心理活动的主体，也是一切行为活动的动力来源。在无意识理论的基础上，弗洛伊德提出人格结构理论。在弗洛伊德看来，人格包括三种主要的力量：本我（id）、自我（ego）和超我（superego）。这些力量各司其职，却又相互作用，但个体自己却觉察不到这些具体过程。本我和大部分超我是一种无意识的存在，人的大量行为都是在无法意识到的压力控制之下的，因此人们所讲的有关自身的话仅仅是故事的一部分，而且不是最有意义的部分。无论何时，自我和其他两个部分（本我和超我）之间总是潜在地存在冲突。为了缓解这种冲突带来的压力，个体发展出防御机制来保护自我免受这种压力。所以，我们所意识到的不仅是自我的一部分，还可能是被防御机制扭曲的部分。根据弗洛伊德的观点，在一个健康的人格中，这三个部分保持了平衡。但是，由于它们的起源和行动原则各不相同，因此冲突是不可避免的，当三个部分的平衡关系遭到破坏时，个体就会产生焦虑，甚至出现精神病和人格障碍。心理动力学理论认为，一个具有反社会型人格的个体由于其自我和超我不能控制本我的冲动，而一再表现出冲动和危险的行为。

思考：精神分析理论和心理动力学理论是同一种理论的不同说法吗？

弗洛伊德强调性在个体心理发展中的作用，是典型的生物决定论者，但他的理论很快遭到包括荣格和阿德勒在内的众多追随者的挑战，后两者分别创立了分析心理学和个体心理学。之后还出现了一批强调社会文化在异常行为形成中的作用，被统称为社会文化派的弗洛伊德主义。进入当代以后，最有影响力的心理动力学理论是自我理论（ego theory）、客体关系理论（object relations theory）和自体心理学（self psychology）。这些理论将注意力转移到了自我，并重视早期客体关系的作用。

心理动力的治疗，从古典的弗洛伊德主义到当今的客体关系理论，都重视个体成长早期的创伤经验以及由此引起的内在冲突。在治疗关系方面，心理动力学取向的治疗师倾向于以一种中立的方式来对待他们的患者。该取向的治疗师很少与患者分享自己的感情生活。他们试图把自身当作一个"空白屏幕"，让患者把其白日梦或深藏于心的亲密关系投射到这个空白屏幕上。在心理动力学取向的治疗师看来，这就是患者的移情。在经过多次治疗之后，患者会把他对过去生活中的重要权威人物的感情投射到治疗师身上。治疗师以此能够观察到患者童年早期的情况。移情的目的首先是帮助患者逐渐认识到他与治疗师关系的这些投射，然后是与其他人的关系，如配偶、老板、朋友等。除了移情技术，还有很多其他技术被经常使用。这些技术包括自由联想、梦的解析、宣泄以及重构。过去几十年里，一些新的心理动力学的治疗方法发展起来，如确定患者的行为、思想、感情、经历及人际关系模式，关注情绪及其表达等。这些方法仍然强调冲突和无意识过程，但更注重外显的行为防御机制。它们与经典的精神分析相比，有两个不同的特点：一是比经典的精神分析疗法简捷；二是治疗目标不是强调人格的重建，而是关注患者痛苦的减轻（Shafti，2016）。

三、人本主义和存在主义理论

人本主义和存在主义理论关注人类经验中对成长或异常行为有重要贡献的人性部分。这一理论强调自由、选择、责任和意志力等在个体成长中的重要意义。

具体而言，人本主义与存在主义又有所不同。人本主义理论家对人性持积极乐观的态度，认为人类有机体有能力进行自我指导，能够对自己的存在方式负责。在自我实现的动机驱使下，在提供了适当的成长与自我实现的环境和机会的条件下，人性就能不断地向着健康的方向发展（Pearce，2011）。存在主义理论家也认为，人必须正确地觉察自我和生命的意义，但他们不认为人天性是积极向上的。在他们看来，每个人都是自由的，要么面对自身的存在并赋予生命以意义，要么回避自己的责任，把自己看成是软弱无助的人，而后者将过着空虚、不真实以及功能丧失的生活。

人本主义和存在主义对异常行为的观点，可追溯到 20 世纪 40 年代。卡尔·罗杰斯（Carl Rogers，1902—1987）是人本主义心理学的先驱。他提出了来访者中心疗法（client-centered therapy）——一种温暖和支持性的治疗方法。同时期的亚伯拉罕·马斯洛（Abraham Maslow，1908—1970）和弗里茨·皮尔斯（Fritz Perls，1893—1970）也是这一理论的重要开创者。存在主义心理学观点也是在这一时期出现的。这一理论并非由某个人或某个团体所创立，而是将 20 世纪初欧洲存在主义哲学家的理念应用于心理分析的结果，它把重点放在了解来访者的深层经验结构上，代表人物有维克多·弗兰克尔（Viktor Frankl）和罗洛·梅（Rollo May）。

罗杰斯认为，人们出现心理问题可以追溯到婴儿时期。他指出，我们都有从生命中的重要他人（如父母或其他抚养者）获取积极关注（positive regard）的需要。如果个体在童年时从来都是被忽视的，就会怀疑自己的价值，并容易出现功能上的问题。

罗杰斯采用来访者中心疗法来帮助来访者（罗杰斯首先称患者为来访者），并提出心理治疗的三个“必要且充分条件”，即共情、真诚和无条件接纳。在治疗过程中，治疗师营造一种支持的气氛，使来访者能够很诚实地接纳和审视自己。罗杰斯认为：“治疗的成功并非依赖于治疗者技巧的高低，而依赖于治疗者是否拥有某种态度。”

完形疗法（gestalt therapy）也是一种人本主义的方法，它是由弗里茨·皮尔斯发展起来的。完形疗法从病理临床的角度关注人如何知觉当前的存在。它认为人是完整的个体，而不是行为的总和。与之相对应的完形疗法是把自我消失的或者否认的部分重新整合进来，重建个体真实的整体性。它重视提高来访者对自身各方面的当下觉察，通过积极的试验来确认来访者的体验。完形疗法会通过挑战使来访者受挫来达到治疗的目的。皮尔斯经常用到的技术有技巧性受挫、角色扮演，还有很多规则和练习。

存在主义认为，心理功能失调是由于个体逃避生命的责任，认识不到生命的意义是自己赋予的。根据存在主义的说法，很多人屈从于社会压力，经常难以作出自己的选择，也习惯了失去自己选择的自由，从而逃避人生的责任。这些人过着一种空虚、不真实的生活，常常处于焦虑、挫折、无聊、疏离以及抑郁之中。

基于上述观点，存在疗法（existential therapy）鼓励来访者为自己的生活和问题承担责任，帮助来访者认识到自己有充分的自由，可以选择不同的生活方式，能够活得更有意义和价值。整体而言，存在主义更关心治疗目标，而不是特殊技巧的运用，所以，不同的治疗师使用的方法也很不相同。但是，多数治疗师特别强调治疗师与来访者之间的关系，经常会有意识地营造一种坦率、努力工作的气氛，并在其中与来访者分享学习和成长。

四、行为主义理论

行为主义非常重视人所表现出来的行为。行为可以是外在的（如与人交谈），也可以是内在的（如情感或思想）。行为主义的目标在于从实验室里发现人类和动物学习的一般规律，并将这些规律运用于教学、工作、收容所，甚至整个社会。

当代的行为主义疗法主要由四个领域发展而来：经典条件反射、操作条件反射、社会学习理论和行为疗法。

经典条件反射（classical conditioning）是由俄国生理学家伊万·巴甫洛夫（Ivan Pavlov，1849—1936）在研究消化腺的实验中发现的。该理论强调无关刺激与无条件刺激在时间上的结合对异常反应的影响。例如，一个经常在井边玩耍的小孩，某一天被井水里蹿出的蛇咬了，此后，他再也不敢去井边，即形成了对井的特定恐惧症。根据经典条件反射理论，蛇是无条件刺激，井本是无关刺激，可一旦与蛇咬的经历结合在一起就成了条件刺激。

继巴甫洛夫之后，美国心理学家斯金纳（B. F. Skinner，1904—1990）提出了操作（工具）条件反射（operate conditioning）理论。这也是出自一个经典的实验。斯金纳认为，动作是因受到动作结果的强化而形成的。例如，一个小孩做错了事，他如实告诉父母时，换来一顿呵斥；下一次犯错时，他不敢再说真话，却被父母接受。这个小孩将会根据自己的行为后果判断形成相应的行为方式，即撒谎的习惯。

阿尔伯特·班杜拉（Albert Bandura）提出观察学习理论。所谓观察学习就是人们通过观察他人的行为及行为的后果而间接进行的学习。由于观察学习理论主要关注的是个体社会行为的习得和个体社会化的历程，因此又称为社会学习理论。认知行为疗法和社会学习理论是当代行为主义疗法的主流。自20世纪70年代中期，认知行为疗法这一名称已经逐渐取代了原有的行为主义疗法，并且开始逐渐强调情感、行为以及认知变量之间的交互作用。认知行为疗法把治疗的重点放在人的内在的认知过程和认知结构上，并把它看作是制约、调整和改变人们行为的关键。它把患者视为具有理性和能动性的个体，理想的治疗效果有赖于患者积极地参与、合作。治疗的过程是治疗师与患者针对问题进行平等协商、讨论和研究的过程。

行为疗法的目的就是要找出问题行为，然后运用经典条件反射、操作条件反射或观察学习的原理，让患者建立更适当的行为来代替那些问题行为（Martin & Pear，1999）。行为治疗师把自己的角色定位于一个老师，而不是一个医生。

运用经典条件反射原理进行治疗，可以改变对某一特殊刺激的异常反应。系统脱敏法（systematic desensitization）就是其中一种常用的方法。行为主义的治疗还有许多操作性疗法。如消退，通过撤销行为强化物来降低不良行为发生的频率。在过去的十年间，行为主义疗法的“第三波高潮”铺天盖地而来，这使得原有的行为主义得到了进一步的扩展。传统的行为主义疗法发展出了四种主要治疗方法。(1) 辩证行为疗法——治疗边缘型人格障碍的有效方法。(2) 正念减压法。正念是一个过程，在进行时，个体将逐渐知觉到自己当前情境中的内/外在刺激，并以一种开放性的态度去接纳它们，而不是对当前情境进行评判。在8到10周的团体治疗中，成员学会应用正念技术去应对压力并提高自己的身心健康水平。(3) 正念认知疗法，用于处理抑郁问题。(4) 接纳与承诺疗法，治疗师鼓励来访者去接纳而不是去控制或改变令人不快的情境。这四种方法都是以经验为基础的，这一点与传统的行为主义疗法相同。

五、认知理论

20世纪60年代初，两位临床心理学家阿尔伯特·艾利斯（Albert Ellis）和亚伦·贝克（Aaron T. Beck）提出，认知过程是一个人行为、思想和情绪的中心，要了解患者最好去了解他们的认知，这就是我们所说的认知理论（cognitive theory）。根据认知理论家的观点，当我们遇到一件事时，我们的内心就会对这件事作出反应。一个功能正常的人会正确地认知这一事件，因此不会为其所困扰；一个功能失常的人可能产生很多消极的认知，从而产生痛苦的情绪。

艾利斯的ABC模型是认知理论的代表性观点。A是指既存事实、启动性的实践或是个体的行为或态度；C是个体的反应或是个体情绪与行为的结果，它可能是健康的，也可能是不健康的。但A不是C的原因，B——个体对A的信念，才是C的根源所在。艾利斯将不合理信念看作是个体心理障碍的原因。一般认为，不合理信念具有几个特征（Maultsby，1984）：(1) 绝对化要求；(2) 过分概括化；(3) 糟糕至极。艾利斯认为，每个人都会或多或少地具有不合理的思维和信念，而那些有严重情绪障碍的人，这种不合理思维的倾向尤为明显。与艾利斯相似，贝克认为，精神障碍患者在认知过程中常会有系统性的消极偏向。这些消极偏向种类很多，比较常见的有：(1) 非此即彼，即用两分法看待事物而不是将事物看作一个连续体，如"没有全面成功就意味着失败"。(2) 灾难化，即消极地预测未来而不考虑其他的可能结局，如"这次考试肯定完蛋了"。(3) 贴标签，即给自己或别人贴上固定的大标签，如"我是个无用的人""他一无是处"。(4) 度人之心，即坚信自己懂得别人的心思，而不考虑其他可能性，如"他一定认为我是无能的"。贝克认为，这些消极的认知是个体出现精神障碍的主要原因。

认知治疗的基本观点是心理事件（预期、信念、记忆、解释）会导致行为，如果心理事件发生了变化，则行为也会发生相应的变化。基于这一观点，认知取向的治疗师会从失调的心理事件中寻找心理障碍的原因或病理基础，然后加以改变。例如，针对抑郁的个体，认知取向的治疗师会从该个体的信念或思维中寻找并分析抑郁的原因，进而引导患者改变这些不适当的认知模式。具体包括改变效能预期、改变消极评价、改变归因和改变长期信念。

六、社会文化理论

由于社会文化理论家把个体的行为看成是社会文化的产物，所以他们认为，如果要理解个体的异常行为，就必须考察其所处的社会环境。社会文化理论对异常行为的解释主要集中在家庭结构和沟通、社会网络、社会条件以及社会标签和角色上。

家庭系统理论（family systems theory）强调，家庭是一个系统，这个系统依靠家庭各个成员的互动维持平衡。也就是说，家庭中的每一个人都要以一致的方式与其他成员互动，并遵循家庭的独特规则。这一理论认为，有些家庭结构和沟通的模式，实际上迫使家庭中的某个成员表现出外界所认为的异常行为。因为在这些家庭里，家庭成员行为正常，反而会严重破坏家庭的平衡以及其他成员习惯的行为方式，从而导致自己和家庭的混乱。因此，其他家庭成员会抵制这种正常行为。社会文化理论家也关注个体的社会关系和职业关系，例如，个体与他人之间的沟通情况如何，他人从个体身上得到什么信息，或者个体给他人传达了什么信息等。研究者经常发现，社会网络（social network）与个体的功能缺陷密切相关（Thoits，1999）。例如，面对压力时，生活中被孤立、缺乏社会支持或缺乏亲密关系的人，比那些有亲密关系或较多社会支持的人更容易产生抑郁情绪，而且持续的时间会更长（Husaini，1997）。特殊的社会条件（social conditions）可能产生特殊的压力，从而增加某些社会成员心理异常的可能。例如，有研究者发现，心理异常，尤其是严重的心理异常，在较低的社会阶层中比在较高的社会阶层中更常见（Eaton，Muntaner，& Sapag，1999）。在社会阶层较低的个体生活环境中，有较高的犯罪率和失业率，过分拥挤，无家可归，医疗条件糟糕，有较少的受教育机会，这些都使个体承受较大的压力。当然，反过来说也成立，患有严重心理障碍的人，劳动能力比较差，收入也会较低，结果就会沦落到一个较低的社会阶层。社会文化理论家相信，给心理障碍患者贴标签和分配角色，会极大地影响患者的异常功能。在一种社会文化下，只要行为偏离社会规范，就会被认为是异常的。而当一个人被认为是异常的，其他人就会以特殊的方式对待他。同时，周围的人会有意无意地鼓励个体表现出某种病态的行为。久而久之，个体慢慢地就接受并扮演异常的角色。最后，个体变成了社会所标签的样子。

社会文化理论家强调人的社会性，把心理障碍看成是某种生活情境的产物。基于此，他们发展出了一些与个体治疗（individual therapy）不同的治疗形式，如团体治疗、家庭和夫妻治疗以及社区治疗。在团体治疗（group therapy）中，治疗师面对的是一群问题相似的患者，多个患者一起讨论各自的问题。在家庭和夫妻治疗（family and couple therapy）中，患者和其他家庭成员一起接受治疗。在社区治疗（community treatment）中，治疗师在患者的日常生活环境中提供治疗。

七、系统整合的观点

虽然不同的模式差异明显，但它们的观点及其采用的方法通常是相容的。如果我们能够了解到生物、心理以及社会文化层面诸多因素对异常心理的影响，而不仅仅是某一方面的影响，那么，我们对异常行为的了解和治疗会更加完善。现在，有越来越多的临床工作者倾向于从多个方面来考察异常行为的原因，有时候称这种取向为生物-心理-社会理论（biopsychosocial theories），这是一种系统整合的观点。它的基本观点是，异常是遗传的、生理的、发展的、情绪的、行为的、认知的、社会的以及社会影响等因素交互作用的结果。例如，生物-心理-社会理论对一个被诊断为抑郁症的患者是这样进行解释的：患者遗传了家族的不利基因，早期经历了创伤，有着负面的思维方式，而且缺乏社会支持。如果真是如此，那么研究者和临床工作者不仅要弄清各种因素在异常行为形成中的相对重要性，而且要了解这些因素如何共同起作用，以便对患者进行有针对性的治疗。

不同理论家对生物-心理-社会取向有不同的解释。有些生物-心理-社会理论家用素质-压力论（diathesis-stress explanation）来说明各种不同的因素如何共同起作用而引起功能异常。该理论认为，素质就是一种容易受伤或患某种疾病的倾向。根据这种解释，具有患某种心理障碍的生物的、心理的或社会文化的倾向的个体，一旦面临严重的生活压力事件就容易出现相应的心理障碍。有些生物-心理-社会理论家用交互效应论（reciprocal effects explanation）来解释功能异常。他们相信，在诸多影响因素中，有些因素的作用更关键。这些因素会引发其他因素或增加其他因素的强度，从而最终导致某种心理障碍。例如，对一个抑郁症患者来说，也许遗传到的害羞和笨拙倾向是其患病的关键因素。因为害羞和笨拙使其在生活中与人相处困难，从而增加其遭遇人际关系的压力或生活陷入孤立的可能性。此外，他在人际关系中体验到的压力，可能降低其5-羟色胺的活性。可见在这里，害羞和笨拙、人际压力或社会孤立以及5-羟色胺的低活性均是抑郁症的影响因素，但其中最关键的因素是遗传到的害羞和笨拙倾向。

近10年来的文献分析发现，国外理论被报告最多的是整合理论，而从国外一系列研究来看，整合理论是使用最多的（付艳芬，王剑华，廖剑英，汤珺，李娟，2011）。20世纪六七十年代，越来越多的心理治疗师把自己称为方法上的折中主义者和综合主义者，而不是某种单一理论的追随者。一项以美国410位心理治疗师为受访对象的调查发现，持整合模式的治疗师占30%，心理动力学取向的治疗师占27%（包括古典的精神分析学），认知主义者占8%，行为主义者占6%，存在主义者占4%，人本主义者占4%，格式塔主义者占3%，其他占18%。这一现象意味着“整合”已经成为心理治疗领域的一种趋势。因此，本书在介绍异常行为时将会尽量从多因素的角度出发，以便给心理障碍一个更全面的描述。

第四节 变态心理学在中国的发展

变态心理学的思想在中国也有着悠久的历史，可粗略地分为两个阶段：一是科学心理学从西方传入之前的中国传统变态心理学思想；二是科学心理学传入之后的现代变态心理学在中国的发展。

> 思考：中国传统有如此丰富的变态心理学思想，为什么最终没有发展出现代变态心理学？

一、中国传统变态心理学思想[①]

（一）中国古代变态心理现象记载

变态心理学作为一门系统学科虽然始于西方，但有关变态心理学的思想却相当丰富地

① 主要参考了戴明月的硕士论文《中国传统变态心理学思想研究》（2008）。

散见于中国古代的各类典籍。在这些典籍中，几乎能够找到各种诊断系统中描述的所有变态心理症状和各种心理障碍的影子。

中国古代的典籍里记录着各种精神症状的实例。如："张子颜少师，晚年尝患目光闪闪然，中有白衣人如佛相者，子颜信之弥谨。乃不食肉，不饮酒，然体瘦而多病矣。"（视幻觉）（《奇症汇·目》）"孙兆殿丞，治平中间有显官权府尹，忘其名氏，一日坐堂决事，人吏环立，尹耳忽闻风雨鼓角声，顾左右曰：此何州郡也？吏对以天府。尹曰：若然，吾乃病耳。遽召孙公往焉。"（听幻觉）（《奇症汇·耳》）"有松滋令姜愚，无他疾，忽不识字，数年方稍稍复旧。"（遗忘症）（《梦溪笔谈》）"王中阳治一妇，疑其夫有外好，因病失心狂惑，昼夜言语相续不绝，举家围绕，捉拿不定。"（妄想、思维奔逸）（《古今医案按》）"沈宗常治临淄人，自谓无病，忽觉神思有异，晚歌笑不节。"（躁狂）（《奇症汇·心神》）。"玉田隐者治一女，忽嗜食河中污泥，日食三碗许。"（异食癖）（《名医类案》）……

从中国古代的典籍里还可找到各种心理障碍的描述。如："张氏据说丧子悲哀，是情志中起，因郁成劳，知饥不能食，内珠忽陷户胀，两胁忽若刀刺，经先期，色变淤紫。半年来医药无效者，情怀不得解释，草木无能为矣。"（抑郁症）（《临证指南医案》）"丹溪治一人，形质俱实，因大恐患，心不自安，如人将捕之，夜卧亦不安，耳后常见火光炎上，食虽进而不知味，口干而不欲饮。"（焦虑症）（《名医类案》）"卫德新之妻，旅中宿于楼上，夜值盗劫人烧舍，惊坠床下，自后每闻有响，则惊倒不知人。家人辈蹑足而行，莫敢冒触有声，岁余不痊。诸医作心病治之，人参、珍珠及定志丸皆无效。"（恐惧症）（《儒门事亲》）"沧洲治一人，因恐惧遂惊气入心，终日逐逐奔走，不避水火，与人语则自贤自贵，或泣或笑。"（躁郁症）（《古今医案按》）"太阴之人，贪而不仁，下齐湛湛，好内而恶出，心抑而不发，不务于时，动而后之，此太阴之人也。"（反社会型人格障碍）（《灵枢经·通天》）"广尝欲早朝，假寐，忽惊觉，谓其妻曰：吾向似睡非睡，忽见一人出吾身中，语云：'君用心过苦，非神精所堪，今辞君去。'"（分离性障碍）（《北史》）……

（二）中国传统变态心理思想的特点

1. 强调变态心理的身心整合、神行合一，具有心身交织的倾向

《灵枢经·天年》中指出："血气已和，营卫已通，五藏已成，神气舍心，魂魄毕具，乃成为人。"也就是说，只有身心兼备、形神相俱才能形成一个完整的人。中国的先哲们认为身心的相互作用有一定的层次。首先，脏腑与精神心理的关系最为密切。如："人有五藏化五气，以生喜怒悲忧恐。"（《黄帝内经·素问·阴阳应象大论篇》）其次，在神、魂、魄、意、志等众多精神心理活动中，"神"为最高层次，统摄魂、魄、意、志，管辖感知思欲、喜怒哀乐。再次，"心"整合着整个形神活动、身心机能。如《灵枢经·邪客》中提出："心者，五藏六府之大主也，精神之所舍也。"

2. 遵循生理-心理-自然-社会模式

传统变态心理以"七情"的异常为心理障碍的内核，遵循生理-心理-自然-社会模式，重视外在社会条件、自然环境条件的影响。《黄帝内经》中"五藏主五情"的观点说的就是生理在心理异常中的作用。如："肝气虚则恐，实则怒……心气虚则悲，实则笑不休。"（《灵枢经·终始》）中国的古之先哲不仅把"七情"的异常作为心理变态的内核，而且考虑了各种内外因素对它的影响。除了生理因素，心理因素也是影响变态心理的重要因素。

如：“若夫目好色，耳好声，口好味，心好利，骨体肤理好愉佚，是皆生于人之情性者也。”（《荀子·性恶篇》）

外在客观自然环境也会影响变态心理的形成。如：“六淫者，寒暑燥湿风热是；七情者，喜怒忧思悲恐惊是……然六淫天之常气，冒之则先自经络流入，内合于脏腑，为外所因……”（《三因极一病症方论》）此外，个体所生活的社会环境也是一个不容忽视的因素。如朱丹溪在《格致余论》中载有一案：“金氏妇，壮年。暑月赴筵归，乃姑询其坐次失序，遂赧然自愧，因成此病，言语失伦，其中又多间一句曰：奴奴不是。……其家不信，邀数巫者，喷水而咒之，旬余而死。”案例中讲的是一南宋妇人因坐次不当而亡，这只有放在当时的社会环境中才好理解，南宋过于严厉的人伦纲常确实达到了鲁迅先生所谓的“吃人”程度。

（三）中国传统变态心理与行为的治疗

针对变态心理和行为，传统中医典籍里记载了许多心理疗法，如《黄帝内经》（见专栏1-5）。戴月明总结了五种方法。

专栏 1-5

《黄帝内经》

《黄帝内经》是一本综合性的医书，分“灵枢”“素问”两部分，是中国最早的医学典籍，传统医学四大经典著作之一。它在黄老道家理论上建立了中医学上的“阴阳五行学说”“脉象学说”“藏象学说”“经络学说”“病因学说”“病机学说”“病症”“诊法”“论治”“养生学”“运气学”等，从整体观上来论述医学，呈现了自然、生物、心理、社会“整体医学模式”。其基本素材来源于中国古人对生命现象的长期观察、大量的临床实践以及简单的解剖学知识。它奠定了人体生理、病理、诊断以及治疗的认识基础，是中国影响极大的一部医学著作，被称为医之始祖。

1. 开导劝慰法

开导劝慰法就是医生通过话语来影响和改变患者对疾病的认识、态度，对患者进行劝慰、开导，从而达到治疗患者异常心理与行为的效果。《灵枢经·师传》曰：“人之情，莫不恶死而喜生，告之以其败，语之以其善，导之以其所便，开之以其所苦，虽有无道之人，恶有不听者乎？”这种治疗方法有四个步骤：首先告诉患者他的病情发生的现状、原因，让患者真实了解自己的情况；接着，劝说患者与医生合作，使病情好转；然后，引导患者掌握对缓解病情有利的信息，增强患者恢复的信心；最后，还要对患者内心的忧郁消极情绪进行疏导，提供有利的心理环境。

2. 情志相胜法

中医根据金木水火土五行，把人体对应分为肺、脾、肾、心、肝五个系统，它们之间存在五行相克关系，规律为金克木，木克土，土克水，水克火，火克金，五个脏腑系统又与五种情志（即喜怒思忧恐）相对应，“心”主“喜”，对应火，火克金，所以“喜胜忧”。以此类推，直至“恐胜喜”。情志相胜的治疗方法是利用情志之间相互制约的关系，用一种情志去克制、调节、纠正另一种失常情志。如：“戴人曰：昔庄先生治一人，以喜乐之极而病者，庄切者脉，为之失声，佯曰：吾取药去。数日更不来，病者悲泣，辞其亲友曰：吾不久矣。庄知其将愈，慰之。诘其故，庄引《素问》曰：‘惧胜喜，可谓得无关者也。然华元化以怒郡守而几见杀，文挚以怒齐王竟杀之。语活他人，反栽厥躬。悲夫！’”（《古今医案按》）患者因喜生疾，医家根据“恐胜喜”的原理，利用患者“恐惧”的情绪治疗了“喜疾”。

3. 转移注意法

转移注意法是把患者的注意力从疾病本身转移到别处，分散患者对疾病的过度注意力而达到治疗疾病的效果。《续名医类案》中载有一例：“杨贲亨治一贵人，患内障性暴躁，时时持镜自照，计日责效，数医不愈。召杨诊曰：公目疾可自愈。第服药过多，毒已流入左股，旦夕间当发毒。窃为公忧之。既去，贵人日夕视左股抚摩。惟恐其发也。久之目渐愈而毒不作。贵人以杨言不验，召诘之。对曰：医者意也。公性躁欲速。每持镜自照，心之所属，无时不在于目，则火上炎，目何由愈。故诡言令公凝神于足，则火自降，目自愈矣。”医者将患者的注意力从眼疾转移到大腿，眼疾自愈，这正是运用了转移注意法的结果。

4. 针灸刺疗法

针灸刺疗法是中医独特的一种心理治疗方法，它主要是运用针灸的方式刺通人体经脉气血，来调节人的心理状态，达到心理康复的效果。《黄帝内经·素问·调经论篇》记载：“神有余，则泻其小络之脉出血，勿之深斥，无中其大经，神气乃平。神不足者，视其虚络，按而致之，刺而利之，无出其血，无泄其气，以通其经，神气乃平。”这是说，倘若神足且有余，就刺小络使其出血，不要刺得太深以免伤其无关的大经络，这样可以达到神气平和。对于神不足的，找准其虚络所在，用按摩的方式使其气血达到虚络之中，用针刺之使其气血运行，不要刺出其血，也不要外泄其气，只要疏通经脉，就可以神气平和。病人可以通过针灸刺疗的方法达到神气平和的状态，对病人的心理、精神恢复都有作用。

5. 习见习闻法

《黄帝内经·素问·二至真要大论篇》中提到“惊者平之”，也就是说对于受惊之人，需采用方法使之习惯这种刺激，从“惊”到“平”，这一转变需要通过不断的练习加以实现。简单来说，这种方法就是通过患者不断的练习，使其对刺激习以为常，从而恢复常态的心理治疗方法。如：“卫德新之妻，旅中宿于楼上，夜值盗劫人烧舍，惊堕床下，自后每闻有响，则惊倒不知人。家人辈蹑足而行，莫敢冒触有声，岁余不痊……戴人……乃命二侍女执其两手，按高椅之上，当面前下置一小几，戴人曰：娘子当视此。一木猛击之，其妇大惊。戴人曰：我以木击几，何以惊乎？伺少定击之，惊也缓。又斯须连击三五次，又以杖击门，又暗遣人画背后之窗。徐徐惊定而笑曰：是何治法？戴人曰，《内经》云：‘惊者平之。’平者，常也。平常见之必无惊。是夜使人击其门窗，自夕达曙。夫惊者，神上越也。从下击几，使之下视，所以收神也。一、二日，虽闻雷亦不惊。”（《儒门事亲》）治疗过程即一典型的古代版系统脱敏疗法。

中国传统的变态心理学思想已经涉及了现代变态心理学的方方面面，了解这些思想对于把握和治疗中国文化下的变态心理与行为具有重要意义。

二、现代变态心理学在我国的发展

尽管我国早在 2 000 多年前就有着丰富的变态心理学思想，但它们并没有被系统、科学地整理，从而变成一门独立的学科。我国现代的变态心理学是伴随着西方心理学和医学心理学的传入与发展而发展的。

西方心理学传入中国有两条渠道：一是直接传入；二是通过日本间接传入。“心理学”这一术语就是根据日本近代著名哲学家西周 1875 年翻译海文（1816—1874）所著的 *Mental Philosophy* 译名而来。西方科学心理学传入中国是从 20 世纪初，也即清代末期实行新教育制度开始的。1902—1903 年清政府制定学校章程，在师范学校章程中规定了设立心理学课程。但由于清代末期仿效的是日本的教育制度，因此，所用的心理学教科书主要译自日本。直接将西方心理学引入中国的一个重要人物是王国维（1877—1927），他于 1903—1904 年曾在师范学校教心理学课，并直接翻译了丹麦心理学家霍夫丁的著作《心理学概论》。另一个重要人物是蔡元培（1868—1940），他在 1928 年担任中央研究院院长期间直接推动了心理系心理研究所的设立，积极提倡和发展心理科学。1918 年，陈大齐出版了中国自编的最早的大学丛书《心理学大纲》。1917 年，他在北京大学哲学系设立了中国第一个心理学实验室。陈大齐还对当时西方心理学主要研究领域的新成就做过概要的介绍，其中就有变态心理学的领域，他试图对幻觉、梦、催眠现象以及由歇斯底里引起的人格变化等进行科学的解释。

1920 年南京高等师范学校教育科建立了中国第一个心理系。

1922 年，中国第一本心理学杂志——《心理》创办，这本杂志刊登了论述有关异常心理现象的文章。20 世纪 20 年代后期，欧美各国有关变态心理学的著作陆续被介绍到中国。1930 年，朱光潜出版专著《变态心理学派别》，通过评述派别而概括了近代变态心理学的历史。同时，他的另一部专著《变态心理学》也出版，这使他成为我国学术界第一个对变态心理学作系统研究的学者。对变态心理学各派别的系统评述以及对变态心理学的系统研究，推动了当时中国变态心理学的科学研究与实际应用。整个 20 世纪 30 年代，全国已有十几所大学设立了心理系或心理学组，在中央研究院建立了心理研究所，出版了大学用的心理卫生教材，还在医学院中开设了有关课程。1936 年 4 月，在南京成立了中国心理卫生协会，但次年工作被迫中断。抗日战争胜利后，有少数医学心理学工作者在医学院、精神病医院和儿童福利机构从事心理卫生、心理诊断和心理治疗的工作，并出版了相关的著作。1948 年曾在南京召开过一次局部的心理卫生代表会议。总之，整个 20 世纪上半叶，当西方特别是美国的变态心理学得到快速发展的时候，我国直到四五十年代还只有极少数的医学（或临床）心理学工作者在精神病院等机构里从事一些一般性的工作。

1949 年中华人民共和国成立后一段时间，批判弗洛伊德和西方资产阶级心理学思想，把整个西方心理学、变态心理学当作资产阶级的东西打入冷宫，把心理测验、心理治疗当作唯心主义的东西，把心理等同于唯心。这一时期，唯一值得一提的是，1958 年，中国科学院心理研究所的心理学工作者联系医学实际，与北京医学院精神病科医生合作，针对当时为数不少、久治不愈的神经衰弱的患者开展了以心理治疗为主的综合快速治疗，短期内获得显著疗效，引起医学界特别是精神病学界的重视。当时还把这一疗法应用到一些心身疾病（高血压、胃溃疡）和精神分裂症中，也取得了较好的疗效。与此同时，还对这些疾病进行了病因调查和有关异常行为的实验研究。20 世纪 60 年代初期，在防治地方克汀病中，对患病儿童的智力鉴定设计了一套量表，制定了《地方克汀病智力分级的初步方案》。令人遗憾的是，“文革”使变态心理学甚至整个心理学都遭到了严重的摧残，心理学的所有教学和研究单位被取消，整个心理学事业陷入停顿。

直到 1976 年，医学心理学的工作才陆续恢复和发展起来。1976 年 6 月在北京举行的医学心理学学术座谈会和 1978 年 12 月在保定召开的中国心理学会第二届学术会议，标志着医学心理学在我国发展进入新阶段。会议酝酿成立医学心理学专业委员会，并于 1979 年 11 月在天津举行的中国心理学会第三届学术会议上正式成立了医学心理学专业委员会。变态心理学作为医学心理学的一个分支此后得到了蓬勃发展。

由于改革开放，我国与西方的学术交流逐渐多了起来，大量变态心理学教材被引进。1984 年，北京大学的张伯源和陈仲庚在多年变态心理学教学的基础上编写并出版了《变态心理学》，填补了中华人民共和国成立后中国缺乏变态心理学著作的空白。20 世纪 70 年代后期以来，医学心理学的发展使变态心理学得到重视。1987 年 5 月，卫生部在成都召开了高等医学院医学专业第二届教材编审工作会议，决定修订出版医学专业教材，并增加四种必修教材和八种选修课教材。《医学心理学》在这次会议上被规定为新增的必修教材，变态心理学是其中的重要部分。随着各大高校，尤其是师范院校心理系的成立，变态心理学课程的开设打破了以医学院为主的格局。

变态心理学的相关研究越来越多，在《心理学报》《心理科学》《中国心理卫生杂志》《中国临床心理学杂志》等心理学刊物以及其他的临床、医学刊物中均有变态心理学的研究成果发表。20 世纪 90 年代和 21 世纪初，北京师范大学心理学系、北京大学心理学系、中南大学湘雅医学院（原湖南医科大学）等开始招收临床心理学方向的硕士和博士，变态心理学是其培养计划中的重要内容。另外，自 20 世纪 90 年代后期以来，我国开展了各种心理咨询和治疗的培训，包括短期的、系列的、各种流派的，在培训中都认识到变态心理学是一个基础。记得在全国首届督导班的培训中，萧文教授问大家目前最欠缺的是什么，绝大多数的学员回答是“变态心理学”。这说明大家都已经认识到变态心理学在这个领域中的作用。时至今日，随着临床与健康心理学的发展，变态心理学已经成为心理学专业学生的必修课程。

小　结

1. 心理障碍的基本元素。

痛苦、适应不良、不合理、不可预知性和失去控制感、少见和非传统性、旁观者不适、违背标准这些元素在心理障碍的判定中都有作用，但没有一个是绝对的，在使用它们时要根据具体的情境选择。

2. 心理障碍是一种不为某种特定文化所期待或非典型的行为反应，常常表现为内部的心理功能紊乱，并伴随着痛苦和功能性损伤而出现。有三个标准：心理功能失调、痛苦或功能性损伤、不恰当的反应。

3. 在判定心理障碍时，要注意判定标准的社会性，不同的社会有不同的标准，相同社会的不同时期，标准也会发生变化。要注意判定标准的主观性，不同的人在面对同一个患者时，可能得出不同的诊断。要注意判断者的不同角度，旁观者和患者提供的信息通常有很大的差异。在学习变态心理学时，要避免给自己贴标签，不要把自己表现的某些心理现象与某些心理障碍症状等同起来。

4. 变态心理学不仅要对行为异常的各种表现加以描述、分类和解释，还要尽量阐明其发生的原因和机制。其研究的理论任务是帮助揭示正常心理活动的本质及其变化规律；实践任务是促进人类心理健康事业的发展。

5. 人类认识异常心理现象的历史是漫长的。

※ 史前社会把心理异常看成是鬼神附体；人们使用环钻术和驱魔术来治疗心理障碍。

※ 古希腊和古罗马把心理障碍看成是生理异常的结果，希波克拉底认为人脑的正常运转与四种体液有关，即黄胆汁、黑胆汁、血液和黏液，相信某种体液过多或过少就会引发某种心理疾病；治疗包括经由饮食和生活形态的改善，来改变潜在的生理状态。

※ 中世纪，欧洲回到以鬼神论解释异常行为的时期；在中世纪末，有心理疾病的人在医院接受治疗，而不是由教士提供治疗。

※ 在文艺复兴时代早期，对心理障碍患者的照顾和治疗继续得到加强，有些宗教的神殿被用作对心理障碍患者进行人道治疗的场所。16 世纪中期，心理障碍患者被大批赶进精神病院，处境再度恶化；这种情况在启蒙运动时期（1700—1800）和 19 世纪，由于道德治疗（moral treatment）运动的开始而有所改善。

※ 进入 20 世纪，体因性观点重新出现，认为异常的心理功能主要是由生理因素引起的；心因性观点也同时兴起，把心理障碍看成是心理原因导致的。

※ 自 20 世纪 50 年代以来，由于一些新的精神治疗药物的发现，许多精神病患者的治疗情况得到明显改善。

※ 20 世纪 70 年代末，精神病患者从医院走向社区，门诊治疗（outpatient treatment）成为心理障碍患者的主要治疗方法。

6. 变态心理学中常见的理论取向有七种：生物学、心理动力学、人本主义和存在主义、行为主义、认知、社会文化、系统整合。

※ 生物学理论借助遗传基因和神经科学的成果来解释异常行为，并使用生理和化学的方法治疗心理问题。常用的方法包括药物治疗、电休克疗法和精神外科学。

※ 心理动力学理论认为，人类行为，无论正常与否，都取决于潜在的心理动力。心理冲突的根源可追溯到个体早期的亲子关系与创伤经历，因而治疗必须揭开过去的创伤经验及其内在冲突，常用的技术有自由联想、梦的解析、宣泄、重构。

※ 人本主义和存在主义理论把重点放在人的需要上。人本主义者相信，人都有自我实现的动力，当这种动力受到干扰时，就可能产生异常行为。存在主义者相信，异常行为是逃避责任所致。人本主义和存在主义理论在治疗中都把技术放在次要的位置。

※ 行为主义理论强调异常行为与正常行为一样，都是习得的结果。治疗的基本思路是，先确定来访者的问题行为，然后以更适当的行为来替代问题行为。

※ 认知理论认为，异常行为和消极情绪通常是由认知问题引发的，如不合理信念、贴标签、灾难化等。治疗的基本思路是识别并矫正来访者那些非适应性的认知。

※ 社会文化理论重视影响个体的外在环境因素。家庭系统、社会网络、社会条件、社会标签和角色是这一理论取向经常讨论的主题。社会文化理论的原则经常被应用于团体治疗、家庭治疗、夫妻治疗和社区治疗中。

※ 现在越来越多的人相信，人的行为是生物、心理和社会各种因素共同作用的产物。研究者和实践者不仅要弄清行为的影响因素有哪些，而且要知道这些因素共同作用的方式。素质-压力论和交互效应论是两种最常见的系统整合的观点。

7. 在我国古代的医学典籍里蕴藏着丰富的变态心理学思想和治疗案例，这些思想和治疗案例几乎涉及现代变态心理学领域的各个方面。了解我国传统变态心理学思想对于掌握特定社会文化背景下的异常心理现象有着重要意义。我国现代变态心理学是随着西方心理学，尤其是医学心理学的传入和发展而产生和发展的。它的发展经历了一个相当曲折的历程，直到20世纪70年代末才终于获得一个蓬勃发展的契机，发展至今显现出一片繁荣景象，并将进一步发展。

复习思考题

一、名词解释

心理障碍　精神分析

二、简答题

1. 如何理解异常行为系统整合的观点？
2. 人本主义和存在主义有何异同？

推荐影片

《飞越疯人院》

麦克默菲由于厌恶监狱里的强制劳动，装作精神异常而被送进了精神病院。自从他来到后，本来平静的精神病院发生了一连串的事件。

精神病院远非麦克默菲想象中的自由的避难所。护士长拉契特制定了一整套秩序，一切都要以此为准则。病人们受到了严格的管制，还不时受到她的侮辱和折磨。麦克默菲对拉契特的行为十分不满，不时以冷嘲热讽的方式对她加以攻击。在精神病院里，病人们被剥夺了自由追求自己生存欲望的权利。拉契特处处为难麦克默菲。她用大音量的刺耳音乐折磨病人们，并冷酷地拒绝降低音量的要求。在酷爱棒球的麦克默菲提出看世界锦标赛的实况转播时，拉契特又想方设法推托拒绝。虽然麦克默菲最后得到了高大的印第安人“酋长”的支持，凑够了表决的票数，但拉契特又以表决时间已过为借口而拒绝打开电视机。

麦克默菲想让病人们打起精神，快乐地生活一天。他把病人们带上了汽车，来到了一个小港口。他们偷了一条船，到远海钓鱼作乐。病人们欣喜若狂，过了十分快乐的一天。回来后，麦克默菲受到了惩罚。但不久，他又把自己的女友和另一个女人弄到了医院，闹得天翻地覆。闻讯赶来的拉契特侮辱了病人比利，使他割脉自杀，而冷酷的拉契特却无动于衷。这使原本想要逃离精神病院的麦克默菲再也抑制不住怒火，他扑上去掐住了拉契特的脖子。拉契特没有死，可麦克默菲却受到了最惨无人道的待遇。精神病院切除了他的脑白质，使他成了一个完完全全的白痴。“酋长”悲痛地将他搂在怀里，用枕头闷死了这个实际上已经死亡的生命。之后，“酋长”砸开了铁窗，逃出了这个令人窒息的地方。

在这部影片里，你可以看到精神病患者的各种症状表现，也可以看到旧式精神病院的某些痕迹。这或许既能帮助你更深刻地理解心理障碍的内涵，也能帮助你了解心理障碍患者的处境。

第二章

变态心理学的研究方法

如同心理学的其他领域一样，变态心理学在理论和实践中的任务，也要通过有关的研究才能完成，其研究目的与任务之间存在着对应关系，而其研究方法也具有所有科学方法的特征，遵循科学研究的范式，并在过去数十年中，与其他领域一样，变得更为精专。

在这一章里，我们首先回顾科学方法的共同特征，随后了解变态心理学领域中指导研究的主要范式，最后概要介绍常用的研究方法。

第一节　科学方法的特征

科学是对客观事物及其运动变化规律的真理性认识，表现为系统变化的知识体系。人类探索世界、追求真理的方法有很多，但并非所有的方法都是科学的。科学有其特定的研究方法，即科学方法。

在变态心理学领域的理论与实践工作中，借助各种科学方法，我们可以跳脱纯粹的思索。例如，我们不仅仅争辩认知行为治疗是否有效，我们还进行研究以证明它是有效还是缺乏疗效，问题可以通过公开验证和客观观察等方式得到澄清。研究也有助于我们延伸和修正理论。例如，抑郁症研究的先驱贝克，在很多年以前观察到抑郁病人常常表现出两种类型的人格特点：社会依赖型（过度社会依赖）和自主型（过度追求成功）。因此，贝克提出，极端的社会依赖型和自主型性格特征容易导致抑郁。然而，以后的研究却不支持他的假设。调查者发现有的人性格极端社会依赖或极端自主，他们却没有抑郁。这个结果对贝克的假说提出了挑战，并导致其重新阐述人格和抑郁症的关系。修正的理论标定了存在一致性的假说，认为是人格特征（社会依赖型或自主型）和主要与负性生活事件有关的体验之间的相互作用导致了抑郁。后来的研究结果越来越支持贝克的修正理论。

随着科学的发展，具体的科学方法在不断地更新与改进，并且没有哪种方法靠它自身就能肯定地回答所有的问题，然而正如前例描述中所显现出来的，怀疑的态度、客观的原则以及科学的程序是所有科学方法不可或缺的基本特征。

一、怀疑的态度

怀疑主义是一种哲学观念，主张对一切知识的正确性提出质疑。从词源学来看，“怀疑”一词的希腊文意思是“探究”（skeptikoi）。怀疑主义认为，真正的怀疑应该是不断地探究，而不应该终结于某一个肯定的或否定的结论。在心理学领域中从事科学研究工作，科学家必然需要秉承如此这般的质疑态度，这主要是基于以下两个方面的原因。

首先，在科研工作中，研究者也会犯错，推理也并不总是正确的。对前人的研究，若只有全盘的继承而没有合理的怀疑，就不会有理论的创新和科学的进步。如前例关于抑郁症产生原因的研究中，贝克最初根据自己的观察提出的假说就是因为没有被调研结果充分支持而受到质疑，由此推动了进一步的后续研究，最终促成了其修正理论的提出。而本章所论及的主要研究方法，正是能够帮助怀疑主义的科学家测量和验证他们的合理怀疑的有效工具。

其次，作为心理学研究对象的个体是有意识、有心理的有机体，既具有生物性又具有社会性。其心理特征复杂多样，心理活动千变万化，导致在一定时间、一定地点所发生的某一心理现象可能受到很多因素的影响，并且这些因素通常很难被充分考虑与识别。除非研究者在其研究设计中可以涵盖心理、生物、社会等所有可能的因素，否则就无法对某一现象的发生进行完全的解释。而任何研究者都会很清楚地意识到这一点，即没有哪一个研究能够做到囊括所有相关因素。由此可见，前人的许多研究结论往往是对现象不够准确、全面的探究及解说，因而是值得怀疑的。

二、客观的原则

客观性是任何科学及其研究都必须遵循的原则。客观是相对主观而言的，所谓客观性原则，是指研究者对待客观事实要采取实事求是的态度，既不能歪曲事实，也不能主观臆测。要从客观事实中寻找和发现规律，并且从客观事实到研究结论的推理要建立在逻辑规则上，不能牵强附会。

值得注意的是，在变态心理学研究中，很多心理现象无法被准确测量。例如，对可能患有某种精神障碍的个体进行临床评估时，访谈和填写自评量表是两种常用的方法，这就存在着个体是否讲真话或者是否能够准确地报告出所经历的情况的问题，而且对个体行为表现的评定可能受到评估者本人的价值判断、个人好恶的影响，因此测量的客观性就有待商榷。心理现象随时间、情境而富于变化的特性也增加了研究者对整个研究过程进行精确控制的难度。此外，由于伦理原因而无法对某些变量进行控制和操纵的情形也时有发生。例如，我们不能把患者当成老鼠一样关在笼子里或是切除其大脑的一部分以观察其行为的变化。因此，从事变态心理学研究是一项极富挑战性的工作，要求研究者既要认真负责、具有高度的责任心，又要熟练掌握各种研究方法，这样才能最大限度地保证将客观性原则贯穿于从选择课题直至得出结论的整个研究过程的始终。

三、科学的程序

科学活动始于问题，是在对问题进行分析、对相关事实进行归纳的基础上，提出对应的假设与研究方案，并且搜集资料及处理分析资料，用进一步的事实加以验证，从而得出结论。整个过程循环往复，不断进入科学研究的高一级水平，如图 2－1 所示。

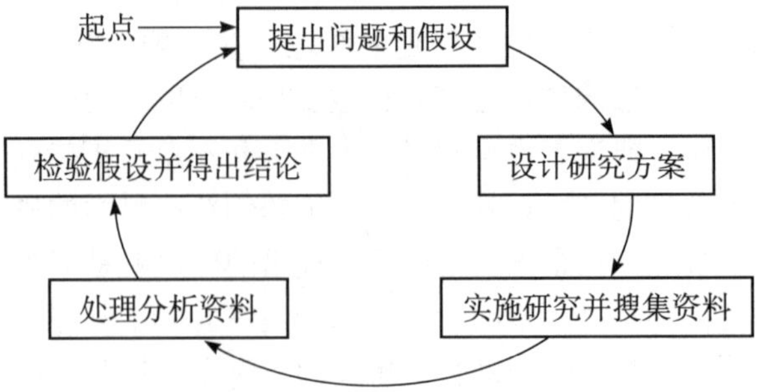

图 2-1　科学活动的一般过程

结合前述贝克关于人格特征与抑郁产生关系的理论的提出和修正的例子，我们对上述科研流程作进一步的概要说明。

（一）研究假设

研究假设是有一定根据的猜想或看法，或有待数据支持的陈述，是以从各种事实中归纳出来的一般性原则与规律为依据，演绎生成的对特殊或个别现象的推论。

前述研究中，贝克最初根据他长期观察到的现象所提出的研究假设是：极端的社会依赖和过度追求成功的自主型性格容易导致抑郁。这是一个因果性假设，即尝试解释行为的某个原因或影响因素的假设。若是尝试描述行为的特征或行为发生环境的假设，则称之为描述性假设。

（二）研究设计

研究设计是对假设进行验证的计划。其要点包括：明确研究目的与选择研究对象，选择研究方法与设计方式，确定研究变量与观测指标，选择研究工具与材料，制定研究程序与选择研究环境，考虑数据整理与统计分析的方法。

不同的研究目的和所采取的研究方法影响研究设计中自变量、因变量的选择与测量。其中的自变量是指被操作或被认为是影响因变量变化的因素。因变量则是研究者要观测的变量，它随自变量的改变而变化。前例中虽然没有具体介绍各个研究者的设计方案，但可以明确的是，研究中的自变量是被试的人格特征，因变量是被试的抑郁状态。当然，在具体研究实施的过程中，还需要进一步界定相关变量的操作性定义，以便对其进行操纵和测量。

（三）研究结论与后续研究

通过执行设计方案，研究者可以搜集到相关资料并进行分析，从而得出接受或者拒绝研究假设的结论。前例中，先期研究的结果并没有支持最初的假设，研究者发现人格特征（如极端社会依赖、极端自主型）并不一定会导致抑郁。并在此基础上提出了个体要产生抑郁，其所经历的负性生活事件必须与人格类型相一致的假说（存在一致性假说）。于是，后续的研究工作便以这个新的假说为起点展开，而得到的结果越来越多地支持了存在一致性这一关于人格特征与抑郁关系的修正理论。

第二节　科学研究的范式

范式，亦被称为范型，是指许多科学家在探究他们的科学主题时所共享的观点。各种不同的研究范式采用各自所特别强调的方面作为研究的方针或计划，确定所研究的问题以及用于解决这些问题的方法。

在变态心理学领域，指导科学研究的主要范式有遗传学研究、跨时间的行为研究和跨文化的行为研究。它们分别侧重考察的方面为：确定任何可能的遗传影响，行为如何随时间变化或保持不变，文化对行为的影响。

> 思考：这三种研究范式各自优势体现在哪些方面？

一、遗传学研究

遗传学的研究涉及三个问题：遗传与环境致病作用的相对大小；有遗传基础的心理障碍的遗传模式；确定有关的基因及其突变与多态性。

遗传学研究方法大致可分为三类：群体与家族遗传研究（遗传流行病学）、细胞遗传学和分子遗传学。其中，群体与家族遗传研究主要用于了解精神疾病是否存在遗传因素及其遗传模式；细胞遗传学和分子遗传学则用于研究精神疾病遗传的机制。到目前为止，变态心理学的遗传学研究主要还是依赖于群体遗传学研究。群体遗传学用于评估以下三组人的遗传风险：亲属、双生子和寄养子。具体包括以下四种研究策略。

（一）家系研究

家系研究是指在家庭环境中检查一种行为模式或情绪特征。具有这种特征的、被选出作为研究对象的成员叫作指标个案。如果遗传影响存在，则可以推测这种特征在直系血亲（父母、兄弟姐妹或者子女）中出现的概率应大于在旁系或关系更远的亲戚中出现的概率。同样，该特征在远亲中出现的概率稍大于在整个人群中出现的概率。

家系研究本身并不能区分遗传的影响与家庭环境的影响，例如，母亲可能在年轻时目击了一场严重的事故，从此形成了对血液的不良反应。每当看到血液时她都会有强烈的情绪反应。由于情绪是传染的，因而看到其状态的小孩可能也产生类似的反应。同样，在他们成人后，又把这种情绪传染给他们的子女。因此，家系研究在确定遗传的致病作用方面效果较差，它主要用于提供可用于其他研究的线索。

（二）双生子研究

双生子研究是通过比较同卵双生子和异卵双生子二者患病的一致率来区分遗传影响与环境影响的一类研究。

这类研究的关键是准确地确定双生子是同卵双生还是异卵双生。如果对于某种心理障碍，同卵双生子的同病一致性远高于异卵双生子，就可以作出该病的发生主要受遗传影响的推测。要想更准确地评估遗传与环境两者作用的相对大小，则可比较同卵双生子自幼分开或一起被抚养的同病一致率，若分开抚养一致性仍较高，则更支持遗传的致病作用。

双生子研究有两个最主要的假设：第一，由于一起成长的双生子生活在同一环境中，因此不论是同卵双生子还是异卵双生子、二者受环境影响的程度都应一致；第二，同卵双生子有完全一样的基因型，也就是说他们的染色体和基因是完全一致的。

事实上，遗传因素与环境因素通常会相互作用，因此，产生的效应并非两个因素的单纯累加。例如，罹患反社会型人格障碍的父母通过基因遗传可能增加其子女对品行障碍的易感性，此外，他们的家庭环境本身也会增加他们行为紊乱的风险。解决这一问题的方法之一是将寄养研究与双生子研究相结合。如果能够找到一对同卵双生子，并且其中一个在婴儿期被收养，就可以在这项研究中评估基因与环境（本性与养育）在行为模式发展中的相互作用。例如，迈克尔·莱昂斯（Michael Lyons）和同事（1995）对参加过越战的士兵中的双生子表现出来的反社会行为进行了研究。研究的被试包括 8 000 名于 1965—1975 年服役的双生子。研究者发现同卵双生子要比异卵双生子出现更相似的反社会行为。

（三）寄养子研究

寄养子研究为区分遗传的影响与环境的影响提供了另一条有用的研究途径，其研究对象为在婴幼儿早期即被非血亲的寄养父母抱养的儿童。寄养子研究将早年被收养的人群和他们的亲生父母、养父母进行比较，主要作以下两种比较：首先是亲生父母患有某种疾病时寄养子对该病的患病率与亲生父母没有某种疾病时寄养子对该病的患病率之间的比较；其次是寄养子患某种疾病时，比较其亲生父母与寄养父母对该病的患病率，如果该病有遗传性，则前者的患病率较高。

寄养子研究需要研究者掌握被研究者父母的情况，这样才能测评亲生父母与养父母的行为特性。此外，这类研究会受到许多偏倚的影响，如孩子寄养的原因、研究对象的社会经济状况不能随机分配，以及抚养有障碍的儿童对寄养父母的影响等。

（四）基因关联分析与相关性分析

一系列家系、双生子以及寄养子研究的结果可能会表明，某种特定心理障碍包含遗传成分，但它们不能提供有关基因或基因组位置的信息。想要对这些有缺陷的基因进行定位，通常有两种策略：基因关联分析和相关性分析。

基因关联分析的基本原理是：在研究一种家庭心理障碍时，同时评估准确位置已知的其他遗传特征（称作遗传标记），如果可以发现心理障碍继承和遗传标记继承之间的匹配或关联，那么，这种障碍的基因和遗传标记很可能在同一条染色体的相近位置上。

另一种定位特定基因的策略是相关性分析，它也使用基因标记。基因关联分析是在患特定障碍的人群中比较标记，而相关性分析比较有障碍和没有障碍的人。如果某些标记在有障碍的人中出现次数明显更高，就可以假设这些标记与障碍基因靠得很近。因此，相关性分析能够更好地识别那些与障碍有较弱相关性的基因。两种定位特定基因的策略清楚地表明了一些障碍的起源，并启发了各种新的治疗方法。

但是上述这些研究普遍存在的一个现象是无法重复实验结果。因此，有人对如此复杂的心理障碍只依赖于一个基因的结论提出了质疑。

二、跨时间的行为研究

跨时间的行为研究所针对的问题是："一种行为模式是如何随时间改变的（或保持不变的)?"在变态心理学领域，这一问题的重要性主要体现在以下几个方面：

第一，问题的答案可以帮助决定是否需要对某个患者进行治疗。例如，我们也许并不会为一个因失去祖父母而感到抑郁的青少年实施一项昂贵且耗时的治疗计划，因为一般来说，通过正常的社会支持，这种抑郁在几个月中可能就会减轻而无须接受治疗。另外，有些问题则不大可能自动消失，需要尽早得到处理。如幼儿的攻击行为。

第二，了解异常行为的发展变化有时能够获得关于问题是如何产生并逐渐严重的信息。例如，一些研究者通过家庭病史识别具有患精神分裂症风险的人，并在危险期里对他们密切关注（18～45 岁）。目的是发现一些能够预测哪些人会最终表现出障碍的因素（如社会地位、家庭精神病理因素）。

第三，对跨时间临床问题的研究有助于设计一些干预或服务计划以预防这些问题的发生。预防精神健康问题将会使无数家庭免除严重的情感痛苦，还可以节省大量的金钱。相关的研究主要包括对诱发未来精神健康问题的生物的、心理的和环境的风险因素进行研究（预先干预研究）以及对帮助预防未来精神健康问题的治疗干预进行研究（治疗干预研究）两大方面。

思考：这三种研究设计的优缺点是什么？

跨时间行为研究中最常使用的设计策略有横断设计、纵向设计、聚合交叉设计。

（一）横断设计

横断设计是指在同一时间内对某一年龄组或几个年龄组的被试在某些特征上进行测查并加以比较，以对各年龄段特征作出分析的研究类型，其中各个年龄组中的参与者被称为同龄组。

横断设计的优点是比较容易操作，可以同时研究较大的样本，研究效率比较高，成本较低，费时较少。并且能够在短时间内找出同一年龄或不同年龄被试心理发展的不同水平或特点，并从中分析出发展规律。例如，布朗和芬恩（Brown & Finn，1982）选取年龄分别为 12 岁、15 岁及 17 岁的青少年进行研究，评估他们对饮酒的看法。他们发现在 12 岁的青少年中，有 36％的人认为喝酒主要是为了喝醉，这一比例在 15 岁的被试中上升至 64％，但在 17 岁的被试中又下降到 42％。研究还发现，在 12 岁的青少年中，28％的人报告说他们偶尔会和朋友一起喝酒，而在 15 岁的被试中，比例上升到 80％，在 17 岁的被试中，比例达到 88％。布朗和芬恩根据这些数据提出一个假设：青少年饮酒过度的原因不是他们故意想喝醉，而是他们受到了饮酒前态度的影响，态度对他们后来的饮酒数量产生了影响。

横断设计的缺点主要表现为：首先，横断设计存在同龄组效应，即研究过程中存在着被试经验和年龄的干扰。例如，在上述对 12 岁、15 岁及 17 岁的青少年进行的研究中，一个可能的情况是，20 世纪 90 年代出生的 12 岁孩子接受了大量关于毒品和酒精使用的教育，而17岁的孩子却没有。因此，不同年龄组对酒精使用看法的差别，也许与他们在不同年龄各自的认知与情感发展以及不同的经验有关。其次，横断研究由于时间短、不系统，因此难以确定因果关系，不能回答被研究的问题在个体中是怎样发展的。例如，拒绝上学的小孩长大后是否会有焦虑障碍？研究者无法仅从对有焦虑障碍的成人和拒绝上学的儿童的比较中直接回答这个问题。他会问这些成年人，他们年幼时是否对学校感到焦虑，但是，这样的回顾信息经常缺乏准确性。为了得到个体在一段时间内是如何发展的更好描述，研究者会使用纵向设计。

思考：请设计实验，来检验这一说法：拒绝上学的小孩长大后会患焦虑障碍。

（二）纵向设计

纵向设计是从时间纵深的发展过程来考察研究对象，在一段时间（短至几周，长至几年、几十年）中对同一（组）个体在不同的时间点进行重复的观察与测定，以评鉴其心理和行为变化特点、变化趋势的研究类型。

与横断设计相比，采用纵向设计的研究者不关注不同年龄的不同组别，而是长时间跟踪一个组，并直接评估其中成员的变化。因此，这类研究不会受到同龄组效应问题的影响，并适于确定引起某些特征变化的因素，建立某种因果关系。例如，在一项关于儿童抑郁的纵向研究中，研究者对508名三年级学生在5年中每6个月进行一次结构化访谈，以评估这些儿童的症状。除了检查抑郁症状，如悲伤以及饮食、睡眠问题，研究者还确定了儿童所经历负面事件的次数以及他们的“解释方式”，即认为坏事将要发生的程度。研究者发现，负面事件对儿童的影响最大；随着他们的成长，悲观主义连同现实的负面事件决定了抑郁的产生。换句话说，儿童几乎只受到确实发生在他们身上的坏事情的影响，但当他们长大一些时，其态度更大程度上决定他们是否会变得抑郁。

纵向设计的缺点是研究周期长，比较耗费时间和资金，被试样本不易保持稳定不变。并且研究结果的准确性可能会受到反复测量的影响（如练习效应、疲劳效应等）。而纵向设计中存在的跨代效应会限制将研究发现推广到其他人群，因为这些人群可能有着与研究参加者完全不同的经历。例如，20世纪60年代和70年代初的年轻人，其吸食毒品的历史与20世纪90年代出生的人有很大的区别。

（三）聚合交叉设计

将纵向设计与横断设计相结合的设计策略称为聚合交叉设计。其突出特点是在一段时间内多次对不同年龄组进行研究，可以做到以下几点：

- 在一个特定时间段内了解各年龄段个体心理特点的总体情况。
- 从纵向发展的角度认识个体心理特征随年龄增长而出现的变化与发展。
- 探讨与不同时代相联系的社会历史因素对个体心理发展产生的影响。

聚合交叉设计虽然比较复杂，测量程序的要求也比较高，但它综合了纵向设计与横断设计的优点，弥补了两者的不足，因此只要条件允许，都应采取这类设计。

以上三种设计如图2-2所示。

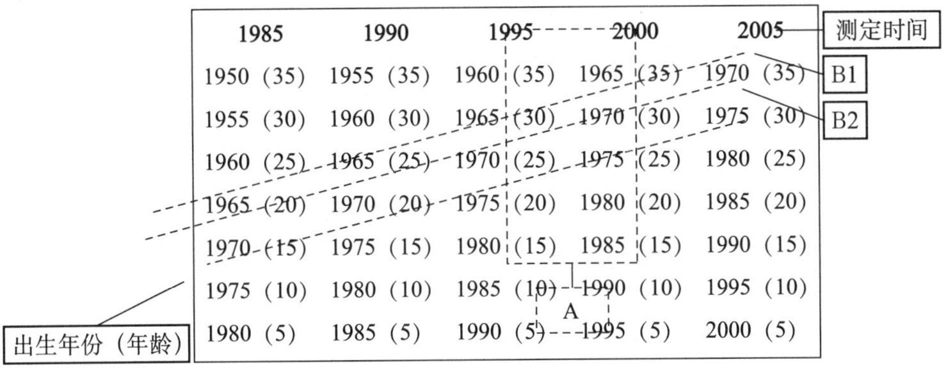

A：横断设计　　B1、B2：纵向设计　　A+B1+B2：聚合交叉设计

图 2-2　横断设计、纵向设计与聚合交叉设计

三、跨文化的行为研究

基因和经验对人类行为的产生与发展都是重要的，二者的运作总是使人类在某些方面彼此相似而在其他方面又彼此不同；同样，文化的运作也创造了一致性和多样性。仅仅研究某一特定年龄人群则会使得眼界狭隘，并且，我们也会因只研究一种文化背景下的人群而忽略一些重要的因素。研究不同文化背景下人们的不同行为，可以告诉我们更多有关异常行为的起源和可能治疗方法的信息。例如，马来西亚的研究者——那里精神障碍通常被认为是由超自然原因引起的——描述了一种叫作吉拉（gila）的障碍，这种障碍有一些精神分裂症的特征，但又在一些重要的方面有所区别。通过比较这两种障碍自身以及它们所处的不同文化背景，我们能否对精神分裂症（以及吉拉）有更多了解？人们对研究中狭窄文化视角的不断认识，促进了心理学中跨文化研究的不断增多。

（一）跨文化研究的基本思路与常见类型

跨文化研究的主要目的在于考察文化因素对心理和行为发展的不同影响，认识不同文化背景中心理现象的差异性和共同性。这就决定了跨文化研究的基本思路是研究者对某一心理现象或行为表现提出假设，然后分别在不同的文化背景中进行检验。一般情况下，跨文化研究以文化因素为自变量，以心理或行为表现的指标为因变量。

根据研究方向的不同，我们可以将跨文化研究分为四类，其中前两类属于假设验证性研究，后两类属于试探性研究。

1. 普遍性研究

普遍性研究力图验证在一个文化群体中取得的研究结果能否推广到其他文化群体。一般而言，这类研究很少涉及地方文化因素。例如，有研究者从许多国家采集数据，用来研究全球人类的普遍价值观结构。

2. 理论导向研究

在理论导向研究中，文化因素被看成是理论框架的核心。研究者关注文化变量与心理学理论的关系，并采用假设检验的方法研究这些关系。研究过程包括文化抽样和证实存在文化差异。例如，梁（Leung，1987）预测了在冲突情境中集体主义文化影响调解策略的使用。研究者选取中国人和美国人两个样本来代表集体主义的两种不同水平（文化抽样），研究证实了在冲突情境下对调解策略的偏好存在文化差异。

3. 心理差异研究

在心理差异研究中，研究者会测量至少两种文化，重点检验不同文化团体测量数据的平均数、标准差、信度系数及其他心理测量学指标。在这类研究中，通常没有什么大理论可预测跨文化的差异。研究者是在观察到文化差异后再去寻找解释，因此属于试探性研究。例如，吉达和勒德洛（Guida & Ludlow，1989）在比较了美国孩子和智利孩子焦虑问题的测验后发现，在大班和中班的被试中，美国孩子测验焦虑的程度比智利孩子低，于是实验者对观察到的差异进行了事后解释。

4. 外部证实研究

这类研究基于与文化相联的因素，探究跨文化差异的意义和差异产生的原因。它并不需要一个事先的、特殊的假设；取而代之的是，试探性地采用大量与文化相联系的变量来解释跨文化差异。这种研究不是为探究概念或者数量上的对等，而是在经验基础上寻求对跨文化差异的解释。例如，彭（Bond，1991）在研究了许多民族的价值观和多种健康测量之间的关系后发现，价值观与一些和健康有关的变量之间存在关联。

（二）跨文化研究的复杂性

在跨文化环境中，存在很多因素会导致看似简单的研究变得相当复杂。这主要表现在以下几个方面。

第一，文化的含义是多方面的，文化因素不仅包括历史遗产、地理环境、经济条件，还包括教育条件、语言因素、风俗习惯等众多内容。文化这种无所不包的特性使其作为研究中的自变量显得过于空泛而难以具体定义。

第二，文化是一个不为研究者所控制的变量，此特性使研究者非常难以估计跨文化研究中的因果关系。当我们发现两种文化组有所不同时，很难对导致文化差异的真正原因下结论。因为来自不同文化背景的人可能会以任何方式有所区别，如他们的遗传背景——其行为差异的原因可能是这些区别，而不是文化因素。

第三，不同文化的特征也会使研究工作变得复杂。在不同的社会环境中，症状或描述可能非常不同。例如，克兰曼（Kleinman，1982）发现，尼日利亚人抑郁时会报告头脑沉重或发热、头脑或腿中的蠕动感、身体发热的感觉以及腹部涨满水的感觉。相反，美国人则报告无价值感、无法开始或完成任何事、对正常活动失去兴趣以及自杀想法。同时，本土中国人没有报告在北美抑郁患者中观察到的愉快消失、无助或无望、内疚以及自杀想法。这些很少的例子就可以说明，对不同文化应用同一抑郁标准的定义会产生极为不同的结果。

第四，对异常行为不同的容忍程度，即阈值是使研究工作复杂化的另一个因素。如果不同文化的人对相同行为的看法很不一致，那么，研究者在进行年发病率和流行度比较时就会遇到麻烦。例如，兰贝特等（Lambert et al.，1992）发现，牙买加的父母和老师对儿童异常行为的报告比美国的少。这是代表儿童本身生物或环境的差异，还是两个社会不同容忍阈值的作用？或者两者兼而有之？对于这种研究，了解不同文化的态度和习俗至关重要。

第五，治疗研究也因跨文化差别而变得复杂。在不同文化中，会产生反映其独特价值的治疗模型。例如，在日本，精神病的住院治疗以家庭模型的形式组织，护理人员承担父母的角色。在沙特阿拉伯，女性出门在外时以面纱遮面，这阻碍她们在治疗师面前露出面容。这样的习俗使建立信任以及亲密的医患关系的努力变得较为复杂。由于在伊斯兰教观念中，医学和宗教是不能分开的，因此，医学和宗教的治疗相互结合。如此种种，导致一些诸如比较治疗结果这样基础的问题在跨文化环境中变得相当复杂。

（三）跨文化研究设计中的重点问题

鉴于以上提及的跨文化研究中存在的问题的复杂性，在研究设计过程中，以下问题就值得给予认真透彻的思考。

1. 对文化的抽样

对验证跨文化研究假设来说，选择文化相当重要。研究者经常以某种理论为依据选取文化。例如，在一项研究中，贝利（Berry，1966）假设：农业社会对个人施加更强的顺从压力，因此，该社会的个体更多地表现出场依赖性特点；而狩猎社会鼓励成员自主，因此表现出较低的场依赖性。于是研究者确定以农业为生和以狩猎为生的两组被试作为文化组并进行取样以验证研究假设。在进行文化抽样的过程中，下列问题需要研究者予以重视和解决：

（1）样本选取可能受到现有资料的限制，有许多民族或文化的特质或变量尚无充足的研究和记录。

（2）多种样本文化可能来源于同一祖先文化，这些同源文化可能有各种形式和不同程度的关联，难以简单比较。

（3）样本文化的单位大小难以确定，单就人口而言，各种文化或民族就差异悬殊，统计差异也难以解释。

（4）文化资料的客观性、准确程度以及分类标准的客观性也难以保证。

2. 文化样本的可比性

跨文化研究中的另一个重要问题是要保证来自两个或两个以上文化的样本之间是具有可比性的。这种跨文化可比性的基础是文化的对等性，即从不同文化中搜集到的数据资料及其处理方法具有文化的等值性。具体而言，主要包括概念对等、数据等价、被试背景特征相似这三个方面。

（1）概念对等。概念对等也称作意义相似。同一概念在不同文化中可能有不同的意义。例如，抑郁对中国人和美国人而言可能有不同的含义。对美国人而言，抑郁仅指心理上所遇到的问题。而中国人则喜欢用生理症状来描述心理问题，通常称为躯体化过程。对中国人来说，抑郁还包括肉体上的痛苦。

（2）数据等价。数据等价的含义是，在不同文化之间，由同一量表得到的数据可以直接进行对比。很多情况下，虽然不同文化组测量的是同一概念，但其数据仍不能直接进行比较。例如，假设我们测量发现，与美国人相比，中国人和日本人报告出较低的自尊水平，如果没有进一步的证据，我们就不能确定该差异的真实性。因为选项设置可能使中国人和日本人的回答产生偏差，因为他们更倾向于选择等级量表的某一部分，或者他们可能故意报告较低水平的自尊，因为谦虚的社会规范不鼓励人们吹嘘自己的能力。

（3）被试背景特征相似。要想进行有效的比较，不同文化组的被试在背景特征上应该是相似的。不然的话，研究者就会很难确定，观察到的差异究竟是因为文化上的差异，还是因为样本误差。例如，假如我们把一种文化中的文盲和另一种文化中受过高等教育的人进行比较，教育水平差异就能更好地解释结果，而非他们文化中的差异。

3. 测量工具的使用

在使用一种工具从不同文化组中搜集数据时，需要确定它确实适用于每个文化组。例如，测量的某些项目可能不适用于某些文化。当在中国使用明尼苏达多相人格量表（MMPI）时，有研究发现，有些题目用中文表达根本没有意义，因此进行了修订。假如有太多的题目不合适，就需要研制一个全新的量表（Cheung & Song，1989）。

第三节　常见的研究方法

科学通常始于分析，即把复杂的问题分解成一个个基本的要素。对思想和行为的心理学分析包括描述、预测和解释。这三者分别对应于科学心理学研究技术的三个主要方面：观察、相关和实验研究。观察程序用于获取描述性数据，具体方法主要包括自然观察法、问卷调查及个案研究。观察程序的结果常常会引发进一步的相关研究，而如果人们想要解释和明确现象的原因，就需要进行实验研究。在本节，我们主要介绍个案研究、相关研究和实验研究这三种常用的研究方法。概括而言，这三种研究方法强调了观察和建立各变量间合乎规律的关系的不同途径。个案研究更多地基于经验事实的描述，为进一步探究隐藏在事实背后的科学规律奠定基础、提供思路。而相关研究和实验研究则分别是印证相关定律与因果定律这两类科学规律的基本方法，由此发现现象产生的原因，实现对心理与行为表现的预测与控制。在本节的最后，我们将讨论一些有关变态心理研究中的伦理问题。

一、个案研究

个案研究是用多种方法搜集资料，对处于自然环境背景中的个体，在微观层面进行深入细致的动态描述与分析的研究类型。个案研究所搜集的资料内容极其丰富，包括个体的家庭情况、成长的历史、早期的生活环境、重要生活事件、患病的历史及发展情况、个人报告、日记、作品、他人（家庭成员、朋友、邻居等）印象及描述等。其中最重要的信息来自个人的报告。

（一）个案研究的优势

多年来，个案研究对促进我们对异常心理现象的了解产生了深远的影响。它可以帮助研究者达成实用和准确的结合，注意到个体的变异性和复杂性，并提供获得与验证知识及理论的发现式途径。具体而言，有以下几点：

（1）内容丰富翔实，其资料所包含的内容是量化研究无法比拟的。

（2）可以导向个体的深度研究，记录下独特的个体经验。

（3）有助于个体提供自己对事物的看法，促使研究者从当事人的角度了解他们的看法，注意他们的心理状态和意义建构。

（4）对特殊现象的深入探讨有助于发现问题或提出新的看问题的视角，进而启发产生新的理论观点。

（二）个案研究的不足

专栏 2－1 中列举的弗洛伊德的研究及其理论所受到的种种质疑显示出了个案研究所存在的固有不足。

（1）研究结果往往来自个别的案例，无法推广到更大的范围中去。并且通过不同的个案研究得到的结果可能是有差异的，其结果无法重复。因此，使用个案研究方法很难产生适合普遍使用的规律或行为原理。

（2）个案研究大多是借助于访谈进行的，被试本身对其经历或体验的报告可能是有偏差的。例如，他们可能会夸大某些事实，而对另一些事件进行渲染，有选择性地报告自己的故事；而与此同时，访谈人员也可能出现偏差，他们可能会倾向于提出与自己的理论观点一致的问题，而引导出个案的不同报告。

（3）个案研究着重对个别事物进行细致、动态的描述和分析，但因研究者不能控制对个案起重要作用的变量，所以，这类研究不易进行因果关系的推论。近年来，不少心理学研究中采用了一种个案研究的变式，称为“偏差个案分析”，它通过对两个背景相似而结果不同的案例的比较与分析，找出造成差异的原因，这在一定程度上弥补了传统个案研究的不足。

专栏 2－1

弗洛伊德的与众不同的研究

在变态心理学研究领域，有一个重要的人物很难被忽视，那就是西格蒙德·弗洛伊德。弗洛伊德的研究与众不同，其理论是从他对病人的细致观察以及几十年的临床分析基础上发展起来的。他花了大量时间倾听患者描述自己的生活：他们记忆中的事件，他们的梦境。由此他注意到这些内容的主题与其特殊的心理症状的联系，并依据从治疗案例中的观察发现，提出了自己关于异常心理现象的概念和理论，内容涉及意识结构、自我防御机制、性心理发展阶段等方面。

弗洛伊德一生著作甚丰，他所构建的精神分析理论和治疗方法颇具影响力。但同时，他的观察和理论自问世以来就一直受到挑战。因为他主要通过个案研究的方法而非通过明确的、定义性的、科学的方法得出结论。对他的批评集中于这样几点：他把自己对病人的观察以及病人对许多年前发生的事件的报告作为资料的来源，没有严格控制的实验，没有对其中任何一种心理现象的细致测量，也没有很明显的方式能够证明或者推翻精神分析理论的基本假定；他的病人不能代表一般的人群；他本人的需要和期望可能影响到他的观察及其对资料的解读。这些都导致他的理论中的大部分无法检验并因此受到强烈的质疑。

二、相关研究

相关研究是探索两个或两个以上变量间相关关系的研究类型，其研究目的是根据与研究对象有关的各种因素（变量）之间相互联系的强度、方向及性质，对研究对象的特征与行为作出解释和预测。

度量相关关系的数量指标是相关系数。由于变量个数不同、变量的测度水平不同，因而相关系数有不同的种类，如积差相关系数、等级相关系数、偏相关系数、复相关系数等。但无论是何种相关系数，其值都在－1与＋1之间。相关系数的绝对值大小表示相关的强度，其符号表示相关的方向。例如，抑郁分数和愉快活动之间的相关系数是－0.87，这就是一个很强的负相关，表示其中一个增加（如愉快活动）时，另一个下降（如抑郁分数）。

在相关研究中一个应特别注意的问题是：借助相关系数所测量和检验的变量之间的关系是联系性的而不是因果性的。例如，对于愉快事件和抑郁之间的负相关的解释可能包括三种：

第一，只参加少量的愉快活动能导致抑郁。

第二，抑郁本身能导致人们参加更少的愉快活动。

第三，抑郁和少量的活动可能是由某些没有测量的第三因素导致的，比如一些神经递质的不平衡既可能导致抑郁也可能导致对愉快活动的兴趣缺乏。－0.87的相关系数只是愉快活动和抑郁之间的一个具有迷惑性的表面上的高相关，抑郁和愉快活动之间事实上不具有实质性的关联。

从以上可见，无法从相互联系的因素中分离出因果关系是相关研究的一大局限。这主要是因为相关研究是对变量进行观察而不是操纵。但是在研究设计中，在一些变量无法被操纵（例如性别）或是一些变量由于伦理的原因而不能被操纵（例如，为满足研究设计的要求而延迟给予患者所需要的治疗）的情形下，出于实际的考虑，相关研究就成为在严格的实验研究无法实施情况下的一种最佳选择。

流行病学（epidemiology）研究是一种典型的相关研究，研究疾病在人群中的发生、分布情况。流行病学家希望通过研究疾病在人群中的情况来找出病因。常用的方法之一是确定患病率，即某一时期的患病总人数占总人口数的百分比。另一种常见的方法是确定疾病的发生率，这是对某一时期新增患者的数量估计。尽管流行病研究的最初目的是研究医学问题，但是这种方法对于研究心理问题同样有效。例如，“9·11”事件后，有研究者调查了曼哈顿地区的1 009名被试。结果发现，对这次事件反应最消极的人是那些原来就有心理问题的人、切身感受了恐怖袭击的人（事发时从世贸中心逃生的人），以及妇女。最常见的消极反应包括焦虑和痛苦的回忆。这个研究就是一个相关研究，因为研究者并没有对自变量进行控制。尽管相关研究存在着局限，但是该研究的确发现应激和心理障碍之间存在联系。

像其他相关研究的意义一样，流行病学研究也不能告诉我们是什么原因导致某种现象的出现。但是对患病率和精神疾病的病程等方面的了解，也给研究者指明了前进的方向。

三、实验研究

实验研究是指对变量作系统的操纵以建立起因果关系的一种研究类型。实验研究中的这种操纵是个案研究和相关研究中所没有的。实验者可以操纵自变量，再测量其对另一个变量，即因变量的效应，并据此对两个变量之间的因果联系作出推测判断。

（一）实验研究的要素

专栏 2-2 描述的是兰格尔和罗丹（Langer & Rodin，1976）做过的一个实验研究，其中包含了实验法的所有基本要素。

专栏 2-2

一个探讨个人责任感和幸福感指标关系的实验

1. 实验假设

年长者可受益于自我责任感。这个假设是在前人的文献和研究者前期观察的基础上提出的。

2. 实验对象

美国康涅狄格州一个叫阿登屋（Arden House）的疗养院中 91 名年龄跨度在 65～90 岁的老人。他们的基本状况大体相同，即身心健康状况相近，有相似的社会经济背景，在疗养院中的住宿条件相同。

3. 实验过程

91 名被试被分为两组。实验组包括 47 名被试（8 男，39 女），他们被告知有照顾自己的责任，有权决定如何布置自己的房间、约会来访者的地点、如何打发他们的空闲时间等，并被鼓励向工作人员报告他们的不满，可以选择一种自己喜欢的植物来照顾。对照组包括 44 名被试（9 男，35 女），他们被暗示工作人员非常渴望给予照顾，所有前述的事情都由工作人员来决定，并发给每位老人一棵植物，告知老人由护士每天替他们给植物浇水并照顾它们。

实验组和对照组的重要差异在于：实验组的被试在生活中有进行选择的机会，可以用多种方法调节自己的生活；但对对照组的被试而言，虽然其他因素与实验组基本相同，但他们收到的信息是，将由疗养院来代他们作出大部分决策。

整个实验过程持续了三个星期。

4. 实验结果

在这项研究中，研究者运用了数种测量方法来了解不同的责任状态是否会产生不同的结果，包括老人们填写的自评问卷，内容涉及以下方面：对自己控制力的评估及在疗养院生活的快乐程度；由护士填写的问卷，评估老人们在快乐、社交、活力等方面的水平；此外还有测量老人实际行为表现（如看电影、参加团体活动）的测验。

在经过三周的实验以后，两组被试在上述测量的很多方面都有显著的差别，见表 2-1。

表 2-1　两次施测的差异

问卷条目	实验组	对照组	差异是否显著
被试的自我报告：			
√ 愉快	+0.28	−0.12	是
√ 积极	+0.20	−1.28	是
护士的评定：			
√ 总体上的进步	+3.97	−2.29	是
√ 时间安排			是
——拜访其他老人	+6.78	−3.30	是
——拜访其他人	+2.14	−4.16	是
——和工作人员谈话	+8.21	+1.61	是
——观察工作人员的工作	−2.14	+4.64	是

1. 实验组与对照组

在设计实验时，为达到消除无关变量的干扰、更好地观察自变量效果的目的，常将被试分为数目相等、无关变量效果相同的两个组，并随机抽取其中一组接受实验处理，这一接受实验处理的被试组被称为实验组。未接受实验处理的那个被试组被称为控制组。

本例中，实验组是住在疗养院四楼的老人，对照组是住在二楼的老人，其设置思路是使两组之间唯一显著的特征差异是个人责任感。这样，两组间三周后的测评差异必然是由个人责任感的不同造成的。

2. 操纵自变量，引起因变量的变化

实验过程中操纵自变量的一个重要前提是界定实验中加以操作的有关变量及其关系。如本例中，个人责任感是自变量，实验是通过传达给两组被试不同的信息来实现对自变量的操纵的。因变量是被试对有责任感和缺乏责任感的反应，如自评的感受、他评的行为表现等。

3. 控制其他无关变量

在实验研究中，除上述对于实验组和控制组的设置外，还要对实验情境和实验条件进行严密的控制。本例中，采取的控制无关变量的手段有：实验始终是在疗养院的环境中实施的；向两组被试传达不同信息的是同一名管理人员；根据老人的行为表现填写评估问卷的护士并不清楚研究者进行的实验；等等。采用了这些控制，研究者在实验中就掌握了主动，可以干预实验过程，使之向符合实验者要求的方向进行，而不像观察法那样只能消极地等待现象行为的发生。

（二）实验研究的效度

研究的效度是指研究真实、正确揭示问题的本质及其规律的程度，即研究结果符合客观实际的程度。主要包括内部效度和外部效度两大类。

1. 内部效度

内部效度是指研究结论可以归结为实验处理的程度。如果实验缺乏内部效度，我们就不能肯定得到的结论真的是归因于我们对自变量的操纵。影响内部效度的因素主要包括以下几种。

（1）实验组和对照组的安排。

在未用实验组与对照组的情况下，任何观察到的变化都可能是其他某些变量作用的结果。例如，假如前例实验中没有使用对照组，那么，即使实验组显示出幸福感增加，这种增加或许也完全不是自我责任感的结果，而是由于在研究期间换了一个新的管理人员，或者是由于调整了营养师。总之，如果额外的变量不能控制或在实验组和对照组中没有同等出现，那么这些变量将会把结果搞得混乱不堪。

（2）随机取样与随机安排。

实验研究中的被试按随机取样原则进行选取可以保证样本的代表性，从而为研究结果的解释和结论的推广及概括奠定良好的基础。在实验研究中还应注意对被试进行随机分配，例如，随机将高社交焦虑被试分入认知治疗或运动处方研究小组之中。如果由被试自己选择进入某小组，则可能会出现某些偏差，如爱好运动者进入了运动处方组或根本对运动处方组不感兴趣。因此，对不同被试组和不同实验处理的随机安排可以保证不同的被试组之间具有可比性，并排除了顺序效应等对研究结果的影响。

（3）期望效应的处理。

在变态心理学的实验研究中，一个经常要考虑的问题是被试期望会对实验结果产生影响。例如，当以一项治疗作为自变量加以操作时，实验组（接受治疗组）的成员通常期望自己能有所好转。当行为变化是来自个人对变化的期望而非实验者的任何操作时，这种现象叫作安慰剂效应。反之，控制组成员可能对不能接受治疗而感到失望。根据其所患障碍的类型，这种失望有可能使他们的情况恶化。这种现象也会使治疗组在对比中看起来更好。通常，研究者通过设置安慰剂给控制组来解决这一问题，即将一些没有实际疗效的药物发给控制组成员，以使他们认为自己也在接受治疗。这样有助于研究人员把积极期望带来的结果从实际治疗结果中区别出来。然而在心理治疗中，设计出使人相信会对其有所帮助，但又不包含治疗者认为的有效成分的方法并不容易。这种控制组中的病人通常也被施以部分实际治疗，如与治疗组相同的家庭作业，但尚不到研究者认为能对改善状况起作用的程度。

“双盲实验”是安慰剂控制组的一个变式，即除了被试本身，直接参与研究的人员和测评人员也对被试的特定情况不清楚（例如，是不是有妄想的精神分裂症病人），对被试所参与的特定处理情况也不了解（例如，被试参加的是给予某种新药物的小组或是安慰剂组）。因为当研究者想测试一种新的方法对精神分裂症病人是否有效时，可能其本身对新方法的热切期望和热心的投入，就会使不同的研究小组出现不同的情况。但这种双盲的安慰剂控制并不适用于所有的研究。因为如果药物是治疗的一部分，那么被试和主试可以通过是否有生理反应而区分出接受或未接受治疗的对象；即使是纯心理干预，被试也常常能够知道自己是否接受了有效的治疗，而且他们可能会根据病情缓解的程度而改变自身的期望。

2. 外部效度

外部效度是指研究结果能够一般化和普遍化到样本所在总体和其他变量条件、时间和背景中的程度，即研究结果的普遍代表性和适用性。当发现实验结果并不能推而广之且仅局限于窄小和刚刚好的实验条件下时，就说明该研究缺乏外部效度。例如前述兰格尔和罗丹的结果仅仅适用于特别的护理之家，故其外部效度欠佳。实际上，一个研究很难确定它的外部效度。虽然实验研究能够较好地对多种变量进行控制，但它的“人为地”自然却可能妨碍它的推广。

（三）实验研究的不同分类

根据不同的标准，可以对实验研究进行不同的分类。有研究者将实验研究分为实验室研究和现场研究。现场研究可能在条件的控制方面逊于实验室研究。例如，对住院精神分裂症偏执型病人进行的现场研究，一个可行的方案是：当其在病房里向他人大谈自己妄想的内容时，所有护士都不理睬他，但当他谈及不属于妄想的内容（例如当天的活动、足球赛事等）时，护士就和他一起聊天。此时，记录病人每天谈及妄想内容次数的改变。通过现场研究往往可以得到某些实验室研究所无法得到的、鲜活的第一手资料，但需要研究者对特定问题的敏感性和尽可能完善的实验设计。

有些研究者把实验研究分成多人次研究和个体研究。在多人次研究中，实验组包含多名被试；个体研究的情况则不同，通常采用单被试实验设计。从严格意义上看，单被试实验设计由于缺乏实验组和对照组，其所得结果往往不能被重复，因此其结论也无法被推广。但在变态心理学领域，常存在有某种特殊障碍或症状的患者很少的情形，无法进行组间实验研究。此时单被试实验设计就可达到既有实验设计的严谨性，又不受人数的影响，把临床治疗与测评结合起来进行研究的目的。这种研究可为特殊障碍或案例提供资料，也可为大规模的实验研究提供基础。

单被试实验设计的最常见的方法是ABAB设计，如图2－3所示。这种设计通常在开始的几天对被试进行观察，称为基线阶段（A），所得到的被试的某种行为结果称为基线数据。第二阶段对被试实施特定治疗（B），此时被试的行为如果发生改变，即被认为是治疗干预的结果。第三阶段撤除治疗（A），观察被试的行为改变是否又回到第一阶段的水平。这一阶段也称为反转期。第四阶段恢复治疗干预（B），如果在第三阶段被试的行为回到了基线水平，而第四阶段又发生改变，则认为这一行为变化确实是由于治疗干预引起的。可见，反转期的引入可以使研究者对治疗和被试行为之间的因果关系有所了解。但ABAB设计的一个难题是撤除治疗会面临某些伦理问题。然而，这种问题的严重性要视具体的情况而定。

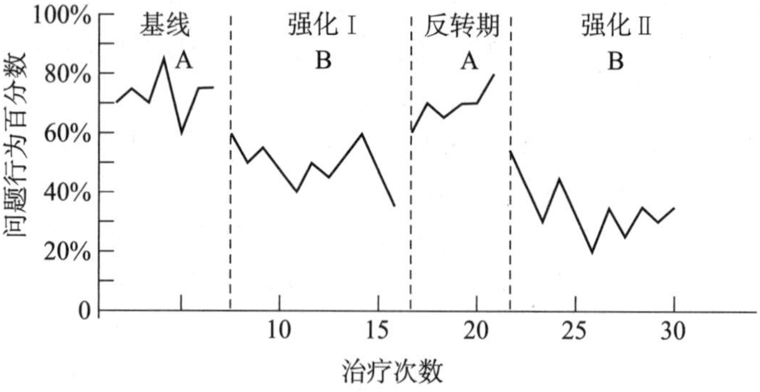

图2－3　治疗的实施与撤除

（四）统计显著性和临床显著性

统计学的引入是心理学从前科学阶段发展到科学阶段的标志之一。统计学家要从研究中搜集、分析和解释数据。在心理治疗效果研究中常用的随机临床试验（randomized clinical trial，RCT）就是采用推论统计的方法，检验实验组和对照组平均数间差异的显著性。雅各布森、福莱特和雷文托夫（Jacobson，Follette，& Reventorf，1984）认为这种统计显著性检验的方法可以为心理治疗效果的评估提供依据，但是，统计显著性的局限性也非常明显：第一，统计显著性仅指出了差异的真实性，并不能说明患者实际的改变；第二，统计显著性检验不能满足实际工作的需要，因为它不能说明患者的状况改善程度，而这些信息恰恰是实际临床工作所关注的。

例如，研究一组中学生的焦虑性情绪问题，让他们接受连续 10 周的心理治疗，并让他们在研究前后填写量表，以了解他们焦虑情绪改善的情况。研究结果发现他们出现焦虑情绪的次数比没有接受治疗的控制组减少很多。如果对结果进行统计检验表明情绪出现频率上的差异偶尔出现的概率小于 5%（即 100 次实验中出现的次数少于 5 次），那么我们就可以说这个差异在统计学上是显著的。但是，这个差异重要吗？对结果进行更细致的分析，就会出现对效果大小的担心。试想，当你观察那些被评定焦虑情绪有改善的学生，发现他们每天焦虑的次数减少，但他们每次焦虑的程度却变得更严重，这说明统计显著性并不意味着研究具有临床意义。针对这一情况，雅各布森等提出了"临床显著性"的概念，它是指患者的心理功能在经历心理治疗或药物干预后的决定性改变，反映的是从临床角度看心理治疗对来访者的改变程度，说明的是来访者心理状态从功能紊乱范围回归到功能正常范围的明显改善程度。也就是说，研究者不再只是将一组被试看作一个整体，而是同时考察个体的差异。如果治疗效果非常明显，对接受治疗的个体产生了显著影响，那么这种疗法就是有临床显著性的。

四、研究的伦理问题

伦理决策的核心起源于有千年历史的宗教和哲学的原则，这一核心关注对他人的尊重和对他人尊严的维护。相同的思想影响了早期对医疗实践的看法，总而言之，"最重要的是不造成伤害"，而这在心理学研究中同样适用。这并不是一个无足轻重的问题。假如研究者为了满足实验设计的需要而推迟对患者进行治疗，那么这一行为的合理性会受到很多人的质疑。

研究者要面对的一个基本问题是：什么时候研究的内部效度要比患者的治疗权利更重要？解决这个问题的一种方法是使用知情同意（informed consent），即参加者在完全了解研究的性质和他在研究中的角色后正式同意参加本研究。在那些需要延迟治疗或取消治疗的情况中，研究者需要告诉参加者这么做的原因和风险，并得到参加者的同意后才能进行。在安慰剂控制组的研究中，研究者需要告知参加者他们在实验中有可能不会得到有效治疗（所有的参加者都不知道他们会被分到哪一组），但是在实验结束后，研究者需要重新给他们一个接受治疗的机会，让他们自己选择是否接受治疗。

为了保护实验参加者的权利，明确研究者的责任，美国心理学会在 2002 年出版了《心理学工作者的伦理原则和道德原则》，其中包括研究的基本指导方针。参加实验的被试必须得到足够的保护，以避免受到身体和心理的危害。除了知情同意，这些基本原则还强调了研究者具有保护参加者利益的责任，因为研究者最终必须保证参加者的利益高于其他任何因素，包括实验设计本身。

小 结

1. 科学方法的共同特征。

※ 从事科学研究，必然要秉承怀疑的态度，即对未知事物不断地探究，对前人的研究批判地继承，而不是终结于某一个肯定或否定的结论。

※ 研究者需对客观现象采取实事求是的态度，既不能歪曲事实，也不能主观臆测。并且需要熟练掌握各种研究方法，最大限度地将客观性原则贯穿于研究的始终。

※ 科学研究是一个整体循环，是一个不断从事实到进一步事实的过程。也就是说，从各种事实中归纳出一定的理论，根据这种理论演绎出各种有关假设，以进一步的事实验证这些假设，从而进入科学研究的高一级水平。

2. 遗传学以及跨时间、跨文化研究。

※ 遗传学研究关注行为中基因的作用。研究策略包括家系研究、双生子研究、寄养子研究、基因关联分析以及相关性分析。

※ 跨时间行为研究的方法包括横断设计和纵向设计。两者都关注不同年龄下的不同行为或态度，但是前者通过观察不同年龄的不同人来进行，而后者则观察同一人不同年龄时的表现。将横断设计与纵向设计相结合的设计则称为聚合交叉设计。

※ 临床症状、致病原因、治疗过程及结果都会受文化因素的影响。进行跨文化研究有助于获得对异常行为的起源和治疗方法等方面更为广泛和深刻的认识。

3. 各种研究方法。

※ 个案研究是对一个或更多个体进行深入的研究和密切详细的描述。尽管个案研究在心理学的理论发展中有重要作用，但通常并不能得出带有普遍性的、适用于所有人的规律或规则，也不能得出原因与效应的结论。

※ 相关研究告诉我们两个变量之间是否存在相互关系，可以启发我们对变量间的因果关系产生想法或理论。但它不能表明这种关系是不是因果性的，这只有通过实验方法才能确认。

※ 实验研究可以采取两种设计方式之一：多人次研究或个体研究。在这两种设计中，研究者操作一个变量（或一系列变量），并观察相应的结果，以确定一个因果关系的本质。

复习思考题

一、名词解释

范式　个案研究　纵向设计　临床显著性

二、简答题

1. 实验研究和相关研究的优缺点分别是什么？

2. 假如有人提出某方法可以有效治疗抑郁症，请设计一个实验检验这种方法的有效性。

第三章

心理障碍的评估与诊断

在生活中，有些人的行为表现会显得与周围人不太一样，甚至难以理解。有的人会担心一些不必要担心的事物，如害怕去电影院、超市；亦有一些向来内向的人，突然间高兴起来了，甚至做出一些显得“疯狂”的举动（如疯狂购物，或整天话不停口，却缺乏主题）；还有些人则长时间情绪低落，成天以泪洗面，茶饭不思……我们应当如何去界定这些“不正常”的表现？用什么方法？依据什么标准？这些都是心理评估与诊断涉及的内容。

实际上，从古希腊开始，人们就开始识别这些显得“异常”的行为表现，同时对其进行分类，以更清晰地描述这类现象。但直到近代自埃米尔·克雷佩林始，心理障碍的分类诊断体系才得以建立。此后，心理障碍的评估与诊断逐步规范化，同时亦使变态心理学的学科得以发展和完善。

心理障碍的评估与诊断是变态心理学理论与实践的一个重要环节。我们可以用多种方法对变态现象进行评价，并进而作出一个诊断。当前，我国流行的诊断体系包括 DSM、ICD、CCMD 三大系统。本书分类诊断体系以 DSM－5 系统为标准，同时参考了 ICD－10 和 CCMD－3 系统。

案例

小林最近比较烦，她的一个表姐最近据说患上了精神障碍，正好小林在省城，于是受家人所托，小林自己来到了脑科医院向医生咨询。然而医生听完小林的描述后，并没有作出诊断，却告诉小林，她的表姐最好能够到医院来，否则很难作出一个准确的诊断。小林自以为这类问题会像躯体疾病一样，只要拿着各种检查报告去问一下医生就行了，这次却出乎她的想象。

在这个案例中，医生为什么一定要见到患者本人？心理医生是如何对患者进行诊断的？见到患者本人就一定能够作出准确的诊断吗？如何去进行一次适当的心理评估与诊断？这些问题都是临床工作者必须要面对的问题，同时也是本章将要探讨的问题。

心理障碍的评估与诊断是开展心理咨询与治疗的前提条件之一。一般来说，评估的概念较诊断更宽泛一些。心理评估一般包括评估者、评估对象、评估工具三个基本要件。心理评估活动涉及个体的心理活动、影响这种心理活动出现的背景因素——个体的人格特点，以及这些个性心理特征与外部世界的相互作用过程。在工作实践中，心理学家往往采用临床访谈、行为评估、身体检查、心理测量以及生理心理评估等多种方法对个体心理的整体进行评价，以得出更为客观、真实的结论。但心理障碍的诊断标准的出现却经历了漫长的历史过程。从古人以感性为基础的评估体系到近代以临床观察为基础的DSM、ICD以及我国的CCMD系统的出现，人类对心理障碍的认识已经进入了一个新的时代。当然，虽然有诊断标准，但由于人类心理的复杂性，心理障碍的诊断较躯体疾病的诊断更为困难。诊断标准亦常因诊断环境与条件的变化而出现偏离，诸如文化偏见、诊断者的专业背景和理论取向，以及被诊断者当时的身心状况等都可能使诊断丧失其客观性。不恰当的诊断常表现为标签化与极端化。

第一节　心理障碍的评估

一、心理评估与心理诊断

心理评估（psychological assessment）是指评估者主要采用心理学的方法和工具，对个体或群体的心理特点及状态进行描述、分类与鉴别的过程。其评定内容包括被评估者的心理过程和个性心理特征，如思维、记忆、情绪、智力、性格等。而心理诊断（psychological diagnosis）则是指运用心理学方法和技术评定个体的心理活动的性质与水平，并根据相关诊断标准，判断异常心理的程度与性质，以作出一个心理障碍或疾病的诊断。心理诊断是对可能存在心理问题或障碍的人进行判断、筛查及鉴定的过程。

思考：心理评估与诊断的差异有哪些？

心理评估与心理诊断二者既相同又相异。其共同之处在于，二者都主要采用心理学的方法与策略搜集被评估者的信息，同时，二者都力图准确把握被评估者的内心世界。二者的不同之处在于：首先，目标不同。心理评估更倾向于从正常人的角度对被评估者进行分析与判断，而心理诊断则更具有医学的意味，更倾向于按照特定的模式去搜集资料，并最终对被评估者作出某种确定性的诊断。因此，心理评估的范围较心理诊断广，程度可能更深。其次，应用范围稍有差异。心理评估一词更常见于医疗系统以外的工作领域，而心理诊断一般在临床部门使用。

心理评估与诊断被广泛应用于人才选拔、职业指导、教学研究、人类工效学评价。在临床活动中，心理评估亦是不可缺少的内容，如：在精神科中配合精神障碍的诊断；在神经科内，亦常使用神经心理测验以确定特定的神经系统的功能障碍等。

心理评估与诊断是心理咨询和治疗活动中制订治疗方案、评价治疗效果的重要前提与依据。另外，在其他躯体疾病患者的康复过程中，心理评估与诊断也是促进其早日恢复，以及制订更有效的康复计划的依据。因此，心理评估与诊断在心理学、医学、教育学、人力资源管理、军事和司法等领域有着十分广泛的用途。

二、心理评估的三要素

（一）评估者

评估者对评估结果的可靠性有着决定性的影响。一般来说，一个合格的评估者应具备以下几个基本素养。

思考：心理评估的要素有哪些？

1. 足够的理论知识

理论，特别是心理学理论是进行评估的前提，是我们理解来访者的背景。因为心理评估的内容涉及生理、心理、社会等诸方面，所以，评估者还应当具备医学、精神病学、社会学方面的相关知识。

2. 一定的评估与诊断经验

评估活动是一项专业性很强的活动，需要有足够的诊断经验才能够作出正确的评价。一个缺乏足够经验的评估者更容易被数据迷惑，更难以控制个人主观因素对评估结果客观性的影响。

3. 熟悉测试技术

心理测量是心理评估中常用的工具，但不同的量表在特点、分量表构成、解释等多方面都存在差异。因此，评估者应当熟悉所使用的评估工具，这样才能保证所获得资料的客观性，以及解释的正确性。

4. 良好的观察能力

心理评估与物理测量有着很大的差异，在环境、个人期待等因素的作用下，评估很容易被扭曲。因此一方面，评估者应当具备良好的观察能力，以避免出现与客观事实不相符的信息；另一方面，评估不可能都是定量的评估，对于定性评估的案例，我们需要及时发现评估过程中可能存在的问题，或者患者自身因素可能造成的对结果的不良影响。

5. 良好的沟通技能

心理评估的成功在很大程度上归于患者的主动配合。良好的人际沟通能力有助于减少患者的疑虑，帮助患者敞开心扉，表达真实的感受。只有这样，才可能得出正确的结论。

（二）评估对象

评估对象本身亦是影响评估结果的一个重要因素。评估对象是否配合评估活动，是否将自己真实的情况报告出来，对于评估结果有着决定性的影响。因此，为获得真实的信息，评估者需灵活运用各种会谈技巧与评估对象建立起良好的评估关系，取得被评估者的信任，激发其参与评估的积极性。

此外，评估时间持续过长及评估对象疲劳、情绪不佳、遭遇特殊生活事件等因素，也会影响评估对象在评估过程中的反应与应答。例如，评估时间过长可能会造成评估对象的烦躁，进而导致其前期的回答更真实，而评估后期出现敷衍的情况。

（三）评估工具

评估过程的一个重要特征是评估工具的选择。在某种程度上，评估工具的选择取决于被评估者特定的心理问题。此外，诊断者要求评估的问题范围也很重要。心理量表是心理评估的主要工具，虽然在心理评估中各种量表的使用，需要配合临床访谈才能获得更可靠的信息，但是就量表本身而言，需要具备以下一些基本的条件。

1. 信度

信度是指测验的可靠程度，即测验结果的一致性程度，通常用相关系数来表示信度的高低。由于测验分数有不同的误差来源，因而估计信度的方法也不同。测验手册常报告的信度指标有再测信度、复本信度、分半信度和同质性信度等。一个好的测验应有较高的信度。通常能力测验的信度高于人格测验的信度。

2. 效度

效度指测验对要测量的对象能够测量的正确程度。测验的效度较高，表明它所测量的结果越能代表所要测量的行为的真正特征。效度是一个好测验的必备条件，效度可分为内容效度、构想效度和效标效度等。

3. 标准化

标准化的目的是保证不同次及不同施测者的测量之间的一致性，是把一套标准或规则运用到测验中的过程。这些标准可以应用到测量的程序、评分和结果解释中。标准化过程是保证测验结果稳定性的一个重要因素。

三、心理评估的内容

心理评估的内容包括：

（1）个体的心理活动，特别是疾病发展过程中的心理活动，包括自我概念、认知、情绪、情感等方面现在的或潜在的健康问题。内在的心理活动是人脑对客观现实的反映过程，包括认知、情感、意志等。

（2）个体的个性心理特征，尤其是性格，可以使评估者对被评估对象的心理特征形成印象。对个体的心理评估应该涵盖上述心理活动与心理特征，即人的自我概念、认知水平、情绪、情感状态、能力、气质以及性格。

思考：心理评估的内容与方法有哪些？

（3）个体与周围环境的相互作用，包括：个体对周围环境的评价，如朋友、家人、工作环境等方面；个体一般的交往方式；个体与他人发生矛盾时的处理方式、理解方式、应对方式等。

四、常用的评估方法

（一）临床访谈

临床访谈是心理学中最古老，同时也是最常用的一种评估方法。临床工作者通过收集来访者过去和现在的行为、态度和情绪，个体既往病史和现病史等方面资料的专业过程，对来访者的情况进行评估。虽然随着科技的发展，越来越多的先进工具已经被应用到了评估领域，但大多数临床工作者仍然认为，临床访谈是最有效的收集来访者信息的方法之一。临床访谈是一种面对面的过程，在此过程中，临床工作者可以有更多切实的感受，而不仅仅是旁观，因此，也更可能获得更真实的信息。因此，虽然当代已经有了许多可以替代面对面的工具，如互联网、可视电话等，但大多数临床工作者仍然认为，只有面对面地临床访谈才能了解一个真实的人。

一般而言，临床访谈中要收集的信息主要包括：（1）问题发生的时间、顺序及同时发生的其他事件（例如生活压力、损伤、生理疾病等）；（2）来访者过去和现在的人际关系史、社会关系史，包括家庭结构（如婚姻状况、子女数量、与父母生活在一起的情况），还有养育史；（3）来访者的性发展史、对宗教的态度（过去和现在的）、相关的文化带来的问题（诸如歧视导致的压力）以及受教育史；（4）其他主观因素（如咨询师个人的主观评估感受）。

临床访谈是临床心理学工作的基本功，是临床工作者与来访者沟通的一个重要过程，也是收集信息、诊断评估和治疗干预的重要方法。临床访谈有三个基本目标：与来访者建立联系，收集来访者信息或有关资料；作出评估或诊断；进行帮助或干预。

（二）行为评估

行为评估是指在特定的情境中按照规定的程序，系统观察个体的想法、感受和行为，对来访者的问题进行评定的方法。行为评估特别适合于年龄太小、智力水平较低、不能很好地报告他们的问题和经历的个体。行为评估技术始于 20 世纪 60 年代，侧重于行为的描述，以及评估和确定控制该行为的环境变量等。当前，行为评估已被治疗师广泛用于心理咨询与治疗中对来访者的评估，同时也用于来访者的自我评估，如强迫症的治疗中，或者认知治疗中的不合理观念记录等。与临床访谈一样，行为评估是心理咨询与治疗活动中的一个重要方法。

一般来说，一个行为评估过程将包括三个阶段：

（1）对需观察的行为下操作性定义。其目的是将那些要测量的内容操作化，即要让行为变得能够进行测量。如将小学生的不守纪律定义为上课时离开座位、与周围小朋友讲话、不服从老师的要求等。

（2）确定问题行为的先前事件（即行为发生前所发生的事件），以及问题行为的后继事件（即事件发生后所发生的事件）。

（3）确定问题行为的获益情况。任何一种行为的存在与持续都与行为对于个体而言的特殊的获益情况联系在一起。虽然许多行为看似对个体无益，但如果仔细观察，我们都能看到其对个体的意义。获益包括初级获益（直接利益，例如，儿童哭闹促使父母过来关心他）和次级获益（间接利益，例如，生病虽然痛苦，但病人角色会提高患者受关注的程度）。

（三）身体检查

虽然身体检查有时在心理咨询与治疗中被治疗师忽略，但我们必须知道身体疾病某些时候会与心理问题存在关联。例如，甲状腺功能亢进就可能导致个体出现焦虑症状，如心慌、失眠等；而甲状腺功能不足则又可能引发类似抑郁的症状；脑肿瘤则常常会导致患者出现某些精神病性症状，如妄想和幻觉。因此，如果来访者存在心理问题，但在过去几年中却没有接受身体检查，则有必要接受身体方面的检查。

有些问题，例如吸食毒品，容易导致患者出现许多类精神病性的症状，如幻觉，但由于患者可能并不愿意让人知道他吸毒的问题而加以隐瞒，从而容易导致误诊和不恰当的治疗。所以，在心理诊断过程中，需要排除躯体疾病的影响。

（四）心理测量

心理测量是依据一定的心理学理论，以心理测验作为工具对人的行为进行评估的方法。心理测量一直是心理学工作者对来访者进行诊断和分类的重要工具。大多数心理测量通常使用经过信度、效度检验的现成量表，例如MMPI、WAIS、SCL-90等。心理测验的种类繁多。(1) 按测验的功能分类：智力测验，用于测量人的智力；特殊能力测验，测量人的特殊能力；人格测验，测量人格特点。(2) 按测验材料分类：文字测验，也称纸笔测验，所用的是文字材料，被试用文字作答，如艾森克人格问卷；非文字测验，也称操作测验，测验项目多是图画、实物等，无须以文字作答，如罗夏墨迹测验。(3) 按测验对象分类：个别测验，即一个主试与一个被试在面对面的情形下进行；团体测验，在同一时间内由主试对多个被试施测。

在心理诊断中常用的测验包括投射测验、人格测验、智力测验以及神经心理测验等。

1. 投射测验

投射测验是指把模糊的刺激，诸如人物或事物图像，呈现给来访者，让他们把看到的描述出来，临床工作者借助于此，对个体无法意识到的想法与感受进行评估的一种技术。测验中所使用的问题模糊，刺激没有明显的意义，对被试的反应也没有明确规定，因此，更容易突破来访者的防御，让治疗师获得更真切的无意识信息。投射测验的理论基础是人们会把自己的人格和无意识的忧虑投射到别人和其他事情上去，所以，来访者面对模糊刺激时，会在不经意间把他们的无意识想法透露出来。

投射技术在20世纪40—60年代盛极一时，尤其是罗夏墨迹测验，被列为临床心理学家训练的必修课程。在那时，罗夏墨迹测验几乎成为临床心理学的同义词。20世纪70年代后，随着行为主义的兴起，投射技术的地位开始下降，但在科研与临床中仍占有重要地位。

常用的投射测验包括：墨迹测验——罗夏墨迹测验（Rorschach inkblots test）（见图3-1）、霍兹曼墨迹测验（Holtzman inkblots test）；图片技术——主题统觉测验（thematic apperception test，TAT）（见图3-2）；言语技术（verbal techniques）——自由联想测验（free association test）、完成句子（sentences blank）；绘画技术（drawing techniques）、游戏技术和玩具测验（play techniques and toy tests）。

图3-1 罗夏墨迹测验的材料

图3-2 TAT临床测验用题板

虽然大多数投射测验并不被认为是严格的心理测量工具，其信度与效度尚存在诸多争议，但是由于投射测验在评估中所具有的，能够绕开来访者防御机制去探索其真实内心世界的独特优势，因而仍然有大量的治疗师将其作为临床评估的重要工具。

2. 人格测验

除了投射测验外，我们还可以利用自陈量表来对人格进行测验。通常，这样的人格量表会要求被评估者根据量表中的陈述与自身情况的符合程度作出选择。然后，评估者根据其回答，按照评定标准，在各种尺度上绘出得分图，从来访者的量表得分及其图片上，对来访者的心理特征做出诊断与解释。目前，临床上经常使用的人格测验包括艾森克人格问卷（EPQ）、卡特尔 16 种人格因素量表（16PF）、明尼苏达多相人格调查表（MMPI）等，其中 MMPI 在临床中应用得十分广泛，在精神病的筛选、诊断方面具有重要意义。

MMPI 的施测比较简单，接受评估的个体只要阅读所陈述的问题，回答“是”或“否”即可。MMPI 对个体的反应特点不作分析，而是分析反应模式，以评价反应模式与患有某种障碍的群体是否类似（如模式与精神分裂症组相似）。每组模式都由不同的标准化量表来表示。当完全按照标准化程序进行时，MMPI 的信度非常好，见表 3-1。

表 3-1　MMPI 维度和高分的解释

L	掩饰度量表。高分提示受试者对题目反应不诚实，试图制造一种令人满意的印象。
F	诈病量表。高分提示粗心、诈病；如非前两种情况则提示为精神病患者，这种病人多半有强烈的偏执意念、妄想、幻觉、思维障碍和极度的社会退缩。
K	效度量表。高分可能提示那些拒绝承认症状而想“装好”的人，以及“否”回答过多的人。
Hs	疑病量表。高分表明受试者异常关注个人身体功能或有模糊的疑病体诉，包括食欲不振、失眠、疲倦、情绪不高。表现为不愉快、自我中心、发牢骚、诉苦、有敌意、要求高和引人注目。
D	抑郁量表。高分反映有抑郁情绪，缺乏自尊心和感觉不适，常表现为易怒、胆小、依赖、悲观、烦恼、易激动、懒散、过度控制及自罪。
Hy	癔症量表。高分者倾向于依赖性、神经症性防卫，以否认和压抑来对付心理压力，常表现为依赖、天真、外露、幼稚和自我陶醉，他们的人际关系常被破坏，对问题缺少自知之明，常有许多躯体症状，如头痛、胃痛、背痛等。
Pd	精神病态量表。主要测量一个人缺乏社交或反社会倾向，高分者常有复仇攻击观念。表现为较早出现行为越轨，不能接近同伴，结婚与工作均发生困难，判断不良，行为呈冲动性，也有自爱自怜、自我中心等特点。
Mf	男子气-女子气量表。高分男女计分不同，解释也有不同。男性高分，表示男性特点不明显，对负起男性责任有不安全感，表现为敏感、爱美、被动或女性化，可能出现对同性的冲动而降低对异性的动机；高分的女性可能拒绝承认典型的女性气质，被视为男性化，粗鲁、好攻击、自信、缺乏感情、不敏感。
Pa	偏执量表。高分常与多疑、孤独、精明、警惕、容易烦恼以及过分敏感有关。可能表现为怪罪和怀有怨恨别人的投射防卫机制，具有充满敌意和爱争辩的特点，而且不太愿意接受心理治疗。
Pt	精神衰弱量表。高分者提示有强迫观念、非常焦虑、高度紧张等。表现为紧张、焦虑、多思、心神不定、强迫、恐惧、刻板，他们常有自责、自罪和自感能力下降及精力不足等表现。
Sc	精神分裂症量表。高分者表现为异乎寻常或分裂的生活方式。表现为退缩、胆小、缺少内心体验、紧张、混乱及易怒。可出现特异或奇怪的想法，判断力差，情绪反复无常。
Ma	轻躁狂量表。高分者表现为思维混乱、妄想、怀疑、偏执（固执）、人格解体、记忆不良或定向障碍与集中注意困难。
Si	社会内向量表。高分者具有内向、害羞、退缩、社交节制、屈从、过分控制、懒散、守旧、紧张、固执的特点，并表现出自罪倾向。社会活动可能只是与一两个朋友或一小撮人群来往，缺乏社交倾向。

资料来源：金瑜，2001。

3. 智力测验

1905年，法国心理学家阿尔弗雷德·比奈（Alfred Binet）和他的同事西奥多·西蒙（Theodore Simon）受法国政府的委任，编制了第一个智力测验。1916年，经过斯坦福大学的刘易斯·推孟（Lewis Terman）的修订，斯坦福-比奈量表渐渐为人所知。智力量表主要用于评定个体的一般智力，也就是那些人们适应社会、人际关系和工作学习环境必不可少的基本技巧和能力。

通常，从智力测验中得到的智商（IQ）是一种根据受试者各方面表现得出的综合分数。IQ分高意味着个体在教育上取得成功的概率比一般群体大。当然，IQ分低于平均分并不意味着这个人一定不聪明，有很多原因会导致低分。例如，不用被试的母语进行测验就有可能使测验得分偏低，但这种结果并不能说明被试不聪明。智力测验常用于预测学生的学业成绩，同时，在临床工作中，人们也常用智商分数来分析来访者在日常的学习或工作中的表现。如一个孩子为什么不能获得期望中的成就，或一个雇员为什么不能取得与别人一样的工作业绩等。

关于智力构成的意见现在仍然没有能够达成一致。智力测验要测量的能力包括注意、知觉、记忆、推理和言语理解。但是这些能力能代表我们所理解的智力的所有内容吗？最近的一些理论家认为智力还应当包括适应环境的能力、孕育新想法的能力和有效加工信息的能力。

4. 神经心理测验

神经心理测验是一类用于检查脑功能失调区域的测验。神经心理测验测量的内容包括语言的理解和表达、注意力、记忆力、动作技能、知觉能力、学习和概括能力等。通过对这些能力的测量，观察人们在特定任务上的能力是否受到影响，治疗师能评价其脑功能失调与否，对个体的行为和有可能存在的脑损伤作出有根据的推测。

对神经心理测验效度的研究表明，它们在发现器质性损伤方面是有用的。戈德斯坦和谢利（Goldstein & Shelly，1984）发现，霍尔斯特德-赖坦和鲁利亚-内布拉斯加测验在识别器质性损伤方面的正确率是差不多的，正确率将近80%。目前，神经心理测验主要是作为一种筛选工具，通常要与其他的评估工具结合使用，以提高发现真正问题的可能性。测验的信度和效度都较好，但由于测试时间往往过长，因此一般不大使用，除非怀疑存在脑损伤。

（五）生理心理评估

生理心理评估是另外一种直接针对脑及神经系统的结构及功能进行的评估。人的行为与意识中的所有变量都与神经系统相关联。因此，个体在生理心理方面存在的差异也可能通过监控、测量与特定行为和心理相关的心理生理数据来评价。这些变量包括对大脑活动情况及其功能状况如脑电图（EEG）、功能性磁共振成像（fMRI）结果、脑磁图（MEG）进行的测量，以及对自主神经系统变化如心电图（ECG）、呼吸频率（BR）、皮肤电（EDA）、肌紧张（MT）、肌电图（EMG）、眼动模式（MEM）进行的测量。

EEG技术通常用于测量与某些类别神经元有关的电活动，揭示脑电波活动，即正在活动的脑部低电压电流。在获取EEG时，直接把电极放在头皮的不同部位，用来记录不同的低压电流。短时的EEG可以记录对特定事件（如听到觉得有意义的刺激）的反应，这种反应叫事件相关电位（ERP）或者诱发电位。因为 EEG 通常受心理或情绪因素的影响，它也可以成为这些反应的指标。如个体在清醒状态下的 EEG 如果出现了极其快速变化、不规则以及不同于一般情况的波峰，则很可能患有癫痫。

评估情绪刺激引起的心理生理反应对于许多心理障碍非常重要，如创伤后应激障碍，即使患者对创伤的性质不是很清楚，这些创伤和与创伤有关的视觉、听觉刺激也会激起强烈的心理生理反应。心理生理测量对于评估和治疗一些疾病，如头痛和高血压相当有用，同时也是生物反馈治疗的基础。在生物反馈中，生理反应的水平，如血压，会通过仪表或数字反馈给患者，以便他们能控制和调节自己的反应。

然而，生理心理评估对技能的要求较高，常需要专门的技术专家才能实施。但是，即便严格实施，由于程序或技术上的困难，或反应本身的性质问题，测量还是有可能出现不一致的结果。因此，只有熟悉某些心理障碍的治疗师，才可能恰当地使用这些能反映心理障碍性质和程度的心理生理记录设备。当然，一些简单的应用，诸如心率监测在放松活动中还是比较常见的。更精密复杂的心理生理评估经常被用于对特定心理障碍（如心境障碍）性质的理论研究。

第二节　心理障碍的诊断

思考：什么是心理诊断？

一、为什么要进行心理诊断

无论是研究还是干预，都要求目的明确、方向正确。没有明确的归类，研究结论无法得出，即使得出也不可信；问题性质没有确定，任何干预都是盲目的，而且有可能造成问题解决的延误，带来不可挽回的、更大的损失与伤害。但是，我们经常会听到某求助者在不同的求助点得到不同的诊断，有的诊断差异非常大，以至于求助者不知所措。早年有学者研究得出结论，精神疾病的诊断一致率只有 42%，而且在不同问题上分歧也有所不同。器质性精神障碍诊断符合率为 75%，功能性精神障碍为 61%，而神经症却只有 28%。应该说任何研究和发明都有其实用价值（或潜在的），但如果不同人得出不同的结论，不同时期得出不同的结论，不同国家和地区得出不同的结论，那么，所有人在谈论和研究的可能都不是同一件事，所有的结论都不能得到推广，研究和干预水平也无法不断地提高。因此，确定问题的性质和概念是研究及干预的前提。诊断就是为了满足这样一个目的而诞生的。

（一）描述

诊断源自对来访者心理的描述。并非每个患者最终都会被诊断有某种障碍，但诊断仍然能够为患者作出详细的描述。诊断过程会广泛地涉及患者的认知、情绪、行为等多方面的表现。因此，诊断能够为我们提供理解一个患者最为重要的数据。

（二）预测

诊断的目标之一就是对来访者的未来发展作出预测。每年都会有大量的研究试图证明生理、心理、社会等诸多因素与来访者未来状态的相互关系。通过诊断，我们将来访者区分为不同的类别，同时，来访者也非常希望了解自己今后的发展状况。诊断能为这些要求提供一个可能的前景。

（三）规范化

诊断的基本要求是要具有一定的信度，也就是对特定的患者，不同的诊断者得出的诊断应当是相同或至少是相似的。诊断标准的制定为不同的诊断者提供了一个相同的参照框架，在这个框架内，大家按照相同的标准来对一个患者的情况进行判断。这无疑能够减少诊断的随意性，提高诊断的可靠程度。

（四）信息交流

诊断为我们提供了有关患者的一个详细的描述，同时也为我们相互交流信息提供了可能。在相同的框架范围内收集到的信息，在一个大致相同的框架内进行分享，因此，诊断为我们提供了一个交流信息的平台。

（五）资料归集

诊断首先是一个信息收集的过程，只有在此基础上，我们才有可能作出某种确定的诊断。在这一过程中，诊断标准为我们提供了一个收集临床信息的基本框架。因此，诊断在本质上可以被视为一个按照特定的方式进行资料收集的过程。

（六）制定治疗策略

诊断是确定障碍的性质、确定治疗方向、帮助分析成因、研发治疗方法、确定预后所必需的。不同的问题和疾病，甚至亚型、病程不同，预后也不同；不同性质的问题所用的干预手段可能完全不同，甚至是相反的。诊断的任务在于确定问题的性质，是否存在精神疾病、是否属于精神病，或非精神病性精神障碍是器质性的还是功能性的，障碍和疾病类型以及亚型。这一切对选择恰当的治疗策略至关重要。

二、心理障碍诊断系统及分类系统的演变

（一）中医对精神障碍的分类

思考：心理诊断是如何出现与演变的？

我国传统中医在数千年前已经开始认识精神疾病，并按照中国阴阳理论对精神障碍进行了最早的分类。公元前3世纪，《黄帝内经》把人的情感活动概括为“七情”——喜、怒、忧、思、悲、恐、惊，五志——喜、怒、悲、忧、恐，并把精神障碍分为癫、狂、痫。公元4世纪，《难经》沿用《黄帝内经》的分类，提出“重阳者狂，重阴者癫”的分类原则。其后，隋代巢元方（约550—630）著的《诸病源候论》中也记载有精神疾病的分类。明王肯堂（17世纪初）著的《证治准绳》中，把精神障碍分为癫狂痫、烦躁、惊悸三类，烦躁下又分虚烦、躁、谵妄、循衣摸床、嬉笑不止、怒、善太息、悲，惊悸之下列惊、悸

(怔忡)、恐、健忘、不得卧。清代陈士铎在《石室秘录》中将精神病划分为狂病、癫病、花癫和呆病四类。

(二) 西方传统的精神障碍分类

西方对于精神障碍的认识与分类也有很悠久的历史。希波克拉底的著作中就已经记载了伴有发热的急性精神障碍、不伴有发热的急性精神障碍、不伴有发热的慢性精神障碍、癔病和斯基台 (Scythian) 病。菲利普·皮内尔描述了 4 种精神病：忧郁症（智力障碍）、躁狂症（无或有谵妄的剧烈躁动）、痴呆（思维障碍）和白痴（智能和情感的缺失）。德国的克雷佩林第一次将早发性痴呆作为疾病单元来描述，并认为青春痴呆、紧张症和早发性痴呆的表现虽然不同，但属同一疾病的不同亚型；同时，他也认识到躁狂症和抑郁症外表上虽然完全相反，本质上却是同一疾病的不同表现，将其合称为躁狂抑郁性精神病，并根据此病有缓解期而将其与慢性进行性衰退的早发性痴呆区分开来。在克雷佩林的分类系统中，还第一次包括心因性神经症和病态人格概念。克雷佩林所建立的分类系统改变了过去精神疾病分类混乱的状态，他的思想推动了精神病学理论的发展。此后，1911 年，德国精神病学家布洛伊勒 (Eugen Bleuler) 将早发性痴呆改称为精神分裂症。弗洛伊德则将一组被认为存在心理冲突的障碍称为“神经症”(neurosis)，并分为焦虑性、癔症性、恐惧性和强迫性，且对人格障碍进行了叙述，进一步丰富了精神障碍的分类学体系。目前的国际分类、美国分类和中国分类在很大程度上沿用了克雷佩林关于心境障碍、布洛伊勒关于精神分裂症、弗洛伊德关于神经症和人格障碍的基本概念。

(三) 现代精神障碍分类的形成

美国医学会 1935 年颁布的《标准疾病分类与名称》，其初衷是为了对慢性疾病进行分类，但在第二次世界大战以后，却被错误、不恰当地用于对战争伤员进行诊断。实际上，战争伤员的问题大多属于急性精神创伤、心身疾病以及人格障碍，但是，这些疾病在当时的分类体系中却没有。

随着精神病学与异常心理学的发展，尤其在第二次世界大战以后，许多国家的学者都认识到必须改变过去分类上的混乱状态，他们迫切要求制定一个多数人能接受的和统一的分类系统。研究人员普遍认为，一个恰当的分类系统将对比较不同地区精神疾病的流行情况、提高诊疗和科研水平、更好地选择恰当的治疗干预方案、深入探讨各种精神障碍的病因、加强国际学术交流起到积极的推动作用。

与此同时，在第二次世界大战以后，资本主义国家的社会保障体系开始得到发展，各种商业保险、医疗以及法律对明确精神疾病分类的需求日益高涨。准确、完善的疾病分类可以有效地预测某种问题或障碍的预后，更好地监督治疗、控制费用，在医疗失当或医疗事故的处理及诉讼中有法可依，便于确定保险金额等。在这种背景下，1948 年世界卫生组织 (WHO) 在其每 10～20 年修订一次的 ICD-6 中加入了精神障碍的分类。但精神卫生工作者不久便发现 ICD-6 中没有痴呆、多种人格障碍以及适应性障碍等类别，在临床应用中极不方便，因此，ICD-6 并未能够获得广泛的认可，当时世界上仅有少数几个国家使用。1952 年，美国制定出版了《精神障碍诊断与统计手册》(第 1 版)(DSM-Ⅰ)，这一分类体系在临床中得到了多数精神健康专业人员的认同，现代精神障碍的分类由此拉开序幕。

（四）现有的分类体系及发展

思考：常见的精神障碍分类方案与诊断标准有哪些？

虽然世界各国及许多学者都在不同时期提出过自己的分类方案与诊断标准，但是，影响最大的还是《国际疾病分类》（ICD）系统和美国的《精神障碍诊断与统计手册》（DSM）系统。

1. ICD系统

《国际疾病分类》的前身是1853年由法国医学统计学家贝蒂荣（Bertillon）提出的“疾病死亡原因统计分类法”，后被命名为《国际死因分类表》（International List of Causes of Death）。1948年世界卫生组织将它更名为《国际疾病分类》（第6版）（ICD－6），并首次将精神疾病单列一章，列举了20多种精神疾病。因为分类过于简单，而且许多疾病并未包括，以及受到不同学派的影响，所以ICD－6在国际上并未得到广泛认可和使用。为了便于规范和统一各国的诊断名称，在1966年出版的ICD－8中加入了各种精神疾病的描述性定义。1992年出版了ICD－10第5章“精神与行为障碍分类”的“临床描述与诊断要点”（CDDG），全部精神障碍被归纳为10个类别，如表3－2所示。

表3－2　ICD－10精神障碍类别

F00～F09	器质性（包括症状性）精神障碍
F10～F19	使用精神活性物质所致的精神及行为障碍
F20～F29	精神分裂症、分裂型障碍和妄想型障碍
F30～F39	心境（情感）障碍
F40～F49	神经症性、应激相关及躯体形式障碍
F50～F59	伴有生理紊乱及躯体因素的行为综合征
F60～F69	成人人格与行为障碍
F70～F79	精神发育迟缓
F80～F89	心理发育障碍
F90～F98	通常起病于儿童与少年期的行为及情绪障碍
F99	未特定的精神障碍

ICD－10描述了近百种疾病与障碍，每种疾病与障碍部分都列有诊断指标和鉴别诊断要点。此外，ICD－10第21章——“影响健康状态和与健康服务机构接触的因素”列举了与心理卫生问题相关的一些问题，如与社会环境相关的问题、与童年负性生活事件相关的问题等。同时，也应该指出，ICD系统是一种折中的产物。为了满足不同层次和对象使用的需要，世界卫生组织同时出版了另外两个版本：为了保证研究的同质性，世界卫生组织出版了ICD－10第5章“精神与行为障碍分类”的《研究用诊断标准》（DCR－10），并配套发行了《复合性国际诊断交谈检查》（CIDI）、《神经精神病学临床评定表》（SCAN）和《国际人格障碍检查》（IPDE）等标准化诊断检查工具；为了满足基层医疗机构使用的需要，世界卫生组织出版了ICD－10第5章“精神与行为障碍分类”的《基层医疗机构用版本》（PCV），只罗列了症状和一些综合征，而没有按疾病进行分类。

2. DSM 系统

案例

小丽是去年刚刚来到美国攻读硕士学位的一名中国学生。虽然在国外，但她还是保留了国内良好的学习习惯。她每次上课都很认真地听讲，并记笔记。与在国内一样，她还是那样一个安静、听话的"好"学生。一切都很顺利。唯一让她觉得比较烦恼的事情就是课堂上她发现自己的美国同学似乎永远都有问题，每到上课，他们就问个不停，而小丽觉得那样直接去质问似乎不太尊重老师。她仍然保持着自己温和、听话的特点。然而，让她感到吃惊的是，有一天，她的导师突然很正式地希望与她聊一下。当她走进导师办公室后，导师告诉她，他觉得小丽可能在心理上出现了一些问题，因此建议她去见一见心理医生。导师认为，小丽虽然是一个极认真的学生，但在课堂上却几乎不提任何问题，也很少与他人辩论，这意味着她很可能出现了某种心理方面的异常。

小丽的导师为什么会如此担心小丽的表现？文化差异在异常现象的辨别中发挥着什么样的作用？

美国医学-心理联合会（美国精神病学协会的前身）在 1917 年曾经制定过一个精神障碍的分类方案，1935 年，这一方案并入了美国医学会颁布的《标准疾病分类与名称》中。1951 年，出于实际的需要，以及 ICD－6 分类过于简单，许多疾病并未包括，国际上的接受度有限，美国公共健康服务总署责成美国精神病学协会制定适合美国使用的精神疾病分类体系。于是，《精神障碍诊断与统计手册》（第 1 版）（DSM－Ⅰ）于 1952 年正式出版，以后陆续出版了 DSM－Ⅱ、DSM－Ⅲ、DSM－Ⅳ，并于 2013 年公布了最新的 DSM－5。

在美国的诊断体系中，1980 年出版的 DSM－Ⅲ具有划时代的意义。DSM－Ⅲ引入了操作性定义和具体诊断标准，提高了信度和效度；在编制过程中，经过了广泛的现场测试，提出了多轴诊断等。DSM－Ⅲ的改变也引起了学者们的质疑，例如：取消神经症、神经衰弱以及癔症的诊断分类；将原来的癔症分为分离性障碍、躯体形式障碍与做作性障碍；单纯从症状与现象学分类；打破了原来精神病与神经症的界限；诊断名称体现出多重性与变化性；等等。然而，DSM－Ⅲ提出的很多观点至今仍然影响着世界各国精神疾病的分类和诊断。

最新公布的 DSM－5 将精神障碍分为 23 大类，如表 3－3 所示：

表 3－3　DSM－5 精神障碍类别

1	神经发育障碍
2	精神分裂症谱系障碍与其他精神病性障碍
3	双相障碍与其他相关障碍
4	抑郁障碍
5	焦虑障碍
6	强迫障碍与其他相关障碍
7	创伤和应激相关障碍
8	分离性障碍
9	躯体症状障碍及相关障碍
10	喂养和进食障碍

续前表

11	排泄障碍
12	睡眠-觉醒障碍
13	性功能障碍
14	性别烦躁
15	破坏性、冲动-控制和品行障碍
16	物质相关障碍与成瘾障碍
17	神经认知障碍
18	人格障碍
19	性欲倒错障碍
20	其他精神障碍
21	药物所致的运动障碍及不良反应
22	其他可能成为临床关注焦点的问题

资料来源：美国精神医学学会编著，2013/2014。

DSM系统自DSM-Ⅲ以后，为了全面评估被评估者的状况，不至于遗漏症状，一直设立多轴诊断。虽然在发展过程中各轴的内容有所变化，但没有本质变化，直到最新版的DSM-5。多轴诊断系统分别从临床综合征、人格及智能基础、躯体状况、应激和社会支持以及整体社会功能等方面衡量被评估者的状况，从而促进了多行业专业人员的协同工作，使DSM系统成为精神健康领域被广泛接受的诊断体系。多轴诊断的具体内容如表3-4所示：

表3-4　DSM-Ⅳ-TR多轴诊断内容

轴	主要内容
轴Ⅰ　临床异常表现	包括上述除精神发育迟滞外的临床障碍及可能成为临床注意焦点的其他情况，如心境障碍、焦虑障碍、儿童的躯体虐待等。
轴Ⅱ　人格障碍、精神发育迟滞	反映被评估者人格及智能发育状况，如是否存在特殊的人格特征或智能发育问题。
轴Ⅲ　躯体情况	精神科以外的各科疾病，如糖尿病、高血压等。
轴Ⅳ　社会心理和环境问题	反映被评估者遭遇的社会心理应激源强度以及社会支持状况，包括与家庭成员及其他基本社会支持人群相关的问题、与社会环境相关的问题、教育问题、职业问题、住房问题、经济问题、医疗服务问题、与法律/犯罪相关的问题等。
轴Ⅴ　整体功能评估	对被评估者现在以及过去的社会适应情况用1～100进行评估。

资料来源：杜兰德，巴洛，2006/2009。

相比之前发表的DSM诊断体系，2013年发表的DSM-5有了较大的改变：

首先，弱化了五轴诊断系统，在分类上向ICD-10靠拢：DSM-5不再强调五轴诊断体系，而是建议将轴Ⅲ与Ⅰ、Ⅱ合并；在轴Ⅳ上推荐使用ICD-10的方法；在轴Ⅴ的使用上建议采用WHODAS（WHO残疾评定量表）进行评定。

其次，强调了对严重程度的评估：DSM-5建议使用规范化量表和问卷对患者症状的严重程度进行评估，从而改变了DSM原有版本中以症状数量为唯一标准的特点。

再次，进一步增加了精神障碍的分类数量：DSM-5将精神障碍的种类由DSM-Ⅳ-TR的17类增加到了23类，对精神障碍进行了进一步的细化与区分。

最后，随着 DSM 系统在全球范围内的广泛使用，文化特异性问题越来越引起临床工作者的重视。DSM－5 反映了这种变化，强调在诊断过程中对文化因素的考量。

3. CCMD 系统

中国精神疾病的分类与诊断标准起始于 1958 年，当时仅仅公布了精神疾病分类（试行草案），后来于 1978 年对原分类进行了修订，形成了 10 个大类，并进一步划分了亚型；1989 年，中华神经精神科学会参照国际分类方案并结合我国国情，制定并公布了《中国精神疾病分类方案与诊断标准》（第 2 版）（CCMD－2）；1995 年，中华精神科学会颁布了以“保留具有我国特色、特点的精神疾病分类方法的同时，将分类系统向国际疾病分类标准逐渐接轨”为原则而修订的《中国精神疾病分类方案与诊断标准》（第 2 版修订版）（CCMD－2－R）；1995 年，中华精神科学会成立 CCMD－3 工作组，并在进行前期现场测试的基础上，于 2001 年推出了《中国精神障碍分类与诊断标准》（第 3 版）（CCMD－3）。CCMD－3 仍然分为 10 类，具体如表 3－5 所示。

表 3－5　CCMD－3 精神障碍类别

0. 器质性精神障碍
1. 精神活性物质或非成瘾物质所致精神障碍
2. 精神分裂症（分裂症）和其他精神病性障碍
3. 心境障碍（情感性精神障碍）
4. 癔症、应激相关障碍、神经症
5. 心理因素相关生理障碍
6. 人格障碍、习惯与冲动控制障碍、性心理障碍
7. 精神发育迟滞与童年和少年期心理发育障碍
8. 童年和少年期的多动障碍、品行障碍、情绪障碍
9. 其他精神障碍和心理卫生情况

CCMD－3 的特点为：以前瞻性现场测试结果为依据，同时参考以前的 CCMD 版本和 ICD－10、DSM－Ⅳ；兼顾症状学分类和病因学分类，分类诊断继续向病因病理诊断的方向努力，能按病因分类尽量按病因分类；分类进一步向 ICD－10 靠拢；根据我国的社会文化特点和传统，保留某些精神障碍或亚型，如神经症、反复发作躁狂症、同性恋等，同时未将 ICD－10 中的性欲亢进、童年性身份障碍、与性发育和性取向有关的心理及行为障碍的某些亚型等纳入分类系统；注意文字表达和写作格式的规范，尽量做到条目分明、规范，增强可操作性等。

三、影响诊断准确性的因素

思考：有哪些因素会影响心理诊断的准确性？

案例

一名负责运送精神病人的司机因为疏忽，中途让三名患者逃掉了。为了不至于丢掉工作，他把车开到一个巴士站，许诺可以免费搭车。最后，他把乘客中的三个人充作患者送进了医院。这三个人被关在精神病院里 28 天，其中两个还差点就此变成了精神病。美国《探路者》杂志的记者格雷·贝克特意为此事前往意大利，对那三个刚被解救的人进行了一次专访。他关心的不是这个故事，他想了解的是，这三个人是通过什么方式证明自己，从而成功走出精神病院的。

下面是他对甲的采访：

格雷：当你被关进精神病院时，你想了些什么办法来解救自己？

甲：我想，要想走出去，首先得证明自己没有精神病。

格雷：你是怎样证明的？

甲：我说："地球是圆的。"这句话是真理。我想，讲真理的人总不会被当成精神病吧！

格雷：最后你成功了吗？

甲：没有。当我第14次说这句话的时候，护理人员就在我屁股上注射了一针。

下面是对乙的采访：

格雷：你是怎么走出精神病院的？

乙：我和甲是被丙救出来的。他成功走出精神病院，报了警。

格雷：当时，你是否在想办法逃出去呢？

乙：是的，我告诉他们我是社会学家。我说我知道美国前总统是克林顿，英国前首相是布莱尔。当我说到南太平洋各岛国领袖的名字时，他们就给我打了一针。我就再也不敢讲下去了！

格雷：那丙是怎样把你们救出去的？

乙：他进来之后，什么话也不说。该吃饭的时候吃饭，该睡觉的时候睡觉。当医护人员给他刮脸的时候，他会说声谢谢。第28天的时候，他们就让他出院了。

格雷·贝克在评论里发表了这样的感慨：一个正常人想证明自己的正常，是非常困难的。也许只有不试图去证明的人，才称得上是一个正常人。

资料来源：http://www.douban.com/note/118414469/.

（一）文化偏见

每个人都带着自身文化的烙印，例如，在美国，有色人种更容易被诊断为酒精依赖与精神分裂症，而白人则更容易被诊断为更轻的精神障碍，如抑郁症。研究者还揭示出了一些更细微的偏见。如数项研究指出，对于双语来访者，诊断者用其母语或第二语言交流，常常会得到完全不同的诊断，诊断者在那些用第二语言进行交流的来访者身上发现了更多的精神症状，也就是说语言及文化背景可能影响着诊断者的判断。

（二）诊断者的专业背景

任何一个诊断者都可能在诊断中受到自身倾向性的影响。例如，心理学背景的诊断者可能更倾向于将患者视为无病的，从而减少诊断的可能性；而医学背景的诊断者则更倾向于将患者视为有病，进而增加诊断的可能性。另外，治疗师还可能对患者进行诱导并引发其相应"症状"的出现。所以，治疗师应该尽可能保持中立，客观地进行访谈，以保证评估过程更客观、准确。

（三）诊断者的理论取向

与此同时，诊断者的理论取向不同，其对资料的选择与关注点则可能是完全不同的。例如，精神分析取向的治疗师可能更倾向于注意那些与童年经历相关的信息，行为主义取向的诊断者则会更强调观察材料和调查表的重要性，而人本主义取向的诊断者可能完全放弃这种诊断的过程，在他们看来，分类的过程和诊断术语导致真实的个体与整体被丢弃了。

（四）被诊断者因素

使来访者信任和投入很重要。心理学家和其他精神卫生专家在如何使来访者放松、使交流更便利等方面经过了广泛的训练，包括使用无威胁性的方式收集资料和使用合适的倾听技巧。很多来访者向心理学家和精神卫生专家提供的资料，大部分情况下受法律上的“私下交流”规定的保护。也就是说，即使官方想获得治疗师从来访者那里获取的资料，如果来访者没有表示同意，那么也是无法获得的，除非治疗师判定来访者的情况很快会对来访者自己或他人造成伤害或危险。在初次访谈开始时，治疗师就应当告诉来访者他们之间交谈的保密性，以及只有很少的情况下才会不遵守这一原则。

四、诊断可能导致的问题

思考：心理诊断可能带来一些什么问题？

（一）标签化问题

首先，诊断的最终结果是要给来访者一个诊断名称，但这仅仅是诊断名称，不是对疾病的解释。但问题在于，对任何一种诊断，人们都会用不同的理论去理解。这样，任何一个诊断者都有可能用自己对该疾病或障碍的理解来对照被评估者。例如，认为悲观消极是抑郁症的原因。但实际上，抑郁症的病因有很多，抑郁症本身仅仅是一个诊断名称，用于描述一组行为特征，而并不能解释患者为什么会悲观消极。

其次，标签化用语常会给来访者带来持续的负面影响。诊断的标签作用会暗示异常心理现象与正常心理现象有着本质的区别。可是实际上，除少数问题会持续加重外，绝大多数异常心理现象有可能是暂时的、阶段性的，完全有可能是由应激而激发或导致的。这些症状在现实问题缓解或解决之后完全可能消失，个体甚至具有超过原来的社会适应水平。但是，标签作用会使周围的人产生消极归类，对当事人过度关注，并产生不利的影响。例如，过度的情感表达（expressed emotion）常常不利于精神分裂症患者的康复。

最后，标签化会对当事人的自尊、人际关系、求学与就业等产生实际影响；会使当事人陷入“病人”角色而难以摆脱；会使心理卫生工作者只关注疾病，而不是“患者”，如人们常说某某是抑郁症，而不是说某某是一个抑郁症患者等。另外，精神障碍的标签还会损害当事人的人际关系，让他们更难找到工作，甚至使其公民权利被剥夺等。在这种情况下，有人认为诊断标签会鼓励人们滞留在患病的角色中，而成为永久的患者。

（二）极端化问题

大多数精神病理问题并非处于精神正常或异常的两端，恰恰相反，处于中间状态的更为常见，过分注重诊断，有可能扩大“异常”的范围和标准。因此，新版的DSM系统增加了一个判断标准，那就是认为这些症状可能导致个体在社会、职业或其他重要领域内临床上明显紧张或受损的程度和范围。如果诊断忽略了正常到异常的中间状态，而只注重正常与异常，那么它将无法正确地评估各种异常症状，导致诊断的极端化。因此，诊断可能会扭曲患者的事实状态。

小　结

1. 心理评估与心理诊断。

※ 心理评估是指评估者主要采用心理学的方法和工具，对个体或群体的心理特点及状态进行描述、分类与鉴别的过程。

※ 心理诊断是指运用心理学方法和技术评定个体的心理活动的性质与水平，并根据相关诊断标准，判断异常心理的程度与性质，作出一个心理障碍或疾病的诊断。

2. 心理评估三要素。

※ 评估者：一个合格的评估者应具备足够的理论知识、一定的评估与诊断经验、良好的观察能力和沟通能力，并熟悉测试技术。

※ 评估对象：评估对象是否配合评估，其身心状态是否正常，以及评估者与评估对象之间是否拥有良好的评估关系，是影响评估正确性的重要因素。

※ 评估工具：信度、效度、标准化程度是选择恰当评估工具的条件。

3. 常用的评估方法。

※ 临床访谈：通过系统收集来访者过去和现在的行为、态度和情绪，既往病史和现病史等方面资料，对来访者的情况进行评估的方法。

※ 行为评估：在特定的情境中按照规定的程序，系统观察个体的想法、感受和行为，对来访者的问题进行评定的方法。特别适合于年龄太小、智力水平较低、不能很好地报告他们的问题和经历的个体。

※ 身体检查：是排除心理障碍生理因素的一种方法。

※ 心理测量：依据一定的心理学理论，以心理测验作为工具对人的行为进行评估的方法。在心理诊断中常用的测验包括投射测验、人格测验、智力测验以及神经心理测验等。

※ 生理心理评估：直接针对脑及神经系统的结构及功能进行的评估。它包括对大脑活动情况及其功能状况，如脑电图（EEG）、功能性磁共振成像（fMRI）结果、脑磁图（MEG）进行的测量，对自主神经系统变化，如心电图（ECG）、呼吸频率（BR）、皮肤电（EDA）、肌电图（EMG）、眼动模式（MEM）等进行的测量。

4. 主要的诊断标准。

※ ICD-10：世界卫生组织的《国际疾病分类》体系，1948年，世界卫生组织接手管理该标准的制定。1966年，在ICD-8中加入各种精神疾病的描述性定义。现在应用的

为其第 10 版。

※ DSM－5：美国的《精神障碍诊断与统计手册》(DSM)，自 1952 年第 1 版制定以来，平均大概每 10 年修订一次，当前应用的是 DSM－5。DSM 系统是目前接受程度最高的一个诊断体系。

※ CCMD－3：《中国精神疾病分类方案与诊断标准》，此标准始于 1958 年，后于 1978 年修订，将精神疾病分为 10 大类；1989 年制定并公布了 CCMD－2；2001 年颁布了 CCMD－3。这是我国当前使用的重要诊断标准。

5. 影响诊断准确性的因素。

※ 心理障碍的诊断常因文化偏见、诊断者的专业背景、诊断者的理论取向以及被诊断者当时的身心状况等因素而出现失误。

6. 标签化与极端化是诊断可能导致的两种可能对病人造成伤害的重要形式。

复习思考题

一、名词解释

心理诊断　心理评估　评估工具　心理测验　人格测验　投射测验　DSM－5　CCMD－3　标签化

二、简答题

1. 心理诊断与心理评估有哪些联系与区别？
2. 心理评估的三要素包括哪些？
3. 心理评估的主要手段包括哪些？有何特点？
4. 心理测验在心理障碍评估与诊断中有何价值与意义？
5. 哪些因素可能影响心理评估与诊断的准确性？
6. 不适当的心理诊断可能导致的后果有哪些？如何理解？

第四章

焦虑障碍

焦虑是一种以显著的负性情绪、紧张的躯体反应，以及对未来的担忧为特点的情绪状态。焦虑在个体身上可能表现为一种主观上的不舒适感、一系列的行为反应（例如，看上去忧心忡忡、担忧或烦躁不安），也可能是某种源自大脑的生理反应和反射性的心率上升或肌肉紧张。

焦虑令我们难受到痛苦，甚至疲劳不堪，但适度的焦虑对我们而言是有好处的。焦虑可以激发甚至提高我们在智力、体力活动上的绩效，如果没有焦虑，我们可能什么也做不成。利德尔（H. S. Liddell）将焦虑比作“智力的影子”，认为人们能做出精细的计划，与担心事情会出错的恼人情绪，以及由此产生的防患于未然的准备有关。这就是为什么焦虑是一种指向未来的情绪体验。

适度的焦虑可以促进我们的进步和成长，也可以保护我们在威胁中尽量少受伤害，但是过度的焦虑体验就会严重影响到我们的日常生活、人际沟通、学习和工作。如果个体持久地（通常持续6个月以上）体验到过度的紧张、害怕或担忧，总是高度警觉，并存在一些回避行为，那么，个体可能罹患了某种焦虑障碍。焦虑障碍主要包括分离焦虑障碍、选择性缄默症、特定恐惧症、社交焦虑障碍、惊恐障碍、场所恐惧症、广泛性焦虑障碍、物质/药物所致的焦虑障碍、其他躯体疾病所致的焦虑障碍、其他特定的焦虑障碍以及未特定的焦虑障碍。在各种焦虑障碍中，个体均会体验到恐惧、害怕或担心，但是不同的焦虑障碍对应的情境，以及对这些情境的解释及回避行为是不同的。在焦虑障碍的患者中，男性患者比女性患者要少，男女比例大约为1∶2。针对焦虑障碍的治疗，目前较为有效的心理治疗方法是认知行为疗法。

思考：除了文中提到的内容，各焦虑障碍可能还有哪些共同之处？

本章主要介绍惊恐障碍、场所恐惧症、社交焦虑障碍、广泛性焦虑障碍和特定恐惧症。有惊恐障碍的个体体验过一次或多次意外的惊恐发作，并持续性地担心不知什么时候会再次体验到惊恐发作，为了预防再次体验到突如其来的惊恐发作，个体一贯的行为方式会发生明显的改变。有场所恐惧症的个体一般在两种或两种以上的情境中，担心自己会惊恐发作。有社交焦虑障碍的个体表现出对一个或多个社交情境过度恐惧，认为别人会对自己作出负性的评价。有广泛性焦虑障碍的个体会对各种生活情境表现出持久的、弥散性的焦虑、担忧或忧心忡忡，同时还伴有相应的躯体症状。有特定恐惧症的个体会对某一特定的对象或情境表现出过度的恐惧或害怕。

第一节 惊恐障碍

一、临床表现

惊恐障碍的主要特征是反复出现不可预期的惊恐发作，惊恐发作是突如其来、意料之外的，与特定的情境无关。惊恐发作是一种突然而来的恐惧、害怕或躯体不适，通常在10分钟内达到高峰，然后逐渐消退。躯体不适主要包括心悸、出汗、发抖、气短、哽噎感、胸痛、恶心、头晕、发热或发冷、感觉异常。惊恐发作时还可能会出现现实解体或人格解体，害怕失控或发疯，以及会体验到濒死感。个体经历过惊恐发作之后，会持续性地担心自己再次惊恐发作，从而导致失控、发疯或死亡。因此，个体会表现出一些回避行为（例如，避免剧烈运动、不喝咖啡）或安全行为（例如，外出有他人陪伴、随身携带“特效药”）。

思考：请回想一下，你是否曾经体验过惊恐发作。如果体验过惊恐发作，试想为什么没有发展为惊恐障碍。

全球惊恐障碍的年患病率在2%和3%之间，亚洲、非洲、拉丁美洲国家的患病率要低一些，大概在0.1%和0.8%之间。在惊恐障碍的患者中，女性患者是男性患者的两倍。惊恐障碍的起病从青春期开始，在成年期达到顶峰，老年期有所下降。发病年龄平均在20～24岁；有些个体在14岁以前就会有惊恐发作的体验，甚至发展成惊恐障碍，但这种情况比较少见（American Psychiatric Association，2013）。

由于惊恐发作时，个体会表现出一些躯体反应或不适，因而在对惊恐障碍进行诊断时，要注意判断惊恐发作是不是其他躯体疾病的生理反应，以及是不是物质使用后的生理反应。惊恐障碍常常与场所恐惧症、重性抑郁障碍共病。通常而言，惊恐障碍先于场所恐惧症或重性抑郁障碍发病，因此，出现共病可以是个体惊恐障碍变严重的一个标志。

案例

李女士，40岁，国企处级干部，与丈夫和女儿一起生活。三年前一次出差坐飞机，上飞机没过久，突然感觉心慌、气短、胸闷、头晕，觉得自己马上就要晕倒。空姐给她端了杯热水，她喝了几口热水后，在座位上闭目休息了一会儿，觉得身体状况有些好转。下飞机后，立马去当地医院进行检查，医生说她身体并无大碍，可能是疲劳所致。

但是，从此以后，李女士每次外出都要带上速效救心丸，以防自己再次出现身体不适。李女士也开始注意生活习惯，不再喝咖啡、可乐，也不再去健身房跑步，以免引起身体上的不适感。

惊恐障碍的诊断标准

1. 反复出现不可预期的惊恐发作表现为突然产生强烈的害怕或强烈的不适感，并在几分钟内达到高峰，发作期间出现下列至少4项症状。（注：这种突然发生的惊恐可以出现在平静状态或焦虑状态。）

（1）心悸、心慌或心跳加速。

（2）出汗。

（3）震颤或发抖。

（4）气短或窒息感。

（5）哽噎感。

（6）胸痛或胸部不适。

（7）恶心或腹部不适。

（8）感觉头昏、脚步不稳、头重脚轻或昏厥。

（9）发冷或发热感。

（10）感觉异常（麻木或针刺感）。

（11）现实解体（感觉不真实）或人格解体（感觉脱离了自己）。

（12）害怕失去控制或“发疯”。

（13）濒死感。

[**注**：可能观察到与特定文化有关的症状（例如，耳鸣、颈部酸痛、头疼、无法控制的尖叫或哭喊），此类症状不可作为诊断所需的4个症状之一。]

2. 至少在1次发作之后，出现下列症状中的1～2种，且持续1个月（或更长）时间。

（1）持续地担忧或担心再次惊恐发作或其结果（例如，失去控制、心脏病发作、“发疯”）。

（2）在与惊恐发作相关的行为方面出现显著的不良变化（例如，设计某些行为以回避惊恐发作情境，如回避锻炼或回避不熟悉的情况）。

3. 这种障碍不能归因于某种物质（例如，滥用的毒品、药物）的生理效应，或其他躯体疾病（例如，甲状腺功能亢进、心肺疾病）。

4. 这种障碍不能用其他精神障碍来更好地解释（例如，在未特定的焦虑障碍中，惊恐发作不仅仅出现于对害怕的社交情况的反应中；在特定恐惧症中，惊恐发作不仅仅出现于对有限的恐惧对象或情况的反应中；在强迫障碍中，惊恐发作不仅仅出现于对强迫思维的反应中；在创伤后应激障碍中，惊恐发作不仅仅出现于对创伤事件的提示物的反应中；在分离焦虑障碍中，惊恐发作不仅仅出现于对与依恋对象分离的反应中）。

资料来源：DSM－5；American Psychiatric Association，2013.

二、病因及治疗

（一）惊恐障碍的病因

当经历过一次突如其来的惊恐发作后，有些个体会不太在意，认为可能是最近太过疲惫，缺乏休息，而有些个体则会比较警觉，十分在意和关注自身的躯体反应。于是，当个体由于锻炼身体而出现心跳加快时，他会认为可能会惊恐发作。研究者从生物学和心理学的角度解释了惊恐发作。生物学的角度认为，惊恐发作是由大脑警报系统的遗传缺陷所致，神经警报回路受到激活会导致惊恐发作。然而，心理学的角度（认知理论）则认为，惊恐发作是个体对自身的躯体感觉灾难化的解释所致，个体灾难化地解释躯体反应，从而引发惊恐发作（见表 4－1）。

表 4－1　惊恐障碍的生物学和心理学解释

事实	生物学解释	心理学解释
惊恐发作可由注射钠乳酸盐和育亨宾引起	钠乳酸盐引起患者惊恐发作，因为这些药剂可以使生物化学易染性强的人直接产生惊恐	惊恐障碍的患者错误地认为药物能加速心跳和呼吸；他们的认知混合了这些效果，产生急性焦虑
同卵双生子比异卵双生子的惊恐障碍的一致性高	对惊恐的生物化学易染性是神经警报系统的一种遗传缺陷	对惊恐障碍的易染性可能是遗传的，或因为某些身体症状是遗传的，或因为较高的心跳速率是遗传的
惊恐障碍的患者进入惊恐状态，表现出较差的对恐惧反应的抑制力	对警报反应的低调节力是由遗传的大脑异常引起的，不受患者的控制	警报系统的低调节力是一种惊恐的表现，最根本上是由患者的认知引起的
抗抑郁和抗焦虑药物能减少惊恐	药物阻断生物化学过程会导致惊恐障碍	药物阻断了惊恐产生过程中被曲解的症状

巴洛（Barlow，2004）提出了一个比较综合的病理模型，认为有惊恐障碍的个体若具有某种生物易感性和心理易感性，对应激事件就会过度敏感。个体如果意外地体验过一次惊恐发作，就会更加关注自身的躯体感受，并进行灾难化的解释。为了防止惊恐发作，一方面，个体会时刻留意自身的身体反应；另一方面，个体会采用相应的回避行为来应对。

（二）惊恐障碍的治疗

研究表明，苯二氮卓类药物、三环类抗抑郁药和选择性 5－羟色胺再摄取抑制剂都可以有效地缓解惊恐障碍的症状。除了药物治疗外，心理治疗，特别是认知行为治疗也能在一定程度上治疗惊恐障碍（见表 4－2）。

表 4－2　惊恐障碍的药物治疗和认知行为治疗

	药物治疗[a]	认知行为治疗
改善	60%～80%的人有明显的改善	超过 75%的人有明显的改善
复发率[b]	中度到高度	低
不良反应	中等	没有
花费	低廉	低廉
时间	几天/几周	几周
总体	好	非常好

[a]大部分基于三环类抗抑郁药物的研究。

[b]停止治疗后的复发率。

由于惊恐障碍的患者十分关注自身的躯体感觉或反应，因此，治疗时要主动诱发个体的躯体反应。例如，采用快速呼吸、原地转圈、快速深蹲起、左右摇头等措施，让个体体验到心跳加速、呼吸困难、口干、头晕、胸闷等躯体症状，从而检验个体灾难化的担心是否会发生。但是，需要注意的是，在进行躯体感觉诱发实验之前，要确保个体的身体状况是可以进行这些诱发实验的，个体的躯体反应不是源于某种躯体疾病。

除了进行躯体感觉诱发实验外，认知行为治疗师，还会对个体进行认知重建，帮助个体建立内感性暴露等级，教个体进行放松训练或正念练习，以及如何更有效地应对生活中的应激事件。

第二节　场所恐惧症

一、临床表现

有场所恐惧症的个体会有意识地回避某些情境（例如，处于开放的空间、封闭的空间、人群中，以及乘坐某种交通工具或独自离家），因为他们担心自己可能会难以逃离这些情境，或是惊恐发作后得不到及时的救助。个体处于相应的情境中，或是预期将处于相应的情境中，均会引发个体强烈的恐惧和担心。个体对某些情境的恐惧或担心是持续性的，而非偶然一次的恐惧或担心。为了避免在相应的情境下惊恐发作，个体会有意识地主动回避（行为回避或认知回避）这些情境。当情况非常严重时，个体甚至无法出家门。

场所恐惧症的发病率为1.4%～1.7%。场所恐惧症可能起病于儿童期，但是在青少年晚期和成年早期起病达到顶峰，大部分患者首次起病在35岁之前，第二次发病高峰是在40岁以后（American Psychiatric Association，2013）。在场所恐惧症的患者中，女性的发病率是男性的两倍。场所恐惧症常常和其他焦虑障碍共病，尤其会与特定恐惧症、惊恐障碍和社交焦虑障碍共病。当个体的场所恐惧症较为严重时，个体会表现出明显的意志消沉和抑郁症状，还会酒精成瘾或药物滥用。此时，场所恐惧症常常与重性抑郁障碍和物质使用障碍共病。

场所恐惧症的诊断标准

1. 在下列5种情况中的2种及以上情况中感到显著的恐惧或焦虑：

（1）乘坐公共交通工具（例如，公共汽车、火车、轮船或飞机）。

（2）处于开放的空间（例如，停车场、集市或桥梁）。

（3）处于封闭的空间（例如，商店、剧院或电影院）。

（4）排队或处于拥挤的人群之中。

（5）独自离家。

2. 个体恐惧或回避这些情况是因为害怕出现惊恐症状时，或其他失去功能或产生窘迫的症状（例如，老年人害怕摔倒，害怕大小便失禁）时，难以逃离或得不到帮助。

3. 场所恐惧情况几乎总是触发害怕或焦虑。

4. 个体总是主动回避场所恐惧情况，需要人陪伴或带着强烈的害怕或焦虑去忍受。

5. 这种害怕或焦虑与场所恐惧情况和社会文化环境所造成的实际危险不相称。

6. 这种害怕、焦虑或回避通常持续至少6个月。

7. 这种害怕、焦虑或回避引起有临床意义的痛苦，或导致社交、职业或其他重要功能方面的损害。

8. 即使有其他躯体疾病（例如，炎症性肠炎、帕金森氏病）存在，这种害怕、焦虑或回避也是明显过度的。

9. 这种害怕、焦虑或回避不能用其他精神障碍的症状来更好地解释。例如，不能仅限于特定恐惧症的情境性的症状；不能只涉及社交焦虑障碍的社交情况；不仅与强迫障碍中的强迫思维、躯体变形障碍中的感到有躯体外形缺陷或瑕疵、创伤后应激障碍中的创伤性事件的提示物，或分离焦虑障碍中的害怕离别等相关。

注：无论是否存在惊恐障碍，都可以诊断为场所恐惧症。如果个体的表现符合惊恐障碍和场所恐惧症的诊断标准，则可同时给予两个诊断。

资料来源：DSM-5；American Psychiatric Association，2013.

二、场所恐惧症与惊恐障碍的关系

在DSM-Ⅳ中，惊恐障碍包括两个亚型：伴场所恐惧症的惊恐障碍和不伴场所恐惧症的惊恐障碍。但是，在DSM-5中，场所恐惧症被单独列为一种精神障碍。研究表明，超过一半的场所恐惧症患者并没有体验到惊恐发作，或是没有与惊恐障碍共病（Wittchen et al.，2008）。

在部分场所恐惧症的患者中，个体可能体验过一次或多次意料之外的惊恐发作，随着时间的推移，意料之外的惊恐发作会演变成情境性的惊恐发作。个体开始担心、害怕在某个特定的情境中惊恐发作，因无法及时被救助致使自己失控、患病或死亡。除此之外，还有一些场所恐惧症的患者从来没有体验过惊恐发作，他们担心在某个特定情境中，如果焦虑症状出现，自身会感到十分难堪或无力逃脱。

第三节　社交焦虑障碍

一、临床表现

大部分人在进行公共演讲时，会或多或少地表现出紧张、焦虑、手心出汗、喉咙干涩等情绪反应或躯体反应；有一些人在权威人物（例如，老师、领导、父母或长辈）面前会表现得害羞、紧张或不自在。与正常个体或害羞者相比，有社交焦虑障碍的个体恐惧和担心的程度更深，回避的社交情境也会更多。

社交焦虑障碍的主要特点是个体对一些社交情境（例如，演讲、上课发言、聚会、结识陌生人）表现出过度的焦虑或担心，预期自己会在这些社交情境中表现不好而被他人负性评价，因此会主动回避上述社交情境。当无法回避相应的社交情境时，个体被迫处于此种社交情境中，会表现出明显的躯体反应（例如，发抖、出汗、肌肉紧张、口干），甚至可能惊恐发作。

案例

晓钢从小是一个十分听话的男孩子，他努力学习、认真做功课、听从父母的教导，很安静，很少引起他人的注意。顺利考上高中后，父母开始注意到晓钢身上的一些变化。晓钢没有朋友，在学校，他不愿参加任何社团活动或体育活动，即使班上很多孩子都参加了他也不去。父母决定同晓钢的班主任交流一下，班主任也想找晓钢的父母谈一谈。班主任说晓钢从不参加社团活动，在班里也不发言。老师们除了在他那里得到"是"或"否"的回答外，很难得到更多的答案。更令人苦恼的是，午餐时发现他躲在男生休息室的隔间里，这种情况已经持续了好几个月。随后，父母领晓钢去医院检查，晓钢被诊断为社交焦虑障碍。晓钢对社交情境有一种不切实际的极度的恐惧，除父母之外，几乎其他任何人的出现都会让他感到尴尬或担心出丑。

思考：在东西方文化下，社交焦虑障碍的患病率是否会有所不同？

社交焦虑障碍的患病率大约为3%～13%。在美国，社交焦虑障碍被看作一种较为普遍的精神障碍，发病率大约7%～12%（Kessler et al.，2005)。社交焦虑障碍的平均发病年龄为11～16岁，极少数个体是在20岁以后发病。女性患社交焦虑障碍的比例比男性略高。那些受教育不足、单身、社会经济地位较低的个体的发病可能性会更高。有社交焦虑障碍的个体总是回避一些社交情境，因此大部分个体都是单身。

社交焦虑障碍常常与重性抑郁障碍或物质使用障碍共病，大约一半的社交焦虑障碍患者具有回避型人格障碍。在对社交焦虑障碍进行诊断时，需要注意将其与广泛性焦虑障碍、惊恐障碍、场所恐惧症、躯体变形障碍、回避型人格障碍进行鉴别诊断。

社交焦虑障碍的诊断标准

1. 个体面对可能被他人审视的一种或多种社交情况时，产生显著的害怕或焦虑情绪。例如，社交互动（对话、会见陌生人）、被观看（吃、喝的时候），以及在他人面前表演（演讲）时。注：儿童的这种焦虑必须出现在与同伴交往时，而不仅仅是与成年人互动时。

2. 个体害怕自己的言行或呈现的焦虑症状会导致负性的评价（即被羞辱或尴尬，导致被拒绝或冒犯他人）。

3. 社交情况几乎总是能够触发害怕或焦虑。注：儿童的害怕或焦虑也可能表现为哭闹、发脾气、惊呆、依恋他人、畏缩或不敢在社交场合讲话。

4. 主动回避社交情况，或是带着强力的害怕或焦虑去忍受。

5. 这种害怕或焦虑与社交情况和社会文化环境所造成的实际威胁不相称。

6. 这种害怕、焦虑或回避通常持续至少6个月。

7. 这种害怕、焦虑或回避引起有临床意义的痛苦，或导致社交、职业或其他重要功能方面的损害。

8. 这种害怕、焦虑或回避不能归因于某种物质（例如，滥用的毒品、药物）的生理效应，或其他躯体疾病。

9. 这种害怕、焦虑或回避不能用其他精神障碍的症状来更好地解释，例如，惊恐障碍、躯体变形障碍或孤独症（自闭症）谱系障碍。

10. 如果其他躯体疾病（例如，帕金森氏病、肥胖症、烧伤或外伤造成的畸形）存在，则这种害怕、焦虑或回避是明确与其不相关或过度的。

标注，如果是：

仅仅限于表演状态：如果这种害怕仅出现在公共场所的演讲或表演中。

资料来源：DSM－5；American Psychiatric Association，2013.

二、病因与治疗

（一）社交焦虑障碍的病因

研究发现，如果父母患有社交焦虑障碍，那么大约有1/4的子女也会罹患社交焦虑障碍（Mancini，Van Ameringen，Szatmari，Fugere，& Boyle，1996）。有关双生子的研究表明，同卵双生子一方患病，另一方患病的可能性为24%；异卵双生子一方患病，另一方患病的可能性为15%（Kessler et al.，2005）。

行为主义认为，通过经典条件反射，个体如果在某些社交情境中体验到焦虑和恐惧，就会回避这些社交情境。虽然回避行为缓解了焦虑，但是长期而言却强化了社交焦虑，此过程体现了负强化的原理。认知理论则关注哪些功能不良的信念会致使社交焦虑产生。社交焦虑障碍的患者总是认为自己在社交情境中表现得不够好，且他人会对自己的表现给予负性的评价。

巴洛（Barlow，2004）认为，有社交焦虑障碍的个体存在一些生物和心理易感性，在面对生活压力事件时，他们可能会预料到自己在某些社交情境中表现得很糟糕（假警报），结合以往社交失败的现实经历，加之缺乏一定的社交技能，因而就会过多地注意自己在社交情境中的表现，认为社交情境是危险的，他人会对自己进行负性评价，故而主动地回避社交情境。

（二）社交焦虑障碍的治疗

目前，治疗社交焦虑障碍的常用药物主要有单胺氧化酶抑制剂、选择性5-羟色胺再摄取抑制、苯二氮卓类药物和三环类抗抑郁药物。与其他三类药物相比，选择性5-羟色胺再摄取抑制的不良反应较小，被广泛用于治疗社交焦虑障碍。

认知行为疗法对于治疗社交焦虑障碍疗效显著。治疗师主要采用认知重建、行为实验、角色扮演、暴露练习、现场演讲、应对尴尬社交情境、学习社交技能等干预方法，来治疗个体的社交焦虑症状。根据社交焦虑障碍的特点（害怕面对社交情境），对个体进行认知行为团体治疗，将更有助于缓解个体的社交焦虑。除此之外，治疗师还会采用人际关系疗法来治疗社交焦虑障碍。

第四节　广泛性焦虑障碍

一、临床表现

在日常生活中，我们会为身体健康、学习成绩、工作晋升而感到紧张、担心或焦虑，但是这种担心不会影响到我们的正常生活，有时适度的焦虑反而会有助于我们更好地生活、学习和工作。然而，当我们难以控制自己的焦虑情绪，对周围的许多事情都忧心忡忡，致使我们不能专心地学习和工作时，就应该考虑我们是否罹患了广泛性焦虑障碍。

思考：广泛性焦虑障碍有哪些表现？

广泛性焦虑障碍的主要特征是个体对生活中的诸多事件都表现出过度的担心和焦虑。一般而言，儿童会担心自己的学习、体育、社会表现；成年人会更加关注孩子的不幸、家庭成员的健康、工作的责任；老年人则会担心自己的健康状况和理解能力。此外，有广泛性焦虑障碍的个体还会表现出明显的躯体症状（例如，肌肉紧张、睡眠障碍、容易疲倦等）和行为异常（例如，坐立不安、注意力不集中、易激惹）。

案例

丽芳是一个20岁的大学生，没有什么朋友。她来到心理诊所，抱怨说自己对什么都很担心，觉得生活失去了控制。任何事情对她来说都是一个大灾难，尽管她的平均绩点达到了3.7分，但她总觉得自己会在每次考试中失败。结果仅仅上了几周的课，她就不断地提出要退学，因为她害怕自己听不懂老师讲课的内容。

丽芳在自己就读的第一所大学仅学习了一个月就退学了，就学期间，她整天处在担心之中。丽芳不仅担心学校的事情，也担心和朋友的关系。每当她和男朋友在一起的时候，她就担心自己会做什么愚蠢的事情让男朋友对她失去兴趣。实际上她也承认每次约会都非常顺利，但是丽芳还是会担心下一次约会将会是一场灾难。丽芳还非常担心自己的健康，她有轻度的高血压，部分原因是她有点胖，因此，她每天严格按照食谱来吃每一顿饭，生怕吃错了种类或者没有按照标准的量吃。另外，丽芳还担心自己的宗教信仰以及与家人的关系，特别是与母亲和姐姐的关系。因为同样的原因，丽芳几乎没有朋友。即使是这样，当偶尔不焦虑的时候，丽芳也还是很好相处的。

广泛性焦虑障碍的终生患病率在5.8%和9%之间，来自发达国家的个体比非发达国家的个体罹患广泛性焦虑障碍的可能性更大（American Psychiatric Association，2013）。广泛性焦虑障碍起病的年龄跨度比较大，在任何一个年龄阶段都会发病。不同年龄阶段的个体所表现的症状基本相似，但所担心的内容是不同的。在广泛性焦虑障碍的患者中，大约 2/3 的患者是女性。广泛性焦虑障碍常常与重性抑郁障碍（女性患者居多）、物质使用障碍（男性患者居多）共病，此外，需要注意将广泛性焦虑障碍与强迫障碍进行鉴别诊断。

广泛性焦虑障碍的诊断标准

1. 在至少 6 个月的多数日子里，对于诸多事件或活动（例如，工作或学校表现）表现出过分的焦虑和担心（焦虑性期待）。

2. 个体难以控制这种担心。

3. 这种焦虑和担心与下列 6 种症状中的至少 3 种有关（在过去 6 个月中，至少一些症状在多数日子里存在）。注：儿童只需 1 项。

（1）坐立不安或者感到激动或紧张。

（2）容易疲倦。

（3）注意力难以集中或头脑一片空白。

（4）易激惹。

（5）肌肉紧张。

（6）睡眠障碍（难以入睡或难以保持睡眠状态，或者休息不充分、睡眠质量不高）。

4. 这种焦虑、担心或躯体症状引起有临床意义的痛苦，或导致社交、职业或其他重要功能方面的损害。

5. 这种障碍不能归因于某种物质（例如，滥用的毒品、药物）的生理效应，或其他躯体疾病（例如，甲状腺功能亢进）。

6. 这种障碍不能用其他精神障碍来更好地解释。例如，惊恐障碍中的焦虑或担心，社交焦虑障碍中的负性评价，强迫障碍中的被污染或其他强迫思维，分离焦虑障碍中的与依恋对象的离别，创伤后应激障碍中的创伤性事件的提示物，神经性厌食症中的体重增加，躯体症状障碍中的躯体不适，躯体变形障碍中的感到外貌存在瑕疵，疾病焦虑障碍中的感到有严重的疾病，精神分裂症或妄想障碍中的妄想信念的内容。

资料来源：DSM-5；American Psychiatric Association，2013.

二、病因与治疗

（一）广泛性焦虑障碍的病因

广泛性焦虑障碍患者的躯体反应（例如，心率、血压、皮肤电、呼吸频率）没有惊恐障碍患者那么明显，但是，当比较广泛性焦虑障碍的患者和 30 多岁的正常个体的生理指标时，结果发现，广泛性焦虑障碍患者的肌肉紧张较为突出，且比较持久。

基因可能也是增加个体罹患焦虑障碍的风险因素之一。双生子研究发现，在同卵双生的姐妹中，有一个人患有广泛性焦虑障碍，另一个患该障碍的可能性要比相同情况下的异卵双生的情况下高。但随后的研究又发现，更多的情况下个体只是遗传了焦虑这种特质，并非一定导致广泛性焦虑障碍。

研究表明，广泛性焦虑障碍患者对威胁刺激异常敏感，也就是说，他们比正常人更多地把注意力分配在威胁事件上，并且当这种潜在威胁涉及自身时，对威胁的觉察就会变得完全自动化，或者成为一种无意识的过程。

巴洛（Barlow，2004）提出了一个综合的广泛性焦虑障碍的病因学模型。该模型认为个体自身的生理易感性和心理易感性，导致个体对压力性的生活事件较为敏感和警觉，从而产生焦躁不安感（例如，肌肉紧张、睡眠障碍、坐立不安）。由于存在认知歪曲，以及缺乏解决问题的能力，个体的失控感和焦虑体验进一步加深，最终导致广泛性焦虑障碍。

（二）广泛性焦虑障碍的治疗

苯二氮卓类药物和选择性5-羟色胺再摄取抑制剂（SSRIs）是治疗广泛性焦虑障碍的常用药物。相对于苯二氮卓类药物，个体更倾向于选择SSRIs类药物，因为个体停止服用苯二氮卓类药物后，可能会出现戒断反应（Schweizer，Rickels，Case，& Greenblatt，1990）。除了药物治疗外，还可以采用心理治疗来缓解广泛性焦虑障碍患者的焦虑症状。

认知行为疗法是治疗广泛性焦虑障碍的常用心理疗法。治疗师将采用多种认知干预的方法，帮助患者处理担忧，教会患者区分想法和事实，以及帮助患者辨别哪些担心是必要的，哪些担心是过度的。此外，治疗师还会教患者进行放松训练和正念练习，以降低个体的焦虑水平。由于患者总是处于焦虑、担忧之中，因此，治疗师会要求患者监测自己的焦虑内容，以寻找个体担忧的主题和具体特点。

心理治疗和药物治疗都有助于缓解个体的焦虑症状，从短期效果而言，心理治疗和药物治疗的疗效并无明显差异，但是，从长期效果而言，心理治疗的效果更佳（见表4-3）。随着对广泛性焦虑障碍的了解越来越深入，我们发现了解引发个体焦虑的焦虑源是十分重要的，需要教会个体区分现实的危险和想象的危险。

表4-3　广泛性焦虑障碍的认知行为治疗与药物治疗

	认知行为治疗	抗抑郁和抗焦虑药物治疗
改善	50%有所改善	比安慰剂的效果好
复发率[a]	中等	高
不良反应	轻微	中等
花费	低廉	低廉
时间	几周/几个月	几天/几周
总体	良好	一般

[a] 停止治疗后的复发率。

第五节　特定恐惧症

一、临床表现

特定恐惧症是对特定对象或情境非现实性的恐惧或害怕。有特定恐惧症的个体只要面思考：请试着用行为主义的原理解释一下特定恐惧症的发病机制。

临特定的对象或情境，或是预期可能面临特定的对象或情境，就会立刻体验到严重的恐惧或焦虑，在某些情况下，甚至还会出现惊恐发作。个体如果面临特定的对象或情境，有时害怕，有时不害怕，则不应该被诊断为特定恐惧症。个体对特定对象或情境表现出的恐惧、害怕或担心，显然与实际情况不相符（例如，害怕毛毛虫、害怕乘坐电梯、害怕打针或抽血）。

个体为了避免体验到恐惧，会积极主动地回避特定对象或情境，尽可能地减少与特定对象或情境接触，例如，上下楼不乘坐电梯、不去高处、不过桥。通常，个体对特定对象或情境的恐惧、害怕会持续很长时间。由于个体可以通过各种回避行为来应对恐惧和害怕，因此，很少有个体会寻求专业帮助，大约只有 8%的个体会主动就医（Stinson，Ruan，Pickering，& Grant，2006）。

在美国，特定恐惧症的患病率大约为 7%～9%；在欧洲，特定恐惧症的患病率大约为 6%；在亚洲、非洲和拉丁美洲，特定恐惧症的患病率大约为 2%～4%（American Psychiatric Association，2013）。特定恐惧症的发病年龄大约为 7～11 岁，平均发病年龄为 10 岁，许多个体首次出现症状的年龄要小于 5 岁（Stinson，Ruan，Pickering，& Grant，2006）。不同的亚型，发病年龄也会各不相同（Barlow，2004）。研究发现，动物型、血液-注射-损伤型恐惧症，发病时间为儿童早期；情境型恐惧症，一般在青少年晚期或成年期出现（Barlow，2004）。

在特定恐惧症中，女性患者的比例是男性患者的两倍，女性患者主要表现为对动物的恐惧。但是，需要注意的是，出于文化和社会期望，男性患者可能会隐瞒自己的恐惧而更少地就医。对儿童进行特定恐惧症的诊断需特别谨慎，因为儿童表达恐惧和害怕的方式与成年人有所不同，受认知发育的限制。另外，需要判断儿童的恐惧表现是否属于特定发展阶段的正常现象。在进行特定恐惧症的诊断时，需要将其与场所恐惧症、社交焦虑障碍、惊恐障碍和分离焦虑障碍进行鉴别诊断。

二、特定恐惧症的分类

特定恐惧症有以下五种类型（见表 4-4）：

（1）动物恐惧症，恐惧对象通常是猫、狗、鸟、老鼠、蛇和昆虫。

（2）自然环境恐惧症，恐惧对象包括污物、高度、黑暗、风、水和风暴。

（3）情境恐惧症，恐惧对象包括桥、电梯、飞机、隧道、封闭的场所、公共交通工具。

（4）血液-注射-损伤恐惧症，恐惧对象包括针头、打针、抽血。

（5）其他恐惧症。

表 4-4　特定恐惧症的分类

恐惧症		性别差异	发病时间
动物恐惧症		大部分是女性	童年
猫（恐猫症）	鸟（恐鸟症）		
狗（恐狗症）	马（恐马症）		
昆虫（恐虫症）	蛇（恐蛇症）		
蜘蛛（恐蜘蛛症）	啮齿动物（啮齿动物恐惧症）		

续前表

恐惧症	性别差异	发病时间
自然环境恐惧症	更多是女性	任何年龄
污物（恐秽症）　黑暗（恐夜症）		
风暴（雷鸣恐惧症）　雷雨和闪电（雷电恐惧症）		
高度（恐高症）　水（恐水症）		
情境恐惧症	更多是女性	童年和25岁左右
封闭的场所（幽闭恐惧症）		
桥		
电梯		
飞机		
隧道		
血液-注射-损伤恐惧症	可能女性更多	童年晚期
其他恐惧症	没有差异	中年
死亡恐惧症（恐死症）		
癌（恐癌症）		
性病（性病恐惧症）		

在特定恐惧症中，最常见的恐惧类型是自然环境恐惧症中的恐高症及动物恐惧症，其次是情境恐惧症中的飞机和封闭场所恐惧症。大部分个体会存在一种以上的恐惧类型。特定恐惧症还会受到文化因素的影响。在我国文化中，畏寒（怕冷）的个体对寒冷有一种病态的不健康的恐惧，他们过分在意身体热量的损失，所以即使是在炎热的天气里，也会穿上很多层衣服。

特定恐惧症的诊断标准

1. 对于特定的事物或情况（例如，飞行、高处、动物、接受注射、看见血液）产生显著的害怕或焦虑。注：儿童的害怕或焦虑也可能表现为哭闹、发脾气、惊呆或依恋他人。

2. 恐惧的事物或情况几乎总是能够触发立即的害怕或焦虑。

3. 对恐惧的事物或情况主动地回避，或是带着强烈的害怕或焦虑去忍受。

4. 这种害怕或焦虑与特定事物或情况所引起的实际危险以及所处的社会文化环境不相称。

5. 这种害怕、焦虑或回避通常持续至少6个月。

6. 这种害怕、焦虑或回避引起有临床意义的痛苦，或导致社交、职业或其他重要功能方面的损害。

7. 这种障碍不能用其他精神障碍的症状来更好地解释。例如，场所恐惧中的惊恐样症状或其他功能丧失症状、强迫障碍中的与强迫思维相关的事物或情况、创伤后应激障碍中的与创伤事件相关的提示物、分离焦虑障碍中的离家或离开依恋者、社交焦虑障碍中的社交情况等所致的害怕、焦虑或回避。

标注，如果是：

根据恐惧刺激源编码：动物型（例如，蜘蛛、昆虫、狗）；自然环境型（例如，高处、暴风雨、水)；血液-注射-损伤型(例如，针头、侵入性医疗操作)；情境型(例如，飞机、电梯、封闭空间)；其他(可能导致哽噎或呕吐的情况；儿童则可能表现为对巨响或化装人物的恐惧)。

资料来源：DSM-5；American Psychiatric Association，2013.

小 结

1. 惊恐障碍的主要特征是反复出现不可预期的惊恐发作，惊恐发作是突如其来、意料之外的，与特定的情境无关。经历过惊恐发作后，个体会持续担心不知自己什么时候还会体验惊恐发作。为了避免惊恐发作再次出现，个体一贯的行为方式可能会发生明显的改变。

2. 场所恐惧症是指个体在两种或两种以上的情境中，担心自己会惊恐发作。这些情境主要包括处于开放的空间、封闭的空间、人群中，以及乘坐某种交通工具或独自离家。有些场所恐惧症是由惊恐障碍发展而来的，而有些场所恐惧症的患者从未体验过惊恐发作。

3. 社交焦虑障碍是指个体对一个或多个社交情境(例如，演讲、上课发言、聚会、结识陌生人)表现出过度的焦虑或担心，预期自己会在这些社交情境中表现不好，而他人会对自己作出负性评价，因此主动回避上述社交情境。

4. 广泛性焦虑障碍是指个体会对生活中的诸多事件表现出持久的、弥散性的焦虑、担忧或忧心忡忡，同时还伴有相应的躯体症状(例如，肌肉紧张、睡眠障碍、容易疲倦等)和行为异常(例如，坐立不安、注意力不集中、易激惹)。

5. 特定恐惧症是指个体对特定对象或情境表现出过度的恐惧或害怕。有特定恐惧症的个体只要面临特定的对象或情境，或是预期可能面临特定的对象或情境，就会立刻体验到严重的恐惧或焦虑，在某些情况下，甚至还会产生惊恐发作。

复习思考题

一、名词解释

焦虑障碍　惊恐障碍　场所恐惧症　社交焦虑障碍　广泛性焦虑障碍

二、简答题

1. 简述惊恐障碍与场所恐惧症的区别与联系。
2. 社交焦虑障碍的主要表现有哪些？
3. 特定恐惧症包括哪些类型？
4. 简述导致广泛性焦虑障碍的主要原因。
5. 简述治疗焦虑障碍的主要方法。

三、案例分析

王某，33岁，银行职员。外出只乘坐汽车或是火车，不敢乘坐飞机，认为飞机是最危险的交通工具，一旦飞机失事，所造成的伤害就是无法挽回的。王某自己不乘坐飞机，也不愿家人外出时乘坐飞机。外出时不愿乘坐飞机，并未给王某的生活和工作造成太大的影响，家人知道她的这一习惯，每次和她外出时，都会选择乘坐汽车或火车。

（1）根据王某的主要表现，可以将其诊断为哪种精神障碍？诊断的依据是什么？

（2）依据王某的症状表现，其是否存在共病？请说明理由。

推荐影片

《最佳出价》

奥德曼是一家顶级艺术品拍卖行的鉴赏拍卖师，他的爱好是收藏各个时间的女性肖像画。奥德曼性情古怪，但在他的职业生涯中，几乎从未失手过。直到有一天，克莱尔走进了奥德曼的生活。克莱尔是一位神秘、迷人的女性，她拥有大量古董遗产，并声称自己患有场所恐惧症，因此她从不露面。奥德曼逐渐对克莱尔着迷，他求助好友罗伯特帮他追求克莱尔，殊不知，一个惊天的阴谋正等着奥德曼。

推荐视频

1. 社交恐惧症，http：//www. tudou. com/programs/view/GVAKnHqsTaw/
2. 社交焦虑是什么样的感觉：http：//www. bilibili. com/video/av5096572/
3. 广场恐惧：http：//www. iqiyi. com/v _ 19rrh85t9c. html

第五章

强迫及相关障碍

在 DSM-Ⅳ中，强迫障碍属于焦虑障碍中的一种，研究者认为强迫障碍与其他焦虑障碍都具有焦虑症状。但是，也有研究者认为焦虑并不是强迫障碍的核心症状，强迫障碍主要表现为反复出现强迫思维和强迫行为。因此，DSM-5 将强迫障碍从焦虑障碍中移除，将其与躯体变形障碍、囤积障碍、拔毛障碍、抓痕障碍、物质/药物所致的强迫及相关障碍、其他躯体疾病所致的强迫及相关障碍、其他特定的强迫及相关障碍、未特定的强迫及相关障碍，共同组成强迫及相关障碍。

本章将着重介绍强迫障碍，随后介绍躯体变形障碍、囤积障碍、拔毛障碍和抓痕障碍。强迫障碍以反复的强迫思维和强迫行为为主要特征，强迫思维表现为反复、持久地体验到非自愿的闯入性思维（例如，想法、冲动或意象），强迫行为则表现为反复的外在行为（例如，检查、洗手、排序）或内心活动（例如，祈祷、计数、默默地重复字词）。强迫障碍的异质性很高，不同的个体表现出的强迫思维和强迫行为的内容有所不同，但强迫障碍的症状类型却具有一定的共性，主要包括清洗、检查、要求对称、计数等。

躯体变形障碍的主要特点是个体十分关注自己的外貌，认为自己的躯体外貌存在缺陷和瑕疵，会产生反复的外在行为（例如，不断照镜子、过度修饰）或内心活动（例如，比较自己与他人的外貌）。有囤积障碍的个体则表现出难以丢弃或放弃物品，无论该物品是否具有实际价值。囤积障碍与正常的收藏行为不同，它会导致大量的物品聚集，使得居住环境变得拥挤、混乱不堪。抓痕障碍的特点是反复搔抓皮肤，导致皮肤损害，以及反复试图减少或停止搔抓皮肤。拔毛障碍主要表现为反复拔掉自己的毛发，导致毛发缺少，以及反复试图减少或停止拔掉自己的毛发。

第一节　强迫障碍

一、临床表现

我们时常会体验到一些闯入性思维，其中有些闯入性思维是令人难以接受的。有时，思考：强迫检查与日常生活中正常的检查行为有何不同？

我们会产生这样的想法："我锁好所有的门窗了吗？""我是否把煤气关好了？""我的论文是否完美？"大部分人在出现这些想法时，不会太多地去关注它们，这些想法随后会从头脑中消失。但是，强迫障碍患者则会牢牢抓住这些闯入性思维，对这些闯入性思维进行解释和评价。研究表明，正常的闯入性思维与异常的强迫思维在内容和形式上是相似的，只是异常的强迫思维更强烈、更持久、更痛苦（Rachman & de Silva，1978）。当个体过度强调闯入性思维的重要性，对闯入性思维进行灾难化的解释时，闯入性思维就会逐渐转变为强迫思维。

案例

王强是一名19岁的哲学系大学新生，因为一些奇怪的仪式化行为而退学。他很不注意个人卫生，他不理发、不洗头、不洗脸、不刷牙、不换衣服，尽量避免上厕所，他会在纸巾上大便，在纸杯里小便，并把这些东西都放到壁橱里。他仅仅在深夜家人都睡着时，才出来吃东西。为了吃东西他要呼出所有的气体，还会发出嘶嘶的怪叫声和干咳。他会尽可能地将食物塞满嘴巴，直到把胃全部填满。他只吃一种由花生油、可可粉、牛奶和橄榄油混合的东西，其他的食物他都认为是污染物。他走路时，只迈很小的步子并且时常回头看，在适当的位置时他会快跑。

（一）强迫思维和强迫行为

强迫思维（obsession）是持续反复的闯入性思维（想法、冲动或意象）。这些闯入性思维令个体非常痛苦，且很难被控制或被消除，它们并不仅仅是对现实生活中问题的担忧，更多的是一种奇怪的、没有必要的担心。**强迫行为**（compulsion）是对强迫思维的反应，包括仪式化的外在行为（例如，清洗、检查或排序）或内心活动（例如，计数、祈祷或默默地重复字词）。

强迫思维会引发个体强烈的情绪反应，为了缓解或减少焦虑、紧张，个体会采用相应的强迫行为来应对。有些强迫障碍患者可以意识到这种强迫思维是不合理的、过分的、不适宜的，因此他们会试图采用强迫行为来抑制或对抗强迫思维，但显然这些强迫行为是过度的。还有一些强迫障碍患者相信强迫思维可能是真实的，或是已经完全相信强迫思维是真实的，表现出缺乏或是丧失自知力。

（二）流行病学调查

强迫障碍是一种较为难治的精神障碍，年患病率为1%～1.8%（American Psychiatric Association，2013），终生患病率为1.9%～3%（Kessler，Ruscio，Shear，& Wittchen，2009）。美国全国同病率调查（NCS）结果表明，强迫障碍是仅次于抑郁症、酒精依赖和恐惧症的第四位常见精神疾病（Karno，Golding，Sorenson，& Burnam，1988）。在美国成年人群中，有2%～3%的个体受到强迫障碍的影响，因强迫障碍造成的社会和经济损失可达到84亿美元。

强迫障碍患者多数是女性，但比率并没有其他障碍（例如，焦虑障碍）那么高。有趣的是，在儿童期，性别比率正好相反，即男孩比女孩多。到了青春期中期，两性患病率接近相等。再后来，就是女性居多。强迫障碍在青年人中的患病率是老年人的两倍，一般认为强迫障碍的平均发病年龄在 25 岁以前，多见于青少年早期到青年期。目前，大部分的研究均选取成年人作为研究对象。从强迫思维上看，男性表现出更多的强迫性冲动，而女性则表现出有更多的强迫性思维；从强迫行为上看，男性更像是“检查者”，而女性更像是“清洁者”。

大约 62%的强迫障碍患者同时具有一种或多种其他精神障碍，强迫障碍常常与重性抑郁障碍、广泛性焦虑障碍、场所恐惧症或惊恐障碍、社交焦虑障碍、特定恐惧症、物质使用障碍共病（Torres et al.，2006）。儿童期起病的男性强迫障碍患者常常有抽动障碍（American Psychiatric Association，2013）。强迫障碍常与 C 类人格障碍（强迫型人格障碍、回避型人格障碍和依赖型人格障碍）共病（Barlow，2004），其中强迫障碍与强迫型人格障碍和回避型人格障碍的共病率较高（曹文胜，于宏华，焦志安，2011）。

在不同的国家和文化中，强迫症状大致相同，文化因素可能会影响个体强迫思维的内容及强迫行为的表现。例如，在沙特阿拉伯和埃及，强迫障碍主要与宗教仪式有关，伊斯兰文化特别强调清洁。尽管如此，强迫症状还是有跨文化的共同性。研究者发现，在英国、中国香港地区、印度、埃及、日本和挪威，强迫障碍的基本类型还是相同的。

强迫障碍的诊断标准

1. 具有强迫思维、强迫行为，或两者皆有。

强迫思维被定义为以下（1）和（2）：

（1）某些时间段内，感受到反复的、持续性的、侵入性的和不必要的想法、冲动或意象，大多数个体会产生显著的焦虑或痛苦。

（2）个体试图忽略或压抑此类想法、冲动或意象，或用其他一些想法或行为来中和它们（例如，通过某种强迫行为）。

强迫行为被定义为以下（1）和（2）：

（1）重复行为（例如，洗手、排序、核对）或精神活动（例如，祈祷、计数、反复默诵字词）。个体感到重复行为或精神活动是作为应对强迫思维或根据必须严格执行的规则而被迫执行的。

（2）重复行为或精神活动的目的是防止或减少焦虑或痛苦，或防止某些可怕的事件或情况；然而，这些重复行为或精神活动与所涉及的减少或预防的事件或情况缺乏现实的连接，或明显是过度的。

注：幼儿可能不能明确地表达这些重复行为或精神活动的目的。

2. 强迫思维或强迫行为是耗时的（例如，每天消耗 1 小时以上）或这些症状引起具有临床意义的痛苦，或导致社交、职业或其他重要功能方面的损害。

3. 强迫障碍症状不能归因于某种物质（例如，滥用的毒品、药物）的生理效应或其他躯体疾病。

4. 该障碍不能用其他精神障碍的症状来更好地解释。例如，广泛性焦虑障碍中的过度担心，躯体变形障碍中的外貌先占观念，囤积障碍中的难以丢弃或放弃物品，拔毛障碍中的拔毛发，抓痕障碍中的皮肤搔抓，刻板运动障碍中的刻板行为，进食障碍中的仪式化进食行为，物质相关及成瘾障碍中的物质或赌博的先占观念，疾病焦虑障碍中患有某种疾病的先占观念，性欲倒错障碍中的性冲动或性幻想，破坏性、冲动控制及品行障碍中的冲动，重性抑郁障碍中的内疚性思维反刍，精神分裂症谱系及其他精神病性障碍中的思维插入或妄想性的先占观念，或孤独症（自闭症）谱系障碍中的重复性行为模式。

标注，如果是：

（1）伴良好或一般的自知力；伴差的自知力；缺乏自知力/妄想信念。

（2）与抽动障碍相关：个体目前有或过去有抽动障碍史。

资料来源：DSM-5；American Psychiatric Association，2013.

二、病因与治疗

（一）强迫障碍的病因

强迫障碍患者是否存在某些易感的人格特质呢？强迫障碍患者通常会表现出以下人格特性：有组织、很细心，并很有计划性；通常很准时，对于穿什么、说什么都很慎重；过于重视细节，具有较高的道德感；关注规则、目录、命令、组织或日程表；完美主义倾向可能会影响工作的完成，对工作过于专注使得他们没有多少休闲娱乐。强迫障碍和强迫型人格障碍很重要的一个区别在于个体对强迫症状的喜爱程度，具有强迫型人格障碍的个体为自己重视细节而感到骄傲，而强迫障碍个体则会因此感到厌恶、痛苦，他们想要抑制这些行为，但又无法做到。大部分强迫障碍患者没有强迫型人格障碍的病史，只有少数具有强迫型人格障碍的个体最终发展出强迫障碍。

心理动力学、认知行为疗法和神经科学对强迫障碍的病因进行了不同的阐释（见表5-1）。心理动力学致力于研究强迫思维的起源，即谁会患病，以及为什么会以这种特定的形式出现；认知行为疗法解释了强迫症状是如何产生、发展和维持的；神经科学则认为脑结构是强迫障碍的生理基础。

表5-1　强迫障碍的理论观点

理论观点	谁会患上强迫障碍	发生了什么	如何维持	如何治疗
心理动力学	有特定无意识冲突（例如，伤害或谋杀自己的孩子或母亲的想法）的个体	强迫思维的开始是为了防御更加无法让人接受的想法	强迫思维和伴随的冲动能够维持是因为它们能成功地抵抗焦虑	无意识冲突被意识到，并得到了解决
认知行为疗法	不能将注意轻易地从令人困扰的想法中转移的个体，经常与抑郁伴随发生	闯入性思维（正常人也会出现）变得频繁而持久，而焦虑降低了个体分散注意的能力	患者发现强迫行为能暂时缓解焦虑，强迫行为由于不断地重复而得到强化	阻断强迫反应使得强迫思维消失

续前表

理论观点	谁会患上强迫障碍	发生了什么	如何维持	如何治疗
神经科学	前额叶-纹状体-丘脑-皮质存在异常活动的个体	重复行为很难被抑制；焦虑可能未被充分抑制；无关信息的过滤可能不充分	强迫思维和强迫行为指向那些被看作具有威胁性的事物和情境	药物抑制前额叶-纹状体-丘脑-皮质的过度活动

（二）强迫障碍的治疗

1. *药物治疗*

对于较为严重的强迫障碍患者而言，药物治疗应当作为首选。氯米帕明和选择性 5－羟色胺再摄取抑制剂（SSRIs）是治疗强迫障碍的常用药物，氯米帕明和 SSRIs 类药物均可以达到中等程度的疗效（Albert，Aguglia，& Bogetto，2002；Foa & Kozak，1997）。使用 SSRIs 类药物治疗强迫障碍时，剂量通常会高于治疗抑郁障碍的剂量，药效可能会在服药后的 8～10 周后才能观察到（Nathan & Gorman，2007），一旦停止服药，强迫症状可能还会复发。

2. *心理治疗*

早期主要采用行为技术来治疗强迫障碍，常常会将暴露与反应预防（exposure and response prevention，ERP）和模仿相结合。例如，一位患者认为自己可能被细菌感染了，每天大约会花 4 个小时来洗手。在治疗这位患者时，首先让他观察治疗师弄脏自己（模仿）；然后治疗师鼓励他触摸脏东西和灰尘（暴露），并要求他忍着不去洗手（反应预防）。经过 12 次治疗后，患者对脏的想法消除了，仪式化的洗手在日常生活中也不再出现。

行为干预对于治疗强迫障碍疗效显著，但是有时行为干预对部分强迫障碍患者并不起作用。在进行暴露与反应预防练习时，需要耐受强烈的焦虑，因此有些个体不愿进行暴露与反应预防练习。目前，认知行为疗法是治疗强迫障碍的首选心理治疗方法，该疗法整合了行为治疗和认知治疗，以暴露与反应预防为主，同时辅以认知技术来对个体的认知进行重建。在强迫障碍的心理治疗中，除了采用认知行为疗法外，研究者也开始采用正念疗法作为辅助疗法（刘兴华，韩开磊，徐慰，2011）。

第二节　其他强迫相关障碍

一、躯体变形障碍

思考：为什么他人眼中的“自己”和躯体变形障碍患者眼中的“自己”不一样？

躯体变形障碍患者认为自己存在某种或多种外表缺陷，而这些缺陷实际上是不存在的，即便存在，在他人眼里也是十分轻微的。通常他们认为自己长得很丑陋、不具吸引力，甚至存在某种畸形。缺陷可能会聚焦于身体的任

何部位（例如，皮肤、毛发、面部五官、胸部、腿部、生殖器），还有些个体会担心自己的身体部位不对称。肌肉变形是躯体变形障碍的一种形式，几乎仅出现在男性身上，认为自己的身体矮小或肌肉不够发达。

与强迫障碍相类似，存在某种躯体缺陷的想法常常是侵入性的、难以控制的，患者通常会采用照镜子、反复检查、向他人寻求确认、过度修饰、掩饰、整容等方式来应对，且非常耗时（每天平均花费3～8小时）（Phillips et al.，2010）。一般而言，躯体变形障碍患者的自知力不太好，大于1/3的个体存在妄想，认为他人在嘲笑自己的缺陷，或是盯着自己的缺陷看（Phillips，2006）。

美国成年人的时点患病率为2.4%，其中女性为2.5%，男性为2.2%；在世界范围内，接受过整容手术个体的患病率为3%～16%（American Psychiatric Association，2013）。郑铮和张宁（2012）对218名接受整容手术的个体进行诊断访谈，其中23名个体（10.55%）符合躯体变形障碍的诊断标准。躯体变形障碍通常起病于青春期（12～13岁），大部分患者在18岁以前起病，18岁之前起病的个体可能存在更高的自杀风险。

躯体变形障碍常常和重性抑郁障碍、社交焦虑障碍、强迫障碍和物质相关障碍共病。与此同时，还需注意与进食障碍、疾病焦虑障碍、焦虑障碍及强迫障碍进行鉴别诊断。研究表明，躯体变形障碍具有跨文化的一致性（Phillips，2005），但是在不同的文化和国家，所关注具体内容会有所不同。

躯体变形障碍的诊断标准

1. 具有一个或多个感知到的或他人看起来微小或观察不到的外貌方面的缺陷或瑕疵的先占观念。

2. 在此障碍病程的某些时间段内，作为对关注外貌的反应，个体表现出重复行为（例如，照镜子、过度修饰、皮肤搔抓、寻求肯定）或精神活动（例如，对比自己和他人的外貌）。

3. 这种先占观念引起具有临床意义的痛苦，或导致社交、职业或其他重要功能方面的损害。

4. 外貌先占观念不能用符合进食障碍诊断标准的个体对身体脂肪和体重的关注的症状来更好地解释。

标注，如果是：

（1）伴肌肉变形：个体具有认为自己的体格太小或肌肉不够发达的先占观念。

（2）表明关于躯体变形障碍的信念的自知力的程度：伴良好或一般的自知力；伴差的自知力；缺乏自知力/妄想信念。

资料来源：DSM-5；American Psychiatric Association，2013.

二、囤积障碍

> **思考：**为什么不同年龄阶段的个体都会出现收集或储藏物品的行为？正常的收藏行为与异常的囤积行为的本质区别是什么？

从儿童到成人，都或多或少会表现出收集或储藏物品的行为。儿童会收藏糖纸、玩具、橡皮等，成年人（特别是老年人）可能会收集各种物品，甚至是生活垃圾（周楠，沈轶伦，赵栋，2012）。正常的收集或储藏物品具有一定的社会适应性，但是过度的、病态的收集或储藏物品会严重影响到个体的日常生活和人际社交。

早期研究认为囤积障碍属于强迫障碍的一种亚型，然而随着研究的不断深入，研究者认为囤积障碍与强迫障碍存在本质的差异。因此，在 DSM－5 中，囤积障碍从强迫障碍中分离出来，与强迫障碍共同并入强迫及相关障碍之中。有囤积障碍的个体主要表现出长期难以舍弃物品或与所有物分离，他们认为这些物品有用，或是具有美学价值，或是对所有物存在强烈的情感依附。

虽然有囤积障碍的个体会收集任何物品，但是比较常见的物品是报纸、杂志、书籍、信件、旧衣物、袋子等。许多个体也会收藏一些有价值的物品，却常常会将有价值的物品与无价值的物品混放在一起。除了囤积物品外，大约有 1/3 的个体还会囤积动物，即饲养大量动物，却无法给动物提供最低标准的营养、卫生和照顾，这当中女性多于男性（Patronek & Nathanson，2009）。

有囤积障碍的个体认为非常有必要收集或储藏物品，因此会主动收集或储藏物品。当需要丢弃物品时，则会表现出明显的焦虑和痛苦（Tolin，Frost，& Steketee，2007）。个体长期收集或储藏物品，导致生活环境杂乱无章，以致没有地方睡觉，无地方落脚。有些个体并没有意识到自己囤积物品有何不妥之处，通常是周围人让他们丢弃或清理物品时，他们才会感受到强烈的痛苦。

囤积障碍曾被认为是强迫障碍的一种亚型，因此，囤积障碍的流行率是基于对强迫障碍的调查。研究发现，在强迫障碍患者中，约有 25%存在囤积症状（Frost，Steketee，& Williams，2002）。斯图尔特等（Stewart et al.，2007）认为囤积障碍的发病率在 2%到 5%之间。囤积症状始于 11～15 岁，到 25 岁左右开始影响到个体的日常生活。研究发现，老年人（55～94 岁）囤积障碍患病率几乎是青年人（34～44 岁）的 3 倍（American Psychiatric Association，2013）。

大约 75%的囤积障碍患者具有心境障碍或焦虑障碍，常常与重性抑郁障碍、社交焦虑障碍和广泛性焦虑障碍共病（Mataix-Cols et al.，2010）。囤积障碍也具有跨文化的一致性，但是一些文化因素也会影响到个体的囤积症状。例如，在中国，“物尽其用”和“节俭、不浪费”可能会导致个体出现相应的囤积症状（Timpano et al.，2015）。

囤积障碍的诊断标准

1. 持续难以丢弃或放弃物品，不管它们的实际价值如何。

2. 这种困难是由感觉到积攒物品的需要及与丢弃它们有关的痛苦引起的。

3. 难以丢弃物品导致了物品的堆积，导致使用中的生活区域的拥挤和杂乱，且显著地影响了其用途。如果生活区域不杂乱，则只是因为第三方的干预（例如，家庭成员、清洁工、权威人士）。

4. 这种囤积引起具有临床意义的痛苦，或导致社交、职业或其他重要功能方面的损害（包括自己和他人保持一个安全的环境）。

5. 这种囤积不能归因于其他躯体疾病（例如，脑损伤、脑血管疾病、Prader-Willi综合征）。

6. 这种囤积症状不能用其他精神障碍［例如，强迫障碍中的强迫思维，重性抑郁障碍中的能量减少，精神分裂症或其他精神病性障碍中的妄想，重度神经认知障碍中的认知缺陷，孤独症（自闭症）谱系障碍中的兴趣受限］来更好地解释。

标注，如果是：

（1）伴过度收集：如果难以丢弃物品伴随在没有可用空间的情况下过度收集不需要的物品。

（2）伴良好或一般的自知力；伴差的自知力；缺乏自知力/妄想信念。

资料来源：DSM-5；American Psychiatric Association，2013.

三、抓痕障碍

有抓痕障碍的个体会反复搔抓自己的皮肤，搔抓的部位主要是面部、胳膊和手。大部分个体通常会搔抓身体的多个部位，绝大部分个体会用指甲搔抓皮肤。与其他有强迫及相关障碍的个体类似，有抓痕障碍的个体每天也会花大量的时间在搔抓行为上。搔抓皮肤会导致个体皮肤损伤，因此，个体通常会采用化妆品或衣物来掩饰损伤。有抓痕障碍的个体会反复尝试减少或停止搔抓皮肤。个体搔抓皮肤或伤疤时，可能会体验到满足感或愉悦感，而不会感到疼痛。个体通常不会在他人面前搔抓皮肤，但亲近的家庭成员除外。

在美国，抓痕障碍的发病率为1.4%～5.4%，其中3/4以上的患者是女性（Snorrason et al.，2012）。抓痕障碍的起病常见于青少年，搔抓症状通常从某种皮肤疾病开始。搔抓的部位可能会随时间而变化。大部分个体每天至少花费1个小时用于搔抓皮肤，许多个体会有意识地回避社交场合。搔抓皮肤可能会导致皮肤损伤、留疤或感染。抓痕障碍常常和强迫障碍、拔毛障碍以及重性抑郁障碍共病。

抓痕障碍的诊断标准

1. 反复搔抓皮肤而导致皮肤病变。

2. 重复性地试图减少或停止搔抓皮肤。

3. 搔抓皮肤引起具有临床意义的痛苦，或导致社交、职业或其他重要功能方面的损害。

4. 搔抓皮肤不能归因于某种物质（例如，可卡因）的生理效应或其他躯体疾病（例如，疥疮）。

5. 搔抓皮肤不能用其他精神障碍的症状（例如，精神病性障碍中的妄想或触幻觉，躯体变形障碍中的试图弥补外貌方面感受到的缺陷或消除瑕疵，刻板运动障碍中的刻板行为，或非自杀性自伤行为中的自我伤害意图）来更好地解释。

资料来源：DSM-5；American Psychiatric Association，2013.

四、拔毛障碍

拔毛障碍主要表现为反复拔掉自己身上的毛发，拔除的可能是身体上任何部位的毛发。通常出现在头皮、眉毛和眼睑部位，腋窝、面部和阴部较为罕见。个体每天出现拔毛行为的频率是不一致的，有时一天内多次短暂出现，也可能出现得并不频繁，但持续时间较长。个体可能会在一个部位的各处拔除毛发，因而毛发缺少并不明显。个体也可能会通过化妆、戴假发来掩饰毛发的缺失。有拔毛障碍的个体通常会多次尝试减少或停止拔毛行为。

个体会采用特定的方式拔毛（例如，连根拔除），也会通过视觉、触觉或用口腔来处理毛发（例如，在牙齿间拉扯毛发、把毛发咬断或吞咽下去）。通常拔毛并不伴随疼痛感，个体不会在众人（除亲近的家庭成员外）面前拔除毛发。绝大部分有拔毛障碍的个体还会反复出现搔抓皮肤、咬指甲和咬嘴唇的行为。

拔毛障碍的年患病率在1%到2%之间，女性患者远远多于男性患者，男女患病比例为1∶10（American Psychiatric Association，2013）。但是，在儿童中，男女患病率是基本相同的。拔毛障碍发病于青春期，拔毛的部位可能会随时间而变化。拔毛障碍常常与重性抑郁障碍和抓痕障碍共病。在诊断时，需要将其与刻板运动障碍进行鉴别诊断。

拔毛障碍的诊断标准

1. 反复拔自己的毛发而导致毛发减少。
2. 重复性地试图减少或停止拔毛行为。
3. 拔毛发引起具有临床意义的痛苦，或导致社交、职业或其他重要功能方面的损害。
4. 拔毛发或脱发不能归因于其他躯体疾病（例如，皮肤病）。
5. 拔毛发不能用其他精神障碍的症状（例如，躯体变形障碍中的试图弥补感受到的外貌缺陷或消除瑕疵）来更好地解释。

资料来源：DSM-5；American Psychiatric Association，2013.

小　结

1. 强迫障碍以反复的强迫思维和强迫行为为主要特征，强迫思维表现为反复、持久地体验到非自愿的闯入性思维（例如，想法、冲动或意象），强迫行为则表现为反复的外在行为（例如，清洗、检查或排序）或内心活动（例如，计数、祈祷或默默地重复字词）。

2. 躯体变形障碍是指个体十分关注自己的外貌，认为自己存在某种或多种外表缺陷，而这些缺陷实际上是不存在的，即便存在，在他人眼里也是十分轻微的，从而产生反复的外在行为（例如，不断照镜子、过度修饰）或精神活动（例如，比较自己与他人的外貌）。

3. 囤积障碍是指个体难以丢弃或放弃物品（例如，报纸、杂志、书籍、信件、旧衣物、袋子），认为贮藏这些物品十分重要，无论这些物品是否具有实际价值。

4. 抓痕障碍是指个体反复搔抓皮肤，导致皮肤损害，以及反复试图减少或停止搔抓皮肤。

5. 拔毛障碍是指个体反复拔掉自己的毛发，导致毛发缺少，以及反复试图减少或停止拔掉自己的毛发。

复习思考题

一、名词解释

强迫障碍　强迫思维　强迫行为　躯体变形障碍　囤积障碍

二、简答题

1. 简述强迫思维和强迫行为之间的关系。
2. 如何用认知行为疗法治疗强迫障碍？
3. 简述强迫障碍和囤积障碍的区别和联系。
4. 躯体变形障碍的主要症状有哪些？
5. 简述抓痕障碍与拔毛障碍的区别和联系。

三、案例分析

张某，24岁，外企职员。怕晾晒的衣服掉到地上，他一遍一遍地检查。他总是想自行车应该放在车棚里还是车棚外。有时他会将自行车放进去又推出来。杯子放在桌子上什么位置？办公桌上的电脑显示器摆在什么角度？他总反复地进行调整。张某知道这样做不应该也没必要，但又无法自控，直到把自己折磨得头痛，把事情想明白了才罢休，所以他感到非常痛苦。

（1）张某可能患有哪种精神障碍？诊断的依据是什么？

（2）根据张某的主要症状，应该采用何种治疗方法对其进行治疗？

推荐影片

《火柴人》

罗伊是一个患有强迫障碍的骗子，他和野心勃勃的搭档弗兰克联手，经营着小打小闹的骗子生活，依靠罗伊高明的骗术，屡屡有人上当受骗。这次两人又精心策划着一桩新买卖，此时却有一个名叫安吉拉的14岁少女闯入了他们的生活，并彻底搅乱了罗伊原本的生活。安吉拉自称是罗伊失散多年的女儿。一直备受强迫障碍折磨的罗伊又惊又喜，他努力想成为一个平凡的好爸爸，弥补过往失落的亲情，但安吉拉的出现也让不习惯与人相处的罗伊几度处于抓狂边缘。更糟的是女儿发现父亲赖以维生的“职业”后，竟对骗子生涯产生浓厚兴趣……

推荐视频

1. 强迫症：心魔：http：//open.163.com/movie/2015/9/3/P/MB29SO1Q3_MB29TE43P.html

2. 躯体变形障碍：http：//open.163.com/movie/2015/9/7/H/MB3BV210T_MBDB3Q47H.html

第六章 躯体症状及相关障碍

躯体症状及相关障碍的普遍特征是均与躯体症状相关，主要聚焦于对躯体的过度担忧。患有躯体症状及相关障碍的个体通常就诊于医疗场所，而非精神卫生机构。他们会频繁就医以寻求医疗帮助，就某一躯体症状或健康问题反复去多家医院进行诊断治疗。然而，他们对诊断结果和治疗效果并不满意。过度担忧自身的躯体状况，会严重影响个体的日常生活、工作学习以及人际交往，有些患者为此付出了巨大的代价。

在DSM－5中，躯体症状及相关障碍是新组成的一类精神障碍，主要包括躯体症状障碍、疾病焦虑障碍、转换障碍（功能性神经症状障碍）、影响其他躯体疾病的心理因素、做作性障碍、其他特定的躯体症状及相关障碍、未特定的躯体症状及相关障碍。本章将重点介绍疾病焦虑障碍、躯体症状障碍及转换障碍。躯体症状障碍强调个体具有明显的躯体症状，并存在过度的关于这些躯体症状的想法、感觉或行为。疾病焦虑障碍则强调个体不存在明显的躯体症状（即便存在躯体症状，其程度也比较轻微），但仍对健康状况表现出明显的焦虑。在转换障碍中，个体的躯体症状表现与神经疾病或躯体疾病不一致。

DSM－5严格区分了疾病焦虑障碍和躯体症状障碍，在DSM－Ⅳ中，疾病焦虑障碍和躯体症状障碍均属于疑病症。大部分疑病症患者可以感受到躯体症状，并过度关注自身的躯体症状。在少部分疑病症患者中，个体并不存在躯体症状，即使存在某种躯体症状也是十分轻微的，但是个体仍然会过度担心自己患有某种疾病。因此，大约有3/4先前被诊断为疑病症的患者，在DSM－5中则被诊断为躯体症状障碍。

第一节 疾病焦虑障碍

一、临床表现

根据DSM－5的诊断标准，大部分的疑病症患者目前被诊断为躯体症状障碍，大约有1/4的个体被诊断为疾病焦虑障碍。即便没有明显的躯体症状，有疾病焦虑障碍的个体还是认为自己患有某种疾病，或是即将患有某种严重的疾病，只是目前尚未诊断出来。因此，个体长期处于对自身健康状况的担心和焦虑之中。

思考：在日常生活中你认为哪些个体容易患疾病焦虑障碍？

案例

林某，女性，47岁，大学学历，已婚。身材中等，体型偏胖，平日里比较注重养生和身体保健。

林某是一所重点中学的数学老师，大约在三年前，林某在教室里上课突然觉得有些眩晕、恶心，学生将林某扶至办公室，休息片刻后，她感觉稍微好了一些。随后，林某到医院就诊，检查后身体并无异样。此后，林某时不时觉得头晕、乏力，偶尔觉得胃部不适，食欲不是很好。林某觉得自己可能是得了某种疾病，因此，经常上网查询和自身躯体反应相关的疾病可能会是哪些，若查到自己可能罹患某种疾病，就会立即到医院就诊，但每次医生的回复基本都是一样的，说林某的身体并无异常，让林某回家注意休息。

反复就医检查后，医生总说林某的身体并无大碍，可是林某自己却时常感到身体有些不适。林某觉得一定是当地医院的医生医术不够高，希望去北京进行详细的身体检查。于是，在家人的陪同下，林某来到北京某知名医院进行身体检查，医生依旧说林某的身体并无异常，可林某依然不相信医生的诊断结果。回家后，她整日惶惶不安，觉得自己随时可能晕倒，病发身亡。林某和家人的关系也越来越紧张，认为家人不理解自己。从北京看病回来没多久，林某就向单位请了一学期的病假，在家休养。

大部分个体是没有任何躯体症状的，即便存在躯体症状，通常也是一种正常的生理感觉，感受到躯体不适也不会引发严重的躯体疾病。但是，个体总是过度关注自身的生理感觉（例如，出汗、心跳加速）或躯体不适（例如，咳嗽、头晕），认为自己可能患有某种重病。因此个体会反复就医。然而，医院的检查结果以及症状的减轻都无法缓解个体对疾病的担忧。除此之外，个体还会表现出一些不良的回避行为（例如，不去医院、避免剧烈运动）。对健康焦虑的过分关注，严重影响到个体的日常生活、家庭关系、社会活动等。

疾病焦虑障碍是一种慢性的精神障碍，起病于成年早期或中期，儿童很少出现疾病焦虑障碍。在诊断疾病焦虑障碍时，需要注意将其与躯体症状障碍进行鉴别诊断。疾病焦虑障碍常常与焦虑障碍共病，尤其是广泛性焦虑障碍和惊恐障碍。

疾病焦虑障碍的诊断标准

1. 患有或获得某种严重疾病的先占观念。

2. 不存在躯体症状，如果存在，其强度是轻微的。如果存在其他躯体疾病或有发展为某种躯体疾病的高度风险（例如，存在明确的家族史），其先占观念显然是过度的或不成比例的。

3. 对健康状况有明显的焦虑，个体容易对个人健康状况感到警觉。

4. 个体有过度的与健康有关的行为（例如，反复检查躯体疾病的体征）或表现出适应不良的回避（例如，回避与医生的预约和医院）。

5. 疾病的先占观念已经存在至少6个月，但所害怕的特定疾病在此段时间内可以变化。

6. 与疾病相关的先占观念不能用其他精神障碍来更好地解释，例如，躯体症状障碍、惊恐障碍、广泛性焦虑障碍、躯体变形障碍、强迫障碍或妄想障碍躯体型。

标注，如果是：

（1）寻求服务型：经常使用医疗服务，包括就医或接受检查和医疗操作。

（2）回避服务型：很少使用医疗服务。

资料来源：DSM-5；American Psychiatric Association，2013.

二、病因与治疗

2013年DSM-5出版后，原有的疑病症被分为躯体症状障碍和疾病焦虑障碍。由于疾病焦虑障碍是一种比较新的精神障碍，因而对于其发病原因的理解与治疗，目前的理论和治疗方法主要从疑病症入手。

1. 疾病焦虑障碍的病因

有疾病焦虑障碍的个体对自身的生理感觉或躯体不适的感受性比较高，主要是由于个体的前脑岛和前扣带回脑区被激活，从而导致个体更易感受到令人不愉快的生理感觉或躯体不适（Price et al.，2009）。

认知行为理论认为个体过度关注健康问题，对自身的躯体感觉进行灾难化解释，从而导致情绪低落、担忧、焦虑，并通过反复就医或不恰当的回避行为来应对焦虑和恐惧（Looper & Kirmayer，2002）。有疾病焦虑障碍的个体十分关注自身的健康状况，可能源于家庭成长环境（例如，父母或其他家庭成员比较重视身体健康），或是从小身体状况不太好，总是生病。

2. 疾病焦虑障碍的治疗

由于疾病焦虑障碍的患者常常感受到焦虑或抑郁，因此，可以选择服用一些抗焦虑（例如，苯二氮卓类药物）或抗抑郁（例如，三环类抗抑郁药物、SSRIs）的药物来缓解不良的情绪体验。针对有些难治个案，也可以尝试使用小剂量的非典型抗精神病药。

可以采用认知行为疗法治疗疾病焦虑障碍。心理治疗师帮助患者逐步了解“所患”疾病的性质，理性地评估自身的身体感觉和躯体不适，调整患者对躯体症状及身体健康的不合理认知，从而缓解不良的情绪反应，减少过度就医及不合理的回避行为。

第二节　其他躯体症状障碍

一、躯体症状障碍

思考：如果发现周围的亲朋好友过度担心自身的躯体状况，此时我们应该怎样做？

有躯体症状障碍的个体通常存在一种或多种躯体症状，主要表现为疼痛。个体通常会非常担心自身的躯体状况，会对自身的躯体症状进行灾难化的评估。个体由于过于关注自身的躯体症状，因此可能会将正常的躯体感觉或反应解释为某种躯体疾病。个体会通过反复就医以确认躯体并无大碍，或是有意识地回避一些躯体活动。

在成年人中，躯体症状障碍的患病率大约为5%～7%，女性的患病率可能略高于男性(American Psychiatric Association，2013)。在儿童中，主要表现为反复出现腹痛、头痛、疲乏或恶心。在老年人中，躯体症状障碍可能会被漏诊。因为一些躯体症状以及所表现出的疾病焦虑被看作是正常的、可被理解的。

案例

王某，男性，55岁，已婚。身材中等偏瘦。3年前被诊断为慢性胃炎，王某十分担心自己的慢性胃炎会转变成胃癌，因为自己的叔叔就是得胃癌过世的。从此，王某就十分注意自己的饮食，绝对不吃辛辣的食物，害怕辛辣的食物会引发胃炎。

虽然王某十分注重自己的饮食，但是偶尔也会出现胃痛或胃胀的情况，每当出现胃部不适，王某就会十分紧张、焦虑，担心自己的胃炎会发作，需要赶快吃胃药来缓解胃部不适，随后的几天每顿饭会吃得很少，而且只喝稀饭、吃馍馍，因为王某听人说喝稀饭、吃馍馍比较养胃。为了配合王某的饮食习惯，妻子在做饭时也尽量不使用辣椒、葱蒜等食材，有时还要给王某单独做饭。

除了在饮食上十分注意外，王某还在服用一些养胃的中药和保健品，以防止胃炎发作。平时家人、朋友的聚会，王某也参加得越来越少，觉得在外应酬需要饮酒，外加有些菜品可能会对胃部不好。目前，王某的业余爱好就是观看养生节目，了解防癌、抗癌的相关知识。

躯体症状障碍常常与焦虑障碍和抑郁障碍共病。在对个体进行躯体症状障碍诊断时，需要将其与疾病焦虑障碍、转换障碍进行鉴别诊断。躯体症状障碍具有跨文化的一致性，但是在不同的文化背景下，躯体症状所表现的具体内容会有所不同，对躯体症状的解释也会不同。

躯体症状障碍的诊断标准

1. 一个或多个躯体症状，使个体感到痛苦或导致其日常生活受到显著破坏。

2. 与躯体症状相关的过度的想法、感觉或行为，或与健康相关的过度担心，表现为下列至少1项：

(1) 与个体症状严重性不相称的和持续的想法。

(2) 对症状的持续高水平的焦虑。

(3) 投入过多的时间和精力到这些症状或健康的担心上。

3. 虽然任何一个躯体症状可能都不会持续存在，但有些症状的状态是持续存在的(通常超过6个月)。

标注，如果是：

(1) 主要表现为疼痛(先前的疼痛障碍)。此标注适用于那些躯体症状主要为疼痛的个体。

(2) 一直持续。以严重的症状、显著的损害和病期为特征的持续病程(超过6个月)。

标注目前的严重程度：轻度；中度；重度。

资料来源：DSM-5；American Psychiatric Association，2013.

二、转换障碍

（一）转换障碍的临床表现

“转换”（conversion）一词来源于弗洛伊德的理论，指个体的内心冲突或焦虑转换为躯体症状。转换障碍又称功能性神经症状障碍，是一类不能解释的、表现为神经系统或其他躯体疾病的随意运动或感觉功能障碍或者缺陷症状的心理障碍，存在一种或多种运动或感觉功能改变的症状。例如，个体突然下肢瘫痪，无法行走，但是通过医学检测后，发现个体的躯体器官和神经系统是正常的，在此种情况下，个体可能罹患了转换障碍。运动症状主要表现为无力或麻痹，而感觉症状主要表现为触觉、视觉、听觉或痛觉改变、减弱或丧失。

案例

小张，25岁，是一名身体强壮的建筑工人。他的临床描述是，腰部以下麻痹瘫痪，完全无法活动，也没有感觉，已经持续三个星期了。然而，他并没有因为瘫痪而感到特别难过。也就是说，他意识到自己不能走动，但并没有出现情感上的过分焦虑。

三天的检查没有发现问题出在哪里。为小张作检查的神经科医生认为，他在生理上没有什么问题，遂将他转到精神科。在精神科，医生遇到与神经科医生同样的挫折。小张最近的生活似乎很平静，没有什么重要的事件发生。他过去偶尔会服药，也会喝点酒，没有精神病史。令人费解的是，在寻找各种线索的过程中，一位医生问他是否知道自己认识的人当中也有瘫痪的人。起初，小张想不出有这样的人，但大约过了一分钟，他毫无感情地喃喃自语：

“想起来了，小王，我的一位好朋友，他从腰部以下开始麻痹，颈部断裂。”

“是怎样发生的?”

“这真让人难过。你知道吗，这完全是我的错。小王在很多方面都很好，他不喝酒、不抽烟。大约一个月前，我嘲弄了他。我认为他应该活泼一些，应该尝试一下LSD（麦角酸二乙基酰胺）。我以为他不会吸的，可结果他却同意了。我们弄来了一些，在几分钟内，他就飘飘然，看到各种奇异的事物，并跑出了屋子。我有点儿担心，就紧随而出。天啊！太可怕了，他失去了理智。我知道接下来发生的可能就是他会从桥上跳下去。你知道吗，那是一座很高的桥。当把他救过来时，他还活着，但永远都不能走路或做任何事了。”

“小张，请重新告诉我，你的意外是如何发生的。”

“大约在三个星期之前，我驾车前进，当通过那座桥底下的道路时，我突然停在那里，大喊救命……啊，天啊！你没看见我在干什么！”

几天之后，小张又可以步行回家了。

在诊断转换障碍时，需要考虑以下因素：（1）患者有生理功能的丧失或变化，可表现为失明、失聪或瘫痪；（2）躯体或神经的原因无法解释症状，即没有证据显示失明、失聪或瘫痪是由神经损伤导致的；（3）有证据显示症状与心理因素有关；（4）患者经常漠视躯体的损伤，尤其是他不会对症状感到焦虑；（5）患者并不自愿控制症状。据此对小张的案例可作出分析，小张的瘫痪具备转换障碍的五个因素：(1) 他失去了身体功能，即瘫痪了。(2) 身体损伤无法对瘫痪进行解释，因为他的各项神经系统检查均正常。(3) 他并不自愿去控制症状。(4) 小张似乎异常漠视他的瘫痪，他并没有对自己的瘫痪感到焦虑。(5) 有足够证据表明，症状的出现与心理因素有关。小张有一位瘫痪的朋友，且朋友瘫痪的部分责任在他；他是在造成朋友瘫痪的地点发生瘫痪的；他不能很轻易地想起朋友瘫痪的事；他无法控制自己的瘫痪。但当他意识到这一点时，他的瘫痪消失了。

关于转换障碍的发病率目前尚不清楚，但短暂性的转换症状是比较常见的。转换障碍在任何年龄阶段都会起病，通常而言，非癫痫性发作多见于30多岁，运动症状多见于40多岁。转换障碍的起病可能与应激或创伤事件关系密切，常常也会伴有解离的症状。在转换障碍的患者中，女性多于男性，女性患者是男性患者的2～3倍。解离障碍、抑郁障碍及人格障碍常常与转换障碍共病（Brown et al.，2007；Sar，Akyuz，Kundakci，Kiziltan，& Dogan，2004）。在诊断转换障碍时，需要注意将其与躯体症状障碍、解离障碍、做作性障碍进行鉴别诊断。

转换障碍的诊断标准

1. 一个或多个自主运动或感觉功能改变的症状。
2. 临床检查结果提供了其症状与公认的神经疾病或躯体疾病之间不一致的证据。
3. 其症状或缺陷不能用其他躯体疾病或精神障碍来更好地解释。
4. 其症状或缺陷引起有临床意义的痛苦，或导致社交、职业或其他重要功能方面的损害或者需要医学评估。

标注症状类型：

伴无力或麻痹；伴不正常运动（例如，震颤、肌张力运动障碍、肌阵挛、步态障碍）；伴吞咽症状；伴言语症状（例如，发声障碍、言语含糊不清）；伴癫痫样发作或抽搐；伴麻痹或感觉丧失；伴特殊的感觉症状（例如，视觉、嗅觉或听力异常）；伴混合性症状。

标注，如果是：

(1) 急性发作：症状持续少于6个月；一直持续：症状持续超过6个月或更长。

(2) 伴心理应激源（标注应激源）；无心理应激源。

资料来源：DSM-5；American Psychiatric Association，2013.

（二）转换障碍的病因及治疗

转换障碍的患者没有任何潜在的生理疾病，那么究竟是什么导致他们的躯体器官功能丧失呢？这为心理病理学留下了重大难题，关于转换障碍的各种理论详见表6-1。

思考：有关转换障碍的理论有哪些？它们的共同特点是什么？

1. 精神分析理论

自从弗洛伊德在1894年提出精神分析理论，对这一理论的评论就褒贬不一。但经典精神分析的主要思想直到今天还被沿用。弗洛伊德认为，躯体症状是防御的结果，这种防御吸收并中和了无法接受的无意识冲突所引起的焦虑。精神分析在解释转换障碍时，仍围绕这一观点，并提出了三

表 6-1　　关于转换障碍的各种理论观点

理论	易患此症的人	病因	治疗方法
精神分析理论	有某种未解决的冲突的人	无意识的冲突引起焦虑，这种冲突转换成躯体的症状来抵抗焦虑，同时作为冲突的象征	认识和疏通无意识的冲突
沟通理论	难以用言语表达悲痛的人	无法以一种可接受的和易理解的方式与他人交流痛苦	认识症状的沟通作用，并寻找更多可接受的表达痛苦的方法
知觉阻滞理论	无法忍受焦虑或痛苦的人	无法忍受的焦虑，或表达痛苦的需要，或焦虑强化的减弱	疏通冲突，寻找更多可接受的方法表达痛苦
行为主义和社会文化理论	曾经从患者角色中获益的人	患者通过患病的方式应对现实问题，特定的社会文化从过去患病的经历中学习到患病比不患病有更多的益处	采用行为消退法让患者不能从患者角色中获益，并教给患者有效应对问题的技能

个假设：第一，个体的焦虑是由一些无法接受的想法造成的，而转换是对焦虑的一种防御；第二，心理能量被转换成躯体症状，焦虑是从无法接受的想法中分离出来的，因为它是一种心理能量，所以它必须被释放到某个躯体部位，而这会使相应的器官变得虚弱；第三，特定的躯体症状象征着潜在的冲突。对小张这个案例来说，三个过程似乎起了同一个作用，即小张在无意识中为造成小王的瘫痪感到担忧和内疚，而他通过把内疚和担忧转换成自己的瘫痪来防止这种感觉进入意识，特定的症状，即瘫痪，很显然象征着朋友的真正瘫痪。

这一理论刚好能解释转换障碍中的一种奇怪的现象，即对症状漠不关心。与其他由损伤造成真正的躯体症状的人不同，转换障碍的患者经常会奇怪地漠视自己的躯体症状。例如，转换性瘫痪的患者会更加关心他腿上皮肤的刺痒，而不是他不能走路的事实。从精神分析的观点看，转换症状会通过转换成躯体损伤来缓解焦虑或者应对无法面对的事实，这就使得患者能平静地面对残疾、失明、失聪或失去感觉。

2. 沟通理论

除焦虑外，其他一些负性情绪，如悲伤、愤怒、内疚、恐惧、糊涂和羞耻，都是人类情感体验的元素。如果转换障碍患者进行防御的话，那么他们虽然可以防御抑郁、内疚或愤怒，但他们无法防御焦虑。这使得另一种关于转换障碍的理论得以产生。该理论强调症状的功能在于沟通，而不是防御。沟通理论认为，患者用障碍来对付各种痛苦的情绪（不只是焦虑），并且去协调困难的人际关系。患者通过躯体疾病的形式来表达自己隐藏的痛苦，从而使自己的注意力从痛苦中分离出来，无意识地根据自己对疾病的认识及其在文化中的含义来选择症状。这样，特定的症状就反映在某些躯体器官上。

沟通理论认为，小张对自己造成朋友瘫痪感到沮丧、焦虑并且内疚。另外，由于他无法用语言描述自己遇到的麻烦，因而他就无法与他人谈论自己内心的忧虑。通过使自己瘫痪，他能让自己从这些情绪中转移出去，因此，他是借瘫痪向他人表露自己内心的压力。小张特定的症状直接来源于对他朋友瘫痪的确认。

沟通理论认为，转换反应就是“说”。尤其是对于那些不愿或不能谈论自己情感压力的人，“说”是在寻求帮助。这些人可能被迫通过躯体症状来告诉他们所爱的人和他们的医生，他们的情感生活出现了问题。

3. 知觉阻滞理论

知觉阻滞理论与精神分析或沟通理论的观点是一致的，强调知觉是怎样被阻滞在意识经验之外的，它可以很好地解释转换性失明。令人吃惊的是，转换性失明患者声称自己觉察不到任何视觉输入，但他们的行为却经常受视觉输入的控制。尽管这些个体报告没有看见任何东西，但他们经常可以避开前面的汽车，避免被家具绊倒。实验证明，他们是能够感觉到有可见的物体通过的。

对此，我们应该如何解释呢？设想如果转换性失明患者说自己没有觉察到任何可见的东西并不是在撒谎，那么，我们就将得到下列模式：虽然视觉输入被阻断在意识觉察之外（因而报告“我什么也没看见”），但视觉输入能够在感觉系统中登记，并直接影响行为（所以会出现避开家具、作业成绩高于随机水平这样的情况），转换过程存在于将感觉阻滞在意识之外的过程中。这种观点与精神分析或沟通理论都是相容的，虽然它没有说明是什么导致了阻滞，是防御焦虑的需要，还是缓解内部压力的欲望。因此，我们推论转换性失明的机制可能是视觉信息被阻断在意识之外。这种阻断可能是由焦虑引起的，或是一种与他人分享苦恼的需要，或是为焦虑的降低所强化的结果。

4. 行为主义和社会文化理论

疾病并不只是生物功能方面的障碍，还包括许多社会的因素。生了病的人被认为是采用了“患者角色”。他们可以待在家里而不去工作或上学；他们可以不担负正常的责任和义务，甚至还能得到其他人的关注和同情。行为主义和社会文化理论家的观点认为转换障碍是个体采用了不恰当的患者角色造成的。

采用患者角色也是需要付出很大的代价的，如不能参加大部分的有趣活动。那么是什么促使患者长期放弃这些东西呢？行为主义学家认为是患者过去的经历使其认为患者角色所得到的奖励比没有疾病的时候所得到的奖励要更多，更具有强化的效果。通常转换障碍的患者具有两种经历：一是这个人必须有过患者角色的体验，要么是直接生病，要么是间接建立起了患者角色模型；二是采用患者角色必须得到强化。

社会文化理论家们也认为转换障碍是角色采用的问题，但他们关注的不是家庭，而是更强大的文化力量（见专栏 6－1）。社会文化观认为人们采用患者角色作为处理问题的方式是由于其所处的文化对无法解释的躯体疾病的态度，并且认为在不同的文化当中转换障碍的发生率是不一样的。一些研究也证实了这一观点。转换障碍在非西方文化和欠发达地区更为普遍，如印度、中国、尼日利亚、利比亚、墨西哥等，在这些文化当中直接表达情绪上的痛苦是不大被接受的，甚至会受到更多的指责。但也有其他研究表明，该障碍在所有文化当中都是一种常见问题。

专栏 6－1

特定文化相关障碍

有些精神障碍可能源自某种特有的文化背景，主要表现为：被特定文化或亚文化范畴理解和接受；病因代表着和象征着这一文化的核心含义及行为模式；诊断依赖于特定的文化知识和概念；治疗的成功与否也取决于本文化的参与者。接下来，就给大家介绍一些与特定文化相关的精神障碍。

1. 气功所致精神障碍。

气功所致精神障碍是指由于气功操练不当（例如，每日练习过多）或处于气功状态时间过长而不能收功的现象，表现为思维、情感及行为障碍，并失去自我控制能力，俗称“走火入魔”。主要表现为：(1) 有感知觉障碍，所有患者都说有“气感”，如感到有气冲头顶；(2) 出现幻觉，例如，收到千里之外气功大师发出的“信息”；(3) 出现妄想，主要是被害妄想或夸大妄想；(4) 有强烈的情感色彩，患者出现焦虑、恐惧，有的出现兴奋、话多；(5) 出现离奇行为，比如认为自己会飞，不顾一切想从高处往下跳。

2. 巫术所致精神障碍。

由迷信巫术所导致的精神障碍并不少见，最常见的形式是附体状态，它是一种无形无质的某种鬼神或精灵依附于人的躯体状态，与原始人的神灵崇拜和信仰密切相关。严重的附体状态会导致家族残杀，惨绝人寰，触目惊心。

3. 恐缩症。

恐缩症（Koro）常见于东南亚地区，是指担心阴茎或外阴、乳头会缩回或消失，从而导致死亡。因此，个体感到极度恐惧和焦虑。

4. 北极癔症。

北极癔症（Artic hysteria）见于爱斯基摩人，多见于妇女。患者发作时撕破衣服、尖叫哭喊、疯狂地奔跑，可能暴露在寒冷中而威胁到自己的生命，有时还会出现暴力行为。

小　结

1. 疾病焦虑障碍是一种慢性的精神障碍，起病于成年早期或中期，强调个体不存在明显的躯体症状（即便存在躯体症状，其程度也比较轻微），但仍对健康状况表现出明显的焦虑。

2. 有躯体症状障碍的个体通常存在一种或多种躯体症状，主要表现为疼痛，个体通常会非常担心自身的躯体状况，并对自身的躯体症状进行灾难化的解释。

3. 转换障碍又称功能性神经症状障碍，表现为存在一种或多种运动或感觉功能改变的症状，躯体症状与神经疾病或躯体疾病不一致。

复习思考题

一、名词解释

疾病焦虑障碍　躯体症状障碍　转换障碍

二、简答题

1. 简述疾病焦虑障碍与躯体症状障碍的区别和联系。
2. 简述疾病焦虑障碍可能的发病原因及治疗方法。
3. 诊断转换障碍需注意哪些方面？

三、案例分析

李某，38 岁，放射科医生，工作成绩突出，社区活动也积极，但大部分业余时间在家里躺在床上。偶有阵阵轻度腹痛、饱胀感、肠鸣，有时在左下腹摸到肿块。当地医生用尽了办法，将他转往某著名医院。他住了 10 天院，做了全面身体检查和实验室检查，包括全胃肠道 X 射线、食道镜、胃镜、结肠镜，未发现症状。他坚信自己患了结肠癌。每周做大便潜血检查，每 2～3 天就在家里躺在床上仔细抚摸自己的腹部，好几次下班后悄悄给自己做 X 射线检查。他对结果不是感到宽慰，而是愤懑和失望。

（1）根据李某的症状表现，可能的诊断是什么？诊断依据又是什么？

（2）该案例可能存在的鉴别诊断有哪些？

推荐影片

《无病呻吟》

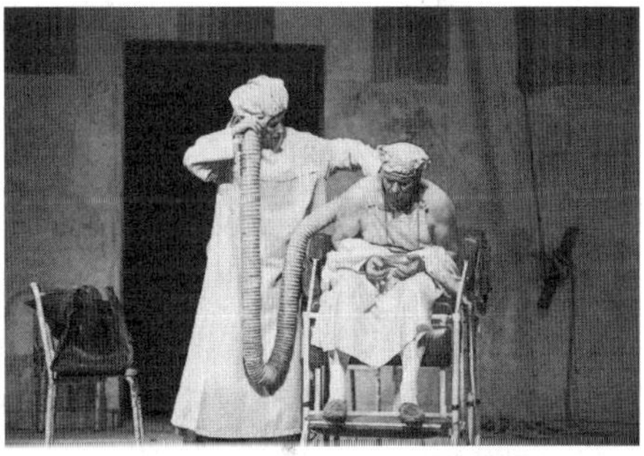

《无病呻吟》是莫里哀的经典喜剧。该剧的主角阿尔冈是一名疾病焦虑障碍患者，他明明身体健康，却时刻担心自己已经病入膏肓。他所管辖的区域内有着一些无良医生，这些医生利用阿尔冈的软弱可欺，谄媚、取悦于他，诈骗他的钱财，却丝毫不关心他的身体情况。妻子贝丽娜表面上对阿尔冈关心、体贴，并将其照顾得无微不至，但内心却渴望着尽快继承阿尔冈的遗产。阿尔冈是一位专制的父亲，他一心期盼将女儿昂热丽克嫁给深得他信任的皮尔贡医生的侄子。然而，昂热丽克却偷偷与克莱安特坠入爱河。继母贝丽娜企图暗中破坏昂热丽克与克莱安特的姻缘，却被好心的女仆图瓦内特揭开了丑恶嘴脸。在故事的结尾，无病呻吟的阿尔冈，最终成了一名职业医生。

第七章

创伤及应激相关障碍

我们生活在这个世界上，几乎每天都要经历各种大大小小的事件。当一部分事件使得我们难以应对时，应激（stress）便产生了。应激事件可能是日常生活中的琐事，如生活压力事件，也可能是一些对个体产生重大影响的事件，如一些灾难性事件等。

应激是机体对环境变化（刺激，即应激源）的适应性反应，一定强度的刺激引起的应激反应有助于提高机体的适应水平。然而，超过机体耐受能力的过分强烈的刺激则可能对机体造成严重损害，破坏机体的内稳态，引起心理和身体功能障碍。个体若持续性地无法有效应对压力或创伤事件，或无法从事件造成的负面影响中走出，则有可能发展出一系列心理问题。

本章所讲述的**创伤及应激相关障碍**（trauma-and stressor-related disorders），就是一类因应激造成的心理障碍。创伤及应激相关障碍的临床表现与发病应激源密切相关，并伴有相应的情感体验，容易为人所理解。值得注意的是，想要诊断创伤及应激相关障碍，个体必须曾经置身于创伤或应激事件之中，这是DSM-5不同于其他诊断系统的地方。

思考：创伤及应激相关障碍有哪些分类？

在DSM-5中，创伤及应激相关障碍包括五种心理障碍：**反应性依恋障碍**、**脱抑制性社会参与障碍**、**创伤后应激障碍**、**急性应激障碍**，以及**适应障碍**。由于创伤后应激障碍、急性应激障碍和适应障碍在人群中比较常见，所以本章将对这三种障碍进行详细阐述。

第一节　创伤后应激障碍

一、创伤后应激障碍的临床描述

2008年5月12日，四川汶川县发生8.0级大地震。这场致命性的灾难，不仅给国家的经济和人民的生命财产造成严重损失，也给灾后的人们带来了巨大的精神创伤。特别是那些目睹灾害恐怖场面的人，在很长一段时间内，一提起灾难场面，就会心有余悸：反复发生闯入性的创伤性体验；持续的警觉性增高；对与刺激相似或有关的情境的回避等。而严重者可出现心悸、出汗、焦虑、恐惧，甚至抑郁、幻觉、妄想等一些严重的精神症状。

创伤后应激障碍是一类在接触极为严重的创伤事件后，出现反复重新体验创伤事件，思考：创伤后应激障碍有什么特点？

并伴有以觉醒增高和回避与创伤相关刺激为特征的心理障碍。会引起创伤后应激障碍的创伤事件包括以下一些：严重的自然灾害，比如地震、洪水、龙卷风；人为灾难，比如战争、杀戮、强暴、交通事故。有研究表明，人为灾难比自然灾难带来的创伤后应激障碍更加严重。长期来看，个体主要会出现以下四种症状。(1) 闯入性记忆：创伤以闯入脑海的念头、闪回或噩梦的形式重现，虽然有些零碎、不完整，但是感觉非常逼真，就像真的事件发生一样，以致个体重新体验到当初的情绪和感觉，其强烈程度也相差无几。(2) 回避：个体活动或行为的目的，是避免一切可能唤醒精神创伤的事件，身体上避开可能唤醒精神创伤的一切线索。(3) 心境和认知的改变：这包括无法回忆起事件重要方面的内容，持续的消极认知，因为事件而责备自己或他人，弥散的消极情绪，对重要活动缺少兴趣或不再参与，感觉与他人分离，或无法体验到积极情绪。(4) 高警觉：总是感到唤醒过度，可能表现为易怒、容易受惊吓或过度警觉、失眠、难以集中注意力。

案例

刘某，女，40 岁，已婚，研究生学历，某公司经理。1 年前她被查出患有乳腺癌，手术治疗后两个月，躯体状况虽逐渐恢复，但紧张恐惧、郁郁寡欢，情绪起伏波动 10 个月，故前来医院求助。她丈夫在一大型企业担任主管，夫妻感情好。婚后育有一个女儿。

1 年前常规体检，刘某被查出左侧乳房肿块，当从病历报告中得知自己患的是乳腺癌时，顿感“晴天霹雳”“脑子一片空白”，无法接受这一残酷事实。“我怎么会这样？我才 39 岁，肯定是搞错了！”当某权威医院进一步确诊后，她被要求立即住院，接受手术治疗。术后两个月，刘某躯体状况逐渐恢复，但头脑里经常不由自主地闪现与癌症、死亡相关的念头，为此心理压力日趋沉重，出现以下念头：“我还能活多久？”“我真的快死了吗？”“现在等于被判了死刑，等待执行。”吃着晚饭，突然冒出念头：“是不是最后一顿（饭）？”逛街购物，突然浮现念头：“会不会成为遗物？”夜间入睡困难，经常噩梦连连，自己骨瘦如柴，躺在病床上等死。“白天不敢想我的病，晚上一闭眼就好像能看到自己死了的样子，经常失眠，提心吊胆。”她密切关注自身状况，只要感到任何不适就非常紧张，谈“癌”色变逐渐演变成谈“病”色变，为此，家人均忌谈“身体”“健康”之类的话题。刘某关心自己的化验检查结果，“既想看，又不敢看”，“一方面要去医院复查，另一方面又怕去复查，只要听到别人讲‘癌症’就主动避开，甚至不敢看自己的手术刀疤”。一旦得知某项指标超常，就坐卧不宁，除上网查询外，还向苏州、上海的医生电话咨询。刘某心情压抑，无精打采，常常呆坐，神情麻木，容易激动、不耐烦，动辄发火，对家人和亲友的安慰直言反驳：“反正毛病不是出在你们身上，讲讲当然很轻松。”她曾试着上班，但注意力无法集中，称：“我都不知道每天在干些什么。”结果，还是在家休息。

资料来源：吴天诚，2009。

创伤后应激障碍的诊断标准

以下诊断标准适用于成年人、青少年以及六岁以上的儿童：

1. 个体曾面临过死亡或死亡威胁、实际的或威胁性的重大伤害、实际的或威胁性的性侵犯，主要通过以下途径：亲身经历事件，目击事件，得知发生在亲密的人身上的暴力事件、意外性死亡或死亡威胁，反复经历或极端暴露于令人厌恶的事件细节。

2. 至少有以下1种闯入性症状：

（1）反复出现的、不由自主的、闯入性的有关创伤的痛苦回忆，儿童表现为反复地玩以创伤为主题的游戏。

（2）反复出现与事件相关的噩梦。

（3）解离反应（如闪回），个体的感受和行为就像创伤再次发生了一样。

（4）表现出强烈、持久的痛苦或生理反应。

3. 至少有以下1种回避症状：

（1）回避内在的创伤唤醒源。

（2）回避外在的创伤唤醒源。

4. 至少有以下3种（儿童2种）在创伤后开始出现或恶化的认知和心境的消极变化：

（1）无法回忆起创伤重要方面的内容。

（2）对自己、他人或世界抱有持续的、夸大的消极预期。

（3）因为创伤而持续地过度责备自己或他人。

（4）弥散的消极情绪状态。

（5）对重要活动的兴趣或参与度显著降低。

（6）感觉与他人分离或疏远。

（7）持续地无法体验到积极情绪。

5. 至少有以下3种（儿童2种）在创伤后开始出现或恶化的唤起和反应性的变化：

（1）急躁的或攻击性行为。

（2）鲁莽的或自我毁灭的行为。

（3）高度警觉。

（4）夸张的惊吓反应。

（5）注意力问题。

（6）睡眠障碍。

6. 症状在创伤后开始出现或恶化，至少持续了1个月。

7. 造成了具有显著临床意义的痛苦或社交、职业等其他重要功能的损害。

8. 无法被药物等其他物质的生理效应解释。

在进行创伤后应激障碍的诊断时，需要注意与分离障碍进行鉴别诊断。因为创伤后应激障碍患者也会出现分离或解离症状。但是，对于分离障碍而言，分离症状不一定与接触创伤性应激源相关。如果分离症状发生在完整的创伤后应激障碍综合征背景中，则需要使用“伴分离症状”的标注。

另外，针对6岁及以下儿童的创伤后应激障碍的诊断标准，回避症状与认知改变症状合并为一个症状条目，其余标准与成人相似。对于儿童来说，其再体验的临床表现可能有其独特之处，他们可能会报告自己做过一些噩梦，但是梦中不包括创伤事件的具体内容。在6岁以前，儿童更可能在直接或象征性的创伤引导游戏中表现出再体验的症状。他们在经历再体验时，可能并不会表现出明显的恐惧反应。而具体的回避行为可能表现为在玩游戏时探索行为的减少、新活动参与度降低，或不再愿意发展自身的社交或其他技能。

社区调查估计，创伤后应激障碍的终生患病率为1%～14%。高危人群（参加过战争的退伍军人、火山爆发或暴力行为的受害者）的患病率为3%～58%。创伤后应激障碍可以发生在任何年龄，包括儿童期。症状通常开始于创伤性事件发生后3个月内，但也有患者延迟数月或数年后发病。可能在创伤后先产生急性应激障碍，后持续发展为创伤后应激障碍。

二、创伤后应激障碍的可能原因

（一）生物因素

创伤后应激障碍与处理情绪和记忆的脑系统有关，特别是杏仁核与海马体。在形成和回想对事件以及与之相关的情绪的记忆时，海马体和杏仁核都被激活。形成创伤记忆的过程与两种应激激素有关：去甲肾上腺素和皮质醇。这些激素分泌的增加可使记忆增强，但这种在创伤应激下的激素分泌水平对脑组织伤害很大，可能会导致神经细胞死亡及记忆系统破坏。

（二）心理社会模型

这个模型包括了一系列广泛影响创伤后应激障碍发展过程的因素，包括以下几种。

事件刺激：瞬时记忆的形象表征。

事件认知：使得个体再次体验到当时情景的记忆或闯入性记忆。

评价和再评价：个体对于事件的看法。它包括在过去表征和经历的基础上，对相关信息的解释。

尝试应对：事件的闪回和情绪性记忆会使得个体尝试进行应对，目的是减轻情绪上的痛苦。这类尝试通常表现为回避与事件相关的所有线索、记忆以及类似的情绪或活动。另外也可能表现为试图阻止那些不期而至的记忆。

人格：人格也会影响个体在经历创伤性事件时的认知、情绪、对创伤性事件的反应性评价以及随后的应对策略。

社会支持：社会支持是对创伤反应的重要调节手段。向他人倾诉可以帮助个体重新认识事件的意义，也为个体表达消极情绪提供了支持。

（三）创伤后应激障碍的易感性

我们已知道创伤后应激障碍的病理机制：个体经历了某些创伤，进而发展出了某种精神障碍。然而，一个人是否会发展出创伤后应激障碍，原因是非常复杂的，包括生理的、心理的和社会的多方面因素。但是，对威胁和创伤感觉最敏感的人是最容易患创伤后应激障碍的。

（1）那些最有可能患上慢性创伤后应激障碍的人在神经质测验上的得分很高，并且有精神疾病的家族史。

（2）经历过大屠杀的幸存者的孩子，其创伤后应激障碍的患病率高于控制组。

（3）那些在经历第二次战争后患上创伤后应激障碍的人在第一次战争中曾有过更多的战争应激反应。

（4）以前就曾经有过创伤经历的个体，接受过心理和体力的坚忍训练的个体，预期如果被抓就将受到折磨，以及将所要遭受的痛苦理解为一种统治阶级的压迫的个体，是最能抵抗创伤后应激障碍的。

这些发现表明，心理健康、在创伤来临前有准备的人患上创伤后应激障碍的可能性小。但是，如果灾难性事件足够可怕，那么即使以前处于良好的心理健康状态下，个体也很难幸免。

戴维森等（Davidson，Hughes，Blazer，& George，1991）发现，贫穷和受教育程度较低的个体比社会经济水平较高、受过较高层次的教育的人患上创伤后应激障碍的可能性更大。森奈特和戴沃斯（Cénat & Derivois，2014）针对经历海地地震的受灾人群的调查也发现，贫穷和低教育水平是创伤后应激障碍的风险因素。出现这种情况有多种原因，一个因素可能是穷人居住的地区出现恶劣创伤性事件的可能性较大，另一个因素可能是缺少社会支持。在自然灾害时期，朋友和亲属可能会因为自己的痛苦而忽略了对受害者的慰藉和关心。

遗传的心理倾向也会影响创伤后应激障碍的易感性。褚（True，1993，June）对许多参加过越南战争的美国老兵进行了研究，发现在这场战争结束后，有4 000多对越南战争老兵双胞胎接受了创伤后应激障碍的症状检查。总体上，在目睹过激烈战斗的士兵中，约有一半的人出现了创伤后应激障碍症状。并且，同卵双生子与异卵双生子相比，在创伤后应激障碍症状方面具有更多的相似性，这表明创伤后应激障碍或许具有遗传成分。

其他的身体变化也会在创伤性应激中出现。身体虐待与胼胝体的变小有关。胼胝体是大脑两半球传递信息的神经通道。布雷姆纳等（Bremner et al.，1997）的研究表明，精神受到创伤的儿童有慢性自主神经过度唤起的迹象，包括休息时心跳加速，受惊反应增多，下丘脑-垂体-肾上腺轴的活动过度。

这些生物学变化可能同时伴随着认知改变。一些个体可能在遗传素质上倾向于重现关于创伤性事件的想法（反复思考）和在闪回中重新体验这些事件。类似地，一些个体可能倾向于对那些不幸事件作出灾难性的解释。那些仍然受到强暴影响的人有下列思维模式：

（1）心理挫折："假如这件事再次发生，我会崩溃的。"

（2）心理混乱："我不能相信这件事发生在我身上。"

（3）对情感的消极评价："如果我能作出那样的反应，我的情绪一定会非常糟糕。"

（4）对初始症状的消极评价："我的反应一定意味着我正在发疯。"

（5）对他人反应的消极评价："他们现在以我为耻。"

（6）永久的改变："我的生活已经被暴力完全摧毁了。"

这种模式会积累并成为个体反思中的一种信念，且伴随着个体原有的关于世界是公平的、未来是可预测和可控的这种世界观的毁灭。

三、创伤后应激障碍的治疗

思考：创伤后应激障碍如何治疗？

（一）药物治疗

在一项最优控制的药物研究中，46 名患有创伤后应激障碍的越战老兵分别服用了抗抑郁药物和安慰剂。在患者服用抗抑郁药物后，噩梦和闪回数量减少了，但并没有达到正常水平。麻木感、同他人的距离感和广泛性焦虑这些症状都没有得到缓解。总之，抗抑郁和抗焦虑药物可以使一些患者的某些症状得以缓解，但是单纯的药物治疗是不足以缓解患者的痛苦的。

（二）暴露治疗

暴露治疗是一个消退或习惯化的过程。在这个过程中，个体不断地暴露在令人恐惧的刺激中。暴露可能是有记载以来最成功的针对创伤后应激障碍的治疗方法。在创伤后应激障碍的暴露疗法中，治疗师要求患者在想象中重新体验创伤，并要克服自己在这种情境下的逃离倾向。与此同时，患者要富有感情地向治疗师大声描述这一过程。此过程需要不断地重复。这种重新体验会被录音。患者要把它当成家庭作业，经常在家重演。

暴露法起初可能会加剧个体的悲伤体验，原因在于个体对于先前可以避开的痛苦影像，现在却要有意地进行回忆。为了减轻个体的痛苦并防止治疗中断等问题的出现，可以使用逐步暴露法，即先让个体选择某一细节水平对创伤性事件的特定部分进行叙述，重复进行直到个体不再有紧张反应为止。此时应该避免任何新的或可能更为痛苦的记忆，但它们可以成为下一个水平的干预方法的中心。这一核心的方法可以由各种认知行为技术进行加强，包括放松训练和认知重构。

（三）认知加工治疗

认知加工治疗（cognitive processing therapy，CPT）是专门用来处理遭到性攻击的创伤后应激障碍受害者症状的治疗。CPT 的理论基础是创伤后应激障碍信息加工模型，它一共包括 12 次的结构化治疗。CPT 的独特之处在于，它包含了暴露治疗的主要成分和认知治疗的主要成分两个部分。而且，认知治疗部分的内容专门挑战某些特别的被创伤破坏的信念。在两次会谈的间隔时间，个体需要完成大量的作业。

福阿、斯卡提和罗斯巴姆（Foa，Steketee，& Rothbaum，1989）提出在安全的环境中，进行系统暴露治疗，就能够帮助个体改变恐惧的记忆，在这样的过程中，危险性的刺激得到进一步的评估并形成习惯化。虽然经过这样的治疗，个体的恐惧可以得到缓解，但是，除了恐惧以外的其他情绪在这样的治疗中没有得到处理。个体可能依然自责、厌恶自己，愤怒或者不知所措，这些都足以引发闯入性记忆和回避性行为。

所以，激活患者的创伤性记忆，使其直接面对冲突并且处理非理性信念可能比单独采用暴露治疗的效果要更好一些。暴露疗法激活了创伤记忆，但是没有提供处理其他错误归因和非理性信念的方法。CPT 专门治疗创伤后应激障碍，它提供了另外的激活恐惧记忆结构的方法。该治疗方法包括其他暴露治疗中没有的处理非理性信念、处理对事件的归因和对未来的期望等认知方面的内容。

CPT 的一个潜在假设是创伤后应激障碍症状来自新的信息和旧的认知图式之间的冲突。这些冲突有的是关于危险和安全方面的（例如，“我独自一个人外出感觉不到安全”），有的是关于其他主题的，比如自尊、能力和亲情。创伤后应激障碍患者表现出来的闯入性症状、唤起和回避症状都是由这些认知冲突引起的。所以，虽然 CPT 会介绍错误的思维方式和假设，但是其重点在于识别和调整停滞点（stuck point）（比如以前图式和新的信息之间的冲突）。

尽管存在很多争论，但含有暴露疗法成分的眼动脱敏与再加工（eye movement desensitization and reprocessing，EMDR）疗法已经得到了广泛应用（见专栏 7-1）。这种方法的系统训练已经在许多国家（包括我国）进行。

专栏 7-1

眼动脱敏与再加工疗法

眼动脱敏与再加工（EMDR）疗法是由夏皮罗（Francine Shapiro）在相当意外的情况下创立的。1987 年，她正在公园散步，苦苦思索着一件令人很沮丧的事情。这时，她发现令人苦恼的想法正在明显消退。当她把注意集中到刚刚发生过的事情上时，她发现她的眼睛正在自发地、快速地沿着对角线往返移动（痉挛性眼睛运动）。她急切地想将这种做法变成一种治疗技术，她开始要求同事和朋友也将他们的注意力集中在令他们感到困扰的想法上，并且，在保持影像的同时反复移动他们的眼睛。当人们的眼睛活动有变化时，如变快、变慢或追踪不同的轨迹，由影像引起的苦恼似乎能明显减少。

通过这些简单的观察，夏皮罗发展出了 20 世纪 90 年代使用广泛也最具争议性的心理治疗方法。她建立了 EMDR 研究所，并和同事一起培训了大量治疗师来运用这种技术。

其核心技术是伴随眼动的暴露。病人和治疗师选择能引起悲痛的目标视觉记忆，病人产生对记忆的消极思维（例如，“我是不可爱的”）。病人也可以产生积极思维（例如，“我很和蔼”）来取代这些消极思维。治疗师快速地在病人的眼前来回晃动手指，病人要保证在将注意力集中在令其困扰的影像或记忆的同时，使自己的眼睛跟随着治疗师的手指运动。在一系列 10～20 次眼动后，病人评估他的压力和他的积极思维的强度。这个程序要持续重复到影像渐渐不再令其苦恼，积极思维的强度越来越大。

许多治疗师发现，有焦虑问题的病人在接受治疗后表现出明显、快速的进步。令人振奋的是，该治疗对创伤后应激障碍患者也有同样的效果。EMDR 治疗师被派遣到波斯尼亚和美国俄克拉何马州治疗那些受过创伤的人。基于初步证据，研究者实施了一些控制性的结果研究。在威尔逊森等（Wilson，Silver，Covi，& Foster，1996）的研究中，80 名正在“经历创伤记忆”的参与者接受了 90 分钟的 EMDR 治疗。其中一半人

是立即接受治疗的，而另一半人作为控制组，是在稍后才接受治疗的。令人痛苦的记忆包括身体和心理的疾病、爱人死亡、健康危机、性虐待等。46%的参与者被诊断为完全的创伤后应激障碍。相对于控制组，治疗组的进步是实质性的、快速的，并且，这种进步可以维持到90天以后。记忆中的主观苦恼减少了，抑郁和焦虑的症状也减少了。在罗斯巴姆（Rothbaum，1997）的研究中，21名强暴受害者被随机分配到控制组和EMDR组。结果发现，治疗组的创伤后应激障碍症状明显减轻了。到治疗结束时，EMDR组中的10名女性只有一人符合创伤后应激障碍的标准，而控制组的这一比例为88%。无论如何，有关EMDR的初步研究表明，这种技术是可行的。

尽管如此，EMDR还是遭到了批评，尤其是临床科学家的批评。事实上，批评者的语调是充满敌意的。麦克纳利（McNally）将EMDR技术比作催眠术。在18世纪，催眠被认为是一种欺骗行为。但这种敌意是有一些根据的：第一，这种治疗的工作原理及其活动成分还很神秘。这种眼动对于成功的治疗似乎并不是必要的。第二，治疗并不具有心理或精神病基础，而是处于科学的边缘。第三，这种治疗方法获得了巨大的经济效益。一些临床医生之所以批判夏皮罗，一是因为她未作控制组的结果研究就培训了很多这种技术的应用者，二是因为这种技术的神秘性。良好的经济效益和科学的职责是难以并存的。

我国接触EMDR可追溯至1995年，当时邀请美国的EMDR组织进行了几天专门培训，参加者有三四十人，培训结束时颁发了证书。但真正系统的EMDR连续培训项目则始于2002年，至2004年，十几位来自德国、荷兰、比利时、美国的EMDR专家来到中国，对中国的学员进行了专门的培训。2005年10月在北京召开全国首届心理创伤治疗和危机干预学术研讨会，由国际人类帮助组织和EMDR国际组织培训的我国第一批EMDR治疗师在会议期间获得了EMDR治疗师证书。在后续的交流与发展中，我国成立了EMDR创伤心理治疗学组，相应的培训与学术交流也更加丰富与规范，这些将为我国的心理治疗与心理咨询事业作出新的贡献。

资料来源：吕秋云，钱铭怡，2010。

有关创伤后应激障碍的心理治疗虽然产生了良好的效果，但它仍然无法治愈创伤后应激障碍。很显然，未来这一领域的研究将是非常必要的。

第二节 其他创伤及应激相关障碍

一、急性应激障碍

急性应激障碍是一类在接触极为严重的创伤性事件一个月之内发生的以分离症状、焦虑、警觉性高等为主要表现的心理障碍。本病与急性反应性精神病或急性心因性反应类似。

急性应激障碍在遭受严重创伤性事件时或其后立即发作，可出现各种分离症状，严重时呆若木鸡、僵硬不动，既无言语也无反应。这种木僵状态一般历时短暂（几分钟至几小时），随后或意识恢复正常，或转入意识蒙眬状态。患者意识模糊，对周围事物觉察降低、表情紧张、恐惧，可同时出现杂乱而无意识的动作，或无目的地乱走。这些症状持续时间不长。当这些症状消失后，患者的情感反应仍可降低，对以前喜爱的活动体验不到快乐，而且常为日常活动而感到有罪。患者的注意力难以集中，感到与躯体分离、世界不真实或像做梦一样，难以回忆创伤性事件的经过。患者有明显的焦虑，觉醒程度也明显增高，如警觉性高、难以入睡、易激惹、惊骇反应增强和出现运动性不安。患者可能反复回忆、想象和思考经历过的创伤性事件。梦中也可出现创伤性事件的内容，或有创伤性事件闪回发作，有时感到就像重新经历了创伤性事件一样。在接触创伤性事件的提示物时，感到非常痛苦。因此，患者尽量回避与创伤性事件有关的地点、人物或活动。

患者可能感到绝望，心情非常低落，可严重到符合重性抑郁发作的标准。若创伤性事件导致他人死亡或老人受伤，患者则会为此感到有罪或负有责任。

思考：急性应激障碍有什么特点？

创伤可引起躯体受伤，如烧伤。自主神经功能障碍可以很明显，如心率增大、出汗、瞳孔散大、面色苍白或发红光等。

急性应激障碍的诊断标准

1. 个体曾面临过死亡或死亡威胁、实际的或威胁性的重大伤害、实际的或威胁性的性侵犯，主要通过以下途径：亲身经历事件，目击事件，得知发生在亲密的人身上的暴力事件、意外性死亡或死亡威胁，反复经验或极端暴露于令人厌恶的事件细节。

2. 在侵入性、负性心境、分离、回避和唤起这五个类别的任一类别中，至少有以下9种症状在创伤后开始出现或恶化：

（1）侵入性症状。

①反复出现的、不由自主的闯入性的有关创伤事件的痛苦回忆。

②反复出现与创伤事件有关的噩梦。

③解离反应（如闪回），个体的感受和行为就像创伤事件再次发生了一样。

④对引发创伤事件回忆的内在和外在线索表现出强烈、持久的痛苦或生理反应。

（2）负性心境。

⑤持续地不能体验到正性的情绪。

（3）分离症状。

⑥环境和自我的现实感发生了改变。

⑦不能回忆起创伤事件某个重要方面的内容。

（4）回避症状。

⑧尽量回避创伤事件或与其高度有关的痛苦记忆、思想或感觉。

⑨尽量回避能够唤起关于创伤事件或与其高度有关的痛苦记忆、思想或感觉的外部提示。

（5）唤起症状。

⑩睡眠障碍。

⑪易激惹的行为和愤怒的爆发。

⑫过度警觉。

⑬注意力有问题。

⑭过分的惊跳反应。

3. 这种障碍的持续时间为创伤后的 3 天至 1 个月。

4. 这种障碍引起临床上明显的痛苦，或导致社交、职业或其他重要功能方面的损害。

5. 这种障碍不能归于某种物质的生理效应或其他躯体疾病，且不能用“短暂精神病性障碍”更好地解释。

资料来源：DSM－5；American Psychiatric Association，2013.

二、适应障碍

案例

王某，女，19 岁，大学一年级新生（入学 4 个月），近两个月来上课注意力不能集中，学习效率及学习成绩下降，失眠，心情烦躁，情绪低落，不愿与人交往。

王某是独生女，家庭条件优越，父母视其为掌上明珠，倍加宠爱。王某自幼聪明，学习成绩优良，但性格内向、胆小，平素家里管教较严，不好与人交往。父母要求王某只要学习成绩好，考上重点大学，家务事都由父母包办。考上大学以前王某从来没有自己洗过衣物、做过饭，甚至到邮局寄包裹、取汇款这样的事也没有做过。考上大学后，王某的父母陪伴她一起到这所高校，替她办好了所有的手续，并委托在那个城市的亲戚照顾王某才不放心地离去。父母离去之后，王某非常不适应，许多最基本的生活小事都不会做或做不好，出了一些差错。为此王某十分沮丧，一个人偷偷哭了几次。她十分想家，思念父母，有时一天打几次电话。因为王某不善交往，故在同学中几乎没有什么朋友，她也很少求人帮忙。临近考试期间，压力越来越大，她整日忙于学习，生活自理的事很少顾及，有时候找不到可换的干净衣服，外出上课甚至头也不梳，脸也不洗。考试的结果很不理想。王某的情绪极为低落，常常一个人独自哭泣，不愿意与周围的同学交往，有时连课也不去上，担心同学瞧不起她。王某还经常失眠，食欲也变得很差，体重比入学的时候减轻了8公斤。

像应激障碍一样，适应障碍也是由心理社会因素（应激源）引起的心理障碍。但两者的表现有区别：（1）应激源不同。应激障碍的应激源性质极为严重，多为创伤性事件；适应障碍的应激源可为创伤性事件，也可为生活事件，但以生活事件居多。（2）症状不同。适应障碍以明显的情绪症状为主要表现。

适应障碍很常见，但缺乏由流行病学调查获得的确切患病率。这种障碍在精神科门诊中占5%～20%。在困境中生活的个体和经历应激事件较多的个体，他们的患病危险较高。

适应障碍可发病于任何年龄，男女患者相等，发病于遭受应激源后3个月内。情绪症状较明显，主要表现为紧张、担心、烦恼、心神不安或出现明显的抑郁症状，如抑郁心境、流泪或感到没有希望；也可出现明显的行为改变，多为发泄性行为或品行改变，如鲁莽开车、故意破坏文化艺术品、斗殴、不履行法律责任、逃学等。患者还可以出现其他适应不良的行为，如工作或学习表现差、社交退缩，也可出现各种躯体主诉，如头痛或其他部位疼痛、食欲降低、腹部不适、便秘或腹泻等。适应障碍患者发生自杀的危险也较高。适应障碍导致患者的躯体疾病的病程更为复杂。患者常不按医嘱服药，延长住院时间。

应激源是引起适应障碍的主要原因。其应激源多为生活事件，如恋爱、婚姻、事业、上学、退休、亲人病重或死亡等。应激源也可以是自然灾害、意外事故等。

应激源可以是单一事件（如恋爱关系中断）或多个事件（如事业遇到困难的同时，婚姻也出现了问题），有些应激源可反复出现（如季节性商业危机）或持续存在（如一个有多种犯罪行为的邻居）。应激源可影响一个人、一个家庭、一群人或一个社区（如自然灾害）。有些应激源是人生过程中大多要经历的事件（如上学、离开父母、结婚、为人父母、未达到职业目标、退休）。

思考：适应障碍有什么特点？

适应障碍的发病机制尚不清楚。很多人都可能遇到应激源，尤其是生活事件类的应激源，几乎每个人都会遇到。但并不是每个人都会发展出适应障碍。因此，应激源是否会导致适应障碍可能与个性和易感素质有关。有易感素质者，即使轻度的应激源也可出现明显的适应障碍。个性坚强或无易感素质者，即使遭受严重的应激源，也可能只出现轻微反应，甚至无明显反应。

适应障碍的诊断标准

1. 在可确定的应激源出现的3个月内，对应激源产生情绪的反应或行为的变化。
2. 这些症状或行为具有显著的临床意义，具有以下1种或2种情况：

(1) 即使考虑到可能影响症状严重度和表现的外在环境和文化因素，个体显著的痛苦与应激源的严重程度或强度也是不能成比例的。

(2) 社交、职业或其他重要功能方面的明显损害。

3. 这种与应激相关的症状不符合其他精神障碍的诊断标准，且不是先前存在的某种精神障碍加重的结果。

4. 此症状并不代表正常的丧痛。

5. 一旦应激源或其结果终止，这些症状便不会持续超过6个月。

资料来源：DSM-5；American Psychiatric Association，2013.

小　结

1. 创伤及应激相关障碍是一类因应激造成的心理障碍，主要包括反应性依恋障碍、脱抑制性社会参与障碍、创伤后应激障碍、急性应激障碍以及适应障碍。

2. 创伤后应激障碍主要包含四类症状：闯入性记忆、回避、心境和认知的改变、高警觉。

3. 创伤后应激障碍与大脑杏仁核和海马体的关系密切，也受激素水平的影响。创伤后应激障碍存在易感性，对威胁和创伤感觉最敏感的人最容易患上创伤后应激障碍。

4. 创伤后应激障碍的治疗包括药物治疗和心理治疗，后者主要采用暴露、认知加工治疗。含有暴露疗法成分的眼动脱敏与再加工治疗是运用比较广泛的治疗技术。

5. 急性应激障碍的病程为创伤事件发生一个月以内，包含的症状有侵入性症状、负性心境、分离症状、回避症状和唤起症状。

6. 适应障碍的应激源主要是生活事件，主要症状为情绪困扰。

复习思考题

一、名词解释

创伤后应激障碍　急性应激障碍　适应障碍

二、简答题

1. 创伤后应激障碍有什么特点？

2. 怎样用认知加工的方法治疗创伤后应激障碍？

3. 急性应激障碍的特点有哪些？

三、案例分析

地震前王阿姨在镇上开了一家裁缝店，一共有三台缝纫机，雇了两个员工，生意还算不错。

那天下午，她们正在做活，突然感到房屋剧烈摇动。意识到发生地震了，她们急忙跑出了房子，刹那间，整个房屋都倒塌了，她当时无法站立，只能趴在地上，眼看着周围的房屋相继倒塌，被吓得不知怎么办才好，只是感到天崩地裂。她在地上趴了一会儿，剧烈的震动过去后，看到的世界完全变了。整个镇上叫声一片，有呼救的，有哭喊的……“全完了，全完了!”王阿姨叫喊着，在废墟中挖出了一台缝纫机，其他的东西都被死死地压在了废墟下……

过去了两个多月，这些情景依然历历在目，让她一想起来就会不寒而栗。两个多月以来，王阿姨从没有睡过一个安稳觉，经常在夜里惊醒，老公一翻身，床板一摇动，她就会惊醒并迅速跑出房间，以为又地震了。

（1）请问上述案例最可能的诊断是什么?

（2）该诊断的依据是什么?

推荐影片

《最后的武士》

《最后的武士》讲述了一名美国军人投身日本明治维新期间战争的经历。影片男主人公参与过对印第安人的大屠杀，屠杀的血腥场景经常出现在主人公的梦境中，令他非常痛苦。这其实是创伤后应激障碍的一种重要表现。主人公为此感到恐惧、内疚，无法入睡，染上了酗酒的习惯。事实上，酒精滥用是最为常见的一种应对创伤后应激障碍的不良行为。

《比利·林恩的中场战事》

《比利·林恩的中场战事》讲述了在前线作战的比利·林恩作为战斗英雄参加超级碗演出的故事。这本应该是军人最为荣耀的时刻，然而，演出中出现的焰火爆破声触发了战士们的创伤记忆，种种战时的危机场景从脑海中涌现出来。在这种极度应激状态中，他们完成了这次表演。

推荐视频

1. 创伤与成瘾：http://open.163.com/movie/2015/9/4/B/MB3BV210T_MBDB3JK4B.html

2. 什么是PTSD症候群：http://v.youku.com/v_show/id_XMTQwNTAyNzE1Mg==.html?spm=a2h0k.8191407.0.0&from=s1.8-1-1.2

3. PTSD In Real Life：https://www.bilibili.com/video/av6141493?from=search&seid=5478239273153727759

第八章

抑郁及双相障碍

重性抑郁障碍和**双相障碍**曾经被称为心境障碍，是个体在情绪、认知、躯体和动机方面发生改变的一组精神障碍。抑郁障碍和双相障碍是较早被认识的心理障碍，也是心理卫生工作者经常遇到的心理障碍。随着社会的进步和发展以及生活节奏的加快，人们承受的压力越来越大，抑郁障碍和双相障碍也越来越多地被广大群众所熟知。

第一节　概述

想想看你最近一个月的生活，可能和以往一样，你在周一到周五学习或者上班，周末休息或者出去玩玩，偶尔会认真思考一下将来，或者胡思乱想一会儿，这都太正常不过了。但是，是否也有过几天或某时某刻，因为你和某个人吵架了，或者因为你的亲人离开人世了，你会感到情绪低落、沮丧？你是不是还偷偷地哭泣过？尽管如此，你也知道，这些不舒服的情绪和行为都只是暂时的，过一段时间自然就好了。

但是，有一些人，他们可能在很长时间内一直都无法从这种沮丧的心情中走出来，这就是所谓的抑郁障碍的一种。而还有一些人时而心境低落，时而心境高涨，他们则有可能存在双相障碍。请看下面的这个案例。

案例

刘女士，北京人，56岁，性格比较开朗，一年前从单位退休，赋闲在家。丈夫是出租车司机，白天开车，晚上回家休息。他们有一个女儿，大学毕业，与男友住在一起，尚未结婚。女儿的男友是河北人，一直没有稳定的工作，刘女士因此很不满意，与女儿关系变差，女儿一年最多回家一两次，每次见面几乎都为此事吵架。家中经济状况一般，生活节俭。

从退休半年左右开始，刘女士渐渐变得精力充沛，花钱大手大脚，常常去参加各种展销会，将家中的电话号码告诉很多人，说自己家里是开公司的，特别有钱。买过2 000块钱的保健凉席，被丈夫批评后略有收敛。但几天后又瞒着丈夫将家中的所有电器都换成了新的，把旧电器都送人，说自己年纪一大把了，都没有好好享受过生活，并劝说丈夫也要买点好吃的、好穿的，别委屈了自己，话变得很多。丈夫对此非常生气，但也无可奈何。

几天以后，刘女士又将家中留着交保险金的现金偷偷拿走，买了个1万多元的床垫，丈夫对此忍无可忍，跟她大吵了一架，让她去退货，不然就离婚。但是展销会已经撤展，无法退货，刘女士没有办法，只好将床垫送到自己的母亲家。

吵架过后，丈夫连着几天都没有理刘女士，刘女士也开始不再出门去参加各种聚会，每天都在家里待着，说自己累，该吃饭的时候就随便弄点吃的，有时候饭也不吃，家里也不收拾，也不开灯。丈夫回家，看到家里冷冰冰的，又脏又乱，免不了又和她吵架。又过了几天，她开始每天都只在床上躺着，每天只吃一点点东西，莫名其妙地哭泣，说自己命苦，没有用，女儿不要自己，丈夫也不要自己了，自己活着还有什么意思。半夜三更也不睡觉，说睡不着。丈夫见其状况严重，就送她去了医院。

如果你是医院的大夫，你认为，刘女士存在心理障碍吗？她的障碍是什么？主要的临床表现有哪些？主要的原因又是什么？你会怎么给她治疗呢？

抑郁障碍和双相障碍的发生与生物、心理和社会因素相关，随着社会发展加快，人们面对的压力增加，抑郁障碍和双相障碍逐渐成为困扰现代人常见的心理问题。而且，抑郁障碍和双相障碍会给患者带来巨大的精神痛苦，甚至带来自杀风险，对患者本人、家庭乃至整个社会造成严重危害。因此，心境障碍得到了社会各界的广泛关注。

为了让读者更直观地了解抑郁障碍或双相障碍患者的痛苦，下面是一段重性抑郁障碍患者的自白：

> 我宅在家里；饮食不规律，或暴食，或绝食；昼夜颠倒，晚上睡不着，白天睡不醒；情绪低落，自我贬抑，对很多事失去兴趣；喜欢泡在网上；很少和朋友联络；习惯把事情拖到最后一刻；对生活看不到意义，也看不清未来。我宁可睡在垃圾上，也不愿意起身打扫房间。我说需要帮助，但不论别人的劝慰多么苦口婆心，似乎都不能撼动我分毫。我表面上安静地听着，却显然根本没打算听从任何建议。对于那些关切或指责，我常常保持沉默。如果能够推心置腹，我会说，我已经不堪重负了，对这种状态，我真的无能为力，也许只有某种强大的外力才能指引我逃离困境。为什么？为什么我自己不能振作一点，而要放任情绪控制我的生活？我是想振作起来。你不知道我的愿望有多强烈！强烈到有时候，我觉得自己几乎要“五内俱焚”！可是我真的做不到。我好像被卡住了，无法拿出足够的力量做任何事。就像中了中国神话里的捆仙索，一旦被缚住，手脚俱在，意识清醒，但却不能动弹，也无法挣脱。如果你对我说：“出去散散心吧，一切会好的。多做运动，晒晒太阳，坚持住，加油！”我的回应常常是沉默，或者笑笑不再说什么。我明白你说的都对，只是，越是向我的意愿呼吁，我就越是感到，单纯有意愿还是什么都做不成。为什么会这样呢？原因就是，我生病了，我得了抑郁症。

几乎每个人都曾经有过沮丧的感觉。但是，如果某个你所爱的人意外死去，这会让你经历比沮丧感严重得多的症状，你可能会出现重性抑郁障碍的大部分症状，如悲伤、自责、绝望、无助。那这种情况是否就可以被诊断为抑郁障碍了呢？事实上，在这样的情况下，出现严重抑郁症状的概率是相当高的（约为 62%）。这个时候，如果完全不表现出情绪症状，反而是异常的。因此，心理卫生专业人员在严重症状（如精神病性症状或自杀的念头）出现之前，或较为缓和的症状持续不足两个月时，并不会做出抑郁障碍的诊断。

我们情绪化地面对死亡和处理死亡是很重要的。所有的信仰和文化都有仪式，如出殡和埋葬仪式，它可以帮助我们在亲戚和朋友的支持与关爱下成功地排解我们失去亲人的痛苦。通常，一般的悲伤在最初的几个月内就可以得到缓解，虽然一些人的悲伤会持续一年或更长的时间。在重要的周年纪念日，如所爱的那个人的生日及其他有意义的时刻，包括逝世周年忌日，悲伤会再次出现。心理健康专家会对那些在他人死亡之后不感到悲伤的人更为关心，因为悲伤是我们面对和应对失去心爱的人的痛苦的普遍方式。

当悲伤持续的时间超过正常的时间时，心理健康专家便会有所关注。一年或更长时间之后，在未经治疗的情况下从严重的悲伤情绪中恢复的可能性极度下降，并且，对于 10%～20%的丧失亲属的个体来说，一个正常的过程会变为障碍。

在每个人的日常生活中，“正常的沮丧”非常常见，那么，“正常的沮丧”和“抑郁障碍”之间的关系是怎样的呢？会不会仅仅是程度上的区别呢？可以说，确实如此。正常的沮丧和临床上的障碍只是在程度上有所不同，而没有类别上的区分。它们以相同的症状为特点，并且在情绪上和工作生活中也表现出相似的问题，但是，抑郁症的症状会更严重、更频繁，持续的时间也更久。

在 DSM－5 中，心境障碍不再作为单一的障碍类别存在，而是被拆分为抑郁障碍和双相障碍（全称为双相及相关障碍）。其中抑郁障碍包含重性抑郁障碍、破坏性心境失调障碍、持续性抑郁障碍（恶劣心境）、经前期烦躁障碍、物质/药物所致的抑郁障碍、由于其他躯体疾病所致的抑郁障碍、其他特定的抑郁障碍、未特定的抑郁障碍。双相及相关障碍包括双相 I 型障碍、双相 II 型障碍、环性心境障碍、物质/药物所致的双相及相关障碍、由于其他躯体疾病所致的双相及相关障碍、其他特定的双相及相关障碍以及未特定的双相及相关障碍。

由于抑郁障碍和双相障碍在症状上表现相似，都表现出心境变化的特点，因此，本书仍然将抑郁障碍和双相障碍放置在同一章中进行讲述。在过去的几十年中，有关心境障碍的流行病学研究变得更加精确。但是大部分的流行病学资料关注的是有重性抑郁障碍、双相障碍和恶劣心境的群体。流行病学研究发现，重性抑郁障碍的终生患病率在不同的研究中差异较大，在 4%至 19%之间；双相障碍的终生患病率则比较稳定，在 3%至 6%之间；恶劣心境的终生患病率在 3.1%至 7.2%之间。研究者指出患病率的不同可能是由研究方法不同或诊断依据的定义不同造成的。

欧洲精神障碍流行病学研究（ESEMeD）调查了 21 425 名被试，发现在欧洲心境障碍的终生患病率为 14%。其中重性抑郁障碍是最常见的精神障碍之一，女性患有心境障碍的人数是男性的两倍。此研究还发现心境障碍和焦虑障碍之间存在很大的联系，心境障碍和焦虑障碍共病的相关因素有：女性、较为年轻、受教育程度低、不与父母住在一起、失业。另一项在美国开展的大型研究——全美共病调查（NCS）发现美国心境障碍的终生患病率为 20.8%，平均发病年龄为 30 岁。

国内的流行病学资料显示了与世界各地较为一致的心境障碍患病率。一项在山东省开展的针对 18 岁以上人群的流行病学研究（2010 年）发现，心境障碍的时点患病率（1 个月内）为 5.93%，在各类精神障碍中排在第一位；所有精神障碍患者中仅有 10.53%曾因心理问题在医疗机构就诊，仅有 7.69%曾在精神科就诊。同样，2005 年在浙江省对 15 岁以上人群开展的精神障碍流行病学调查发现，最常见的精神障碍为心境障碍（8.6%）。香港防止自杀研究中心自 2003 年 12 月至 2004 年 7 月，以随机抽样的方式访问了 2 200 名年龄介于 15～59 岁的市民，并向对方进行“忧郁量表”（CES－D，为常用的抑郁症自陈量表）调查。结果发现，9%的受访者出现严重抑郁症症状，轻微的也有 9%；而社会经济水平低者及中产阶级的个体较多患有抑郁症。按这个比例推算，香港特别行政区有超过 140 万人患有此病，其中 70 万人是重症患者，男女比例为 1∶2。而我国台湾地区 1994 年由于抑郁症造成的直接费用达 3.53 亿美元，间接费用则超过 10 亿美元。

第二节　重性抑郁障碍

一、重性抑郁障碍的临床表现

重性抑郁障碍也就是人们常说的“抑郁症”。重性抑郁障碍已经成为家喻户晓的一种精神障碍，但不同人的理解却不尽相同。

想要了解重性抑郁障碍需要先了解重性抑郁发作。重性抑郁发作是诊断重性抑郁障碍的重要前提。

重性抑郁发作的诊断标准

1. 在连续两周的时间里，病人表现出下列 9 个症状中的 5 个以上。这些症状必须是病人以前没有的或者极轻的，并且至少包括症状（1）和（2）中的一个。

（1）几乎每天或每天的大部分时间心情抑郁，或者是由病人自我报告（例如，感到伤心、心里空空的），或者是通过旁人的观察（例如，暗暗流泪）。注意：在儿童和青少年中，可以表现为易激惹。

（2）几乎每天或每天的大部分时间，对所有或者大多数平时感兴趣的活动失去了兴趣，或者通过病人自我报告，或者通过旁人的观察。

（3）体重显著减少或增加（变化的数值超过正常体重的 5%），食欲显著降低或增加。注意：在儿童中，不考虑正常的体重增加。

（4）每天失眠或者睡眠过多。

（5）每天精神运动亢进或减少（不只是自我主观感觉到的坐立不安或者不想动，旁人都可以观察到）。

（6）每天感到疲劳，缺乏精力。

（7）每天感到自己没有价值，或者自罪自贬（可能出现妄想）。这不只是普通的自责，或只是对自己的抑郁感到丢脸。

(8) 每天注意力和思考能力下降，做决定时犹豫不决（通过自我报告或者是旁人的观察）。

(9) 常常想到死（不只是惧怕死亡），或者常常有自杀的念头但没有具体的计划，或者是有自杀的具体计划，甚至有自杀行为。

2. 这些症状引起具有临床意义的痛苦，或导致社交、职业或其他重要功能方面的损害。

3. 这些症状不能归因于某种物质的生理效应，或其他躯体疾病。

资料来源：DSM－5；American Psychiatric Association，2013.

上述症状不能仅仅由丧失亲友来解释。如果有丧失亲友的事件发生，那么，上述症状必须在事件发生后的两个月后仍存在，而且伴随着显著的生活工作方面的功能缺损、病态的自罪自责、自杀观念、精神症状或精神运动迟滞。

思考：什么是重性抑郁障碍？

重性抑郁障碍被定义为在发作前或发作时不出现躁狂或轻躁狂发作，分为**重性抑郁障碍单次发作**（major depressive disorder，single episode）和**重性抑郁障碍反复发作**（major depressive disorder，recurrent）。重性抑郁障碍可能首次出现在任何年龄，但发病的可能性在青春期的时候明显增加。在美国，20 岁是发病的高峰。然而，老年期才出现第一次重性抑郁发作的情况也并不罕见。

研究表明，在人的一生中只出现一次孤立的重性抑郁发作的情况是很少见的。如果出现两次或更多的重性抑郁发作，并且中间间隔至少为两个月，在这两个月内个体不满足重性抑郁发作的诊断标准，就应被诊断为重性抑郁障碍反复发作。其诊断标准与重性抑郁障碍单次发作的诊断标准相同。反复发作对于预测将来的病程与如何选取合适的治疗来说非常关键。与出现单次发作的个体有所不同，患有反复发作的重性抑郁的个体常有家族抑郁史。大约 80%的单次发作案例不久之后会出现第二次发作，并且达到了重性抑郁障碍反复发作的诊断标准。

重性抑郁障碍的诊断标准

1. 出现重性抑郁发作。

2. 这种重性抑郁发作不能用分裂情感性障碍、精神分裂症、精神分裂症样障碍、妄想障碍、其他特定的或未特定的精神分裂症谱系及其他精神病性障碍来更好地解释。

3. 从无躁狂发作或轻躁狂发作。

资料来源：DSM－5；American Psychiatric Association，2013.

在社区被试样本中，未经治疗的重性抑郁障碍发作的平均年龄是 25 岁，而得到治疗的平均年龄是 29 岁，但发作的平均年龄看上去正在下降。一个惊人的发现是，抑郁症的发生率以及随之产生的自杀行为正在稳定地增加。抑郁症发病年龄下降的趋势，正在全球范围内发生。

之前曾提到过，抑郁障碍发作的持续时间是变化的，一些只持续两个星期，在更多、更为严重的案例中，症状的发作可能会持续好几年。在不经治疗的情况下，第一次发作的持续时间为6～9个月。虽然对患有抑郁症的患者来说，9个月是一段很长的时间，但有证据指出，即使是在最严重的案例中，症状得到缓解的可能性也会接近90%。这一缓解概率的计算是在5年内进行的。甚至在那些症状发作持续了5年或更长时间的严重病例中，也有38%有希望得到恢复。知道这些对于制订治疗计划是很重要的，在这样的病例中，治疗应持续更长的时间。下面我们来看看小丹的故事。

案例

小丹，女，21岁，中学教师。

2008年2月份开始，因为失恋的缘故，小丹觉得自己上当受骗了，变得心情差，精神不振。她每天都躺在床上，没精力上课，觉得生活没意思。有一次割腕自杀，被人发现了，送去医院急救后脱险，因此，母亲从外地过来看护和陪伴小丹。三个月后，小丹的状况有所好转，母亲回老家，小丹也趁暑假和母亲一起回家了。

回家后，小丹开始感觉自己人际关系困难，认为自己混得不好，不敢见朋友。生活也变得懒散起来，衣服几天不洗，内衣内裤都丢给自己的母亲洗。她情绪低落，每天呆坐在自己房间里什么都不干，动不动就哭。爱唠叨，爱自责，依赖性强，觉得自己什么都不行。原来感兴趣的羽毛球也不想打了，觉得活着没意思，偶尔会想到死。晚上一两点都不睡觉，早上却早早地就起床了，每天总是昏昏沉沉的。吃得也少了，回家不到半个月，瘦了一大圈。

小丹的父亲在她13岁时自杀身亡，她同母异父的姐姐性格孤僻，半夜常胡言乱语，弟弟患抑郁症，现在家休养。

小丹的情况就是典型的抑郁症。抑郁症具体的临床表现如下。

（一）情绪症状

思考：重性抑郁障碍有哪些临床表现？

形容抑郁症的情绪症状最常用的词是：悲伤、自责、沮丧、无助、不幸、绝望、寂寞、不快乐、郁闷、无用、自尊受挫、羞愧、焦虑、无价值等。其中，悲伤与自责是最明显的情绪症状。然而，这些症状在每天的不同时间内是有变化的。最常见的情况是，抑郁症患者的症状在早上会比较严重，随着时间的推移会稍微有所缓和。与自责和悲伤的情绪一样，焦虑在抑郁症患者之中也是很常见的。事实上，焦虑发生得非常频繁以至于抑郁症经常与焦虑障碍伴随发生。几乎所有抑郁症患者都会有焦虑，尽管焦虑也可以单独出现。

就像悲伤和自责一样，满足感的丧失、对生活乐趣的麻木在抑郁症中也同样常见。原来可以引起满足感的行为现在却不能了，兴趣也开始丧失。随着抑郁症的加重，范围也会逐渐扩大到患者所有的行为当中。原来喜欢聚会的人，患病后会回避一切社交聚会。最后，甚至对一些令人快乐的生理功能，如进食和性，也失去了兴趣。研究发现，92%的抑郁症患者对生活中的主要乐趣失去了兴趣，62%的抑郁症患者不能享受与他人在一起的快乐。塞利格曼等（Seligman，Gillham，Reivich，& Jaycox，1994）总结了抑郁症的症状表现，可参考表8-1。

表 8-1　　测量抑郁

丽诺尔·拉德洛夫（Lenore Radloff）设计了一个被广泛应用的抑郁症状量表。每一个问题描述抑郁的一个症状，用0～3的分数来表示症状的程度。病人通过对答案画圈将自己现在的感受表达出来。症状被划分为心境、思维、动机以及生理等方面。

这个测试不仅用来诊断抑郁，也用来考察在临床诊断上究竟有多少抑郁症状出现，这些症状的严重程度如何。仅仅得到高分是不能被诊断为抑郁的。

一般来说，在对北美大学生的研究中，他们的平均得分是3～4分（8个问题的总分），低于这个分数被认为无抑郁症状，轻度抑郁一般在5～9分，10分或者更高则被认为是严重的抑郁。如果个体的得分在一两个星期内都处在10分或者更高的水平，那么他就很有可能需要帮助。如果他一直存在严重的自杀念头，那么无论他的得分是多少，都必须接受治疗。

心境 A（悲伤）
我感到悲伤。
0 很少或几乎没有（少于1天）
1 有时或很少（1～2天）
2 偶尔或比较规律（3～4天）
3 经常或一直都是（5～7天）

心境 B（享受生活）
我没有在享受生活。
0 很少或几乎没有（少于1天）
1 有时或很少（1～2天）
2 偶尔或比较规律（3～4天）
3 经常或一直都是（5～7天）

思维 C（悲观）
我对未来没有希望。
0 很少或几乎没有（少于1天）
1 有时或很少（1～2天）
2 偶尔或比较规律（3～4天）
3 经常或一直都是（5～7天）

思维 D（失败）
我认为我的生活是失败的。
0 很少或几乎没有（少于1天）
1 有时或很少（1～2天）
2 偶尔或比较规律（3～4天）
3 经常或一直都是（5～7天）

动机 E（启动工作）
我感到我所做的每一件事情都是费力的。
0 很少或几乎没有（少于1天）
1 有时或很少（1～2天）
2 偶尔或比较规律（3～4天）
3 经常或一直都是（5～7天）

动机 F（社交性）
我比平时说话少。
0 很少或几乎没有（少于1天）
1 有时或很少（1～2天）
2 偶尔或比较规律（3～4天）
3 经常或一直都是（5～7天）

生理 G（胃口）
我不想吃东西，我的胃口很差。
0 很少或几乎没有（少于1天）
1 有时或很少（1～2天）
2 偶尔或比较规律（3～4天）
3 经常或一直都是（5～7天）

生理 H（失眠）
我的睡眠不安稳。
0 很少或几乎没有（少于1天）
1 有时或很少（1～2天）
2 偶尔或比较规律（3～4天）
3 经常或一直都是（5～7天）

（二）认知症状

抑郁症患者往往把自己笼罩在消极的氛围之中，这种消极的想法会让患者对未来的看法染上消极的色彩。他认定自己已经失败，失败的原因来自自身，因为自己是低能的、无胜任力的、无才干的。但是，这些失败以及无能的看法往往是被扭曲的。

抑郁症患者不仅具有较低的自尊，而且会将失败都归为自己的错，并因此产生自责。当失败时，抑郁症患者倾向于将所有的责任都揽到自己身上。

除了对自己有消极信念外，抑郁症患者还会经常以悲观绝望的态度来看待未来，认为自己即使去尝试，其行动的结果也是注定要失败的。例如，一个患抑郁症的中年妇女，她的临床医师告诉她，找一份工作是一个好主意。而她只是重复道："我根本不可能成功的，我怎么可能找到职业代理处的号码呢？即使我找到了号码，也没有人愿意雇用我这样一个不合格的人。"在被提醒她拥有博士学历的资格后，她又重复道："他们也许会雇用我，但是他们会解雇我，因为我是那么无能。即使他们继续雇用我，也不是因为我的能力，而是因为我很可怜。"抑郁症患者对未来的失败有一大堆的理由，却没有一个支持其成功的理由。

（三）动机症状

抑郁症患者在起床、开展工作，甚至在娱乐方面都存在很大的问题。一个广告职员对一项重要的拍卖活动失去了计划的能力，一个大学教授无法备课，一个学生失去了学习的热情。一个自杀未遂的抑郁症患者在住院治疗期间只是毫无思想地闲逛度日。他的临床诊断医师决定为这个患者做一个日程表来帮助他：

治疗师：你似乎每天都在无所事事地闲逛？

患者：是啊，我想要自己一个人待着，安静地待着。

治疗师：嗯，现在心情怎么样？

患者：我的心情就没有好过，有时候我甚至想，要是能找到一个洞就好了，我就可以躲进去了，别人都别来打扰我。

治疗师：嗯，你说你喜欢安静，那么，自己一个人静一静会感觉好一点吗？

患者：其实还是差不多。

治疗师：也就是说，即使能够一个人安静地待着，心情也还是不会好。

患者：我不知道该怎么办。

治疗师：那你有没有考虑过可以更加主动一些？如果多活动一点，是不是会让你变得比较有活力一点？

患者：我找不到什么可以做的事情。

治疗师：那如果我向你提供一些活动的建议，你想要试试看吗？

患者：可能你觉得有用，但是对我来说不会有作用的，我相信这一点，我现在对什么都没有兴趣，还是别浪费时间了。

矛盾的情绪似乎也是抑郁症的一个常见症状。作为一个抑郁症患者，做决定似乎是艰难并且是令人害怕的。即使做决定对于他们来说是非常重要的，他们也往往由于担心做出错误的决定而失去勇气。在非常严重的案例中，缺乏主动性被称作"意向麻痹"，这类患者甚至不能完成对他们的生活来说非常必要的事情，他们时刻需要他人的帮助，他们被人推着去睡觉，去穿衣服，甚至是进食。患者的心理活动迟钝，行为迟缓，说话和行走的速度极其缓慢。

（四）躯体症状

抑郁症最具破坏力的症状可能就是躯体症状了。随着抑郁症的恶化，患者对生活的兴趣减少了，身体健康水平也随之下降了。

常见的症状有食欲下降，在严重的抑郁症中还会伴有体重的下降（轻度抑郁症患者可能会伴有体重的上升）。睡眠失调也是很常见的。抑郁症患者难以入睡，但是，更常见的是早上过早地醒来，以至于一天中剩下的时间会与疲劳为伴。对性失去兴趣，或勃起困难，或是缺乏性欲。

在临床上，躯体症状在诊断中占有很大的比重。西蒙等（Simon，Vonkorff，Piccinelli，Fullerton，& Ormel，1999）对 1 146 个抑郁症患者进行了研究，发现，大约70%的患者有躯体上的症状。在土耳其、希腊、尼日利亚、印度大约是 90%，意大利和法国大约是 50%，美国居中。抑郁症患者常把注意力放在自己身上，时刻担心疼痛的发生。除了过多地担心自己的健康外，抑郁症患者可能对自己的身体疾病更加敏感，这在那些伴有精神忧郁症的抑郁症患者身上更为明显。

据世界卫生组织提供的信息，在世界范围内抑郁症患者有 3 亿～4 亿人，终生患病率为 3%～5%，美国人口中抑郁症的年患病率约为 7%，大约还有 17.1%的人一生中曾有过一次抑郁的体验。世界卫生组织发表的《世界卫生组织 2000 年度报告》指出，抑郁症目前已经成为世界上第四大疾病，到 2020 年，抑郁症可能成为仅次于心脏病的第二大疾病。世界卫生组织已将抑郁症、癌症以及艾滋病并列为 21 世纪的三大疾病，它们都将成为卫生教育预防的重点。

二、焦虑和抑郁

精神科医生所面临的一个挑战就是焦虑和抑郁有显著的重叠部分。一些最近的有关抑郁病因的理论，部分是建立在这类研究上的。许多理论家都认为这两种情绪间的相似点多于不同点。然而在焦虑或抑郁时，你的感觉可能很不相同，所以，这些发现就会让人们觉得奇怪。但是，我们现在知道，几乎每一个抑郁的人，特别是符合精神障碍诊断标准的抑郁，同时也伴有焦虑。

让我们来看一下这样一个事实：几乎所有抑郁患者都会焦虑，但并不是所有焦虑患者都抑郁。这就意味着，某些抑郁症中的核心症状在焦虑中并不存在。因而，这就反映了有些东西是“纯”抑郁的。这些核心症状包括快感缺乏（anhedonia），难以开始行动。抑郁者的认知内容（想的东西）总是比焦虑者更消极。更重要的是，许多症状可以用来诊断焦虑，也可以用来诊断抑郁症。因为这些症状并不是任何一种精神障碍所特有的，所以它们被叫作负性情绪（negative affect），区分出哪些是纯抑郁或纯焦虑的症状以及哪些在两种心境障碍中都是常见的负性情绪，是区分这两类障碍的关键。辛巴格等（Zinbarg et al.，1994）总结了焦虑所特有的症状、抑郁所特有的症状和两种障碍共有的症状，见表 8-2。在这个领域中的研究可以引发我们再次思考我们现有的诊断体系，并尝试将焦虑和心境障碍结合为一个更大的体系。

表 8-2　　焦虑的特有症状和抑郁的特有症状以及两者都有的症状

症状	表现
纯焦虑症状	忧虑、紧张、易怒、发抖、过度担心、噩梦
纯抑郁症状	无助、抑郁情绪、兴趣缺乏、无快乐、自杀的想法、性欲降低
混合抑郁症状和焦虑症状（负性情绪）	预期最坏的、担心、注意力差、易怒、过于警醒、不舒服的睡眠、哭泣、内疚、疲劳、记忆力差、中度/重度失眠、无价值感、绝望、早失眠

专栏8-1

抑郁症中的嗜睡症状

在DSM-5中的伴非典型抑郁症特征是抑郁障碍的一种标注形式，除了情绪的不良反应之外，还要同时出现下列症状中的两个症状：体重增加或食欲增强、嗜睡和麻木懒散。据估计大约有多达40%的抑郁症个体能够达到非典型抑郁症的诊断标准。在这些个体的主诉中，嗜睡的症状最为多见，很多研究者认为嗜睡也可能是非典型抑郁症最核心的症状。

英文中“嗜睡”一词“hypersomnia”来源于希腊词“hyper”（过度）和拉丁词“somnus”（睡眠之神），在临床中代表的意思就是睡眠时间增长，外加过多的白日睡眠和更加频繁的打盹。流行病学的数据显示，在各种心境障碍中嗜睡症状的流行率在10%到40%之间，而在儿童青少年中，这一比率将会更高。在报告有嗜睡症状的抑郁青少年中，会存在更多的情绪紊乱、不快乐和人际问题。伴有嗜睡症状的成人同时患有物质滥用的风险比一般成人要高出13.4倍，在老年人中过度的白日睡眠会对日常生活和身体机能水平产生严重的损害。

DSM-5给出了嗜睡的定义。广义上嗜睡的定义是夜间睡眠时间延长、夜间醒来次数增多、白日打盹次数频繁、过度白日睡眠。DSM-5中对嗜睡障碍的诊断标注如下：

1. 尽管主要睡眠周期持续至少7个小时，但自我报告的过度睡眠（嗜睡）至少有下列1项症状：

(1) 在同一天内反复睡眠或陷入睡眠之中。

(2) 过长的主要的睡眠周期每天超过9小时，仍然感到休息不好。

(3) 突然觉醒后难以完全清醒。

2. 过度嗜睡每周至少3次，持续至少3个月。

3. 过度嗜睡伴有显著的痛苦，或导致认知、社交、职业或其他重要功能的损害。

4. 过度嗜睡不能用其他睡眠障碍来更好地解释，也不仅仅出现在其他睡眠障碍的病程中。

5. 该过度嗜睡不能归因于某种物质。

6. 共存的精神和躯体障碍不能充分解释过度嗜睡的主诉。

研究者认为，除了生物学因素之外，有3个心理学机制可能是影响嗜睡症状出现和维持的因素。这3个心理学机制分别是外动机缺乏、很难维持兴趣以及把睡眠作为一种回避策略。

三、重性抑郁障碍的病因学

（一）生物学因素

1. 基因

思考：重性抑郁障碍的病因包括哪些？

目前，我们还难以实现对基因在某种特定障碍或某一类障碍上的作用的研究。但是，有三种策略可以帮助我们对这种作用作出估计。

第一，在家族研究中，我们可以考察在有障碍个体的亲属中患有这种障碍的人数。我们已经发现，患者的一级亲属患有障碍的比例是控制组被试亲属的2～3倍。有趣的是，在双相障碍患者的亲属中，患病率最高的是单相的重性抑郁发作。换句话说，双相障碍患者的亲属具有患其他一般性障碍的危险，而不是特定的双相障碍的危险。一种可能的解释是，没有一种特定的可单独分离的基因只对双相障碍产生影响。双相障碍可能只是一种显性脆弱基因的更严重的表现形式。

第二，家族研究的问题是我们无法将基因的贡献从一般心理环境的贡献中分离出来，这个问题可以被第二种策略解决——收养研究。有些研究指出，与重性抑郁障碍患者有血缘关系的亲属有很高的患病危险。另一项研究没有发现在被收养个体的亲属中有很高的患病危险。

第三，能够证明基因对心境障碍的影响的最好证据来自双生子研究。在这种研究中，我们评估的是同卵双生子（共享完全相同的基因）都患障碍的比例，并把它与异卵双生子——也就是只分享50%的相同基因（和所有的直系亲属一样）的双生子——进行比较。如果基因的贡献确实存在，那么，重性抑郁障碍在同卵双生子身上同时出现的比率应该比异卵双生子更高。研究结果显示，若双生子中的一个出现了重性抑郁障碍，同卵双生子中的另一个患有重性抑郁障碍的比例大约是异卵双生子的3倍。

有证据表明，抑郁、焦虑和惊恐之间有很强的联系。在一系列对超过2 000名女性双生子的研究报告中，罗伊等（Roy，Neale，Pedersen，Mathé，& Kendler，1995）提出了对焦虑和抑郁都有贡献的同一种基因类型。这些发现再次表明，重性抑郁障碍的生物易感性可能并不是针对某一种障碍，而是反映出了一种针对焦虑或心境障碍的素质倾向。障碍的具体形式可能同时受到心理、社会和生物因素的影响。

2. 神经递质系统

神经递质系统有很多亚型，并且，亚型之间通过复杂的方式相互作用。研究表明，低水平的5-羟色胺同重性抑郁障碍的发作有关。5-羟色胺的一个基本作用就是对情绪反应进行调节。比如，当5-羟色胺水平很低时，我们就会处于冲动状态，此时的情绪波动很大。这可能是因为5-羟色胺负责调节肾上腺素和多巴胺系统的缘故。根据"许可假说"（permissive hypothesis），当5-羟色胺的水平很低时，其他神经递质就被准许在很大的范围内浮动，极易失控，并由此导致诸如抑郁发作的情绪失调。近期理论研究认为，各种神经递质及其亚型之间的平衡比单纯任何一种神经递质的水平更重要。和在这个领域的其他研究一样，我们很难找到一种特定的与障碍存在必然联系的神经递质系统。

3. 激素系统

大脑中神经递质系统的变化是重性抑郁发作的部分原因。与此同时，我们体内的很多激素系统也显示出了变化。例如，在很多单相重性抑郁发作中会出现甲状腺的失活（甲状腺机能衰退），但是，一旦身体获得所需要的甲状腺素，抑郁发作就会很快得到缓和。事实上，一些研究者认为，有10%～15%的抑郁发作患者具有未被诊断出来的甲状腺机能衰退。

同样，对于男性来说，提高睾酮的水平可以缓解他们的抑郁症，使他们体验到更强的能量感、力比多的上升以及快活的情绪。

女性在分娩之后、月经之前以及更年期都会感到一阵阵的抑郁。所有这些事件都与女性雌激素水平的下降有关。这些雌激素就像男性的睾酮一样，对于保持正常的情绪是必不可少的。这些激素对于抑郁发作的作用很有可能是通过对于大脑5-羟色胺的活性控制来实现的。

重性抑郁发作的相关研究者还把注意力放在了参与压力反应的激素系统的变化上。这些变化大都是通过大脑中的下丘脑、脑基底部的垂体和肾上腺来进行控制的，从而协调系统的各个阶层，也就是我们所说的下丘脑-垂体-肾上腺轴（HPA）。

研究者发现，重性抑郁发作患者在下丘脑-垂体-肾上腺轴的每一个水平上都伴有激素的变化。尤其是那些症状严重的患者，他们的血液和脑髓中皮质醇的水平有明显的提高。当经受较长时间的压力时（大约10～20分钟），人体就会分泌皮质醇，从而对压力作出防御反应。但它同样可以关闭躯体一些必要的工作，降低免疫力。抑郁发作可以持续数月甚至数年，因此，皮质醇水平的上升会对躯体产生不良的影响，它会导致个体易受伤和易受感染。皮质醇的长期分泌对于大脑细胞来说是有毒的，尤其对于海马以及边缘系统中与长期记忆有关的细胞。

除了皮质醇的水平，重性抑郁发作患者的促肾上腺皮质素释放激素（CRH）的水平也很高。这是一种由下丘脑释放的激素，可以控制促肾上腺皮质素的释放。一些研究者认为，促肾上腺皮质素释放激素本身就是决定抑郁发作是否发生的重要物质。研究者将促肾上腺皮质素释放激素直接注入动物的大脑会产生抑郁发作的很多症状，包括失眠、厌食以及交配行为的减少。

4. 脑区和抑郁

除了海马，大脑中还有其他的相关区域与重性抑郁障碍有关。有一种理论认为，右侧前额叶的过度活跃会导致抑郁发作。支持这一理论的证据包括：第一，正常的个体在进行面孔识别时，会认为右半球（左视野）的图片比左半球（右视野）的图片更加消极，这在抑郁发作患者中尤为明显；第二，由中风造成的大脑左半球的损伤（导致右脑活动优势）与右半球的损伤相比，更容易导致抑郁发作；第三，在脑成像的研究中，重性抑郁发作的患者左侧前额叶的血流减少，而当这些患者康复后，血流又会增多（Bench et al.，1993）。

其他的研究将左侧前额叶的活性降低，而不是右侧前额叶的活动过度与抑郁发作联系起来。单相抑郁发作的患者与正常人相比，在大脑的扫描中，以上的部位显得更加冷静，或者活动更趋于平静。事实上，这些部位永久性损伤的患者会表现出情绪上的迟钝、较低的阈限、动机的降低以及兴趣的丧失。近期的研究表明，抑郁发作患者的大脑可能存在结构上的缺陷，与控制组相比，患有抑郁发作且有过自杀企图的患者，其大脑前额叶皮层的面积显著减少。

（二）心理学因素

1. 生活事件

压力与精神创伤是精神障碍的病因中影响最显著的。素质-压力模型描述了可能的遗传和心理的易感性，那么是什么启动了这种易感性（素质）呢？我们通常会询问病人在他们逐渐变得抑郁或产生其他精神障碍之前，有无重大的精神创伤生活事件。大多数病人报告了失业、离婚、生子、找工作等。但是，事件发生的背景及其对个体的意义对个体而言更加重要。比如，失业对大部分人来说都具有很大的压力，对一部分人来说也许会很严重，但有的人也许会将它视为一种恩惠。如果你是一个有抱负的作家或艺术家，曾经没有时间去追求你的艺术，成为失业者也许是你期待已久的一个机会。特别是，如果你的配偶对你富有想象力的追求能够给予充分的理解和支持的话。

然而，由于在记忆事件时出现的偏差问题，对生活压力事件的研究需要方法学的保障。如果你问一个正处在抑郁状态的人，5 年前他第一次体验抑郁时发生了什么，得到的将是不准确的答案，因为患者当前的心境会歪曲记忆。

尽管几乎所有的重性抑郁发作患者都经历过重大的压力事件，但大多数人在经历这类事件后并未发展成抑郁发作。尽管有 20%～50%的个体在经历了压力性事件后变得抑郁，但仍有 50%～80%的个体并未发展成抑郁或其他的精神障碍。其次，数据支持了压力性生活事件和特定的易感性——遗传的、心理的或者更可能是两种影响的结合——之间很强的交互作用。

2. 认知理论

目前，存在两种针对抑郁发作的主要认知模型，它们都把特殊的观念作为抑郁发作产生的主要因素。首先，基于对大量的抑郁发作患者的治疗，亚伦·贝克提出了抑郁发作是由个体对自身、当前体验以及将来的消极想法产生的。第二种理论是由马丁·塞利格曼（Matin Seligman）通过对狗、老鼠以及轻度的抑郁发作患者的研究提出的：抑郁发作是由于对未来的无助的预期产生的，且具有永久性和弥散性。抑郁发作患者会预期有无法阻止的不幸事件发生，这种信念会持续很长的时间，并会暗中破坏个体的所有行为。

（1）贝克的三元认知学说。

三元认知学说包括对自我、当前体验以及将来的消极想法。对于抑郁发作患者而言，对自我的消极想法是指患者认为自己是有缺陷的、无价值的以及不能胜任的。当他遇到不愉快的事情时，这种想法就会导致自尊的降低。他把这种不愉快归因于自我的无价值。抑郁发作患者对于当前体验的消极的想法是指个体认为发生在自己身上的事件是恶劣的。他会把很小的困难当作无法逾越的障碍。即使存在很多积极的解释，他也会选择最消极的一种来解释当前的事件。最后，抑郁发作患者对于将来的消极想法是无助感的一种表现。当他展望未来时，他会认为由于自身的缺陷，当前的消极事件在将来也不会好转。

贝克认为系统的逻辑错误是抑郁发作的第二个过程。他认为患者在思维的过程中会犯五种不同的逻辑错误，而每一种错误都会导致患者产生阴暗的体验，它们分别是：臆断的推理、选择性抽象、过分概括化、夸大或缩小事实、个性化。

臆断的推理是指在没有或很少有证据支持的基础上，就轻易下结论。选择性抽象是指把注意力集中在一些不重要的细节上，而忽略非常重要的其他内容。在一个案例中，老板表扬了秘书的工作。老板说，以后不需要把信件再复制成副本了。秘书的选择性抽象的想法就是“老板对我的工作不满意”。实际上，她忽略了老板对她的所有夸奖，而只对片面的消极内容予以了关注。过分概括化是指基于简单的事实而将价值、能力、工作情况进行整体的推论。过分夸大或缩小事实是评估过程中的常见错误，患者会夸大损失，而将好的一面最小化。个性化是指错误地将不幸事件的责任揽到自己身上。如果邻居在有冰的路上行走时滑倒了，抑郁发作患者就会不停地责备自己没有及时提醒邻居小心走路，或者是没有把冰铲掉。

（2）塞利格曼的习得无助的归因风格。

第二种有关抑郁发作的认知模型是习得无助模型（learned helplessness model）以及

绝望模型（hopelessness model）。习得无助模型是认知水平的，此模型认为重性抑郁发作的基本原因是个体的期待，即个体预期会有不幸事件发生，并且自己对此无力阻止。

习得无助理论认为，动物和人类在不可控事件发生后表现出的认知缺陷是对反应和结果之间无关的预期。该理论认为，狗、老鼠以及人类在受到无法避免的事件的打击后，即使下次遇到的是可以避免的事件，也会表现出被动态度。他们已经无法习得当前的行为可以帮助他们逃脱。这种期待，即未来的反应是徒劳无益的，会导致两方面的结果：（1）会破坏行为的动机；（2）会使个体看不到结果是基于反应决定的。电击、噪声和问题本身并不导致动机和认知缺陷，只有不可控的电击、噪声和问题才会造成这种缺陷。

当个体经历了不可避免的噪声以及无法解决的问题之后，个体就会知觉到自己的行动是无效的。归因有三个维度影响着个体在何时以及何种场合会形成这种无助的缺陷认知。

第一个维度是内源性与外源性。设想一个有关不可控事件的实验。当发现自己的行为无效时，被试可以选择认为自己是愚蠢的（内源性）、事件是可解决的，或者认为事件是不可解决的（外源性）、自己不是愚蠢的。

第二个维度是稳定性与不稳定性。“造成我失败的原因是永久的还是暂时的?”通过对失败原因是永久的还是暂时的进行判断，个体会决定失败是否会继续下去。对考试失败作出内源性的、不稳定的解释可能是考试前那个晚上的睡眠不好，外源性的、不稳定的解释可能是考试那天他不走运。如果个体将自己的失败归因于稳定的因素，那么，他的无助感将会持续，并很有可能再次失败；相反，如果个体将自己的失败归因于不稳定的因素，那么，他在几个月之后遇到同样问题时将会不再失败。根据习得无助的归因模型，稳定的归因会造成永久的缺陷，而不稳定的归因则会造成暂时的缺陷。

第三个维度是普遍性与特殊性（可参考图 8 - 1）。当个体经历失败后，他一定会问自

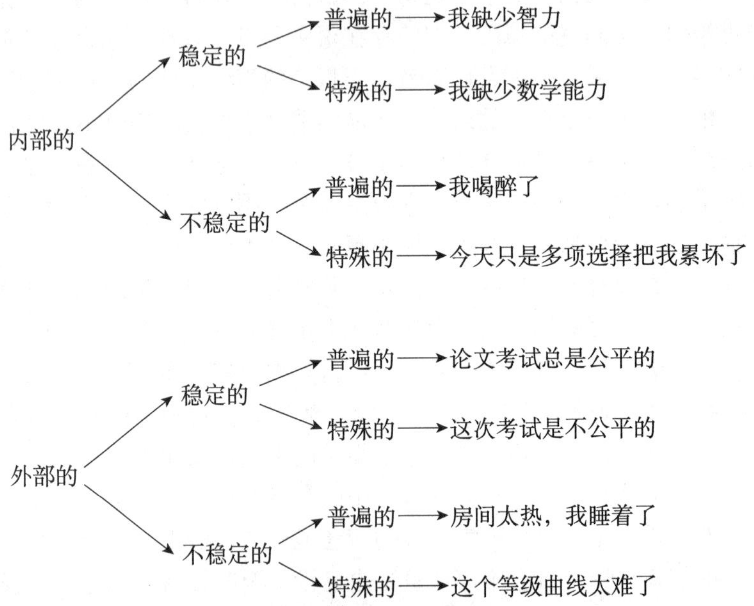

图 8 - 1　归因风格

抑郁发作患者倾向于把自己的失败归为内部的、稳定的、普遍的因素，而把成功归为外部的、不稳定的和特殊的因素。

己失败的原因是普遍的（在很多的情景下都会导致失败的因素）还是特殊的（在相似情景下才会导致失败的因素）。例如，一个人在解决实验问题时遭遇失败，是由于他不擅长解决实验问题，还是由于他本身就不善于解决问题？从这个例子来看，如果他认定是由于普遍的原因造成的，那么，他会对自己在很大范围内的问题解决尝试都作出失败的预期，这同时也是稳定的和内源性的归因。如果他认为是由于实验问题本身太难，那么，他只会对实验问题作出失败的预期，而不会影响到他生活中的其他方面，这同时又是稳定的、外源性的归因。习得无助理论表明，当个体把失败的原因归于普遍的，那么，习得无助感就会在很大范围内产生；而如果个体把失败的原因归为特殊的因素，那么，只有很窄范围内的情景会导致习得无助感。

在症状、病因、治疗方式、预防措施以及倾向性上，实验室情境下的习得无助与现实生活中的抑郁发作存在很显著的相似性，具体见表 8-3。

表 8-3　习得无助与抑郁发作的相似之处

	习得无助	抑郁发作
症状	被动	被动
	认知缺陷	消极的三元认知
	自尊缺乏	低自尊
	悲伤，敌意，焦虑	悲伤，敌意，焦虑
	食欲丧失	食欲丧失
	攻击性丧失	攻击性丧失
	睡眠不足	睡眠不足
	去甲肾上腺素和 5-羟色胺的减少	去甲肾上腺素和 5-羟色胺的减少
导致原因	认为反应与结果之间无必然联系	概括化地认为反应无效
治疗	将行为无效的想法转变为行为有效	认知与行为疗法
	ECT，MAO-Ⅰ，三环抗抑郁剂	MAO-Ⅰ，三环抗抑郁剂
	REM 剥夺	REM 剥夺
	时间	时间
预防	免疫化	乐观训练
倾向	悲观的归因风格	悲观的归因风格

当个体对不可控事件产生无助感并将失败归因于自身而非外部因素时，不仅会导致无助感和抑郁的动机及认知缺陷，而且还伴有自尊的下降。这种低自尊类似抑郁发作患者身上的低自尊表现，尤其是那些将问题的责任揽到自己身上、责备自己的人。

习得无助假说认为，当个体预期会有不幸事件发生且它的发生不依赖于个体的行为时，就有可能产生习得无助以及抑郁。当个体对此作出内源归因时，自尊就会下降；作出稳定的归因时，持续时间就会较长；作出普遍的归因时，抑郁就会泛化。最重要的是，如果那些非抑郁的个体具有这种归因方式，那么，他们在未来遭遇不幸事件后患上抑郁发作的概率会更高。

（三）社会文化因素

1. 婚姻关系

对婚姻的不满和抑郁之间存在很强的相关性。有研究指出，婚姻关系可以作为将来抑郁发作的预测指标。有些研究强调将婚姻冲突与婚姻社会支持分开的重要性。换句话说，较高的婚姻冲突与较强的婚姻社会支持可能会同时出现或同时缺失。高冲突、低支持，或两者同时存在，对引发抑郁而言尤其重要。

有研究指出，抑郁，尤其是持续的抑郁，会显著破坏婚姻关系。其中的原因很好理解，因为对于任何人而言，和一个消极、脾气不好、总是悲观的人相处一段时间后，总会感到无法忍受。但婚姻内冲突似乎对男性和女性具有不同的影响。抑郁会使男性从婚姻关系中退缩，或结束这种关系。而对于女性而言，婚姻关系中出现的问题会导致她们患上抑郁。因此，对于男性和女性，抑郁和婚姻关系中的问题是存在一定相关的，但是，因果关系的方向是不同的。因此，治疗师在治疗心境障碍的同时，还应该处理混乱的婚姻关系，以确保病人康复到较高的水平，从而减少并防止将来复发。

2. 性别因素

重性抑郁障碍的流行状况数据显示出了明显的性别失衡。大约70%的重性抑郁障碍的患者是女性。特别引人注意的是，尽管这种总的比率在不同国家有所不同，但这种性别的失衡比例在世界范围内变化不大。

心境障碍在流行状况上的性别差异，可能显著地受到人们对不可控的知觉的影响。如果你对生活和生活中遇到的困境具有一定的控制感，你可能会偶尔感到压力，但你并不会体验到在焦虑或心境障碍中处于核心地位的无助感。这些不同是具有文化性的，来源于社会对男性和女性持有不同的性别角色期望。一个男性被期望成为独立的、能干的和果断的；而一个女性则被期望成为顺从的、敏感的和有很强依赖性的。尽管这些旧的观念正在慢慢改变，但它们在很大程度上描述了当今的性别角色。越来越多的证据表明，鼓励旧有性别角色的教养方式与抑郁和焦虑的易感性有关。

有研究认为，女性对亲密关系的重视也会使她们身处危险。婚姻关系的破裂以及伴随着这种破裂产生的无助感，对女性意味着更多的伤害。还有学者认为，存在另一种潜在的重要性别差异：女性比男性更倾向于沉思她们的处境，并为自己的抑郁状况感到自责；男性则倾向于忽略这些感受，他们或许会通过参加一些社会活动来摆脱这些想法。男性的这种行为是具有治疗效果的，因为“活跃”（总是忙着有事做）是成功治疗抑郁的关键因素。

3. 社会支持

一般来说，一个人的社会关系越多，社会接触的次数越多、频率越高，他的寿命也就越长。因此，不难理解，社会因素也会影响到我们是否会患抑郁。

在一项早期的研究中，布朗和哈里斯（Brown & Harris，1978）首次指出，社会支持在重性抑郁发作中扮演着重要角色。在对大量经历过严重的生活压力的女性所进行的研究中，他们发现，在那些有可以信赖的朋友的女性中，仅有1%发展成抑郁；而相比之下，那些缺乏亲密支持关系的女性的患病率高达37%。近来的研究已经证实，社会支持在预测抑郁复发上有重要作用。其他研究也揭示出社会支持在抑郁的康复过程中的重要性，并由此产生了一种新的针对重性抑郁障碍的心理疗法，即人际关系疗法。

四、重性抑郁障碍的治疗

思考：重性抑郁障碍如何治疗？

重性抑郁障碍的治疗包括生物学治疗和心理治疗。生物学治疗主要包括药物治疗和电休克治疗。针对重性抑郁障碍有几类稳定有效的药物：三环抗抑郁剂（TCA's）、单胺氧化酶抑制剂（MAO 抑制剂）、选择性 5-羟色胺再摄取抑制剂（SSRIs）。

除了药物治疗之外，心理治疗也十分重要。在重性抑郁障碍的心理治疗中，主要的心理治疗包括认知疗法、人际关系疗法。认知疗法用来在短期内直接减轻抑郁发作的症状，而人际关系疗法则将焦点集中在个体当前的社交关系上，尤其是当前的人际问题上。

（一）生物学治疗

针对单相抑郁发作，尤其是较严重的抑郁发作类型，生物学模型提出了两种治疗途径。第一种是使用药物治疗。这种疗法在减轻抑郁发作症状方面的效果是稳定的，但是在停止服药后，复发率很高。第二种方法是电休克疗法（ECT），这种疗法具有明显的迅速的疗效，但是复发率也非常高。而且，人们不太能够接受这种治疗过程，因此常常把它作为最后的治疗手段。下面主要来介绍一下药物治疗。

1. *药物治疗*

对于抑郁发作的治疗存在三种稳定有效的药物：三环抗抑郁剂、单胺氧化酶抑制剂以及选择性 5-羟色胺再摄取抑制剂。三环抗抑郁剂能够阻碍去甲肾上腺素的再摄取，因此会增加去甲肾上腺素的含量。平均来说，有 60%～75%的抑郁发作患者经过三环抗抑郁剂的治疗后，症状会有明显改善。如果在发作间歇坚持服用三环抗抑郁剂，还可以有效防止复发。

单胺氧化酶抑制剂是通过抑制单胺氧化酶来阻止去甲肾上腺素的分解的。人们认为去甲肾上腺素的活性越高，患抑郁发作的可能性就会越小。但是，单胺氧化酶抑制剂的使用远不如三环抗抑郁剂以及选择性 5-羟色胺再摄取抑制剂广泛，因为它会产生致命的副作用。当遇到变质的奶酪、红酒、啤酒、水生动物、麻醉剂或者是降低高血压的药物时，它很有可能是致命性的。很多研究表明，单胺氧化酶抑制剂在对抑郁发作的缓解上，其效果优于安慰剂。如果选择性 5-羟色胺再摄取抑制剂和三环抗抑郁剂没有疗效的话，单胺氧化酶抑制剂仍然值得一试。

百忧解（Prozac）以及其他的选择性 5-羟色胺再摄取抑制剂可以对 5-羟色胺的再摄取进行选择性的抑制，它们对于 60%～70%的重性抑郁患者有减轻症状的作用，并且致死率较低（Crismon et al.，1999）。在严重抑郁发作案例中，与三环抗抑郁剂相比，百忧解能够较少产生睡意、口干、出汗以及具有较低的因为服药过量而致死的可能。但是，它也会产生呕吐、神经紧张以及失眠等副作用（Crismon et al.，1999）。因为百忧解副作用较小，疗效又很不错，所以百忧解与提升去甲肾上腺素活性的药物相比，具有更加广泛的使用范围。但是，尽管存在这些好的结果，仍然有一些关于百忧解会导致患者出现更高自杀率的行为和观念的报告。

锂作为第四类具有效果的抗抑郁药品，是一种在自然环境中可被天然利用的普遍盐类。我们在饮用水中就可以找到它。然而，锂作为治疗剂的副作用却比其他抗抑郁药物严重得多。在使用时，需要严格检测并控制它的剂量，从而防止服用者出现中毒和甲状腺功能低下。

药物也会产生安慰剂效应，几乎所有的药物疗法都会有安慰剂效应的存在，它们对于症状具有稳定的缓解作用，但在药物停服后，会出现较高的复发可能。单相抑郁发作在15年后的复发率高达85%。虽然如此，但对于严重的精神抑郁发作，心理疗法是没有什么疗效的，而只有药物疗法和电休克疗法具有疗效。

任何单独的药物对于治疗精神障碍都是治标不治本的，所有的抗抑郁剂也是如此。虽然这些药物能够遏止抑郁发作的症状，但是，一旦患者停止服药，症状复发的可能性很大，因此，那些对于抗抑郁剂反应效果良好的患者，可能会作出无限期的服药决定，从而阻止病情的反复。

2. 电休克疗法

当一些患者对药物没有反应（或一些极度严重的个案）时，临床医生会考虑一种效果更直接的治疗——电休克疗法（electroconvulsive therapy，ECT），它是最具争议的精神障碍的治疗方法。尽管治疗过程中有许多令人遗憾的坏处，但目前电休克疗法已经有了相当程度的改变。它现在对于非常严重的、使用其他处理不能改善的抑郁症是一种安全又相当有效的治疗方法。在当前的管理中，患者会被麻醉以降低不适，并给予肌肉放松药物来预防痉挛发作引起的骨破损。大脑会被直接给予少于一秒钟的电休克，引起发作和一系列的、短暂的、通常持续几分钟的痉挛。在目前的实践中，治疗每隔一天实施一次，总共6～10次（如果患者情绪恢复正常就减少）。这种治疗方法的副作用少得惊人，通常只限于一至两周的短时记忆的丢失或混乱，尽管有一些病人会存在长时记忆的问题。对有精神病性特征的重度抑郁症病人，控制组研究（在控制组施加一个虚假的电休克疗法过程，并未真正地给予电击）显示那些对药物没有反应的患者中有50%～70%都从这种方法中获益。随后持续不断的药物或心理治疗是必要的，因为这种疗法复发的比率接近60%。对于精神病理性抑郁症和有强烈自杀倾向的病人，等待3至6周来决定是使用药物治疗还是心理治疗并不是最好的，及时地使用电休克疗法是最适合的。

我们并不真正地知道电休克疗法是如何工作的。由于对这种方法有争议，在1970—1980年，对它的使用大幅减少了。考虑到我们对它的工作原理并不太了解，电休克疗法随后也不可能再被广泛使用了。

（二）心理治疗

对抑郁发作的心理治疗包括认知疗法和心理动力学疗法。认知疗法用来在短期内直接减轻抑郁发作的症状。与之相比，心理动力学疗法强调抑郁发作症状的长期变化，而不是短期内的缓解。心理动力学疗法包括使患者直接感知到自己的错误的愤怒，是什么样的早期冲突导致了这种气愤，以及如何解决这些冲突。人际关系疗法是心理动力学疗法的一种形式，但是，这种疗法把注意力集中在当前的社会关系，而不是过去。和认知疗法一样，这是一种改变信念的治疗方法。

1. 认知疗法

认知疗法与其他大部分的心理治疗不同。与精神分析学派相比，认知治疗师引导患者对自己当前的行为以及思考方式进行重组，而不是对过去的行为以及想法进行重组。认知治疗师是管理者，会进行很多的言语指导，与患者辩论，对患者进行说服、诱导以及引导。

（1）贝克认知疗法。

认知疗法试图消除患者逻辑上的消极思维和错误。四种常用的认知治疗技术包括：识别自动思维、检验自动思维的现实性、再归因训练和改变导致抑郁的生活态度。

贝克提出，患者会习惯性地用一些消极的句子来描述自己。这些“毁灭性的”自动思维会维持抑郁发作。认知疗法可以帮助人们确认这些自动思维。当患者学会确认这些自动思维后，认知治疗师就要和患者进行对话，以便找到是什么证据支持或反对了这些思维。

认知治疗师常常用功能不良思维记录表来帮助患者识别自动思维、检验自动思维（见表 8-4）。

表 8-4　　功能不良思维记录表

日期	情景描述	情绪	自动思维	理想反应	结果
	1. 导致不愉快情绪的现实事件 2. 导致不愉快情绪的想法或回忆	1. 特殊的悲哀-焦虑-愤怒等 2. 评估情绪的程度（0～100%）	1. 写下导致情绪的自动思维 2. 评估对自动思维的相信程度（0～100%）	1. 写下对自动思维的理性反应 2. 评估对理性反应的相信程度（0～100%）	1. 再次评估对自动思维的相信程度 2. 详细说明评估情绪的程度（0～100%）

当抑郁发作患者面临不幸事件时，他倾向于将原因归咎于自己，即使他本不该对此负责任。为了抵消这种不合理的自责，精神健康专家需要和患者一起重新对这些事件进行回顾，并向患者提供那些正常人的标准，从而对责任进行正确归因。这样做并不是为了消除患者的自责，而是为了让他看到，除了他自己的无能，还有很多因素会导致这个不幸事件的发生。

最后一种技术是对假设的明确改变，这种技术是由艾利斯（Albert Ellis）在其“理性情绪疗法”——认知疗法的先驱——中提出的（Ellis，1962）。贝克描述了常见于抑郁个体的 6 种假设，这些假设容易使他们产生悲伤、绝望和不满的情绪：（1）我必须任何时候都成功，我才是快乐的；（2）只有被所有的人接受并喜欢，我才是快乐的；（3）如果出现了问题，就说明我是无能的；（4）我的生活中不能没有爱；（5）如果有人和我的意见不同，就说明他不喜欢我；（6）我的价值体现在别人对我的评价中。

一旦治疗师和患者确定了上述假设，就要对这些假设予以驳斥。要检验这些假设的有效性，要引导患者看到相反的证据，使其认识到其他的合理假设，并要揭示出不合理的假设可能导致的结果。

在一项对抑郁发作认知疗法的研究中，许多患者在两次治疗内就表现出了很大的改善。此外，在治疗后，这些患者的抑郁症状有所减轻，并可持续18个月之久。稳固的认知改进，如新的信念的产生，发生在症状缓解之前的治疗阶段，这有力地证明了症状缓解是源于前一阶段的认知改变。因此，我们有理由相信，行为激活也是认知疗法主要的治疗成效之一。

相关的治疗抑郁症的认知行为方法由彼得·雷文森（Peter Lewinsohn）和他的同事及林恩·雷姆（Lynn Rehm）和他的同事发展起来。起初，彼得·雷文森的焦点是如何使抑郁症病人恢复活动能力，并通过让他们接触各种各样的具有强化作用的事件来纠正他们的情绪。例如，他会给病人这样的任务：参加那类以前能让他们感到高兴的社会活动。彼得·雷文森的治疗源于关注行为的改变。在过去的几年里，这个成功的方案还是包括在认知过程中的，但是现在却类似贝克发展的方法。类似地，雷姆强调用对行为的改变来发展个体对情绪和日常活动的自我控制，这个方法中也包含认知的成分。

近年来认知行为疗法得到迅速发展，行为技术在对抑郁症的认知治疗中得以广泛应用。一般来讲，行为技术在整个认知治疗过程中都会加以运用，但在治疗的早期会是治疗的中心。对那些较为严重的抑郁症病人，那些消极的、被动的、退缩的以及缺乏快感且在治疗过程中不能集中注意力的病人特别需要行为技术的治疗。通过引起病人的注意和兴趣，治疗师可以引导病人摆脱退缩的行为并参与到有建设性的活动中去。

认知治疗最普遍使用的行为技术包括活动计划表，也包括控制感和快乐练习、认知排练、自我独立训练、角色扮演和转移技术。活动计划表常被用于认知疗法的早期阶段，用来治疗缺乏动机的患者。角色扮演是另一个常用于认知治疗的行为技术，治疗师运用角色扮演技术，通过设定的特殊人际交往的情节，例如在工作中和上司会面，来引发病人的自动思维。

（2）习得无助的治疗。

由于存在这种假设，即导致习得无助和抑郁发作的原因是个体认为自己的行为对将来事件的发生不会产生影响，因此，治疗师尝试通过改变这种信念使患者意识到自己的行为是有效的，是可以避免将来的不幸事件发生的。有趣的是，对于认知疗法的积极成分的研究表明，在治疗过程中，由悲观转向乐观的归因方式在阻止抑郁发作的发生上起到了非常重要的作用。

2. 人际关系疗法

针对抑郁发作的另外一种疗法，就是人际关系疗法（interpersonal psychotherapy，IPT）。该疗法起源于精神分析学派的沙利文（Harry Stack Sullivan）以及弗洛姆-里奇曼（Frieda Fromm-Reichman）的相关疗法。不像经典的精神分析疗法，这种疗法非常简单，其程序可以被印刷在手册上，并且不用挖掘患者的童年经历和防御机制。取而代之的是，它将焦点集中在个体当前的社交关系上，尤其是当前的人际问题上。

人际关系疗法与认知行为疗法和传统精神分析疗法对抑郁症治疗的区别见表8-5。

一系列研究发现，应激和生活事件、社会交往缺乏和社会支持缺少、人际关系紧张和婚姻危机等，与抑郁症的发生有关，它们之间呈恶性循环的变化。

表 8-5　人际关系疗法、认知行为疗法和传统精神分析疗法的区别

	人际关系疗法	认知行为疗法	传统精神分析疗法
抑郁的病因学假设	生物、遗传、社会心理多因素	功能失调性信念和歪曲的认知模式	来自愧疚、愤怒和敌意的内驱力
关注点	此时此地，现实的人际关系	此时此地，认知和信念系统	早年经历，潜意识的心理活动
目标	缓解症状	缓解症状	人格改变
时间设置	短程，限时	短程，限时	长时间的治疗
治疗师的角色	积极，支持	积极，支持	中立，不干预
治疗技术	对治疗关系不作解释，两次面谈之间没有家庭作业	对治疗关系不作解释，布置家庭作业	解释移情，并非积极的治疗技术

具体存在下述四类与抑郁发作有关的人际问题。

（1）不正常的悲伤反应：指与亲人死亡有关的情绪抑郁反应。正常的悲伤反应一般是自限性的，很少超过 6～9 个月，可有暂时性的社会交际能力下降，但不需要专门的帮助。而抑郁症病人有超出正常的悲伤，悲伤反应时间甚至持续数年，需要给予处理。

（2）人际角色的困扰：指病人至少与某一个人之间缺乏相互满意的关系。如婚姻矛盾、与父母的矛盾，以及与同事或朋友的矛盾等。临床上，人际角色困扰是人际问题中最常见的一种与抑郁有关的问题，尤其对女性而言。

（3）角色转换：指随着生活的变化，一个人的社会角色发生转变。如中学或大学毕业、离家上学、参军、参加工作、退休、职务变迁、生育子女等。大多数人能够适应这些角色的转换，但有些人在面临这些转折时出现抑郁症状。

（4）人际关系缺乏：指缺乏必要的社交技巧，不能建立和维持正常的人际交往。一般来说，伴有社交回避或封闭隔离的抑郁症病人较有其他表现的抑郁症病人症状更为严重。

人际关系疗法在防止抑郁发作的复发上可能具有一定的作用，在对青少年抑郁发作的治疗中也显示出了一定的疗效。抑郁发作的青少年患者在接受治疗后，与控制组相比，表现出明显的抑郁发作症状减轻和社交功能的进步，在与朋友的交流、特殊问题的处理方式上都有进步。这是一种很有前景的抑郁发作的治疗方法。

这种疗法的优点在于它时间很短（大约只有几个月）、敏感而且不贵。目前，已有相关的治疗手册出版。至今尚未发现这种疗法的副作用。在治疗抑郁发作上，它的疗效非常显著，大约有 70%的案例症状得到了缓解。它的主要问题是没有经过广泛的实践与传播，所以没有足够的研究去了解它是怎样发挥作用的。

专栏 8-2

青少年人际关系疗法的治疗步骤

青少年人际关系疗法（IPT-A）常常分为三个阶段，包括初始阶段（第 1～4 次会谈）、中间阶段（第 5～8 次会谈）和终止阶段（第 9～12 次会谈），具体可根据治疗的需要作出灵活的变动。

初始阶段

初始阶段的治疗任务包括 5 个目标。

（1）认识并面对抑郁症。回顾有哪些抑郁症状；讨论抑郁对我们生活产生的影响；讨论抑郁如何破坏我们与重要人物之间的关系；给予患者一个病人的角色，其目的是使抑郁症青少年患者避免因人际关系退缩或避免人际交往而遭受批评；评估抗抑郁药物治疗的可能性和有关上学、学习成绩不良等问题。

（2）建立抑郁症状和抑郁时人际情景之间的联系。调查个体生活的所有关键关系，提供对病人具有重要意义的关系网络全景；确定功能失调的以及具有保护支持作用的关系；澄清人际关系中双方的期望以及病人在特定人际关系中想要作出的改变。

（3）确定病人的人际关系问题。确定与目前抑郁有关的人际问题。问题的确定必须与病人一起商讨，并且就病人期望达到的治疗目标与病人保持一致。

（4）评估 IPT-A 对病人的适宜性。首先，病人是否有意愿参加一对一的心理治疗；其次，治疗师与病人之间必须达成协议，什么是病人的核心问题；最后，治疗师还必须在心理治疗的过程中保证可以提供适当的家庭支持，如果家庭支持严重缺乏，那么，先要考虑是否应该住院或得到社会工作者的帮助。

（5）建立治疗协议。当初始阶段将要结束时，治疗师与病人之间必须签订治疗协议，协议包括病人对目前存在的问题的理解和认识，病人和父母特定的治疗目标，治疗时间和面谈频率，治疗的保密原则，等等，此外，治疗师处理自杀危险的方法必须对病人开诚布公地进行说明。

中间阶段

在治疗的中间阶段，从青少年抑郁症患者五个方面的人际问题（悲伤、角色冲突、角色转变、人际关系缺乏以及单亲家庭问题）中选择一个或两个作为需要解决的焦点问题，这五个方面的问题与青少年发展时期遇到的普遍难题是一致的。

（1）悲伤：悲伤是病人对丧失的一种痛苦体验。当抑郁与因丧失心爱的人而发生的歪曲、迟滞和持久的悲伤有关时，我们可以选择把悲伤作为需要解决的问题。正常的悲伤是自限的，很少超过 6～9 个月，可有暂时性的社交活动能力下降，但不需要专业的帮助。而抑郁症病人出现的悲伤反应时间超过 6～9 个月，严重影响青少年的学习和人际交往，需要给予处理。治疗的目的在于治疗师运用共情、积极倾听和鼓励诉说来帮助青少年接受丧失以及丧失后的痛苦感觉，重新评估丧失的利和弊，更加现实地评估剩余的关系以及存在的社会网络，并取得这些关系网络的支持。

（2）角色冲突：当青少年与某一个人，尤其是父亲或母亲之间缺乏满意的关系，而且这种人际冲突与抑郁的症候群之间的关系能被发现时，我们选择角色冲突作为需要解决的人际关系问题。治疗的目标是鼓励冲突双方进行新的讨论，通过交流来认识人际关系中的角色转变，并调整期望。

（3）角色转变：当抑郁症状与青少年发展过程中的角色转变困难有关时，其原因不仅在于父母不能接受青少年的新角色，而且还在于青少年在处理新的需要和期望时存在自身的困难。最常见的是青少年从处于团体关系转变为处于异性之间的亲密关系中，其他的转变还有离开家庭的生活和学习、职业选择和计划等等。治疗的目的是帮助青少年评估新的角色与以往角色之间的区别，确定新角色存在的问题以及如何解决这些问题以便更好地适应角色转变。

(4) 人际关系缺乏：抑郁的发作与长期的人际关系技巧缺乏和社会隔离有关，对于这种人际关系数量和质量上的贫乏问题，除了关注旧的关系，即与目前抑郁有关的人际关系缺乏以外，治疗师还需关注目前的治疗关系，如病人对治疗师的过度依赖、敌意。在治疗的框架中纠正这些问题，治疗关系能成为治疗师旨在帮助病人建立人际关系的模板。具体可以通过教授相应的社交技巧、改变人际交往中的一些非理性信念来改善人际关系的质量和数量。

(5) 单亲家庭问题：越来越多的青少年面临父母离异的问题，青少年必须处理与其中的一位分离或面临新的家庭成员等人际问题，所以单亲家庭问题作为人际心理治疗中青少年人际问题的补充很有必要。治疗的目标是帮助病人处理痛失和被抛弃的感觉，澄清自己与那个离他而去的父亲或母亲之间关系的期望，讨论如何与继父或继母建立和谐的关系，以及帮助病人接受与父亲或母亲长久分离的现实。

终止阶段

治疗的最后四次面谈被用来回顾治疗中的变化和依然存在的问题。回顾时，父母和青少年必须同时参加讨论。同时要向病人和父母说明抑郁复发的问题，以及病人需要的时候，治疗师依然会向病人提供这方面的帮助。然而，关键问题是治疗师不能简单结束治疗，这样会逐渐破坏病人自我满意的情感，使复发的风险加大。让病人回忆最初治疗的目的已经完成，认识到结束是一个自然和适当的步骤，而非失败。确认病人已经得到了抑郁症和人际干预的知识，以防止复发。IPT-A 结束时病人的抑郁症状可能仍存在，但治疗师应充分相信病人的作用，把治疗失败的自我挫败的可能性减到最小。

3. 综合治疗

有研究已经证实，心理疗法与药物疗法的结合在治疗抑郁发作方面是有效的。然而，这些研究还无法说明心理与药物的结合疗法相比单一的疗法有丝毫的优势。因为，各种疗法的作用原理明显不同。药物疗法的效用比心理疗法更快，而心理疗法可以提高病人的长期社会功能（尤其是运用人际关系疗法的个案），并防止病人复发（尤其是认知疗法）。因此，相互结合的疗法可以利用快速的药物反应和心理疗法对复发的防止作用，从而使得停止服药成为可能。

（三）防止复发

抑郁发作具有很高的复发率。超过 50%的服用抗抑郁药物的病人如果停止服药，在 4 个月内就会复发。因此，一个重要的问题就是要进行维持性治疗，从而防止疾病的复发。

大量研究表明，接受认知治疗组的复发率比接受抗抑郁药物治疗组低了 50%。认知治疗防止复发的效果与持续服药两年以上的效果相同。人际关系疗法对于减少那些已经康复的门诊抑郁病人的复发危险具有显著作用。但是，对于那些有较高复发危险的病人，以及那些对抗抑郁药物有反应的严重抑郁病人，需要进行持续的药物治疗。

总之，短时心理治疗和持续的药物治疗也许对预防复发的效果并不十分确定。如果进一步的研究能够证实心理治疗是一个可靠的手段，患者就能够避免长期的药物治疗及其产生的各种副作用。但是，当单一的心理策略无效时，持续服用足够剂量的药物就是必要的。

第三节　双相障碍

一、双相障碍的临床表现

在了解双相障碍之前，需要事先知道两个概念：躁狂发作和轻躁狂发作。

躁狂发作的诊断标准

1. 在持续至少 1 周的时间内，在几乎每一天的大部分时间里，有明显异常的、持续性的心境高涨、扩张或心境易激惹，或异常的、持续性的活动增多或精力旺盛。

2. 在心境障碍、精力旺盛或活动增加的时期内，存在至少 3 项以下症状（如果心境仅仅是易激惹，则为 4 项），并达到显著的程度，且表现出与平常行为相比明显的变化。

（1）自尊心膨胀或夸大。

（2）睡眠的需求减少。

（3）比平时更健谈或有持续讲话的压力感。

（4）意念飘忽或主观感受到思维奔逸。

（5）自我报告或被观察到的随境转移。

（6）有目标的活动增多或精神运动性激越。

（7）过度地参与那些结果痛苦的可能性高的活动。

3. 这种心境障碍严重到足以导致显著的社交或职业功能的损害，或必须住院以防止伤害自己或他人，或存在精神病性特征。

4. 这种发作不能归因于某种物质的生理效应或其他躯体疾病。

资料来源：DSM－5；American Psychiatric Association，2013.

轻躁狂发作的诊断标准

1. 在至少连续 4 天时间内，几乎每一天的大部分时间里，有明显异常的、持续性的心境高涨、扩张或心境易激惹，或异常的、持续性的活动增多或精力旺盛。

2. 在心境障碍、精力旺盛或活动增加的时期内，存在至少 3 项以下症状（如果心境仅仅是易激惹，则为 4 项），并达到显著的程度，且表现出与平常行为相比明显的变化。

（1）自尊心膨胀或夸大。

（2）睡眠的需求减少。

（3）比平时更健谈或有持续讲话的压力感。

（4）意念飘忽或主观感受到思维奔逸。

（5）自我报告或被观察到的随境转移。

（6）有目标的活动增多或精神运动性激越。

（7）过度地参与那些结果痛苦的可能性高的活动。

3. 这种发作与明确的功能改变有关，个体无症状时没有这种情况。

4. 这种心境障碍和功能的改变可以明显地被他人观察到。

5. 这种发作没有严重到足以导致显著的社交或职业功能的损害或必须住院治疗。如果存在精神病性特征，根据定义，则为躁狂发作。

6. 这种发作不能归因于某种物质的生理效应。

资料来源：DSM－5；American Psychiatric Association，2013.

存在躁狂或轻躁狂的患者有如下的特征。

思考：双相障碍有哪些临床表现？

1. 情绪症状

躁狂患者的情绪处于自大的或者非愉快即易怒的状态。实际上，幸福感在躁狂发作中并不普遍，通常占主导地位的是易怒情绪，尤其当患者在实现目标的过程中遇到困难的时候。躁狂发作的患者即使在高峰的时候，也很容易落泪，而一旦遭遇挫折，便会大哭起来。原因是躁狂发作并不是抑郁发作的反面状态，而是在躁狂发作中伴随有强烈的抑郁成分。

2. 认知症状

躁狂的想法与高涨的情绪是相符的，往往非常宏伟。患者不相信自己的能力是有限的，更糟糕的是，他们意识不到自己的行为会造成非常严重的后果。一位平时非常勤俭的16岁女孩，在一天之内竟借钱花了3 000多元，光太阳镜就买了60多副，她没有意识到这些东西对她来说没有任何用处，也没有意识到自己无力偿还这笔债务。

处在躁狂状态中的个体能够迅速地产生大量想法，产生丰富的联想，以至于他们根本来不及记录甚至是复述出来。这些想法很容易出轨，因为患者的精神是错乱的。在一些极端的案例中，躁狂发作患者还可能产生妄想。他们会认为自己是神的代言人，或是著名的政治家，或是明星的密友。他把周围的人划分为不是黑就是白：他把周围的人只简单地划分为好的或是坏的，不是他的朋友就是他的死敌。

3. 动机症状

躁狂行为是极其活跃的，躁狂发作患者的行为处于疯癫的状态。躁狂发作患者的行为含有干扰的、苛求的、专横的因素。躁狂状态下的人会使周围人觉得不舒服，就是因为这个原因。和一个思维快速、行为疯癫得几乎不顾及他人的个体是很难相处太久的。躁狂发作中其他常见的症状有冲动的赌博、鲁莽的驾驶、奇怪的经济投资以及艳丽的装扮。

4. 躯体症状

在躁狂发作中，病人往往会出现性欲亢进、注意力不集中、不需要睡眠等过分活跃的行为，但在一连串过分活跃的行为之后往往都需要休息，这类嗜睡实际上经常在躁狂发作中出现。持续几天的躁狂状态对于体力的消耗是不可避免的，因此，躁狂行为会在一段时间后有所减轻。事实上，对于躁狂发作的一种治疗方法就是睡眠疗法，这与用睡眠剥夺来减轻抑郁刚好是相反的。

辨认双相障碍特征的关键是躁狂发作与重抑郁症交替出现的趋势，患者像乘着一个无尽头的过山车，从兴奋的顶峰降到绝望的低谷。除此之外，双相障碍与抑郁症在很多方面是类似的，例如，一种躁狂发作可能只出现一次或重复出现。一种较为缓和，但更为长久的双相障碍形式被称为环性心境障碍。

案例

王宏，男，30岁，河北人，家住农村。

1998年年底，王宏去南京旅游，回家后在没有明确诱因的情况下突然出现说话少，不理人，常一问一答或者不答，整日呆坐在床上。家人从卫生院拿了一些牛黄安宫丸让他服用，没有好转，后来发展到不吃饭，偶尔还说“活不下去了”。家人把王宏送到当地的某个精神病院治疗，服药后住院一个月，病情好转后出院。他开始主动与人说话，但是话仍旧不多，在家可做一些家务，日常活动也逐渐恢复正常，继续吃药，但断断续续，服用不规律。2003年12月初，王宏又认为自己做错了事，觉得自己受贿、有罪，成天在家里闹，哥哥再次把他送进精神病院。

入院后，王宏不承认自己有病，拒绝服药，治疗两个月后仍未见好转，且有加重的趋势。因经济原因，哥哥将王宏接回家中继续服药。一个月后，王宏开始出现话多，言语不着边际，内容夸大，称要国家领导人拯救他，说自己本事大，有钱；经常跑到外面，说是健身去；爱管闲事，行为轻率，不计后果；买东西不给钱，要押下自己的手机；晚上不睡觉，骑着自行车到处跑。

思考：什么是双相障碍？有哪些类型？

王宏的案例就是典型的双相障碍。双相障碍可以分为几个亚型。

双相Ⅰ型障碍：躁狂和抑郁循环发作。有50%～60%的病例，在躁狂发作前后紧接着有抑郁发作。躁狂发作的特征是异常并持续的情绪高涨，自夸，或易激惹的情绪。情绪的高涨可以描述成欣快、振奋，并伴有盲目的热情和乐观，在别人看来是富有感染力的。虽然患者的情感可能主要表现为高涨，但也可能很快变得易激惹，特别是当他们的要求得不到满足时。

当患者至少有一次躁狂或混合发作时，就可以诊断为双相Ⅰ型障碍，该型经常伴有较严重的抑郁发作。男女患该病的比例基本相同。

双相Ⅱ型障碍：以反复发作的重性抑郁和轻躁狂为特征。轻躁狂症状与躁狂症状相似，只是在症状的严重程度和社会功能损害水平上未达到躁狂的程度（如患者的职业能力很少受影响）。轻躁狂，虽然也有情感高涨和过分自信，但通常没有精神病性症状、思维奔逸或明显的精神运动性激越。轻躁狂患者也因此不承认自己有病，尽量将自己的症状描述得很轻并拒绝接受治疗。

当患者的抑郁发作较严重，伴有至少一次轻躁狂发作时（与躁狂发作不同的是该发作没有精神病性症状，对机能影响较小），则诊断为双相Ⅱ型障碍。该病为轻度的双相障碍，女性患者比男性多。

双相Ⅰ型障碍的诊断标准

1. 至少一次符合了躁狂发作的诊断标准。

2. 这种躁狂和重性抑郁发作的出现不能用分裂情感性障碍、精神分裂症、精神分裂症样障碍、妄想障碍、其他特定的或未特定的精神分裂症谱系及其他精神病性障碍来更好地解释。

双相Ⅱ型障碍的诊断标准

1. 至少一次符合了轻躁狂发作和至少一次符合了重性抑郁发作的诊断标准。

2. 从未有过躁狂发作。

3. 这种轻躁狂和重性抑郁发作不能用分裂情感性障碍、精神分裂症、精神分裂症样障碍、妄想障碍、其他特定的或未特定的精神分裂症谱系及其他精神病性障碍来更好地解释。

4. 抑郁期和轻躁狂期的频繁交替所致的抑郁症状或不可预测性，引起有临床意义的痛苦，或导致社交、职业或其他重要功能方面的损害。

资料来源：DSM-5；American Psychiatric Association，2013.

双相障碍易于复发，不易康复，每次症状都持续几天至几个月。在患病的前 10 年间，发作的频率以及疾病的严重程度都趋于更加恶劣；后 20 年间，精力似乎被耗尽了，发作也会减缓下来。躁狂和抑郁发作都会出现，但一般都没有规律（例如，不会是 3 个月的抑郁，紧接着是 3 个月的躁狂，如此循环往复）。

在 11 国的综合调查中，双相Ⅰ型障碍的年发病率为 0.0%～0.6%。终生男女患病比率大约为 1.1∶1。国际上双相Ⅱ型障碍的年发病率为 0.3%。双相Ⅰ型障碍的平均发作年龄是 18 岁，而双相Ⅱ型障碍的平均发作年龄是 22 岁，两种情况都有可能在童年发生。这比重抑郁症的平均年龄小一些。双相障碍的发作更为急性，大约 1/3 的双相障碍始于青少年期，发作通常由小的情绪起伏或轻度循环性情绪摇摆开始。在双相Ⅱ型障碍的病例中只有 10%～13%的患者发展成达到高峰的双相Ⅰ型症候群（full bipolar Ⅰ syndrome）。单相障碍和双相障碍之间的差别非常清晰，在一项针对 381 个单相抑郁症病人的研究中，只有 5.2%的患者在 10 年的追踪阶段中经历了躁狂症。如果这两者之间存在更多的联系，很大的可能是因为患者从一种障碍转向另一种障碍。

在 40 岁以后发展为双相障碍的概率很低，一旦发生，则病程为慢性发展，躁狂和抑郁无限次地转换。治疗方法通常包括用不间断的药物管理阻止症状再次出现以控制症状。双相障碍的这种极度活跃以及反常的行为会给患者的学习和工作带来麻烦。他们的社会关系也很难维持良好，离婚率更高，酗酒也很常见。对于少数人来说，自杀是一个常见的念头。与单相抑郁发作的患者相比，双相障碍患者尝试自杀以及自杀成功的概率都很高。据估计，双相障碍中自杀率范围从 9%到高达 60%，平均为 19%，甚至经过治疗之后，有双相障碍的病人，也有更大的可能性表现很差。在一项研究中，一个大组中有 60%的病人在治疗后的前五年中出现很差的适应性。

如果双相障碍中的躁狂症状比较稳定，抑郁症状又不是非常严重，那么，雄心壮志、极度活跃、多话以及夸张可能会使患者实现较高的成就。在我们的社会中，这些行为常常与成功相联系。许多具有创造力的人，如工业、娱乐、政治、宗教领域的领导者，都可以利用并控制他们并不严重的双相障碍，从而实现成功。林肯、丘吉尔和罗斯福很有可能就是双相障碍患者。

二、双相障碍的病因学

（一）生物学因素

1. 基因

思考：双相障碍的病因包括哪些？

双相障碍的遗传效力很高。绝大多数证据来源于对双生子的研究。最严谨的双生子研究包括一些社区研究，这些研究选取了有代表性的样本（而不是仅仅关注那些寻求治疗的人群，或那些比没有接受治疗的人群更严重的患者）。在芬兰一项基于社区的双生子研究中，研究者采用结构化面试的方法对患者进行诊断，结果评估出遗传效力约有93%。一些收养研究也同样证实了遗传因素在双相障碍中的重要性。在一项双相障碍和重性抑郁障碍的元分析中，研究者确定了在之前研究中与双相障碍和重性抑郁障碍有关的166个基因位点。而在这166个基因位点中，只有6个位点被多次研究，并在75%以上的相关研究中得到了复制。然而，基因模型未能解释躁狂症发作的时机，可能是其他因素即时触发了症状。此外，对于双相障碍，学者们注意到，双相障碍会带来其他心境障碍的高发危险，而不只是双相障碍本身的危险。这个结论支持了前面提到的发现，即双相障碍更像是一种心境障碍的更严重的变体，而不是一种不同的类型。

2. 神经递质系统

对于双相障碍的患者，几种提高多巴胺水平的药物可能会引发他们的躁狂症状。因此研究者认为，双相障碍患者的多巴胺受体过度敏感。此外，研究者也考察了色氨酸减少对双相障碍的影响，这些研究重点关注了有疾病易感性但并未真正罹患疾病的人——双相障碍患者的家人。像重性抑郁障碍患者和他们的家人一样，双相障碍患者的家人，对色氨酸的降低也产生了比控制组更大的反应。因此，双相障碍似乎也与5-羟色胺受体的敏感性密不可分。

3. 激素系统

有双相障碍的患者在地塞米松/皮质醇分泌激素实验中不能正常地抑制皮质醇，这说明双相障碍和皮质醇调节系统功能不良有关系。像重性抑郁障碍患者一样，持续出现皮质醇抑制不良的双相障碍患者在康复后有很高的复发风险。因此，双相障碍通常被认为是皮质醇水平调节系统出问题的结果。皮质醇水平失调也预测了双相障碍更严重的症状。

4. 脑区

许多在双相障碍中有作用的脑区也和重性抑郁障碍有关。在功能活化研究中，双相Ⅰ型障碍与杏仁核的过度应答、情绪调节任务中的膝下扣带回前部活动的增强、背外侧前额叶皮层和海马体活动水平的下降都有关系。

迄今为止，脑成像研究几乎没有发现重性抑郁障碍和双相障碍的区别。大部分针对双相障碍患者进行的研究结果都与重性抑郁障碍患者十分相似。不过，还是有一点明显不同：只在躁狂发作时，对奖励起反应的纹状体区域会过度活动，而在抑郁发作时没有这种变化。但是这些结果也是实验性的，躁狂期纹状体活动增加不能说明这种变化就是引起躁狂发作的原因。

另外，重性抑郁障碍和双相障碍对与脑功能有关的各个细胞的改变方式可能有所不同。双相障碍患者的神经元的细胞膜往往存在缺陷，这些缺陷似乎影响了脑区的多个部分，造成神经元反应迅速与否的差异。而重性抑郁障碍的患者身上没有这种细胞膜缺陷。相似的实验关注与神经元多方面功能都有关的蛋白质：蛋白激酶C。蛋白激酶C在大脑各处的受体的功能和神经元细胞膜功能方面都扮演着重要的角色。躁狂患者的蛋白激酶C似乎过度活跃。尽管这些关于神经元的研究不如其他关于大脑的研究那么成熟，但依然部分揭示了重性抑郁障碍和双相障碍的不同。

（二）社会心理学因素

大多数经历过躁狂发作的人，人生中都会经历抑郁发作，但并非所有人都如此，因此研究者经常在研究双相障碍的诱因时，将躁狂阶段和抑郁阶段分开看待。

1. 双相障碍中的抑郁

双相障碍中抑郁的诱发因素似乎和重性抑郁障碍的诱因相似，消极的生活事件对双相障碍中的抑郁发作也非常重要，而且神经递质、消极的认知风格、情感表达、缺乏社会支持等都可以对双相障碍中的重性抑郁发作起预测作用。

2. 躁狂发作的预测因子

研究发现了两种可以预测躁狂发作增加的因素：奖励敏感性和睡眠剥夺。这两种模型都从生物学和心理学的角度整合了躁狂发作的敏感性。

（1）奖励敏感性。

这种理论认为躁狂发作反映了大脑中的奖励系统出现了问题。研究者发现，双相障碍患者会在自陈量表中把自己描述为对奖励反应很大的人，高的奖励敏感性又会预测双相障碍的躁狂发作和发作后更严重的躁狂程度。另外，某种特定的生活事件也会预测双相障碍患者的躁狂症状，这种特定的生活事件包括一些重要目标达到的时刻，如获得大学入学资格或者结婚。为什么成功会导致躁狂的症状呢？研究者认为，类似成功的生活事件引起了有关信心方面的认知改变，继而掉入过度追求目标的旋涡。这种对于目标的过度追求可能会诱发出躁狂发作的症状。

（2）睡眠剥夺。

研究者使用一系列的方法证明躁狂与睡眠扰乱和日常生理节律被打乱明显有关。实验研究发现睡眠剥夺先于躁狂发作而发生。在一项研究中，患有双相障碍的被试被要求待在一所睡眠中心，他们必须整夜不睡觉，第二天早上，大约10%的被试开始出现至少轻微的躁狂症状。在自然生活情境的实验中，人们经常报告在躁狂发作之前，有生活事件扰乱了他们的睡眠。与睡眠剥夺会诱发躁狂症状相反，保护睡眠可以减少双相障碍的症状。睡眠和生物节律的打乱似乎是躁狂发作风险中重要的一部分。

（三）综合模型

总之，生物的、心理的和社会的因素都会影响到心境障碍的发展。这个模型并没有解释心境障碍的各种不同表现，如是单相还是双相。换句话说，为什么那些具有潜在的遗传易感性的个体在经历了生活压力事件之后，会发展成双相障碍而非单相障碍？正如焦虑障碍和其他的应激障碍一样，特定的心理社会情境，比如早期习得经验，可能与特定的遗传易感性和人格特点发生交互作用，从而导致了丰富多样的情绪障碍。

三、双相障碍的治疗

（一）药物治疗

思考：双相障碍如何治疗？

治疗躁狂症状的药物叫作心境稳定剂。锂是最先被用于躁狂发作的心境稳定剂。多达80%的双相Ⅰ型障碍患者从服用锂盐中得到了至少轻微的疗效。虽然药物可以缓解症状，但是大多数患者还是要经受轻微的躁狂和抑郁症状。一项元分析的研究集合了5项将患者随机分配到安慰剂和锂盐治疗两组并至少跟踪一年的研究，包含了770名患者，结果显示服用锂的患者有40%的复发率，而服用安慰剂的患者有60%的复发率。

由于可能造成严重的副作用，锂被划为处方药并需谨慎使用。过多摄入锂元素对人体有害，所以服用锂的患者必须定期接受血检。

除了锂盐之外，有两类药物也可作为治疗急性躁狂症状的药物：抗癫痫药，如双丙戊酸钠；抗精神病药物，如奥氮平（再普乐）。虽然锂仍是最被推荐使用的药物，但是其他药物会在无法承受锂的副作用的患者身上使用。与锂相同，这些药物可以缓解躁狂症状和一部分的抑郁症状。更多的时候，锂会与其他药物结合使用。不过，它们也有着严重的副作用，抗癫痫药可能会引起患者更多的自杀念头。除了抗癫痫药和抗精神病药物，对其他几种药物的研究也显示它们很可能有可观的疗效，未来可能在临床进一步推广。

心境稳定剂在治疗躁狂的同时也会缓解抑郁症状。然而，很多患者在服用心境稳定剂（如锂）的时候还是会出现抑郁症状。对于这些患者，治疗时还需加入抗抑郁药物，但是这种做法有两个可能的问题：第一，抗抑郁药物是否真的能减少正在服用心境稳定剂的患者的抑郁症状尚不明确；第二，对于双相障碍患者而言，抗抑郁药物会在一定程度上提高他们躁狂发作的可能性。

（二）心理治疗

药物是双相障碍治疗的必要手段，但是心理治疗可以作为对药物治疗的补充，帮助解决药物治疗带来的社会和心理问题。这些心理疗法还可以减轻双相障碍中的抑郁症状。

让病人了解和学习自己的疾病是双相障碍心理治疗的重要部分。心理教育的方法就是帮助患者了解自己的障碍的表现、持续时间、生理和心理诱因以及治疗方法。研究表明，严谨的教育可以使患者坚持服用对应的药物（比如锂）。这一点非常重要，因为差不多一半的双相障碍的患者没法做到坚持服药。除了帮助患者坚持服药，心理教育方法还帮助患者避免住院治疗。

还有几种其他的疗法可以帮助双相障碍的患者学会应对技巧并减少症状。认知疗法和以家庭为中心的治疗都有这方面作用。认知疗法利用治疗重性抑郁障碍的一些技术，另外加上针对躁狂发作的内容。以家庭为中心的治疗旨在给家庭成员心理障碍方面的教育，促进家庭沟通，提高解决问题的技能。

在一项关于双相障碍的大型研究中，研究者选取了正在经历抑郁过程的双相障碍患者。为了确保结果涵盖不同的治疗方法，被试是从全美14家不同的治疗机构招募而来的。这些患者都在接受药物治疗，研究者感兴趣的是在此基础上的心理治疗是否能起到帮助作用。患者被随机分配到两组，一组接受心理治疗，另一组是控制组。控制组的 130 名患者接受支持性的疗程，实验组的 163 名患者进一步接受认知疗法、以家庭为中心的治疗、人际心理疗法中的一种心理疗法，持续 9 个月。结果显示每一种疗法都比控制组更好地缓解了症状，并且三种疗法的疗效没有差别。这表明，当双相障碍的患者经历抑郁过程时，辅以以上三种心理疗法中的一种会对治疗有所帮助。

第四节　其他抑郁及双相障碍

其他抑郁及双相障碍包括这两种障碍的一些亚型，在本节中，主要介绍持续性抑郁障碍和环性心境障碍。

一、持续性抑郁障碍

持续性抑郁障碍（也称为心境恶劣）一般来说强度很低，还不能达到任何一种抑郁症类型的症状标准，也没有躁狂的症状发生，但持续的时间很长，超过两年，并且很少有超过两个月的正常期。

持续性抑郁障碍（心境恶劣）的诊断标准

1. 至少在 2 年内的多数日子里，一天中的多数时间中出现抑郁心境，既可以是主观的体验，也可以是他人的观察。

2. 处于抑郁状态时，有下列中至少 2 项症状存在：

(1) 食欲不振或过度进食。

(2) 失眠或睡眠过多。

(3) 缺乏精力或疲劳。

(4) 自尊心低。

(5) 注意力不集中或犹豫不决。

(6) 感到无望。

3. 在 2 年的病程中，从来没有一次不存在诊断标准 1 和 2 的症状超过 2 个月的情况。

4. 重性抑郁障碍的诊断可以连续存在 2 年。

5. 从未有过躁狂或轻躁狂发作，且从不符合环性心境障碍的诊断标准。

6. 这种障碍不能用一种持续性的分裂情感性障碍、精神分裂症、妄想障碍、其他特定的或未特定的精神分裂症谱系及其他精神病性障碍来更好地解释。

7. 这些症状不能归因于某种物质的生理效应，或其他躯体疾病。

8. 这些症状引起有临床意义的痛苦，或导致社交、职业或其他重要功能方面的损害。

资料来源：DSM－5；American Psychiatric Association，2013.

据估计，持续性抑郁障碍普遍的发作年龄在20～30岁的早期，但也有研究者发现是在21岁或者通常会更早，发作的症状是与三个特征伴随出现的：（1）更为慢性（发作持续时间更长）；（2）相对较差的预后（对治疗的反应）；（3）患病个体的家人患病的可能性更大。这些结果已经得到验证。持续性抑郁障碍的预后较差，已经从中恢复的青年人的社会支持水平比重性抑郁障碍青年或其他非心境障碍者低，而压力水平比他们要高。这些发现可以进一步反映精神病理对早期出现情绪不良者的危害性。研究者在儿童中发现，情绪不良的儿童76%在后来发展成为重性抑郁障碍。

持续性抑郁障碍有可能持续20年至30年或更长时间，虽然一项初步的研究表明，成人的持续时间的中位数大约为5年，而儿童为4年。一个对患有心境恶劣障碍的成年人持续两年的自然追踪研究发现，63%的患者报告说他们的症状没有任何改善。事实上，有一些患者的状况反而有所恶化。另一方面，科瓦奇等（Kovacs，Akiskal，Gatsonis，Parrone，& Schowalter，1996）发现在他们的样本中，几乎所有情绪不良的儿童最终都有所改善。在那些出现情绪不良的人群当中，多达79%的人在他们生活中的某些阶段也曾经患有重性抑郁障碍。

二、环性心境障碍

环性心境障碍通常在青春期或成年早期开始发病，有人认为环性心境障碍是双相障碍中比较温和的一种心理障碍。环性心境障碍的起病过程隐匿，持续时间较长。患有环性心境障碍的患者有15%～50%的概率进一步患上双相Ⅰ型障碍或双相Ⅱ型障碍。在儿童当中，环性心境障碍的平均发病年龄为6.5岁。

环性心境障碍的诊断标准

1. 至少在2年的时间里有多次轻躁狂的症状，但不符合轻躁狂发作的诊断标准，且有多次抑郁症状，但不符合重性抑郁发作的诊断标准。
2. 在上述的2年的时间内，轻躁狂期和抑郁期至少有一半的时间，且个体无症状的时间每次从未超过2个月。
3. 从不符合重性抑郁、躁狂或轻躁狂发作的诊断标准。
4. 诊断标准1的症状不能用分裂情感性障碍、精神分裂症、精神分裂症样障碍、妄想障碍、其他特定的或未特定的精神分裂症谱系及其他精神病性障碍来更好地解释。
5. 这些症状不能归因于某种物质的生理效应，或其他躯体疾病。
6. 这些症状引起有临床意义的痛苦，或导致社交、职业或其他重要功能方面的损害。

资料来源：DSM-5；American Psychiatric Association，2013.

专栏8-3

自　杀

一、自杀概况

伟大的社会学家涂尔干（Emile Durkheim）定义了大量的自杀类型，其中一种是“仪式的”（formalized）自杀，它已被验证，就像日本古代的“hara-kiri”习俗，即一个让他自己或家庭蒙上耻辱的个体，是要用一把刀来刺死自己的。涂尔干把这个称做“形式上的自杀”。弗洛伊德相信，自杀（在一定范围和抑郁）无意识的敌意导向了自我内部，而非导向那些外部的、引起愤怒感的个人或事件。事实上，自杀的受害者经常被看做从心理上来“惩罚”那些曾经拒绝过他或伤害过他的人。

无论是哪种类型，抑郁症最具灾难性的后果都是自杀。与其他的精神障碍不同，大部分抑郁症患者会用自杀来结束自己的生命。

从性别的角度考虑，男性的自杀倾向是女性的4～5倍。这一惊人的事实显示出性别同自杀倾向之间的联系。在自杀的方式上，男性通常会选择暴力的方法，如枪毙、上吊；女性则较多选择非暴力方式，如过量服药等。

只有在中国是女性的自杀倾向高于男性，尤其是在农村。这是否意味着文化因素导致了比例的倒转呢？我国科学家认为，中国的自杀率是全球偏高的，而这种高自杀率源于缺乏耻辱感。在中国农村，家庭就是妇女的全部。一旦家庭面临崩溃，自杀便成为一种受人尊敬的选择。有可能很多妇女并不真的想要自杀，但由于剧毒的杀虫剂随手可得，因此造成了高自杀率。

除了“成功的”自杀之外，有两个重要概念需要引起注意，即自杀企图（suicide attempts）和自杀观念（suicide ideation）。有研究指出，尝试自杀的人数与自杀成功的人数的比例约为50∶1，甚至更高。除此之外，其他研究结果表明，有16%～30%的有过自杀想法的青少年确实实施过自杀。过去的自杀倾向是另一个很重要的危险因素，并且必须被严格关注。

超过90%的自杀者有精神障碍。自杀经常伴随着情绪失控，也可以说，情绪失控是自杀的一个很直接的原因。大约60%的自杀案例（75%的青年人自杀）都存在心境障碍，在处于青春期的人的自杀行为中有很大部分伴随着体验到严重的压力。压力与自杀，好像有很强的相关性，但实际上仍是独立存在的。在更深入地探讨心境障碍与自杀的关系的过程中，一些研究者分离出了绝望感，这个抑郁中的特殊成分，可以很强地预测自杀。抑郁症患者是自杀率最高的群体，据估计，大约有80%的自杀者患有抑郁症。

酒精的使用与滥用会造成25%～50%的自杀，并且这在青春期中尤其明显。布伦特和他的同事们发现，1/3的青春期自杀者在死时处于醉酒的状态，并且更可能吸食了毒品。两种或两种以上障碍并发，像物质滥用和心境障碍，在儿童和青春期个体身上，比患有任何单独障碍的个体具有更强的易感性。事实上，物质滥用结合其他的主动进行的危险行为，如卷入打斗、携带枪支或吸烟，均是青年自杀的预兆，这可能反映出这些问题青少年的冲动性。

边缘性人格障碍是一种更多以冲动性而非抑郁为特点的障碍。这些个体往往表现出操纵性（作假）和冲动性的自杀姿态，尽管他们并非真的想要结束自己的生命，这些案例中有约10%的人实际上是误杀了自己。

自杀群体中，很多人都是模仿自杀。古尔德等（Gould，Wallenstein，Kleinman，O'Carroll，& Mercy，1990）报告过，在对自杀进行广泛宣传后的9天内，自杀的案件有所增加。为什么一个人会想去模仿自杀呢？首先，媒体对自杀的描述是很浪漫的。此外，媒体经常将自杀的方法十分详细地描述出来，这实际上就为潜在的受害者提供了自杀指导。极少有报道指出由于自杀未遂导致的麻痹症、大脑损伤等悲惨结局或类似这样的事实，也很少有报道说明自杀经常与严重的精神障碍相联系。更重要的是，很少有人提到这对于解决问题是一种无用的方法。为了阻止这些悲剧，媒体无论如何不应该轻率地崇仰自杀，并且精神健康的专业人员应该立即在可能出现抑郁的学校等场所开展干预措施，否则人们会容易被传染尝试自杀。

现代的思想家们认为自杀有两种基本的动机：终止（surcease）或操纵（manipulation）。那些想要了断的人会简单地放弃自己的生命。他们无法忍受情感上的悲痛，而且也看不到另外一些可供选择的解决办法。在一项对自杀的系统研究中，有56%想要自杀的人是想要有一个完整的了结。这些自杀行为与其他的自杀行为相比，伴随有更多的抑郁、更多的绝望，并且也更加致命。

另外一种自杀的动机是想要通过自杀行为来操纵别人。有些人是想通过死亡来操纵社会，如作为辩论的最后发言、作为被爱人抛弃的报复、作为对他人生活的损害。大多数情况下，在操纵性的自杀行为中，自杀者是想要活下去的，他只不过是在向外界显示自己问题的严重性，以此来向一些重要他人寻求帮助。

有研究者总结了人们关于自杀的一些错误的想法，见表8-6，了解这些真相可以让我们更好地去了解和帮助那些可能自杀的生命。

表8-6　有关自杀的预言和事实

预言	事实
那些嘴上说要自杀的人并不会真的自杀	10个自杀的人中，有8个曾经表示过自杀的意愿
自杀的个体已经作出很明确的自杀决定	大多数人并没有决定是生还是死，他们常常与死亡赌博，让别人来拯救自己
如果一个人曾经想过自杀，那么，他永远都会有自杀的企图	一般来说，想要自杀的人只是在有限的时间内有这种想法。自杀的愿望经常与抑郁症有关，而抑郁症状是会随时间消退的
随着自杀危机过后情况的好转，自杀的危险就会过去	大部分自杀发生在抑郁症状开始改善的三个月之内，此时个体仍然是抑郁的。与在医院或者在抑郁的最低谷时相比，个体在这个时候更容易接近武器以及更多的能量去实施他们的自杀计划
自杀更多发生在有钱的人当中	对于社会中的不同阶层，自杀率是一样的
自杀行为是病人的行为	尽管一个想自杀的人似乎总是感到非常不愉快，但他并不一定非要有某种“精神疾病”。自杀可以是一个理性的行为

资料来源：Schneidman Ed.，1976.

二、自杀的预防

在最初对抑郁症患者的治疗过程中，自杀是治疗师最关心的问题。如果患者的自杀意图和观念非常明显，那么，危机干预、密切观察以及住院治疗就是必要的。如果不是的话，治疗则应该趋于长期化，应该开始抗抑郁剂的药物疗法和/或心理治疗，然后需要仔细地了解导致抑郁的各种因素。人们认为，如果想要自杀的人可以有效地向别人倾诉的话，那么，自杀应该可以被阻止。

第一，一旦有自杀企图的个体与热线的志愿者、精神病学家、心理学家、家庭医师、牧师或是门诊的医生取得联系，那么首先要对个体的自杀进行评估，如果被评定为危险的话，就必须采取紧急措施，如家访、住院治疗、药物治疗、向警察求助或是门诊治疗。评定内容包括：个体是否有明确的自杀计划？他是否很容易接触到武器？他过去是否有自杀的历史？他是否独居？等等。

第二，心理社会学也同样加入防止自杀的队伍中来。心理社会干预在与药物疗法以及安慰剂疗法相比时，显示出了一定的有效性。心理社会干预包括问题定向咨询、家访以及危机干预。

第三，除了防止个体自杀，心理学家认为对于自杀者的朋友和亲戚进行干预也是非常重要的，因为这些人要面对羞愧、内疚、遗憾，甚至是社会的离弃。

小　结

1. DSM-5 对抑郁障碍的分类。
2. 重性抑郁障碍的临床特点。
3. 躁狂发作的临床特点。
4. 重性抑郁障碍和双相障碍的发病原因。
5. 重性抑郁障碍和双相障碍的治疗。

复习思考题

一、名词解释

心境障碍　双相障碍

二、简答题

1. 抑郁症患者的认知症状有什么特点?
2. 贝克的认知理论是如何对抑郁症作出解释的?
3. 影响抑郁及双相障碍的社会文化因素有哪些?
4. 简述影响抑郁症产生的可能因素。
5. 简述抑郁及双相障碍的心理治疗方法。

三、案例分析

小寒是高一的女生，现在休学在家。

小寒小学时是大家的“开心果”，天天高高兴兴的，在家里是好孩子，在学校也是好学生。但是从高一下学期开始，没有什么特别的原因，小寒慢慢开始变得不喜欢与人说话，开始嫌弃自己个子矮小，没有别人漂亮，常常责备自己，觉得自己哪里都不如别人，活得很累。经常不满别人的一些做法，比如同学的书堆放得乱七八糟，男同学下课打闹，老师懒散、不负责任的行为等细小事情，常常因为这些事情生气。但是有什么意见又憋在心里，不敢当面跟同学提出来。

小寒最近情绪十分低落，整天提不起精神，总感到浑身不舒服，整天昏昏沉沉的。虽然极力去控制，但还是觉得浑身没劲，对什么都提不起兴趣，感觉生活很无聊，常常有莫名的压抑和痛苦，认为自己是世界上最不幸的人。有时候特别能吃，有时候又吃得很少。晚上睡不着，早上却很早就醒，醒了以后就不能再睡了。在家里也总是和父母唱反调，容不得父母责备自己，常常不说话以表示愤慨和抗议。

因为这个原因，小寒的成绩变得很差，有时候老师当着大家的面批评她，她也不知道该怎么办，常常哭，所以同学也觉得她“怪”，以前的好朋友现在也不怎么理她了。小寒常常觉得自己的一辈子就这么完了，再也不会好起来了，什么事情也做不成，会被所有人看不起。

请问：

(1) 小寒身上发生了什么？你会得出什么样的结论？

(2) 这个障碍可能的原因是什么？

(3) 如果由你来负责治疗小寒，你会怎么做？

网络资源

1. http：//www. mooddisorders. on. ca 心境障碍协会网站

2. http：//www. psycom. net/depression. central. drugs. html 心境障碍的治疗

3. http：//www. depression. edu. hk/gb/home. html 香港大学抑郁症自助网站“忧郁小王子之路”

推荐影片

1.《丈夫得了抑郁症》

《丈夫得了抑郁症》讲述了在丈夫罹患抑郁症以后，妻子陪伴和引导丈夫走出心理疾病的困境并逐渐恢复的过程。影片做了很好的功课，对抑郁症的众多症状表现都有较为细致的刻画，是一部很好的了解抑郁症的影片。

2.《关于一个男孩》

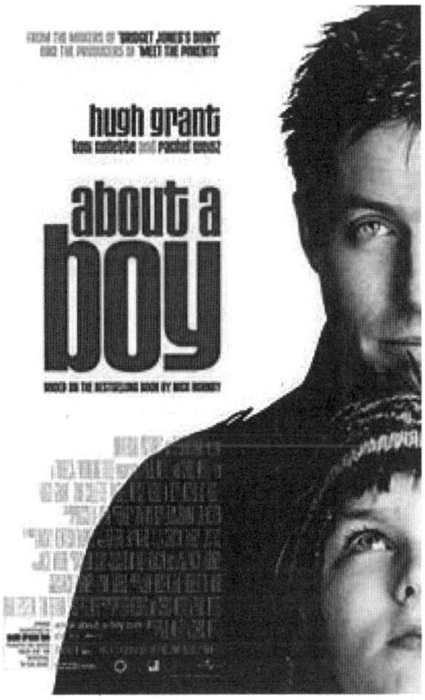

影片讲述了一个年近40的英国单身男人韦尔在一次聚会中认识了单亲妈妈的儿子麦克斯之后，"被迫"和麦克斯一起帮助单亲妈妈走出抑郁症的故事。起初韦尔十分抗拒，慢慢地两人相互影响，建立了深厚的感情。

3.《海伦》

影片主人公海伦事业有成，有爱自己和疼女儿的老公，但是她自己却患有严重的抑郁症。自杀两次未遂，也许命不该如此。倔强的她拒绝治疗也不想让亲人看到她最糟糕的一面，但一声"妈妈"唤醒了她沉睡的记忆也激起了她治疗的勇气……

推荐视频

1. 我有一条黑狗，它名叫抑郁：http：//my. tv. sohu. com/us/187797987/61489740. shtml

2. 科学了解抑郁症的真相：http：//v. youku. com/v _ show/id _ XNzczMjU3NTYw _ type _ 99. html

3. 躁郁症的那点事（上）：http：//open. 163. com/movie/2016/9/I/U/MC0AHQEHE _ MC0AJN9IU. html

4. 躁郁症的那点事（下）：http：//open. 163. com/movie/2016/9/Q/H/MC0AHQEHE _ MC0AJPGQH. html

第九章

人格障碍

你可曾注意到，在你的身边，总有一些人与大家格格不入。这种不融洽不是因为某些特定的事件，而是因为他们的行为方式、思维方式总是给周围的人带来困扰，这种人也就是我们常说的“怪人”。当你读完这一章后，你也许会对某些“怪人”有更多的理解，他们不是不愿融入大众，而更可能是被困在人格障碍的“牢笼”中。

在前面几章的学习中，你可能知道了当一个人的思维或者情绪出现病理偏差的时候会有什么样的症状，但是，如果一个人的人格生病了，那会出现什么样的情况呢？

第一节　概述

案例

小张是一个23岁的女大学生，和同学小韩一见钟情并坠入爱河。不过好景不长，小韩和小张在相处的过程中争吵不断，按照小韩的话来说：“我觉得她特别怪，跟你好的时候特别通情达理，但也特别容易生气，几乎每天都会生气，两三天就发一次大脾气，这时就完全不可理喻、毫无理由地出言不逊。她时时刻刻都把分手挂在嘴边，但真正谈到分手又勃然大怒。我真的有点搞不懂她。”据小韩回忆，两人开始恋爱后的第二天，小张就生气并提出分手，理由是那天晚上小张要求小韩陪自己逛街，但是小韩正好有小组会议不能陪小张，小张认为小韩对自己不够真心，故而提出分手。之后，类似的小事很多，久而久之，小韩觉得很累。特别是当小韩得知小张在和前四个男友相处时都发生过性关系，而且和前男友认识并发生关系的理由、时间、地点都很“随便”时，感到十分痛苦。

两人的分手也是因为一件小事，小张本来和小韩约好晚自习前在宿舍楼下见面，小韩买好晚饭然后陪小张去上课。到了约定的时间，小张到楼下一看，不见小韩的踪影，打电话给小韩，小韩说自己所在的社团有紧急事情需要处理，小张当时很不高兴。在自习室中等待一小时后小韩仍未出现，小张火冒三丈，坚决要求分手，小韩几次道歉未果后无奈同意了。小张对他说：“以后再有女朋友时不要再这么不负责任了。”

很显然，小张有着比较严重的人格问题，她最大的特点就是情绪和自我意象的不稳定。从故事中我们可以看到，小张的情绪常常在抑郁、焦虑和恼怒中波动，而她身边的人常常会觉得她表情的阴晴是无法预测的，对此男友小韩感到十分苦恼。

一、人格障碍的概念

思考：什么是人格障碍？

要理解人格障碍，先要知道什么是人格。我们在生活中常常说，“这个人有着高尚的人格”或者“那是个衣冠禽兽，一点人格都没有”。在心理学中，人格是个体在认知、情感、行为等各方面长期表现出来的稳定的表现方式和风格，是每个人所具有的才智、态度、价值观、愿望、感情和习惯以独特的方式结合的产物。换句话说，一个人过去是什么样的人，现在和将来还是什么样的人，这种一贯性就是由其人格所决定的。

那么，当这种一贯性出现偏差，并给个体本身以及身边的人都带来困扰的时候，心理学家如何看待这样的现象呢？如果一个人的思维和行为的典型方式给他自己及他人带来了明显的不便，那会怎么样呢？如果他不能改变这种与世界互动的方式并且不幸福，又会怎么样？心理学家会认为他有“人格障碍”。

人格是人们稳固的、一贯性的行为和思维特征，因此，不难理解，人格障碍对于人们的影响也绝非一朝一夕。DSM－5诊断体系指出，**人格障碍**是“明显偏离了个体文化背景预期的内心体验和行为的持久模式，是泛化的和缺乏弹性的，起病于青少年或成年早期，随着时间的推移逐渐变得稳定，并导致个体的痛苦或损害”。人格障碍在儿童时期就初见雏形，并延续至整个成年期。当心理治疗师收集一个人格障碍患者早年生活的信息时，往往会发现他/她小的时候就表现出种种问题，难以适应环境。例如，造成美国2007年弗吉尼亚理工大学校园惨案的主凶，其在中学时期写的剧本中就充满了暴力、仇恨、杀戮。同时，如果一个人的人格出现了障碍，那么，这些慢性问题会遍及生活的各个方面。如果一个人自恋，这个特质会影响他做的每一件事：在工作上，他认为自己的能力无法得到充分发挥；在与人相处时，他看不起周围的人，认为所有人都比不上自己，当然无法建立起长久稳定的关系。

DSM－5指出，人格障碍患者本人主观上未必感到痛苦，实际上，他的行为更多的是使别人感到痛苦。这在反社会人格障碍的人身上尤其普遍，因为他们极端忽视别人的利益，而且没有任何的愧疚。在某些情况下，一些其他人，而不是患有人格障碍的人，必须判断这种障碍是否引起了显著的功能性损害，因为患有人格障碍的人通常不能作出判断。

CCMD－Ⅲ将人格障碍描述为：人格特征明显偏离正常，导致患者形成了一种一贯的反映个人生活风格和人际关系的异常行为模式；这种模式显著偏离了文化背景和大众的一般认知（尤其在待人接物方面），明显影响了个体的社会功能与职业功能，造成对社会环境的适应不良；患者为此感到痛苦，并已具有临床意义；患者虽无智能障碍，但适应不良的行为模式却难以矫正，只有少数患者在成年后可有一定程度的改善；通常始于童年期或青少年期，并持续发展到成年，甚至终生；现年18岁以上且症状至少已持续两年，方可作出诊断；人格特征的异常偏离并非躯体疾病或精神障碍的表现或后果。如果人格的这种偏离是由躯体疾病（如脑病、脑外伤、慢性酒精中毒等）所致，或继发于各种精神障碍，应将其称为人格改变。

看了DSM系统和CCMD系统对人格障碍的定义之后，你对人格障碍有直观的印象了吗？如果仍然有些模糊，不用着急，我们将分别介绍，慢慢向你呈现一个清晰的形象。

专栏 9-1

人格改变的界定及其在临床表现上的特征

关于人格改变的定义，ICD-10 指出："人格改变是获得的，通常出现在成年期，在严重的或持久的应激、极度的环境剥夺、严重的精神障碍或脑部疾病或损伤后发生。"这一定义强调导致人格改变的原因除躯体疾病外，还可以包含应激、极度的环境剥夺和严重的精神障碍等因素。国外有研究者（Kozarić-Kovačić & Kocijan-Hercigonja，2001）对 502 例有战斗经历的士兵进行评估，发现有 20%诊断为终生创伤后应激障碍，6%诊断为创伤后应激障碍和持久的人格改变。麦克斯、罗伯特森和兰辛（Max，Robertson，& Lansing，2001）对 94 例脑损伤儿童患者用神经精神评定表进行评定，结果发现严重脑损伤患者 59%（22/37）有人格改变，而轻、中度脑损伤患者 5%（3/57）有人格改变。巴瑞史、特拉内尔和安德森（Barrash，Tranel，& Anderson，2000）研究发现双侧前额叶腹中部皮质损害患者出现人格改变，包括沮丧的情绪体验、调节情绪反应能力差、做决定不完美、目标指向性行为损害、显著缺乏自知力。蔡和萧（Tsai & Hsiao，1999）对 5 774 例住院精神病人进行回顾性调查，发现 10 例诊断为继发性人格改变，在这些继发性人格改变的病人中，经常见到冲动、情感不稳定和攻击。

在 DSM-5 中，"由其他躯体疾病所致的人格改变"被界定为一种持续性的人格障碍，该障碍被认为是一种躯体疾病的直接生理效应。当持久的人格改变是由于其他躯体疾病（例如，脑肿瘤）的生理效应所致时，应考虑诊断为由其他躯体疾病所致的人格改变。其诊断特征具体表现为：(1) 是一种持续性的人格障碍，被认为是由一种躯体疾病所导致的直接病理生理性结果，该人格障碍代表个体与先前特征性的人格模式相比的改变，在儿童中，此状况表现为显著偏离正常发育，而非稳定人格模式的改变；(2) 需要有来自病史、体格检查或实验室检查的证据显示，该人格改变是其他躯体疾病的直接的生理性结果；(3) 如果此障碍可以更好地用其他精神障碍来解释，那么不能做此诊断；(4) 如果此障碍仅仅出现于谵妄状态时，那么不能做此诊断；(5) 此障碍必须引起有临床意义的痛苦，或导致社交、职业或其他重要功能方面的损害。

常见的人格改变的临床表现包括：情感不稳定，冲动控制差，对任何促发性心理社会应激不成比例的攻击性或愤怒爆发，明显的淡漠、多疑或偏执观念。在某一特定个体中，临床表现可能取决于病理过程的性质和部位。例如，额叶损伤可能产生诸如缺乏判断力和预见性、滑稽、脱抑制和兴奋等症状；右半脑中风常常引发与单侧空间忽略、疾病感缺失（例如，个体不能识别身体的或功能的缺损，如偏瘫的存在）有关的人格改变，不能持续运动和其他神经功能缺损。

就本质而言，人格障碍是人格发育过程的偏离，人格改变是在成熟人格基础上的改变。两者虽在临床特征上相似，但在发生、发展上存在明显的区别。人格障碍是发育过程中的情况，在儿童期或青春期出现，延续到成年。尽管它可以先行或与其他障碍并存，但并不是继发于其他精神障碍或脑部疾病。如果在 18 岁以后人格已发育成熟的基础上，因大脑器质性疾病或其他精神疾病而遗留下人格的显著变化，则形成人格改变。

因此，人格异常出现的时间及有无器质性疾病（脑部本身或影响脑部的疾病）的既往史是鉴别两者的关键。由于人格障碍常无精神病性症状，且他们一贯如此，故人们多认为他们只是有些“怪癖”或性格有问题而已。因此不只是其本人，就连不少家属及周围人也不一定能意识到这属于精神障碍。而人格改变因具有原发性疾病（多数为器质性疾病），其人格特征的变化与既往完整人格相比，具有“一反常态，判若两人”的特点，因此多数能被周围人所识别。

二、人格障碍的分类

思考：人格障碍的分类依据是什么？

关于人格障碍，不同的诊断系统有不同的分类，CCMD－3将它分为9个小类：偏执型人格障碍、分裂样人格障碍、反社会型人格障碍、冲动型人格障碍（攻击型人格障碍）、表演型（癔症型）人格障碍、强迫型人格障碍、焦虑型人格障碍、依赖型人格障碍、其他待分类的人格障碍（包括被动攻击型人格障碍、抑郁型人格障碍和自恋型人格障碍等）。DSM－5将它分为3大组、10小类，而这是本书阐述的重点。在具体学习DSM－5对人格障碍的分类系统之前，先了解其对人格障碍这一大类精神障碍的诊断标准。

人格障碍的诊断标准

1. 明显偏离了个体文化背景预期的内心体验和行为的持久模式，表现为下列2项（或更多）症状：(1) 认知（即对自我、他人和事件的感知和解释方式）；(2) 情感（即情绪反应的范围、强度、不稳定性和适宜性）；(3) 人际关系功能；(4) 冲动控制。

2. 这种持久的心理行为模式是缺乏弹性和泛化的，涉及个人和社交场合的诸多方面。

3. 这种持久的心理行为模式引起有临床意义的痛苦，或导致社交、职业或其他重要功能方面的损害。

4. 这种持久的心理行为模式不能用其他精神障碍的表现或结果来更好地解释。

5. 这种持久的心理行为模式不能归因于某种物质（例如，滥用的毒品、药物）的生理效应或其他躯体疾病（例如，头部外伤）。

资料来源：DSM－5；American Psychiatric Association，2013.

目前，临床心理学家对于人格障碍如何分类还争论不休，不过大部分人同意根据行为、情绪和思维的特点来划分。如，DSM－5将人格障碍分为3大组，共10个类型。A组被称做**“古怪组”**（odd eccentric），包括偏执型、分裂样和分裂型人格障碍，其共同特征是思维内容不符合常理，导致行为古怪、难以理解。B组被称做**“戏剧化组”**（dramatic erratic）或“情绪化组”，有时也叫“不稳定组”，包括反社会型、边缘型、表演型和自恋型人格障碍，共同特征是情绪行为缺乏稳定的模式，难以预测。C组被称做**“焦虑组”**（anxious erratic），包括回避型、依赖型和强迫型人格障碍，这组患者常常和焦虑情绪为伴。

三、人格障碍的共病以及发病率

思考：人格障碍为什么可以成为许多疾病的发病基础？

那么，我们当中有多少人患有人格障碍呢？普通人群中人格障碍的患病率很难准确估计，各研究由于取样方法、样本规模、样本代表性、调查方式、所使用的诊断系统不同而使所获得的数据互有差异。杰克逊和伯吉斯（Jackson & Burgess，2000）采用 ICD-10 的诊断标准在澳大利亚进行的一项全国性流行病学调查（n=10 641）发现，至少患有一种人格障碍的比率约为 6.5%，且人格障碍患者多见于年轻人、未婚者以及男性。蔻伊德等（Coid，Yang，Tyrer，Roberts，& Ullrich，2006）采用 DSM-Ⅳ在英国进行的流行病学调查（n=646）发现，人格障碍患病率为 4.4%，男性患病率（5.4%）高于女性（3.4%），各亚型的患病率在 0.06%～1.9%之间，以强迫型人格障碍患病率最高（1.9%）。格兰特等（Grant et al.，2004）在美国的一项大样本全国性流行病学调查（n=43 093）发现，14.79%的美国人至少符合 DSM-Ⅳ的一种人格障碍亚型的诊断标准，其中强迫型人格障碍患病率最高（7.8%），回避型、依赖型和偏执型人格障碍患病率女性高于男性，反社会型人格障碍患病率男性高于女性。兰泽温格尔等（Lenzenweger，Lane，Loranger，& Kessler，2007）采用 DSM-Ⅳ在美国进行的一项全国性调查（n=5 692）发现，9.1%的人符合至少一种人格障碍亚型诊断，其中，A 群人格障碍的患病率为 5.7%，B 群为 1.5%，C 群为 6%。上述不同的流行病学研究所得到的患病率存在差异，概括而言，美国的人格障碍患病率约为 1/10，澳大利亚约为 1/15，英国约为 1/20。

我国目前还没有权威的真正全国性的人格障碍患病率数据。国内研究者总结人格障碍患病率在 0.1%到 13.5%之间（翟书涛，杨德森主编，1998）。我国 12 个地区流行病学调查结果（1986）显示，人格障碍的总患病率为 0.13%；7 个地区精神疾病流行病学调查（张维熙，沈渔村，1998）显示，其时点患病率和终生患病率均为 0.1%。刘秀芬（2000）对北京某大学 2 205 名大一学生进行测查，并结合国际人格障碍检查表进行临床诊断，55 人被确诊为人格障碍，总患病率为 2.5%。

表 9-1 为国外一些研究总结的不同类别人格障碍的发病率，各类人格障碍的发病率不尽相同。

表 9-1　人格障碍的相关数据

分型	患病率	性别差异	病程
偏执型人格障碍	0.5%～2.5%	男性更普遍	没有足够信息
分裂样人格障碍	在美国、加拿大、中国台湾不到 1%	男性更普遍	没有足够信息
分裂型人格障碍	3%～5%	男性更普遍	慢性的，有些会发展成精神分裂症
反社会型人格障碍	男性 3%，女性不到 1%	男性更普遍	40 岁后会有所缓解
边缘型人格障碍	1%～3%	病患中女性达 75%	患者到 30 岁后其症状会得到改善。约有 6%的人自杀
表演型人格障碍	2%	男女患病率相等	慢性的

续前表

分型	患病率	性别差异	病程
自恋型人格障碍	不到1%	男性更普遍	随时间得到改善
回避型人格障碍	不到1%	男女患病率相等	没有足够信息
依赖型人格障碍	2%	男女患病率相等	没有足够信息
强迫型人格障碍	4%	男性更普遍	没有足够信息

我们从表9-1中也可以看到，大多类型的人格障碍存在着性别差异。不过这种差异很难说到底真正存在还是来自临床医师诊断上的偏差。临床心理学研究者福特和维迪格尔（Ford & Widiger，1989）做过一项研究，他们让临床心理学家看一些病例，然后他们要判断这些病例是男性还是女性。一个患者患有反社会型人格障碍，有不负责任、不计后果的行为方式；另一个病例被描述成具有表演型人格障碍，情感丰富，过分注意外表。结果，前一个患者经常被判断为男性，后一个患者则经常被判断为女性。

同时，人格障碍的诊断标准本身也受到一些批评，有些学者认为某些诊断标准带有性别偏见。例如，凯普兰指出的，表演型人格障碍的许多特征，例如过度戏剧化、空虚、诱人、对外表过于关注，都是西方“原型女性”的典型特征，这种障碍只不过是“女性”特质的极端化体现。而反社会人格障碍的某些诊断标准也是某些“男性”特质的极端化体现。

如果把表9-1中所有人格障碍的患病率加起来，你可能会总结出有20%～30%的人患有人格障碍。但事实上，人格障碍在整个人群中的比例为0.5%～2.5%，其中一个主要的原因就是患者常常被诊断出患有不止一种人格障碍，这种现象被称作人格障碍的共病现象。据估计，符合某种特定的人格障碍标准的人中有50%也同时符合另一种人格障碍。而且，另有研究显示，60%的物质滥用患者同时也有人格障碍。莫里（Morey，1988）进行了一项针对291个人格障碍患者的研究，发现其中存在相当大的重叠，见表9-2。总体上，大约有一半患有某一类型人格障碍的人也符合至少其他两种人格障碍的标准。

表9-2　人格障碍诊断的重叠

诊断类型	与其他类型人格障碍诊断的共病率（%）									
	偏执型	分裂样	分裂型	反社会型	边缘型	表演型	自恋型	回避型	依赖型	强迫型
偏执型		23.4	25.0	7.8	48.4	28.1	35.9	48.4	29.7	7.8
分裂样	46.9		37.5	3.1	18.8	9.4	28.1	53.1	18.8	15.6
分裂型	59.3	44.4		3.7	33.3	18.5	33.3	59.3	29.6	11.1
反社会型	27.8	5.6	5.6		44.5	33.3	55.6	16.7	11.1	0.0
边缘型	32.0	6.2	9.3	8.2		36.1	30.9	36.1	34.0	2.1
表演型	28.6	4.8	7.9	9.5	55.6		54.0	31.7	30.2	4.8
自恋型	35.9	14.1	14.1	15.6	46.9	53.1		35.9	26.6	10.9
回避型	39.2	21.5	20.3	3.8	44.3	25.3	29.1		40.5	16.5
依赖型	29.2	9.2	12.3	3.1	50.8	29.2	26.2	49.2		9.2
强迫型	21.7	21.7	13.0	0.0	8.7	13.0	30.4	56.2	26.1	

在莫里的研究之后，维迪格尔等报告了边缘型人格障碍与其他人格障碍的共病率：表演型46%、反社会型26%、分裂型24%。共病率均较莫里的研究高。在总数为196例的边缘型人格障碍患者中仅4%没有共病，这也提示其在所有人格障碍中最不具有独特性。

第二节 人格障碍的主要类型

一、A组人格障碍——古怪组人格障碍

（一）偏执型人格障碍

1. 偏执型人格障碍的临床描述

思考：各亚类人格障碍在临床上如何表现？

偏执型人格障碍（paranoid personality disorder）的患者毫无根据地怀疑别人，总认为别人要害他。其显著特点是猜疑和偏执。障碍始于成年早期，患者中男性多于女性。患有这种障碍的人心理上高度敏感，他们通常倾向于从环境中寻找蛛丝马迹来证明自己受到了不公正的待遇，喜欢寻根究底，容易从别人无害的行为中找到隐藏的动机和特殊的意义。他们常常是紧张的、无幽默感的，有攻击性，好夸大。偏执型人格障碍患者倾向于把过失归罪于他人，自己不能为失败承担责任。

案例

当L走进咨询室的时候，他紧皱着眉头说："我现在如果有一把枪，我一定去杀人！"原来，L已经受不了压力了，他在生活中常常感到自己受到欺负，那种被"欺压"的愤怒让他几乎不能自控。L觉得上司给自己穿小鞋，在布置工作的时候总是故意把那些难度高、别人不愿意做的事情分配给他；L觉得父母总是折磨自己，常常强迫自己做一些他不愿意做的事情，如强迫自己多吃鱼，对自己新房的装修指手画脚，等等，L认为父母这是无所不用其极地滥用他们的权威来干涉自己的私生活；L觉得整个社会都不公平，他是一个遵纪守法的人，但是他却常常发现身边有好多人不遵守社会规范和社会公德，如不遵守交通规则、随地吐痰等，L认为社会规则就只会欺负像自己这样老实的人，那些不守规则的人的幸福都建立在自己的不幸上。L每一天的生活都是在点点滴滴的愤怒之中度过的。

L最典型的性格特点就是多疑，而他思维的定势就是将生活中大部分人一笑了之的细节扩大化，使之成为自己受迫害的证据。因此，我们不难理解，偏执型人格障碍的患者的情绪往往在惊恐和愤怒中徘徊。

偏执型人格障碍的诊断标准

1. 对他人普遍不信任和猜疑，以至于把他人的动机解释为恶意，起始不晚于成年早期，存在于各种背景下，表现为下列4项（或更多）症状：(1) 没有足够依据地猜疑他人在剥削、伤害或欺骗他；(2) 有不公正地怀疑朋友或同事对他的忠诚和信任的先占观念；(3) 对信任他人很犹豫，因为毫无根据地害怕一些信息会被恶意地用来对付自己；(4) 善意的谈论或事件会被当作隐含贬低或威胁性的意义；(5) 持久地心怀怨恨

（例如，不能原谅他人的侮辱、伤害或轻视）；（6）感到自己的人格或名誉受到打击，虽然在他人看来并不明显，但会迅速做出愤怒的反应或做出反击；（7）对配偶或性伴侣的忠贞反复地表示猜疑，尽管没有证据。

2. 并非仅仅出现于精神分裂症、伴精神病性特征的双相或抑郁障碍或其他精神病性障碍的病程之中，也不能归因于其他躯体疾病的生理效应。

资料来源：DSM－5；American Psychiatric Association，2013.

2. 偏执型人格障碍的发病率和病因

关于偏执型人格障碍的发病率，目前很难有精确的数字。由于患者常常将生活上的困难归因于社会的不公、他人的错误，他们很少寻求心理医师的帮助，因而，要统计此类人数比较困难。国外对发病率的估计（1993年）是占人口的0.4%～1.8%，在美国第二次国家共病调查的第二部分中，根据概率子样本估计，偏执型人格障碍的发病率为2.3%，而美国国家酒精及相关疾病流行病学调查的数据显示偏执型人格障碍的发病率为4.4%。和女性相比，男性患者的人数居多，并且与DSM诊断系统轴Ⅰ中的某些障碍，如抑郁、焦虑和物质滥用的共病率很高。通常，这种障碍的标志是在年龄较大时发作，尤其在重大的生活丧失发生后。

国内研究者凌辉等（2008）对全国21个城市26所高校的4 811名学生进行调查后发现，偏执型人格障碍的阳性检出率为5.4%，男性（6.6%）显著高于女性（4.6%），而城市（5.8%）与农村（5.3%）则没有显著差异。

当研究者想了解某一心理现象的成因时，不外乎从生物、心理社会或综合三个角度去探索。针对偏执型人格障碍的生物学证据并不多，一些研究表明，有精神分裂症家族史的人比其他人更容易罹患人格障碍，不过，两者在临床以及统计学上并没有显著的相关。实际上，心理学家早就注意到，A组人格障碍患者“独特”而“固执”的思维方式与偏执型精神分裂症患者有一些相似。例如，怀疑自己被害，认为他人在背后议论自己，等等。但是，需要注意的是，精神分裂症患者的病态思维往往属于妄想，其病态本质和程度都远远超过了人格障碍。所以，有心理学家认为A组人格障碍似乎与精神分裂症存在着某种关系，但是对它的本质还不太了解。

当然，也有学者从心理学的角度进行探索——例如这些患者偏执而僵化的思维模式——从而解释他们的行为特点。一种观点认为：偏执型人格障碍患者对其他人有如下基本的错误假设：“人性是恶意的”，“人与人之间一有机会就相互欺骗”，“我得时时刻刻提高警惕，否则就会遭遇不幸”。这种基本假设弥散在生活的各个方面，让患者不能与周围的人、事、物和谐相处。

在患者的早期教养方式中，我们也能找到一些根源。他们的父母过多地强调人性的阴暗面，教育子女要小心警惕，不要轻易相信他人，这种警惕性使他们太执着于其他人的欺骗性和恶毒性。诚然，人不总是善良的，可是完全忽略或者过分轻视人性中善良、可信的一面会使人难以与他人建立亲密、信任的关系，难以在合作、团结的氛围中生存。

偏执型人格障碍也与生活情境有关，有研究表明，在弱势群体——诸如犯人、难民、残疾人——中发病率较高。例如，电影《巴别塔》中的聋哑女孩，请你设身处地地想象一下她的生活处境，没有任何声音刺激，无法与人正常交流，对于父母的爱无法领会，那些诸如大笑、小声交谈之类无害的东西都会被解释成是针对她的。在电影中，我们可以看到，她是如何把模糊的情境解释成充满敌意的。

3. 偏执型人格障碍的治疗

因为偏执型人格障碍患者对他人不信任，所以，他们在必要的时候常常得不到帮助，也很难建立起信任的治疗关系。因此，在来访者与治疗师之间建立有意义的治疗信任关系成为关键的第一步。他们寻求治疗常常是出于应对诸如焦虑、抑郁这样的体验的需要，而并非源于人格障碍。

在建立良好治疗关系的基础上，心理治疗师经常用认知疗法来识别和修正患者对他人及世界的不合理想法和假设，采用行为实验来验证这些假设是否符合事实，并发展出更具适应性的行为。然而，到目前为止，没有任何证据能说明哪一种治疗方法能显著改善偏执型人格障碍患者的生活。

（二）分裂型人格障碍

1. 分裂型人格障碍的临床描述

在生活中，你也许遇见过这样的人，他们总是有一些奇怪的想法、奇怪的语言，甚至奇怪的装束，他们没有什么亲密的伙伴，和他们交谈很困难，因为他们的语言贫乏而且奇怪，这样的人很有可能罹患分裂型人格障碍。临床上的观察认为，分裂型人格障碍的患者有许多临床症状与慢性精神分裂症相似。障碍包括在思考、认知和交流方面长期存在的怪癖及很容易被察觉的行为方面的怪癖，不过不足以符合精神分裂症的标准。

案例

高某是一位20岁的无业男性，未婚，与父母同住。他从小性格内向，少言寡语，上学时总是独来独往，没有什么要好的朋友。高中毕业后没有考上大学，就待业在家。他终日离群独处，有时躺在床上蜷缩着一动不动，睁着眼睛盯着一个地方，家人与他说话也不反应，偶尔交谈也总是话不对题，不能与人合拍。有时他会去附近的公园瞎逛，还自言自语，一路痴笑，令人莫名其妙。曾经有人看到他坐在公园的长椅上用捡来的饼渣喂鸽子，并和鸽子们聊天，时而大笑，时而又非常生气地瞅着这些鸟。父母带他去精神科医院做过检查，医生确信他没有幻觉和妄想，并不符合精神分裂症的诊断标准。

分裂型人格障碍的个体常常有一些古怪的观念，沉迷于“不可思议的想法”中，比如，他们相信自己能透视，有心灵感应。此外，他们会报告一些不寻常的感知经验，如错觉。当他们一个人时似乎可以感觉到另一个人的存在，即灵魂出窍的感觉，这往往是许多迷信的温床。不过，请注意，虽然这样的感受和精神分裂症患者的症状有相似之处，但后者是极端的知觉扭曲，而前者只是中度的怀疑和妄想。有一小部分分裂型人格障碍的患者患有精神分裂症。分裂型人格障碍的患者常倾向于怀疑和妄想，因而常常喃喃自语。他们几乎不能表达情感，着装和行为也与众不同，如果你发现这样的患者在夏天穿很多衣服，不用惊奇，这只是他们的行为习惯而已。

另外，该人格障碍患者以与社会隔绝为特征。一项前瞻性研究发现，他们倾向于被动和闲散，且对批评非常敏感。

分裂型人格障碍的诊断标准

1. 一种社交和人际关系缺陷的普遍模式，表现为对亲密关系感到强烈的不舒服和建立亲密关系的能力下降，且有认知或知觉的扭曲和古怪行为，起始不晚于成年早期，存在于各种背景下，表现为下列5项（或更多）症状：(1) 牵连观念（不包括关系妄想）；(2) 影响行为的古怪信念或魔幻思维，及与亚文化常模不一致（例如，迷信，相信千里眼、心灵感应或"第六感"；儿童或青少年可表现为怪异的幻想或先占观念）；(3) 不寻常的知觉体验，包括躯体错觉；(4) 古怪的思维和言语（例如，含糊的、赘述的、隐喻的、过分渲染的或刻板的）；(5) 猜疑或偏执观念；(6) 不恰当的或受限制的情感；(7) 古怪的、反常的或特别的行为或外表；(8) 除了一级亲属外，缺少亲密的朋友或知己；(9) 过度的社交焦虑，并不随着熟悉程度的增加而减弱，且与偏执性的恐惧有关，而不是对自己的负性判断。

2. 并非仅仅出现于精神分裂症、伴精神病性特征的双相或抑郁障碍或其他精神病性障碍或孤独症（自闭症）谱系障碍的病程之中。

资料来源：DSM-5；American Psychiatric Association，2013.

2. 分裂型人格障碍的发病率和病因

在分裂型人格障碍的社区研究报道中，挪威社区样本的发病率是0.6%，而美国社区样本的发病率是4.6%。在临床人群中，分裂型人格障碍的发病率似乎不高（0~1.9%），而美国国家酒精及相关疾病流行病学调查发现普通人群中估计的发病率更高（3.9%）。国内调查结果表明，分裂型人格障碍的阳性检出率为12.2%，男性（15.5%）显著高于女性（9.3%），农村（13.5%）显著高于城市（10.4%）（引自凌辉等，2010）。

在生物遗传学方面，人们清楚地知道，分裂型人格障碍在基因上跟精神分裂症有关。家庭、双生子和领养子女研究都显示，如果家族中有精神分裂症的病史，成员患分裂型人格障碍的概率就大得多。甚至有人提出，分裂型人格障碍是精神分裂症的一种表现型，不过针对这些还有争议。另外，生长发育的环境也有很大的影响，比如，妇女在怀孕期患上流行性感冒，其孩子更可能出现分裂型人格障碍。

另外，分裂型人格障碍患者与精神分裂症患者在身体特征以及行为上有共同的特点。例如，他们表现出了更多的轻微的四肢和头部的异常特点，以及比正常人更多的手纹的异常状态。在大脑结构上，两个人群的颞叶区都有所萎缩，比正常人群小。沃格梅尔等（Voglmaier，Seidman，Salisbury，& McCarley，1997）发现，与正常人相比，分裂型人格障碍患者更容易出现理解片面化，研究者认为这种现象与认知功能障碍有关，也与左颞叶和额叶功能障碍的神经病理学相一致。

3. 分裂型人格障碍的治疗

对该种人格障碍的治疗主要有行为治疗、认知治疗和药物治疗。行为治疗是一种普遍使用的方法，是教患者用社会交往的技巧减少孤立和怀疑。社会技能的训练是通过塑造适宜的行为和语言来达到的，并且要教会患者确定自己的适宜反应。同时，治疗者要帮助患者建立一个安全的和支持性的社会系统来提高他们的社会互动。另一种不太常用的方法，仅为少数治疗师所使用，他们不鼓励患者改变，而是帮助他们接受和适应这种孤独的生活方式。

在认知方面，治疗师的主要目标是确定患者歪曲的认知并挑战患者的不合理信念。在治疗过程中，治疗师要教患者利用环境的线索和他人的反应来客观地评估情境，而不是完全依赖他们的主观反应。另一方面，治疗师要让患者看到如果他们继续在这种不现实的信念系统下，他们的行为会出现什么样的结果，从而教他们忽视那些不适宜的想法。

思考：人格障碍的病理原因有哪些？

药物治疗是该种人格障碍治疗的重头戏。临床精神病医师发现，当分裂型人格障碍的患者服用了治疗精神分裂症的药物后，他们的病情会有好转。目前多主张选用弱安定剂、抗抑郁剂或抗精神病药物等。但是，这个问题仍然在争论之中，具体请参考专栏 9－2。多数治疗师表示怀疑，担心抗精神病药物的副作用。尽管最新的抗精神病药物的副作用减轻了，但我们并不知道服用这种药物的长期结果。另一种观点则认为未接受治疗的心理障碍，其发病时间越长，长期预后就越差。因此，心理容易受创伤的患者，如果不能及早防止他们心理障碍的发作，可能会造成很不好的结果。目前，针对精神分裂症的系统预防主要集中在心理障碍的患者身上，而不是那些具有分裂型人格障碍的个体身上。

专栏 9－2

人格障碍的精神药理学治疗

直到 20 世纪 60 年代后期，人格障碍一直得不到有效的治疗。但是，随着精神药理学被证明对精神分裂症和心境障碍的治疗有效，药物疗法对人格障碍的治疗也成了临床工作者讨论的一个主要话题。临床医生观察了人格障碍和轴Ⅰ障碍的患者在症状上的相似性。例如，许多被诊断为边缘型人格障碍的患者都表现出情感的波动和两种截然相反的夸张的情感特点。另外，研究显示，人格障碍和轴Ⅰ障碍的患者之间存在遗传和生物方面的相似性。

据此，生物精神病学家建议对人格障碍的患者进行药物治疗。例如，索罗夫(Soloff) 的一项研究表明，一种抗精神病药物——氟哌啶醇，能够显著降低强迫、焦虑、抑郁、冷漠和妄想偏执的观念，以及边缘型人格障碍和分裂型人格障碍的强迫症状。接下来的几年里相继出现了大量关于选择性 5－羟色胺吸收抑制剂和 5－羟色胺传递抑制剂治疗人格障碍的报告。现在，药物疗法（SSRIs）成为一种被广泛接受的治疗人格障碍的药物，其中包括强迫型人格障碍。

但是，同心理治疗相比，药物治疗究竟有多大的效果呢？唐纳德·布莱克（Donald Black）和他的同事比较了认知疗法、药物疗法和安慰剂治疗之间的差别。在自陈量表中，接受认知疗法的 82％的患者表现出了人格障碍特征的减少，但接受药物治疗的患者中只有 47％发生了减少，安慰剂组中 41％的患者在人格障碍的表现上反而有所增加。因此，在对人格障碍的治疗中，尤其是分裂型、自恋型、边缘型和强迫型人格障碍，认知疗法是使障碍特征降低最多的一种治疗。

研究者们对于用药物来治疗人格障碍的关注也在增加。研究者已经提出了许多相关的问题，包括：我们是在“制造”人格吗？将来人们会基于现在的潮流而选择使用药物疗法来改变他们的人格吗？药理病理学家会在社会化进程中对特殊的少数族群使用药物来改变他们的人格吗？这会导致人类文化多样性的消失吗？药理病理学家有能力消除个性吗？但是，也许我们应该首先问自己一个问题：无论是通过心理治疗还是药物治疗，我们对于改变人格这样一种观念会感到舒服吗？

资料来源：王建平主编，2005。

（三）分裂样人格障碍

1. 分裂样人格障碍的临床描述

你听过“披头士”那首著名的《佩珀军士的孤心俱乐部乐队》（Sergeant Pepper's Lonely Hearts Club Band）吗？一群孤独的人离群索居，没有朋友也没有亲人，最后只好自己组成一个俱乐部。他们是孤独的、奇怪的、不与人交往的，他们对待别人的方式就是“冷漠而缺乏热情”。把这些描述再夸大几倍，你就大致能勾勒出分裂样人格障碍患者的形象来。

案例

吴某是一名25岁的工人，男性，未婚。他8岁上小学，19岁高中毕业，学习成绩一般，毕业当年进了一家工厂当工人，工作能力一般。他从小个性孤僻，很少与人讲话，家里来客从不打招呼。放学或下班回家即独坐，不与家人交谈。对家里的事不关心，对家人缺乏感情，生活被动，衣服不知换洗，需要人督促，甚至夏天洗澡也需家人催促。他从小到大都没有表现出什么特定的兴趣爱好，始终缺乏知心朋友，学习、工作之余也不会找朋友玩，总是独自在家睡觉。成年以后对自己的婚姻恋爱也不关心，家人张罗着要给他介绍对象，他也表现得非常冷淡。

分裂样人格障碍的特点用两个字来形容就是“冷”和“怪”。怪，包括观念、行为和外貌装饰奇特，与众不同。冷则表现为对人、对己情感冷漠，明显缺乏人际关系。患者常常缺乏必要的社会关系，他们既没有欲望，也没有技能去与人交往，包括恋人或性伴侣，对于他人的表扬和批评更是完全不在乎。具有这种障碍的患者即使有朋友，亲密的朋友也很少，他们是退缩的、沉默的、与世隔绝的。与分裂型人格障碍不同，许多达到分裂样人格障碍诊断标准的个体通常是极端内向的。从流行病学的角度来看，该障碍患者男性略多于女性。不过，在DSM-5中，心理学家指出，一部分有分裂样人格障碍的人并不是完全冰冷的。他们对他人的意见是敏感的，但是不愿意也不能表达自己的情感。对他们来说，与社会隔离是很痛苦的。

分裂样人格障碍与偏执型人格障碍的患者都缺乏社会性，不过，前者更加极端，但实际上两种人群有极大的差异。贝克和弗里曼（Beck & Freeman，1990）提出，分裂样人格障碍的人“认为自己是世界的观察者，而不是参与者”。他们看起来并没有A组中其他障碍那种个性化的不同寻常的思维过程。偏执型人格障碍的人觉得无意义的事件都是指向他们的，他们因此感到愤怒和恐惧。相反，大部分分裂样人格障碍的人非常享受与世界脱离的状态，他们更像隐士。

分裂样人格障碍的诊断标准

1. 一种脱离社交关系，在人际关系交往时情感表达受限的普遍模式，起始不晚于成年早期，存在于各种背景下，表现为下列4项（或更多）症状：（1）既不渴望也不享受亲近的人际关系，包括成为家庭的一部分；(2) 几乎总是选择独自活动；(3) 对与他人发生性行为兴趣很少或不感兴趣；(4) 很少或几乎没有活动能够令其感到有乐趣；(5) 除了一级亲属外，缺少亲密的朋友或知己；(6) 对他人的赞扬或批评都显得无所谓；(7) 表现为情绪冷淡、疏离或情感平淡。

2. 并非仅仅出现于精神分裂症、伴精神病性特征的双相或抑郁障碍或其他精神病性障碍或孤独症（自闭症）谱系障碍的病程之中，也不能归因于其他躯体疾病的生理效应。

资料来源：DSM-5；American Psychiatric Association，2013.

2. 分裂样人格障碍的发病率和病因

据估计，分裂样人格障碍在人群中的发病率在0.4%～0.9%之间，男性的发病率高于女性。在美国第二次国家共病调查的第二部分中，根据概率子样本估计，偏执型人格障碍的发病率为4.9%。来自2001—2002年美国国家酒精及相关疾病流行病学调查的数据则提示发病率为3.1%。凌辉等（2008）研究发现，在中国大学生中阳性检出率为1.2%，并且不存在性别差异。

从生物遗传的角度来看，这种人格障碍与精神分裂症的家族史有很大的相关。一些研究表明，如果父母患有精神分裂症，子女就更容易患分裂样人格障碍，但是，分裂样人格障碍和精神分裂症之间的基因联系现在并不是很清楚。同时，针对影响神经系统的化学物质多巴胺的研究表明，多巴胺受体密度低的人在“分离”的测量上得分更高。也许多巴胺（与精神分裂症有关）会导致分裂样人格障碍的个体表现出与社会的隔离。

3. 分裂样人格障碍的治疗

和偏执型人格障碍的患者一样，分裂样人格障碍患者很少主动要求治疗，除非是他们的情绪极端抑郁或者因为缺乏社会交往技巧而造成事业上的重大损失。认知行为治疗师在面对分裂样人格障碍患者时，第一步就是要促进患者与他人建立亲密关系。类似的还有团体治疗，治疗小组为患者建立社会系统提供了机会，也提供了一个暴露自我和社会反馈的舞台，同时，因为分裂样人格障碍患者经常忽略他人的情感状态，所以，在小组中，治疗师会帮助患者确定他人的情感和情感反应，从而增强他们共情的能力。在行为治疗中，治疗师给患者布置一系列作业，如演讲情境的角色扮演，患者可以逐步学会社会技能。

但是，在实际治疗过程中，效果并不乐观。1990年，美国的一项研究中请360名临床心理师对一个分裂样人格障碍患者的案例提供治疗意见，其中75%的专家报告他们一年中有两次可以见到类似的人，而50%的人感觉这样的患者无法进行治疗或无法建立治疗关系，另外50%的人虽然相信治疗可以进行，但是认为治疗过程相当复杂，同时，患者在治疗过程中中途退出的可能性极大。在表9-3中，斯维尔（Siever，1992）将A组障碍的临床症状作了一个比较。

表9-3　A组障碍的类似精神病性症状

A组人格障碍	类似精神病性症状	
	“阳性症状”（例如，牵连观念、不可思议的思维、知觉扭曲）	“阴性症状”（例如，脱离社会、糟糕的人际关系、情感变化少）
偏执型	有	有
分裂样	无	有
分裂型	有	无

二、B组人格障碍——戏剧化组人格障碍

（一）反社会型人格障碍

1. 反社会型人格障碍的临床表现

在开始学习之前，我们不妨先来看一个案例。

案例

加里·吉尔莫（Gary Gilmore）是一名杀人犯，这名35岁的男性有着长期侵犯行为的历史，并且，在身体和性方面多次侵犯妻子。犯罪前一周发生了一系列事件。他的妻子（15年婚姻中重复家庭暴力的受害者）告诉他，她打算离开他并与一个朋友一起生活。三天后，她不顾丈夫的阻止接走了儿子。第二周，当事人刮了胡子，购买了一支来复步枪。他来到了妻子工作的杂货商店，对妻子开枪，导致妻子受伤。然后，他叉开腿，坐在妻子身上，将5发子弹射入她的胸部和腹部。当事人有长期的反社会行为，当前证据足以确认他有反社会型人格障碍。而且，根据现场收集的证据和目击者的证言，当事人在事发之前没有情绪激动的表现，在行凶后离开现场时，看起来自信而冷静，犯罪现场的录像也证明了这些观察。事后，面对审讯，罪犯用一种很淡漠的神情和语调来叙述自己的所作所为，听起来就像“在谈论自己的车或者某种工作”。

与辩护方的精神病专家的证言相反，当事人在犯罪时并没有躁狂发作。相反，罪犯似乎情感淡漠，这更符合反社会型人格障碍的特征。这名男子被判有罪，并以谋杀被判处终身监禁。

我们就从加里·吉尔莫开始，来了解反社会型人格障碍患者有哪些临床特点。如果在生活中遇到这样的人，我们往往会恨得咬牙切齿，因为他们总是在一系列活动中表现出长期的反社会行为，包括侵犯行为、无责任感、不考虑后果的危险行为。研究者把这些人称作“社会的掠夺者，他们迷惑、喜欢操纵并且残忍地生活，剩下破碎的心、破灭的希望和空空的钱包。他们完全缺乏道德和同情心，只会自私地按照自己的想法，做使自己快乐的事，违反社会道德和期望却没有丝毫的罪恶感和悔意”。他们常具有攻击性，由着自己的性子做事，毫不顾及他人的利益。除了暴力之外，撒谎和欺骗也是他们的特点，他们常常为了个人的目的而编织种种谎言，而他们自己不能辨别这些事实和谎言，对自己行为的破坏作用也毫不懊悔。

那么，这种人格障碍的患者包含了哪些人格特质呢？这方面的权威克莱克利（Cleckley）提出可以把其特质归为三大类：动机不足的反社会行为，缺乏道德感以及对他人的责任感，情感贫乏。

首先，什么叫做动机不足的反社会行为？在人类社会中，大多数人犯罪是有理由的，为钱、为仇、为情等，但有反社会型人格障碍的罪犯的行为通常看起来是无目的的、随机的以及冲动的。如没有任何证据显示加里·吉尔莫和妻子之间有深仇大恨，但就是这样一个普通的家庭，丈夫却一而再、再而三地向妻子施暴，他的行为看起来没有被任何合理的目的所激活，而更像是顽固的冲动，这是反社会型人格障碍患者的典型特征。

那么，缺乏道德感以及对他人的责任感又表现在什么地方呢？患者在犯罪之后对罪行缺乏耻辱、后悔或任何羞辱的感受，是反社会型人格障碍最常见的特征之一。有反社会型人格障碍的人缺乏关心他人的深层能力。正如我们在加里·吉尔莫的例子中看到的，他在法庭上没有对自己的罪行表现出任何悔意。

反社会型人格障碍的人和无反社会型人格障碍的人之间的重要区别之一在于情感体验的深度。他们似乎缺乏持续的爱、憎、悲、喜或绝望的能力。在一个精神病学采访中，吉尔莫曾表示："我不记得在我一生中的任何真实情感事件。当身处其中时，我总是极其平静。你知道我真的不是很容易激动的。我不会情绪化。"所以，我们往往会惊奇吉尔莫为什么能这么冷静地对自己的亲人做如此残忍的事情，因为在施暴的过程中，吉尔莫并没有任何的情绪波动，事实上，一个外科医生在做手术时的情绪体验都比他丰富。

和其他人格障碍一样，反社会型人格障碍也起源于童年早期，只不过在 18 岁之前，个体的行为偏差有另外的称呼——儿童品行障碍，以逃学、反复撒谎、偷窃和破坏他人财产等为特点，类似行为会延续到成年，并以攻击他人为主要表现形式。男性比女性更常见，并常见于在贫困、不稳定的家庭中长大的个体。

大约 30 岁以后，反社会行为的严重程度会随年龄的增长显著减轻。特别是在 30～40 岁之间，患者会有明显的行为改善。原因尚不清楚，但通常认为这一发展性改善是由诸多因素所致。其中一种因素是社会学习，当个体作出种种违反社会规则的行为后，他们往往会受到别人的谴责、责骂甚至惩罚，这种消极的结果迫使他们不得不收敛自己的行为。另外，人类在 30～40 岁之间，大脑特点、激素状况和生理能力会发生变化。例如，大脑前额叶的成熟也许能够提高个体提前计划的能力，同时也能够抑制不恰当行为的发展。在表 9-4 中，我们可以看到反社会型人格障碍的发展轨迹。

表 9-4 反社会型人格障碍

定义	儿童期表现	成人行为	影响因素
在一系列活动中表现出长期的反社会行为，包括侵犯行为，无责任感，不考虑后果的危险行为，不能履行经济义务	习惯性撒谎、偷窃，侵犯性的性行为，故意破坏他人财产，逃学，冲动性	欺诈，易怒，重复的侵犯、犯罪行为，不能提前作计划，缺乏悔改	社会学习能力不足，特别是回避学习，不能情绪唤醒，遗传性的犯罪素质以及大脑异常

近年来，国外许多研究者将人格五因素模型引入人格障碍的研究之中，用人格的维度观点来重新审视人格障碍，对其进行描述和解释。考斯塔和麦克雷（Costa & McRae，1995）应用大五人格模型对反社会型人格障碍进行了假设性剖析。他们认为，反社会人格者具有以下特质。(1) 低神经质：缺乏对健康或社会适应方面潜在问题的适度关心，情感空虚。(2) 低外倾性：社交孤立、人际疏离、缺乏支持系统；情感单调；对生活缺乏热情和乐趣；即使有资格也不愿坚持自己的观点或担任领导角色，社交抑制且害羞胆怯。(3) 低开放性：难以适应社会或个人的改变；对不同观点和生活方式的容忍度或理解力较低；情感空白，不能理解与口头表达自己的感觉；有述情障碍；兴趣范围狭窄；对艺术和美缺乏敏感性；过分服从权威。(4) 低宜人性：愤世嫉俗、思想偏执；不信任他人，即便

是朋友或家人；喜争吵；易打架；掠夺性和控制性的人际关系；撒谎；粗鲁、不关心朋友从而疏远，缺乏社会支持；忽视社会规则，导致违法问题；夸张、不切实际的自我感觉，骄傲自大。(5) 低尽责性：成绩落后，不能发挥智慧潜能和艺术天赋；学业成绩低于其能力水平；对规则和责任的漠视会导致触犯法律；即使是治疗的需要，也不能管束自己（如坚持节食或锻炼计划）；个人生活和职业生涯无目标。

贝内特（2003/2005）认为，这种维度性观点不仅经得起理论和哲学的推敲，还是一种比 DSM 更好的预测结果的方法。乌尔里克、博克瑙和马尼荣斯等人（Ullrich Borkenau，& Marneros，2001）发现，对反社会型人格障碍而言，人格测验分数比分类诊断标准更能预测今后的违法行为。

反社会型人格障碍的诊断标准

1. 一种漠视或侵犯他人权利的普遍模式，始于15岁，表现为下列3项（或更多）症状：(1) 不能遵守与合法行为有关的社会规范，表现为多次做出可遭拘捕的行动；(2) 欺诈，表现出为了个人利益或乐趣而多次说谎，使用假名或诈骗他人；(3) 冲动性或事先不制订计划；(4) 易激惹和攻击性，表现为重复性地斗殴或攻击；(5) 鲁莽且不顾他人或自身的安全；(6) 一贯不负责任，表现为重复性地不坚持工作或不履行经济义务；(7) 缺乏懊悔之心，表现为做出伤害、虐待或偷窃他人的行为后显得不在乎或合理化。

2. 个体至少18岁。

3. 有证据表明品行障碍出现于15岁之前。

4. 反社会行为并非仅仅出现于精神分裂症或双相障碍的病程之中。

资料来源：DSM-5；American Psychiatric Association，2013.

2. 反社会型人格障碍的发病率和病因

在精神病学的调查研究中，反社会型人格障碍研究是开展得最早且持续性最好的障碍研究，历史上曾经有过几次大型的社会调查研究，例如全美共病调查等，它们提供了终生患病率以及不同国家、性别、年龄和种族间的差异。

虽然收集数据的年代、地点不一，但大部分研究结果显示，在不同国家或地区的样本人口中反社会型人格障碍的终生患病率大概在2%～10%之间。但中国台湾是一个例外。1999年，中国台湾参加 Zoccolillo 组织的多国协作性人格障碍患病率研究，结果表明台湾的终生患病率为0.3%，远远低于美国（9.9%）、加拿大（6.9%）和新西兰（4.3%），这个差异可能源于文化和社会的不同。国内学者凌辉等（2008）的一项研究报告大学生的阳性检出率为5.8%。

反社会人格障碍的性别差异在各个研究间均表现一致，即男性终生患病率高于女性。在美国，女性的终生患病率为1.2%，男性为4.8%；在中国大学生群体中，女性的阳性检出率为3.4%，男性则为8.4%。但最近的研究发现，这些比例呈上升趋势，尤其是女性。

反社会人格是怎样形成的，持不同观点的学者分别从生物学、心理学、社会学以及综合多学科的角度来进行分析。

(1) 遗传作用。

家庭、双生子和领养研究都显示出遗传对反社会型人格障碍和犯罪行为有影响。心理学家克里（Crowe，1974）研究了两组领养儿童，一组儿童的生母是重罪犯，另一组为普通母亲。他们从婴儿时期就与生母分开。结果发现，在领养儿童中，重罪犯的后代被捕、犯罪和患有反社会型人格障碍的比例更高。克里还有一些有趣的发现：从重罪犯那里领养且最后成为罪犯的儿童，他们在临时孤儿院的时间较长。他指出，这说明了遗传环境的交互作用。也就是说，遗传因素只在特定环境影响下才起作用，如早年缺乏与父母或养父母的亲密关系。

双生子研究基本支持了这些领养研究的结论。研究者艾森克（Eysenck，1978）进行的一项有关犯罪行为的经典双生子研究发现：同卵双生子同时犯罪的比率平均为55%，而异卵双生子只有13%。博瑞等（Bree，Johnson，Neale，& Pickens，1998）回顾了部分流行病学研究，认为在双生子研究中，研究者采用了相关分析或者差异分析，得到的结果显示基因影响反社会行为，在青少年期症状的遗传率约为7%～65%，在成人期症状的遗传率约为29%～78%。

除了领养研究和双生子研究，国内谭钊安等（2004）直接对反社会型人格障碍患者的基因进行研究，认为这种人格障碍与某些基因的多态性或基因突变存在关联，S等位基因频率和SS基因型频率与中国汉族人群反社会型人格障碍的遗传易感性相关。

(2) 神经生物作用。

不少研究关注神经生物学的因素对反社会型人格障碍的特殊影响。有两种主要理论引起了人们的关注：唤醒不足假说和无畏惧假说。

所谓“唤醒”就是指个体的大脑皮层被外界刺激激活并开始工作。依据唤醒不足假说，患者的大脑皮层被唤醒激活的程度低于常人水平。心理学家很早就发现，在很多情境下，过高或过低的唤醒水平都会对行为产生负面影响。而反社会型人格障碍患者寻求刺激是为了提高长期较低的唤醒水平。他们通过撒谎、吸毒或是伤害他人达到常人的唤醒水平，而这种水平常人只需要通过和好朋友在电话里聊天或看电视就能达到。雷恩、维纳伯尔斯和威廉姆斯（Raine，Venables，& Williams，1990）测查了一组15岁青少年的自主神经系统和中枢神经系统的变化。他们发现，后来发展成为罪犯的个体在通常状态下的皮肤传导活动较弱，心率较低，而且脑电波的低频活动更多，这些都表明他们处于低唤醒状态。

与此很相似的是一种皮层发育不全假说。该假说认为，人类脑电波中存在一种特殊的脑波——θ波，θ波的频率很低，常常出现在儿童的脑电波中，而到成人时这种波则大量减少。有证据表明，患者在清醒时会出现大量的θ波。这说明患者的大脑皮层处于发展的较初级阶段。大脑皮层在抑制和控制冲动方面起着重要作用，而患者的大脑皮层却没有发育完善。

根据无畏惧假说，患者比常人对恐惧的阈限更高。换句话说，常人感到害怕的事情，对于反社会型人格障碍者来说很有可能并不恐怖。早期支持这一假说的证据来自利克恩（Lykken，1957）的一系列研究。

在第一项研究中，利克恩编制了一份活动偏好问卷，问卷中的每道题都有两个选项，它们与某些令人不愉快的行为有关。例如，其中一个选项是无趣的或苛刻的（比如，“为某件事排长队”），另一个选项是令人恐惧和令人为难的（比如，“在教堂祈祷时火山喷发”）。利克恩认为，受试者要在其中选出自己愿意做的事情。如果无畏惧假说成立，那么，患者会更多地选择那些令人恐惧的选项，因为，他们更少被那些恐惧的行为所吓倒。

利克恩的另一项研究表明，患者对即将出现的惩罚和危险有与常人不同的提示及信号。他发现，他们对于危险的感知很弱，恐惧感的持续时间也很短。

理论家企图把脑的工作方式和反社会型人格障碍，尤其是那些精神病态患者的临床观察结合起来。几位理论家将杰弗里·格雷（Gray，1982）的脑机能模型应用于这些患者当中。格雷认为，脑的三个主要系统影响着个体的学习和情感行为：行为抑制系统、奖赏系统和战斗/逃跑系统。当面临可能导致焦虑和挫折体验的惩罚、剥夺奖赏或新异情境时，行为抑制系统负责减慢和停止我们的行为，即避害。奖赏系统令我们做那些能带来好处的行为，即趋利。奖赏系统的活跃与积极的情感反应相联系。行为抑制系统的活动减弱会导致恐惧和焦虑的体验，而战斗/逃跑系统的激活则会引发恐慌的情绪体验。理论家们认为，这三个系统的功能紊乱可以解释患者为什么对自己的反社会行为从不感到焦虑。

布劳尔和普瑞思（Brower & Price，2001）在一篇回顾性文章中指出，前额叶受损与攻击性的增加有关。阿伦斯等（Aarons et al.，2000）发现，反社会型人格障碍青少年的前额叶灰质容量比对照组少11%，这验证了克雷蒂安和普新格（Chretien & Persinger，2000）的研究结果，他们用心理测量法评估反社会型人格障碍患者的前额功能，诸如批判性思维、概念灵活性、空间联想等，结果表明反社会型人格障碍患者的表现比对照组差。

（3）心理学观点。

精神分析学派的理论家认为，反社会型人格障碍是超我的发展不完善造成的。一个孩子接受父母的价值观并把它变成自己的价值观时，他的超我趋向成熟。一个受虐待、得不到爱护与照顾的孩子抵制父母，拒绝承认社会规范，因而超我发展受到阻碍，形成反社会型人格。薄弱的超我与反社会型人格有内在的联系。克莱克利确认的变态人格的标准中包括的不可靠，不诚实，缺乏自责或羞耻，缺乏判断力、洞察力，行为冲动等特征与薄弱的超我的特征实际上是一致的。

一些学者采用社会认知的观点来解释反社会型人格障碍的成因。他们认为，反社会型人格障碍者之所以极度以自我为中心，对人对事缺少责任感与羞耻心，乃是由他的认知结构与别人不同所致。另一些学者则关注反社会行为者的认知观念对其行为的影响，例如，道奇和福瑞姆（Dodge & Frame，1982）认为所有的孩子都会形成引导他们行为的行为脚本：反社会型儿童形成了攻击型和反社会型的行为脚本，而亲社会型的行为脚本则很少。维恩伯格、雅各布和赫什伯格等（Vernberg，Jacobs，& Hershberger，1999）发现，青少年中的攻击行为与下列3个关键观念有关：（1）攻击行为是合法的、正当的；（2）攻击行为能够提升权力和尊重；（3）一个人在打架时不应该受到干涉。这些认知观念与反社会型人格障碍的形成密切相关。

与反社会型人格障碍有关的另一心理因素是压力事件的作用。一项研究发现，打架斗殴造成的创伤会增加反社会行为的可能性。巴瑞特和他的同事们（Barrett et al.，1996）研究了2 000名越战的退伍军人。研究者发现，遭遇过脑创伤事故的人有更大的可能从事暴力、非法活动，撒谎和使用化名。

（4）社会学观点。

有些学者从社会环境（尤其是家庭环境）中寻找反社会型人格障碍形成的原因。巴伦

(Barron，2001) 发现，12 岁时家里缺少情感亲密性和亲子关系较差，可以预测 17 岁时的暴力行为或犯罪行为。这个年龄段的人如果有具备暴力倾向的同伴也可以预测后来的暴力性或非暴力性的犯罪行为。法林顿 (Farrington，2000) 的研究表明，父母亲是罪犯、大家庭、低智商或者受教育程度低、少女妈妈以及破裂的家庭等因素能够预测 40 岁时的反社会型人格障碍。家庭因素还会造成与精神变态有关的情感匮乏。

蒂默曼和艾姆卡普 (Timmerman & Emmelkamp，2005) 比较研究了男性犯人与正常男性的父母养育方式，结果表明，具有反社会型人格障碍的男性犯人其父母亲给予的关心和照顾较少，并且母亲对其过于保护。这个结果证实了该研究的假设，即男性犯人与正常人群中的男性相比，会报告更多的父母病理性养育方式。弗罗迪等人 (Frodi，Dernevik，Sepa，Philipon，& Bragesjö，2001) 的调查结果显示，具有反社会型人格障碍的罪犯家中有一个拒绝型的父亲和一个在情绪上过于温和的母亲。

一项有趣的研究考察了社会环境和周围人的观点对暴力犯罪的影响。桑普森、劳登布什和伊尔斯 (Sampson，Raudenbush，& Earls，1997) 访问了芝加哥周围地区的居民，询问他们介入社会公共事业的意愿，比如，若儿童逃学在街上闲荡，他的邻居是否会干涉。研究者发现，与周围人相互信任和团结的程度与暴力犯罪呈负相关。这说明，家庭之外的因素会影响与反社会型人格障碍有关的行为。

(5) 整合的模型。

在这个反社会行为的整合模型中，最重要的一点是：生物学的、生理心理的和文化的因素以复杂的方式结合在一起，共同塑造了反社会型人格障碍。见图 9-1。

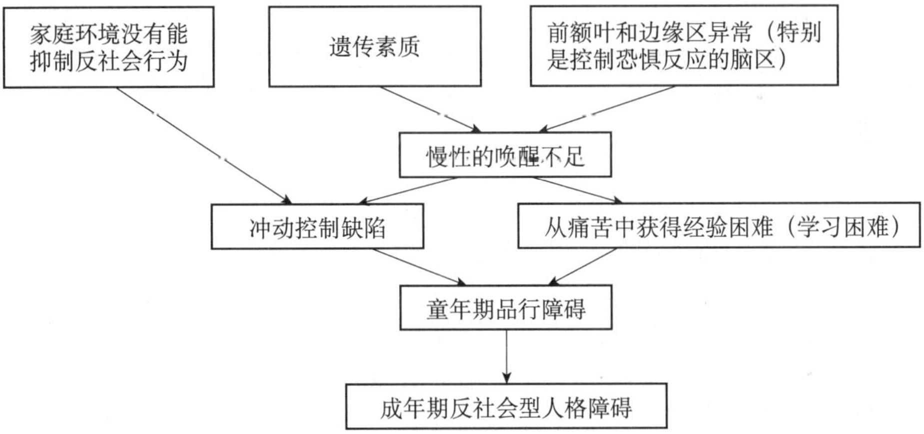

图 9-1　反社会型人格障碍的根源

说明：在是否会发展成反社会型人格障碍的问题上，遗传和环境都起着作用。家庭和社会环境造成个体在冲动控制上的缺陷，并与遗传素质、源自大脑前额叶和边缘区的机能障碍共同导致慢性的唤醒不足，从而导致学习困难和冲动控制问题，造成童年期品行障碍，并最终发展为反社会型人格障碍。

从图 9-1 中我们可以看到，遗传环境的交互作用，神经生物作用，心理和社会因素的影响，生物学的、生理心理的和文化的因素以复杂的方式结合在一起，成为反社会型人格障碍的根源。

说到发病率，反社会行为的流行状况为 2%～3%，诊断发现男性比女性多 4 倍。长久以来，人们都认为这种人格障碍是男性的“特权”，它所表现的攻击、暴力、残忍也和男性的许多极端特质相符合。不过，也有人提出异议，认为这种性别差异也许仅仅是由于诊断上的偏见，实际上，我们在前文中可以发现，无所不用其极的欺骗和撒谎也是该人格障碍的特点之一，可是如果这种行为发生在女患者身上，临床心理学家更倾向于将她们诊断为边缘型人格障碍。

3. 反社会型人格障碍的治疗

目前，大部分心理治疗的方法都非常强调治疗关系的重要性。这种关系是以义务和信任为基础的。如果来访者表现出在信任和义务上的能力有限，就像具有反社会型人格障碍的个体，这种良好的治疗关系是无法形成的。因此，在对反社会型人格障碍的心理治疗中，可能会遇到一些困难，如下面的案例所示。

案例

为了离开监狱，汤姆上演了一幕自杀事件，并假装出抑郁症状。他被安置到一所当地精神病院的监护室，有专门的护士每隔一天来监测他的抑郁情况。汤姆使护士和其他几名员工相信，自从发现女友不忠后，他就变得抑郁了。他声称，女友的不忠导致他失去了控制。护士把他转诊到心理学家那里作心理治疗。汤姆的魅力再次帮助他征服了心理学家。他告诉心理学家，他是家里五个孩子中的老大，多年来一直赡养他生病的母亲，同时还坚持上夜校。心理学家将他描述为“一个深受创伤的年轻人，具有成长以及从治疗的自我探索中获益的巨大潜力”。几乎有一个星期的时间，汤姆成了所有员工关注和同情的对象。但是，当他骗过护士，从自动贩卖机里“借”钱后，员工发现他的行为与他所说的故事并不一致，他的正面形象开始破裂了。当面对治疗师提出的质疑时，汤姆变得具有防御性和好斗。从治疗开始到随后的两周时间里，心理学家记录道：“这名来访者，重复地对职员进行操纵，当他在试图控制别人并遇到阻碍后，就变得非常敌对。他似乎正在利用治疗，并使治疗成为一种为其行为逃避责任的手段。”

这种操纵行为，对于经验丰富的临床学者来说并不令人吃惊。反社会行为在童年期就有不良的征兆。一般情况下，临床学家同意将这些人监禁起来，以阻止他们未来的反社会行为。临床医生主张鉴别高危儿童，以便在他们成人前实施治疗。

对儿童最普遍的治疗策略是家庭治疗。在早期就教会父母识别行为问题，有效地利用奖励来减少问题行为并鼓励亲社会行为。然而，许多因素使家庭治疗有不成功或过早放弃的危险，包括家庭的功能紊乱、社会经济状况不良、家庭压力、父母的反社会行为史和儿童身上的行为障碍。

目前，还没有针对反社会型人格障碍的特定的药物治疗。很多确诊的个体确实接受了药物治疗，但这些药物常常被用于其他伴随情况的治疗，比如，同时具有的焦虑或抑郁等症状。

最后，如果社会能够加大力度对反社会行为及其症状采取预防措施，将比治疗更加有效。施帕茨（Spatz，1998）基于对反社会儿童早期征兆的广泛研究，提出了一些预防方案，包括：（1）早期干预；（2）对被忽视儿童给予特别关注；（3）预防方案要进行必要的修改，以适应不同群体儿童的特殊需要；（4）向高危青少年及其家庭提供可利用的资源。

（二）边缘型人格障碍

1. 边缘型人格障碍的临床表现

还记得本章开始时小张的案例吗？通过对她的观察，我们可以发现“混乱而不稳定”是边缘型人格障碍患者的最大特点，他们的情绪不稳定，行为模式混乱、难以预测，自我意象不稳定，人际关系特别是性关系混乱不定。乱，是他们生活的主题。正如下文案例中的梅林达。

案例

梅林达已经40多岁了，她是一个边缘型人格障碍患者，她的生活常常是不安和游移不定的。她身边的朋友总会在她心情不好或生活有压力后发现她的头发被剪得参差不齐，她常穿的那件长袖衫里藏着她自己划的伤口和疤痕。

梅林达7岁的时候父母离异，双方都不肯要她，随后不久她就学会了吸烟，她在学校过得很糟糕，自尊也很低。她常说自己笨、丑陋，但她显然不是这样的。

上中学后，朋友们都渐渐疏远了梅林达，因为她的脾气实在是太阴晴不定了。有时因为一点小事她就对同学大声呵斥：“你这个笨猪，这都不会！”“你走快一点会死吗？”有时候又拼命地缠住同学们。她常常处于一种空虚的状态，觉得什么都没有意思。

梅林达结了两次婚，两次都充满热情，但两次都由于她的疾病把夫妻关系弄得很糟。在她极其愤怒的时候，她竟企图刺杀第一任丈夫。她吸食过很多毒品，但更多时候是用酒精去麻醉伤痛。

我们来细细分析一下梅林达的生活状态。她的情绪不稳定，常常在很短的时间内就从愤怒变为极度的抑郁，情绪不稳的直接后果是冲动，这表现在她的吸毒行为和自残行为上。空虚的感受也是普遍存在的，这些人常常被描述为处于一种长期的无聊状态。

梅林达的自我意象也不稳定，当她愤怒时她觉得自己是被世人辜负的可怜虫，所以她要摆出一副趾高气扬的样子；当她抑郁的时候，她觉得自己是一无是处的失败者，怪不得会被所有人抛弃。

在梅林达的故事中我们发现无论是配偶还是朋友，她都很难与他人保持长久而稳定的关系。虽然我们没有梅林达的性生活资料，但实际上，边缘型人格障碍患者的性生活往往相当混乱。

边缘型人格障碍的诊断标准

一种人际关系、自我形象和情感不稳定以及显著冲动的普遍模式。起始不晚于成年早期，存在于各种背景下，表现为下列5项（或更多）症状：

1. 极力避免真正的或想象出来的被遗弃（注：不包括诊断标准第5项中的自杀或自残行为）；

2. 一种不稳定的、紧张的人际关系模式，以极端理想化和极端贬低之间的交替变动为特征；

3. 身份紊乱：显著的持续而不稳定的自我形象或自我感觉；

4. 至少在两个方面有潜在的自我损伤的冲动性（例如，消费、性行为、物质滥用、鲁莽驾驶、暴食）（注：不包括诊断标准第5项中的自杀或自残行为）；

5. 反复发生自杀行为、自杀姿态或威胁，或自残行为；

6. 由于显著的心境反应所致的情感不稳定（例如，强烈的发作性的烦躁，易激惹或是焦虑，通常持续几小时，极少会超过几天）；

7. 慢性的空虚感；

8. 不恰当的强烈愤怒或难以控制发怒（例如，经常发脾气，持续发怒，重复性斗殴）；

9. 短暂的与应激有关的偏执观念或严重的分离症状。

资料来源：DSM-5；American Psychiatric Association，2013.

2. 边缘型人格障碍的发病率和病因

边缘型人格障碍是常见的人格障碍之一，在精神病学家看来，这种障碍的患者占人口总数的15%，并大约占到了全部人格障碍患者的50%。美国的流行病学数据显示，边缘型人格障碍的平均发病率估计为1.6%，但可能高达5.9%。在初级医疗服务环境中，边缘型人格障碍的发病率约为6%，在精神卫生门诊病人中约为10%，而在精神科住院病人中约为20%。国内大学生边缘性人格障碍的阳性检出率为17.7%。

边缘型人格障碍的共病问题是人格障碍研究中的重点。国外大量研究发现其与轴Ⅰ、轴Ⅱ疾病存在广泛的共病，与边缘型人格障碍共病是影响精神疾病严重程度及预后的不良因素。国内研究者王兰兰、张天宏和肖泽萍（2007）报告，69.7%的边缘型人格障碍患者与一种或一种以上其他人格障碍共病。男性患者中有85.4%共病，而女性患者中为63.8%。共病率最高的为抑郁型人格障碍（35.4%），其次为偏执型、回避型。在与偏执型、自恋型及强迫型人格障碍共病时，男性患者的共病率高于女性，其余各型无性别差异。在轴Ⅰ障碍中，边缘型人格障碍与心境障碍的共病率最高（46.1%），其次为精神分裂症及其谱系障碍（12.9%）、应激相关障碍（6.7%）。

我们将从生物学因素、心理学因素来看看边缘型人格障碍的病因。

（1）生物学因素。

在生物学方面，大多数边缘型人格障碍患者有情感障碍的家族史。托格森（Torgerson）发现患者的亲属中患边缘型人格障碍或具有边缘型人格特征的比率明显高于对照组，提出这种障碍有家族聚集现象。托格森等同期在挪威进行的一项较大样本的双生子研究进而发现，遗传因素与环境因素在障碍发生中起的作用大概为60%和10%。此外还有一些学者进行了遗传模式的探讨，但没有发现确定的遗传方式。

莱恩汉（Linehan）认为情绪调节障碍是边缘型人格障碍的核心问题。戴维森、杰克逊和卡琳（Davidson，Jackson，& Kalin，2000）描述了调节情绪的神经通路：这个通路包括前额叶、杏仁核、海马、前扣带回和其他几个相互联系的区域。阿曼龙（Amaral，2002）认为在有潜在威胁的社交情景中杏仁核可以提高注意和警觉，使个体对事件或客体产生好感或反感以及识别他人的表情。双侧杏仁核受损的患者没有恐惧感，感受不到负性刺激，不能分辨威胁性的面部表情。如前额叶被破坏，个体会表现出严重的情绪失控。许多研究的确证明人格障碍患者额叶、海马和杏仁核的体积均比对照组小。

前额叶接受主要的5-羟色胺能纤维投射，以5-羟色胺为递质的神经传导在调控由杏仁核发起的情绪行为中发挥一定的作用。许多证据表明，5-羟色胺能神经元的调节紊乱使个体不能抑制情绪并表现出冲动性的攻击，由此引发了边缘型人格障碍患者常见的种种不稳定行为。

（2）心理学因素。

关于边缘型人格障碍心理病理机制研究最多的还是精神分析理论。通过长期心理治疗的实践，精神分析学派提出了该障碍发生的一种假说：幼年期母子关系的失败导致心理发展不良。贝兹格尼安（Bezirganian）等认为母子关系失败主要表现在“母亲过分卷入”和“母亲对孩子需要的误解及不适当的反应”两个方面。一些临床资料显示绝大多数患者在幼年时母亲较少照顾而又过分控制，这两者共同促成了边缘型人格障碍的形成。

早期的创伤，是受到较多关注的边缘型人格障碍的心理成因。常见的创伤有父母离异、亲人逝世等。一些极端的创伤，如虐待，特别是性虐待等，让儿童感到自己被抛弃、自己不值得被爱或者世界非常危险等。在一项大规模的研究中，研究者发现，在具有边缘型人格障碍的患者中，91%报告在 18 岁之前受到了虐待，92%报告在 18 岁之前受到忽视。另一项研究则发现，在具有边缘型人格障碍和准自杀行为（包含严重与轻微的自杀行为）的妇女中，大约 76%的病患报告在童年受到了性虐待。虽然现有的心理学研究范式不能完全解释早期创伤和边缘型人格障碍是否具有因果关系，但是从两者的高相关以及大量患者在接受治疗时叙述的材料来看，创伤确实是病症的某些心理因素，而如果童年虐待和忽视确实在大多数情况下导致了边缘型人格障碍，那么这种关联性就可以解释为什么女性病患比男性病患更多：女孩遭到性虐待的比率是男孩的 2～3 倍。

认知特点也是边缘型人格障碍心理病理机制的研究热点。根据贝克等人所提出的人格障碍的认知模型（cognitive models of personality disorders），错误的或功能失调的认知图式（schema）是人格障碍的内在原因。该模型假定，每一种人格障碍亚型都有一套特异性的功能失调图式或信念，这些功能失调信念是人格障碍的特征，同时也是症状得以维持的原因。近年来杨格（Young）提出的图式形态模型（schema mode model）是其中最有说服力的理论之一。他认为边缘型人格障碍有四种主要图式形态：弃儿型（abandoned child mode）、愤怒/冲动儿童型（angry/impulsive child mode）、惩罚性的父母型（punitive parent mode）以及超脱的保护者型（detached protector mode）。边缘型人格障碍者被认为经常突然地从一种图式形态转向另一种图式形态。

普瑞特兹尔（Pretzer）提出，边缘型人格障碍患者的世界观中具有三个核心信念：世界是危险而邪恶的，自己是无力而脆弱的，自己生来就是不受欢迎的。普瑞特兹尔还假定，过度警觉和非此即彼的思维方式是边缘型人格障碍患者最重要的认知特点，这一特点是边缘型人格障碍患者情绪和行为变化莫测的原因。

此外，边缘型人格障碍患者的自传记忆、记忆功能、执行功能等都引起了研究者的研究兴趣。

扎纳瑞尼和弗兰肯伯格（Zanarini & Frankenburg，1997）试图将导致边缘型人格障碍的不同原因加以整合。他们认为，童年的创伤经历、人格特质或者气质以及生活的压力事件的共同作用会导致一个人罹患边缘型人格障碍。

3. 边缘型人格障碍的治疗

给这类患者治疗非常困难，一方面是因为症状比较复杂，另一方面是和他们建立治疗关系实在是太难了，治疗师要花费比平常多10倍的耐性来对待这类来访者，而且还要忍受他们反复无常的个性。2001年美国精神病学协会发布的《边缘型人格障碍治疗方法操作指南》中建议边缘型人格障碍应采用以心理治疗模式为主的治疗方案，并明确指出，目前仅有心理动力学疗法和辩证行为疗法（dialectical behavior therapy，DBT）两种心理疗法在随机控制实验中被证明有效。专栏9-3及专栏9-4分别介绍了这两种方法的具体情况。

专栏 9-3

边缘型人格障碍的心理动力学疗法

在心理动力学领域，目前有随机对照实验支持的疗法有两个：心智化基础疗法（mentalization-based treatment，MBT）和移情焦点治疗（transference-focused psychotherapy，TFP）。

TFP是科恩伯格（Kerneberg）在20世纪80年代初提出的治疗人格障碍的动力学疗法，当时被称为"表达性心理治疗"。1990年克拉金（Clarkin）等人把这种疗法系统化、手册化以便于临床操作，并改名为移情焦点治疗。TFP是以科恩伯格的整合性客体关系理论为基础，以分析治疗过程中出现的移情为核心的一种治疗方法。该疗法在针对边缘型人格障碍方面有如下治疗策略。(1) 灵活地运用表达性方法和支持性方法。在治疗早期应该主要对移情进行解释，而到了治疗后期，应该更多地使用支持性的自我构建方法（egobuilding approach）进行治疗，但很多研究者在这个问题上还存在争论。戈巴德（Gabbard）总结性地指出，表达性方法是"高风险-高回报"性的，即在有些研究中患者与治疗师合作的能力显著下降，但在另外一些研究中，患者的合作能力有明显的增强，而支持性方法则更适用于童年时期有创伤经历的患者，所以治疗师在使用这两种方法时要视情况而定。(2) 避免刻板。移情中心治疗建议治疗师不要固守于已有的心理治疗模式，而要在治疗过程中更加灵活地处理问题，使患者在这种自发的灵活的氛围中与治疗师建立起内部的客体性关系（internal object relations）。如果治疗模式过于刻板，患者往往会感到被疏远或不被理解，从而不配合治疗。(3) 如果患者将治疗师视为不良客体（bad object），治疗师应该尝试接受。很多治疗师在与患者相处时，总是觉得自己在不断接受来自患者的指责。这是患者的投射防御机制在起作用。边缘型人格障碍患者经常自伤，是因为他们把自己看成投射的对象。而在人际关系中，比如在治疗关系中，患者常常试图找到比自己更坏的对象（如治疗师）用来投射，所以患者总是在指责治疗师以使他们变得足够坏。此时治疗师如果通过反驳来维护自己的形象，那只会招致患者更猛烈的指责，所以治疗师要适当地接受指责以使治疗进一步深入。(4) 促进患者思考。由于边缘型人格障碍在早期可能会存在依恋问题，他们在认识自己与他人的心理状态时常常出现困难。治疗师的任务之一就是促进患者思考自己与他人的心理状态。(5) 在必要时设置限制。有时患者会提出一些不合理的要求，如要求治疗师在24小时中的任意时段都可以为他们提供治疗或减少治疗费用等等。如果治疗师一味地答应患者的要求，他们将进一步提出更加不合理的要求。但治疗师对患者的要求又不能置之不理，这就要求治疗师学会区分对待，在必要时对治疗或对患者提出一定的限制。(6) 建立治疗联盟。与边缘型人格障碍患者建立良好的治疗关系是很困难的，因为他们将极端思想作为自己的心理防御机制。他们会把治疗师看作敌人或理想化的救助者，而使治疗过程偏离目标，所以治疗师要在必要的时候把患者从极端思想中带回到治疗中来。(7) 心理疗法与药物治疗相结合。一些治疗师试图在心理治疗的同时使用药物治疗，这时应该注意避免将药物治疗看作单独的治疗过程，而要把两者结合起来，以达到更好的治疗效果。(8) 帮助患者对否定或投射到别处的自我重新进行整合。边缘型人格障碍的患者在心理防御机制的作用下，倾向于将自身存在的，但却不是自己喜欢的某些方面投射到其他人身上，并需要这些人来使自己显得更加完整。所以治疗师必须让患者认识到，将喜欢的自我与不喜欢的自我进行整合是他们实现自我整合的有效途径。

MBT 由弗纳吉（Fonagy）和贝特曼（Bateman）等人在 20 世纪末提出，曾被命名为“精神分析式部分住院治疗”，在完成治疗手册和随机对照实验后，被改名为心智化基础疗法。其治疗理论起源于客体关系理论，同时整合了梅恩斯（Meins）和鲍尔比(Bowlby) 的依恋理论及众多精神分析的概念和原理。贝特曼等认为，边缘型人格障碍的本质问题是心智化功能的缺损，没有发展出依靠内部、外部线索对自己和他人的情绪进行解释的能力，在人际交往中失去心智化能力，从而使调节情绪、调控行为的过程受到影响。因此 MBT 的治疗目标在于提高患者的心智化功能（mentalization），即使个体具有考虑自己和他人心理状态的能力，能意识到自己和别人的心理状态相互独立又相互影响。治疗包括提升心智化功能，包容患者的缺陷，利用移情，保持心理的亲近感，处理当前心理状态等成分。和 TFP 把移情解释作为治疗焦点不同的是，MBT 并不是一开始就集中力量解释移情，其理念是认为患者必须先和治疗师建立起安全的依附关系，然后才会出现异化自身的投射。弗纳吉等认为，对移情的解释相当于让患者能够理解另外一个人的观点，移情的解释是根据患者的焦虑程度逐步进行的，过早的、直接的移情解释会让患者退回到伪装模式中。这和 TFP 一开始就对正、负移情进行解释的风格不同。

总结起来，以 TFP 和 MBT 为代表的动力性心理治疗在方法和技术上的共同点在于：(1) 注重建立治疗同盟，强调治疗框架和治疗目标；(2) 管理自伤、自杀行为；(3) 处理患者和治疗师的各种感受；(4) 注重解释和支持、情感和理性之间的平衡和灵活转换；(5) 帮助患者重新拥有投射的自我部分。

专栏 9-4

边缘型人格障碍的辩证行为疗法

辩证行为疗法是华盛顿州立大学玛莎·莱恩汉（Martha Linehan）博士和她的同事于 1991 年创立的。莱恩汉博士最初的目的是要寻找帮助自杀妇女实现自我目标、减少痛苦的方法，最后却发现这些女性中很多都达到了边缘型人格障碍的诊断标准，于是最终，以治疗慢性自杀为初衷编制而成的辩证行为疗法便成为治疗边缘型人格障碍患者的有效方法。

辩证行为疗法是从边缘型人格障碍的病因学出发并以生物社会学为基础的治疗方法。它认为边缘型人格障碍的核心问题是情绪失调，这种情绪失调是在天生的情感脆弱的气质和不良的情绪调节技巧的相互作用下形成的。因此技能训练是辩证行为疗法一个非常重要的部分。治疗师要做的是为患者提供调节情绪和人际关系的技巧，并帮助他们不断巩固这些技巧以适应不同的生活环境。患者在治疗过程中要不断学习这些技巧，并在日常生活中注意观察自己的言行，不断将新技巧应用在实际生活当中。常用的技巧包括：(1) 注意冥想技巧。这个技巧可以帮助人们学会观察并描述发生在自己身边的事情，但却不对事情作出好与坏的评价。(2) 人际效能技巧。通过人际效能技巧的学习，患者可以学会如何更好地与他人相处，妥善处理人际关系中的各种冲突。(3) 忍受烦恼的技巧。帮助患者学会如何忍耐烦恼和焦虑，提高他们对负性情绪的耐受力。(4) 情绪管理技巧。通过学习，患者会掌握如何调整自己的情绪。

辩证行为疗法设置有五个关键目标，经常被归为五种"功能"(Lynch, Chapman, Rosenthal, Kuo, & Linehan, 2006; Lieb, Zanarini, Schmahl, Linehan, & Bohus, 2004)：(1) 帮助患者朝着有意义的生活方向而努力，停止威胁生命的行为，如自伤或自杀企图；(2) 帮助患者学习重要的新技巧，以达到他们的目标；(3) 创建治疗环境以促使进步与改善，帮助患者构建能促使其发展的环境；(4) 帮助治疗师保持有助于患者的动力和技能；(5) 帮助患者把治疗中学到的理论转换到治疗以外的真实生活中去。这些目标可以借由凯莉·柯纳 (Kelly Koerner) 对边缘型人格障碍提出的五条治疗途径实现：(1) 增强患者的能力；(2) 促进患者产生改变的动机；(3) 确保新的能力可以应用到患者的日常生活中；(4) 为患者和治疗师的能力提供必要的环境支持；(5) 增加治疗师有效治疗患者的能力和动机。具体涉及的工作方式则可能包括以下四种：(1) 个体治疗；(2) 电话咨询；(3) 小组技能训练；(4) 治疗师咨询团队。

尽管药物不是治疗边缘型人格障碍患者的常用疗法，但有研究证据显示，它对一些有这种障碍的人是有效的，见表9-5。抗精神病药物能有效地用于严重病例，结果良好。抗抑郁药物，包括SSRIs，是对有负性情绪的边缘型人格障碍患者最有帮助的。

表9-5　边缘型人格障碍的治疗

	个人精神病学治疗	辩证行为疗法	5-羟色胺类药物	去甲肾上腺素类药物	安定类药物
改善	30%适度改善	65%适度改善	降低冲突、攻击性和抑郁症状	40%改善；改善心境，但易激惹没有好转；冲动更差	70%～75%有所改善；降低生气与敌意
复发①	不清楚	不清楚	中等到高	不清楚	不清楚
不良反应	不清楚	不清楚	弱到中等	不清楚	中等到严重
花费	高	中等偏高	便宜	便宜	中等偏高③
时间②	年	月	星期/月	星期/月	星期/月
总计	边缘	有用	有用	边缘	有用④

①持续治疗之后的复发。
②达到最大效果的时间。
③不典型的抗精神病药物是中等花费。
④对精神病症状有用。

（三）表演型人格障碍

1. 表演型人格障碍的临床表现

你看过《飘》，或者莫里哀的戏剧吗？在这些文学作品中总少不了一些近乎"歇斯底里”的女性，她们总是无休无止地谈论自己的“病痛”以激起他人的同情，在各种场合都无所不用其极地想成为人们注意的焦点。当然，不能仅凭一些文学描写就判定她们具有人格障碍，但是，这些行为特征恰恰符合了表演型人格障碍的核心特点——无时无刻不想着如何当好“台上的演员”。

案例

小莉今年24岁，是独女，从小就被父母娇惯，动不动就使小性子，哭闹无常，非得别人又哄又劝才肯罢休。她从小就非常喜欢在各种热闹场合抛头露面，常在客人面前卖弄各种小聪明，以博取他人的夸奖，别人越夸奖她就越来劲。她有许多“朋友”，但同时也常常不明不白就和朋友们闹翻了，所以她大多数时间处于孤独之中。了解她的人都认为她这个人自私、虚伪、不可靠，例如她约会常常迟到，却总有各种借口，认为自己理所当然。她是个很有竞争力的女孩，可嫉妒心却极其严重。一次，同办公室的女同事穿了一件新衣服，大家都夸奖同事的新衣服漂亮，她就不高兴了，重重地推门而去，弄得大家面面相觑。

做演员，最重要的特质是什么？没错，就是夸张。在舞台上的人无论是台词还是行为举止都比现实生活要夸大。具有表演型人格障碍的患者总是以夸张的方式表达自己的感情，例如，对刚刚认识的人就表现得非常热情，看到树叶落下就难以自控地大哭。他们这样做往往是为了成为众人瞩目的焦点，如果不是焦点就感到不舒服。为此，他们也会表现得爱慕虚荣和以自我为中心，总是花很多精力、很多钱来打扮自己。

另一方面，虽然该种人格障碍的患者非常在意他人的注意或赞美，但是对于实际经历的人际关系或者情感关系，他们的体验往往非常夸张而肤浅。如果问他们“你印象最深刻的一次约会是什么样的?”，他们只会回答“哇，酷毙了”“非常棒”等类似的感叹词，而更深刻的细节却一点都说不出来。

表演型人格障碍的诊断标准

一种过度的情绪化的和追求他人注意的普遍模式。起始不晚于成年早期，存在于各种背景下，表现为下列5项（或更多）症状：

1. 在自己不能成为他人注意的中心时，感到不舒服；
2. 与他人交往时的特点是往往带有不恰当的性诱惑或挑逗行为；
3. 情绪表达变换迅速而肤浅；
4. 总是利用身体外表来吸引他人对自己的注意；
5. 言语风格是令人印象深刻及缺乏细节的；
6. 表现为自我戏剧化、舞台化或夸张的情绪表达；
7. 易受暗示（即容易被他人或环境所影响）；
8. 认为与他人的关系比实际上的更为亲密。

资料来源：DSM-5；American Psychiatric Association，2013.

2. 表演型人格障碍的发病率和病因

研究发现，表演型人格障碍的发病率为1.3%～3%，对女性的诊断比男性更普遍。来自2001—2002年的美国国家酒精及相关疾病流行病学调查的数据显示，表演型人格障碍的发病率为1.84%。国内学者凌辉等（2008）报告，在中国大学生中这一障碍的阳性检出率为27.6%，且男女不存在性别差异。国内外研究结果的不一致可能是诊断工具的选用、社会文化等原因造成的。

表演型人格障碍的相关记载历史很长，但是病因的相关研究很少。古希腊医生认为表演型人格障碍是女性的“专利”，与癔症一样，是“歇斯底里”的表现。而“歇斯底里”是由于子宫在身体内移动造成的。但是，男性表演型人格障碍患者的病因又怎么解释呢？

另外还有一种观点认为，表演型人格障碍和反社会型人格障碍是同一种病症在不同性别上的体现，也就是说，在男性身上更容易表现为反社会型人格障碍，而在女性身上更容易表现为表演型人格障碍。例如，利林费尔德与他的同事（Lilienfeld，Valkenburg，Larntz，& Akiskal，1986）发现2/3具有表演型人格障碍的患者同时具有反社会型人格障碍患者所具有的特征。

3. 表演型人格障碍的治疗

对于表演型人格障碍患者的治疗重点在于改变这些患者不恰当的人际关系。前文曾提过，为了获取他人的注意，为了成为众人瞩目的焦点，他们会用过激的情绪反应、诱惑甚至性行为来控制他人。治疗师一方面要从认知上帮助患者认识到这样做虽然会得到短期的效果，但是从长期来看，对于他们自身以及人际关系都是很大的隐患；另一方面，在行为上，当患者表现出适当的行为时会得到奖励，出现吸引注意的行为时则受到惩罚。但是，目前还没有具体数据表明这样的治疗方法效果如何。

（四）自恋型人格障碍

1. 自恋型人格障碍的临床表现

在西方文化中，对于那种“自我感觉过度良好”的人，旁人都会说：“What a narcissistic person!”在中国，近几年在年轻人中也流行一种说法，认为这样的人非常“水仙”。其实这两种说法都源自古希腊的传说，纳西索斯是一个拒绝了仙女埃科的爱的年轻人，他非常迷恋自己的美貌，天天在一个池塘边上欣赏自己在水面上的倒影。天神大怒，将他变成一株水仙，只能生长在水边留恋自己的幻影。

在“水仙”的故事里，我们可以看到自恋型人格障碍患者的两个特点：不合逻辑地夸大自己的重要性，以及缺乏对其他人的敏感和同情。和“水仙”一样，该群患者的生活中心是自己，最欣赏的也是自己，只有受到别人的钦佩，他们才感到舒畅。如果他们在一个团队里工作，往往会觉得自己的能力高出队友很多，同时常常认为自己的能力没有得到充分发挥，因而表现得愤世嫉俗，甚至认为是队友或者家人拖累了自己。他们需要并期待许多特殊的注意——他们需要餐馆中最好的桌子，在电影院周围不合理的停车地点。自恋型人格障碍患者在思维和情感方面都是指向自己的，他们花了太多的精力来关注自己，对他人毫不在意，他们总是使用或剥削他人来获得私利，却很少表现出同情心。但面对其他的成功者，他们变得非常嫉妒。正是因为他们永远不能实现自己的预期，他们经常会表现得抑郁。

案例

史蒂文在小镇上高中的时候，从外表看总是很自信。他认为他已超越了自己的中西部郊区的同学，因为他在小时候就去欧洲旅游过。他的前卫、电子音乐和他的爱好水球在他所在的公立中学是不流行的，他曾经在《纽约时报》周末版上了解到这些活动在上流社会的私立中学是流行的。与其他同学相比他感到自己是与众不同的。他总看不起他所在学校的那些他认为的“一般”品味，他几乎没有什么朋友，并保持自己的自负。在他去东部一个有声望的文科大学读书的第一年，史蒂文认为自己独一无二的想法变得更加强烈。他交朋友的标准是：对方是不是出现在杂志的社交新闻栏或对方父母是不是大学有名的捐赠者。他对教授和同班同学是冷漠和粗鲁的，他上课只是因为“受迫”于学校的规定，他抱怨“去上那些对成为世界500强公司的CEO（首席执行官）一点作用都没有的课程是耽误时间的”。然而，在商务课程上，他非常有能力，口才很好，非常聪明。他经常撒谎说他的经济学知识来自他的父亲，他说他的父亲是一名杰出的商人并经常为《华尔街日报》写稿（实际上，他的父亲是一个便利店店主）。在学业上他显得特别成功，但当面对团队工作的时候，他的同伴经常感到与史蒂芬一起工作简直就是一个噩梦，他会因为自己的一点小错而责备大家，或者“挖坑”让同学们互相攻击，然后他站在旁边看热闹。史蒂芬很少写文章，说：“如果我能很容易地说服那些幼稚的、刚做完高中毕业致辞的新生为我做这些，为什么还要浪费我的时间去做这些呢?”当史蒂芬拼命追求并相信周围的人对他是欣赏的、关注的、羡慕的，甚至是害怕的时候，他却常被他的同学看成是傲慢的、令人讨厌的。

资料来源：贝德尔，布利克，斯坦利，2011/2013。

自恋型人格障碍的诊断标准

一种需要他人赞扬且缺乏共情的自大（幻想或行为）的普遍模式。起始不晚于成年早期，存在于各种背景下，表现为下列5项（或更多）症状：

1. 具有自我重要性的夸大感（例如，夸大成就和才能，在没有相应成就时却盼望被认为是优胜者）；
2. 幻想无限成功、权力、才华、美丽或理想爱情的先占观念；
3. 认为自己是特殊的和独特的，只能被其他特殊的或地位高的人（或机构）所理解或与之交往；
4. 要求过度的赞美；
5. 有一种权利感（即不合理地期待特殊的优待或他人自动顺从他的期望）；
6. 在人际关系上剥削他人（即为了达到自己的目的而利用别人）；
7. 缺乏共情：不愿识别或认同他人的感受和需求；
8. 常常妒忌他人或认为他人妒忌自己；
9. 表现为高傲、傲慢的行为或态度。

资料来源：DSM－5；American Psychiatric Association，2013.

2. 自恋型人格障碍的发病率、病因及治疗

自恋型人格障碍的发病率小于总人数的0.5%（Allnutt & Links，1996），是流行率

比较低的一种人格障碍。但在国内，凌辉等（2008）报告，大学生群体中这一障碍的阳性检出率为14.5%，男性（16.3%）显著高于女性（13.3%）。这一研究结果还有待商榷。

关于该种人格障碍的病因有两种说法。第一种是关注儿童时期的经验以及家庭教养环境。科胡特（Kohut）等人认为，自恋型人格障碍在很大程度上是由于早期的家庭教养环境造成的，如果儿童早期没有习得如何共情他人的情感体验，那么，他们很容易在自我中心和自我夸大的状态下成长。当他们长大之后就开始无休止、无结果地寻找那些能够适应他们这种极度自我中心的生活方式的人。第二种说法是从文化内容的角度出发，克里斯托弗·拉什（Christopher Lasch）在1979年撰写了他的流行书《自恋主义文化》。在书中，他认为此类人格障碍在西方社会以增长的趋势不断发生，主要原因是大范围的社会变革，包括即时享乐主义的流行、个人主义、竞争意识和成功精神。

有关治疗的研究在数量和成功率上都是十分有限的。认知疗法主要集中于改变患者每天不切实际的狂热，使他们回到现实中。放松训练等练习可以使他们接受批评和现实世界。帮助这类患者体验他人的感情也是治疗的主要目标。因为具有这种人格障碍的个体通常伴有严重的抑郁，特别是在中年时期，治疗一般以抑郁为主要目标。但是，这种治疗对自恋型人格障碍者究竟能起到什么样的作用是难以得出结论的。

三、C组人格障碍——焦虑组人格障碍

这种障碍被定义为高水平的担心和焦虑，以及一种抑制情感的倾向。这种焦虑-恐惧障碍与B组障碍不同，B组倾向于明显的情感表达，而C组很含蓄。B组和C组的区分表现在对他人的态度上。B组缺乏对社会道德的关注，而C组障碍通常表现为对道德规范的过度关注。

（一）回避型人格障碍

1. 回避型人格障碍的临床表现

顾名思义，此类人格障碍的患者最大的特点就是回避人际交往与人际关系，虽然在其他人格障碍的人群中也有回避社交的症状，但是，回避型人格障碍的患者是因为自身有强烈的、无法克服的社交焦虑以及对拒绝的恐惧才背离社会的。

案例

卢某是一位大学生。他的学习成绩还可以，但总是回避参与学校社交事务和团体活动，担心别人说他“太天真”，因为他总是不知道该与其他人说些什么。事实上，他从记事起就对与别人交谈感到恐惧。他即使上了大学也总是回家居住，以此回避人际交往，更不会与异性约会。他的妈妈最终受够了卢某的“荒诞的害羞”，开始带他去做心理治疗，希望通过心理治疗帮助他克服在社交活动中存在的普遍焦虑。

这类人群的自尊往往很低，他们最大的恐惧就是被拒绝，所以在社交场合往往极度被动，实际上，如果有可能的话他们会拒绝一切社交场合。患者不仅对陌生人回避，甚至对熟悉的人也是如此。

回避型人格障碍的诊断标准

一种社交抑制、能力不足感和对负性评价极其敏感的普遍模式。起始不晚于成年早期，存在于各种背景下，表现为下列 4 项（或更多）症状：

1. 因为害怕批评、否定或排斥而回避涉及人际接触较多的职业活动；
2. 不愿与人打交道，除非确定能被喜欢；
3. 因为害羞或怕被嘲弄而在亲密关系中表现拘谨；
4. 有在社交场合被批评或被拒绝的先占观念；
5. 因为有能力不足感而在新的人际关系情况下受抑制；
6. 认为自己在社交方面笨拙、缺乏个人吸引力或低人一等；
7. 因为可能令人困窘，非常不情愿冒个人风险或参加任何新的活动。

资料来源：DSM-5；American Psychiatric Association，2013.

2. 回避型人格障碍的发病率、病因以及治疗

来自 2001—2002 年的美国国家酒精及相关疾病流行病学调查的数据显示，回避型人格障碍的发病率为 2.4%。国内学者凌辉等（2008）报告，在中国大学生群体中回避型人格障碍的阳性检出率为 9.8%，常与社交恐惧症共病。

在此类人格障碍的病因学研究中，生物学因素被放在比较重要的位置。学过普通心理学的人都知道，每个个体在出生的时候就表现出一定的气质类型，例如容易型、困难型、排斥型等。米伦（Millon，2011）认为，具有回避型人格障碍的个体出生时就表现出了难以抚慰的脾气或人格特征。而米勒姆等在 1995 年提出，对社会中的负面情感刺激高度敏感的儿童易患上这种障碍。

同时，家庭教养环境因素也很重要。研究表明，当婴儿在出生时表现出难以抚慰的气质特点时，他们的父母会厌恶他们，或者至少不会在早期对他们付出足够的、无私的爱。这种厌恶会导致低自尊和远离社会的行为，这些特征将一直延续到成年。斯特拉维斯基、伊利和弗朗什（Stravynski，Elie，& Franche，1989）对一组患有回避型人格障碍个体的父母以及一组正常被试的父母进行了对比研究，考察了不同的父母在早期是如何照料这些被试的。患有回避型人格障碍的个体与正常被试对各自父母的回忆结果显示：前者认为其父母对自己更加厌恶，使自己有更多的罪恶感，对自己更缺乏适当的感情。

对这类人格障碍患者治疗的研究比较深入，因为这种障碍与社交恐惧症在症状上有一定的重叠，所以行为干预技术在这里也行之有效。在一项实验中，莱纳博格等人对一个包括 17 名回避型人格障碍患者的小组进行研究，发现了导致焦虑的多种因素：对拒绝的恐惧、对批评的恐惧、对自我外表的焦虑。在一个有 5～6 名患者的小组内，他们使用系统脱敏疗法使患者学会在恐惧的情境中放松（例如，你正在面对人群讲话，但是你突然发现自己的声音不够大，你的声音听起来就像小孩子），他们还使用了行为复现疗法，使患者重现焦虑情境，以学会应对焦虑。在小组中，患者在处理对负性评价的恐惧以及处理社会型回避和抑郁方面都取得了进步。虽然这些进步是适中的，但是考虑到患有回避型人格障碍的患者在治疗前的表现，适中的进步就足以鼓舞人心了。

近年来，更多心理治疗师开始选用认知行为疗法中的暴露治疗来帮助回避型人格障碍患者。与系统脱敏的“暴露-放松-再暴露-再放松”模式不一样，暴露治疗要求患者进入

自己所恐惧的情境中，学会如何在该情境中一直待着，并体验自己的恐惧和焦虑，重新获得对自己情绪和行为的掌控感，而不是采用行为上的逃避（离开这个地方）或心理上的逃避（放松或想些其他事情）。考虑到患者自身的接受程度和治疗效果，在暴露治疗之前通常需要患者和治疗师共同建立一个暴露等级表，列出患者恐惧的所有情境（从最恐惧的情境到只有一点恐惧的情境），而治疗将从最低的等级开始练习。除此之外，正式进入暴露练习前的认知准备也是非常必要的，它教会患者以好奇的心、科学的头脑、客观的记录来观察自己的情绪、想法和行为，让患者在暴露练习后深刻地体会到想象与事实的差距，从而慢慢建立更符合事实的合理想法和信念，摒弃旧有的不合理想法，进一步发展出具有适应性的行为。

（二）依赖型人格障碍

1. 依赖型人格障碍的临床表现

患有依赖型人格障碍的人对于自立以及承担责任有着不可克服的焦虑。在生活中，他们会通过求助于他人来承担自己生活中的绝大部分责任。例如，生活场所、工作类型以及如何交友等，都依赖于伴侣、父母和朋友的决定。为了不被抛弃，这种人往往在生理上和心理上都承受着巨大侮辱，他所依赖的人的需要就是他的需要，因为他认为说出自己的要求会破坏这种依赖关系。同样，如果自己一个人哪怕独自待一会儿，都会感到很不舒服和无助。因此，他们往往需要大量的陪伴。他们往往很不自信，认为自己愚蠢和无助。

案例

王某，37岁，已婚，有一个儿子。王某出生在一个重男轻女的大家庭，是他这一辈人中唯一的男孩，是家庭的传宗接代之宝。在小家庭，没本事的父亲生活在“大男子汉”的自我意识中，既不能干，也不想干。母亲操持着家里的一切事务。为了他的“健康成长”，母亲呕心沥血、无微不至。为了避免因他人的养育方式不当而影响孩子的健康成长，甘愿一人承担王某的养育工作。在养育中，母亲处处指导、事事代劳，唯恐王某在为人处世中受到伤害。在几十年的成长中，王某心安理得地享受着母亲的过度保护，也就在不知不觉中失去了许多学习生活技能的机会。15年前，母亲为他安排了一份工作。14年前，从物色对象到操办婚宴，母亲为他包办了婚姻。在单位，王某不能做也不愿意做独当一面的工作，希望得人指导，乐意受人差遣。与同事相处，不管是面对善意的嘲弄还是随心所欲的使唤，王某都能保持一种友好和乐于助人的态度，为大家端茶送水。在家里，妻子抱怨说：“王某就像一个小孩子，事事要你为他操心，对家里的大物小事都没有主意。”儿子说：“我爸真没劲！”

职场健康心理学方面的研究发现，依赖型人格障碍患者在工作环境中往往社会支持资源不够，因为他的社会关系只限于几个可以依靠的人。同时，当他们要独立作出抉择的时候往往焦虑不安，优柔寡断。

依赖型人格障碍的诊断标准

一种过度需要他人照顾以至于产生顺从或依附行为并害怕分离的普遍模式。起始不晚于成年早期，存在于各种背景下，表现为下列5项（或更多）症状：

1. 如果没有他人过度的建议和保证，便难以做出日常决定；
2. 需要他人为其大多数生活领域承担责任；
3. 因为害怕失去支持或赞同而难以表示不同意见（注：不包括对被报复的现实的担心）；
4. 难以自己开始一些项目或做一些事情（因为对自己的判断或能力缺乏信心，而不是缺乏动机或精力）；
5. 为了获得他人的培养或支持而过度努力，甚至甘愿做一些令人不愉快的事情；
6. 因为过于害怕不能自我照顾而在独处时感到不舒服或无助；
7. 在一段密切的人际关系结束时，迫切寻求另一段关系作为支持和照顾的来源；
8. 害怕只剩自己照顾自己的不现实的先占观念。

资料来源：DSM－5；American Psychiatric Association，2013.

2. 依赖型人格障碍的发病率、病因和治疗

国外研究发现，依赖型人格障碍比起其他人格障碍更常见，约占总人口的7%，女性比男性更容易患依赖型人格障碍。来自2001—2002年的美国国家酒精及相关疾病流行病学调查的数据显示，依赖型人格障碍的发病率为0.49%。美国国家共病调查复核第二部分的可能性的子样本则提示依赖型人格障碍的发病率估计在0.6%。国内凌辉等（2008）报告，在中国大学生群体中依赖型人格障碍的阳性检出率为6.9%，女性稍高于男性。

有学者认为这种障碍与家庭教养环境有关，过于保护或是权威专政的教养方式都会阻碍子女学习独立自主。而且，这种障碍往往是在父母和子女之间的相互作用下形成的。父母对子女的过度保护鼓励了子女对父母的进一步依赖，而依赖的行为又带来父母更多的安慰和保护的行为。另一方面，精神分析学派的学者认为，依赖型人格障碍的产生与儿童早期依恋关系形成不良有关，诸如父母的亡故，抚养者的忽视、拒绝等都会造成个体对被抛弃的恐惧。

对这类人格障碍患者的治疗大多数是描述型的，很少有研究能够充分地说明哪种治疗是有效的。表面上，因为这类患者急于将自身问题的责任加在治疗师身上，所以，他们在治疗过程中大都表现为理想的患者。但是，正是他们的顺从，使治疗中“让患者学会独立和负责”的目标难以实现。于是治疗是一个缓慢进行的过程，患者在此过程中不断地建立独立作出决定的自信。治疗中要特别注意，避免让患者完全依赖治疗师。

（三）强迫型人格障碍

1. 强迫型人格障碍的临床表现

强迫型人格障碍的特点就是必须按照某种规则把事情做到“恰到好处”。特征是过分的谨小慎微、严格要求、完美主义及内心有不安全感。过高的标准使得患者对自己和别人都要求完美，虽然成绩已很优秀，但很少对自己满意。而且，因为很难达到自己的预期要求，患者往往把事情放到最后，致使完成重要任务的时间所剩无几。当需要别人来对自己的工作和成果作出评价时，他们往往会过分拘泥于条条框框。他们在生活中的很多领域都很难作出决定，同时，也尽量避免对使人不愉快的事情作决定。因此，患有这种障碍的人很难表达自己的感情，而且，在别人的眼中，他们往往是一本正经的、严肃的、过于谨慎的和守礼的。

案例

小赵是一个24岁的女性。她从小细腻敏感，无论对房间的整洁还是自己的谈吐举止，要求都很严格，例如摊被子要摊得非常平整，穿衣服一定要非常整齐无皱褶，穿袜子一定要将袜底磨平。但她做事情一直很拖沓，每次都要到最后关头才动手。并且总觉得别人做事她不放心，凡事都要亲力亲为，往往忙得不可开交却效果不佳。尤其是不容许自己有一点差错，否则便焦躁不安、悲观消极，甚至失眠。

强迫型人格障碍的诊断标准

一种沉湎于有秩序、完美以及精神和人际关系上的控制，而牺牲灵活性、开放性和效率的普遍模式。起始不晚于成年早期，存在于各种背景下，表现为下列4项（或更多）症状：

1. 沉湎于细节、规则、条目、秩序、组织或日程，以至于忽略了活动的要点；
2. 表现为妨碍任务完成的完美主义（例如，因为不符合自己过分严格的标准而不能完成一个项目）；
3. 过度投入工作或追求绩效，以至于无法顾及娱乐活动和朋友关系（不能用明显的经济情况来解释）；
4. 对道德、伦理或价值观念过度在意、小心谨慎和缺乏弹性（不能用文化或宗教认同来解释）；
5. 不愿丢弃用坏的或无价值的物品，哪怕这些物品毫无情感纪念价值；
6. 不情愿将任务委托给他人或与他人共同工作，除非他人能精确地按照自己的方式行事；
7. 对自己和他人都采取吝啬的消费方式，把金钱视作可以囤积起来应对未来灾难的东西；
8. 表现为僵化和固执。

资料来源：DSM-5；American Psychiatric Association，2013.

2. 强迫型人格障碍的发病率、病因和治疗

据估计，强迫型人格障碍的患者大约占总人口的1%。这种障碍的患者比其他人格障碍的患者更有可能求诊，因此在临床上更多见。美国的流行病学数据显示，在普通人群中，强迫型人格障碍是最普遍的人格障碍之一，其患病率估计在2.1%～7.9%。国内凌辉等（2008）报告，在中国大学生群体中强迫型人格障碍的阳性检出率为19.2%，男性稍高于女性。

理论上认为，强迫型人格障碍源于儿童期父母的严厉惩罚。这种父母情感淡漠，对孩子的要求极其苛刻，他们频繁的惩罚使孩子变得循规蹈矩。患有强迫型人格障碍的人报告说很少得到父母的关心。

常见的疗法有认知疗法和支持性心理治疗。认知疗法在治疗强迫型人格障碍方面很有效。治疗师将焦点集中在来访者的认知功能失调、仪式性动作（即反复出现的、有固定模式的、带有仪式性意味的动作）、负性情绪、人际交往和自我认同的问题上。支持性的心理治疗对于强迫型人格障碍也很有帮助。巴特和他的研究伙伴发现，强迫型人格障碍的患

者比回避型人格障碍的患者参与的治疗时间更长，进步也更大、更快。也许这是因为患有强迫型人格障碍的患者更遵守规定，且大多按照社会期望（也包括了治疗师的期望）办事，而回避型人格障碍的患者却极力回避这种人际互动的缘故。

小　结

1. 人格障碍的概念。

※ DSM－5 诊断体系指出，人格障碍是“明显偏离了个体文化背景预期的内心体验和行为的持久模式，是泛化的和缺乏弹性的，起病于青少年或成年早期，随着时间的推移逐渐变得稳定，并导致个体的痛苦或损害”。CCMD－3 将人格障碍描述为：人格特征明显偏离正常，导致患者形成了一种一贯的反映个人生活风格和人际关系的异常行为模式；这种模式显著偏离了文化背景和大众的一般认知（尤其在待人接物方面），明显影响了个体的社会功能与职业功能，造成对社会环境的适应不良；患者为此感到痛苦，并已具有临床意义；患者虽无智能障碍，但适应不良的行为模式却难以矫正，只有少数患者在成年后可有一定程度的改善；通常始于童年期或青少年期，并持续发展到成年，甚至终生；现年 18 岁以上且症状至少已持续 2 年，方可作出诊断；人格特征的异常偏离并非躯体疾病或精神障碍的表现或后果。

2. 人格障碍的主要类型。

※ CCMD－3 将它分为 9 个小类：偏执型人格障碍、分裂样人格障碍、反社会型人格障碍、冲动型人格障碍（攻击型人格障碍）、表演型（癔症型）人格障碍、强迫型人格障碍、焦虑型人格障碍、依赖型人格障碍、其他待分类的人格障碍（包括被动攻击型人格障碍、抑郁型人格障碍和自恋型人格障碍等）。DSM－5 将它分为 3 大组、10 小类：A 组被称作“古怪组”（odd eccentric），包括偏执型人格障碍、分裂样人格障碍和分裂型人格障碍，其共同特征是思维内容不符合常理，导致行径古怪、难以理解。B 组被称作“戏剧化组”（dramatic erratic）或“情绪化组”，有时也叫“不稳定组”，包括反社会型人格障碍、边缘型人格障碍、表演型人格障碍和自恋型人格障碍，其共同特征是情绪行为缺乏稳定的模式，难以预测。C 组被称作“焦虑组”（anxious erratic），包括回避型人格障碍、依赖型人格障碍和强迫型人格障碍，这组患者常常和焦虑情绪为伴。

3. 偏执型人格障碍的临床表现、形成原因与治疗。

※ 患者毫无根据地怀疑别人，总认为别人要害他。其显著特点是猜疑和偏执。研究发现，偏执型人格障碍的形成原因包括家族遗传，夸大外界危险的认知模式以及特殊的生活情境（如残疾人或社会底层的人群）。

※ 治疗师经常用认知疗法来指出患者对他人所作出的错误假设，集中改变患者关于他人都是有恶意的、不可信任的想法。然而，到目前为止，没有任何证据能说明哪一种治疗方法能显著改善偏执型人格障碍患者的生活。

4. 分裂型人格障碍的临床表现、形成原因与治疗。

※ 分裂型人格障碍的患者有许多临床症状与慢性精神分裂症相似。障碍包括在思考、认知和交流方面长期存在的怪癖和很容易被察觉的行为方面的怪癖，不过不足以符合精神分裂症的标准。分裂型人格障碍的患者在基因和大脑结构上与精神分裂症患者都有很多的相似之处。

※ 对该种人格障碍的治疗主要有行为治疗、认知治疗和药物治疗。行为治疗作为一

种普遍使用的方法，是教他们用社会的技巧减少孤立和怀疑。在认知方面，治疗师的主要目标是确定患者歪曲的认知并挑战患者的不合理信念。另外，有研究表明，抗精神病药物对分裂型人格障碍患者的病情有所影响。

5. 分裂样人格障碍的临床表现、形成原因与治疗。

※ 分裂样人格障碍的特点用两个字来形容就是“冷”和“怪”。怪，包括观念、行为和外貌装饰奇特，与众不同。而冷则表现为对人、对己情感冷漠，明显缺乏人际关系。

※ 从生物遗传的角度来看，这种人格障碍与精神分裂症的家族史有很大相关。一些研究表明，如果父母患有精神分裂症，子女就更容易患分裂样人格障碍，但是分裂样人格障碍和精神分裂症之间的基因联系现在并不是很清楚。

※ 分裂样人格障碍的治疗主要强调对社交能力的训练以及对情感反应的加强。

6. 反社会型人格障碍的临床表现、形成原因、预防和治疗。

※ 反社会型人格障碍患者总是在一系列活动中表现出长期的反社会行为，包括侵犯行为、无责任感、不考虑后果的危险行为。克莱克利提出可以把该人群的人格特质归为三大类：动机不足的反社会行为，缺乏道德感以及对他人的责任感，情感贫乏。

※ 反社会型人格障碍的病因包括遗传作用、神经生物作用、心理和社会因素的影响以及整合的模型等几个方面的观点。

※此类人群的治疗重点在于培养良性而有力的治疗关系，同时，对于儿童的治疗重点在于他们的家庭氛围，也有研究者呼吁加大力度对反社会行为及其症状采取预防措施，将比治疗更加有效。

7. 边缘型人格障碍的临床表现、形成原因与治疗。

※“混乱而不稳定”是边缘型人格障碍患者的最大特点，他们的情绪不稳定，行为模式混乱、难以预测，自我意象不稳定，人际关系特别是性关系混乱不定。

※ 边缘型人格障碍有一定的家族遗传基础，额叶、海马和杏仁核体积较常人小。但是，早期的创伤是受到较多关注的边缘型人格障碍的心理成因。认知流派的心理学家强调认知图式和信念的作用。整合的观点则认为，在童年的创伤经历、人格特质或者气质以及生活的压力事件的共同作用下会导致一个人罹患边缘型人格障碍。

※ 辩证行为治疗对于治疗边缘型人格障碍很有效果，它为患者提供支持，同时教会这些患者如何调节控制自己的情绪。心智化基础疗法和移情焦点治疗是心理动力学领域中获得随机对照实验支持的两个疗法，它们都注重建立治疗同盟、管理患者的自伤及自杀行为，并且在治疗过程中注重在解释和支持、情感和理性之间的平衡与灵活转换。

8. 表演型人格障碍的临床表现、形成原因和治疗。

※ 一种过度的情绪化和追求他人注意的普遍模式，起病不晚于成年早期，并表现在许多情境中，过度寻求他人关注，同时过度在意他人的评价。

※ 古希腊医生认为表演型人格障碍是女性的“专利”，与癔症一样，是“歇斯底里”的表现。另外还有一种观点认为，表演型人格障碍和反社会型人格障碍是同一种病症在不同性别上的体现。

9. 自恋型人格障碍的临床表现、形成原因和治疗。

※ 自恋型人格障碍患者的两个特点：不合逻辑地夸大自己的重要性，以及缺乏对其他人的敏感和同情。

※ 科胡特等人认为，如果儿童早期没有习得如何共情他人的情感体验，那么，他们很容易在自我中心和自我夸大的状态下成长。克里斯托弗·拉什认为主要原因是大范围的社会变革，包括即时享乐主义的流行、个人主义、竞争意识和成功精神。

※ 认知疗法主要集中于改变患者每天不切实际的狂热，使他们回到现实中。放松训练等练习可以使他们接受批评和现实世界。帮助这类患者体验他人的感情也是治疗的主要目标。

10. 回避型人格障碍的临床表现、形成原因和治疗。

※ 患者最大的特点就是回避人际交往与人际关系，有强烈的社交焦虑以及低自尊。

※ 该群患者在出生时即表现出回避刺激的气质特点，同时，当婴儿在出生时表现出难以抚慰的气质特点时，他们的父母会厌恶他们，或者至少不会在早期对他们付出足够的、无私的爱。这种厌恶，会导致低自尊和远离社会的行为，这些特征将一直延续到成年。

※ 它与社交恐惧症在症状上有一定的重叠，所以认知行为疗法行之有效。

11. 依赖型人格障碍的临床表现和形成原因。

※ 患有依赖型人格障碍的人对于自立以及承担责任有着不可克服的焦虑。在生活中，他们会通过求助于他人来承担自己生活中的绝大部分责任。

※ 有学者认为这种障碍与家庭教养环境有关，过于保护或是权威专政的教养方式都会阻碍子女学习独立自主。另一方面，精神分析学派的学者认为，依赖型人格障碍的产生与儿童早期依恋关系形成不良有关，现在，很少有研究能够充分地说明哪种治疗是有效的。

12. 强迫型人格障碍的临床表现、形成原因及治疗。

※ 强迫型人格障碍的特点就是必须按照某种规则把事情做到"恰到好处"。特征是过分谨小慎微、严格要求、完美主义及内心有不安全感。

※ 理论上认为，强迫型人格障碍源于儿童期父母的严厉惩罚，频繁的惩罚使孩子变得循规蹈矩。认知疗法将焦点集中在来访者的认知功能失调、仪式性动作（即反复出现的、有固定模式的、带有仪式性意味的动作）、负性情绪、人际交往和自我认同的问题上。支持性的心理治疗对于强迫型人格障碍也很有帮助。

复习思考题

一、名词解释

分裂样人格障碍　反社会型人格障碍　边缘型人格障碍　回避型人格障碍

二、简答题

1. 人格障碍的特征是什么？其主要类型有哪些？
2. 人格障碍与人格改变的区别是什么？如何鉴别？
3. 偏执型人格障碍的形成原因是什么？
4. 反社会型人格障碍的主要表现是什么？
5. 如何防治边缘型人格障碍？

三、案例分析

张某，男，19岁。出生后父母离异，7岁前由祖母带大，家庭条件优越，从小受溺爱。其父曾因为参与团伙犯罪、打架斗殴而被判入狱10年。张某从小性格固执而顽皮，喜欢恶作剧。入小学后成绩优秀，但有打架、欺负同学、辱骂老师的现象，甚至在课桌上剖杀麻雀。三年级在回家的路上公然裸露下身。以后学习成绩逐渐下降，小学毕业补考，初一留级，被勒令退学。他不听继父管教，有时和父母对打。14岁被送至工读学校，经常借故离校不归，多次被捆绑回校。15岁被家长领回后，多次与他人共同盗窃财物，曾被收审。释放后想洗心革面，17岁参加工作后又多次旷工，引朋友在家吃喝、赌博，并结交一些不三不四的女朋友。虽然多年受祖母的照顾与袒护，却经常打骂祖母。18岁在外闹事，用皮带、棍棒抽打别人，致对方多处软组织挫伤。骑自行车撞了别人，反说别人挡了他的道，对人拳打脚踢。

请根据本章有关人格障碍的内容回答以下问题：

（1）根据张某的情况，可以作出何种诊断？

（2）张某有哪些这种障碍的典型临床描述？

（3）试分析造成张某患病的因素有哪些。

推荐影片

《移魂女郎》

《移魂女郎》讲的是精神病院里两个年轻女孩的故事。其中安吉丽娜·朱莉扮演的人物具有典型的反社会型人格障碍，违反社会规则而毫不羞愧，伤害他人肉体和感情而毫无同情心；薇诺娜·瑞德饰演的人物则具有典型的边缘型人格障碍，情绪失控，性关系混乱，自我形象混乱。

推荐视频

边缘型人格障碍，https：//v. youku. com/v _ show/id _ XOTA0NjM0MDEy. html

第十章

精神分裂症及其他精神病性障碍

精神病性障碍临床表现以幻觉、妄想、行为紊乱等精神病性症状为特征，严重地影响患者的身心健康。由于疾病的特殊性和社会对该病的认识存在认知偏差，患者、家属会承受很大痛苦和经济压力，也增加了社会负担。精神病性障碍按 DSM-5 诊断标准，包括分裂型（人格）障碍、妄想性障碍、短暂精神病性障碍、精神分裂症样障碍、精神分裂症、分裂情感性障碍等。精神病性障碍的致病原因目前认为以生物学因素为主，但心理社会学因素在疾病发生中具有“扳机”作用，影响症状的表现及疾病康复。对于某些精神病性障碍的治疗，如对精神分裂症的治疗，要达到临床及心理完全康复可能还有很长的一段路要走。目前的治疗仍以药物治疗为主，电休克治疗、经颅磁刺激治疗也可以作为选择，心理治疗在患者疾病康复、减少疾病带来的心理负担、预防复发等方面具有重要的作用。

第一节　概述

老百姓在认为一个人精神不正常或做事不恰当时，有时会骂“神经病”，可是，这是误会。真正的神经病是指神经系统出现的各种疾病，例如“中风”“帕金森病”等。很多人以前可能都听说过“精神分裂症”，可能都想知道这些患者到底哪里“分裂”了。有人认为精神病是由于受“刺激”引起的，可是很多确实受了刺激的人并没有得精神病，那么，到底什么是精神病？它是怎么引起的？又是怎么治疗的呢？

精神病性障碍是指一组严重的精神障碍，患者临床表现多以幻觉、妄想、行为紊乱等精神病性症状为主，其思维、情感、言语和行为动作与外界环境常常不相协调，患者可能会出现持久的功能损害。由于患者认识不到自己有精神病，缺乏自知力，不愿接受治疗，并由于现实检验能力受损，甚至完全脱离或歪曲现实，妨碍了正常的工作和学习，常给家庭、集体、社会造成不良影响和负担。在传统的疾病分类系统中，属于精神病性障碍的主要为精神分裂症、偏执性精神障碍、急性短暂性精神病、感应性精神病和分裂情感性精神病等；而相对于精神病性障碍的是非精神病性精神障碍，包括各类神经症、人格异常、心理生理障碍及病情较轻的精神发育迟滞及达不到精神病程度的反应状态或心境障碍等。非精神病性精神障碍的患者一般以情绪障碍、轻度思维障碍、躯体感知障碍等非精神病性症状为主，多能主动就医，详细地诉说自己躯体上及精神上的各种不适感或痛苦，积极要求治疗。患者大都能控制自己的言行，除有时影响工作效率外，对家庭和社会一般不会造成危害，也能料理自己的日常生活，基本能继续原来的工作。在美国2013年发布的DSM-5精神障碍诊断分类与标准中，首次将精神分裂症等疾病以谱系障碍进行分类，称为精神分裂症谱系及其他精神病性障碍，包括分裂型（人格）障碍、妄想性障碍、短暂精神病性障碍、精神分裂症样障碍、精神分裂症、分裂情感性障碍（双相型/抑郁型）、物质/药物所致的精神病性障碍、由于其他躯体疾病所致的精神病性障碍、紧张症、与其他精神障碍有关的紧张症、由于其他躯体疾病所致的紧张症、未特定的紧张症、其他特定的精神分裂症谱系及其他精神病性障碍、未特定的精神分裂症谱系及其他精神病性障碍。精神病性障碍的致病原因以生物学因素为主，但心理社会学因素在疾病发生中具有“扳机”作用，影响症状的表现及康复。治疗以药物治疗为主，但康复过程中心理社会学因素的作用明显。有关精神病性障碍与非精神病性障碍的区别见表10-1。

案例

李某，男，22岁，敏感、多疑，3个月来感觉有人四处追杀自己。14个月前，因其考研失利，渐渐出现失眠、烦躁、敏感、多疑，觉得自己考研失利是由于导师有意整自己，同时还有同学陷害。3个月前的一个深夜，他发现对面楼里有灯光照到自己的房间。此后李某渐渐觉得同学们讲话常“话里有话”，内容多涉及他的隐私，开始怀疑自己的房间被人录音、摄像。2个月前，听到脑子里有一个自称“国际刑警组织少校”的人同自己讲话，声称他已成为“全国一号嫌犯”，正在对他实施全面监控。后又出现一个自称“老书记”的女声为他辩解，说他是一个好学生。李某多次走访学校各个部门，要求“澄清事实”“洗脱罪名”，并计划给全国各大报纸写信，申诉自己“受人迫害”的经过。

表10-1　精神病性障碍与非精神病性障碍的区别

	精神病性障碍	非精神病性障碍
现实检验能力	自我及现实检验能力丧失，无法区分主观体验与客观现实	自我及现实检验能力保持，能够区分主观体验与客观现实
精神病性症状	具有幻觉、妄想、行为紊乱等精神病性症状	没有幻觉、妄想、行为紊乱等精神病性症状
自知力	常否认有病，自知力缺乏，不愿主动就医	自知力常保持，能主动就医并希望得到帮助
社会功能	社会功能严重受损	社会功能虽然受损，但能基本保持
人格结构	常常受损或不完整	完整
预后	较差，没有恰当治疗可能衰退	较好，但也有慢性的可能
种类	分裂型（人格）障碍、妄想性障碍、短暂精神病性障碍、精神分裂症样障碍、精神分裂症、分裂情感性障碍（双相型/抑郁型）、物质/药物所致的精神病性障碍、由于其他躯体疾病所致的精神病性障碍等	未达到精神病程度的心境障碍、神经症、应激相关障碍、人格障碍、习惯与冲动控制障碍、性心理障碍、心理因素相关生理障碍、精神发育迟滞、童年和少年期心理发育障碍、童年和少年期的多动障碍、品行障碍、情绪障碍、其他精神障碍和心理卫生情况

第二节　精神分裂症

精神分裂症是一组具有思维、情感、行为等多方面障碍的综合征，以精神活动与环境不协调为特征。患者通常意识清晰，智能尚好，部分患者可出现认知功能损害。多起病于青壮年，常缓慢起病，病程迁延，有慢性化倾向和衰退的可能，但部分患者可保持痊愈或基本痊愈状态。精神分裂症患者的精神活动不协调及其与环境不协调表现为：心理活动的内外不协调，如缺乏外界刺激和信号，却“感知”到刺激与信号——幻觉；心理过程不协调，如情感倒错——思维认识到的是愉快刺激，患者却体验到悲伤的情感；心理过程缺乏联系，如思维破裂——在意识清晰的前提下，说话时句与句之间不连贯，如“今天不下雨，党的政策好，下午吃什么，我要去工作”等。

一、精神分裂症的发展历史和流行病学

（一）精神分裂症诊断名称的来源与演变

早在19世纪初，英国的约翰·哈斯拉姆（John Haslam）、法国的菲利普·皮内尔（Philippe Pinel）和贝内迪科特·莫瑞尔（Benedict Morel）以及德国的格雷辛格（Griesinger）就分别描述了一种青壮年起病，不伴有激越或抑郁情感，表现为古怪的行为、自我忽视（self-neglect），常出现精神功能衰退的精神错乱状态。以后卡尔·鲍姆（Kahl Baum）对这一疾病进行深入分析和描述，并归纳为紧张症、青春痴呆和痴呆性偏执型三类。19世纪末，德国精神病学家埃米尔·克雷佩林从临床症状描述、躯体检查所见和疾病的病程三方面考虑，将这一组慢性精神病与具有发作性的疾病——躁狂抑郁症（现在的名称为心境障碍）区分开，并认为青春痴呆、紧张症和早发性痴呆的表现虽然不同，但属同一疾病的不同亚型，于是将其命名为“早发性痴呆”（dementia praecox）。这是历史上第一次明确地将这一组综合征归为一类。他认为早发性痴呆患者的特征是早年发病，具有幻觉、妄想、违拗和刻板行为等症状，预后不良，最终发展为“精神衰退”（mental weakness）。1911年，德国精神病学家布洛伊勒（Bleuler）认为精神分裂症未必会发生精神衰退，尤其是中年期发病的案例未必发生精神衰退。他强调，这一组综合征的共同特征是精神活动的“不协调”（分裂），表现为“联想思路的破裂”，或不同功能之间的连接力量丧失，而思维难以保持一致性的特征又导致了患者的各种其他症状。因此，他将早发性痴呆改称为精神分裂症（schizophrenia），精神分裂症的英文“schizophrenia”由希腊语中的分裂（skhizein）和思维（phren）两个词结合而成。这个名词一直沿用至今。

（二）流行病学

由于精神分裂症的概念在不断地发展、早期的研究方法存在局限等方面的原因，有关精神分裂症流行病学的资料存在着较大差异与分歧。精神分裂症的时点患病率为总人口的

0.06%～0.83%，终生患病率为0.2%～1.5%，年发病率为11/100 000～70/100 000。我国1993年对北京、大庆、上海等七个地区进行的流行病学调查资料显示，时点患病率为5.13‰，终生患病率为6.55‰，男女比例为1∶1.6。2009年费立鹏等在《柳叶刀》(*Lancet*)上发表了一篇中国部分省份精神障碍的流行病学报告，其中精神病性障碍的月患病率为1%，70%的患者接受过精神科的专业治疗，但在残疾的构成比中仍然占到85.4%。

估计全球有4 500万～5 000万人患精神分裂症，其中3 300万人在发展中国家，我国目前有近700万人患精神分裂症；大约有1%的人在他们一生中的某些时间可能会患精神分裂症；父母一方是精神分裂症患者，其子女患精神分裂症的风险概率为10%，远远高于一般人群；精神分裂症可在任何年龄发生，但精神分裂症的发病高峰集中在成年早期，女性稍晚，一般男性多在17～30岁发病，而女性多在20～40岁发病。

一些患者在反复发作后可能出现人格改变、社会功能下降，临床上呈现为不同程度的残疾状态。残疾状态较轻时，患者尚保留一定的社会适应能力和工作能力。另有一小部分患者病程为渐进性发展，或每次发作都造成人格的进一步衰退和瓦解，病情的不断加重最终导致患者长期住院或反复入院治疗。精神分裂症发病可以是隐袭的，但大多数个体表现为缓慢和逐渐进展的有临床意义的各种体征和症状。20%的精神分裂症个体的预后较好，少数个体变成慢性病，并伴有活动期症状的加重或缓解，其他个体有逐渐加重的病程。徐韬圆（1979）对上海1957—1959年出院的1 200例精神分裂症进行了出院20年的随访，结果为：临床痊愈者为25%；显著好转者为33%；精神分裂症症状仍存在，无自知力，但有部分工作能力者为25%；情况差及衰退者占16%。精神分裂症的慢性病程会导致患者逐步脱离正常生活的轨道，个人生活陷入痛苦和混乱，有50%的患者曾试图自杀，10%的患者最终死于自杀。此外，精神分裂症患者遭受意外伤害的概率也高于常人，平均寿命较短。

二、精神分裂症的病因

精神分裂症的发病原因比较复杂，大多数国内外学者都认同精神分裂症是在环境与基因的相互作用下发生的。其发病机制与生物、心理社会等多种因素息息相关，如遗传因素、脑组织结构异常、神经发育障碍及神经介质功能紊乱、环境因素等。

（一）生物学因素

1. 遗传因素

精神分裂症与遗传因素有密切关系，且归类于多基因遗传病，遗传度高达80%以上。然而，精神分裂症易感基因的定位研究一直未能取得重大突破，原因之一是决定疾病易感性的基因不是一个，而是几个或几十个。每个个体对疾病的易感性取决于所携带易感基因的数目，携带易感基因的数目越多，患病风险越高。目前，医学遗传学研究所面临的主要挑战是如何在整个基因组中，筛查人类疾病的易感基因。人类基因组系统扫描发现，目前除19号、21号和Y染色体以外，其余染色体都可能含有精神分裂症易感基因，但只有1q21-22、5q22-23、6p24-21、8p22-21、13q14-33和22q11-12等几个染色体区域能获得较好的重复性。与精神分裂症发病相关的常见基因有多巴胺受体基因、5-羟色胺受体基因、谷氨酸受体基因、儿茶酚氧位甲基转移（COMT）基因、单胺氧化酶基因、胆囊收缩素受体基因，而近年来研究报道PLXNA2基因、集落刺激因子受体2A（CSF2RA）基因、白介素-3受体A（IL3RA）基因、CCDC60基因等与精神分裂症的发生相关联。目前遗传基因组学的核心概念之一就是eQTL热点，即单个核苷酸多态就可以影响到下游许多基因表达的广泛变化。研究显示eQTL具有遗传性，且影响脑内的基因表达，目前已有将eQTL应用于精神分裂症研究的报道。

在精神分裂症研究的进展中，基因多态性与其他神经系统疾病的发生有关联。随着研究的深入，不断有精神分裂的易感基因被报道，这将继续验证KCNJ10（rs2486253）、TRPM8（rs10166942）、LRP1（rs11172113）与精神分裂症发生的可能易感性。在精神分裂症的发生中遗传因素主要起着一种素质作用，其发病与环境因素也有着很大的关系。

2. 神经病理学及大脑结构的异常

通过CT、MRI、PET、MCG等研究发现，精神分裂症患者的前额区、颞叶内侧结构及边缘系统的结构和功能异常，出现脑萎缩，侧脑室扩大，海马、额叶皮质、扣带回脑细胞结构异常，海马体积缩小，细胞数目减少，细胞体积缩小，锥体细胞排列紊乱，而且左侧更加明显，脑室扩大在男性中比女性更多见。在所有的已研究区域中，海马回已经一致被认为是区别精神分裂症与正常人的关键所在。前额叶皮质似乎和精神分裂症患者的认知功能失调有关，颞上回缩小与精神分裂症的幻听有关。这些变化在精神疾病的早期甚至治疗开始之前就已经存在。如有些病人在很小的时候，就存在认知障碍，包括记忆力低下、注意力无法集中以及智商低下等；还有的病人在儿童时期性格就表现出孤僻或易怒等明显的异于同龄人的现象，这也大大说明了脑组织结构的改变会带来相应机能的变化。一些研究者为了能更准确地识别功能障碍的起源，已经从细胞水平开始着手进行研究。脑组织结构与疾病之间的因果关系随着神经科学以及影像学的快速发展会被进一步明确，有关精神分裂症患者的脑结构性改变与相应的临床症状之间的关系也将会进一步明确。

3. 神经生化方面的异常

对精神分裂症神经生化的研究，曾因为偶然的因素以及抗精神分裂症药物的作用等，分别发现精神分裂症患者存在多巴胺、氨基酸类神经递质以及5-羟色胺等神经递质异常，并在不同的阶段提出过多巴胺假说、氨基酸类神经递质假说以及5-羟色胺假说等。目前，随着各方面研究资料的积累，对精神分裂症的病理生理机制提出了综合假说：精神分裂症是与由大脑皮质、基底节和丘脑结构等组成的神经环路有关的神经递质综合作用的结果。谷氨酸能神经元-γ-氨基丁酸能神经元和乙酰胆碱能神经元-多巴胺能神经元组成一个相互作用与调节的环路，如果谷氨酸能神经元，或者γ-氨基丁酸和乙酰胆碱能神经元的调节作用下降，就会导致下游的多巴胺能神经元失去控制，进而使个体出现精神分裂症的各种症状。

4. 神经发育病因学假说

近十几年以来，精神分裂症可能源于神经系统的发育障碍这一假说越来越引起研究者们的关注，这种假说被认为是分裂症发病机制的重要方向之一。神经系统在发育过程中，尤其是在发育的关键时期受到外界的影响，大脑的正常发育包括神经元细胞的正常分化、迁移以及凋亡可能都会受到较大影响，进而最终使个体出现各种精神活动障碍。一项研究直接表明，精神分裂症的大脑结构异常是因为早期的神经发育存在障碍。

由于遗传的因素和母孕期或围产期的损伤，在胚胎期大脑发育过程就出现了某种神经病理改变，新皮质形成期神经细胞在从大脑深部向皮层迁移的过程中出现了紊乱，导致心理整合功能异常。这种现象的即刻效应并不显著，但随着个体进入青春期或成年早期，在外界环境因素的不良刺激下，就可能出现精神分裂症的症状。

5. 脑电生理与神经心理学

研究认为，精神分裂症的思维障碍是左半球功能失调的结果。精神分裂症患者的右半球功能减弱，左半球功能过分活跃；胼胝体功能缺陷导致左右半球信息交通受阻，或由于其功能亢进，信息传递过多，以致左半球活动过度。此外，精神分裂症患者还存在着过度注意与注意不足，认知电位P300、脑电图（EEG）、睡眠脑电图、眼追踪功能障碍等，以及斯特鲁普（Stroop）测验、威斯康星测验（WCST）、语言流畅作业（FAS）等多种反映认知功能的心理测验异常，而且这些异常不仅仅出现在病情发作期，还出现在病情缓解后以及精神分裂症高危人群中。

近年来，以陈楚桥为代表的学者研究发现，在精神分裂症未发病的一级亲属以及患者发病前，虽然他们没有明确的精神病性症状，但是在功能与结构神经影像及神经软体征上可以发现与正常人存在明显差异，尤其在注意、言语记忆和工作记忆等方面。这些未见临床症状的，介于基因与临床症状之间的一些中间的、可定量化的成分，被称为“内表型”。它们既可以是神经生理学的指标，也可以是生化、内分泌、神经解剖认知或神经心理的指标。内表型不是很明显的、外在的，而是微观的、内在的，因此，内表型比疾病的外在表现更接近疾病的生物学基础，且更少受到外在因素的影响，通过内表型来研究疾病的遗传基因有着显著的优势。

专栏 10-1

正常人与精神分裂症患者的神经发育对比

正常人脑皮层经历增殖、迁移、修剪（形成环路）、髓鞘形成的过程，该过程至25岁后才最终完成（见图10-1）。脑发育的过程伴随着兴奋性突触减少和抑制性突触增加。

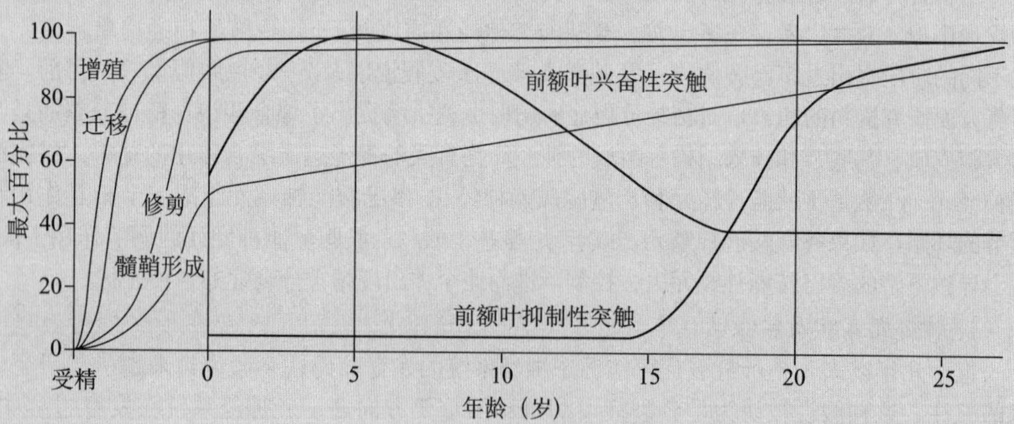

图10-1 正常人的神经发育

精神分裂症儿童在神经发育过程中髓鞘形成减少，抑制性突触形成减少，兴奋性突触过度修剪（见图10-2）。

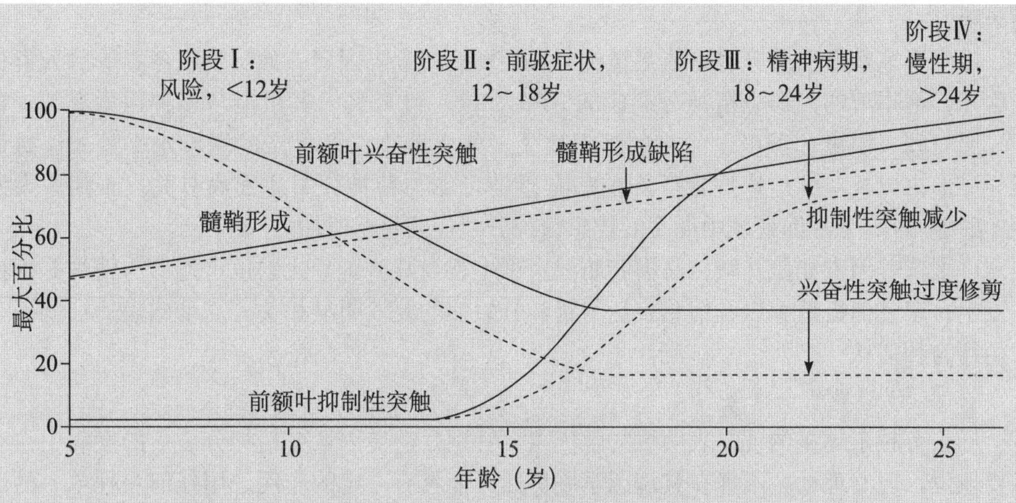

图 10－2　精神分裂症患者的神经发育

资料来源：Insel，2010.

（二）社会心理因素

1. 个性特征

部分患者病前的性格具有主动性差、依赖性强、胆小、犹豫、孤僻、敏感、内倾、害羞、思维缺乏逻辑性、好幻想等分裂性人格特点。具有这些人格特点的个体常由于精神动力不足而导致内向和缺乏上进心，遭遇应激时不能及时求助于社会支持系统，不能更为顺利地对付应激。他们往往学习上成绩平平，不善言辞，社会竞争力不强。虽然不是所有的精神分裂症患者都存在“分裂性人格”，但是研究发现，精神分裂症与分裂性人格特点可能具有共同的遗传素质基础。

2. 应激作用

尽管有研究认为精神分裂症与社会心理因素有关，但迄今没有发现任何能决定是否发生精神分裂症的社会心理因素。应激性事件确实会导致遭遇者精神异常，但是，更多的患者病前缺乏相应的、关系密切的应激性事件，而且病情以及最终的病程演变与发病前的“应激性事件”无关，社会心理因素在精神分裂症的发病中只是起了一个“扳机”的作用。但是，社会心理因素对复发的作用影响较大，常常导致精神分裂症患者症状的波动。此外，由于精神分裂症患者的行为和思维不够恰当，常常比普通人更容易出现社会适应不良，“遭遇”应激性事件，因此，有时社会心理因素是疾病的结果，而不是疾病的原因。

3. 家庭、环境因素

精神分裂症可见于各种社会文化和各个社会阶层中，但城市患病率高于农村，并且在城市化程度越高、经济越发达、生活节奏越快的城市，患分裂症的概率越大。精神分裂症的患病率与家庭经济水平呈负相关。法里斯（Faris）和杜班（Dunban）等人通过对美国和欧洲的一些城市患精神分裂症的人群进行研究发现，居住在贫民窟以及处于社会底层的人群明显比生活较稳定、处于社会上层的人士的精神类疾病住院比率高。父母失业、父母的文化水平不高导致的家庭教育失败、单亲以及社会福利差等因素可能导致精神分裂症的高风险。

出生季节及产前感染也可能是精神分裂症发病的危险因素。如出生在冬春季的人群比出生在其他季节的人群患精神分裂症的概率大10%到15%。其可能与多种因素有关，包括日照时间、温度、湿度、父亲的精子质量、外界感染以及母亲的激素水平等。流感病毒、弓形虫以及单纯疱疹病毒等产前病毒感染可能与精神分裂症发病有关。布朗等人发现，妊娠4—6个月即妊娠中期是后代患精神分裂症的易感时期。

许多营养因素如氨基酸、必需脂肪酸、维生素及某些微量元素也可能参与精神分裂症的发生。家庭消极情感以及情感表达与精神分裂症的复发明显相关，高情感表达加剧不正常的行为和症状。

4. 素质-应激综合模型

尽管有越来越多的证据表明生物学因素，特别是遗传因素在精神分裂症的发病中占有重要地位，但心理社会因素在其病因学中仍然可能具有一定的作用。用任何一种单一的因素来解释精神分裂症的发生、发展与转归都显得不够全面。因此，目前学者们的共识是：罹患精神分裂症是个体的易感素质与环境因素共同作用的结果。

遗传、神经发育及躯体易感素质是精神分裂症发生的基础，如个体具有遗传和/或神经发育的易感素质，又碰上生活应激和/或躯体等易感因素，就极有可能发病。易感性越强，引起疾病所需的应激性作用越轻；反之，则越重。环境因素影响基因表达的机制不明，可能由DNA的甲基化导致基因异常表达、染色体组不稳定，从而促发精神分裂症。另外的研究发现，易感个体的易感因素在一些特定的年龄阶段最为敏感。在青春期前，这些易感性几乎没有意义，在成年早期或青壮年期达到作用的最高峰，稍遇影响就可能发病，以后逐渐减退。

因此，帮助患者应付应激，获得自信和自尊，提高生活技能，以及改变家庭、环境因素，有利于降低精神分裂症的复发性，让患者获得更长久的社会适应。

三、精神分裂症的临床表现

如前所述，精神分裂症是一种严重的精神病性障碍，具有感知觉、思维、情感、行为等多方面的障碍，并以精神活动和环境不协调为特征，主要表现如下。

（一）感知觉障碍

感知觉障碍包括错觉、幻觉和感知综合障碍。精神分裂症最突出的感知觉障碍是幻觉，即在无现实感官刺激的情况下出现听、嗅、触觉等体验，且以幻听最为常见。精神分裂症的其他感知觉障碍包括幻嗅、幻触、幻味、感知综合障碍——视物变形等。

精神分裂症的幻觉，以言语性幻听最为常见。幻觉体验可以非常具体、生动，也可以是朦胧模糊的，但多会给患者的思维、行动带来显著的影响，患者会在幻觉的支配下作出违背本性、不合常理的举动。如幻听内容好笑，可出现独自傻笑；如患者对幻觉内容有兴趣并与幻听对话，就会表现为自言自语；如幻听内容具有侮辱性，患者会与幻听对骂，甚至引起冲动和攻击。

精神分裂症具有特征性的幻觉是评论性幻听、争论性或议论性幻听和命令性幻听。评论性幻听是听到一个人以第三者的身份在评论患者，如患者事情没做好时，声音说他"真笨"；患者事情做得好时，声音说他"还不错"。争论性幻听是两个以上的人的声音在议论患者，一方讲患者好，另外一方或几方讲患者不好。命令性幻听是声音在命令患者做这做那，患者常常被迫听从，如患者走在路上，因为听到声音说"蹲下，否则有危险"，患者会突然蹲下。

（二）思维障碍

精神分裂症的思维障碍主要表现为联想过程障碍以及思维内容障碍等。

1. 联想过程障碍

在与精神分裂症患者交谈时，常有"费劲"的感觉，其原因就是精神分裂症患者在思维联想过程中缺乏连贯性以及必要的逻辑性。精神分裂症的思维联想过程缺乏连贯性和逻辑性是最具有特征性的表现。由于原发的精神活动损害，"联想思路的破裂"或不同功能之间的连接力量丧失，精神分裂症患者在交谈中不用常规的修辞、逻辑法则，在言语的流畅性和叙事的完整性方面往往出现问题。患者在交谈时经常游移于主题之外，尤其是在回答医生的问题时，常说不到点子上，但似乎又都沾点儿边，令听者抓不住要点（思维散漫）。病情严重者言语支离破碎，根本无法交谈（思维破裂）。患者在意识清楚的情况下，语句、概念或上下文之间缺乏内在意义上的联系。读患者书写的文字材料，往往不知所云。

患者言谈令人难以理解的另一个原因是逻辑关系混乱。如一位女患者说："我脑子里乱哄哄的，都是因为我太聪明了。我的血液里全是聪明，又浓又稠。我必须生个孩子，把我的聪明分给他一半，我才能好。要不然我就得喝美年达汽水，把我的聪明冲淡一点……我想喝美年达汽水。"这里也有概念含义上的混乱，如患者把抽象的"聪明"视为可"被汽水稀释"的具体物质。或用一些普通的词句、名词或动作表达某些特殊的、旁人无法理解的意义，如抱着电视机说热爱工人阶级（病理性象征性思维），或对一些符号、自创或拼凑的"字"赋予特殊意义（语词新作）。

在传统的精神分裂症的各种亚型中，青春型（瓦解型）的联想过程障碍表现较明显。

2. 思维内容障碍

思维内容障碍表现为思维内容过多（如妄想）或思维内容过少（如思维贫乏）两个方面。

妄想是指固定不变的信念，在矛盾性证据面前很难改变的固定信念。妄想的内容可能包含各种主题（例如被害的、关系的、躯体的、宗教的、夸大的）。被害妄想（例如无故怀疑有人在饭里、水里下毒害自己）、关系妄想（如无故把别人的动作、谈话内容与自己联系在一起）是精神分裂症谱系常见的妄想内容。妄想是古怪的，明显是不真实的或不能被相同文化中的个体理解的，也并非来源于日常生活经验。在疾病的初期，患者对自己的某些明显不合常理的想法可能持将信将疑的态度，但随着疾病的进展，患者的思维逐渐与病态的信念融为一体，对其坚信不疑，并逐渐泛化。在各种类型的妄想中，以关系妄想、被害妄想和非血统妄想最为常见。妄想是传统的偏执型精神分裂症的主要症状。

思维贫乏与妄想相反，表现为话语少，缺乏主动言语，在回答问题时异常简短，多为"是"或"否"，每次应答问题时总要延迟很长时间。即使患者在回答问题时语量足够，内容也含糊、过于概括，传达的信息量十分有限。思维贫乏常是传统的单纯型精神分裂症的主要表现。

3. 情感障碍

精神分裂症的情感障碍主要表现为情感淡漠、情感不协调、抑郁等。情感淡漠指患者缺乏在正常情况下应有的情感反应，并且不仅仅以表情呆板、缺乏变化为表现，患者同时还有自发动作减少、缺乏体态语言，在谈话中很少或几乎不使用任何辅助表达思想的手势和肢体姿势，讲话语调很单调、缺乏抑扬顿挫，同人交谈时很少与对方有眼神接触，多茫然凝视前方的特点。患者对亲人感情冷淡，亲人的伤病痛苦对患者来说无关痛痒。情感不协调是指患者的内心体验或情感反应与周围的环境不协调，或完全不顾周围的环境，如嬉笑无常、无故哭泣或自笑等。

精神分裂症出现的焦虑抑郁情绪，既可能出现在疾病早期，作为一种早期症状，又有可能出现在疾病的发作高峰期，受到精神症状的影响，还可能出现在疾病的缓解期，以病后抑郁的形式出现。其中可能有不同的原因和成分，一方面可能由于精神症状的影响，患者觉得无法摆脱干扰，缺乏安全感，对将发生的不良后果的过度担心、不得安宁等，或系精神症状的组成成分，表现为快感缺失；另一方面则可能出现于精神分裂症后，即精神症状缓解后出现的抑郁，患者对自己缺乏信心，自卑，感到耻辱，进而产生悲观、消极情绪，严重的可以出现自伤、自杀等行为。

4. 意志与行为障碍

精神分裂症常见的意志和行为障碍有意志减退、紧张性木僵和紧张性兴奋等表现。明显的紊乱或异常的运动行为可能表现为各种方式，从儿童式的“荒唐”到无法预测的激越。个体在任何目标导向的行为中都可能出现问题，导致日常生活的困难。

意志减退可以出现在精神分裂症病程的各个阶段，可以表现为学习和工作能力下降；活动明显减少，不愿主动与周围人接触，不想上课或工作，或经常迟到、早退、旷课（或旷工），不愿出门，整天躺在床上，无事可做；对自己的前途毫不关心、没有任何打算，或者虽有计划，却从不施行；忽视自己的仪表，不知料理个人卫生。慢性精神分裂症患者或者处于衰退期或以阴性症状为主的患者，其意志减退更加明显。

紧张性木僵一般在精神病性症状支配下出现，可在幻觉或妄想的情况下出现，患者表现为不语、不动、拒绝饮食和饮水、违拗、缄默、随意运动减少或缺失以及精神运动无反应，严重时出现蜡样屈曲。此时患者的意识是清楚的，保持一个固定姿势，不语、不动、不进饮食、不主动排便，对任何刺激均不起反应。患者的肢体可任人摆布，即使被摆成不舒服的姿势，也可以较长时间像雕塑一样维持不变。

紧张性兴奋一般与木僵交替出现，在木僵过程中会突然出现不协调的精神运动兴奋，表现出行为紊乱、冲动、大喊大叫等，又会突然转入紧张性木僵状态。

此外，在一些精神病性症状支配下，患者可以出现自伤、自杀、冲动伤人等行为，也可以出现模仿动作或者一些固定的礼仪性动作。

5. 认知功能损害

认知功能由注意、记忆、抽象思维功能等组成，现代研究发现，精神分裂症的认知功能的诸多方面从疾病的早期就存在着损害，认知功能损害呈持续性，而且可能是内表型。慢性衰退的患者认知功能的损害更加明显。

精神分裂症患者存在多种认知功能损害，而且在多种神经心理学测验中表现不佳，具体表现在以下几个方面：

（1）注意障碍：听觉与视觉注意障碍、注意分散、专注与转移障碍、选择性注意障碍。

（2）记忆障碍：瞬时记忆、短时记忆以及长时记忆损害。

（3）工作记忆损害：言语性工作记忆及视觉空间工作记忆损害。

（4）抽象思维障碍：概念分类与概括障碍、推理判断联想障碍、问题解决的决策障碍、执行功能障碍等。

（5）信息整合障碍：不能充分利用已有的知识去缩短信息加工过程等。

认知功能损害目前被认为是精神分裂症独立、核心的症状之一。

6. 阴性症状

所谓阴性症状，是相对于具有明显“外显”表现的幻觉、妄想、行为紊乱而言的，是指消极的、不活跃的症状，包括思维贫乏、情感淡漠和意志缺乏。多为慢性起病，表现为对人冷淡和疏远、自我克制力的减退、易激惹、少语、呆坐、学习成绩下降和生活懒散等。阴性症状可以是精神分裂症的早期症状、慢性衰退期的症状，也可以是一种特殊亚型——单纯型的主要症状构成。

7. 自知力缺乏

自知力（insight）是指对自己的认识和态度，这是异常心理学中一个非常重要的概念。它包含了三层含义：对症状的认识、对自己人格的认识、对发生异常心理的原因和机制的认识。自知力是辨识精神病性障碍的重要标准。精神病性障碍的患者常常丧失对自我及现实的检验能力，无法区分主观体验与客观现实，具有幻觉、妄想、行为紊乱等精神病性症状，常否认有病，不愿主动就医，我们称这种情况为自知力缺乏。当然，这里主要指的是自知力的症状自知力部分。俗话说“人贵有自知之明”，可见并非人人都能做到具有人格自知力的，因此，对精神分裂症的自知力评价一般不包括人格自知力部分。当然，机制自知力更加不在要求之列。

绝大多数的精神分裂症患者的现实检验能力都受损，特别对自身的疾病缺乏正确的认识，坚信病中的症状是真实的，认为自己没有过错，也没有病，故不愿意到医院就诊，他们缺乏自知力。

8. 早期表现及其他症状

精神分裂症在出现典型的症状前，患者常常伴有不寻常的行为方式和态度的变化。这种变化比较缓慢，可能持续几个月甚至数年，或者这些变化不太引人注目，一般并没有马上被看作病态的变化，有时在回溯病史时才能发现。前驱期症状包括神经衰弱症状，如失眠、紧张性疼痛、敏感、孤僻、回避社交、胆怯、情绪不好、执拗、难以接近、对抗性增强、与亲人朋友关系冷淡疏远等，有些患者出现不可理解的行为特点和生活习惯的改变。如果能对前驱期进行早期识别和干预，就能够有效地缩短精神分裂症的未治期（duration of untreated psychosis，DUP），DUP 的缩短对改善精神分裂症的疗效和预后是至关重要的。

除前驱期症状外，精神分裂症还可伴随强迫症状。强迫症状可以出现在精神分裂症的早期以及发作期，常为慢性起病，表现形式与强迫症不同，其强迫症状种类常常较多，内容荒谬，患者的自知力不完整，不感到痛苦，情感反应不鲜明，反强迫愿望不强烈。

案例

患者，女，16岁，高二学生，于1年前无明显原因及诱因缓慢起病，开始表现为上课注意力不集中，好发呆，不合群，无故怀疑同学背后针对自己，认为同学故意在自己的位置旁放垃圾，认为全班同学都挤对自己，走路躲着同学，不敢抬头看周围，觉得周围人都在看自己，在宿舍和同学闹矛盾，说宿舍同学故意闹动静不让自己睡好觉，后逐渐发展至不去上课，不打理个人卫生，由老师劝回家。回家后患者不出门，有时自言自语，说有人和自己说话，听到声音评论自己做得对不对，有时凭空听到同学骂自己。和父母的交流减少，和父母亲近减少，怀疑自己不是亲生的，要求去做亲子鉴定。夜间不睡，经常无故起床开门往屋外看看，吃饭小心翼翼，有时不吃家人做的饭。不提去学校上学的事，不认为自己有病，偶尔和父母发生口角，无冲动伤人行为。家人开始认为患者学习压力大，于是找心理医生看，后听从心理医生的建议，将其送至精神专科医院治疗。

诊断：精神分裂症

四、精神分裂症的诊断与鉴别诊断

（一）精神分裂症诊断的历史观点

根据布洛伊勒的观点，精神分裂症的本质特征是精神活动的“不协调”（分裂），表现为“联想思路的破裂”，或不同功能之间的连接力量丧失，并由于思维难以保持一致性又导致了各种其他症状。因此，尽管各个患者表现不同，但这组具有思维、情感、行为等多方面障碍的综合征被统一纳入“精神分裂症”的诊断名称之下。

历史上为了提高精神分裂症的诊断一致性及准确率，曾有不少学者分别提出过不同的诊断、分类意见，其中比较著名及有影响的有以下几种。

（1）布洛伊勒的4A症状：联想障碍（association）、情感淡漠（apathy）、矛盾状态（ambivalence）、内向性（autism）。由于过于关注阴性症状，导致精神分裂症的诊断停留在“早发性痴呆”的层面。

（2）施耐德（Schneider，1959）的一级症状：评论性幻听、争论性幻听、思维化声、思维被扩散、思维被剥夺、思维被插入、躯体被动体验、被动意志、被动情感、被动行为及妄想知觉。美国的精神障碍诊断标准、国际疾病分类诊断标准以及我国的精神障碍诊断标准，都以此作为精神分裂症症状学标准的基本框架。

施耐德的一级症状改变了布洛伊勒过于强调阴性症状的局面，但是，又出现了过于关注阳性症状的趋势，在一定程度上导致只要记录或观察到有这些症状，不论出现的时间和持续性，就都诊断为精神分裂症。20世纪80年代之前就出现过精神分裂症诊断的扩大化。

（3）阴性、阳性症状分类：20世纪80年代初，克劳（Crow）根据前人与自己的研究，提出精神分裂症生物异质性的观点，且以生物学和现象学相统一的观点，进行了多维度的比较和分析，将精神分裂症按阳性（Ⅰ型）、阴性（Ⅱ型）症状群进行分型。Ⅰ型：

以妄想、幻觉和思维形式障碍等阳性症状为特征，对抗精神病药物反应良好，认知功能改变不明显，预后良好，生物学基础是多巴胺功能亢进。Ⅱ型：以思维贫乏、情感淡漠或意志减退等阴性症状为特征，对抗精神病药物反应差，伴有认知功能改变，预后差，脑细胞丧失退化（额叶萎缩），多巴胺功能没有特别变化。混合型精神分裂症指不符合Ⅰ型和Ⅱ型精神分裂症的标准或同时符合两个标准。

1982年，安德烈亚森（Andreasen）在克劳工作的基础上制定了阴性症状评定量表和阳性症状评定量表。1992年，斯坦利（Stanley）等制定了阴性与阳性症状评定量表（PANSS），为阴性、阳性症状的定量化评定和研究提供了较好的工具。按照阴性、阳性症状分型，优点在于将生物学、现象学结合在一起，且对临床治疗药物的选择有一定的指导意义。

由于精神分裂症的病因尚未明确，对精神分裂症的研究与归类仍然以现象学为主。随着研究的深入，大家逐渐认识到精神分裂症是一些特征不完全相同的异质性集合。虽然基于用明显的临床症状来反映潜在的脑功能障碍、用共同的临床症状进行归类以便于判断治疗与预后来分类，但传统的分类各亚型之间存在明显的症状重叠，而且亚型的时间稳定性不高。因此，DSM-5已经取消了传统的青春型、偏执型、紧张型、单纯型及未定型的分类。这一修订获得了大多数精神医学家的认可。

（二）精神分裂症的诊断

在DSM-5精神分裂症的诊断标准A中，强调至少符合其中一个核心症状：妄想、幻觉和思维瓦解。妄想、幻觉和思维瓦解作为阳性核心症状，诊断上高度可靠，可增加诊断的信度和效度，但也提高了诊断阈值，这一改变有可能使部分患者延误治疗。在DSM-5中还要求对不同维度症状的严重性进行评估，这将有利于制定治疗方案和评价预后。

精神分裂症的诊断标准A有两处改变：一是去除了古怪的妄想和施耐德一级幻听的特殊地位，对于诊断任何一种精神分裂症而言，都至少需要两个诊断标准A的症状；二是增加了诊断标准A的症状中至少有一个必须是妄想、幻觉，或言语紊乱的要求。

鉴于信度和效度问题，DSM-5取消了精神分裂症的亚型。因为不同时期患者的表现不同，诊断会随着时间发生变化，且划分亚型对于患者治疗、预后无明显帮助。

精神分裂症的诊断标准

A. 2项（或更多）下列症状，每一项症状均在1个月中有相当显著的一段时间里存在（如经成功治疗，则时间可以更短），至少其中1项必须是①、②或③：

①妄想。

②幻觉。

③言语紊乱（例如：频繁地思维脱轨或联想松弛）。

④明显紊乱的或紧张症的行为。

⑤阴性症状（即，情绪表达减少或意志减退）。

B. 自障碍发生以来的明显时间段内，1个或更多的重要方面的功能水平，如工作、人际关系或自我照顾，明显低于障碍发生前具有的水平（或当障碍发生于儿童或青少年时，则人际关系、学业或职业功能未能达到预期的发展水平）。

C. 这种障碍的体征至少持续6个月，此6个月应有至少1个月（如经成功治疗，则时间可以更短）符合诊断标准A的症状（即活动期症状），可包括前驱期或残留期症状。在前驱期或残留期中，该障碍的体征可表现为仅有阴性症状或有轻微的诊断标准A所列的2项或更多的症状（例如，奇特的信念、不寻常的知觉体验）。

D. 分裂情感性障碍和抑郁或双相障碍伴精神病性特征已经被排除，因为：(1) 没有与活动期症状同时出现的重性抑郁或躁狂发作；或 (2) 如果心境发作出现在症状活动期，则它们只是存在于此疾病的活动期和残留期整个病程的小部分时间内。

E. 这种障碍不能归因于某种物质（例如，滥用的毒品、药物）的生理效应或其他躯体疾病。

F. 如果有孤独症（自闭症）谱系障碍或儿童期发生的交流障碍的病史，除了精神分裂症的其他症状外，还需有显著的妄想或幻觉，且存在至少1个月（如经成功治疗，则时间可以更短），才能做出精神分裂症的额外诊断。

资料来源：DSM-5；American Psychiatric Association，2013.

（三）鉴别诊断

虽然施耐德的一级症状是ICD-10、DSM-Ⅳ-TR以及CCMD-3的基本框架，但是目前精神疾病的病因学不明，只能进行现象学归类。然而，即使是施耐德的一级症状也有可能短暂地出现于其他疾病中。因此，也就是说，精神分裂症实际上就是一组排除其他有可能导致同样症状的疾病后，以精神病性症状为主要表现的精神疾病。那么，对精神分裂症的诊断实际上是一种排除法的思维方式。

建立精神分裂症诊断时，须与下列疾病进行鉴别诊断。

1. 脑器质性及躯体疾病所致精神障碍

各种有可能导致大脑形态、内环境改变的疾病，如癫痫、颅内感染、脑肿瘤、脑外伤和某些躯体疾病，如系统性红斑狼疮以及药物中毒，都有可能引起类似精神分裂症的表现，如生动鲜明的幻觉和被害妄想等。但这类患者往往同时伴有意识障碍，症状有昼轻夜重的波动性，幻觉多为恐怖性幻视。如是躯体疾病引起的精神症状，一般情况下，精神症状在躯体疾病的基础上发生，并随着躯体疾病的恶化而加重，随着躯体疾病的改善而好转。此外，神经系统检查、脑电图、头颅CT或MRI，以及实验室的检查，均能帮助我们明确诊断。

2. 精神活性物质所致精神障碍

慢性酒精中毒的主要精神症状是幻觉、妄想，患者会出现幻觉症和妄想症。但慢性酒精中毒所致精神障碍，患者有长期的饮酒史，并且有明显的酒精依赖史表现，如果停止饮酒，患者会出现手抖，躯体不适，千方百计地找酒喝，严重的可以出现意识障碍和遗忘，可以有人格上的改变，包括说谎、骗钱等，这些表现可以用于对精神分裂症患者作鉴别。

3. 心境障碍

无论是处于躁狂状态还是在抑郁状态的患者，都可能伴有精神分裂症的症状。多数情况下，精神病性症状是在情感高涨或抑制的背景下产生的，一般与患者的心境相协调。如躁狂患者出现夸大妄想，抑郁患者出现贫穷或自罪妄想。但有时也会出现一些与当前心境不协调的短暂的幻觉、妄想症状。但一般情况下，通过治疗，精神病性症状常在情感症状控制之前消失。结合既往发作病史、病程、症状持续的时间及疾病转归等因素可作出判断。

4. 神经症性障碍

有些精神分裂症早期可以表现为类神经症的症状。例如，部分患者会在疾病初期或疾病进展中出现强迫症的症状。一般来说，神经症起病均有明显的心理因素，而且体诉较多，患者有明显的痛苦感，积极主动就医；而精神分裂症一般无明显的心理因素，缓慢起病，并且患者否认自己有病，无治疗愿望，也无痛苦感，有明显的个性改变，且可能在一些思维内容和行为上让人不能理解。有些貌似“神经衰弱”的精神分裂症患者存在显著的动机不足、意志减退；有些精神分裂症患者的强迫症状内容荒谬离奇，且“反强迫”意愿并不强烈。

5. 妄想性障碍

妄想性障碍可以通过排除精神分裂症的其他特征性症状（例如，妄想、显著的听幻觉或视幻觉、言语紊乱、明显紊乱的或紧张症的行为、阴性症状）来与精神分裂症相区分。

6. 创伤后应激障碍

创伤后应激障碍可能包括与幻觉类似的闪回，以及可能达到妄想程度的过度警觉。但是做出创伤后应激障碍的诊断，需要创伤事件，及对创伤事件的反应和重新体验的特征性症状。

（四）精神分裂症的症状评估

1. 简明精神病评定量表（BPRS）

BPRS 由 John E. Overall 等于 1962 年编制，主要用于观察评定精神分裂症的症状特点和疾病严重度。它是精神科应用得最广泛的评定量表之一，包含 18 项条目，采用 1～7 分的 7 级评分法。总分在 18～126 分，总分反映疾病的严重性，总分越高，病情越重。它主要适用于精神分裂症等精神病患者。

2. 阳性与阴性症状量表（PANSS）

阳性与阴性症状量表（PANSS）是为评定不同类型和程度的精神分裂症症状而设计和标准化的。它包括 33 项，分 5 个分量表，阳性与阴性症状量表可以完整地对一个精神分裂症患者的症状做出全面的衡量，可以作为分型的评定标准。主要适用于成年人，由经过训练的精神科医师对患者做精神检查，综合临床检查和知情人提供的有关信息进行评定。

3. 精神病症状严重程度临床工作者评估量表

精神病症状严重程度维度的临床工作者评估量表是一种包括 8 个条目的量表，由临床工作者在临床评估时完成。每一个条目要求临床工作者对在过去 7 天内个体经历的每一个症状的严重程度进行评分。

该量表的每一个条目都采用 5 分制评分（0＝不存在；1＝可疑；2＝存在但轻度；3＝

存在和中度；4＝存在和重度），伴有每一个评估水平的特定症状的定义。临床工作者可以回顾该个体可获得的所有信息，并基于临床判断选择（做标记）最能精确地描述该个体的疾病严重程度的水平。

4. 卡尔加里精神分裂症抑郁量表（CDSS）

卡尔加里精神分裂症抑郁量表（Caigary depression scale for schizophrenia，CDSS）是在20世纪90年代初期由加拿大卡尔加里大学的阿丁顿等在大量的研究基础上编制的量表，主要用于评定精神分裂症伴发的抑郁症状。量表共有9个结构式的条目，包括：抑郁情绪、绝望感、自我贬低、罪感性牵连观念、病理性罪恶感、晨间抑郁、早醒、自杀、观察到的抑郁表现。所有条目采用0～3的四级评分，分值越高，症状越严重。

五、精神分裂症的治疗

自认识到精神分裂症这种疾病以来，研究者们一直在研究精神分裂症的发病原因及治疗的方法。药物治疗手段一直是治疗精神分裂症的主要方法。目前抗精神病药主要有第一代、第二代抗精神病药及目前正在研发的抗精神病药，如谷氨酸受体相关的药物，另外抗精神病的治疗还包括物理治疗，如电休克治疗、经颅磁刺激，还有心理社会治疗和康复等。

（一）药物治疗原则

精神分裂症的药物治疗应该系统而规范，强调早期、足量、足疗程的“全病程治疗”。一旦明确诊断应及早开始用药。根据目前国外包括美国、欧洲、世界精神卫生协会（WPA）治疗规则系统的建议，一般推荐第二代（非典型）抗精神病药物作为一线药物选用。目前资料显示，第二代抗精神病药物在急性期大体药效相近，但对具体患者的疗效有个体差异。第一代及第二代抗精神病药物的氯氮平作为二线药物使用。药物应达到治疗剂量，一般急性期治疗为期2个月。采取积极的药物治疗，争取缓解症状，预防病情的不稳定。治疗应从低剂量开始，逐渐加量，高剂量时密切注意不良反应。门诊患者用药剂量通常低于住院患者，一般情况下不能突然停药。巩固期仍以药物治疗为主，以原有效药物、原有效剂量坚持继续治疗，促进阴性症状进一步改善，疗程至少6个月。维持治疗对于减少复发或再住院具有积极的作用。第一次发作维持治疗1～2年，如果治疗前病程较长，有攻击或自杀行为史，则需维持更长时间；第二次或多次复发者维持治疗时间应更长一些，至少维持药物治疗5年；对有精神分裂症家族史、攻击或自杀未遂史、复发倾向（既往多次发作或5年内发作2次）或不能自我护理者，应终生服药。维持治疗的剂量应个体化，一般为急性治疗期剂量的1/2～2/3。慢性患者病程多迁延，症状未能完全控制，常残留阳性症状及情感症状，包括抑郁及自杀。慢性患者的治疗中应进一步控制残留症状，提高疗效，可采用换药、加量、合并治疗等方法。另外需加强随访，掌握病情变化，调整治疗。

（二）药物治疗

1. 第一代抗精神病药

第一代抗精神病药，又称典型抗精神病药，指主要作用于中枢D2受体的抗精神病药物，以氯丙嗪和氟哌啶醇为代表，于 20 世纪 50 年代初及 60 年代上市，也称为传统抗精神分裂症药物。第一代抗精神病药物主要通过阻断脑内多巴胺受体发挥抗精神病的作用，其主要作用是通过作用中脑-大脑皮质和中脑-边缘系统发挥药理作用，但同时也作用到黑质-纹状体通路和下丘脑通路的多巴胺受体，因此产生锥体外系反应、内分泌、代谢改变的副反应。第一代抗精神病药物疗效确切，可缓解大部分患者的症状，尤其是急性期阳性症状，也可使部分慢性患者的症状得以控制。但是，这类药物产生的众多不良反应，如过度镇静、锥体外系不良反应（EPS）、心血管和自主神经不良反应以及迟发性运动障碍，使患者生活质量降低，甚至不堪耐受，影响了患者服药的依从性，进而增加复发率。第一代抗精神病药物在临床上的应用已越来越少，逐渐被新一代药物所取代。

2. 第二代抗精神病药

第二代抗精神病药也称为非典型抗精神分裂症药物。大量临床资料表明，第二代抗精神病药物对于精神分裂症患者的幻觉、妄想、怪异言行等阳性症状的治疗作用与第一代药物无明显差异，且同样可以控制疾病急性发作期的冲动行为。第二代抗精神病药物不局限于对 D2 受体的阻断，同时对 5-羟色胺受体有较强的阻断作用。第二代抗精神病药物由于临床作用谱广、引发锥体外系反应比率较小或不明显，对精神分裂症的阳性和阴性症状均有效，一般不影响患者的认知功能，不良反应相对较小，因此，现已成为治疗精神分裂症的一线药物。第二代抗精神病药主要包括利培酮、奥氮平、喹硫平、阿立哌唑、氨磺必利等。更少的副作用是第二代抗精神病药物的绝对优势，但随着临床经验的积累，人们发现，虽然它们运动障碍的副作用减少了，但诸如血糖、血脂、催乳素的升高，体重的增加等副作用使它们在副作用方面并不比某些典型抗精神病药物显得有优势。

（二）物理治疗

1. 电休克治疗

电休克治疗是用适量的电流刺激中枢神经系统，造成中枢神经系统特别是大脑皮层的电活动同步化，同时引起患者短暂意识丧失以达到治疗精神症状目的的一种治疗方法。无抽搐电休克治疗（MECT）是对传统电休克治疗（TECT）的改良，即在麻醉基础上给予一定量的肌松药再给予电刺激而达到治疗效果的治疗方法。无抽搐电休克因减少或避免抽搐发生逐渐替代传统电休克治疗，即有抽电休克治疗。目前无抽搐电休克治疗主要配合药物治疗控制拒食、冲动自伤或伤人、木僵或亚木僵及难治性精神分裂症的治疗，治疗疗程一般是 8～12 次，效果相对肯定，常见的不良反应是短期内可逆性记忆力下降，一般 3 个月左右可自行恢复。

2. 重复经颅磁刺激（repetitive transcranial magnetic stimulation，rTMS）

重复经颅磁刺激如同深部脑刺激、迷走神经刺激、电休克治疗一样，作为一种非药物治疗手段，已成为精神疾病的一种新的治疗工具。rTMS 作为一种相对较新的技术用于探索精神分裂症的治疗已有十余年的时间。由于精神分裂症的复杂性，诸多报道并不一致，但可以肯定 rTMS 对部分患者是有效的。迄今人们不再关注 rTMS 对精神分裂症的总体治疗效果，而是不断努力用其来改善精神分裂症的幻听、阴性症状、阳性症状及认知功能等具体方面。很多研究提示我们，它可能对这些分裂症的症状群有一定的效果。rTMS 在消除阴性症状方面存在较多的争议。rTMS对阴性症状、认知症状的作用已经引起了人们浓厚的兴趣，这不仅是因为它的安全性、耐受性，而且因为它更有助于我们理解这些感知觉症状潜在的发病机制。

（四）心理治疗

精神分裂症在传统意义上属于重性功能性精神障碍中的一种，它对个人的功能水平有深远的影响，虽然药物改善疾病的许多显性症状，并对复发预防有效，但社会适应、职业竞争能力等社会功能仍不能通过药物得到改善。因此，越来越多的研究者认识到仅仅消除精神分裂症患者的精神症状是不够的，还须帮助其保持良好的健康状态，恢复原有的工作或学习能力，重建恰当稳定的人际关系，这样才算达到全面的社会康复。此外，由于精神分裂症患者可能因为精神症状影响治疗动机与主动性，可能存在一部分残留症状及社会功能衰退，而心理治疗不但可以改善患者的精神症状，提高自知力，增强治疗的依从性，也有助于改善家庭成员之间的关系，促进患者与社会的接触。因此，心理治疗作为精神分裂症治疗的一部分是必需的。尽管已有很多关于精神分裂症心理治疗方法的研究，但众所周知，当今尚无一种使精神分裂症获得痊愈的治疗方法。对精神分裂症病人实施心理治疗绝大多数是在疾病的恢复期或间歇期或疾病的慢性阶段。

1. 支持性心理治疗

支持性心理治疗在疾病的早期可以帮助患者增强对自身疾病的认识，使其能够接受系统的药物治疗；在急性期和维持期治疗中帮助患者认识药物的效用及可能出现的副作用，以及认识到长期治疗对预防疾病复发的重要性，并且尽可能帮助患者解决在生活、学习、工作等方面所遇到的问题。

2. 认知行为治疗

认知行为治疗的目的和作用在于：让患者了解疾病性质，改善内省力，主动接受治疗，发展与医生及照料者的合作；找出影响病情稳定性的因素，如应激和物质滥用；通过降低应激、焦虑或抑郁，降低生理唤醒性，改善症状；让患者把症状看成应激反应，这使他们感到较为正常，较少“脱离现实”，应激反应减轻；按照妄想的强度由轻到重去讨论妄想，挑战并检验支持妄想的证据；发展解决问题的方法，使用适应技术，可减轻抑郁；纠正患者的某些功能缺陷，提高人际交往技巧。研究显示（Bustillo，2001），社会技能训练（social skills training）对于学习特殊的社交行为是有效的方法，它包括基本模式（指将复杂的社会指令分解成简单的步骤，通过角色扮演去学习、练习，然后应用到实际生活中）、社交问题解决、认知补救三种模式。已有作者介绍了美国学者针对精神分裂症患者设计的社会和独立生活技能训练程式。新近发展的支持就业计划（supported employment programs）、自信社区治疗计划（assertive community treatment program）对提高就业竞争能力、降低再住院率及预防复发均有一定疗效。

3. 家庭心理治疗

家庭心理治疗的目的和作用是，让家人对该疾病有一定的认识，了解怎样来帮助患者认识疾病及其治疗的重要性，配合医生让患者得到系统的治疗，使家庭成员发现存在已久的沟通方面的问题，恰当地宣泄不良情绪，简化交流方式，避免交流偏差及过度的批评和评论、敌对以及过分的情感卷入。

法伦（Falloon）和泰瑞尔（Tarrier）等人应用行为或解决问题的方法，更注重于训练整个家庭成员解决内部问题和相互交往的技能。如他们提出对精神分裂症病人的有效治疗包括：(1) 关于精神分裂症的教育内容。(2) 相互交流训练，如角色扮演练习、模仿、强化。(3) 问题解决训练。指导家庭成员进行结构性解决问题方法的训练，找出问题所在；列出针对这一问题可能的解决办法；对各种可能的办法可能会产生的不同结果进行评估；家庭成员从可能的解决办法中找出一种被认为可行的最好的办法；按此法做出计划并付诸实施；对实施结果进行回顾并表彰参与者的努力。(4) 教会家庭成员行为管理的各种策略、方法，包括代币制、行为塑造的方法等。

4. 降低情感表达的治疗（reducing expressed emotion treament）

莱夫（Leff）和沃恩（Vaughn）是情感表达（expressed emotion，EE）理论的主要倡导者。当前很多对精神病人的家庭干预都把 EE 作为必要的入组条件之一，而且将家庭 EE 水平的降低作为家庭干预的另一治疗目标。莱夫（Leff）提出的降低情感表达的治疗包括：(1) 短期的关于精神病的病因、症状、病程以及管理这类疾病的教育；(2) 包括有高低情感二种表达家属在内的小组治疗过程，降低高 EE 的病人家属对病人的指责性评价、敌意和过分介入等，从低 EE 的家属中学习经验；(3) 包括病人及家属在内的个别家庭治疗过程，在治疗师的帮助下学会在家庭中实际处理各种问题。但复发与情感表达水平降低之间是否有明确相关性尚未见报道，因为高水平的情感表达有可能是复发本身的结果。

5. 其他

有关学者研究了 50 年来有关精神分裂症的心理治疗文献后提出，过多涉及潜意识、移情和阻抗等的心理动力学模式不宜用于精神分裂症的治疗。

六、康复措施

精神康复可以帮助防止患者的复发和出现衰退以及严重的精神残疾。这项工作需要全社会各阶层、家庭和周围人的配合及帮助，也需要得到政府部门的大力支持和重视。做法有：

第一，让患者和患者的家人了解精神分裂症维持治疗的重要性，即长期药物治疗的重要性。并且在医生的指导下，使他们具有良好的治疗依从性，医生及时根据病情变化，调整用药剂量，减少药物带给患者的副作用。

第二，一旦患者的精神症状消除，自知力得到恢复，要让他们尽快回归社会，作为社会和家庭要热忱地接纳他们。一旦他们原有的社会交往和技术功能恢复，尽快让他们回到原有的工作和学习岗位上，如原有工作岗位不再适合患者，也要根据患者的具体情况给予调整，并且帮助他们适应新的环境。

第三，建立定点的社区网络或康复站，对不具备劳动技能或原有技能已失去的患者应该给予简单的或相关的技能培训或再学习，使他们能有一技之长，通过劳动来获得自身价值。

第四，培养他们建立良好人际关系的能力，让他们逐渐适应社会，正确处理好可能产生的各种矛盾或问题。并且提高他们个人的兴趣和爱好，让他们适当参加社区活动，在活动中不断提高自己的适应能力，加强体育锻炼和娱乐活动。

第五，培养他们对周围人和家人的亲近感，并且家人要给予他们更多的关爱，不但从生活上关心他们，更要在精神上，让他们建立一种自信、自立的信念。

七、预后

随着现代治疗学的不断进步，精神分裂症的预后并不像人们所想象的那样悲观，因为大约60%的患者可以达到社会性缓解，即具备一定的社会功能。在第一次发作的精神分裂症患者中，有75%可以治愈，约20%可保持终生健康。

影响结局的主要相关因素有：精神病发作次数，持续治疗，阴性症状，自杀行为，家属的经济状况和总的疾病发展趋势。有利于预后的一些因素是：起病年龄较晚，急性起病，明显的情感症状，人格正常，病前社交与适应能力良好，病情发作与心因关系密切。通常女性的预后要好于男性。

第三节　其他精神病性障碍

除精神分裂症外，属于精神病性障碍的还有：妄想性障碍、短暂精神病性障碍、感应性精神病和分裂情感性障碍等。由于后两者较为少见，本节仅介绍妄想性障碍及短暂精神病性障碍。

一、妄想性障碍

妄想性障碍（paranoid mental disorders）又被称为偏执状态、偏执狂、偏执型精神病。顾名思义，这是一组以妄想为突出临床特征的精神病性障碍。妄想常具有系统化的倾向，个别可伴有幻觉但历时短暂而且不突出。病程演进较慢，患者一般不会出现人格衰退和智能缺损，并有一定的工作和社会适应能力。

（一）病因

本病原因不明。起病年龄一般在30岁以后，女性偏多，未婚者多见。病前性格多具有固执、主观、敏感、猜疑、自尊心强、好强、自我中心、自命不凡等特征。一般认为本病是在个性缺陷的基础上遭受刺激而诱发，由于自负和敏感，对所遭遇的挫折作歪曲的理解，疑心是别人有意怠慢自己，对他人产生敌意并与人争执，进而导致人际关系紧张，再因为其敏感而将他人的敌意和不友好放大，引起更多更激烈的争执，逐步形成妄想。而在妄想的影响下则容易和环境发生冲突，形成恶性循环，强化妄想。

生活环境的改变，如移民、服役、被监禁及与社会隔绝的状态，可能会诱发妄想性障碍。老年人中出现的感官功能缺陷，如失聪、失明等现象，也易伴发妄想症状。

（二）临床表现

本病发展缓慢，多不为周围人所察觉。逐渐发展为一种或一整套相互关联的妄想，内容可为被害、嫉妒、诉讼、钟情、夸大、疑病等。妄想性障碍的妄想与精神分裂症的妄想不同，表现为：有一定现实性，不荒谬离奇；接近现实，一般不会不断泛化。妄想性障碍的妄想可由具有一定现实基础并被情绪强化了的超价观念逐渐发展而来，多持久，有时持续终生。很少出现幻觉，不会出现施奈德提出的评论性幻听、争论性幻听、思维化声、思维被扩散、思维剥夺、思维被插入、躯体被动体验、被动意志、被动情感、被动行为及妄想知觉等一级症状。

妄想性障碍按其妄想内容可以区分为不同的临床相，即分别以被害妄想、嫉妒妄想、诉讼妄想、钟情妄想、夸大妄想和疑病妄想等为主的临床相。被害妄想往往与诉讼妄想相伴随。如：患者会认为社会中存在针对他的恶势力，为达到目的不择手段、不惜代价，有计划地迫害他。患者不断扩大自己的对立面，最后扩展到整个社会。患者会一次次、一级级上告，不达目的，誓不罢休。嫉妒妄想多见于男性。他们无端怀疑配偶的忠贞，千方百计搜集所谓的证据，逼迫配偶“招供”、写“保证书”，再通过这些被逼写下的“招供”和“保证书”来“证实”问题的存在，导致情况更加恶化。有时患者会在妄想支配下产生伤害行为。钟情妄想多见于未婚中年女性。她们所认定的爱人多具有较高的社会地位、名声，也有妻室。患者坚信对方通过各种暗示传达爱意，并认为只有自己才能给对方带来真正的幸福。

（三）诊断与鉴别诊断

1. 诊断

DSM－5 中妄想性障碍的诊断标准 1 不再要求妄想必须是非古怪的。对于古怪型妄想，现在增加了一个标准，以保持与 DSM－Ⅳ的连续性。以下是 DSM－5 中妄想性障碍的诊断标准。

妄想性障碍的诊断标准

1. 存在 1 个（或多个）妄想，时间持续 1 个月或更长。

2. 从不符合精神分裂症的诊断标准 1。

注： 如果存在幻觉，则不突出，并且与妄想的主题相关（例如，与昆虫大批出没的妄想有关的被昆虫寄生的感觉）。

3. 除了受妄想或其结果的影响，功能没有明显损害，行为没有明显的离奇或古怪。

4. 如果出现躁狂或重性抑郁发作，则这些发作对于妄想的病程而言是短暂的。

5. 这种障碍不能归因于某种物质的生理效应或其他躯体疾病，且不能用其他精神障碍来更好地解释，如躯体变形障碍或强迫症。

资料来源：DSM－5；American Psychiatric Association，2013.

2. 鉴别诊断

强迫与相关障碍：如果强迫症个体完全确信他的强迫障碍信念是真的，那么应该被诊断为强迫症，伴缺少自知力/妄想信念，而不是被诊断为妄想性障碍。类似地，如果躯体变形障碍个体完全确信他的躯体变形障碍信念是真的，那么应该被诊断为躯体变形障碍，伴缺少自知力/妄想信念，而不是被诊断为妄想性障碍。

精神分裂症和精神分裂症样障碍：妄想性障碍可以通过缺少精神分裂症活动期的其他特征性症状，来与精神分裂症和精神分裂症样障碍相区分。如妄想性障碍除了临床表现不具备精神分裂症的典型症状外，情感一般保持完好。在不涉及妄想内容时，患者的行为态度和言语均正常，也很少出现衰退。

（四）治疗和预后

1. 治疗

抗精神病药物可以起到镇静情绪、缓解妄想的作用，但药物治疗最大的障碍是患者不依从。必要时可使用长效针剂。心理治疗对妄想的作用不佳。

2. 功能性后果

比起其他精神病性障碍，妄想性障碍的功能损害较为有限，尽管在一些案例中，职业功能不良和社交孤立的功能损害是显著的。当不良的心理社交功能存在时，妄想信念经常起到一种显著的作用。妄想性障碍的个体常见特征是，当不讨论或执行他们的妄想信念时，其行为和表现看起来是正常的。

3. 预后

病程多呈持续性，有的患者可能终生不愈。但老年后由于体力与精力日趋衰退，症状可有所缓解。个别患者经治疗缓解较彻底。

二、短暂精神病性障碍

（一）临床特征

短暂精神病性障碍（transient psychosis disorder）指一组起病急骤，以精神病性症状为主的短暂精神障碍，病程大于1天少于1个月，多数患者能缓解或基本缓解。在ICD-10诊断标准中又称“急性而短暂的精神性障碍”，包括：分裂样精神病、旅途性精神病和妄想阵发（急性妄想发作）等。

分裂样精神病的临床表现以精神分裂症性症状为主，但病程不超过1个月。

旅途性精神病指患者在路途中发病，病前有明显精神应激、过度疲劳、过分拥挤、慢性缺氧、睡眠缺乏、营养水分缺乏等综合因素作用；常可出现意识障碍、片段的妄想、幻觉或行为紊乱；在停止旅行和充分休息后，在数小时或数周内可自行缓解。

妄想阵发指无明显发病诱因，突然急性起病，在1周内症状达到高峰，以短暂妄想为主，可有情感和行为障碍。临床表现以突然产生多种结构松散、变幻不定的妄想为主，如被害、夸大、嫉妒，或宗教妄想。可伴有恍惚、错觉、短暂幻觉、人格解体、运动增多或减少；病程短暂，但部分病例病程可长达3个月；多见于青壮年，不发生于儿童，50岁以后罕见。

短暂精神病性障碍可能出现在青少年期或成年早期，也可能出现在整个生命周期，平均起病年龄在35岁左右。根据定义，对短暂精神病性障碍的诊断，需要在此障碍起病1个月内所有症状完全缓解，并最终恢复到起病前的功能水平。在一些个体中，精神病性症状的病程可以非常短暂（如几天）。先前存在的人格障碍和特质（例如，分裂型人格障碍、边缘型人格障碍，或精神病性领域的特质，如知觉失调，及负性情感领域的特质，如多疑）可能使个体易于发展成短暂精神病性障碍。

把短暂精神病性障碍的症状与文化上认可的反应模式相区分是非常重要的。例如，在一些宗教仪式上，个体可能报告听到了声音，虽然这个声音通常不持续，但是在个体所在社区中的大部分成员不认为这样是异常的。此外，当评估一个信念是否是妄想时，必须考虑文化和宗教背景。

病例1：男，某某，18岁，学习压力大引发急性起病，表现多疑，觉得有几个同学故意针对自己，在背后说自己坏话等。1个月后症状消失。

病例2：女，某某，32岁，无明显诱因出现幻听一周，未经治疗但临床症状完全消失，无任何残留症状。

现在这两个患者来医院门诊咨询如下问题：我是不是有精神疾病？我需要吃药吗？我以后还会不会再出现这样的情况？作为一名精神科医生，你怎么回答？

短暂精神病性障碍的诊断标准

1. 存在1项（或更多）下列症状，至少其中1项必须是①、②或③：

（1）妄想。

（2）幻觉。

（3）言语紊乱（例如：频繁地思维脱轨或联想松弛）。

（4）明显紊乱的或紧张症的行为。

注：不包括文化认可的反应性的症状。

2. 这种障碍的发作持续至少1天，但少于1个月，最终能完全恢复到发病前的功能水平。

3. 这种障碍不能更好地用重性抑郁障碍或双相障碍伴精神病性特征或其他精神病性障碍如精神分裂症或紧张症来解释，也不能归因于某种物质（例如，滥用的毒品、药物）的生理效应或其他躯体疾病。

资料来源：DSM-5；American Psychiatric Association，2013.

（二）鉴别诊断

（1）其他躯体疾病：很多躯体疾病可能表现为短暂的精神病性症状。如果有病史、体格检查或实验室检验的证据表明，该妄想或幻觉是一个特定的躯体疾病（例如，库欣氏综合征、脑肿瘤）直接的生理后果，那么需要诊断为由另一种躯体疾病所致的精神病性障碍或谵妄。

（2）与物质有关的障碍：如果一种物质（毒品、药物滥用，毒素接触）被认为在病因上与精神病性症状相关，那么可以对物质/药物所致的精神病性障碍、物质诱发的谵妄及物质中毒与短暂精神病性障碍做出鉴别。实验室检验，例如对尿液中毒品或血液中酒精的浓度的筛查，以及物质使用的详细病史，有助于在这方面做出鉴别，特别是物质摄入和症状开始之前的时间关系以及被使用物质的性质。

（3）其他精神病性障碍：如果精神病性症状持续1个月或更长，那么可以根据其在临床表现中的其他症状，诊断为精神分裂症样障碍、妄想性障碍、抑郁障碍伴精神病性特征、双相障碍伴精神病性特征、其他特定或未特定的精神分裂症谱系及其他精神病性障碍。如果经药物成功治疗，精神病性症状在1个月内缓解，那么对短暂精神病性障碍和精神分裂症样障碍的鉴别诊断是困难的。特别要注意这种可能性：反复发作的精神病性障碍（例如，双相障碍、精神分裂症反复的急性加重）可能引起任何反复出现的精神病性发作。

（4）诈病与做作性障碍：做作性障碍伴主要心理体征和症状的发作，可能看起来像短暂精神病性症状的表现，但在这样的案例中，有证据表明这些症状是有意使然。当诈病涉及精神病性症状的表现时，通常有证据表明，该疾病是为某个目的而装出来的。

（四）治疗和预后

目前对该病的治疗意见不一，当前求治的患者一般社会功能受损明显，临床症状突出，治疗主要以抗精神病药物治疗为主，有时会选择MECT治疗，对于该病的维持治疗目前存在一些争议，需要进一步循证医学的证据。有研究得出入院诊断为急性短暂精神病性障碍的患者大部分转归为精神分裂症，其中有精神分裂症谱系障碍阳性家族史，入院前病程偏长、MMPI精神病态量表得分高者，转归为精神分裂症的可能性更大。伦敦精神病研究所的保罗（Paolo）教授探讨短暂精神病性障碍不同表现的预后，并将其与首发精神分裂症（FES）做对比的荟萃分析结果显示，急性而短暂的精神病性障碍（ATPD）、短暂性精神病性障碍（BPD）、短暂间歇性局限性精神病性障碍（BLIPS）、短暂间歇性精神症状（BIPS）四组之间在不同随访时间的复发率均无明显差异，且复发率均明显低于首发精神分裂症患者。这为以后短暂精神病性障碍的诊断、分类及治疗提供了更多的临床证据，为解开短暂精神病性障碍这一谜题提供了方向。对大多数个体来说，短暂精神病性障碍患者的社交功能和症状方面的预后较好。

小　结

1. 精神病性与非精神病性障碍在现实检验能力、症状特点、社会功能、自知力、人格结构以及预后等方面存在着明显的区别。

2. 精神分裂症（schizophrenia）是一组具有思维、情感、行为等多方面障碍的综合征，以精神活动和环境不协调为特征，部分患者可出现认知功能损害。多起病于青壮年，常缓慢起病，病程迁延，有慢性化倾向和衰退的可能。精神分裂症可表现为心理活动的内外不协调、心理过程不协调以及心理过程缺乏联系。

3. 精神分裂症的症状可包括：感知觉障碍、思维障碍、情感障碍、意志与行为障碍、认知功能损害、阴性症状、自知力以及早期表现和其他症状。

4. 精神分裂症的病因包括生物、心理、社会学等多种因素，尽管患者可能遭遇"应激性事件"，但仍然以生物学因素为主，家庭社会环境中的交流偏差以及过高的情感表达不利于疾病治疗。治疗以药物治疗为主，且须维持足够长的时间，心理治疗有利于提高患者的生活质量。

5. 精神分裂症的药物治疗应该系统而规范，强调早期、足量、足疗程的“全病程治疗”，注意药物不良反应。一旦明确诊断应及早开始用药。治疗应从低剂量开始，逐渐加量，高剂量时密切注意不良反应。门诊患者用药剂量通常低于住院患者，一般情况下不能突然停药。巩固期仍以药物治疗为主，以原有效药物、原有效剂量坚持继续治疗，促进阴性症状进一步改善，疗程至少 6 个月。维持治疗对于减少复发或再住院具有积极的作用。

6. 精神病性障碍除精神分裂症外，还有妄想性障碍、短暂精神病性障碍等。妄想性障碍的妄想与精神分裂症的妄想不同，表现为：有一定现实性，不荒谬离奇；接近现实，一般不会不断泛化。妄想性障碍的妄想可由具有一定现实基础并被情绪强化了的超价观念逐渐发展而来，多持久，有时持续终生。

复习思考题

一、名词解释

1. 精神病性障碍
2. 精神分裂症
3. 妄想性障碍
4. 短暂精神病性障碍

二、简答题

1. 精神病性障碍与非精神病性障碍的区别是什么？
2. 精神分裂症的情感障碍的特点是什么？
3. 精神分裂症的治疗原则是什么？
4. 二代抗精神病药主要包含哪些药物？作用及特点是什么？
5. 妄想性障碍的妄想与精神分裂症的妄想内容的区别是什么？

三、案例分析

患者，陈某，女，21 岁，学生。于 2 年前无明显原因及诱因缓慢起病，开始表现为注意力不集中，容易发呆，话少，逐渐和家人感情疏远，在学校里和同学交往减少，上课不能认真听讲，觉得同学在背后议论自己，说自己的坏话，认为老师故意针对自己，故意提问自己或瞪自己，在路上觉得不认识的同学和路人看自己，有时自言自语。病情逐渐加重，近半年来，患者生活懒散，多疑明显，凭空闻声，怀疑别人背后议论自己、针对自己，凭空听到有声音喊自己，有时吃着饭就无故往外跑，说外面有人喊。在家说话小声，说有人偷听，经常是家人劝着洗澡，有时不洗脸或几天不换衣服，生活无规律，不能坚持上课，夜间睡眠欠佳。

（1）请问上述案例最可能的诊断是什么？

（2）该诊断的依据是什么？

推荐影片

《美丽心灵》

《美丽心灵》是一部关于一个天才的极富人性的电影。故事的原型是数学家小约翰·福布斯·纳什（John Forbes Nash，Jr.）。英俊而又十分古怪的纳什早年就做出了惊人的数学发现，开始享有国际声誉。但纳什出众的直觉受到了精神分裂症的困扰，使他向学术上的最高层次进军的辉煌历程发生了巨大改变。面对这个曾经击毁了许多人的挑战，纳什在深爱着他的妻子艾丽西亚（Alicia）的相助下，毫不畏惧，顽强抗争。经过了几十年的艰难努力，他终于战胜了这个不幸，并于1994年获得诺贝尔经济学奖。这是一个真实人物的传奇故事。

推荐视频

1. 精分到底是什么：http：//open.163.com/movie/2016/6/1/L/MBPKL8LCM_MBPKLCP1L.html
2. 认识精神分裂症：https：//v.youku.com/v_show/id_XMjY1Nzk5NjgxNg==.html
3. 精神错乱的种类：http：//www.iepsy.com/course/269

第十一章
进食与睡眠障碍

进食和睡眠是有机体的两种重要的、相对自动化的行为。它们不仅对我们的生存和生活有着重要的影响，而且对我们的其他行为也有重要作用。

你可能会问为什么进食障碍和睡眠障碍会编入变态心理学的教材。尽管各种障碍性的进食和睡眠显然存在其生理基础，可以看作医学问题，但是在 DSM 系统中进食障碍和睡眠障碍也是单独列出的两个类别。像其他的生理障碍一样，进食和睡眠问题在许多重要方面都与心理学因素有相互作用。本章我们将学习这两类障碍。

第一节　进食障碍

进食是生物体的自然需要，是个体赖以生存的本能。个体的生存环境、社会文化背景、风俗习惯及经济条件都与进食行为密切相关，正常的进食行为应适应其社会文化背景的基本要求，保持恰当的食量从而维持个体的心身健康。如果进食行为异常或自然需要得不到充分的满足，不仅会干扰个体的生理平衡，影响躯体健康，而且还会引起心理行为障碍。让我们来看看小俐的情况。

案例

小俐今年 17 岁，她皮肤发青，面色苍白，双眼凹陷。如果仔细观察，你会发现她曾经很有吸引力，但现在，她看上去衰弱且不健康。

一年半以前，她的体重有些超标，身高 155 厘米，体重 64 公斤。她的母亲傲气而且苛求，不停地唠叨小俐的外表，她的朋友则更加不留情面。小俐从未与男孩子约会过，一个朋友告诉她，她确实聪明可爱，如果体重能减轻一些，想与谁约会都没问题，所以她就着手行动了。经过多次不成功的努力之后，她决定这次一定要成功。

经过几周严格的节食，小俐发现自己的体重正在减轻，而且获得了母亲和朋友的好评。她感到前所未有的控制感和优势感，自我感觉开始变好。但问题也随之出现了，她的体重减得太快以致出现了闭经，然而现在什么也阻止不了她的节食行为。当她被父母送到医院就诊时，体重只有 34 公斤，但她认为很好看，并且可以再瘦一些。实际上，此时小俐并未开始为自己的节食行为寻求治疗。逐渐地，她的左小腿感到麻木，左足下垂，神经科医生认为上述症状是由于营养不良导致的腹膜神经麻痹。然而，小俐仍然继续参加学校组织的各项活动和坚持她的业余爱好，并且做得很好。她买了很多用于运动练习的录像带。开始她每天练习一次，然后是每天两次，当她的父母认为她已经运动得太多时，小俐就趁没人的时候偷偷锻炼，每次饭后她都随着录音机的音乐进行运动，直到认为已经消耗了摄入的所有卡路里为止。

最终，小俐被诊断为神经性厌食症——进食障碍的一种主要类型。20世纪50年代至60年代早期，随着媒体的大肆渲染，以瘦为美的女性理想体形深入人心，这类疾病开始呈现上升趋势，并在数十年之内悄然蔓延开来。

一、什么是进食障碍

进食障碍（eating disorders）是一组以进食行为异常为主的精神障碍，包括与体重和进食有关的极端情绪、态度和行为，其严重的情绪和躯体问题对生命构成威胁，主要有神经性厌食症（anorexia nervosa）、神经性贪食症（bulimia nervosa）、暴食障碍（binge-eating disorder）等。目前，进食障碍已经成为一个危害青少年乃至中青年女性的严重的心身问题。DSM-Ⅳ将之称为进食障碍，DSM-5将之命名为喂食及进食障碍（feeding and eating disorders）。

思考：厌食症患者真的讨厌食物吗？

尽管本节中我们要讨论的一些障碍可能有生命危险，但是大多数人都没有意识到这些障碍已经广泛地出现在我们周围了。这些障碍最初在20世纪50年代至60年代迅速增加，并在接下来的几十年里迅速蔓延。

在神经性贪食症中，进食时的失控或暴食会带来随后的自引呕吐、过度使用泻药或其他形式的“清除”行为。在神经性厌食症中，患者只吃极少量的食物，甚至一点东西都不吃，所以他们的体重会降到很危险的程度。这些相关障碍的主要特征都是过分且全身心地想要变瘦。他们的口号是“要么瘦，要么死”。有研究对这些神经性贪食症的患者进行了长期的追踪，结果发现超过20%的人会因为这种障碍死亡，而其中有接近5%的人会在10年之内死亡，而一半的死因是自杀。在暴食障碍中，个体重复地暴食，并因此感到难过，但是他们并没有清除食物的尝试或行为。

现有的资料显示，进食障碍的患病率正呈现出上升趋势。在瑞士，有研究发现，从1956—1958年，年龄在12～25岁的治疗患者中神经性厌食症新增个案占整个女性群体的3.98/10万。1973—1975年，其比率为16.76/10万，增加到了之前的4倍多。伊格尔斯等（Eagles，Johnston，Hunter，Lobban，& Millar，1995）证明，在苏格兰其患者数量以每年5%的比率在稳步增长。加纳和费尔伯恩（Garner & Fairburn，1988）在加拿大的研究表明，1975—1986年期间，厌食症患者的比率增加缓慢，而贪食症患者人数显著增加。其他的研究估计，进食障碍患病人群的死亡率已经增加到正常人群死亡率的6倍。

然而，这种形势正在发生变化。已有证据表明，进食障碍的发展具有全球化的趋势。在亚洲，尤其是在日本，进食障碍的患病率估计已接近美国和其他西方国家。近十几年来，在我国香港和台湾，以及近几年来在我国内地，进食障碍的案例也开始迅速增多，尤其是北京、上海等大城市，进食障碍的患病率增长也很快，在某些指标上已接近美国（王建平主编，2005）。

进食障碍首次出现在 DSM 中是在 1980 年作为一种始于儿童或青少年时期的障碍的亚型。进食障碍成为 DSM-Ⅳ中一种独立的类别，反映出临床医生和研究人员对其更多的关注。在 DSM-5 中，进食障碍被归为“进食失调”这一类别中，其中还包括一些儿童障碍，例如异食癖（长期食用非食物的物质）和反刍障碍（重复的饭食反流）。

事实上并不是每个人都会面临这样的危险。进食障碍倾向于发生在相对比较特殊的群体中，即年轻女性以及体操、舞蹈等特殊专业和职业者身上。超过 90%的严重个案是年轻女性，她们大多数家庭条件比较优越，生活在社会竞争很强的环境中。最著名的例子就是已故的英国王妃黛安娜（图 11-1），她曾详细地讲述过自己和贪食症长达 7 年的斗争。她报告说，即使在蜜月期间，自己也每天都会暴食并呕吐不下 4 次，甚至更多。

图 11-1　已故的英国王妃戴安娜

厌食症的主要患者是女性（90%～95%），并且发病多在青春期，大约在 13 岁。沃尔特斯和肯德勒（Walters & Kendler，1995）从 2 163 对双胞胎的数据中分析出了厌食症的流行状况。结果表明，其终生患病率为 1.62%，当把没有完全达到诊断标准的疑似症状算进去的时候，这个数字增长到 3.7%。贪食症的最主要的患者也是女性（90%～95%），典型的发病年龄是在 16～19 岁，多数是白人和中产阶级及以上社会阶层的人群。男性个案占 5%～10%，发病时间稍晚，并且大部分的未成年人主要是同性恋和双性恋者。一些需要调节体重的男性运动员，如摔跤运动员，是另一部分男性进食障碍患者的来源。有研究者对 2 163 对双胞胎进行了访谈，发现贪食症的终生患病率是 2.8%。这些结果表明，从某种程度上说，贪食症比厌食症更为普遍。

如上所述，进食障碍在不同的性别、年龄和社会阶层中的特异性是不同的，这使得我们更想去探知究竟是什么因素在影响着进食障碍的发病率。与其他障碍不同的是，进食障碍在病因学上的最大影响因素似乎不是生理或心理因素，而是社会文化因素。在探究众多女性终其一生都在为瘦身而奋斗的原因时，我们很容易就想到大众媒体对民众的影响。媒体在宣传纤瘦体形的同时，也传输了一个观念，即只有瘦才算得上美，只有获得这种不现实的标准美才能获得幸福。

当然，我们并不是宣扬大家不需要控制体重，因为与之相反的肥胖（obesity）问题虽然不是DSM中一种正式的障碍，但如今肥胖已被认定为对公众健康最危险的因素。最近的调查表明，美国有超过65%的成人超重，超过30%的人达到了肥胖的标准。较为流行的评价指标是体质指数BMI值（body mass index，BMI），BMI等于体重除以身高的平方。中国人的标准范围是18.5到24，超过24即为超重。显然，体重超过正常标准过多，对健康的威胁就会增大。研究发现，许多疾病，例如心血管疾病、糖尿病、高血压、中风等都与之有关。

近年来，进食障碍也很有可能被污名化了。最近一项研究表明，给大学生呈现虚构的被描述为患有不同障碍的女性的图片，然后请他们按不同的维度对这些虚构的女性进行评价（Wingfield，Kelly，Serdar，Shivy，& Mazzeo，2011）。大学生们对被描述患有进食障碍的女性的图片的评价为自我毁灭的，并且认为她们应该为她们自己的情况负责。研究中，男性被试更倾向于认为进食障碍是特别容易克服的。在另一项研究（Roehrig & Mclean，2012）中，随机抽取被试并分配给他们看图的任务，呈现的图片是关于患有进食障碍的或者抑郁症的女性。与患有抑郁症的女性相比，患有进食障碍的女性会被认为更应该为自己的疾病负责、更脆弱和更有可能尝试关注她的障碍。这些对进食障碍的态度和信念与主流的研究是不一致的。

二、进食障碍的类型

（一）神经性厌食症

前面提到的小俐就是典型的神经性厌食症的案例。另外，卡朋特乐队的成员卡伦·卡朋特（Karen Carpenter）也被诊断为神经性厌食症。为了保持身材的苗条，她长期服用轻泻剂，长期节食，年仅32岁就过早地离开了人世。在所有神经性厌食症患者中，也许最著名的案例就是体操运动员克里斯蒂·亨瑞奇（Christy Henrich）。

案例

克里斯蒂生于1972年，是一位世界顶尖的体操运动员，她身高152厘米，在职业的顶峰时期体重大约是42公斤。但是这样的身材仍被讥为太胖，使她不能成为奥林匹克体操代表团的成员，她也因此走上厌食症之路。在一次又一次由于厌食症而住院的治疗期间，克里斯蒂不得不由于身体的限制而避免大运动量的活动，但是像小俐一样，如果再给她即使半次机会，她也会锻炼到使自己精疲力竭的程度。三年后，她22岁时，死于器官功能衰竭，那时她的体重只有22公斤。

1. 临床表现

神经性厌食症是指个体因担心发胖而故意节食，以致体重显著下降，常有营养不良、代谢和内分泌功能紊乱，可有间歇发作的暴饮暴食，常见于青少年女性。神经性厌食症的主要临床表现为主动拒食或过分节食，导致体重逐渐减轻、体形消瘦及神经内分泌的改变。

神经性厌食症一般缓慢起病，患者对体重非常敏感，喜欢苗条身段，整日专注于自身的体重、体形，严格限制每日的进食量，开始往往隐秘节食，如避开家人采取使体重减轻的手段、不愿与家庭成员一起进食、不在公共场所进食、不吃早餐等。

尽管体重减轻是神经性厌食症的最显著特征，但这并不是厌食障碍的核心问题。因为很多人有可能由于生理疾病而出现体重下降的现象。但是，厌食症患者的体重减轻则是因为自己非常担心肥胖，过分地追求苗条而导致的。这种障碍普遍开始于较胖或者感觉自己很胖的青春期女性（特殊专业和职业者例外）。然后，患者便开始节食，并且强迫性地专注于变瘦。像小俐那样进行的几乎是惩罚性的运动，经常在这些患者身上见到。通过严格控制热量或者把热量控制和清除结合起来，她们往往会实现体重的显著下降。

患神经性厌食症的女孩从来不曾对自己的体重满意过。如果体重保持不变或者有一点点增加，她都可能会出现惊慌、焦虑和抑郁的状况。只有当体重在接连几个星期里都持续减少，她才会感到短暂的释然。尽管 DSM-Ⅳ-TR 中明确把体重低于正常的 85%作为这种疾病的诊断标准，但大部分去就诊的患者，其体重已经低于正常的 70%～75%了。厌食症的另一个重要标准是显著的体相改变。她们从镜子里看到的自己与别人看到的自己是不一样的。别人看到的是在半饥饿状态下挣扎的、憔悴的、苍白瘦弱的女孩，而她们自己看见的则是需要再减掉至少几磅[①]肥肉的女孩。正如小俐所说：

> 我每天照穿衣镜至少四五次，我实在看不出自己很瘦。有时在几天严格的节食之后，我感觉自己的外形还可以，但奇怪的是，在大多数时间里，我总认为镜子里的我太胖了，我看到的是一个粗重的、笨拙的、梨型身体的、软弱无能的人。

看了很多医生后，患者似乎会变得听话了，也同意自己确实是体重过轻，并认为自己需要增加一点重量。但实际上，她们根本不相信这些说法，依然会变本加厉地继续她们的病态行为。当进一步质问她们时，她们就说镜子里的女孩很胖。出于这个原因，厌食症个体很少主动就诊，通常是迫于家人的压力才会这样做。

在最新发布的 DSM-5 中，神经性厌食症被分为两个亚型。一种是限制型，体重的减轻是通过严格限制食物摄入实现的；另一种是暴食/清除型，个体陷入暴食与导泻的恶性循环中。与贪食症患者不一样的是，暴食/清除型的患者比贪食症患者的进食量更少，而且更经常地清除。有的患者每次进食完都会进行一次。最初的研究也表明这两种亚型之间存在一些差异。例如，研究表明，暴食/清除型比限制型的神经性厌食症患者有更多的人格障碍、冲动行为、偷窃、酒精与药物滥用、社会退缩和自杀未遂。然而，纵向研究表明这两种亚型之间的差异并不总是显著的。将近 2/3 的女性最初满足限制型的标准，但是 8 年后就转变成暴食/清除型。进一步研究发现，在物质滥用和人格失调方面，这两种亚型之间几乎没有差异。尽管临床医生认为两种亚型的划分是有必要的，但一篇有关亚型的文献综述仍然得出其预测效度有限的推论。另外，暴食/清除型的个体常常在儿童期较肥胖，

---

① 1 磅约等于 0.45 公斤。

且有家族肥胖史。

研究发现，神经性厌食症一般开始于青少年早期和中期，通常有节食和生活压力事件发生。终生患病率小于1%，女性的患病率至少是男性的10倍多。患有神经性厌食症的男性的症状和其他特征（例如，有关家庭暴力的报告）与患有厌食症的女性差别不显著。正如我们之后所作的充分的讨论，患病率的性别差异更可能反映了文化强调的女性美丽，在过去的几十年里就是让女性变得越来越苗条。

患有神经性厌食症的女性经常被诊断为抑郁症、强迫症、恐惧症、惊恐障碍、物质滥用以及各种类型的人格障碍。患有神经性厌食症的男性也更可能被诊断为心境障碍、精神分裂症或物质滥用。研究发现，患有厌食症的人的自杀率相当高，达到5%的人自杀死亡，20%的人企图自杀。

一项有趣的研究发现，男性进食障碍患者的模式稍有不同。让他们指出自己的理想体形时，结果和正常群体的人没有显著差异。但是，患有厌食症的男性会很大程度地高估自己的体重，由此证明了他们对身体形象的歪曲。

2. 医学后果

由于节食可引起内分泌功能紊乱，厌食症最常见的医学后果就是停经。这个特征是一个客观性的生理指标，具有诊断价值。在DSM-Ⅳ中，闭经（无月经期）是神经性厌食症的诊断标准之一。然而，DSM-5已经删除这一条，因为有很多原因会导致闭经，这个原因不包括减肥。

厌食症的其他症状还包括皮肤干燥，头发或指甲易断裂，对低温敏感且无法忍受，肢体和面颊上长出类似胎毛的绒毛，以及心血管问题，比如长期低血压和心动过缓。经常性的呕吐会导致体内的电解质紊乱，从而导致心脏和肾出现问题。

3. 相关的精神障碍

思考：如何区分厌食症和强迫症？

厌食症患者经常会伴随各种焦虑障碍和情绪障碍，其中强迫症的症状更为常见。在神经性厌食症中，患者经常为体重的“增加”而耗费脑筋，并因此感到不愉快，所以个体就会定下很多规矩，尽管其中有些是拘泥于形式，甚至是仪式性的动作，但是可以帮助个体缓解这些不愉快的想法和情绪。此外，物质滥用在厌食症患者身上也很常见。

神经性厌食症的诊断标准

1. 相对于需求而言，在年龄、性别、发育轨迹和身体健康的背景下，出现了因限制能量的摄取而导致的显著的低体重。显著的低体重被定义为低于正常体重的最低值或低于儿童和青少年的最低预期值。

2. 即使处于显著的低体重，仍然强烈害怕体重增加或变胖或有持续的影响体重增加的行为。

3. 存在对自己的体重或体形的体验障碍、体重或体形对于自我评价的不当影响，或持续地缺乏对目前低体重的严重性的认识。

资料来源：DSM-5；American Psychiatric Association，2013.

（二）神经性贪食症

贪食症比厌食症更普遍，但是这两者之间存在很大的交叉。例如，很多贪食症患者都有厌食症病史，也就是说，他们也曾经用禁食来使体重减少到期望水平之下。简单地说，厌食症和贪食症患者的共同特征是对增加体重的恐惧，和对过量进食失去控制；其主要区别是个体是否成功地减轻了体重。研究发现，厌食症个体为她们的节食和超凡的控制力感到骄傲，而贪食症个体则因缺乏控制感而感到羞愧。

媒体的广泛宣传使得人们对神经性贪食症越来越熟悉，已故的英国王妃戴安娜就坦言自己曾经与贪食症抗争。而且，神经性贪食症是在大学校园中很常见的精神障碍之一，请看下面这个案例。

案例

小茜，女性，24岁，某高校大四学生。小茜有着高高的个子、修长的身材。仔细观察后发现，她面色苍白，颧骨下端比较丰满，牙齿上有许多褐色的斑点，手背上有被牙齿咬过的伤痕。由父亲陪同前来就诊。

小茜从小胃口很好，营养也好，长得又快又壮，小学二年级时在班里就是最高最壮的一个，初中三年级时体重达到90多公斤，身高近170厘米。她一直生活得很愉快，直到高三的一个假期，在父亲单位的一次聚会上，叔叔阿姨们在谈话中偶然提到针灸减肥很有效，小茜萌生了去尝试一下的想法，就这样开始了减肥（实际上，医生要求配合饮食控制）。结果，减肥效果的确不错，体重明显下降。由于体重下降，她的身材也苗条了许多，家人、亲戚朋友和同学们大加赞赏，为此她尝到了体重下降带来的好处，并由此开始了间断性的减肥。小茜上了大学后，由于地区差别，进校时的成绩在班上不算好，加上不喜欢父亲给自己选定的专业，学习感到吃力。上学以来的那种优越感一下子没有了，经过努力实在赶不上去，感到非常沮丧，进食增加，体重增加也较快，为此更加焦虑。此时，想起苗条身材的魅力，认为学习不出色，体形出色一样可以增加女孩子的自信心，所以，便开始了更加严格的减肥计划。由于严格地节食，她往往坚持不了几天就饥饿难忍，于是开始暴饮暴食，之后又因感到焦虑而诱发呕吐，服用泻药。此后，这个恶性循环就开始了。近6年来，暴食、呕吐、导泻，小茜一直在这个怪圈中走不出来。而且，她还逼迫家人同意自己去做隆鼻、减少腹部脂肪和将腹部皮肤拉紧的各种手术。

1. 临床表现

有研究发现，神经性贪食症的特征是在类似情况下比大多数人摄取更多的食物，而且这些食物多是垃圾食品，而不是水果和蔬菜。因此，贪食症患者的亲友可以据此描述很快地做出判断。除了进食量外，进食失控的事实也是诊断神经性贪食症的重要标准之一。因此，诊断贪食症需要暴食和进食失控两个方面的标准。这些标准都适合于小茜。让我们来看看小茜在一次早餐后的暴食都吃了什么。

我经常由吃甜点开始，前天晚上剩下了一块杏仁巧克力，我狼吞虎咽地吃光了。但是我的胃口太大了，我决定去吃另一组巧克力。我知道有半包饼干放在浴室，是前一天晚上丢在那里的，我立刻冲过去把它们吃掉。我喝了一些牛奶，以便使我的呕吐更顺畅些，我喜欢在喝下一大杯牛奶之后有饱足的感觉。我拿起烤箱旁边的六片面包，把它们翻过来夹上奶油，然后放到烤箱里烤热。我把六片面包全部放在盘子里，又去弄了一碗麦片和一根香蕉。在吃完最后一片面包之前，我已经准备好了另外六片，另外还有两块杏仁巧克力和两大碗冰激淋……我的胃被扩张为肋下的一个巨球。

神经性贪食症还有一个重要的标准，那就是个体为了努力弥补暴食行为和潜在的体重增加，几乎总是采用清除技术。这种方式包括进食后马上自我导吐（就像在小茜这个案例中一样），以及服用泻药（laxatives）和利尿剂（diuretics）。有的人两种方法都使用，其他人则尝试采用另外的方式来弥补，如过度运动、在两次暴食之间持续很长一段时间不吃东西等。研究发现，大约有 2/3 的贪食症患者都有清除行为。一些国外的研究者，如麦克凯恩（McCann）和威尔马斯（Willmuth）等进行了有清除行为和无清除行为的贪食症患者的对比研究。两项研究都证明，有清除行为的贪食症患者比无清除行为的贪食症患者表现出更严重的精神病理学症状，包括更频繁的暴食，更多地出现终生重度抑郁和惊恐障碍，且在异常进食行为量表中的得分更高。

清除并不是一个减少热量摄入的有效方法。研究发现，呕吐只能减少刚吞入食物热量的 50%，如果呕吐比进食时间延迟的话，那么减少的热量就更少；泻药和相关步骤几乎没有任何作用，因为患者往往是在暴食很长时间后才会服用。

DSM-Ⅳ-TR 中另一个更重要的标准在小茜身上也能够明显地表现出来。她始终认为自己的声望和自尊在很大程度上取决于她的体重和体形。这也是神经性贪食症患者的普遍心理特征，即使他们在其他方面多才多艺或表现优异，这种根深蒂固的思想仍牢牢占据着主要地位。如果在其他方面的表现不成功，他们也会归因于自己的体形吸引力不够，因此强迫性地进行"瘦身计划"，以此来提高微弱的自信心。这一点在小茜身上也比较明显。加芬克尔（Garfinkel，1992）特别提到，在所有来寻求贪食症治疗的 107 位女性中，只有 3%的人不持这种态度。

2. 医学后果

伴有清除症状的神经性贪食症会产生很多医学后果。其中之一是由再三呕吐所导致的唾液腺增大，这就造成脸部看起来肿大。这在小茜身上是很明显的，她的颧骨下端显得比较丰满，为此她会更加坚信自己是"胖"的。再三的呕吐还会腐蚀门牙的釉质，导致牙齿变色或脆弱。更重要的是，持续呕吐会破坏体液中的化学平衡，包含钠和钾的水平。这种情况叫电解质失衡，如果不引起注意的话还可能会导致严重的医学上的并发症，包括心律不齐和肾功能减退，而这两种病中的任何一种都可能是致命的。滥用泻药导致的肠道问题也具有很强的潜在危害，例如严重便秘或者永久性的盲肠损坏。有的贪食症个体因为在重复地把手指伸进喉咙里刺激反胃反应时与牙齿和喉咙接触并产生摩擦，导致了他们的手指或者手背上会有明显的伤痕或长出老茧。

3. 相关的精神障碍

神经性贪食症的个体通常都会伴随一些其他精神障碍，尤其是焦虑和情绪障碍。研究表明，75%的贪食症患者都伴随焦虑障碍，如社交恐怖或广泛性焦虑等。情绪障碍，尤其是抑郁，也会伴随进食障碍同时出现。但是，几乎所有的证据都表明，抑郁是在贪食症出现之后才产生的，而且可能是对贪食症的反应。最后，贪食症通常会伴随着物质滥用。例如，肯德勒等（Kendler et al.，1991）调查了2 000多对并没有必要寻求治疗的双胞胎，发现其中有贪食症的被调查者中有15.5%酗酒。而且在某种程度上，贪食症和情绪障碍及物质滥用障碍的相关性更高。

神经性贪食症的诊断标准

1. 反复发作的暴食。暴食发作以下列至少2项为特征：

（1）在一段固定的时间内进食（例如，在任何2个小时内），食物量大于大多数人在相似时间段内和相似场合下的进食量。

（2）发作时感到无法控制进食（例如，感觉不能停止进食或控制进食品种或进食数量）。

2. 反复出现不恰当的代偿行为以预防体重增加，例如，自我引吐，滥用泻药、利尿剂或其他药物，禁食或过度锻炼。

3. 暴食和不恰当的代偿行为同时出现，并且出现频率维持在3个月内平均每周至少1次。

4. 自我评价受到身体体形和体重的过度影响。

5. 该障碍并非仅仅出现在神经性厌食的发作期。

资料来源：DSM-5；American Psychiatric Association，2013.

（三）暴食障碍

除了比较常见的神经性厌食症和神经性贪食症，研究者们还发现了这样一群患者，他们因为暴食而倍感苦恼，一再出现暴食发作，但他们没有极端的代偿性行为，因此他们不能被诊断为贪食症。这类患者被称为暴食障碍（binge eating disorder，BED）。暴食障碍作为一个需要深入研究的潜在的新型障碍而被收入DSM-5中。

暴食障碍患者在很多方面都与其他进食障碍患者有很大不同。如性别差异，相对于贪食症和厌食症中男女比例为1∶9甚至更悬殊的数字来说，暴食障碍患者的性别比例差异没有这么显著。研究者们在比较暴食障碍患者中的两性差异时发现，男性伴随焦虑障碍或者物质滥用障碍的情况较多，而女性则报告伴随有焦虑、愤怒、挫折或者悲伤反应的较多。对于贪食症和暴食障碍的比较研究发现，在正常体重的贪食症患者和肥胖的暴食障碍患者中发现了相同比率的焦虑障碍和情绪障碍。另外，相对于非暴食性的肥胖个案来说，暴食症个案有较高的心理病理学原因。

约有半数的暴食障碍患者在暴食前曾试图节食，而另一半患者则常以暴食起病。其中，以暴食起病的患者症状会更加严重，而且更可能合并其他疾病。

小测试

测试一下你是否有进食障碍的倾向。用“是”“否”回答下列问题，其中“是”计1分，“否”计0分。

1. 我时常为自己吃了多少食物而忧虑。

2. 若有人看到我穿泳衣的样子，我会感到尴尬。

3. 有很多食物被我列为“禁忌食物”，我很少吃。
4. 多数我认为有吸引力的人都比我瘦。
5. 我的一天经常是以构思节食计划开始的。
6. 我的下围（臀围）太大了。
7. 吃任何会致肥的食物都使我感到不安。
8. 若有人看着我的身体，我会感到紧张。
9. 在大吃一顿之后我会计划如何消耗多余的热量。
10. 我讨厌看到镜子中的自己。
11. 我如果不天天做大量运动，我会觉得自己非常差劲。
12. 我觉得我的裸体毫无吸引力。
13. 有时候，我会在吃得太多后呕吐或服用泻药。
14. 我最大的问题是我的身材。

参考结果：

0～4分：正常。

5～8分：你比一般人更关注你的体重及身材。

9～14分：你很有可能患进食障碍，或需要专业人士的辅导。

（四）回避性/限制性摄食障碍

该障碍是DSM-5中出现的一种新的进食障碍，替代并扩展了原DSM-Ⅳ中的婴儿或儿童早期的喂食障碍。回避性/限制性摄食障碍的主要诊断特征是对食物摄取的回避或限制，表现为有临床意义的无法满足对营养的需求或经口腔摄入食物的能量不足。必须存在至少一项或更多的以下关键特征：明显的体重减轻、显著的营养缺乏（或相关的健康影响）、依赖胃肠道喂养或口服营养补充剂或显著地干扰了心理社交功能。

与摄取不足或对进食缺乏兴趣有关的回避或限制食物最常在婴儿期或儿童早期出现，并可持续至成人期。同样，基于食物感官特征的回避通常发生在10岁前，但是可持续至成人期。与令人厌恶的后果有关的回避可发生在任何年龄阶段。有回避性/限制性摄食障碍的婴儿可能在喂食期间易激惹和难以安抚，或显得冷漠而退缩。在婴儿、儿童和青春期前的青少年中，回避性/限制性摄食障碍可能与生长迟缓有关，并且造成的营养不良会负性影响发育和学习的潜能。回避性/限制性摄食障碍更常见于儿童而非成年人，且从起病到出现临床表现可能间隔很久。触发因素多种多样，包括躯体、社会和情绪困难等。

（五）其他进食障碍

下面介绍的这些问题多与智力发育迟滞有关，并涉及了一些相当异常的进食模式。

反刍障碍（rumination disorder）中的反刍一词在动物身上经常用，反刍是指进食后经过一段时间将半消化的食物返回嘴里再次咀嚼。当这一过程干扰了正常的营养摄入和体重增加时，就可以被诊断为反刍障碍。反刍障碍是幼儿、童年或青少年时期出现的一种障碍，在智力落后的成年人中患病率大约为10%。我们对于这种障碍一般了解很少，研究者们认为反刍障碍是由生物和心理两方面的因素造成的。

研究发现，反刍现象也可以出现在神经性贪食症的患者身上。患者会在吃完饭后立即将吃下去的少量食物返回嘴中咀嚼，这种现象有时会持续几个小时。患者报告说，这一过程对他们有抚慰的作用，在胃里“浸泡”一段时间之后，食物的味道变得更好了。

异食癖（pica）的表现是重复地吃一些没有营养的东西，如涂料、石膏、绳子、头发或布料。该障碍多发生在婴幼儿以及智力落后或痴呆的个体身上。大多数情况和严重的智力障碍有关。

异食癖可以引发一些严重的问题，如铅中毒、蛔虫感染。其成因还不明了，但有研究者认为异食癖是由体内某种物质不足所致，而心理压力、社会因素也有不可忽视的作用。我们可以尝试使用操作性条件作用的原理来治疗异食癖，系统地强化适当的进食行为，并对异食行为给予惩罚，或剥夺原有强化物。尽管目前还没有一种标准的治疗方法，但近些年来的努力也得到了较好的长期效果。

专栏 11－1

进食障碍不限于女性

研究显示，年轻男性患进食障碍的数量在上升中，且目前有更多的男性为此障碍寻求治疗。然而，男性只占所有进食障碍个案的5%～10%。

第一个可能的解释是男性和女性遭受不同的社会文化压力。例如，一个针对男大学生的调查发现，多数人选择“肌肉发达、强壮及肩膀宽阔”来描述理想的男性体格，而以“瘦的、苗条的、有点体重不足”来描述理想的女性体格。虽然男性强调肌肉及运动员身材倾向的理想，会使他们有低进食障碍的可能性，但也可能产生其他问题，例如，类固醇滥用，或过度增加体重，以增加肌肉块和强度。

进食障碍男女比率不同的第二个原因，可能是男性和女性喜爱的体重减轻的方法不同。根据临床的观察，男性较可能用运动来减重，而女性较常采用节食，而节食常常导致进食障碍的开始。

在报告的个案中可能产生差异的第三个原因，在于男性的进食障碍可能是诊断不足的。有些男性不愿承认患有许多被认为是“女性问题”的疾病。此外，临床工作者较难确认男性的进食障碍，因为临床的表现不同。例如，研究发现，停经是厌食症女性的明显症状，却不会发生在男性身上，不过厌食症的确会引起男性的某些生殖问题，例如低水平的睾固酮，它是不容易用诊断测验来确认的。

许多进食障碍的男性，与女性一样为同样的问题而斗争。例如，某些报告指出，他们想要与女性理想体形相似的“苗条、健康状态、清瘦”，而非典型男性理想的肌肉发达、肩膀宽阔的体形。然而，男性患上进食障碍的原因，与女性有较大差异。例如，研究发现，男性比女性更可能因为工作或运动的要求及压力，发展成进食障碍。根据一个研究，37%有进食障碍的男性，认为控制体重对工作或运动极为重要，相比之下，女性的比率为13%。在赛马师、摔跤选手、长跑健将、游泳者中，男性发展成进食障碍的比例较高。

男性患进食障碍的人数增加，促使研究者更加努力地去了解此障碍在男性和女性之间的相似性及差异性。

三、进食障碍的可能原因、预防与治疗

（一）可能原因

1. 生物因素

和大多数精神障碍一样，进食障碍是在家庭中产生的，因此有研究者认为进食障碍与遗传因素有一定的关系。部分病例有家族遗传倾向，患者亲属中神经性厌食症的发生率较高。在女性患者的一级亲属中，其患病率比一般人群高8倍之多。对双生子的研究发现，同卵双生子的发病危险较正常人群高4～5倍。但遗传因素的确切机制尚不清楚，多数学者认为是遗传因素与环境因素相互作用所致。

虽然遗传方面的研究目前还不能从基因水平上说明遗传与贪食的确切关系，但众多的调查及家系研究可看出两者有密切的关系。有研究认为，神经性贪食症患者家族成员中该病发生率明显较高。已有的双生子研究结果表明，双生子的神经性贪食症的共病率很高，但研究结果并不一致，对于遗传可能性的估计在30%～83%不等。

另外，徐（Hsu，1990）推测，那些非特异性的个性特质，如情绪不稳定或较差的冲动控制能力，可能就是遗传的。换句话说，一个人可能遗传了一种对于生活压力事件的情绪反应倾向，那么，他便可能尝试用冲动性的吃东西来减轻压力和焦虑。

同时，对神经递质的研究发现，厌食症患者存在着去甲肾上腺素、多巴胺、5-羟色胺等系统的调节功能紊乱。研究表明，神经性厌食症患者的血液及脑脊液中，去甲肾上腺素和多巴胺的代谢产物低于正常水平，5-羟色胺的释放增加。

神经性贪食症患者可能存在着下丘脑-垂体-肾上腺素轴功能紊乱，与5-羟色胺功能失调有关，因下丘脑或下丘脑以上水平5-羟色胺受体敏感性降低而引起发作性暴食及其他行为症状。此外，神经性贪食症也可能与下丘脑a2-去甲肾上腺素系统功能亢进及多巴胺系统的功能失调有关。

2. 心理因素

进食障碍的个体往往有明显的人格问题，表现为敏感、脆弱、情绪不稳定、依赖性强、对自我要求严格、完美主义倾向等，具有强迫性及神经质倾向，有的存在边缘性人格问题。

临床观察表明，很多年轻的受进食障碍困扰的女性自我控制感较低，并且缺乏自信。进食障碍的女性首先考虑的是她们在其他人面前的表现怎样。她们认为自己是骗子，认为自己表现出来的胜任力和价值感都是装出来的，并且具有很高的社会焦虑。斯特里格-穆尔、希尔伯斯坦和罗丹（Striegel-Moore，Silberstein，& Rodin，1993）提出，这些社会性的自我缺陷似乎是进食障碍产生的一种结果，并会随着障碍的发展而逐渐增强，并最终使她们远离周围的世界。

进食障碍的患者对体形感知的特定歪曲经常会发生变化。麦肯齐、威廉森和库比克（McKenzie，Williamson，& Cubic，1993）通过研究发现，暴食的女性总是觉得她们的身材偏胖，并且，她们的理想体重总是比相同身材的控制组要小一些。即使是与进食有关的相当小的事件也能激活患者对长胖的恐惧、与体形有关的歪曲想法以及诸如清除等行为

计划。

许多进食障碍患者，特别是神经性贪食症患者，经常伴随抑郁症状，例如悲伤、低自尊、羞愧、悲观等。这种现象引起很多研究者的兴趣，他们认为情感障碍是造成进食障碍的原因之一。

他们的观点有四方面的证据支持。第一，许多进食障碍患者，比一般人具备更多的重症抑郁的临床诊断条件；第二，进食障碍患者的亲属，相比没有进食障碍者的亲属，具有较高的情感障碍的比率；第三，许多进食障碍患者，与抑郁症患者一样，会出现神经递质的异常变化；第四，对进食障碍患者采用抗抑郁剂治疗，也通常会有效。

虽然这些发现指出抑郁症可能与进食障碍有关，但也可能有其他的解释。例如，进食障碍患者的压力和痛苦可能会引起情感障碍。无论正确的解释是什么，许多与进食障碍抗争的个体，在其他心理问题中，也遭受抑郁症之苦。

严重的情感创伤和内心冲突可引起食欲旺盛，如亲属死亡、学业上的挫折、悲观失望、缺乏自信及工作和生活中的其他负性刺激均可引起继发性食欲亢进。但有关这方面的研究还有待进一步证实。

3. 家庭环境因素

在研究进食障碍个体的时候，我们发现，有很多迹象表明这种障碍与家庭互动有显著关联。

神经性厌食症与家庭中的不良因素密切相关，这些家庭大多是成功的、专制的、注重外表的，并且是渴望保持和睦的。为了达到这些目标，家庭成员经常拒绝或者是忽略一些斗争性的消极情感，并且倾向于将他们的问题归因于其他人。另外，家庭教育方式不当、对父母的过分依赖、父母对子女的过度保护、家庭解体、常受虐待、家庭成员的重病或死亡等也与神经性厌食症高相关。

家庭关系不和睦、教育方式不当、对孩子过度保护、家庭成员酗酒等是发生神经性贪食症的主要危险因素。有研究认为，在吵吵闹闹的家庭中，孩子往往用埋头进食的方式来逃避现实以满足安全需要；这种家庭中往往有一个厉害的母亲和一个唯唯诺诺的父亲，且母亲对孩子总是很严厉，但对孩子的进食总表现出关心和鼓励。

皮克和罗丹（Pike & Rodin，1991）发现，有进食障碍患者的家庭中的女孩，与控制组的相比，在反应上有明显差异。基本上来讲，进食障碍女孩的妈妈，从期待女儿变瘦这个角度来讲，扮演了一个社会传递者的角色。这样的母亲，她们自己本身就很可能正在进行节食，并且基本上她们比控制组的妈妈更接近于完美主义，因为她们对于家庭以及家庭的凝聚力表现出较低的满意度。

4. 社会因素

在进食障碍的诸多可能的原因中，社会因素无疑是最具影响力的。许多研究者认为，近代西方女性吸引力的标准，促成了进食障碍的增加。这些标准的改变贯穿整个历史，近几十年来一种引人注目的改变是偏爱苗条的女性身体。自 20 世纪 50 年代以来，拥有苗条的身材一直是很稳定的风尚。怀斯曼等（Wiseman，Gray，Mosimann，& Ahrens，1992）收集了 1979—1988 年的数据。他们报告称美国小姐继续明显地削减她们的体重，同时，《花花公子》的封面人物也保持在相对来讲比较低的体重上。事实上，69%的《花花公子》的封面人物和 60%的美国小姐的体重已经比与她们的身高和年龄相当的女性的体重轻了

15%或更多，且已经达到了厌食症的其中一个标准了。

与此同时，女性承受了相当大的要符合这个理想标准的压力——来自社会的、家庭的、同伴的以及自己的压力，并且这种压力比理智和现实更具影响力。因此，对于很多年轻西方女性来说，漂亮比保持健康更重要。

法伦和罗津（Fallon & Rozin，1985）研究了大学本科的男生和女生，他们发现，男性在评价他们现在的身材、理想中的身材以及最吸引异性的身材时，这三种身材的体重相差无几；而女性评价她们现在的身材比最吸引人的身材要胖很多，同时，也比她们理想中的身材胖很多。并且，女性对于理想女性身材的体重标准比男性认为的最吸引人的女性的标准要低。这种现实和时尚的冲突看起来与现在流行的进食障碍的联系更加紧密了。格林伯格和拉波特（Greenberg & LaPorte，1996）在他的实验中观察到，年轻的白人男性比非洲裔黑人男子更喜欢瘦一点的女性，这很可能是造成非洲裔美国女性中进食障碍发生率低的原因之一。

此外，媒体的大肆渲染也为进食障碍提供了产生和发展的社会环境。斯蒂斯等（Stice，Schupak-Neuberg，Shaw，& Stein，1994）在对大学女生的研究中发现了大量媒体的呈现与进食障碍症状之间的强相关。在其他的研究中也发现，那些每天看电视的时间达到8小时或更多的女孩比那些看电视少的女孩更多地感觉到对自己的身材不满意。

宏观的社会文化理论认为，女性通过内化（internalize）媒介所宣传的“理想瘦”的身体文化标准，产生负面身体意象，并指导自身采取行动改变自己以符合标准。研究表明，对于女性而言，内化是媒体关注和负面身体意象的中介变量。反复地“暴露”在“理想瘦”的模特的可视形象下会有更高的内化水平，进而导致个体对身体的不满。

进食障碍也有不断扩散的趋势，危及大量的非临床个体。如2012年的一个实验研究发现，身体意象失调女性（非临床样本）对身体信息存在显著的注意偏向，而且瘦身广告对个体在积极词上的注意偏向有促进作用。身体意象失调个体由于存在负面自我图式，因而对身体信息的效价评估十分敏感，在常人看来很微小的消极刺激（甚至是中性刺激）也会被认为具有相当高的主观威胁值。

图11-2中间的图片是在20世纪50年代风靡一时的电影演员玛丽莲·梦露（Marilyn

图11-2　不同时期理想女性体形的变化

Monroe)，其照片表现出那个时候的美女形象比几百年前文艺复兴时期的图画（左）上所描绘的美女的形象瘦很多，但是与今天的人们眼里的美女相比（如图 11－2 的右图），她就显得太胖了。

5. 综合模型

思考：导致进食障碍的病因需要从哪几个方面考虑？

我们知道，当个人尝试去解释或处理各种形式的功能异常时，同时考虑生理、心理以及社会文化因素是非常有必要的。毫无疑问，在进食障碍的情况中，结合这些观点对其病因进行解释将更为有力。很多理论家及治疗师认同各种因素的共同运作，促进了进食障碍诊断标准的产生和发展。

毫无疑问，崇尚苗条的社会文化压力在进食障碍的发展中起到了重要的作用。然而，事实上，有很多人都在严格地控制进食，其中也包括青少年，但只有一小部分人会发展成进食障碍。为什么在进食障碍患者中，只有一小部分人能够成功控制进食，而大多数个体却陷入了暴食和清除的恶性循环中？这些差异可能是由生物或生理原因引起的，比如进食障碍的患者和焦虑障碍的患者可能表现出某些相同的生物易感性（如对生活压力事件较为敏感）。因此，某些人可能屈服于社会压力、自主权问题、青春期的变化或下丘脑的过度活动，而另一些人的功能失调可能起因于家庭压力、抑郁及节食。所以，我们必须强调生物、心理、社会因素的综合作用模型。见图 11－3。

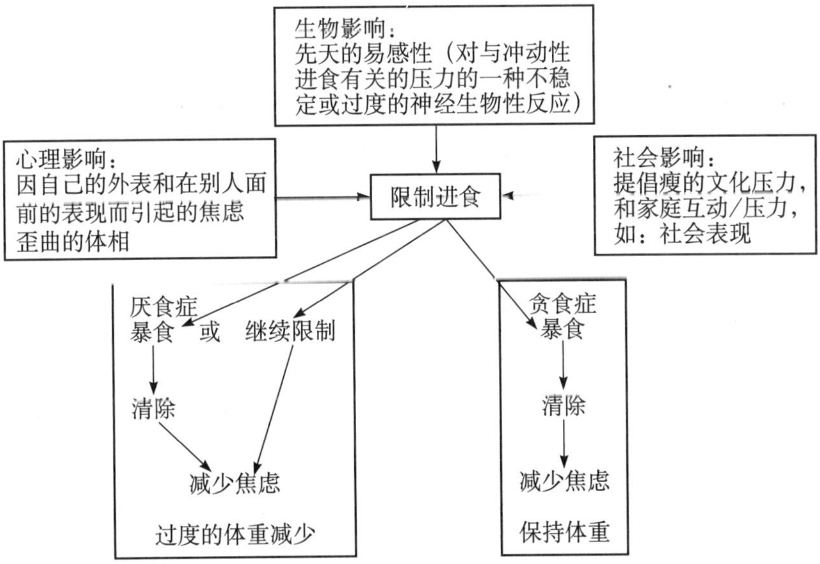

图 11－3　进食障碍的综合模型

（二）预防

进食障碍的患者一旦患病，个体将很难获得满意的治疗效果。大多数不接受治疗的人则多年遭受病痛，有些人甚至一生都如此。因此，进食障碍的三级预防系统非常重要。

所谓三级预防，即在不同阶段对不同人群进行有针对性的教育。初级预防是针对易感人群进行广泛的宣传教育，以减少进食障碍的发生；二级预防主要是对处于进食障碍初期的人群进行早期诊断和早期治疗；三级预防主要是对患者进行系统的治疗，减少复发，尽量减轻进食障碍对患者社会功能的影响。

在实施预防计划前，必须先确定一些特殊行为作为要改变的对象。基伦等（Killen et al.，1996）针对一个887名青少年女性的样本作了一个预测分析。三年以后，3.6%的女孩出现了进食障碍的症状。结果发现，早期对变胖的担忧是预测后期症状的一个重要因素。之后研究者又以967名11～13岁女孩为被试评估了这个预防计划。其中，一半女孩参加了这项干预计划，另一半则没有参加。此计划强调青春期后的女性的体重增长是一种正常现象，并指出过度限制热量摄入实际上会导致更快增重。结果发现，整体来看，这项干预在治疗组和控制组之间没有产生显著差异。但是，对于那些易患进食障碍的高危女性来说，这项预防计划能够明显地减轻她们的体重焦虑。因此，预防的重点应放在11～13岁容易患进食障碍的女孩身上。以下是基伦等（Killen et al.，1996）研究中使用过的体重焦虑量表。

体重焦虑量表

1. 你觉得你对体重和体形的担心比其他同龄女孩多还是少？

(1) 我比其他女孩少担心得多（4）

(2) 我比其他女孩稍微少担心一点（8）

(3) 我和其他女孩一样担心（12）

(4) 我比其他女孩更担心一点（16）

(5) 我比其他女孩要担心得多（20）

2. 你对增3磅体重有多害怕？

(1) 一点也不怕（4）

(2) 有一点怕（8）

(3) 中度的害怕（12）

(4) 非常害怕（16）

(5) 极度恐惧（20）

3. 你最近一次为减肥而节食是什么时候？

(1) 从未节食（3）

(2) 一年前（6）

(3) 6个月前（9）

(4) 3个月前（12）

(5) 1个月前（15）

(6) 不到1个月（18）

(7) 正在节食（21）

4. 你的体重对你有多重要？

(1) 相较于生活中的其他事体重并不重要（5）

(2) 体重比生活中的其他事稍微重要一点（10）

(3) 体重比生活中大多数事情更重要（15）

(4) 我的体重是生活中最重要的事（20）

5. 你曾经感到自己肥胖吗？

(1) 从未（4）

（2）很少（8）

（3）有时（12）

（4）经常（16）

（5）总是（20）

句子后面的括号中显示了每一选项的分值，因此，如果你在 1、2、3、5 题中选择的答案分值为 12，在第 4 题中选择的分值为 10，你的分数是 58 分（注意，这个量表只能预测 11～13 岁女孩的情况，而不能用于评估大学生）。

（三）治疗

1. 药物治疗

目前，我们尚未发现治疗厌食症的有效药物。对贪食症最有效的药物是抗抑郁药物，已被证实对心境障碍和焦虑障碍具有疗效。事实上，1996 年，美国食品和药物管理局就批准氟西汀为治疗进食障碍的有效药物。

这种有效性通常是以在一定时期内患者暴食频率的降低或者停止暴食和清除的患者的百分比来作为衡量指标的。在两个相对照的研究中，一个用三环抗抑郁剂，另一个用氟西汀，研究者发现，暴食和清除的平均减少量分别为 47%和 65%。然而，尽管在短期内抗抑郁剂比安慰剂更为有效，但目前的证据表明，当要做更进一步的评估时，只用抗抑郁剂并不能对贪食症有持续的疗效。现有的数据表明，抗抑郁药物治疗一旦停止，大多数患者会很快复发。我们也很容易理解抗抑郁药针对的是情绪问题，并不是进食问题，贪食症自然无法得到根治。

而且药物治疗缺乏长期效果，有相当高的复发率，以及很多患者不愿意只接受药物治疗，这些都反映了对进食障碍进行有效心理治疗的重要性。不可否认的是，药物治疗可以提高心理社会治疗的作用。

2. 心理社会治疗

现在，进食障碍有两个主要的治疗目标。首先，是尽快矫正危害个人健康的异常饮食模式；其次，是应对导致及维持目前饮食问题的广泛心理和情境因素。另外，在帮助克服进食障碍的努力中，家庭和朋友也扮演着重要的角色。

（1）神经性厌食症。

为了帮助患者生存下来，治疗的首要目标就是恢复正常饮食，即帮助个人恢复失去的体重、恢复常态的营养状况以及能正常地生活。在身体状态逐渐步入正轨之后，再由治疗师引导其产生心理上和家庭环境的改变，帮助患者做出认知上的改变。

那么，首先如何恢复适当的体重及常态的饮食呢？

有种种的治疗方法被用来帮助厌食症患者在数周内快速地增加体重并恢复健康。对于体重低于平均体重的 70%或体重减得非常快的个体，应该建议他们接受住院治疗。因为如果体重不马上开始恢复，就会出现一些严重的医学问题，如急性的心脏病。如果体重的减轻是循序渐进的，那么体重的恢复治疗就可以在门诊进行。恢复体重可能是治疗中最简单的部分。临床医生在治疗了各种不同情况的患者后发现，至少有 85%的人是可以增加体重的。

临床工作者对付拒绝进食的患者，可能需要以强制的手段使用导管喂食或静脉注射，尤其是已经威胁到生命的患者。不幸的是，使用强制手段会造成患者的不信任，且使患者和治疗师之间处于权力的拉锯状态。相反，采用行为治疗恢复体重，是让临床工作者以奖励的方式，鼓励患者正确地进食或增加体重。每当进食或体重增加就给予奖励，否则就不给予奖励。

或许近年来最受欢迎的体重恢复技术，是支持性的悉心照顾和高卡路里饮食的结合。在此方案中，护士会逐渐增加患者的饮食，在数周的疗程中每天摄入的热量超过 2 500 卡路里；护士让患者了解有关的计划内容，追踪他们的进程，给予鼓励，让他们理解他们体重的增加是在控制之内的且不会继续变胖。研究发现，在此计划精心照顾之下的患者，通常经过 8～12 周就会获得所需要的体重。徐（Hsu，1990）总结了住院治疗的一般性策略，见表 11-1，一旦体重增加到适当水平，医院就可以允许患者出院，这样做便于激励年轻的女性患者。

表 11-1　　实现增重的策略

1. 体重恢复应建立在与其他治疗相结合的基础上，比如个体治疗和家庭治疗，从而使患者不会感到治疗的唯一目的就是进食和增重。
2. 患者应信任治疗小组，并相信自己不会因此而变得过重。
3. 患者对失控的恐惧是可以接受的，这一点可以通过少吃多餐的饮食方式来解决（例如，一天吃 4～6 次，每次摄入 400～500 卡路里），这样便能产生一个逐渐而稳定的增重效果（例如，每天平均增重 0.2 公斤）。
4. 在进餐时间安排一个看护人员来鼓励患者进食，并促使他公开讨论对于进食和增重的恐惧及焦虑。
5. 定期检测患者的渐进性增重，而不是进食总量，并将结果告诉患者，从而使患者能每隔一段时间就进行体重测量，以知道自己的体重是增加还是减少了。
6. 用一些积极和消极的强化，比如运用活动和睡眠的渐进等级，无论这些强化手段是不是正式的行为矫正技巧，都可以使患者认识到他不仅能够控制行为，而且还能控制行为的结果。
7. 应该让患者正视自己的“自我斗争”行为，如偷偷地呕吐或导泻，并学会加以控制。
8. 患者与家人之间关于进食和食物功能的冲突不能在医院中再现，或者如果这种模式在治疗期间出现了，一定要清楚地界定其目的。

当患者的饮食结构逐步进入正轨后，我们又该如何帮助其获得持久的改变呢？临床研究者发现，厌食症患者为了达到持久的进步，必须对抗他们潜在的心理问题。为了实现这个较大的目标，治疗师典型的做法是提供一种混合治疗法及教育，使用一种结合个人、团体和家庭的方法。

第一，矫正不正常的认知。治疗的一个重点，是帮助厌食症患者改变对饮食和体重的错误的观念及态度。在使用认知的方法时，治疗师引导患者去认清、挑战及改变不适当的观念，如“我必须是完美的”“我的体重和体形决定我的价值”等。治疗师也要教育患者，让他们了解有关典型的厌食症所具有的知觉扭曲，并帮助他们了解他们对自己身材的评价是不正确的。即使一个患者不能学到对他的体形做出正确的判断，他至少可以想到治疗师所说的一个要点：“我知道厌食症的一个重要特征，是对自己的体形有错误的观念，因此不管我实际的体形如何，我都会认为自己是胖的。”

第二，改变家庭的互动模式。家庭治疗经常是厌食症患者治疗计划的一部分。正如其他家庭治疗的情况，治疗师把家庭当作一个整体，指出有问题的家庭模式（包括对事物、饮食及体形等的不适当的家庭沟通和态度），及帮助家庭成员做出适当的改变。家庭治疗的目标如下：建立良好的医患关系，医生、患者及家庭成员积极协作、参与治疗；分析家庭关系及家庭结构中存在的问题，使患者家庭内部相互作用的形式失调得到纠正；促进家庭成员之间的良好沟通，以相互提供感情上的支持，减轻或消除患者的厌食症状。虽然家庭角色对厌食症的发展所起的作用仍不十分清楚，但研究者大力提倡的家庭治疗方法（或至少是父母咨询），对此症的治疗是非常有帮助的，对于有短期厌食症病史的年轻女性来说尤其有效。

母　亲：我想我知道小俐正在经历的事：各种成长阶段所产生的怀疑和不安，形成了她的个性。（转向哭泣的小俐）假如你能信任自己，并获得你周围关怀者的支持，每件事情都会变得更好。

治疗师：你要让自己对她有用？求助于你、依赖你的指导和情感支持？

母　亲：那是父母所希望的。

治疗师：（转向小俐）你的想法如何？

小　俐：（转向母亲）我不能继续依赖你，妈妈，或其他任何人。那就是我一直在做的，它导致了我厌食……

治疗师：你是不是认为你的母亲希望母女之间没有秘密？

姐　姐：我有时候是这样想的。

治疗师：（转向小俐）你怎么认为？

小　俐：是的，有时正像我感觉到的，她应该有这种感觉。

（2）神经性贪食症。

为贪食症患者量身定做的治疗计划有共同的进程目标，就是帮助患者消除暴食/导泻模式和建立良好的饮食习惯，一般性的目标是消除暴食模式的潜在因素。这些计划强调教育和治疗一样重要，它们常结合几种治疗方法，包括心理动力学治疗、认知治疗、团体治疗、行为治疗等。

心理动力学治疗常被运用于贪食症的个案。治疗师使用自由联想及温和的解析，帮助患者揭开及重构他们过去的挫折和缺乏自信、控制的需求及无力感。仅有少数调查研究验证心理动力学疗法在贪食症治疗中的效果，结果表明，心理动力学治疗对贪食症的个体是有一定效果的。

目前在贪食症的个案中，最受注意的方法是认知治疗法。此法试图帮助患者认识和改变他们对食物、饮食、体重和体形的不适当态度。认知治疗师教导个人去确认和挑战那些暴食前习惯性地驱策他们的负面思考——“我无法自我控制”“我最好放弃”“我看起来是肥胖的”。他们也指导患者去识别、质问，最后改变他们的完美主义的标准、无助感及低自我观念。贪食症的短期认知-行为疗法获得了较好的评价，患者导泻行为的平均减少量为79%，并有57%的患者消除了贪食和导泻行为。

目前多数的贪食症治疗计划，包括团体治疗，让人们有机会和他人分享患者的思考、忧虑及经验。团体成员学到，他们的疾病不是独特的或是可耻的，他们从团体成员那里得到了支持和了解，以及公正的回馈和洞察。研究指出，团体治疗法对75%的贪食症个案有些帮助，尤其是当它与个人领悟治疗法结合在一起时。

行为技术经常被引入贪食症的治疗计划中。例如，患者被要求对他们的饮食行为记日记，改变饥饿和饱食感，及其他的人事沧桑感。此方法可帮助患者更客观地评估他们的饮食模式，并认清引起他们暴食欲望的情绪。

有些行为学家使用暴露和反应预防法，以帮助打破暴食/清除的循环。这种方法是让人们暴露在通常引起他们焦虑的情境中，然后阻止他们执行惯常的强迫反应，直到患者认识到这些情境是无害的，及他们的强迫行为是不必要的。对贪食症者，治疗时要求他们吃特殊种类及数量的食物，然后阻止他们催吐，以显示吃是无害的且实际上是具有建设性的、不需要取消的活动。典型的做法是，在患者禁止进食时，治疗师与患者坐在一起，直到患者清除的冲动消失。研究发现，这种方法能够帮助患者减少与吃有关的焦虑、暴食和催吐。

（3）暴食障碍。

史密斯、马库斯和凯（Smith，Marcus，& Kaye，1992）用改进后的认知-行为疗法来治疗肥胖贪食者的暴食行为，效果较好。相关研究表明，暴食行为的出现频率平均减少了81%，50%的被试在治疗后完全节制了暴食行为。阿格拉斯等（Agras，Telch，Arnow，Eldridge，& Marnell，1997）跟踪研究了93名患有暴食症的肥胖个体1年，结果发现，治疗刚刚结束的时候，有41%的被试放弃了暴食行为，暴食行为出现的频率降低了72%；一年以后，暴食行为减少了64%，33%的被试仍保持治疗刚刚结束时的效果。接受认知-行为疗法后停止暴食行为的人，其体重减少了约9磅，而继续暴食的人却增重了约8磅。所以，停止暴食行为对于帮助肥胖症患者减肥有决定意义。

第二节　睡眠-觉醒障碍

睡眠是一个生理过程，是有机体规律的、反复出现的可逆状态，它是生存所必需的一种自动行为和生理功能。人的一生有1/3的时间都处于睡眠中。这也就意味着，我们大多数人每年几乎需要3 000个小时的睡眠。睡眠让我们精力充沛，无论是生理上还是精神上。不幸的是，大多数人都没有得到足够的睡眠。如果夜晚睡眠很差，我们第二天就会头昏眼花。研究发现，即使几天中只有较少的睡眠剥夺，也会阻碍我们清醒思考的能力。如果长时间无法保证夜晚睡眠的质量，工作效率势必会受到影响，甚至还会影响到生理方面的功能。在讲异常睡眠之前，让我们先来看看正常的睡眠周期是什么样的。

睡眠不是一个单一的状态，根据脑电图（EEG）和其他行为表现，正常的生理睡眠是由快速眼动睡眠（REM）和非快速眼动睡眠（nREM）两种状态组成的。人在入睡后，首先经过的是非快速眼动睡眠，逐渐转入快速眼动睡眠，以后两种睡眠状态交替循环。一般初入睡后，经过约70～120分钟后，进入快速眼动睡眠，几分钟到十几分钟后又进入非快速眼动睡眠，如此周而复始，每晚约经历4～6次这样的循环。其中非快速眼动睡眠又可分为以下四期：（1）浅睡眠期，通常发生于卧床后数分钟之内，此时脑电图的变化是α波活动降低，θ波出现。此刻的人容易被唤醒，醒来后可能不知道自己刚才已经睡着了。（2）中度睡眠期，脑电图显示为在θ波活动的背景上呈现睡眠纺锤波和K-复合波，此时睡眠者的意识消失，对外界刺激已无反应。（3）睡眠进一步加深，脑电图上的纺锤波消失，出现δ波，此时睡眠者难以醒来，对外界刺激无反应，心率、血压和体温等继续下降。(4) 最深睡眠期，脑电图以δ波为主，故被称为δ波睡眠。(3) 和 (4) 期为深睡眠期，脑电图为δ波，故被称为慢波睡眠，20%～50%的波指数属于慢波 (3) 期，超过50%的波指数属于慢波 (4) 期。如果在快速眼动睡眠期将睡眠者唤醒，大多数人会报告正在做梦，此时脑电图显示低波幅快波，眼球快速运动，呼吸心率加快，血压波动，面部及四肢肌肉抽动，代谢活动增加，肢体活动增多。

人们也经常探讨这样一个问题："正常的睡眠量到底是多少？"大多数人认为我们每天需要8小时的睡眠，但是每个人的睡眠规律和习惯不同，所需要的睡眠量（时间）也不同：每晚5～6小时的睡眠对于有些人来说已经足以得到充分的休息，而其他人可能需要9个小时。我们的睡眠模式随年龄增长而改变，大学生平均每天需要7～8小时的睡眠时间。当人们过了50岁，睡眠时间就会降到每天6小时以下。评价睡眠质量不仅是看睡眠的时间，还要看睡眠效率（sleep efficiency，SE）。大多数人可能都体验过深夜无法入眠的感觉，到了第二天就会感到疲惫无力，易躁易怒。睡眠不足的人比睡眠正常的人报告了更多的健康问题、更多的住院经历，这可能是由于免疫系统的机能会因睡眠时间的缺失而下降。

调查发现，在中国有45.5%的成年人存在睡眠问题，其中最常见的是失眠障碍。DSM-5将原DSM-Ⅳ-TR的睡眠障碍更改为睡眠-觉醒障碍（sleep-wake disorders）。睡眠-觉醒障碍是指睡眠的量、质或定时异常，或者是在睡眠中或睡眠觉醒转换时发生异常的行为或生理事件。判定一个人是否存在睡眠问题的一个方法是观察个体在白天的情况，或是在清醒状态下的行为。例如，一个人虽然在昨晚花了90分钟才入睡，但是他并没有因此受到干扰，并在白天感到休息充分、精神十足，这就说明没有睡眠问题。另一个人也花了90分钟入睡，但是第二天却感到疲惫不堪，那么他就有可能存在睡眠问题。从某种程度上说，这是一个主观的判断，这一判断部分依赖于个体如何认识和看待这种情况，并如何对此做出反应。

> **思考**：你认为什么样的表现构成"睡眠问题"？

根据DSM-5，睡眠-觉醒障碍包括十类障碍或障碍群：失眠障碍、嗜睡障碍、发作性睡病、与呼吸有关的睡眠障碍、昼夜节律睡眠-觉醒障碍、非快速眼动睡眠唤醒障碍、梦魇障碍、快速眼动睡眠行为障碍、不安腿综合征，以及物质/药物所致的睡眠障碍。有这些障碍的个体通常以不满意睡眠的质量、周期和数量的主诉就诊，因此导致的痛苦和损害是所有睡眠-觉醒障碍的核心特征。

一、睡眠障碍的主要类型

（一）失眠障碍

1. 临床表现

案例

张太太，53岁。自从9年前她的丈夫过世以来，出现了一系列睡眠问题。她躺在床上几个小时无法入睡，每晚会醒来多次，由于平均每个晚上只能有4～5小时支离破碎的睡眠，她看起来很疲惫。她常常抱怨这种困倦妨碍了她的人际交往。她不再热衷于与朋友外出聚会，因为她会在公共场合不经意地睡着，这令她十分尴尬。

这些年中，张太太偶尔服用一些非处方失眠药片，更多的时候她只是躺在床上听收音机，并且时不时地打起盹来。刚出现睡眠问题时，张太太认为可能是丈夫过世带来的悲伤所致。随着时间的延续，她认为睡眠量的减少是她这个年龄的人正常的现象，她的困倦是衰老过程的一部分。然而，最近的几个月里，她意识到她的困倦使她不能与孙子、孙女玩耍或是离家外出。在朋友的建议下，她决定寻求一定帮助。

根据DSM-5的诊断标准，张太太被诊断为失眠障碍（primary insomnia）。所谓失眠障碍，是指失眠不是由其他医学或精神病学的问题引起的，而是由有机体内部引起的睡眠启动（入睡）和维持困难（易醒）或者是精神未恢复的睡眠。这类睡眠障碍与伴随的焦虑、压抑等心理障碍有一定的交互影响。个体因为不能睡眠而感到焦虑，这种焦虑情绪又会反过来干扰睡眠，从而使他感到更加焦虑。因此，通常很难找到只有单纯的睡眠障碍而没有其他问题的情况。

调查显示，平均每三个成年人中就有一个存在睡眠问题，睡眠问题中最常见的是失眠障碍。我们可以想象一个整日不眠的失眠者的形象。研究发现，如果持续40小时不睡，个体会出现几秒或者更长时间的微睡眠（microsleeps）。如果某个人夜里很难入睡（入睡困难），或者某个人夜里频繁醒来或因过早醒来而不能继续入睡（维持睡眠困难），甚至某个人晚上睡了足够长的时间但第二天仍然很疲倦（无法使体力恢复的睡眠），这些人都可以被认为是失眠障碍患者。张太太是失眠障碍的一个典型案例。她同时具有入睡和维持睡眠的困难。

入睡困难的患者害怕夜幕降临，害怕上床休息，就寝前后烦躁、焦虑、紧张，辗转反侧，难以入眠，并且经常过多地考虑如何得到充分的休息，过多考虑个人问题、健康状况以及失眠引起的不良后果。失眠者常试图以服药或饮酒来缓解自己的紧张情绪，清晨经常头脑昏沉、全身乏力。白天感到抑郁、紧张、担心、易激惹以及对自身健康过分关注。如果个体反复失眠，就会对失眠越来越恐惧并担心其后果，久而久之，就形成了一个恶性循环，使失眠的问题持续存在。

失眠障碍的诊断标准

1. 主诉对睡眠数量或质量的不满，伴有下列1个（或更多）相关症状：

（1）入睡困难（儿童可以表现为在没有照料者的干预下入睡困难）。

（2）维持睡眠困难，其特征表现为频繁地觉醒或醒后再入睡困难（儿童可以表现为在没有照料者的干预下再入睡困难）。

（3）早醒，且不能再入睡。

2. 睡眠紊乱引起有临床意义的痛苦，或导致社交、职业、教育、学业、行为或其他重要功能的损害。

3. 每周至少出现3晚睡眠困难。

4. 至少3个月存在睡眠困难。

5. 尽管有充足的睡眠机会，仍出现睡眠困难。

6. 失眠不能更好地用另一种睡眠-觉醒障碍来解释，也不仅仅出现在另一种睡眠-觉醒障碍的病程中（例如，发作性睡病、与呼吸有关的睡眠障碍、昼夜节律睡眠-觉醒障碍、睡眠异态）。

7. 失眠不能归因于某种物质的生理效应（例如，滥用的毒品、药物）。

8. 共存的精神障碍和躯体状况不能充分解释失眠的主诉。

资料来源：DSM－5；American Psychiatric Association，2013.

研究发现大约有1/3的人报告自己存在某些失眠症状，17％的人表示他们的睡眠问题很严重。一项研究显示，在表明自己关注睡眠的人中，有31％在一年以后仍存在睡眠问题。这一结果表明，睡眠问题可能成为长期的慢性病。

不同年龄的人对失眠问题的报告频率不一样。入睡困难的儿童通常在就寝时发脾气或不愿上床睡觉。许多孩子在半夜醒来时会大哭。据估计，年幼儿童中的失眠比例在25％～40％。这个比例在青春期和成年早期会降低，但超过65岁，该比例又会再次上升至25％以上。女性失眠症患者是男性的2倍，但这并不一定意味着男性睡眠比女性好。女性更频繁地被诊断为患有失眠症可能是由于她们更经常报告这个问题，而且女性可能比男性更能觉察她们的睡眠模式，或者更容易承认问题的存在并寻求相应的帮助。

2. 失眠障碍的病因

失眠是精神科常见的临床症状。失眠的原因很多，生物因素、心理因素以及社会文化因素的相互影响及其共同作用导致了问题的产生。失眠经常与生理和认知的觉醒以及干扰睡眠的条件反射因素有关。越想睡眠越增加睡眠的挫折感并进一步影响睡眠，因此，过度地关注和努力进入睡眠会干扰正常的睡眠起始机制并造成失眠。有持续性失眠的个体在失眠障碍的病程中可能有不良的睡眠习惯（例如，在床上花过多的时间，不规律的睡眠时间表，打盹）和认知（例如，害怕失眠，担心日间功能受损，反复查看钟表）。如果个体经常在一种睡不着觉的环境中从事这些活动，会加重条件反射性的觉醒，以及加重睡眠困难。相反，当个体不是努力这样做时，可能更容易入睡。研究者将失眠原因归为5个P：心理方面（psychological）、生理方面（physiological）、身体方面（physical）、精神方面（psychiatrical）和药物方面（pharmacological）。心理方面是指由环境改变、重大疾病或生活事件导致的心理方面出现的应激反应；生理方面是指生活习惯等导致生理节律发生改变，进而对睡眠造成影响，如睡前喝咖啡、浓茶等饮食习惯，倒时差、熬夜、过度夜生活等打破人体生物钟规律的行为，都有可能造成睡眠障碍；身体方面是指由于躯体疾病如心血管疾病、消化系统疾病、呼吸系统疾病、泌尿系统疾病、神经系统疾病等引起的心脏不适、腹痛腹胀、咳嗽、发烧、头晕、皮肤瘙痒等躯体不适导致睡眠障碍，特别是甲亢的患者常伴有失眠；精神方面是指不良生活事件的刺激使人产生焦虑、紧张、担忧、抑郁等情绪，引起心理性失眠，一些精神疾病如焦虑障碍、精神分裂症、老年痴呆等，常伴有失眠的症状；药物方面是指患者因其他疾病长期服用的咖啡因、阿托品、氨茶碱等药物可能引起睡眠障碍。长期服用安眠药的人或嗜酒者一旦突然停止服药或停止饮酒也会产生阶段反应，引起失眠。

与失眠障碍有关的较常见的一些因素有：

第一，失眠障碍与人体生物钟以及生物钟对人体体温的控制有关。晚上不能入睡的人可能是因为体温调节节奏出现了延迟，身体的温度没有降低，因此直到深夜才会感到困倦。

第二，干扰睡眠的因素还可能包括药物滥用以及周围环境中光、声、气温等的变化的影响。住院的人们通常会有睡眠困难，比如医院的噪声和生活规律与家里不同，这些可能会导致失眠。其他一些睡眠障碍，如打鼾或周期性肢体运动障碍（过度抽动、痉挛的腿部运动）也可能打断睡眠。

第三，很多心理压力也可能导致睡眠障碍。临近期终考试的学生可能会难以入眠，有的甚至会彻夜不眠。考试所带来的压力可能干扰睡眠，至少是暂时性的干扰。此外，还有研究发现，如果告诉良好睡眠者，他们第二天将要上台演讲，则他们会比控制组花更长的时间入睡。

第四，对睡眠时间、不良睡眠的非理性期待，也会导致失眠。比如，有人会认为"我必须有8小时充足的睡眠"或者"如果我只睡了5个小时，我将无法思考和工作"等。这些证实了认知因素在失眠症中的作用，仅仅是我们的思想，就能够破坏睡眠。

另外，应对不良睡眠的方法同样可能使问题拖延下去。当一个人没有睡足时，他可能会通过白天的小睡补偿这种损失。遗憾的是，小睡虽然可以减轻日间的疲乏，但也会扰乱晚上的睡眠。

（二）嗜睡障碍

1. 临床表现

失眠症指的是无法获得充足的睡眠，而嗜睡障碍（hypersomnia）则是一类睡眠过度的问题。很多人睡了整整一个晚上，第二天仍然会多次睡着。看看下面小菁的例子。

案例

小菁，一名大学生，到我（本书作者之一）的办公室来讨论如何提高课堂效率。当她将要离开时，她告诉我，在我的课上她从没有睡过觉。这看起来像是很平常的恭维，但我还是表达了我的谢意。"不，"她说，"你不明白。在我选修的所有课上我通常都会睡着，除了你的课。"这一次我仍然不是十分理解她试图告诉我的内容，并且开玩笑说，她应该认真对待她的教授们。她笑着说："那也许是对的。但我还是存在睡眠过度的问题。"

小菁告诉我，自从她十几岁起，睡眠过度已经成为一个困扰她的问题。在单调乏味的情境中，或是当她不积极时，她就会睡着。这在白天会发生多次，发生的次数取决于她正在干什么。最近，在大型讲座式的课堂上这一问题时常发生，除非这场讲座特别有趣或活泼。看电视和长途驾车中也会出现这一问题。

小菁说她和她的兄弟都被诊断为嗜睡症。小菁从四年前开始按医生的处方服用哌甲酯（一种刺激性药物），但她说这种药对于她在白天保持清醒而言效果有限。她说这种药物有助于减少困意的袭击，但并不能完全消除它们。

小菁被诊断为嗜睡障碍。这种障碍相当具有破坏性，患者的主要表现是睡眠期（大多数患者为夜间睡眠）延长，为8～12小时，而且早上难以觉醒。患者的睡眠质量正常，正常觉醒时间（如白天）睡眠增多，或打盹，或是不适当地睡眠发作。客观检查可以证明生理性睡眠增多，白天打盹时间也相对较长，可持续1小时或更长，但患者仍感到未恢复精神，而且觉醒度也没有改善。患者感到想睡，并逐渐入睡，而不是体验到突然的睡眠发作。不强烈的睡眠发作通常发生在缺乏刺激和热烈气氛的环境中，如在出席演讲会、看书、看电视或长距离驾车中。而且它妨碍了日常工作和注意力的集中。例如，嗜睡症降低了小菁在学习上的效率，并且她自己感到很不开心，这些都被认为是这种障碍的典型特征。大多数原发性嗜睡症患者的症状为持续性的，但有些患者的症状为周期性的，一次发作几天至几周。

很多造成过度睡眠的因素不能被视为嗜睡症的原因。例如失眠症患者（没有获得足量睡眠者）通常报告自己在日间很疲惫。与此相对照，嗜睡症患者晚上睡觉，醒来时显得休息得很好，但仍然抱怨自己白天相当疲倦。另一个可能产生相似的过度睡眠的是与呼吸相关的睡眠障碍，被称作睡眠中呼吸暂停（sleep apnea）。这类人在夜间存在呼吸困难：他们通常鼾声如雷，呼吸中会出现停顿，第二天早上醒来会感到口干和头痛。在识别嗜睡症时，需要排除失眠症、睡眠中呼吸暂停，或者产生日间睡眠的其他因素。

嗜睡障碍的诊断标准

1. 尽管主要睡眠周期持续至少7小时，但有自我报告的过度困倦（嗜睡），至少有下列1项症状：

(1) 在同一天内反复睡眠或陷入睡眠之中。

(2) 延长的主要的睡眠周期每天超过9小时，且为非恢复性的（即非精神焕发的）。

(3) 突然觉醒后难以完全清醒。

2. 嗜睡每周至少出现3次，持续至少3个月。

3. 嗜睡伴有显著的痛苦，或导致认知、社交、职业或其他重要功能的损害。

4. 嗜睡不能更好地用另一种睡眠障碍来解释，也不仅仅出现在另一种睡眠障碍的病程中（例如，发作性睡病、与呼吸有关的睡眠障碍、昼夜节律睡眠-觉醒障碍或睡眠异态）。

资料来源：DSM-5；American Psychiatric Association，2013.

2. 病因

我们对嗜睡症的性质还知之甚少。研究者相信存在多种生理原因。首先，遗传基因的影响似乎占很大比例，39%的嗜睡症患者有这一障碍的家族史。其次，5-羟色胺的过量被认为可能是一种潜在的影响因素。此外，有研究者推测这种障碍与中枢神经系统损害有关。

在排除躯体疾病、精神疾病、药物因素或器质性原因所致的嗜睡症状之外，一些患者将他们在不恰当的时刻入睡的倾向或嗜睡体验与白天特定的不愉快经历联系起来，部分学者认为情绪或其他心理因素在嗜睡症的发生中起着重要作用。

（三）发作性睡病

在发作性睡病中，困倦的基本特征是反复发作的日间打盹或睡眠。困倦通常每日发生，但每周必须出现至少3次，持续至少3个月（诊断标准1）。个体可能看起来是困倦的或在候诊区或临床检查时入睡。发作性睡病在男性和女性中都可见，但男性稍多。起病常见于儿童、青少年、青年，罕见于老年人。

发作性睡病的诊断标准

1. 在同一天内反复地不可抗拒地需要睡眠、陷入睡眠或打盹。在过去3个月内每周必须出现至少3次。

2. 存在下列至少1项。

（1）猝倒发作，定义为a或b，每月至少出现几次：

a. 长期患病的个体中，短暂（数秒到数分钟）发作性双侧肌张力丧失，但维持清醒状态，可以通过大笑或开玩笑诱发。

b. 儿童或个体在起病的6个月内，无意识地扮鬼脸或下颌张开发作，伴吐舌或全面张力减退，且无任何明显的情绪诱因。

（2）下丘脑分泌素缺乏，采用脑脊液（CSF）测定下丘脑分泌素-1免疫反应值（使用相同的测定法，小于或等于健康受试者数据的三分之一，或者小于或等于110皮克/毫克）。脑脊液的下丘脑分泌素-1测试水平低，不能是在急性脑损伤、炎性反应或感染的背景下观察到的。

（3）夜间多导睡眠图呈现出快速眼动潜伏期小于或等于15分钟，或多次睡眠潜伏期测试显示平均睡眠潜伏期小于或等于8分钟，以及2次或更多次的睡眠发作快递眼动期。

资料来源：DSM-5；American Psychiatric Association，2013.

（四）与呼吸有关的睡眠障碍

对许多人而言，日间睡眠或者夜间睡眠被干扰是有其生理原因的，明确地说，也就是睡眠中的呼吸问题。DSM-5中与呼吸有关的睡眠障碍包括：阻塞性睡眠呼吸暂停低通气、中枢性睡眠呼吸暂停和与睡眠相关的通气不足。

研究发现，在睡眠中呼吸被干扰的人在夜里常常有多次的短暂醒来，甚至睡了八九个小时后仍然感到疲倦。对于我们大多数人来说，在睡眠中，上部呼吸道的肌肉松弛，在一定程度上限制了空气出入，使得呼吸有一点困难。然而，对于一些人，他们的呼吸受到极大的限制，或者活动过度费力（肺换气不足），或者更为极端的情况是，他们可能会有一小段时间（10～30秒）停止呼吸。通常，这类人对自己的呼吸困难只有很少的了解，并且并不将睡眠问题归因于呼吸。然而，他的睡眠伴侣通常会注意到响亮的鼾声（这是这一问题的一种迹象），或者会注意到呼吸被中断时的可怕的情景。呼吸问题的另一些迹象是，夜间有很浓的汗臭，早晨起来头痛，白天不疲倦却会睡着等。

专栏11-2

你打呼噜吗？

鼾声（snore）俗称“呼噜”，即入睡后发出的呼吸粗鸣声。打呼噜，医学术语称为鼾症、打鼾、睡眠呼吸暂停综合征，是一种普遍存在的睡眠现象。目前大多数人认为这是司空见惯的，不以为然，还有人把打呼噜看成睡得香的表现。其实打呼噜是健康的大敌，由于打呼噜使睡眠呼吸反复暂停，造成大脑、血液严重缺氧，形成低氧血症，从而诱发高血压、脑心病、心律失常、心肌梗死、心绞痛。夜间呼吸暂停时间超过120秒，容易在凌晨发生猝死。

打鼾是由睡眠时上呼吸道部分的振动引起的。患者的上呼吸道有两个结构最常与打鼾有关，即软腭与舌根。

打鼾最让人关心的事情是它与阻塞性睡眠呼吸暂停综合征（OSAS）有关，OSAS如果不加以治疗可以引起非常严重的后果。如果您的家人打鼾，你应该仔细观察他睡眠时有没有呼吸的暂时停止，这是阻塞性睡眠呼吸暂停综合征的典型表现。另一个典型症状是白天打哈欠，如果这两个中间有一个症状存在，或者鼾声过大，你都应该陪你的家人尽快去医院就诊。打鼾的病因及危险因素与OSAS的原因很相似，打鼾更常见于肥胖的病人，鼻腔阻塞或者说鼻腔不通气可以加重打鼾。特定的解剖结构，如肥大的扁桃体及软腭（包括小舌头），或者腺样体肥大（主要是指儿童）都可以加重打鼾。

很多患者都会说自己的打鼾现象并不是很严重，没有呼吸暂停这样的现象。那么这种状况会不会有危害呢？会不会对人体有什么不好的地方呢？这是指轻度打呼噜，也就是常常说的单纯性打鼾，是指人睡觉时发出均匀而规律的鼾声，声音高低一致，一般不伴呼吸暂停。

早期人们认为，这样的打鼾是没有危害的，但近年来医学研究发现，轻度打鼾也存在着对人体有害的一面。

很多时候，在临床上发现，即使是晚上无恶性打鼾、呼吸暂停的现象，在白天也会精神不佳，仍然出现白天哈欠连天、困倦不适、工作能力下降等症状。这些与典型的睡眠呼吸暂停综合征患者的临床表现十分相似，所以无论是良性打鼾还是恶性打鼾，对于人体都是一大危害。

无论是良性打鼾还是恶性打鼾，都要加以积极的预防。当然，良性打鼾更加容易控制，恶性打鼾的患者最好的办法就是及时就医。在生活中需要做到以下几点：

1. 睡前不要从事刺激的活动。睡前的活动最好以柔缓的为主，不要让情绪太过激昂，因为神经会无法立刻放松，使得晚上无法安安稳稳地休息。

2. 睡眠：在家里正确使用垫枕，趴着睡容易让呼吸道不顺畅。侧睡时，松弛的肌肉会倾向一边，不会堵住呼吸道。

3. 避免吸烟、饮酒和刺激性药物。吸烟、饮酒和刺激性药物会让肌肉更加松弛，更会堵住呼吸道。

（五）昼夜节律睡眠-觉醒障碍

昼夜节律睡眠-觉醒障碍（circadian rhythm sleep disorder）是指一类由机体内部的睡眠-觉醒系统的生物节律即昼夜节律，与外部所要求的睡眠定时和睡期不一致所引起的睡眠障碍。因为这些生物节律与一天24小时并不精确匹配，因此被称作“circadian”（其中“circa”表示“about，大约”，“dian”表示“day，天”）。

既然我们的昼夜节律并不与一天24小时匹配，那为什么我们的睡眠没有被长期干扰呢？值得庆幸的是，我们的大脑有一种机制——生物钟，可以使我们保持与外部世界同步。我们的生物钟位于下丘脑中的视交叉上核中。连接视交叉上核的一条通道来自我们的眼睛。我们早晨看到的日光和晚上减少的光线提示大脑每天调整生物钟。因此，人体的功能活动与环境的光暗周期保持着密切的联系：白天活动，晚上休息。不幸的是，一些想睡却睡不好的人可能是由于昼夜节律的问题，产生了睡眠障碍。引起这一问题的原因可能来自个体外部，或者是个体内部。这导致了昼夜节律睡眠障碍的几种不同类型。

时差型和转班型的昼夜节律睡眠-觉醒障碍源自外部因素。

时差型。正如它的名字所表示的，这种障碍是由于快速跨越多个时区所致。患者的生物节律，即睡眠-觉醒周期正常，但由于新时区所要求的睡眠-觉醒形式与个体生物节律系统产生的睡眠-觉醒形式相冲突，从而引起睡眠障碍。人们通常报告在该睡时难以入睡，白天又感到困乏。严重程度与跨越的时区数呈比例。在24小时之内跨越8个或8个以上时区者最为严重。时差型最常见的症状是难入睡和睡眠浅，常伴有非特异性症状，如头痛、疲劳、消化不良等。

转班型。很多人，如医院职工、警察或者急救人员，常常在夜里加班或工作时间不规律。尽管他们的生物节律，即睡眠-觉醒周期正常，但由于换班工作要求所希望的睡眠-觉醒形式与生物节律系统产生的睡眠-觉醒形式相冲突而引起睡眠障碍。结果，他们可能存在睡眠问题或在清醒时间感到过度疲惫。不幸的是，睡眠问题通常被伴发的一系列问题所掩盖，如工作的问题（持续的清醒）、胃肠道的症状、酗酒、工作积极性降低、家庭和社会生活的困扰、抑郁等。

睡眠时相延迟型。与前两种昼夜节律睡眠-觉醒障碍有所不同，此种类型源自个体内部。比如，有些人被称作"夜猫子"，即"晚起晚睡"，他们熬到很晚才睡，睡眠被延迟或推迟到正常睡眠时间之后。研究者推测，这种类型睡眠障碍患者的睡眠-觉醒时相提前的能力降低，即不能将睡眠-觉醒时相提前，其结果是患者"固定"地习惯性迟睡。由于他们不能在社会要求的时间觉醒，可能给其学习、工作或社交带来很大困难。

另一个极端是，有些人有睡眠时相提前型（advanced sleep phase type）的昼夜节律障碍，他们一般"早起早睡"。在这种情况下，睡眠被提前到了正常睡眠时间之前。

昼夜节律睡眠-觉醒障碍的诊断标准

1. 一种持续地或反复发作的睡眠中断模式，主要是由于昼夜节律系统的改变，或内源性昼夜节律与个体的躯体环境或社交或职业时间表所要求的睡眠-觉醒周期之间的错位。

2. 睡眠中断导致有过度睡意或失眠，或者两者兼有。

3. 睡眠紊乱引起有临床意义的痛苦，或导致社交、职业和其他重要功能的损害。

时差型：以当地时间为准，睡眠和觉醒在不适当的时间发生，见于跨时区旅行后。

转班型：在主要睡眠期失眠或在主要觉醒期过度睡眠，它与夜班工作或班次频繁变动有关。

睡眠时相延迟型：持久的迟睡和迟醒模式，不能在所希望的较早的时间入睡或醒来。

资料来源：DSM－5；American Psychiatric Association，2013.

（六）睡眠异态

你曾经做过噩梦吗？说过梦话吗？你曾经被告知你梦游过吗？如果你对以上一个或多个问题的答案是"是"的话（或是很可能你的确有这种行为），那么你就有过睡中障碍的表现。睡中障碍不是睡眠本身的问题，而是发生在睡眠过程中或在睡眠与清醒之间半清醒状态的异常现象。一些与类睡眠有关的现象如果发生在你清醒的时候是很平常的，但如果发生在你睡觉的时候，则可能是令人苦恼的。

睡眠异态特征性地表现为一种与特定的睡眠、睡眠阶段或睡眠觉醒过渡有关的异常的行为、体验或生理事件的障碍。最常见的睡眠异态是非快速眼动睡眠唤醒障碍、快速眼动睡眠行为障碍和梦魇障碍。

1. 非快速眼动睡眠唤醒障碍

非快速眼动睡眠唤醒障碍的基本特征是反复发作地从睡眠中不完全觉醒，常出现在主要睡眠周期的前三分之一，伴有睡行和/或睡惊。可能是短暂的，持续 1～10 分钟，也可能是长时间的，持续 1 小时。

睡惊是指睡眠中突然出现的一种短暂的恐惧和惊扰发作，伴有强烈的语言、运动形式及自主神经系统的兴奋现象，发作多在前 1/3 夜的非快速眼动睡眠期，持续 1～10 分钟不等。研究发现，该症多发生于 4～12 岁的儿童，发病的高峰年龄为 4～7 岁。大约 5%的儿童（男多于女）有睡惊的经历，成人的发生率低于 1%。

睡惊发作的典型行为包括：在睡眠时突然坐起并大声尖叫或哭喊，随之醒来，产生一种强烈的即将被毁灭的体验，伴有明显的恐怖表情及心动过速、呼吸急促、皮肤潮红、出汗、瞳孔放大、肌张力增加等自主神经系统兴奋的现象。之后安静入眠，醒后对发作过程不能回忆，且无梦境体验。因发作时存在定向障碍，因此对别人的问话、劝慰没有反应。夜惊可连续几个晚上出现，但极少在一晚上出现多次。

学习、生活中的挫折，如学习压力较大、考试成绩欠佳、人际交往问题等都可引起焦虑、抑郁、恐惧的情绪。家庭关系紊乱，如父母感情不和、家庭离异、家庭成员死亡、亲子关系欠佳等也可能引起睡惊。另外，白天遭遇负性生活事件、看了具有恐怖色彩的电视镜头等均可引起孩子的情绪紊乱，诱发睡惊。家族研究显示 50%的患儿有家族史，说明该症与家族遗传因素有一定的关系。睡惊多发生于儿童期，可能与儿童期脑发育延迟有关。

睡行又叫睡游或梦游，通常出现在夜间睡眠的前 1/3 夜的非快速眼动睡眠的深睡期，这说明当人们梦游时他们可能并没有在做梦。

患者的主要表现是从睡眠中起床，穿衣，在室内走动，并可从事较为复杂的活动，觉察、反应性和运动技巧呈低水平，表情茫然，目光凝滞，口中可念念有词，但口齿欠清，常答非所问，无法交谈，难以唤醒。一般经历数分钟至半小时，继而重新上床睡觉，醒来后对事件不能回忆。5～12 岁的儿童中大约有 15%有过至少一次的睡行体验，男孩比女孩多见。持续的睡行症患病率为 1%～6%。

由于睡行症常常发生在睡眠的前 1/3 深睡期，故各种使睡眠加深的因素，如白天过度劳累、连续几天熬夜引起睡眠不足、睡前服用安眠药物等，均可诱发睡行症的发生。家系调查表明，睡行症的患者其家族中有阳性家族史的较多，且同卵双生子的同病率较异卵双生子的同病率高 6 倍之多，说明该症与遗传因素有一定的关系。部分儿童发生睡行症与心理社会因素有关，如日常生活规律紊乱，环境压力，焦虑不安及恐惧情绪，家庭关系不和，亲子关系欠佳，学习紧张及考试成绩不佳，等等。该症多发生于儿童期，且随着年龄的增长而逐渐停止，这表明睡行症可能与大脑皮质的发育延迟有关。

2. 梦魇障碍

梦魇（nightmare）又叫作梦境焦虑障碍，发生于快速眼动睡眠期。它是指反复在夜间入睡的后半段时间内，被恐怖性的噩梦突然惊醒的现象。梦魇的内容通常聚焦于其他回避或应对立即的危险，但可能涉及诱发其他负性情绪的主题。个体对梦境中的恐怖性的内容能清晰回忆，而且梦境体验十分生动。该症在儿童中较为常见，约半数发生于10岁之前。研究发现，大约20%的儿童和5%～10%的成人有过做噩梦的经历。幸运的是，梦魇随着年龄的增大而减少。

这种恐怖性的梦境体验，通常包括的内容涉及对身材、安全或自尊的威胁，如梦见危及生命安全的恐怖事件、被怪物追赶、受迫害和被欺负的感觉等。梦境逼真，体验深刻，心有余悸，并常伴有焦虑、紧张、面色苍白、大汗、呼吸急促、心率增快等，常有一种想动动不得、想说说不出、想跑跑不动的感受。醒后迅速恢复定向，能清楚回忆梦境体验，但其所引起的情绪与生理反应不像睡惊那么强烈。

正常人或躯体疾病患者的梦魇，其内容有50%与白天的精神刺激相关。伴有躯体疾病的儿童或成人，如果睡前进食量较大或饥饿劳累，或有某些发热性疾病，均可诱发梦魇。部分患者病前常有一段时间存在内心矛盾或焦虑情绪。此外，日常生活节奏紊乱、环境不良及学习压力、人际交往障碍、家庭关系紊乱等，均可引起情绪紊乱，诱发梦魇。某些药物可抑制快速眼动睡眠，如三环类药物。突然停用这些药物可引起反弹，容易出现梦魇现象。

二、睡眠障碍的治疗

当我们不能入睡或经常醒来时，或者当睡眠不能让我们恢复精力，以致影响到我们正常的工作、生活时，我们就需要寻求帮助。很多生理和心理的干预已经被设计出来并等待评估，以帮助人们重新得到正常睡眠带来的益处。

（一）药物治疗

1. 失眠障碍

目前对失眠障碍的治疗主要是心理疗法和药物疗法。心理疗法中以认知行为疗法（cognitive behavioral therapy，CBT）最为常见。CBT主要用于纠正患者对于失眠的不合理信念以及行为功能障碍。元分析显示，CBT能够有效缩短入睡时间以及睡眠中途醒来的时间，但是不能有效延长整个睡眠时间（Trauer，Qian，Doyle，Rajaratnam，&，Cunnington，2015）。

另一常见的治疗失眠障碍的方法是药物治疗。短期作用类药（只能产生短暂的困倦）更被人们所喜爱，因为长期作用药通常到了早上还有效力，人们报告有更多的日间睡眠。另外，需要根据患者的失眠类型选择药物。入睡困难选择短效苯二氮卓类，而睡眠维持困难或早醒用长效苯二氮卓类。用药量需要从小剂量开始，用最小有效剂量维持。服药时间不能太早，可在睡前30分钟或指定时间服药，尽量避免联合用药。

但是，不可否认，失眠症的药物治疗有许多副作用。第一，镇静类药物可能产生过度睡眠。第二，人们很容易对药物产生依赖并且很容易有意无意地误用。第三，仅供短期治疗用，建议使用不超过 4 周。过多地使用可能会导致依赖和复发性失眠（rebound insomnia)。所以，药物可以矫正短期的失眠问题（例如，住院治疗的由焦虑导致的失眠症），但它们对长期或者慢性的失眠没有作用。

比较 CBT 与苯二氮卓类药物的治疗效果的研究表明，在患者没有并发症的情况下，药物干预与 CBT 在缩短入睡时间以及延长睡眠总时间的指标上不存在显著差异，但是 CBT 的疗效可以持续到干预结束后的 6 个月～12 个月，而药物干预则不能（Morin et al.，2009)。

2. 嗜睡障碍

为了帮助那些过度睡眠或嗜睡症的患者，医生通常开一些兴奋剂一类的药物，如苯哌啶醋酸甲酯或安非他明。对猝倒或肌张力丧失，则用一些抗抑郁的药物，这不代表患有嗜睡症的患者精神抑郁，而是因为抗抑郁的药物可以压制快速眼动睡眠，所以抗抑郁的药物可以对患有这类病症的患者起到缓解的作用。

由于原发性嗜睡症的病因还不清楚，只能对嗜睡症采用对症治疗。最常用的方法是开一些中枢兴奋剂对抗白天的睡眠过多，如苯丙胺等。改善晚上的睡眠可以减少白天睡眠过多。在睡前服用 γ-羟基丁酸盐可增加慢波睡眠和快速眼动睡眠，其他增强晚上睡眠的药物也可使用。

3. 与呼吸有关的睡眠障碍

对与呼吸有关的睡眠障碍的治疗总用镇静类、催眠类药物，其治疗的关键是使患者在睡觉时能够更好地呼吸。通常采取的方法包括内科治疗、机械通气治疗和外科治疗。

内科治疗的方法之一是治疗相关的疾病，如肥胖。为此，有的医生建议患者减肥。在一些肥胖的患者中，颈部的软组织压迫气管。内科治疗的方法之二是药物治疗，包括采用安宫黄体酮等药物兴奋呼吸，或采用普罗替林等药物抑制快速眼动睡眠，减轻快速眼动睡眠时出现的呼吸暂停和低氧血症。

机械通气治疗一般采用呼吸机持续气道正压通气和双气道正压通气，这是目前治疗阻塞型睡眠呼吸暂停的最佳方法。另外，中枢型睡眠呼吸暂停也可以采用上述方法进行治疗，或采用间歇气道正压通气治疗。但是由于不舒服，人们都不喜欢用这种方法。

外科治疗主要用于治疗阻塞型睡眠呼吸暂停，包括气管切开术等。

4. 昼夜节律睡眠-觉醒障碍

时差型为一过性问题，可不治疗，几天后个体多能适应新时区的自然周期。但是如果失眠症状严重，可用苯二氮卓类药物改善睡眠。转班型也无特殊治疗方法，如果入睡困难或睡眠维持困难，可适当使用催眠类药物改善睡眠。对于一些睡眠时相延迟型的患者，可采用维生素 B12、抗抑郁药物或褪黑激素进行治疗。

（二）心理与行为治疗

不难想象，使用药物帮助人们改善睡眠的作用是有限的，所以引入了心理治疗。

1. 失眠障碍

对于失眠症的心理与行为治疗，一般可以采用放松训练、刺激控制疗法和睡眠限制治疗改变患者对睡眠环境的反应，或采用认知治疗来解决一些患者因对工作、人际关系或其他情境的焦虑而导致的夜不能寐或午夜惊醒。具体方法见表 11－2。

表11-2　　失眠的心理治疗

方法	描述
认知	这种方法的重点是改变患者对睡眠不实际的期望和信心（“我每晚必须有8小时的睡眠”“如果我没有8小时的睡眠那么我就是病了”）。治疗师试图通过提供睡眠知识，如正常的睡眠量和人们补偿失去睡眠的能力，来改变患者对睡眠的态度和信心
认知放松	因为一些人入睡困难时会变得焦虑，所以这种方法是在晚上惊醒后使用沉思或想象来帮助放松
渐隐法	这种方法适用于那些在就寝时间发脾气或在夜里醒来大哭大闹的儿童，这种治疗要求家长逐渐延长检查儿童入睡的时间，直到儿童自己入睡
矛盾意图	这种技术主要是指导个体做与自己期望结果相反的行为。告诉失眠者躺在床上，尽可能地努力保持清醒，这样可以减轻环境焦虑对入睡的影响

放松训练一般采用生物反馈疗法、睡眠呼吸运动训练、进行性肌肉放松训练等减轻患者的紧张和焦虑，因而有助于睡眠。

刺激控制疗法的主要目的是打断入睡困难与睡眠环境和卧室环境之间的条件联系。具体方法是，要求患者除了睡觉和性生活以外不要卧床，只能在规定的睡觉时间出现睡意时才能上床休息。如果上床20分钟后不能入睡，则必须起床离开卧室，在卧室外进行一些一般性的活动，直到出现睡意后再回到床上去睡，这种程序可反复进行，直到患者上床后能很快入睡。另外，还要求患者每天早上定时起来，而不管前夜睡得如何或睡眠时间有多少，而且白天不允许打盹或午睡。

睡眠限制疗法即限制患者的卧床时间，开始时允许患者的卧床时间为患者估计每夜入睡时间的平均数。例如，患者报告平均卧床时间为7.5小时，入睡为5小时，可允许患者在床上待5小时（一般不少于5小时）。开始时患者的入睡时间和觉醒时间可轻度减少，但会逐渐变得稳定，睡眠效率也逐步提高。当睡眠效率连续5个晚上保持在85%以上的时候，则晚上增加15～30分钟卧床时间。如果睡眠效率连续几个晚上都在80%以下，则晚上需要减少15～30分钟卧床时间。如此重复进行，直至达到所需要的睡眠量。这一疗法有可能引起白天嗜睡，因此，主诉睡眠量不足的患者不宜采用此种疗法。

2. 嗜睡障碍

目前，还没有对于治疗嗜睡症很有效的行为治疗方法。对于一部分患者，可控制其白天的睡眠状况，规定白天可打盹2～3次，每次15～20分钟，以便维持满意的觉醒水平。但对此方法的有效性还有待进一步的研究。

3. 昼夜节律睡眠-觉醒障碍

治疗昼夜节律睡眠-觉醒障碍的普遍原则是时相延迟（睡觉时间推迟）比时相提前（睡觉时间提前）更容易实现。换句话说就是，让你平时晚几个小时睡觉比逼迫你提前几个小时上床睡觉要容易。重新安排患者的作息时间，将患者的就寝和起床时间逐步推迟2～3小时。当获得期望的睡眠时间后，将就寝和起床时间固定下来，并坚持下去。这种方法的缺点是它要求人们连续几天内一直在白天睡觉，这对工作有规律的人来说很难完成。

此外，帮助解决睡眠问题的努力还包括使用亮光来刺激大脑，从而改变生物钟。研究表明，特别亮的光能帮助人们解决昼夜节律的问题，重整他们的睡眠方式。患者通常在一个荧光灯的前面，荧光灯能放出大于2 500勒克斯的光亮，明显不同于普通的室内照明灯(250勒克斯)。暴露在这种灯光下几个小时后，很多患者的昼夜节律就成功地被改变了。尽管这种治疗方法很新，并且相对来说尚不成熟，但它给人们解决睡眠问题带来了希望。

小　结

1. 进食障碍的主要类型。

※神经性厌食症：一种多见于青少年女性的进食行为异常，特征为因限制能量的摄取而导致显著的低体重。常过分担心发胖，甚至已经明显消瘦仍自认为太胖，即使医生进行解释也无效。常出现营养不良、代谢和内分泌紊乱症状，女性可出现闭经。

※神经性贪食症：特征为反复发作和不可抗拒的进食欲望及暴食行为。患者有担心发胖的恐惧心理，常采用呕吐、导泻、禁食等极端措施消除暴食引起的发胖。

神经性贪食症可与神经性厌食症交替出现，两者具有相似的心理病理机制及性别、年龄分布。多数神经性贪食症患者是神经性厌食症的延续者，发病年龄较神经性厌食症稍晚。

※暴食障碍：暴食障碍是近年来比较新的一种进食障碍类型，其典型特征与神经性贪食症相似，患者因为暴食而感到苦恼，但没有极端的代偿性清除行为，因此，患者的体重较神经性贪食症患者稍重。

※回避性/限制性摄食障碍是对食物摄取的回避或限制，表现为有临床意义的无法满足营养的需求或经口腔摄入食物的能量不足。

※其他进食障碍：反刍障碍是指进食经过一段时间以后将半消化的食物返回嘴里再次咀嚼。异食癖的表现是重复地吃一些没有营养的东西。两类障碍多在幼儿、童年或青少年时期出现，大多数与严重的智力障碍有关。

2. 进食障碍的可能原因。

※生物因素：生物学因素研究主要有两个方向的进展：一个是，进食障碍与遗传因素有一定的关系，部分病例有家族遗传倾向；另一个是，生物学研究主要集中于神经内分泌功能和中枢神经递质的改变。

※心理因素：进食障碍的个体往往有明显的人格问题，有的会存在边缘性人格问题。进食障碍的个体对体形和体重会产生歪曲的认知并且对之坚信不疑，另外患者常伴随抑郁症状。

※家庭环境因素：神经性厌食症患者的家庭大多是成功的、专制的、注重外表的，并且是渴望保持和睦的。而家庭关系不和睦、教育方式不当、对孩子过度保护、家庭成员酗酒等则是发生神经性贪食症的主要危险因素。

※社会因素：近代西方女性吸引力的标准，促成了进食障碍患者的增加。与此同时，女性承受了相当大的符合这个理想标准的压力，并且这种压力比理智和现实更具影响力。此外，媒体大肆渲染也为进食障碍提供了产生和发展的社会环境。

※综合模型：结合生物的、心理的、家庭的以及社会的因素对进食障碍的病因进行解释更为有力。很多理论家及治疗师认同各种因素的共同运作助长了进食障碍的产生和发展

这一观点。

3. 进食障碍的预防和治疗。

※预防：进食障碍的三级预防系统——初级预防、二级预防、三级预防——非常重要，即在不同阶段对不同人群有针对性地进行教育。

※治疗目标：进食障碍有两个主要的治疗目标。首先是尽快矫正危害个人健康的异常饮食模式，其次是应对导致及维持目前饮食问题的广泛心理和情境因素。

※药物治疗：目前尚未发现治疗厌食症的有效药物，对贪食症最有效的药物是抗抑郁药物。

※心理社会治疗。

厌食症的治疗：厌食症治疗的首要目标，是帮助个人恢复失去的体重、恢复常态的营养状况以及能正常地饮食。然后，治疗师引导心理上和家庭环境的改变，帮助患者做出认知上的改变。

贪食症的治疗：贪食症治疗的目标，是帮助患者消除暴食/导泻模式和建立良好的饮食习惯，以及消除暴食模式的潜在因素。

暴食障碍的治疗：用改进后的认知行为疗法来治疗肥胖贪食者的暴食行为，初步来看是比较有前景的，但还需进一步的深入研究。

4. 睡眠障碍的主要类型。

※原发性失眠，是指失眠不是由其他医学或精神病学的问题引起，而是由有机体内部引起的睡眠启动（入睡）和维持困难（易醒）或者是精神未恢复的睡眠。

※原发性嗜睡主要表现为睡眠（大多数患者为夜间睡眠）期延长，为8～12小时，而且早上难以觉醒。

※昼夜节律睡眠-觉醒障碍是指一类由机体内部的睡眠-觉醒系统的生物节律，即昼夜节律与外部所要求的睡眠定时和睡期不一致所引起的睡眠障碍。

5. 睡眠障碍的治疗。

※药物治疗：镇静类、催眠类药物对于治疗睡眠障碍有所帮助，且被广泛应用，但是其副作用也是显而易见的。

※行为和心理治疗：行为治疗对于各种类型的睡眠障碍均有一定疗效。

复习思考题

一、名词解释

进食障碍　回避性/限制性摄食障碍　反刍障碍

二、简答题

1. 神经性厌食症与神经性贪食症的主要表现有哪些异同？
2. 结合进食障碍病因的综合模型分析进食障碍发生的原因。
3. 说说常见的睡眠障碍及其产生的原因。

三、案例分析

小王是一个大二的女生，过去的一年中，小王的情绪不太好，身边的同学都很优秀，有的擅长策划活动，有的成为社会活动骨干，而小王性格比较内向，虽然很想像其他同学一样参加各种活动中，但是因为担心表现不好，所以多次犹豫，最后没能去报名参加自己喜欢的社团活动。小王想在学业上做出更好的表现，结果发现，成绩虽然还不错，但是并不是小王期待的满分，而且大学里的学习方式与中学不同，需要自己主动查资料，小王并不擅长这些。慢慢地小王开始觉得抑郁，觉得自己哪里都做不好。她开始觉得自己的身材太过粗壮，手臂和大腿比其他同学都要胖，小王想要通过节食控制自己的身材，希望能够重新对自己的生活找到掌控感。小王慢慢地吃得越来越少，身边的同学和舍友都反馈说小王瘦了好多，小王还是觉得自己不够瘦。很快，小王哪怕吃上一点东西都会下意识地吐出来，即使是吃了半颗苹果或者几颗葡萄，小王也很快把它们吐出来。跟同学聚会的时候，刚吃了一点蔬菜沙拉，小王马上跑到洗手间吐了出来。朋友都为小王的情况感到着急。小王却不觉得有任何问题，仍旧不吃东西。一个月时间，小王的体重从 98 斤，瘦到了 80 斤，朋友感觉小王已经瘦得不成人形，建议小王去学校心理咨询中心看一看。

1. 根据上述情况，小王可能患有哪种精神障碍？诊断的依据是什么？
2. 根据小王表现出的主要症状，应采用何种治疗方法对其进行治疗？

推荐影片

《爱上爱情》

这是一部呈现神经性贪食症患者的写实电影，中文译名是《爱上爱情》。女主角劳拉所经历的，正是贪食症患者的典型遭遇：不快乐的童年、破碎的家庭、正常甚至杰出的事业成就、困难的亲友关系以及不正常的进食习惯。

从小父母的激烈争吵与离异，拉大提琴时的心理障碍，就已经对劳拉造成了不可弥合的创伤，而她的哥哥因为一次意外而身亡，这个打击又在她的心里留下了难以磨灭的伤痕，以致她无法正常进食。只要一想起哥哥她就会暴食，往自己的嘴里塞各种各样的食物。她的办公室里有成堆的糖，只要她想起哥哥，她就会一把一把地吞掉那些糖，在嘴里拼命地嚼。她每天早上会去跑步锻炼，即便这样她也会突然跑到小卖店买成堆的食物，然后狼吞虎咽地吃掉。狂吃完以后就是狂吐，吐完后在卫生间的镜子前流着泪水和汗水。

劳拉是幸运的。因为男友的深情包容，她终于一步步地走出由食物构筑而成的城堡。她邀请男友共进晚餐，并且恣意地暴食，看起来虽然恐怖，一点也不浪漫，却是个转折点。男友的持续接纳，让劳拉内心里要毁灭两人关系的潜意识冲动不至于毁掉他们的关系，也不至于毁了她自己。当她相信人与人之间的亲密是可能的，内心的饥渴得到充分的满足时，与食物的不正常的关系就可以终结了，保险柜里的私藏食物也可以扔掉了。

故事就以贪食症痊愈而结束了吗？没有人知道。所有的电影都只能呈现局部的人生，至于劳拉未来的生活如何，只能让有兴趣的观众去想象了。

第十二章

性心理及性功能障碍

在本章中，我们将描述和讨论性心理及性功能障碍。

首先，我们要介绍一下人类的性心理现象，以及性行为的特点，更重要的是人们对性障碍认识的发展变化。从宏观上，性对于人类意味着什么？从微观上，性对个人又有何种意义？经验告诉我们，每个人对待自己的性都是有差异的。这些差异表现在态度、体验、行为等各个方面，而差异程度的不同导致了正常和异常的性行为。那么，从理论上讲，是我们性行为中的哪些基本方面构成了这些差异呢？我们尝试从这几个角度作出回答，并按照这种线索构建本章内容的基本结构。

然后，我们将按照一定的顺序着重讨论性别烦躁、性欲倒错障碍和性功能失调。在每一种性障碍的论述中，我们将主要涉及临床表现、病因以及治疗三个部分。此外，在性别烦躁和性欲倒错障碍中，我们还会将它们进一步细分，对各种亚型进行描述。

一个男人穿着女人的衣服究竟是性别烦躁、同性恋还是异装障碍？性取向究竟导致了怎样的问题？同性恋为什么长期存在于我们的文化现象之中？性欲倒错障碍是“不良癖好”还是“变态犯罪”？性功能失调是不是病？为什么我们要强调性教育？

我们会在这一部分展开讨论各个细节，通过讨论我们会发现人类的性行为涉及的方面如此之广，性问题的文化源远流长，尤其是一些异常的性行为揭示了性在我们生活中延伸到了各个角落。与此同时，我们通过考察不同的生理、心理、社会文化差异，对这些问题进行辨别与分析，不仅会得出有效的治疗方案，更为重要的是，我们还能获得对性行为的正确观点和科学态度，并在社会生活的其他方面提出我们的专业建议。

案例

小晓内心藏着一个强烈的梦想——变性。再有两个月，他就满 18 岁了，那时，作为成人的他就可以自主决定这件事了。然而，就在媒体轰轰烈烈报道这个全球最小的变性人的传奇时，他再次陷入心理矛盾之中……

萌芽：从小在女性圈子中长大。

小晓长相秀丽，身材纤细修长，皮肤白皙透亮，鼻子挺拔秀丽，左耳戴着两个水钻耳环，身高 1.68 米，体重 50 公斤。如果不开口说话，谁也不会把他当男孩。而他自己也表示，最大的心愿就是变成女孩。

他从小在农村长大，父母都是农民。“小时候妈妈很宠我，喜欢给我穿裙子，堂姐还为我扎辫子。我从小就和堂姐学绣花、踢毽子……”“就像一个人从小生活在狼窝，长大后便有了狼性一样。”小晓说。由于家庭环境的影响，从小他心中就把自己定位成了女孩。

14 岁那年，小晓上了初中，一天，有个男同学突然指着他对大家说："嘿，你看他走起路来扭扭捏捏的。是个变态、人妖！"小晓回忆说："当时我很生气！但我也开始意识到自己不像个男孩子。"后来，小晓就找妈妈说了自己想变性的想法。"爸爸妈妈开始只是笑，他们笑着说，哪有那么多钱给你做变性手术！"虽然父母没有当真，可小晓想变成女孩的愿望已开始在他心里发芽。

初恋：我们曾感受吻的快感。

上初二时，小晓的同学李龙（化名）突然向他表白爱意："你长得好漂亮，我们耍朋友嘛……"面对突如其来的"爱情"，小晓说，他没有一点点惊诧："只是觉得心里甜滋滋的。"

小晓回忆说："我们经常在一起玩，慢慢地他就拉我的手。这次初恋让我们走得最远的是，我们接过吻……"就这样，两个男生谈起了恋爱。"那时候，我们在操场上坐着聊天，在山上坐着数星星。周围的人都说我们是同性恋，可我不觉得。"同时，两个男生谈恋爱的事，在小晓所在的小城引起"喧哗"。小晓也逐渐意识到自己是个男孩，不能这样下去，于是就没再与李龙继续那段朦胧的"恋情"。狠下心结束"初恋"后，他在给李龙的断交信中写道："我现在还是男生，不能和你再谈情感了……"而此时，小晓内心那个女孩梦却越发强烈起来。

2004 年，小晓考入某市一家职业学校学习音乐，在这个繁华都市，他的社交范围大大拓展，结交了很多新朋友："我最好的朋友都是女孩子，有网友，有师姐，对我好的老师也多半是女老师。她们都能理解我的心情。"小晓为自己起了个"依依"的网名，连 QQ 资料里填的都是女性。小晓最好的网友"叶子姐姐"刚开始和他视频聊天时也把他当作了女孩。

思变：希望渺茫，小晓寻轻生。

"我喜欢古典的东西，中国古代四大美女中，我最欣赏西施和貂蝉。"2005 年 10 月，小晓走进美容医院，首次对外袒露了自己的变性意向，并寻求帮助，"但结果因为自己未成年和没有经济条件被拒绝。院方说，一个纯粹的变性手术（指生殖器整形）需要 20 多万元，如果是完整的变性手术需要 50 多万元。"

遭遇拒绝后，2005 年 11 月 25 日傍晚，苦闷的小晓找到网友"叶子姐姐"，要她陪他到锦江河边散步。那天，小晓越说越觉得希望渺茫，哭着哭着，突然"扑通"一声跳进河中……

惊变之下，"叶子姐姐"慌忙拨打报警电话。巡警赶到现场后，用绳索把已冻得浑身青紫的小晓从河里拉上岸来。小晓说，他的变性想法遭到家人和学校的反对，而没有经济来源实现变性梦想，是他绝望轻生的主要原因。当晚，电视播出了小晓跳河的新闻。一家美容医院的负责人看到这则新闻后，经过研究，决定帮助小晓完成心愿。

蝶变：知音闯进其变性生活。

2006 年 12 月 3 日，小晓坚定地迈出了变性的第一步，接受变性初期的系列整形手术。那天，经过一番艰难的抗争，小晓的父母终于在手术同意书上签字。但小晓的父母同时向医院表示："只要美男子，不要美女子。"也就是说，医院只能给小晓做外形整容，不能进行实质性的变性手术。尽管如此，小晓还是感到十分欣慰。

因为他的身形与梅艳芳很相似，院方决定将其依照梅艳芳的外形、外貌来打造。他-她的变奏，缓缓拉开序幕……

就在手术过程中，成都某大学18岁的女大学生吴龙来到他的床前："我愿用自己的身体和你交换，互换生殖器官，让我们彼此成为真正的女人和男人!"吴龙是从报纸上看到有关小晓渴望变性的报道后才赶到医院的，在小晓的病床前，吴龙说："上帝在我们身上开了个不小的玩笑：一个男儿身女儿心，一个女儿身男儿心，我们都渴望找回真我，为什么不做一个交换呢?"

因为志趣相投，小晓和吴龙认识不久，就成了非常"亲密"的"异性"朋友，就连"吴龙"这个化名，也是小晓的创意。眼下，小晓和吴龙天天通电话，互相鼓励。"完成了变性手术后，你们可能结合成夫妻吗?"面对这样的问题，小晓表现得十分踊跃："这也说不定啊，如果我们的缘分到了那一步，也不是没有可能……"

苦恼：我想多留些思考时间。

"金星做变性手术考虑了整整8年，我也该为自己多留些思考时间。"小晓突然表示将暂停变性计划。

资料来源：《华西都市报》，2006-03-25，18版。

读过小晓的故事，我们充满了疑问：人的性别认同是如何发展的？为什么小晓会对自己的生理性别不满？他是一个在性方面有障碍的人吗？是什么因素导致了他想要转换性别？手术能给他带来多少改变？

第一节 概述

一、人类的性

性是始终伴随每个个体和整个人类生存发展的现象。我们通常所说的"性"，主要包括性别差异和性行为。前者主要指男女之间在生理和心理上的差异，后者重点描述男女性器官的接触活动。在这里，我们把性定义为个体持某种态度、朝向一定对象、通过某种方式、获得某种体验、有性器官参与的活动。

人类的性行为具有丰富而强大的功能。从生物性方面讲，人类的性活动与动物一样，可以繁衍后代、孕育生命；从人类特有的方面讲，性行为能够使个体获得"最美好、最满意和最强烈"的情绪体验。

然而，每个人从自己的性行为中得到的体验是不同的，甚至有的个体对自己的性别和性活动的态度也与众不同。因此，它们会被定义为性的正常与否，这可能会涉及人类性行为中的诸多方面，我们将逐一介绍。

二、人类性的基本方面

（一）性别差异

毫无疑问，男女之间的性别差异是明显的。首先，这表现在男女生殖器官的差异上；其次，男女在性心理及性行为上的差异也十分明显。例如，孔晓牧等发现，在对婚前性行为的态度上，男性比女性更为开放；女性更渴望浪漫的“性感觉”，男性则更倾向于激情的“性刺激”。这些差异有的与性生理差异紧密相关，还有的与社会文化有更为密切的关系。

（二）性别角色

思考：男女之间的性差异有哪些？

性别角色是指社会对于不同性别个体的定位和认同。例如，女性更加温柔，男性更加阳刚；男性应该承担压力，女性则倾向于依赖；女性更多地承担精细的任务，男性更经常从事粗重的工作；等等。性别角色在性行为中也起着一定的作用，例如，女性被认为对性应该更为保守、被动，男性则更为积极、主动。

（三）文化差异

不同文化对于性的观念是有差异的。例如，在婚前性行为方面，有些国家持接受和鼓励的态度，而另外一些国家则是拒绝甚至禁止的态度。又比如口交和自慰，在巴布亚新几内亚的桑比亚（Sambia）部落，口交活动被要求在年轻男性之间进行，禁止自慰；而在印度东北的蒙达（Munda）部落，要求性活动全部是异性间的，主要由抚摩和相互间的自慰组成。因此，对性行为的判断，文化影响不可小视。

（四）性心理的五个层次

人类的性心理现象可以分为五个层次，每个层次都建立在前一个层次的基础之上。从最深的层次到最表面的层次可以分为：性别认同、性取向、性偏好、性别角色认同和性功能。性别认同是个体根据生殖器官及其他性征对自己是男是女的认可和接纳，是性心理最基础、最内在的层次；第二个层次是性取向，即自己喜欢异性、同性还是两者都喜欢的倾向；中间的一个层次是性偏好，即个体性活动指向的直接对象（身体某个部位或某种物品等）和方式；第四个层次是性别角色认同，即个体对社会给自己的性别定位的认可和接纳；最表面的是性功能，即个体在性行为各个阶段中的机能表现。

三、正常的性与性障碍

思考：性包括哪些内容？

正常的性是指在以上性的各个方面上表现正常。例如，在一定的社会文化条件下，个体对自己的生理性别认同，性取向一般朝向异性，无明显异于常人的性偏好，接纳社会对自己性别的定位，并依此采取适当的性别行为，同时在性的需求、唤起、平台、高潮和消退几个阶段中功能正常发挥。

而在以上一个或几个方面上表现异常，则会导致性障碍。

四、几种主要的性障碍

我们通常把性障碍分为两大类：**性心理障碍**（性变态）和**性功能失调**。前者主要涉及性别烦躁和性欲倒错障碍，其中，性欲倒错障碍主要有恋物障碍、异装障碍、性施虐障碍、性受虐障碍、露阴障碍、窥阴障碍、摩擦障碍、恋童障碍等；后者指性功能失调，即男女个体在性行为的五个阶段上的机能紊乱的现象。

思考：有哪些常见的性障碍？

第二节　性别烦躁

一、性别烦躁的临床表现

性别烦躁（gender dysphoria）是DSM-5中的新表述，过去被称为性别认同障碍或异性癖（transexualism），早年文献称之为“男扮女装症（eonism）”。性别烦躁指的是个体体验或表现出的性别与被分配的性别之间不一致的痛苦。并非所有人都会因为这种不一致而痛苦，但很多人会因为无法进行渴求的变形手术而非常痛苦。对比DSM-Ⅳ中的性别认同障碍，这种更具描述性的术语聚焦于“烦躁”这一临床问题，而不是“认同”本身。虽然我们都听说过这样的人和事，但性别烦躁的发生率的确是很低的。对于出生性别为男性的成年人，患病率为0.005%至0.014%；对于出生性别为女性的成年人患病率更低，从0.002%到0.003%。

对于出生性别为男性的性别烦躁患者来说，他会认为自己是被上天错生在男人身体中的女人，因而渴望摆脱现在的生殖器官，从而拥有女性的性别特征，真正像女人一样生活。而当前性别为女性的患者则认为自己被困在女人的身体里，希望拥有男人的特征并像男人一样生活。他们都会对当前性别感到不满、排斥和厌恶，对自己被困于“错误的身体”的现状不满，经常感到迷惘、沮丧。

性别烦躁的诊断标准

性别烦躁的特征包括：

1. 个体体验或表达的性别与出生性别明显不一致，至少持续6个月，表现为下列至少2项：

（1）个体体验或表达的性别与第一或第二性征之间明显地不一致（或在青少年早期，为预期的第二性征）。

（2）由于与体验或表达的性别明显地不一致，因而产生去除自己的第一或第二性征的强烈欲望（或在青少年早期，有阻止预期的第二性征发育的欲望）。

（3）对拥有另一种性别的第一或第二性征有着强烈的欲望。

（4）有成为另一种性别（或与出生性别不同的某种替代性别）的强烈欲望。

（5）有希望被视为另一种性别（或与出生性别不同的某种替代性别）的强烈欲望。

(6) 深信自己拥有另一性别（或与出生性别不同的某种替代性别）的典型感觉和反应。

2. 该疾病与有临床意义的痛苦或社交、职业或其他重要功能方面的损害有关。

资料来源：DSM-5；American Psychiatric Association，2013.

由于性别烦躁患者会有穿着异性服装、喜欢同性的现象，因此很容易被误认为异装障碍或同性恋。实际上，性别烦躁与后面两种情况是不同的。性别烦躁患者穿着异性服装是由于对自己当前性别不满意，而向往转变为异性，像他（她）们一样穿着打扮，与性兴奋、唤起没有关系，一般也不伴随自慰行为。而异装障碍是一种性欲倒错障碍，患者穿着异性服装的目的在于满足性兴奋，往往伴有自慰，但他们一般没有想要转换性别的欲望。同性恋个体的性活动对象指向同性个体，是一种特殊的性唤起模式，他们是以当前的性别身份去接纳和喜爱同性伙伴，并不愿意改变自己的性别。而性别烦躁患者一般也对同性个体感兴趣，但他们是将自己作为异性去喜爱同性个体，是其想要作为一名异性去生活的表现方式之一，这时他们并不认为自己是同性恋，而是异性恋。

二、性别烦躁的可能原因与治疗

思考：什么是性别烦躁？

从发展心理学上讲，个体性别发展包含两个层面：一个是生理层面，即个体出生后生理上的男或女的差异，到青春期继而出现与生理性别一致的第二性征；另一个是心理层面，在2～7岁之间，在自我观念发展的基础上，一般儿童不仅了解到自己的生理上的性别，而且在心理上也接纳了自己的性别，愿意做男孩或女孩，形成正常的性别认同。对于性别烦躁的个体，研究者尝试从各个角度进行解释，并且提供了一些治疗措施。

（一）性别烦躁的可能原因

1. 生理学解释

研究者普遍认为，性别烦躁与生理因素有着极其密切的关系。一项实验表明，无论是公鼠还是母鼠，只要给它们注射异性控制唤起的荷尔蒙，就能使它们表现出异性的性行为方式。虽然这种实验很难在人类身上推广，但是研究者普遍认为，孕妇产前的激素水平异常与新生儿性别烦躁有关，尤其在怀孕七周之后，雄性激素水平充分与否可能导致性别烦躁。因此，胎儿期激素被认为是影响性别烦躁的最主要因素，但并非唯一因素。有研究表明，下丘脑终纹床核的细胞簇也会影响性别烦躁。家庭研究和双生子研究也提示性别烦躁可能有遗传上的基因作用。此外，教育、环境等其他因素在一定程度上会削减或增强这些生物学的基础作用。

2. 心理学解释

心理动力学的观点认为，性别烦躁源于父母与婴儿纽带的失调。对于男性来说，如果他与母亲之间有时间过长的共生关系，就会在婴儿期产生女性性别认同；而女性如果缺乏母亲身体和情感上的关爱，就会转而对父亲产生认同。

行为主义的观点认为，性别烦躁是由于儿童的性别角色被照料者塑造成异性导致的。

例如，很多患者的父母报告，在早期生活中他们会在孩子穿着异性服装时给予鼓励和更多关注，甚至于教授男孩子如何化妆等。当然，父母只是强化力量中比较重要的一个方面，其他因素，如学校、同伴等，也会对个体的异性行为给予强化或惩罚。所以，很多儿童期有明显异性行为的孩子，在成年之后并未发展为性别烦躁。

（二）性别烦躁的治疗

基于对性别烦躁病因的不同解释，研究者普遍认为有两种主要的治疗方式：心理治疗和性别再造手术。

1. 心理治疗

心理治疗对于性别烦躁的改善并不明显，但心理学家还是提供了几种可行的方法。按照心理动力学的观点，性别烦躁仍然是一种源于内心冲突的类似于神经症的情况，因此，使用精神分析疗法同样可以缓解症状。而行为主义心理学家也通过强化、惩罚和塑造与患者生理性别一致的行为的训练方法来进行干预。总体来说，心理治疗对治愈性别烦躁本身虽没有多大效果，但是对于患者的抑郁、自杀危机，以及他们尝试进行性别再造手术治疗的准备和术后适应问题仍然有不可替代的作用。

2. 性别再造手术

性别再造手术即我们通常所讲的变性手术。与心理治疗相比，手术治疗对于性别烦躁患者具有显著的改善作用。这种手术始于1926年，并在第二次世界大战后开始在美国等国家和地区广泛应用，通常是男性变女性，而女性变男性的手术成功率（通过各种对患者满意度的测量）较低。在一系列的手术过程中，患者将被摘除当前的性别器官，并再造一副异性性器官。男性变女性的患者在术后没有月经、无法怀孕，女性变男性的患者也不会出现射精行为，但他们都能够通过新的性器官享受到性快感。当然，性别再造手术只能是通过生理上的部分修改来缓解患者内心的冲突和矛盾，不是创造生理功能。虽然跟踪调查显示，性别再造手术后绝大多数患者对手术效果满意，并且报告满意的数据还在不断上升，但仍然有患者在术后后悔，产生严重的不适应。因此，性别再造手术并非随意可以实施，一般专业的治疗机构要对申请者做严格的审查。患者不但在身体条件上允许进行手术，而且在心理、社会和经济方面也能够保持稳定，同时一般还要求他们在手术前先以异性身份生活1～2年，以便最后确定。值得一提的是，大多数临床工作者认为对儿童和青少年的性别烦躁不适用激素疗法或手术，因为他们无法对此真正做到完全知情同意。性别烦躁的治疗比较，见表12-1。

表12-1　　性别烦躁不同治疗的比较

	心理治疗	性别再造手术
改善	几乎没有	60%～90%显著改善
复发（终止治疗之后）	高	低到中等
副作用	无	中等
花费	便宜	昂贵
时间	数周到数月	数年

第三节　性欲倒错障碍

一、概述

性欲倒错（paraphilias）是指非典型的性偏好。性欲倒错障碍（paraphilic disorder）是一种导致个体的痛苦或损害，或者涉及对他人的伤害或风险的性欲倒错。尽管随着时代的发展，人们对一些过去刻意回避的特殊性行为方式（例如口交、肛交、婚前性行为、同性恋等）开始持宽容和接受态度，但是，另外一些明显偏离正常的性行为模式（例如恋童障碍）带有强烈的破坏作用，仍然受到人们的坚决抵制。

DSM-5 将性欲倒错障碍分为两组：（1）异常的活动偏好，又细分为求偶障碍（窥阴障碍、露阴障碍和摩擦障碍），以及虐待障碍（性受虐障碍和性施虐障碍）；（2）异常的目标偏好，涉及一种指向其他人类的（恋童障碍）和两种指向其他事物的（恋物障碍和异装障碍）。见表 12-2。

表 12-2　　常见的性欲倒错障碍

分类	类型	种类	描述
活动偏好	求偶障碍	窥阴障碍	代表扭曲的人类求偶行为
		露阴障碍	
		摩擦障碍	
	虐待障碍	性受虐障碍	涉及疼痛与受苦
		性施虐障碍	
目标偏好	指向其他人类	恋童障碍	指向儿童
	指向其他事物	恋物障碍	指向无生命物体或非生殖器的身体部位
		异装障碍	

相关数据显示，性欲倒错障碍患者往往都是男性，女性患者极为罕见，例如受虐障碍，男女比例也达到了 20∶1。从生理上说，研究者认为男性的射精本能欲望和男女之间脑结构的不同都可能造成患病率的差异。另一方面，社会文化也有明显的作用：我们的社会允许甚至期望女性适当暴露自己的身体，甚至还会通过“欣赏”她们的暴露来满足自身的性偏好。但如果换作男性，人们往往感觉不适。

思考：什么是性欲倒错障碍？

性欲倒错障碍和性欲倒错是两个完全不同的概念。性欲倒错是性欲倒错障碍诊断的必要而非充分条件。性欲倒错指除了与正常的、生理成熟的、事先征得同意的人类性伴侣进行生殖器刺激或前戏爱抚之外的其他强烈和持续的性兴趣，其本身并非一种精神障碍。性欲倒错可分为征得他人同意的（如性虐行为）和未征得他人同意的（如窥阴障碍），也可分为接触他人身体的（如恋童障碍）和无须接触他人身体的（如恋物障碍）。只有在性欲倒错引起个体明显痛苦或损害，或者对他人造成伤害或风险时才会被诊断为性欲倒错障碍。

二、临床表现

（一）恋物障碍

恋物障碍（fetishistic disorder）是指个体对无生命的物品或非生殖器的身体部位产生性唤起。这些物品各式各样，但是比较常见的是女性的内衣、鞋子、袜子等。虽然女性内衣经常会引起男性的性冲动，但是，如果只有女性内衣才能引起性唤起，那么，这种物品就从手段变成了目的，这种情况就是恋物障碍了。还有一种叫作局部癖好的现象，即引起个体性唤起的是人身体的某个部位，例如脚、头发等。

恋物障碍的诊断标准

恋物障碍的主要特征包括：

1. 至少6个月以来，通过使用无生命物体或高度特定地聚集于非生殖器的身体部位从而激起个体反复的、强烈的性唤起，表现为性幻想、性冲动或性行为。

2. 这种性幻想、性冲动或性行为引起有临床意义的痛苦，或导致社交、职业或其他重要功能方面的损害。

3. 恋物对象不是跨性别的特定物品（如在异装障碍中的男扮女装），或是为增加生殖器触觉刺激而设计的装置（如振动器）。

资料来源：DSM-5；American Psychiatric Association，2013.

一般来说，恋物障碍几乎只在男性身上发生，患病率不到1%。这些个体大多对正常性生活胆怯或性功能低下，并经常因为"搜集"一些引起他们性唤起的女性用品而惹上法律纠纷。恋物障碍可能开始于对某种物品的一般喜好，这种喜好常常与一些重要的性经历有关，并逐渐演变成一种习惯。条件反射学说认为，这些物品曾与引起性冲动的女性相伴出现，后来便发展为引起性唤起的条件反射刺激物，它还与异性恋在某方面受到抑制有关。而弗洛伊德认为，被选择的物品是儿童相信自己母亲曾具有的阴茎的替代物。

（二）异装障碍

异装障碍（transvestic disorder），或叫作异性装扮癖，是指男性个体（几乎完全在男性中被报告）持续通过穿着女性衣服来达到性唤起。由于异装癖同样涉及对无生命物品（女性衣服）的迷恋，因此被认为是恋物障碍的一种变化形式。但是与恋物障碍不同的是，患者对物品的使用更进一步，并在穿着之后会进行自慰或成为与异性性交的典型行为模式，甚至会穿着异性服装招摇过市。而当这种行为被阻止、抑制时，患者就会异常沮丧，只有通过异装才能减轻这种焦虑。

异装障碍的诊断标准

异装障碍主要特征包括：

1. 至少6个月以来，通过异装激起个体反复的、强烈的性唤起，表现为性幻想、性冲动或性行为。

2. 这种性幻想、性冲动或性行为引起有临床意义的痛苦，或导致社交、职业或其他重要功能方面的损害。

资料来源：DSM-5；American Psychiatric Association，2013.

许多异装障碍患者都是在自己的卧室里才会穿着异装，而在其他情境之下一般都是和常人一样的，因此我们很少听闻这种案例。异装障碍在男性中的患病率大约低于1%。异装障碍患者的异装行为是为了达到性唤起，而不是为了成为女性，这在与性别烦躁的区分中已作过讨论。另外，异装行为还往往发生在男性同性恋者中的“女性”角色身上。

（三）性施虐障碍与性受虐障碍

性施虐障碍（sexual sadism disorder）患者会在性生活中在对方身上反复地、故意地施加痛苦和羞辱，以此达到性唤起。**性受虐障碍**（sexual masochism disorder）则通过承受对方施加的痛苦与羞辱，来达到性唤起。攻击行为在人类的性行为中是常见的，例如，轻轻咬对方的耳垂或故意在对方背上留下痕迹等，而虐待也会在一般人的性生活中出现，例如，拍打臀部等，但这种虐待的行为并非达到性唤起的必需手段，而只是为了增强性唤起。只有当施虐或受虐成为个体性唤起的必需，且造成明显的心理痛苦或功能损害时，才能被诊断为性虐待障碍或性受虐障碍。

性施虐障碍与性受虐障碍的诊断标准

性施虐障碍的特征包括：

1. 至少6个月以来，通过使另一个人遭受心理或躯体的痛苦从而激起个体反复的、强烈的性唤起，表现为性幻想、性冲动或性行为。

2. 个体将其性冲动实施在未征得同意的人身上，或其性冲动或性幻想引起有临床意义的痛苦，或导致社交、职业或其他重要功能方面的损害。

性受虐障碍的特征包括：

1. 至少6个月以来，通过被羞辱、被殴打、被捆绑或其他受苦的方式从而激起个体反复的、强烈的性唤起，表现为性幻想、性冲动或性行为。

2. 这种性幻想、性冲动或性行为引起有临床意义的痛苦，或导致社交、职业或其他重要功能方面的损害。

资料来源：DSM-5；American Psychiatric Association，2013.

一般来说，性施虐障碍患者经常与性受虐障碍患者结合在一起，他们共同通过虐待行为满足对方和自己。他们经常幻想一些特殊的情节，并表达出比当前更为强烈的对虐待经历的渴望。有些性施虐障碍和性受虐障碍是同性恋，他们在同性恋亚文化中承担着施虐或受虐的角色。

（四）露阴障碍和窥阴障碍

露阴障碍（exhibitionistic disorder）患者经常在那些没有防备、不情愿的陌生人面前暴露自己的生殖器以引起性唤起。**窥阴障碍**（voyeurism disorder）患者经常偷窥那些没有防备或不情愿的个体的裸体、性交等以引起性唤起。这两种行为很明显是与我们的日常道德规范相违背的，并会严重侵犯他人隐私，因此具有犯罪元素。但也只有在其引起个体明显的心理痛苦或功能损害时才构成诊断。

窥阴障碍与露阴障碍的诊断标准

窥阴障碍的特征包括：

1. 至少6个月以来，通过窥视一个毫不知情的裸体者的脱衣过程或性活动，从而激起个体反复的、强烈的性唤起，表现为性幻想、性冲动或性行为。

2. 个体将其性冲动实施在未征得同意的人身上，或其性冲动或性幻想引起有临床意义的痛苦，或导致社交、职业或其他重要功能方面的损害。

露阴障碍的特征包括：

1. 至少6个月以来，通过暴露自己的生殖器给毫无预料的人从而激起个体反复的、强烈的性唤起，表现为性幻想、性冲动或性行为。

2. 个体将其性冲动实施在未征得同意的人身上，或其性冲动或性幻想引起有临床意义的痛苦，或导致社交、职业或其他重要功能方面的损害。

资料来源：DSM-5；American Psychiatric Association，2013.

露阴障碍患者通常游走于某个公共场合，然后突然出现在没有防备的陌生异性面前，暴露自己的生殖器，并在对方的惊恐中得到强烈的性快感，同时伴有自慰。患者回到家中回想刚才的情景，也会进行自慰。露阴障碍通常发生在十五六岁或20岁出头的时候。男性的终生患病率最高约为2%～4%。典型的露阴障碍患者往往是个性压抑且婚姻不幸的年轻男性，他们往往会出没于各种公共场所，寻找适当的受害人。早期研究表明，露阴障碍患者是害羞、温顺、不成熟的男性，而近期的研究指出，露阴障碍患者并无特定的人格特点，他们的行为仅是为了努力让自己相信自己具有男子气概。只有当受害者对患者的露阴行为表现得冷漠和不屑一顾时，露阴障碍患者才无法得到满足。因此有人提出，对露阴障碍最好的治疗方式就是教育公众不要理会这种行为。

窥阴障碍患者通常隐藏在一个便于观察的角落窥视他人的性隐私，并伴有自慰。男性和女性的终生患病率最高为12%和4%。他们偷窥的地点往往并非十分安全，但这正增强了患者的性兴奋。每个人都有窥视别人的欲望，但当这种窥视成为几乎所有的性唤起模式且造成主观痛苦和功能损害时，就成为窥阴障碍。和露阴障碍类似，窥阴障碍患者往往是有社会退缩行为和性压抑的男性。

露阴障碍和窥阴障碍会带来发展性的危害。据统计，有10%的儿童性骚扰犯人和8%的强奸犯开始时都是露阴障碍患者，而10%～20%的窥阴障碍患者会强奸他们所偷窥的女性。因此，即使某些时候有些行为是无害的，但社会仍然不会对其宽恕，以防止它们演变为更严重的性犯罪。

（五）摩擦障碍

摩擦障碍（frotteuristic disorder）是指经常在公共场所或人多拥挤的地方，通过触摸或摩擦他人身体达到性唤起的人群。摩擦障碍患者一般出没于公交车和地铁上，这种场合人多拥挤且受害者不易逃脱，所以摩擦障碍患者也更容易得逞。

摩擦障碍的诊断标准

摩擦障碍特征包括：

1. 至少 6 个月以来，通过触碰或摩擦未征得同意的人从而激起个体反复的、强烈的性唤起，表现为性幻想、性冲动或性行为。

2. 个体将其性冲动实施在未征得同意的人身上，或其性冲动或性幻想引起有临床意义的痛苦，或导致社交、职业或其他重要功能方面的损害。

资料来源：DSM-5；American Psychiatric Association，2013.

摩擦障碍经常伴随露阴和窥阴行为，患者一般会用自己的生殖器摩擦未征得同意者的大腿或臀部，也会触摸对方的乳房或生殖器，并达到射精。目标对象可能意识不到这种接触的性意味。摩擦障碍患者会对受害者的恐惧、反感产生强烈的性兴奋，这种冲动会导致明显的心理痛苦或损害。摩擦障碍被认为是一种未遂的强奸，会受到社会的严厉惩罚。

（六）恋童障碍

恋童障碍（pedophilic disorder）也被称为儿童性骚扰，是指成年个体喜欢与未到青春期的儿童发生性关系。这些患者的基本行为包括脱去儿童衣服、在儿童面前暴露自己、在儿童面前自慰、抚摸儿童，进一步会与儿童发生口腔、肛门或阴道的性交，可能伴有暴力。恋童障碍患者还会引诱儿童参与到性活动中，例如，给他们拍色情照片等。

恋童障碍的诊断标准

恋童障碍特征包括：

1. 至少 6 个月以来，通过与青春期前的单个或多个儿童（通常年龄为 13 岁或更小）的性活动激起个体反复的、强烈的性唤起，表现为性唤醒、性冲动或性行为。

2. 个体实施了这些性冲动，或这些性冲动或性幻想引起了显著的痛苦或人际交往困难。

3. 个体至少 16 岁，且比诊断标准 1 中提及的儿童至少年长 5 岁。

资料来源：DSM-5；American Psychiatric Association，2013.

案例

托尼是一名 52 岁的已婚电视维修人员。约 10 年前，他就开始了与 10 岁女儿的性行为。轻吻或一些抚弄逐渐上升为深深的拥抱，最后就是互相的手淫。当他女儿 16 岁的时候，他的妻子发现了正在发生的乱伦关系。于是，她带着女儿离开丈夫并最终与其离婚。就在托尼初次到门诊之前，他见了女儿，后者已经 22 岁，一个人生活在另一个城市。他们已经 5 年没见面了。而第一次见面不久后再见面时，又发生了乱伦行为。这时，托尼极度忧郁，并将此事告诉了他的新任妻子。在他完全自愿的情况下，她联系了门诊，而他的女儿也在自己的城市寻求治疗。

恋童障碍引发的性犯罪是最为严重的性欲倒错犯罪。据统计，美国每年发生的儿童性虐待案超过30万起，77%的受害者是平均年龄在9.2岁的小女孩，恋童障碍患者大多数为男性。社会对恋童障碍的惩处异常严厉，这是因为儿童不可能像成年人那样从事性活动，而这种性活动会给儿童留下性的印记，造成他们对未来性行为的态度的扭曲，引发严重的后续问题。恋童障碍患者往往是受害者的熟人、家人或亲戚家中的年长者，发生的地点也常见于儿童家中或患者家中。因此，恋童障碍还会与乱伦行为有一定联系。恋童障碍患者往往因为性欲与宗教信仰之间的冲突而苦恼，他们经常是酒精滥用者，缺乏一般成年人的社交技巧，缺乏自信，并在与成年人的交往中感觉不适，而与儿童在一起时更舒服。

三、性欲倒错障碍的可能原因与治疗

（一）心理动力学观点

心理动力学理论家一般认为，性欲倒错障碍都是力比多固着于性器期的结果，这种固着主要源于恋母情结和阉割焦虑。性欲倒错障碍患者被认为在潜意识里拒绝母亲或自己被假定的阉割。例如，异装障碍患者在穿着女性服装时，发现自己仍然长着阴茎，这样就可以在潜意识里说服自己，他的母亲终究没有受到阉割之苦，而患者自己也会同样避免这样的痛苦，不再需要为之担忧；性施虐障碍患者的行为被视作试图通过对他人的残忍、侵犯来成为阉割者，而非被阉割者，以此缓解焦虑。

还有一些心理动力学的观点认为性欲倒错障碍患者的自我不具备解决和控制本我冲动的能力。例如，性施虐障碍被看作是儿童期混乱、攻击性冲动的延续，性受虐障碍被看作是把攻击性冲动指向了自我。

心理动力学对性欲倒错障碍的治疗也是通过常规的程序揭示冲突并予以解决的。值得注意的是，团体治疗被用来对一些强奸犯、恋童障碍等患者进行干预，甚至代替了监禁。团体治疗的优势在于：让患者跟和自己具有类似问题的人共处于同一环境，能让他们更为舒适地面对自己的问题，且成本较低。

但整体看来，心理动力学疗法对性欲倒错障碍的治疗多数无效。这从接受治疗患者的动机中就可以预测到：他们为了避免被监禁而“积极”接受治疗，并对治疗师做出“理想”的反应，而一旦治疗结束，达到了避免被监禁的目的，他们又会重新回到原来的行为模式中去。

（二）行为主义观点

行为主义认为，性欲倒错障碍是一种条件反射建立的结果。如果个体早期的性经历，例如自慰，与一种非常规刺激成对出现，那么这种刺激后来就变成了个体性唤起的敏感性刺激。例如，如果一个儿童因为一件女性内衣而经历了性唤起，就可能导致恋物障碍。父母经常在惩罚孩子后给予他们拥抱和更多的关爱，从另一个角度讲，身体亲近和惩罚成对出现，这种儿童就可能发展成性受虐障碍。还有的行为主义理论家强调，性、攻击和疼痛都与强烈的情绪性唤起和生理性唤起有关，因此，性施虐障碍和性受虐障碍可能只是未能学会如何区分各种性唤起形式。新近的行为主义理论更重视认知因素的作用，班杜拉（Bandura）认为，父母有意无意的超常规行为影响了孩子性行为模式的发展。

行为主义疗法的目标在于改变患者的性唤起模式、信念和行为，治疗一般遵循以下几个步骤：（1）暂时控制异常性行为，例如，恋童障碍患者会被要求放弃任何可能接触儿童的工作或活动；（2）使用行为技术消除异常性唤起，包括使用“刺激饱和方法”使患者对过去让自己性兴奋的异常性刺激感觉无聊甚至厌恶，使用“内隐致敏法”让患者想象放纵自己异常性行为的糟糕后果，使用“羞辱厌恶疗法”让患者通过观察别人对自己的行为所作的评论而感到痛苦不堪；（3）进行恰当的性定位，主要是训练患者学会基本的社交技能和必要的性技能，包括交谈、倾听、目光接触、约会、感知交流、性渴望交流、尝试新的性体验等。

行为主义疗法通常具有高精细、强度大、时间长的特点，但这仍然难以全面治愈性欲倒错障碍患者。近来，行为主义疗法的重点在于防止性欲倒错障碍患者病情的复发，教导患者如何防止自己再次进行性侵犯。例如，主动回避可能诱发他们犯罪的情境，有效控制自己想要对他人实施性侵犯的想法，有力地说服自己相信不必将性冲动转化为直接的性侵犯，等等。研究证明，行为主义疗法在这方面的尝试是成功的。

（三）认知观点

认知观点强调，我们在儿童期形成的性态度、性尝试如果超越了正常的界限，就会使这些行为在成年之后重复出现。例如，男孩偷窥女孩并暴露自己的身体，女孩则表现出愉快或好奇，这就会形成一种异常的性态度。性欲倒错障碍患者的共同态度在于，他们倾向于将受害者物化，即仅仅把对方看作性满足的潜在来源，而不是与自己具有相同情感的个体。这种态度在我们的社会文化中并没有被杜绝，例如“女性是依附于男性的玩物”等。如果这种态度没有及早得到矫正，并与缺少正确态度的榜样力量、社交技能低下、缺乏性教育、自尊水平低等因素结合起来，就很容易导致性欲倒错障碍。

认知疗法对性欲倒错障碍的治疗在本质上与其他认知疗法相似。首先确定不合理的信念，然后对这些信念进行挑战，最后以更为合理、平衡的信念取而代之。在治疗中，认知疗法的重点也在于患者对受害者物化的心理过程。从调查数据来看，尤其是恋童障碍的案例中，侵犯次数越多，物化程度也越高，并且形成恶性循环。因此，许多针对这些患者的治疗计划都包括受害者认知或受害者同情训练，让性侵犯者面对自己给受害者所带来的情感伤害。例如，要求性侵犯者想象受害者在遭受侵犯的过程中会想些什么，给他们提供有受害者对自己遭受的痛苦和由此带来的消极后果等情节描述的书籍或影像资料，或者通过角色互换技术——治疗师扮演性侵犯者角色，患者扮演受害者角色，以此挑战并替代不合理的信念系统。

认知疗法经常与行为疗法结合在一起，并取得了一定的疗效，但总体看来，成功率并不高。

（四）神经生物学观点

神经生物学观点认为，性欲倒错障碍与那些部分控制性唤起的中枢神经系统中的神经递质功能失调有关。有研究证实，性欲倒错障碍会伴随 5-羟色胺的新陈代谢变化和儿茶酚胺的转变而变化。尽管神经递质在性唤起中的作用并不完全清楚，但生物学方法毫无疑问可以治疗性欲倒错障碍。例如，在欧洲国家，阉割和脑部手术都曾被用于极其严重的性罪犯——强奸犯和恋童障碍者，并作为替代监禁的一种选择。这种方法尽管能够在一定程度上控制患者的性侵犯行为，但也并不总是有效。调查发现，被阉割的男性中有10%～30%在10年之后仍然能够进行性交并射精。现在，更为普遍的方法是使用抗雄性激素药物，这种药物可以降低睾酮（维持正常性功能必不可少的一种激素）的水平。这种治疗可以降低性唤起，从而减少再次犯罪的行为。相关数据表明，接受抗雄性激素治疗的罪犯的重犯率从70%降至3%。

性欲倒错障碍的发展模型，见图12－1。

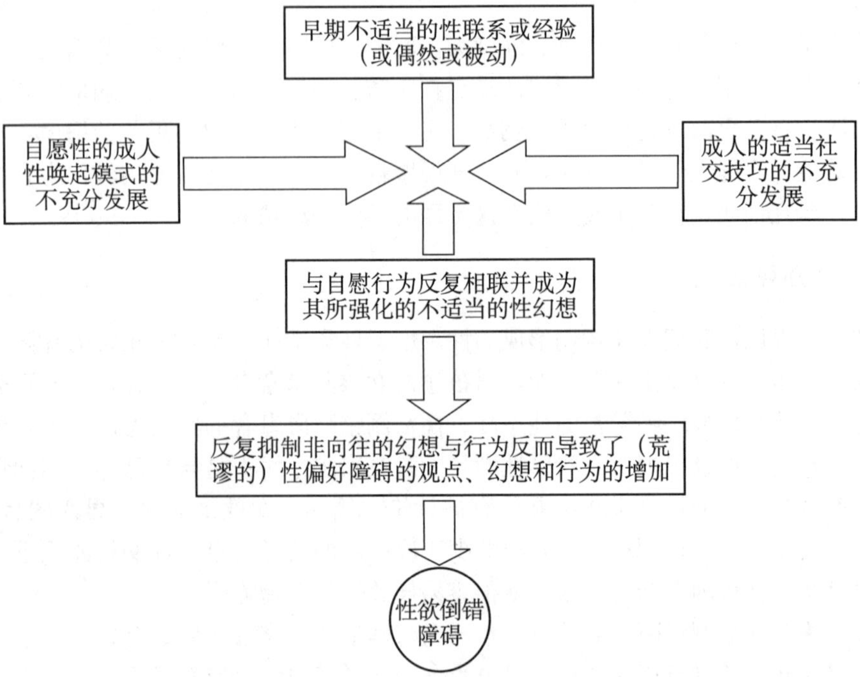

图12－1　性欲倒错障碍的发展模型

思考：如何治疗性欲倒错障碍？

第四节　性功能失调

一、人类的性生理反应

（一）性行为的五个阶段

人类的性活动尽管有诸多差异，但是其反应基本都遵循着需求、唤起、平台、高潮和消退五个阶段。第一个阶段是需求，即个体对性活动的兴趣、对性刺激的趋向等；第二个阶段是唤起，即个体对性刺激的反应，男性主要表现为阴茎充血并勃起，女性主要表现为阴道开始湿润；第三个阶段是平台，即随着性刺激的时间持续、强度增加，唤起阶段的反应维持高水平，个体并无明显的其他的生理变化；第四个阶段是高潮，即个体的性紧张度极度放松，伴有强烈快感，男性表现为射精，女性主要表现为阴道节律性收缩；最后一个阶段是消退，即性紧张消除，此前的生理变化逐渐恢复到平常状态。见图 12－2。

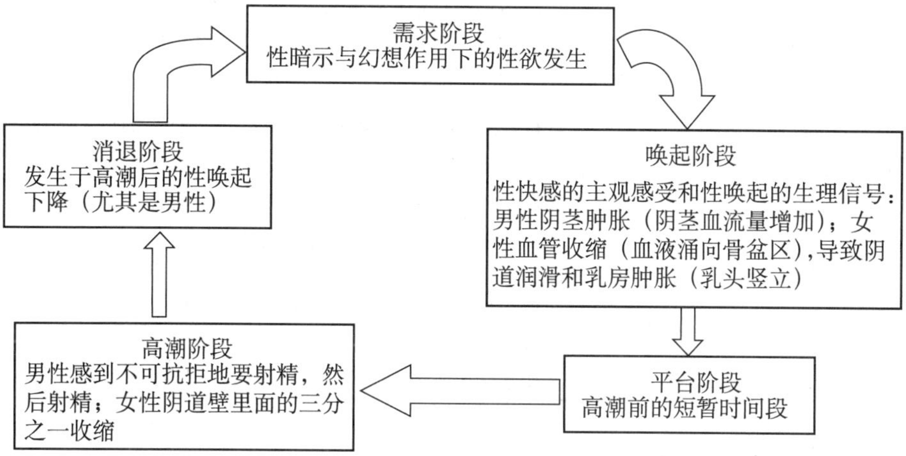

图 12－2　人类性反应周期

（二）性反应的男女差异

在性需求方面，男性经常幻想着刺激的性情境，并对直接的性接触，性暴露以及视觉、听觉方面的性刺激产生兴奋；女性在这方面与男性类似，但更容易对亲吻、爱抚、浪漫、温柔产生兴奋。

在性唤起阶段，男性表现为阴茎血管扩张，使含有大量氧气的血液流入，产生勃起；女性阴道开始扩张、润滑以至于能够包住任何大小的勃起的阴茎，子宫壁开始充血，子宫也随之扩张，乳头肿胀。

在平台阶段，男女双方的性唤起都会持续增强，兴奋程度不断提高，各项生理反应都变得更为强烈。

在性高潮阶段，累积的精液会从男性阴茎的尿道口涌出，迅速完成射精，快感得以释放；女性则表现为阴道前三分之一部分收缩，并有一种快感由阴蒂向下腹放射。在此阶段，男女双方都会出现呼吸加快、气喘、心率加快等强烈的生理反应。

在消退阶段，男性的阴茎会逐渐变软、变小；女性高潮消失，阴道开始缩短变窄，子宫、阴蒂都回到原有位置。在此阶段，男性会进入由几分钟到几小时的“不应期”，即对性刺激反应迟钝，而女性则没有明显的“不应期”，几乎可以迅速再次进入唤起和高潮。

> **思考**：人类的性反应的基本过程分为哪几个阶段？

二、性功能失调的类型

性功能失调是涉及性反应循环过程的断裂或性交疼痛的一类障碍，让人们难以做出性反应或体验到性愉悦。个体的性功能正常与否会体现在性反应的各个阶段，因此，每个性反应阶段都对应着不同的性功能失调。DSM－5 确定了 7 种性功能失调障碍，可分为两大类：（1）性兴趣/性欲和唤起障碍，包括女性性兴趣/唤起障碍、男性性欲低下障碍和勃起障碍；（2）性高潮或性交疼痛障碍，包括女性性高潮障碍、早泄、延迟射精和生殖期-盆腔痛/插入障碍。见表 12-3。

表 12-3　男性与女性的性功能失调分类

类型	描述
性兴趣/性欲和唤起障碍	
女性性兴趣/唤起障碍	对性活动的兴趣持续缺乏或明显减少，和/或对性活动缺乏性唤起的反应
男性性欲低下障碍	持续丧失或缺乏性/情色的想法、幻想或性欲
勃起障碍	反复不能获得或维持勃起，或勃起硬度明显降低
性高潮或性交疼痛障碍	
女性性高潮障碍	在性活动中性高潮强度降低、延迟或缺乏
早泄	反复在与伴侣发生性活动的 1 分钟里违背意愿地射精
延迟射精	在性交中明显地射精延迟、减少或没有射精
生殖期-盆腔痛/插入障碍	阴道插入明显困难；在插入期间有疼痛感或盆底肌肉紧缩

思考：什么是性功能失调？

（一）性兴趣/性欲和唤起障碍

1. 女性性兴趣/唤起障碍

女性性兴趣/唤起障碍的诊断标准

女性性兴趣/唤起障碍特征包括：

1. 性兴趣/性唤起缺乏或显著降低，表现为下列至少 3 项症状：

（1）缺乏/减少对性活动的兴趣。

（2）缺乏/减少性/情色的想法或幻想。

（3）没有/减少性活动的启动，通常不接受伴侣启动性活动的尝试。

（4）在所有或几乎所有（约 75%～100%）的性接触（在可确认的情况下，或广义而言，在所有情况下）中，性活动时缺乏/减少性兴奋/性愉悦。

（5）对任何内在或外在的性或情色的线索（例如，书面的、口头的、视觉的）缺乏/减少性兴趣/性唤起。

（6）在所有或几乎所有（约 75%～100%）的性接触（在可确认的情况下，或广义而言，在所有情况下）中，性活动时缺乏/减少对生殖器或非生殖器的感觉。

2. 诊断标准 1 的症状持续至少 6 个月。

3. 诊断标准 1 的症状引起个体有临床意义的痛苦。

4. 该性功能失调不能用其他非性功能的精神障碍来更好地解释，或作为严重的关系困扰（例如，性伴侣暴力）或其他显著的应激源的结果，也不能归因于某种物质/药物的效应或其他躯体疾病。

资料来源：DSM-5；American Psychiatric Association，2013.

DSM-5 将女性性兴趣和性唤起合并成一项诊断，这主要是因为较男性而言，女性的性兴趣与性唤起联系得更为紧密。女性性兴趣/唤起障碍也可以是获得性的或终生性的，与激素分泌不足、更年期变化和药物影响的生理因素有关。心理因素也包括抑郁、焦虑、对性的矛盾心理和性伴侣暴力等。

2. 男性性欲低下障碍

男性性欲低下障碍的诊断标准

男性性欲低下障碍的特征包括：

1. 持续地或反复地缺失（或缺乏）对性/情色的想法、幻想或对性活动的欲望。对于缺少的判断由临床工作者提出，且考虑到那些影响性功能的因素，如年龄、个体生活中总体的和社会文化的背景。

2. 诊断标准 1 的症状持续至少 6 个月。

3. 诊断标准 1 的症状引起个体有临床意义的痛苦。

4. 该性功能失调不能用其他非性功能的精神障碍来更好地解释，或作为严重的关系困扰或其他显著的应激源的结果，也不能归因于某种物质/药物的效应或其他躯体疾病。

资料来源：DSM-5；American Psychiatric Association，2013.

性欲低下是常见的，但男性性欲低下障碍一般是获得性的，即曾经享受性爱而后失去兴趣，少见的案例是终生性的，即从未有过性兴趣。与年龄、性别、文化因素都有关系。疼痛、疾病和睾酮的减少都有可能是导致性需求低下的生理因素。另外，抑郁、焦虑、对性的矛盾心理和性关系中的冲突，都是导致这一障碍发生和持续的心理因素。不难想象，男性性欲低下障碍往往伴随其他性反应阶段的障碍，尤其是勃起障碍。

3. 勃起障碍

勃起障碍（erectile disorder）也被叫作“阳痿”。但很明显，这种说法并不能精确地突出患者在性唤起阶段的症状特点，并带有嘲讽的意味，因此我们并不采取这种说法。勃起障碍患者并不一定具有性欲低下方面的问题，他们甚至有着频繁而强烈的性需求，但其问题在于患者持续无法达到或维持阴茎勃起，并引起痛苦或人际关系困难。

性唤起障碍的诊断标准

男性勃起障碍特征包括：

1. 在所有或几乎所有情况下（约 75%～100%）与伴侣的性活动中（在可确认的情况下，或广义而言，在所有情况下），必须出现下列 3 项症状中的至少 1 项：

（1）性活动时勃起存在显著困难。

（2）维持勃起直到完成性活动存在显著困难。

（3）勃起的硬度显著降低。

2. 诊断标准 1 的症状持续至少 6 个月。

3. 诊断标准 1 的症状引起个体有临床意义的痛苦。

4. 该性功能失调不能用其他非性功能的精神障碍来更好地解释，或作为严重的关系困扰或其他显著的应激源的结果，也不能归因于某种物质/药物的效应或其他躯体疾病。

资料来源：DSM-5；American Psychiatric Association，2013.

一般来说，患者因为阴茎没有充分勃起而根本无法进行性交活动，但阴茎完全不能勃起是很少见的，更经常的情况是在自慰时能够达到完全勃起，而在试图性交时却出现勃起硬度不够或时间过短，这一现象随着年龄增长而增多。和性欲低下障碍一样，勃起障碍也是由于各方面的生理、心理因素导致的，例如，物质滥用、身体疾病、抑郁、焦虑，还有性创伤史和对性伴侣的不信任等。性伴侣关系困难和勃起障碍可能互为因果。

（二）性高潮或性交疼痛障碍

1. 女性性高潮障碍

女性性高潮障碍（female orgasmic disorder）是指女性在性活动的兴奋期后，无法或很少体验到性高潮，或性高潮强度明显降低。

女性性高潮障碍诊断标准

女性性高潮障碍的特征包括：

1. 在所有或几乎所有情况下（约75%～100%）与伴侣的性活动中（在可确认的情况下，或广义而言，在所有情况下），必须出现下列2项症状中的1项：

（1）显著地延迟，显著地减少或没有性高潮。

（2）性高潮感觉的强度显著地降低。

2. 诊断标准1的症状持续至少6个月。

3. 诊断标准1的症状引起个体有临床意义的痛苦。

4. 该性功能失调不能用其他非性功能的精神障碍来更好地解释，或作为严重的关系困扰（例如，性伴侣暴力）或其他显著的应激源的结果，也不能归因于某种物质/药物的效应或其他躯体疾病。

资料来源：DSM-5；American Psychiatric Association，2013.

造成女性性高潮障碍的原因可能是性交时间不够长、对敏感部位的性刺激不够强烈，但某些女性在接受长时间、强烈的性刺激后仍然无法达到性高潮。调查显示，25%的女性报告有这方面的问题，有4.7%构成该诊断。这一障碍在未婚女性和绝经女性中更为严重，是最常见的女性性功能失调。女性性高潮障碍的原因很多，包括性唤起方面的问题、性刺激不充分、性焦虑、性关系不良等，而一些药物的使用也会明显抑制女性在正常性活动中体验到高潮。

2. 早泄

早泄（early or premature ejaculation）是最常见的男性性高潮障碍，指持续性地失去对自己射精的控制能力，即一旦唤起或受到轻微刺激就会无法控制地射精。这种现象实际上在每个男性身上都可能发生过，尤其在不安全情境下的性活动，缺乏性经验和教育程度低者可能发生率更高。患者的射精行为总是发生在自己或伴侣不期望的时刻。调查显示，在美国有21%的男性符合早泄标准，他们之中有90%在插入后的一分钟内射精，有80%是在30秒之内射精，而他们的性伴侣则远未达到充分的性唤起。

早泄的诊断标准

早泄的特征包括：

1. 与伴侣的性活动中，在插入阴道约 1 分钟内，在个体的意愿之前出现的一种持续的或反复的射精模式。

2. 诊断标准 1 的症状必须持续至少 6 个月，且必须在所有或几乎所有（约 75%～100%）的性活动中（在可确认的情况下，或广义而言，在所有的情况下）。

3. 诊断标准 1 的症状引起个体有临床意义的痛苦。

4. 该性功能失调不能用其他非性功能的精神障碍来更好地解释，或作为严重的关系困扰或其他显著的应激源的结果，也不能归因于某种物质/药物的效应或其他躯体疾病。

资料来源：DSM－5；American Psychiatric Association，2013.

定义这种“早”也不那么容易，因为个体之间在射精前的时间长度上存在差异，缺乏高潮控制感可能是患者主诉中更为重要的心理决定性因素。早泄会破坏夫妻关系，导致女性无法通过足够的性交时间达到高潮，更会打击男性的信心，并可能进一步引发勃起障碍。过去，早泄被认为是由心理原因造成的，近来的研究显示也可能存在生理原因。

3. 延迟射精

延迟射精（retarded ejaculation），是指男性在性交过程中很难达到性高潮。这种障碍并不多见，大约只有 8%的男性报告有这种问题，不到 3%能构成诊断。患者通常会在自慰或爱抚阶段发生早泄，但真正性交时可能延续很长时间而不射精。

延迟射精的诊断标准

延迟射精的特征包括：

1. 在所有或几乎所有（约 75%～100%）与伴侣的性活动中（在可确认的情况下，或广义而言，在所有情况下），个体没有延迟射精的欲望，且必须出现下列 2 项症状中的 1 项：

（1）显著地射精延迟。

（2）显著地减少或没有射精。

2. 诊断标准 1 的症状持续至少 6 个月。

3. 诊断标准 1 的症状引起个体有临床意义的痛苦。

4. 该性功能失调不能用其他非性功能的精神障碍来更好地解释，或作为严重的关系困扰或其他显著的应激源的结果，也不能归因于某种物质/药物的效应或其他躯体疾病。

资料来源：DSM－5；American Psychiatric Association，2013.

这种长时间不射精的性交活动并非令人满意或羡慕的，它对男女双方都是有害的：女性会因此觉得自己被抛弃，男性会因此带来强烈的焦虑而影响日后的性活动，可能引发勃起障碍。有些男性的性高潮阈限似乎生来就高一些，而更多的情况是患者的心理性唤起和生理性唤起不同步造成的。

4. 生殖器-盆腔痛/插入障碍

性交疼痛并不属于性反应周期过程中的问题，患者可以具备正常的性需求、性唤起并成功达到性高潮，但性交过程中产生的疼痛明显干扰了整个性活动过程的正常进行。性交疼痛在男性中较为少见，一般都是女性报告较多。

生殖器-盆腔痛/插入障碍的诊断标准

生殖器-盆腔痛/插入障碍的特征包括：

1. 表现为下列1项（或更多）持续的或反复的困难：

(1) 性交时阴道插入。

(2) 在阴道性交或企图插入时，显著的外阴阴道或盆腔疼痛。

(3) 在阴道插入之前、期间或之后，对外阴阴道或盆腔疼痛的显著的害怕或焦虑。

(4) 企图插入阴道时，显著的紧张或盆底肌肉紧缩。

2. 诊断标准1的症状持续至少6个月。

3. 诊断标准1的症状引起个体有临床意义的痛苦。

4. 该性功能失调不能用其他非性功能的精神障碍来更好地解释，或作为严重的关系困扰（例如，性伴侣暴力）或其他显著的应激源的结果，也不能归因于某种物质/药物的效应或其他躯体疾病。

资料来源：DSM-5；American Psychiatric Association，2013.

12%～39%的女性会报告在性交时经常感到疼痛。患者在尝试性交时，插入或对插入的预期会导致阴道外1/3的肌肉出现不随意的痉挛，甚至给患者带来"剥开、灼烧、撕裂"的感觉。这一障碍的发生率在不同文化的不同人群中有所差异：北美有超过5%、英国有10%～15%的女性因此寻求治疗，而在性观点保守的爱尔兰，发生率高达42%～55%。美国调查的结果显示，接近7%的女性会遭受一种或几种类型的性交疼痛，其中年轻女性和接受较少教育的女性更为多见。

三、性功能失调的测查

（一）性功能评估

1. 会谈

在这一评估过程中，会谈主要在治疗师与患者之间进行，并往往加上问卷调查。这类患者在书面上比口头上报告了更多的信息。

2. 医学评估

医学评估的目的在于通过彻底的医学检查，排除那些导致性方面问题的各种医学状况。

3. 心理生理评估

性功能的心理生理评估通过在不同情境下，采用一定的技术手段，对个体进行某些方面的测量，得到科学的性功能数据和有效结论。例如，通过"阴茎紧张标尺"和"阴茎咬合标尺"测量阴茎的长度、硬度变化，以及阴茎在睡眠阶段的勃起能力，以此来评估和判断男性性唤起的状况与勃起问题的原因。阴道体积扫描摄像器是一种比卫生棉小的装置，当血液流向阴道壁时，光通过阴道壁的数量会减小。这种仪器通过顶端的一个光源与周边的两个光敏感受器，测量由阴道壁反射的光的大小，以此测量女性性唤起的能力和状况。

（二）性功能失调的诊断

1. 广泛性功能失调与情境性功能失调

在性功能失调中，有一种分类方法将其分为广泛性功能失调和情境性功能失调，或称为终生性功能失调和获得性功能失调。前者指患者的性功能从未正常过，从最早的性经历开始就处于失调状态，具有跨情境性；后者指患者有过成功的性经历，在此段功能正常期之后才出现性功能失调，只有在特定的情境下或与特定的性伴侣在一起时才会出现。例如，一个广泛性性高潮障碍的女性患者从未体验过性高潮，而一个情境性性高潮障碍的女性患者可能会在自慰时达到高潮；有的男性患者只有在与某个性伴侣进行性活动时才出现勃起障碍；等等。

对性功能失调做情境性的区分，涉及个体患有某种性功能失调的具体原因和不同治疗，这具有重要的临床意义。

2. 功能损害的诊断标准

根据DSM－5，如果个体在性功能方面的问题没有“引起临床意义的痛苦”，则不能诊断该个体患有任何性功能失调。例如，即使一个人对性生活不感兴趣，或者很难达到性唤起或实现性高潮，但这并没有引起不愉快或与性伴侣的关系损害，那么这个人就没有任何性功能失调。进一步说，性功能失调适用于描述那些长期存在的持续性问题，因为偶尔的“性失败”是正常的。个体在疲劳、分心、心烦时都会影响性功能的正常发挥。但如果给那些性知识不够、性经验缺乏的年轻个体贴上性功能失调的标签，常常会使他们增加了这方面的焦虑并导致重复出现性失败，建立起常规的性失败模式。这种弄假成真的问题往往还会殃及性活动的另一方。因此，我们在做性功能失调诊断时，要充分考虑功能损害的诊断标准。

四、性功能失调的可能原因与治疗

（一）性功能失调的可能原因

1. 心理因素

（1）心理动力学观点。

恋母情结和客体关系紊乱是心理动力学对性功能失调的常见解释。弗洛伊德认为，成熟的生殖性性欲是解决恋母情结的产物，而性功能失调就是因为恋母情结未能得到成功解决。例如，勃起障碍的男性在潜意识里存在着对母亲持续的肉体依恋，从表面上看，没有什么性依恋具有绝对的吸引力，因为性伙伴永远都不会是母亲；从深层次上看，每种性依恋却不得不被抑制，因为每一个性伙伴都代表了母亲。而患有性高潮障碍的女性则被解释为对阴茎怀有持续的嫉妒。

心理动力学对性功能失调的治疗遵循心理分析的一般原则，通过对心理防御机制的分析来揭示并解决冲突。虽然没有研究证明心理动力学疗法真正改善了性功能失调患者的状况，但在很长一段时间内，它都是常用的治疗方式。

（2）行为主义和认知观点。

行为主义使用学习理论解释性功能失调的发展。失败的性经历所导致的负性情绪，引起了对后继性行为的焦虑，从而抑制了性唤起和性高潮。个体往往会充当对自己性功能表现进行评估的“观察者”，导致自己无法轻松、愉快地体验性快感。“观察者”的角色行为几乎毫无例外地导致了更多的失败，而这种角色的衍生有以下几种可能性：宗教和社会文化对性感受的禁忌，尤其对女性而言；婚姻问题；性伴侣的专制与支配；物质滥用；早期的性创伤；等等。

2. 社会文化因素

在前面的论述中，我们不断提到性关系状况与性功能失调之间的关系。最常见的是糟糕的性关系会使个体丧失对性伴侣的兴趣、无法达到性唤起、厌恶与对方性交等。而不同的文化也对人们的性活动做出了正确或错误的期望。“脚本理论”认为，我们的一切举动都要根据反映社会文化期望和指导我们行为的“脚本”进行，性活动也不能例外。这些“脚本”对我们的性活动具有指导意义，我们也会通过对这些“脚本”的探索了解到更多关于性功能的信息。但遗憾的是，这些“脚本”中存在太多对于人类性功能的谬论，而这些谬论在潜移默化中导致了个体性功能失调的形成和发展。

专栏 12-1

关于性的荒诞说法

齐尔伯格德（Zilbergeld，1980）是研究男性性问题最重要的权威之一，他详细阐述了一系列许多男性相信的关于性的荒诞说法。海曼（Heiman）和罗皮科洛（LoPiccolo）对女性也做了同样的工作。如表12-4所示：

表12-4　性谬论

女性性谬论	男性性谬论
性只是30岁以下女性的事情	我们是舒适地享受性的、被解放了的人们
正常女性在每次性行为时都会有高潮	真正的男人不会喜欢像感情和交流这种女人气的事情
所有女性都会有多种高潮	所有的抚摩都与性有关或应该引向性行为
怀孕和分娩会减少女性的性反应	男人总是对性感兴趣，并为之随时做好准备
女性性生活随更年期而结束	真正的男人只有在性行为中才能分别
根据女性性格的不同会有不同种类的高潮。阴道高潮要比阴蒂高潮更女性化和成熟	性以坚硬的阴茎及其所做的事情为中心
性反应较强的女性总是能够被伴侣唤起	性等于性交
好的女性不会因为色情书籍或电影而引起性唤起	男人应该能够使其伴侣充分享受性高潮
如果你不喜欢比较淫乱的性方式，说明你性冷淡	良好的性需要高潮
如果你不能快速而轻易地达到高潮，那么你一定有什么问题	在性爱里，男人不用听女人的

续前表

女性性谬论	男性性谬论
更女性化的女人不会主动发起性爱，也不会在性爱中变得狂野或不受抑制	良好的性是自发的，不用计划或交谈
双重危险：如果没有性幻想，你就是性冷淡；如果有，那么你就是淫妇	真正的男人没有性问题
避孕是女人的义务。如果她说避孕措施让她感到性抑制，那么她仅仅是在找借口而已	

3. 神经生物学观点

过去，性功能失调普遍被认为是心理性的，而近期的研究对此提出了质疑。无论男女，药物的使用、激素分泌的状况、神经递质失衡、器质性损伤都可能导致某些方面的性功能失调。但是，个体是否因为这些因素患有性功能失调还取决于心理因素、社会学习和性技术。这可以解释为什么那些都有早期性创伤的个体，有些患有性功能失调，而有些却性功能良好。现在的研究表明，有些性功能失调纯粹是心理性的，有些主要是器质性的，其他许多情况是两者相互作用的结果。诊断 DSM－5 中的任何性功能失调，都要排除某种躯体疾病引起的可能。

（二）性功能失调的治疗

1. 心理治疗

在性功能失调的心理治疗中，1970 年出版的由威廉・马斯特斯（William Masters）和弗吉尼亚・约翰森（Virginia Johnson）所著的《人类性机能不足》一书影响较大。这本书所提供的心理疗法通过一种简短、直接和科学的治疗程序，革新了性功能失调的治疗。这种治疗除了提供关于性功能基本的教育、改变根深蒂固的错误看法和增加交流之外，最基本的目标就是消除心因性的焦虑表现。

例如，在性感集中和非需求欢娱的练习中，性伴侣双方被要求避免性交或口交，而仅通过抚摩、亲吻、拥抱、交流或类似的行为来探索和享受对方的身体。第一步，非性器欢娱，乳房和性器被排除在练习之外。成功完成这一步后，伴侣进入性器欢娱，但要禁止高潮和性交，尤其要清楚地对男方说明勃起不是目标。此后，再次进行性唤起，两人要准备好尝试性交。最后，完成完全的插入与性交。在两周的集中治疗后，据报告，虽然 790 名病人依据性功能失调的不同，在康复率上有所差别，但大多数痊愈，接近 100％的早泄患者痊愈，而较为困难的终生性勃起障碍患者的康复比率也接近 60％。

为了促使特定的性功能失调得到更好的治疗，性治疗师会将特定的治疗程序整合到综合性治疗过程中去。例如，为治疗早泄，治疗师使用挤压技术，即通常由性伴侣来刺激阴茎以达到近乎充分的勃起。此时，性伴侣紧紧压住阴茎根部，这样就会快速降低性唤起。这些步骤需反复（针对异性恋伴侣），直到最终阴茎插入阴道。报告显示，60％～90％的男性从中受益，但成功率在 3 年或更久的跟踪后下降到约 25％。终生性的女性性高潮障碍可以通过自慰疗程进行直接的治疗。而在治疗阴道痉挛方面，由女性及其伴侣最后按女性自己的速度，逐渐插入越来越大的扩张器。在可以插入最大的扩张器时，女方逐渐插入男方的阴茎。这些方法的成功率非常高，大部分女性在相对短暂的时间段里克服了阴道痉挛。针对性兴趣/性欲和唤起障碍，也发展了很多的治疗方法，治疗的中心是标准化的再教育和传统性治疗中的交流步骤。总体来说，50%～70%的性需求低下患者在治疗中受益。

2. 生物治疗

针对性功能失调的生物治疗，主要包括手术疗法和药物疗法，并且几乎都集中于治疗男性勃起障碍方面。

治疗勃起障碍的神奇药物是万艾可。临床实验结果显示，50%～80%的男性从这种药物中受益，这些男性的勃起变得充分，足以进行性交。然而，多达30%的人会遭受严重头痛的副作用，尤其是大剂量使用时，而且性满足的报告也不是很理想。虽然时间能够告诉我们一种药物的疗效究竟如何，但是这种反馈同样伴随着其他神奇药物的不断出现。通常的过程是这样：在最初对药物的狂热之后，患者发现药物并非像它保证的那样，甚至还有害处，就会产生深深的失望，最后，被很多研究证明有效的药物只是作为整个治疗计划中的一个有效的部分。

植入阴茎假体的手术疗法已经有百年的历史，但直到最近才改良得可以发挥正常的性机能。一种流行的方法是，男性挤压通过手术植入阴囊中的小泵，使液体流向膨胀的圆柱体中，从而形成勃起。最新的阴茎假体装置的模型是一个含有泵装置的可膨胀杆，这样就比在杆外装上一个泵更加方便。但是，手术植入无法恢复手术前的性机能，也不能保证大多数患者都满意。现在，只在其他方法都不可行时才使用这种手术疗法。

思考：如何治疗性功能失调？

总之，虽然当今针对性功能失调的治疗方法已经丰富多样，但需求最迫切的是科学、及时的性教育和治疗性功能失调的专业治疗人员。

专栏12-2

性取向

性取向（sexual orientation）是指个体性活动的对象是异性、同性或两者兼有，是一种基本的性行为活动的性别指向，即我们通常所讲的个体是异性恋、同性恋还是双性恋。美国性学专家金赛总结出各种性取向在人群中的分布情况：单一的异性恋，35%；主导异性恋，偶尔同性恋，35%；主导异性恋，几次同性恋接触，20%；异性恋和同性恋几乎相等，2%；主导同性恋，几次的异性恋，2%；主导同性恋，偶尔异性恋，2%；单一的同性恋，4%。同性恋曾一度被列入精神障碍的讨论范畴，但随着研究进展和社会变革，1973年美国精神病学协会将同性恋从精神障碍名单中删除，还有一些国家和地区开始对同性婚姻的合法地位予以承认。

同性恋并非时代的产物，而是自古有之，同时，同性恋也没有明显的文化差异，世界各国的同性恋人群占总人口的比例极其近似。此外，同性恋甚至并非人类所独有，我们在动物身上也发现了同性恋现象。同性恋个体以同性为满足性欲的对象，多见于未婚青少年。有学者调查发现，同性恋大概占总人群的4%左右。在同性恋个体中，有很多人因为自己特殊的性取向而自觉痛苦不堪，容易出现其他心理症状。而另外还有些同性恋个体虽然不认为自己的性取向有什么异常，但是可能会由于强烈、广泛的社会拒绝而引发心理问题。

一个人的性取向是天生的还是后天习得的呢？为什么有的个体原来喜欢异性，后来性取向却发生了改变？同性恋可以随意志改变吗？

有一种理论认为，一个人的同性恋取向早在出生之前就通过基因、激素和神经之间的综合作用决定了，而在青春期开始受到激素的激活。胎儿分裂理论指出，在怀孕两到四个月期间，决定性的神经化学过程控制了男性化的产生，并且这个过程是精细有序的，一旦中断就会出现胎儿不完全男性化。当然，胎儿期因素固然重要，但并不完全决定了同性恋的形成，后天的性别角色榜样、青春期激素、童年期游戏以及早期性经验都会起到一定作用。

解剖学实验发现，男性同性恋下丘脑前部的组织数量与其他人群有明显差异，而下丘脑正是控制男性性行为的脑区。因此有学者推断，人类的性取向可能具有脑部解剖学的基础。但证实这一猜想的实验无法在女性同性恋人群中得到印证。双生子研究在同性恋人群中证实，同卵双生子比异卵双生子具有更高的一致性；如果双胞胎中的一个是同性恋，那么另一个也是同性恋的比例在同卵双生子中占52%，在异卵双生子中为22%。因此，我们推断有可能某种特定的基因与同性恋有密切关系。尚无证据表明心理治疗可以让同性恋者变成异性恋者。

小　结

1. 人类的性具有独特的功能。男女之间的差异不单表现在生理构造上，也表现在性别角色、性行为和性心理过程中。

2. 人类的性从表层到深层可以分为性功能、性别角色认同、性偏好、性取向和性别认同五个层面。

3. 正常或异常的性受文化影响巨大，生理因素和社会心理因素都导致了个体的性行为模式存在差异，人类的性障碍包括性别烦躁、性欲倒错障碍和性功能失调。

4. 性别烦躁患者对自己的生理性别不满，具有强烈的易性愿望。手术治疗是针对这种障碍的有效手段。

5. 性欲倒错障碍是一组对性行为对象、情境和方式明显偏离的性行为模式，常见的有恋物障碍、异装障碍、窥阴障碍、露阴障碍、摩擦障碍、性施虐障碍、性受虐障碍、恋童障碍等。性欲倒错障碍中有很多具有严重的危害性。

6. 人类的性反应过程包括需求、唤起、平台、高潮和消退五个阶段，不断循环。在性反应过程各个阶段的功能失调都会导致性功能失调，包括女性性兴趣/唤起障碍、男性性欲低下障碍、勃起障碍、女性性高潮障碍、早泄、延迟射精和生殖器-盆腔痛/插入障碍。性功能失调的诊断需要重点考虑社会功能损害状况，性功能失调相比其他性障碍更容易治愈。

复习思考题

一、名词解释

性别角色　性别烦躁　性取向　性欲倒错障碍　性功能失调

二、简答题

1. 人类的性可以分为哪几个基本方面？
2. 人类的性反应的基本过程分为哪几个阶段？
3. 有哪些常见的性障碍？
4. 哪些因素会导致性别烦躁？
5. 文化因素对性功能失调的影响如何？
6. 针对性功能失调有哪些治疗手段？

三、案例分析

如何看待本章开头案例中的小晓？

推荐书目及影视作品

一、书目

1. 《金赛性学报告》
2. 《人类性机能不足》
3. 《挪威的森林》
4. 《性学三论》

二、影视作品

1. 《洛丽塔》
2. 《五十度灰》
3. 《性爱大师》
4. 《爱的那点性事》
5. 《关于雷》

第十三章

物质相关及成瘾障碍

物质相关障碍已日益成为备受关注的社会及医学问题，主要包括物质使用障碍和物质所致障碍（物质中毒和戒断）两组。此处的物质种类有很多，既包括日常容易见到的烟草和酒，也包括各种合法药品（如镇静催眠药物）及非法药物（即毒品，如海洛因、可卡因等）。DSM－5 将物质使用障碍限定为几种具体的物质，包括酒精、安非他命、大麻、可卡因、致幻剂、吸入剂、阿片类物质、苯环己哌啶、镇静剂/安眠药/抗焦虑药，以及烟草。其中，吸烟问题涉及的人数最多。据 2001 年世界卫生组织的报告，全球大约 1/3 的成年人吸烟，吸烟人数约 12 亿。到 2025 年，这一数字将增加到 16 亿。20 世纪，烟草使用导致了 1 亿人死亡，21 世纪将导致 10 亿人死亡。到 2030 年，预计全球每年烟草使用所致死亡人数将上升至 800 万。酒精使用相关问题在全球范围内也相当严重。目前，全球大约有 1.6%的人存在酒精使用障碍（酒精滥用及依赖）。在美国，有超过 10%的急诊与酒精使用以及药物的不当使用有关，在年龄分布上使用药物最多的是年轻人，大约 20%的大学生报告正在使用违禁药物（SAMHSA，2008a）。美国 12～17 岁人群中的酒精使用障碍的年患病率约为 4.6%，18 岁以上则为 8.5%（American Psychiatric Association，2013）。与此同时，种类繁多的毒品使用障碍（滥用及依赖问题）也在很多国家造成了严重的危害。2009—2010 年度，英格兰的医院入住了 5 800 例患有物质相关障碍的病人，比上一年度增长了 2.5%，其中男性大大多于女性。我国是烟草大国，2010 年国内调查显示，我国总吸烟人数为 3.56 亿，占全世界总数的 1/4，且仍在以每年 2%的速度增长。另据统计，我国 2011 年底登记的吸毒人数已达 179 万人。实际数字恐怕还远高于此。2007 年国内饮酒现状调查表明，我国男性酒精依赖的患病率为 6.625%，女性酒精依赖的患病率为 0.200%，总体患病率为 3.797%。镇静催眠药物的滥用也呈上升态势。

在 DSM－5 中，物质相关障碍还包括物质所致的精神障碍（例如，物质所致的抑郁障碍、物质所致的精神病性障碍），物质所致的精神障碍将在相关章节中介绍，本章主要介绍物质使用障碍、物质中毒与物质戒断，将重点介绍酒精相关障碍、阿片类物质相关障碍，并且对烟草、兴奋剂、镇静剂、催眠药或抗焦虑药、咖啡因以及大麻等物质的相关障碍也会做详细的阐述。

第一节　概述

案例

35 岁的杰克待在看守所里，等待着审判。他被指控闯入一个加油站偷钱。他的故事体现了物质相关障碍终生影响受害者行为特征的模式。

杰克在一个大城市的郊区长大，是家中三个孩子中最小的。他在学校时相当受欢迎。像他的许多朋友一样，在十几岁时杰克就开始吸烟，并常在晚上和朋友们去学校后面的店铺喝酒。但与大多数朋友不同的是，杰克经常会喝到不醉不归。此外，他还尝试了许多其他物质，包括可卡因、海洛因、安非他命和镇静剂。高中毕业后，杰克在当地一所普通大学读了一个学期。但是因为大多数课程不能通过而辍学。他成绩糟糕，这并非由于缺乏学习能力，而是他总旷课。他频繁参加晚间聚会，因而第二天无法准时上学。他的情绪状态变化很大，经常感到不愉快。杰克的家人知道他偶尔会喝多，但是他们不清楚（或者不愿知道）杰克在使用其他物质。杰克为家人怀疑他使用违禁药物而生气。杰克有时会偷拿家里的钱，有一次还搬走了音响，但是家里有人即使怀疑杰克也不敢说出来。

杰克换过很多不稳定的低收入工作。每当有工作的时候，他的家人都再次相信他回到了正轨，事情会好起来。不幸的是，杰克在一个岗位工作不超过几个月。他挣的钱总是用来购买成瘾物质。他经常因出勤太差和表现不好而被开除。

30 岁的时候，杰克突然洗心革面一样地宣布他需要帮助，他计划到一家酒精治疗中心接受治疗。他的家人为杰克的决定感到高兴并愿意提供支持。对于他索要数千元以支付酒精戒断治疗的费用也没有人提出怀疑。此后，杰克消失了好几周，家人都以为他在参加治疗计划。然而一个从警察局打来的电话结束了这一幻想。杰克被发现睡在一幢废弃的建筑物里，被发现时表现得高度兴奋。虽然不清楚具体的细节，但是可以肯定的是，杰克用家人的钱买了成瘾物质并和一些朋友狂欢了三周。

杰克的欺骗行为使他和家人的关系变得十分紧张。虽然他仍可以住在家里，但他的家人把他从家庭生活中孤立出去。后来，杰克似乎解决了自身的问题，并且在一个加油站干了近两年。刚开始时，他对加油站站长及其儿子很友好，并且经常和他们一起外出旅游。但是，在没有任何迹象的情况下，杰克重新饮酒并使用毒品，并因为在这个曾为他提供了近两年工作机会的地方偷窃而被捕。

为什么杰克对物质产生了依赖而他的许多朋友以及家人却没有呢？他最后怎样了呢？下面我们就将讨论物质相关障碍的有关议题。

在大多数社会中，有节制地使用特定物质被认为是正常的并且是恰当的行为，如咖啡或酒精。而在这个连续体的末端，物质成瘾导致的种种问题，就被认为是异常的。但是，在这个连续体哪一点上物质的使用就成为不适当的呢？我们在实际中应如何界定物质的滥用？这些难题给精神健康专家带来了相当大的挑战，界定和诊断标准在十多年中不断变化。

物质使用行为的许多关键因素尚没有定论，而且人们看待物质的方式本身就有很多矛盾。例如，我们普遍接受尼古丁是一种高度成瘾的物质，但是我们不会称香烟是一种成瘾物质。酒精是引起物质依赖的典型例子，但是许多人一辈子饮酒却没有依赖问题。曾在中国南方流行的含可待因成分的止咳露的滥用，使很多人深受其害，使用者一开始为“这不是毒品”所诱惑，而实际的身心损害有过之而无不及。

思考：人们能使用物质而不滥用物质吗？

人们能使用物质而不滥用它们吗？人们能滥用物质而不依赖它们吗？要回答这些问题，我们首先要描述物质使用、物质中毒、物质滥用和物质依赖等名词的含义。物质这一术语指的是人们为了改变心境或行为而摄入的化合物。虽然你首先会想到可卡因、海洛因之类的毒品，但是这一定义也包括一些合法的物质，如酒精，烟草中的尼古丁，巧克力、饮料和咖啡里的咖啡因。这些安全的物质同样会影响到使用者的心境和行为。它们能使人上瘾，而且它们造成的健康问题比所有违禁药物造成的健康问题加起来还要严重。

一、基本概念

1. 精神活性物质

精神活性物质（psychoactive substances），又被称为成瘾物质，指能够影响人的心境、情绪、行为，改变意识状态，并可导致依赖作用的一类化学物质。人们使用这些物质的目的在于取得或保持某些特殊的心理、生理状态。

毒品是社会学概念，指具有很强成瘾性并在社会上禁止使用的化学物质。由此可知，毒品是精神活性物质的一类。在我国，毒品主要指阿片剂、可卡因、大麻、安非他命等药物。

2. 物质使用障碍

物质使用障碍表现为一种有害的物质使用模式，因反复使用物质导致明显的不良后果，如不能完成重要的工作、学业，损害了躯体、心理健康，产生法律上的问题，等等。这里的障碍强调的是不良后果，如果物质使用障碍者有明显的物质中毒或戒断症状，则应评估是否符合物质所致障碍。

物质使用障碍包含一组认知、行为和生理症状。个体清楚使用物质会带来明显的问题，但还继续使用。过度的物质使用导致了耐受性增加、中毒症状、戒断症状和强制性觅药行为（compulsive drug seeking behavior）。

3. 耐受性

耐受性（tolerance）是一种状态，表现为物质使用者必须增加使用剂量方能获得所期望的效果，或使用原来的剂量达不到使用者所期望的效果。

4. 戒断状态

戒断状态（withdrawal state）指停止使用物质或减少使用剂量或使用拮抗剂占据受体后出现的特殊的心理生理症状群。其机理是长期用药后，由突然停药引起的适应性的反弹。不同物质所致的戒断症状因其药理特性的不同而不同，一般表现为与所使用物质的药理作用相反的症状。例如，酒精（中枢神经系统抑制剂）戒断后出现的是兴奋、不眠，甚至癫痫样发作等症状。

5. 物质中毒

摄入物质而引起的像喝醉、变兴奋之类的心理反应被称为**物质中毒**（intoxication）。中毒取决于一个人使用哪种物质、使用了多少以及这个人自身的生物学反应。对于我们这里谈及的许多物质来说，中毒一般表现为判断力受损、心境变化、运动能力降低（例如，行走或说话困难）。

二、物质使用的途径

思考：人们能使用物质而不依赖成瘾吗？

确切了解“物质”这个词是非常重要的，我们在本章所讲的精神活性物质能够对脑功能、情绪和行为产生影响。尽管精神活性物质在大脑中的作用是各种各样的，但它们到达大脑的途径是类似的。

精神活性物质对精神起作用，必须先到达大脑，所有物质到达大脑都必须经由血液循环。人们可以通过不同的途径达到这一目的。了解这些不同途径是非常重要的，因为途径决定了物质到达大脑的数量、物质起效的速度，以及在某些情况下使用者对物质的实际主观感受。

在烟草使用中，尼古丁经肺吸入进入身体，肺的表面积非常大而且紧靠血液循环系统。因此，短时间内就有大量的尼古丁进入血液，并以极快的速度到达大脑。吸烟者在尝试戒烟时，会使用尼古丁口香糖，但通常会发现它在减轻吸烟渴望上效果并不明显。因为通过口腔和胃肠道吸收的尼古丁不能像吸烟一样制造出相同的主观或心理上的效果。

如果物质口服，它必须经过肠胃道逐渐被血液循环吸收。这种方式服用的物质也会被肝吸收，肝中的酶也可能使物质无效。因此，通常来说，物质口服到达大脑速度慢，相应的浓度也低。

与口服方式相比，直接注射物质到外周静脉中会使物质到达大脑的速度非常快，这是许多海洛因成瘾者较喜欢也是较危险的一种途径。其他物质使用途径包括鼻内和口内传递，物质经过组织之间的细胞壁被吸收到血液循环系统，咀嚼烟草就是口内传递物质的一种典型。

三、精神活性物质的分类

思考：精神活性物质离我们生活很远还是在日常生活中很常见？

按精神活性物质对我们大脑和身体的作用，以及它们在社会中被使用的情况，我们将这些物质分为五大类：

（1）**镇静剂**（depressants）：这类物质能造成行为的镇静并导致松弛，包括酒精、麻醉剂、巴比妥酸盐，以及帮助睡眠的苯二氮卓类药物（如安定和三唑仑）。

（2）**阿片剂**（opioids）：这类物质的主要作用是镇痛，使人痛感丧失。属于此类物质的有海洛因、阿片、可待因和吗啡。

（3）**兴奋剂**（stimulants）：这类物质使人变得更加活跃、警觉，精神振奋。属于此类物质的有安非他命、可卡因、尼古丁和咖啡因。

(4) **致幻剂** (hallucinogens)：这类物质可以改变人们的感知觉，让人们产生妄想和幻觉，让人们的想法变得失去逻辑。大麻、LSD（麦角酸二乙酰胺）属于此类。

(5) **其他使用依赖物质**：这类物质对精神带来不同影响，但并不能很好地被归为以上几类。包括吸入剂（如航模黏合剂）、类固醇，以及其他非处方的和处方的药物。

精神活性物质使用领域的专家比较了各种物质成瘾性的相对大小。结果发现，物质按照成瘾性由大到小的顺序排列分别是：尼古丁、冰毒、安定、酒精、海洛因、可卡因、咖啡因、大麻、摇头丸、LSD等。可能出乎你的意料，尼古丁排在可卡因之前，被列为最具成瘾性的物质。这从一定程度上显示了我们的社会并不会根据物质的成瘾性来决定其使用的容忍程度。

这一排列只反映了物质自身的相对成瘾潜力，一个人对某种物质的易感性取决于个体特征，包括生理的、心理的、社会的因素。

四、诊断

在DSM-5之前，物质使用障碍包括物质滥用和物质依赖。按照以往惯例，临床工作者在评估一个人是否存在物质使用障碍时，会根据他在缺少某种物质的情况下是否出现生理上的戒断综合征进行判断。曾有研究者相信可卡因不会成瘾，因为使用者在停止使用时没有体验到戒断症状。现今，生理成瘾的标志仍旧非常重要，但是不再决定诊断。在DSM-5的诊断体系中，符合四条或以上的诊断标准被认为是严重的物质使用障碍，同时，如果病人伴有耐药性或戒断症状则被认为是伴有生理依赖的物质使用障碍。

物质使用障碍的标准有两个基本的特征：(1) 对物质使用失去控制；(2) 日常生活能力和社会功能受损，并且在看到不利后果的情况下仍继续服用，对使用物质有种渴求或冲动。

此外，人们使用精神活性物质时经常伴有其他精神障碍。抑郁、焦虑和精神病性症状同时出现在一个人身上是常见的。而且同时使用几种物质的倾向也在增大。例如，吸毒者经常把海洛因和可卡因混在一起使用来达到比任何单一毒品使用更强烈的感觉。在中国，酒精和烟草一起使用是非常多见的。

物质使用障碍的诊断标准

以不适当的形式使用物质，导致临床上明显的功能损害，其表现至少有以下2项，且发生在1年之内。

1. 比原计划的物质使用量更大或使用时间更长。
2. 无法减少或控制物质的使用量。
3. 将大量的时间花在获得物质或从其作用中恢复的活动上。
4. 对物质有强烈的渴求和欲望。
5. 因物质使用导致不能履行工作、学校或家庭中的主要义务。
6. 因物质使用导致持续的人际关系问题。
7. 因物质使用导致必要的社交、职业或娱乐活动减少。
8. 尽管对躯体有害，仍反复使用物质。

9. 尽管带来生理、心理等问题，仍继续使用物质。

10. 耐受性，表现为增加物质的使用剂量来达到预期的效果，或者使用通常的剂量会显著降低效果。

11. 戒断反应。

资料来源：DSM-5；American Psychiatric Association，2013.

五、病因

思考：为什么有些人明明知道危险却不能放弃使用这些物质？

一般而言，物质使用障碍的原因很难用单一的模式来解释，它与社会环境、心理特点和生物学因素皆有较为密切的关系。这些因素之间相互影响、互为因果。

（一）生物易感性

1. 基因与遗传

家系、双生子及收养研究均发现，基因能影响物质滥用的易感性。一个大样本的家系研究结果指出，家族中有物质相关障碍的个体，其物质相关障碍的患病可能性比那些没有相应家族史的个体高8倍。目前，已发现有两个途径可将这一易感性遗传给下一代，一个是直接遗传，另一个是间接的方式，如将反社会型人格遗传给下一代。家系研究表明，在物质依赖或滥用的家系成员中，出现药物滥用、酒精滥用、反社会型人格、抑郁症的相对危险性分别为对照家系组的6.7倍、3.5倍、7.6倍和5.1倍。一个有关可卡因的双生子研究说明了这一点：遗传因素不能确定双生子是否尝试使用可卡因，但是遗传因素可以预知谁可能成为一个滥用者或者依赖者（Kendler & Prescott，1998）。大多数关于物质滥用遗传影响的资料来自对酗酒的研究。在男性中，无论是对双生子还是对收养者的研究都认为遗传因素在酗酒中起了一定的作用。但对于妇女的研究有时却得到相反的结论。一些研究表明，遗传在女性酗酒者中几乎不起作用。

最新的基因研究告诉我们，物质滥用是受我们基因影响的，但没有一种单一的基因导致物质滥用或依赖。有两个有关酗酒的研究指出，影响酗酒的基因可能位于第1，2，7和11号染色体上，此外还发现位于4号染色体上的一个基因可能会保护人们不产生依赖。基因也会致使那些与物质相关障碍紧密联系的脑区发生变化。很多新的研究也都支持遗传因素在物质使用障碍中的重要作用，大约50%的物质使用障碍风险可以归因于遗传因素（Urbanoski & Kelly，2012）。

此外，即使一个人有遗传的素质，物质滥用与物质依赖也并非不可避免，因为这还受获得成瘾物质的环境、个体使用这种物质的可能性，以及其他因素的影响。

2. 代谢速度

代谢速度不同，对精神活性物质的耐受性就不同，依赖的易感性也不同。例如，在亚裔人群中，存在一些代谢酒精有困难的个体，他们天生缺乏乙醛脱氢酶。他们饮酒后，体内的乙醇变成了乙醛，但乙醛却不能继续转变为乙酸，致使乙醛堆积而出现严重的不良反应，如醉酒综合征，其特点是面部变红、发热并出现晕眩、恶心症状。这些反应会阻止个体继续饮酒，他们也就不大可能成为酒精依赖者。

（二）神经生物因素

在很大程度上，人们使用精神活性物质后的愉快体验部分解释了为什么人们继续使用它们。从行为角度说，人们使用物质的行为被正强化了，但此类经验的机制是什么呢？研究表明，大脑内部存在“快乐通路”，可直接影响奖赏系统。通路始于中脑腹侧被盖区，穿过边缘系统的伏隔核，一直延伸到额叶皮层，通路上对神经递质多巴胺敏感的神经元非常多（Koob & Volkow，2010）。复杂而精细的研究显示，所有的被滥用的物质似乎都能影响脑内的这一奖赏中枢。也就是说精神活性物质的共同之处是，它们能激活这一奖赏中枢并给使用者带来快乐的体验。

奖赏中枢是20世纪50年代由詹姆斯·奥尔兹发现的，他研究了电击老鼠大脑的效果（Olds，1956；Olds & Milner，1954）。奥尔兹发现，如果给特殊的脑区施以轻微电击，老鼠就会表现得好像得到了食物一样高兴。20世纪60年代后，人们对成瘾物质如何作用于脑内奖赏系统进行了大量研究，并发现了内源性阿片肽及其受体。现已证明，在老鼠、猫、猴等动物脑内，除新皮层以外的脑区，其余的所有部分几乎都与奖赏的区域有关。控制情绪反应的边缘系统和下丘脑可能是奖赏系统的中枢所在，其中，中脑腹侧被盖区和伏隔核是研究者较为感兴趣的部位。有证据表明，那些对物质或酒精产生依赖的人其多巴胺DRD2受体存在缺陷（Noble，2003）。

近年来的研究发现，人类所滥用的物质，如阿片、酒精、烟草、安非他命和可卡因等，均可增加老鼠大脑边缘系统细胞外液中多巴胺的浓度。多巴胺是一种与愉快情绪有关的神经递质。在人高兴时，奖赏通路上的神经细胞就发出较多的兴奋性冲动，并释放出一定量的多巴胺。在正常情况下，释放的多巴胺很快会被再摄取。但是，某些物质（如可卡因和安非他命）可直接作用于多巴胺系统，阻断多巴胺的再摄取，使突触间隙中的多巴胺增加，导致过多的多巴胺连续刺激下一个神经元受体，由此产生一连串强烈而短暂的刺激“高峰”，于是大脑奖赏中枢发出愉悦的信号，使使用者主观上产生某种陶醉感和欣快感。

还有一些物质则是以更迂回与复杂的方式增强多巴胺的效果。例如，γ-氨基丁酸系统是一种抑制性的神经递质系统，能阻止其他神经元传递信息，γ-氨基丁酸神经元的存在能阻止我们处于无止境的高潮体验中，其角色相当于“脑中的警卫”。而阿片剂（阿片、吗啡、海洛因）能够抑制γ-氨基丁酸，从而能阻止γ-氨基丁酸抑制多巴胺，于是奖赏中枢就能得到更多的多巴胺，让使用者产生欣快感。能直接或间接刺激奖赏中枢的物质不仅包括安非他命、可卡因和阿片，还有尼古丁和酒精（Goldstein，1994；Koob，1992）。

由此可见，位于边缘系统的奖赏中枢是导致物质依赖的结构基础，单胺类等递质变化是精神活性物质作用的直接后果，由此而导致的一系列受体和受体后变化是物质依赖行为产生的重要条件。这一奖赏系统的作用是产生精神依赖及觅药行为的根本动因。奖赏是人类（包括某些高等动物）所固有的情绪反应机制，这种机制的发生是很原始的，却有着巨大的潜力。人类所滥用的精神活性物质，正是通过对这种潜力的刺激和不断的激发而产生作用的。

（三）心理因素

1. 正强化

虽然各种精神活性物质的效果不太相同，但从使用物质中得到快乐的感觉，是人们继续使用这些物质的共同原因。研究清晰地显示，人们所使用或滥用的许多物质同样能使动物产生快乐（Young & Herling，1986），实验室中动物会为了得到如安非他命、阿片、镇静剂之类的药物注射而工作，这表明即使排除社会与文化影响，这些物质也是能带来快乐的。对人体的研究同样表明，在一定程度上所有精神活性物质都能带来愉快的体验（Goldstein，1994）。

人们为了在使用物质时得到最大的欣快感，而想出了各种极富创造力的方式。例如，对海洛因成瘾的人常将海洛因与安定一起使用以增强快感，可卡因使用者会吸入加热的精炼可卡因以得到更快、更刺激的体验。这种活动随着耐受性的增强而增加，并让依赖者一次摄入更多的物质，从而增加了危险性。

从行为理论的角度来看，精神活性物质具有明显的正强化作用。多数精神活性物质能增强使用者的积极情绪，使其体验到愉快的感觉，这种正性强化促使使用者不断地摄入物质来追求所期望的感觉。

2. 负强化

除了正强化，精神活性物质也具有负强化作用。负强化表现为人们在使用物质后不愉快的体验减少了。许多人为了摆脱生活中的不快而开始并持续使用物质。除了带来欣快感，许多物质能让使用者摆脱身体疼痛、压力、抑郁与焦虑等消极情绪。许多有关物质滥用与物质依赖的理论都认为，物质使用成为使用者应对生活中不愉快体验的一种手段（Cooper，Russell，& George，1988）。比如，一个情绪焦虑的人，可能将服用巴比妥酸盐或酒精当作减轻焦虑的手段。研究表明，那些具有诸如性虐待创伤的人更可能滥用酒精（Stewart，1996）。

物质除了能够减轻已有的不良体验外，重要的是在形成依赖后，会导致使用者为了减少戒断症状而反复使用物质。这一恶性循环令使用者不能自拔，必须反复使用精神活性物质才能解除戒断症状，这是最为强烈的负强化。

3. 条件反射

精神活性物质能够带来快乐，减轻退缩所造成的消极情感。物质滥用治疗的最大问题是如何使个体克制而不去使用物质。在成功戒毒后几个星期、几个月甚至几年后，有的人还会屈服于对毒品的渴望而复吸。条件反射理论为理解物质依赖提供了一个框架。这一理论认为，精神活性物质是一种与使用者的环境中的许多信号相联系的无条件刺激。这些信号，包括图像、声音、气味、人物、环境等，通过与物质重复成对出现而变成强大的条件刺激，并促进了觅药行为的出现。

这一理论的发现者是亚伯拉罕·维克（Abraham Wilker），他在一个小群治疗会上观察阿片成瘾者，这些特殊病人已经停用阿片几个月，没有戒断反应。但是，当病人谈到阿片时，维克注意到他们中的一些人开始出现戒断症状，例如，睁不开眼睛、流鼻涕、流汗和打呵欠。他将这种现象定义为“条件性戒断”。当脱瘾者回到他们以前使用物质的地方时也会出现类似的症状。维克提出，根据经典条件反射，环境刺激有诱导戒断反应的能力，然而这些暗示信号在导致对物质渴望并复发上具有重要作用。例如，经过酒吧或到鸡尾酒会都可引发强烈的饮酒愿望，烟的味道和情境能够引起试图戒烟者强烈的吸烟愿望。

因此，在治疗过程中，教育脱瘾者识别这些诱发信号并有效避免是防止复发很重要的一部分。

4. 人格因素

很多研究发现，物质依赖者有明显的人格问题，如反社会倾向、情绪控制较差、易冲动、缺乏有效的防御机制、追求即刻满足等。但尚无前瞻性研究说明究竟是这些人格问题导致了物质依赖，还是物质依赖改变了使用者的人格，抑或是两者互为因果。

在很长一段时间内，人们相信“成瘾人格”的存在，认为物质滥用者的一些人格缺陷造成了他们易于使用物质而且易于成瘾。目前，没有切实的证据说明“成瘾人格”的存在。但一种和物质相关障碍关系最密切的人格特质，就是冲动。简单来说，有冲动特质的个体喜欢冒险，缺乏计划性，生活方式混乱，追求即刻满足（Ivanov，Schulz，London，& Newcorn，2008）。物质依赖患者更难控制行为和延迟满足（Bornovalova，Lejuez，Daughters，Rosenthal，& Lynch，2005）。研究者发现冲动的测查能让他们更容易地锁定物质依赖患者（Moeller et al.，2001）。除冲动外，还有研究指出，物质滥用与依赖、被动攻击、情绪适应不良、抑郁和焦虑等人格特质都有关系（Staiger，Kambouropoulos，& Dawe，2007）。

相当多的研究发现物质使用往往伴随着一些其他的精神障碍，包括抑郁症、反社会型人格障碍和精神分裂症。男性物质滥用者中存在的最普遍的障碍是反社会型人格障碍（Hesselbrock，Meyer，& Hesselbrock，1992）。这种障碍在普通人群中的发病率为2%～3%，而在酒精、可卡因及海洛因成瘾者中的发病率高达16%～49%（Gerstley，Alterman，McLellan，& Woody，1990）。

在男性物质滥用者中，行为障碍经常会促进反社会型人格的发展。这说明反社会型人格是物质相关障碍发展的一个重要因素，这可能是因为他们会更多地接触物质、尝试物质并且容易忽视不利的结果。

5. 认知因素

人们对物质使用的期望会影响物质使用的行为。例如，如果一个男性期望吸烟能够增加他的个人魅力，能够让他变得成熟，那么，他做出吸烟行为的可能性就比那些认为吸烟有害健康的人要高。

期望往往在人们真的使用物质之前便发展起来。研究表明，那些认为喝酒或抽烟有助于提升个人魅力和社交技能的人，更可能使用物质（Friedman，McCarthy，Förster，& Denzler，2005）。人们常说喝酒能够壮胆，这种观点也在一定程度上影响着饮酒行为。一项研究对社交焦虑患者的饮酒行为进行了探索，发现很多社交焦虑患者采取喝酒的方式来降低焦虑，因为他们认为，喝酒后他们的表现就不会太拘谨了，而事实并非如此（Abrams，Kushner，Medina，& Voight，2001）。

这种期望还与滥用者的复发有关，因为他们对于精神活性物质带来的积极效果的期望会产生强有力的驱动。这些驱动被一些因素触发，如物质的可获得性、与物质使用有关的情境和事物（如坐在酒吧）、特定的情绪（如感到失落）或很少量的物质摄取，任何一种都可能促使个体“放弃节制”并重新滥用物质（Cooney，Litt，Morse，Bauer，&

Gaupp，1997；Rubonis et al.，1994）。

除了人们的想法和期望以外，感知觉系统也会影响人们的物质使用行为。有研究指出，酗酒者对与酒精相关的食物有选择性的注意偏向（Ryan，2002）。很多研究都发现，物质滥用者对于那些缺乏物质元素的词语和图像的注意时间更长（Field，Eastwood，Bradley，& Mogg，2006；Field，Mogg，& Bradley，2005）。

（四）社会文化因素

社会文化因素包括很多内容，比如物质的可获得性、家庭环境、同伴影响、文化背景、社会环境等。某些物质对于长期承受压力的人更具有吸引力。研究发现穷人、被伴侣虐待的女性、父母频繁吵架家庭的青少年罹患物质使用障碍的比例更高（Hughes，McCabe，Wilsnack，West，& Boyd，2010）。

有机会接触到精神活性物质是导致物质使用以及进一步滥用或依赖的一个先决条件。这些途径包括家庭、同伴、媒体等。如果父母是物质成瘾者，那么，他们的孩子就更有可能成为物质成瘾者。此外，媒体对吸烟的推崇是青少年开始吸烟的一个重要诱因。

我们的社会如何看待那些物质成瘾个体，会直接或间接地影响到物质使用群体的行为。如果我们将物质滥用看成一个人道德败坏、缺乏毅力的表现，并将随之而来的痛苦当作对他们的惩罚，那么成瘾者在处理物质相关问题时会存在更大的困难，得到的支持和帮助会更少，对自己的评价会更低。这些都会影响物质相关障碍患者的积极治疗。

与此同时，不同的文化背景对不同物质的滥用有着不同的态度，这会影响物质滥用和依赖的比率。例如，在以饮酒作为社交惯例的文化中，人们酒精滥用的比率就会较高。此外，经济落后的国家或地区，因为经济条件的限制，其物质滥用率也较低，如墨西哥和巴西。

第二节　酒精相关障碍

一、概述

当酵母与糖、水产生发酵反应时酒精就会产生。人们通过对许多水果及蔬菜进行发酵来制造酒精已经有很悠久的历史了。含酒精的饮料包括用蜂蜜酿造的蜂蜜酒、用稻米酿造的米酒、用椰子酿造的椰子酒、用龙舌兰和仙人掌酿造的龙舌兰酒、用葡萄酿造的葡萄酒，以及用谷物酿造的啤酒等。

酒精是一种精神活性物质，被滥用时具有与其他物质相似的特性。它会对精神和行为产生影响，一旦成瘾将带来非常大的潜在不良后果。事实上，在美国，除了吸烟外，酗酒是最为严重的物质问题。然而因为一些社会或文化方面的原因，我们通常不会将酒精视为成瘾物质。饮酒成为一种极为普遍的公众行为。在中国社会文化中，喝酒更是被很多人看作社交中重要的组成部分。古时就有“酒逢知己千杯少”“煮酒论英雄”的说法，现在，一些俗语也很生动地反映出中国的酒桌文化，如“感情深一口闷”“革命的小酒天天醉”

等。人们常通过饮酒营造气氛。在人们的一般交往甚至外交场合，酒也扮演了人际关系润滑剂的角色。饮酒这种颇为悠久而普遍的生活习惯和社会风俗，如今却越来越成为世界各国重要的公共卫生问题。

在 DSM-5 之前，酒精使用障碍包括酒精依赖与酒精滥用。基于 DSM-5 诊断标准，酒精使用障碍的年患病率为 10.8%，与 DSM-Ⅳ中提到的酒精滥用或依赖的年患病率（9.7%）非常相近（Agrawal，Heath，& Lynskey，2011）。目前，世界上约有 1.4 亿人存在酒精依赖，其中 78%的人没有得到妥善的治疗，还有 4 亿多人过度饮酒并可能造成事故、损伤和死亡，与酒精相关的死亡案例占全世界死亡总数的 15%。据统计，仅美国就有 1 300 万人酗酒，而酒精依赖及其相关问题是仅次于心血管疾病、肿瘤，居于第三位的公共卫生问题。英国的一项针对成人与儿童的调查显示，69%的男性和 55%的女性（年龄在 16 岁以上）在接受调查的前一周至少有一天摄入了酒精类饮料，10%的男性和 6%的女性在受访前一周每天饮酒。

20 世纪 30 年代，就有学者提出酒精依赖本质上是一种疾病，而不是饮酒者意志或道德低下所致。到 1960 年，以叶立尼克（Jellinek）为首的科学家系统地对这一观点进行了阐述，并进行了广泛的宣传。影响甚广的“匿名戒酒会”（Alcoholics Anonymous，AA）更是以此为其理论及活动的基石，使之逐渐深入人心。

酒精依赖之所以被称为一种疾病，可以从以下两点来更好地理解。首先，从过度饮酒发展到酒精依赖以后，个体就会出现饮酒失控；其次，过度饮酒会导致躯体及精神方面的并发病症。酒精依赖疾病概念的提出，使人们对酒精依赖者的消极态度发生了转变，更多的人致力于寻找病因及有效的治疗康复措施来帮助他们。

不是每个饮酒的人都会对酒精滥用或产生依赖。然而据研究者估计，大约有 10%的美国人出现过不同程度的酒精相关问题，其中大约有 1 500 万成年人存在酒精依赖。2011 年世界卫生组织发布的报告显示，美国 15 岁以上男性酒精依赖患病率为 5.48%，女性酒精依赖患病率为 1.92%。在全球范围内，估计 3.6%的人口（15～64 岁）目前存在（12 个月）酒精使用障碍。其中，非洲地区较低，约为 1.1%；美洲地区较高，约为 5.2%；东欧地区最高，约为 10.9%（American Psychiatric Association，2013）。

在大学中酗酒也非常普遍，35%的美国大学生报告有过酗酒行为，而同龄人中的非大学生酗酒比例约为 32%（Johnston，O'Malley，Bachman，& Schulenberg，2012）。男性在 18～29 岁间最容易产生饮酒问题。大约有 14%的酒精依赖症状的报告来自这一阶段的男性。因饮酒带来的严重后果在年轻成年人中占比最高，约为 12%，但是在 60 岁以后这一比例迅速下降。简而言之，在大多数人口中，年轻（18～29 岁）单身男性最可能成为酗酒者并产生酒精使用问题。男性比女性有更多与酒精相关的问题。这种差异在过去的 20 年内逐渐变小，这大概是因为人们对女性饮酒的态度发生了改变。虽然女性接触酒精的年龄大于男性，但她们可以像男性一样快速地对酒精产生生理依赖（Keyes，Martins，Blanco，& Hasin，2010）。

在美国以外，滥用酒精和酒精依赖也很普遍。与美国平均 10%的水平相比，酒精依赖的流行率在秘鲁约为 35%，在韩国约为 22%，在中国台北为 3.5%，在上海只有 0.45%（Yamamoto，Silva，Sasao，Wang，& Nguyen，1993）。在 20 世纪 80 年代初完成的我国最早一份精神疾病患病率的调查报告指出，在 12 个地区 38 136 名 15 岁以上调查对象中，只有6人符合ICD-9酒精依赖诊断标准（引自郝伟主编，2008）。此后中国经济、社会均发生快速变化，2007年一项调查研究指出，男性酒精依赖的患病率为6.625%，女性为0.200%，总体患病率为3.797%。目前，在我国使用酒精的人群中，约有10%的男性和5%的女性是酒精依赖者，而且这一比率在不断上升。

毫无疑问，酒精使用障碍会带来很大的伤害，但对此的界定却并不那么容易。过量饮酒有许多种不同的方式，而且每个人对酒精的耐受程度也不同。我们都同意将那些每天喝得醉醺醺的、失去了工作，肝功能也遭到损害，并且如果不喝酒就会经受精神狂乱的人界定为酒精使用障碍者。但是，在社交应酬和酒席上能喝掉几瓶甚至更多高度酒的成功人士，又该当何如呢？那些每逢周末就暴饮一通而平时却不喝的大学生呢？是根据饮酒的量还是饮酒的行为来区分酒精依赖者，似乎难有明确的答案。虽然对酒精依赖没有一个明确的界定，但是临床医生和研究人员已在试图制定一个能包含各种不同酗酒行为的客观评价标准。

酒精使用障碍表现为一组躯体、行为和心理症状群，包括渴求、戒断和耐受。对酒精的渴求表现为对饮酒的强烈欲望，忽视饮酒带来的一系列躯体、心理以及社会功能问题，而持续、反复、过量地饮酒。酒精使用障碍经常和其他问题相关，如缓解其他物质不良反应，缓解焦虑、抑郁、失眠问题等。

酒精使用障碍的诊断标准

以不适当的形式使用酒精，导致临床上明显的功能损害，其表现至少有以下2项，且发生在1年之内。

1. 比原计划的酒精使用量更大或使用时间更长。
2. 无法减少或控制酒精的使用量。
3. 将大量的时间花在获得或使用酒精，以及从其作用中恢复的活动上。
4. 对使用酒精有强烈的渴求和欲望。
5. 因酒精使用导致不能履行工作、学校或家庭中的主要角色的义务。
6. 尽管酒精使用导致持续、反复的社会或人际关系问题，但仍持续使用。
7. 因酒精使用导致必要的社交、职业或娱乐活动减少。
8. 尽管对躯体有害，仍反复使用酒精。
9. 尽管带来生理、心理等问题，仍继续使用酒精。
10. 耐受性，通过下列两项之一来定义。

a. 需要显著增加酒精的使用量以达到过瘾或预期的效果。

b. 继续使用同等量的酒精会显著降低效果。

11. 戒断，表现为下列两项之一。

a. 特征性酒精戒断综合征（详见酒精戒断的诊断标准）。

b. 使用酒精或与之密切相关的物质用于缓解或者避免戒断症状。

资料来源：DSM-5；American Psychiatric Association，2013.

酒精中毒的诊断标准

酒精中毒是指在饮酒过程中或者不久后出现有临床意义的行为问题或者心理改变（如不恰当的性行为、攻击行为、心境易变、判断力受损、社会功能损害等），并伴随着下列至少1项的体征或者症状：

1. 口齿不清。
2. 不协调。
3. 步态不稳。
4. 眼球震颤。
5. 注意力或者记忆损害。
6. 木僵或昏迷。

这些体征或者症状不能用其他躯体疾病或者其他精神障碍来更好地解释，包括其他物质中毒。

资料来源：DSM－5；American Psychiatric Association，2013.

二、酒精的作用

（一）对行为和心理的影响

大多数人非常熟悉酒精对行为和人的自主性产生的影响。人们喝酒是为了获得愉快和放松，消除焦虑和恐惧，增强自信和力量。从精神病理学的观点看，酒精对人类行为和心理的影响是复杂的，取决于许多因素，如摄入量、先前饮酒的经历等。

虽然酒精属于镇静剂，但它最初给使用者带来的反应却是刺激，使用者通常会体验到幸福感，抑制下降，变得更加外向而友善。这是因为最初被抑制的是脑部的抑制中心。也就是说，大脑中负责约束和抑制的脑区的功能减弱了。

因此酒精摄入较少时，个体会感到放松和轻微陶醉。人们变得多话、更外向和更少能被社会规则所压抑。人们会做出一般情况下由于害怕产生不良后果而不敢去做的事情。从抑制状态中解除出来的行为取决于个体的成长经历或人格特点。例如，一个平日害羞寡言的人可能变得话很多、合群，而一个平日待人热情的人可能变得争强好胜。人们常常在酒精的作用下做出或说出一些清醒时从未做过或说过的事情。

然而，随着继续饮用，酒精会抑制脑部更多的区域，这将阻碍这些部位的正常工作，导致运动协调能力受损（眩晕、胡言乱语），反应的时间延迟，饮用者变得糊涂，做出判断的时间下降，视觉和听觉也会受到负面影响。视觉敏锐度及味觉、嗅觉都会下降，思维变缓，言行也会变得迟缓。酒精可使记忆过程紊乱，对刺激的注意、对新信息的编码能力以及短时记忆能力都下降了。饮酒过量者常常发生“暂时性知觉丧失”（blackouts）的现象，它是指喝酒者回忆不起喝酒时的情节和事情。这就是为什么我们的法律要严禁酒后驾驶。

（二）对中枢神经的影响

酒精在摄取之后，它通过食道到达胃，在胃里有小部分被吸收。然后大部分从胃到达小肠，在小肠中酒精很容易被吸收，从而进入血液循环。循环系统将酒精运送到大脑以及身体各部位，使它与每个主要器官接触，包括心脏。有些酒精进入肺部而蒸发并且呼出。酒精通过肝脏时，会被分解代谢为二氧化碳和水（Maher，1997）。一个正常人平均每小时可以代谢 7～10 克的酒精，相当于一杯啤酒。

酒精作用于神经递质系统和神经元功能的许多方面。已经证实的是，酒精能对神经元的细胞膜产生作用。它直接作用于膜蛋白，从而引起神经元内的一系列变化，这样会损害神经元传递动作电位的能力，降低神经元的兴奋性，从而导致对神经活动的抑制。过量饮酒对感觉和运动功能的破坏很大程度上是由于这种抑制作用。

此外，酒精也会影响神经递质系统，尤其是生物胺类（如去甲肾上腺素、多巴胺和 5-羟色胺）和 γ-氨基丁酸。酒精对这些系统的影响被认为与情绪的变化以及焦虑的产生有关（Suzdak，Schwartz，Skolnick，& Paul，1986）。酒精也作用于 γ-氨基丁酸受体，其作用类似于苯二氮类抗焦虑药物，这种作用对于焦虑的缓解有很大作用。研究表明，在低量饮酒的动物体内，多巴胺含量明显升高。

酒精对谷氨酸盐系统的影响目前正在研究中。谷氨酸盐系统是兴奋性的，有助于神经元的兴奋。它和学习与记忆的过程有关，可能是酒精影响个体认知能力的通道。暂时失忆可能就是酒精和谷氨酸盐相互作用的结果。

5-羟色胺系统同样对酒精很敏感。酒精通过 5-羟色胺影响情绪、睡眠和进食行为，这一过程还与对酒精的渴求有关（Oscar-Berman，Shagrin，Evert，& Epstein，1997）。

（三）酒精耐受性及戒断反应

酒精的许多影响都可以产生耐受性。日常生活中，“酒量大”的人就展示了对酒精的耐受性。有很多现象都是与酒精的耐受性联系在一起的。首先是新陈代谢的耐受性。肝脏产生大量的代谢酵素，以非常快的速度把酒精代谢掉。长期喝酒会导致肝脏的损害。

行为的耐受性和细胞的耐受性也是很重要的。行为的耐受性是指个体学会在酒精的影响下照常行动。比如，可以导致大多数人无法工作的酒精摄入量，对于一些酗酒者来说却不构成问题。在细胞耐受性中，神经元表现出对酒精的适应。小脑是与酒精致醉作用相联系的一个区域，其中的神经元会通过加快代谢速度而消耗通过静脉注射的酒精。这一加速反应会在长期不饮酒后得以恢复正常（Rogers，Siggins，Schulman，& Bloom，1980）。在停止饮酒期间，代谢速度会明显下降。

耐受性的形成有快有慢。影响因素主要有：（1）个体素质；（2）饮酒方式，即酒的类型、饮酒速度及饮酒量等。大多数人的耐受性产生较快，也有人的饮酒量在近十年的时间内才增加一倍。酒精依赖进展到后期，大多数人的耐受性会有所降低，这部分是因为大脑适应能力的下降，部分是因为肝脏功能严重受损。

身体对酒精的反应非常迅速。凡是经历过宿醉的人都会意识到这一点。然而，真正的生理依赖是在长期大量饮酒后形成的。戒断症状的严重程度因饮酒的不同水平和持续时间而不同。像大多数镇静剂一样，酒精的戒断症状可能会非常严重。如果不治疗，可能有致命的危险。

停止饮酒数小时后，戒断症状就会出现。早期症状包括恶心呕吐、体虚、焦虑、手部颤抖、心动过速和失眠；严重时会出现短暂的幻觉、失去定向力、神志迷乱和极度兴奋。在最严重的情况下，个体会出现酒精性谵妄。一旦发生谵妄，情况会非常危险，即使经过治疗，其死亡率仍可达 10%～15%。

对形成依赖性的个体来说，对停止饮酒而导致的这些身体和情绪反应的厌恶又转化为他们继续饮酒的强烈动机，这样就形成了恶性循环。如果不摄入酒精，这些戒断症状会在7～10天内消退。但在大多数情况下，为了减轻症状，停止饮酒的人会再次饮酒。

酒精戒断的诊断标准

酒精戒断的特征是长期重度饮酒后，停止（或减少）饮酒后数小时或数天时间内，出现下列至少2项特征，从而导致临床上显著的痛苦、社会功能或其他重要功能的损害。

1. 自主神经功能亢进。
2. 手部震颤加重。
3. 失眠。
4. 恶心或呕吐。
5. 短暂性的视、触或听幻觉或错觉。
6. 精神运动性激越。
7. 焦虑。
8. 全身强直性-阵挛性癫痫发作。

这些体征或者症状不能用其他躯体疾病或者其他精神障碍来更好地解释，包括其他物质中毒或戒断。

资料来源：DSM-5；American Psychiatric Association，2013.

（四）酒精带来的损害

酒精是否导致器质性损伤，取决于遗传素质、饮用频率、饮用时间的长短、血液酒精浓度在饮酒期间达到的水平，以及在饮用之间身体是否有充足的时间得以恢复（Gordis，1991）。一般而言，当酒精依赖进展到一定阶段，全身所有器官和系统都会受到损害。

长期过度饮酒的后果包括肝脏疾病、胰腺炎、心血管失调以及脑部损伤。除了这些伤害性结果，一些研究表明，过度饮酒的神经生理效应并不都是长期的。在仔细地计算了酗酒者与正常人脑部的神经元之后，丹麦的研究者发现，长期饮酒可能不会永久损伤皮层的神经元；取而代之的是，损害也许发生在神经元之间的联系上，而这一联系是可以再生的（Jensen & Pakkenberg，1993）。这一发现表明，过度饮酒带来的认知损害是可逆的，前提是个体成功戒酒。

滥用酒精不仅仅会给使用者本身带来伤害。女性在怀孕期间饮酒还可能对胎儿的发育产生消极的影响，造成胎儿酒精综合征（fetal alcohol syndrome，FAS）。这种障碍会导致儿童出现发育迟缓、认知缺陷、行为问题以及学习障碍等问题。此外，这些儿童常常有独特的外形特征，包括眼角皮肤折叠、鼻梁低、鼻子短小、头围小、脸的中部窄、上嘴唇薄等。

三、酒精依赖的原因

酒精滥用及酒精依赖涉及的原因非常复杂，既有个体的生理及心理因素，又有社会文化因素。环境、教养方式、人格和基因都会对酒精依赖产生影响。正如其他物质依赖一样，与酒精有关的病理行为的发展是许多因素交互作用的结果。

（一）生物易感性

人们很早就开始对酒精依赖的遗传性进行研究。已有切实的证据证明酗酒受到遗传的影响。自19世纪以来，人们就发现酗酒具有家族流行性。在20世纪，多项研究都表明，比起无酗酒家族史的人，有酗酒家族史的个体，其酗酒的可能性是普通人的3～4倍(Walters，2002)。另外，在酗酒者的亲属中，其他物质滥用问题，包括大麻、可卡因，也更多（Bierut et al.，1998）。多项研究指出，酗酒的遗传率高达40%～60%（Dick & Bierut，2006；Mayer & Höllt，2005；Sommer，Arlinde，& Heilig，2005）。这意味着遗传因素可以解释约50%的酗酒成因。当然必须考虑的是，如果有家庭成员酗酒，那么个体暴露于酒精的机会就会大大增加，同时家长酗酒的儿童，也更容易效仿父母的饮酒行为。

近年来，许多双生子与寄养子以及一些染色体研究结果都显示，酒精依赖也存在着遗传上的易感性。这些研究都排除了环境因素的影响，突出了遗传所决定的易感性。在性别方面，也确定了男性较女性的遗传易感性更为明显的观点。

具体来说，遗传可以影响个体对酒精的耐受性，有的人对酒精不敏感，那他们要喝更多的酒才能达到愉悦感，这些人发展出酗酒行为的可能性就更大。遗传还能影响大脑的神经递质，而这些神经递质可以激发人们对酒精的渴望，或者减弱对酒精的抑制和敏感性(Bleich et al.，2007)。

（二）心理社会因素

与其他物质滥用一样，反社会型人格障碍是形成酗酒的一个危险因素。另外，反社会型人格影响开始喝酒的年龄、过程、治疗反应和酗酒的复发。有反社会型人格的个体更早开始喝酒，而且只要一开始喝就会迅速地发展成酗酒（Hesselbrock，Meyer，& Hesselbrock，1992）。

一些人喝酒就是为了降低焦虑和压力或应激，这会加速他们滥用和形成依赖性。因为酒精具有明显的抗焦虑作用，所以，酒精依赖者可能承受着高水平的焦虑和压力。比如，临床观察显示，焦虑和酗酒之间具有非常强的关联性。

事实上，很多证据表明，压力可促使个体发展出酒精依赖。在青少年中，压力性生活事件是与酒精滥用相联系的（Clark，Lesnick，& Hegedus，1997）。在成人中，工作压力对酒精使用的影响尤为突出（Schuckit，Daeppen，Tipp，Hesselbrock，& Bucholz，1998）。还有研究指出，如果人们长期处于压力中，人们采取有效的应对技巧或者控制自己不做消极应对（比如饮酒）的能力就会减弱（Moghaddam，2002）。动物研究表明，早期的负性生活经历与过多的酒精摄入是有一定联系的（Higley，Hasert，Suomi，& Linnoila，1991）。失去母亲养育的猴子在后来的生活中比那些由母亲养育的猴子，表现出更多的压力迹象，而且更多地喝酒。

许多社会调查认为，社会因素对酒精滥用及酒精依赖的形成有诱导、促发作用。社会因素中的变量很多，有时是许多因素相互影响起作用。因此很难就单一的社会因素进行评价。在众多的社会因素中，家庭结构在酒精依赖的成因与演变问题中近来很受重视。父母酗酒的儿童其发展出酗酒行为的可能性比父母不酗酒的儿童高 2～10 倍（Lieberman，2000）。社会学家的系统论观点认为，酒精依赖者的家庭成员之间的关系时常处于一种不稳定状态，在功能不良的体系中取得平衡。为此，在进行治疗时某一家庭成员的状况一旦变更就会扰乱另一些家庭成员，使他们产生焦虑并抗拒这种外界影响。依据上述系统论观点，治疗酒精依赖个体的同时也应把其他整个家庭成员包括进来，列入总体的治疗计划之中。

如上所述，生物因素、心理因素与社会因素的相互作用可以导致酒精依赖。一般来讲，许多酒精依赖者的成瘾过程发生缓慢，但也有些酒精依赖者在经历一场急性创伤性生活事件（如配偶的亡故、重大病症）或持续的心理创伤后，为解除焦虑与抑郁的心理状态而出现酒精滥用。

应激因素的重要性还在于，对于对应激因素敏感的酒精使用者来讲，应该教会他们在生活中避开产生应激的环境并防止饮酒行为的升级及恶性循环的形成。此外，还应对遭受应激后的酒精使用者提供帮助，防止酒精依赖的产生。

四、酒精依赖的治疗

任何药物成瘾的治疗目标都是防止复发，大多数酗酒者曾努力戒过酒并有节制地保持了一段时间，但最后还是复发了。在临床处理上，应针对患者所处的临床阶段及症状，给予有针对性的治疗。如果患者正处于严重的戒断综合征阶段，则应给予一些药物以控制症状；而如果患者已度过急性戒断期，则重点应该放在康复及预防复发上。

通常情况下，酗酒的治疗方法和治疗其他心理障碍的方法相同，包括心理咨询、行为治疗等，这些治疗常常以团体形式实施。很多治疗方案重视发展个体的应对技能，增强个体的自尊、行为改变以及寻找应对复发可能性的方法。

（一）药物治疗

治疗酗酒的一个选择是服用药物。戒酒硫（安塔布司）是一种有助于对酒精代谢的酵素分泌产生抑制作用的药物。在服用这种药物后再摄入酒精，会导致机体增进对乙醛的合成，造成使用者不适的反应，如恶心呕吐。

这种治疗潜在的理论基础是，对先前不愉快经历的恐惧，将会阻止个体继续饮酒。在很多治疗计划中，它都会被广泛作为治疗的辅助手段。有研究表明，如果有合理的指导，使用戒酒硫并结合其他形式的治疗是非常有帮助的（Tinsley，Finlayson，& Morse，1998）。

环丙甲羟二氢吗啡酮是另一种能降低酒瘾和防止复发的药物。环丙甲羟二氢吗啡酮是一种用于阻碍或降低大脑中酪氨酸传递的镇静性拮抗剂。也就是说，服用这种药物以后再摄入酒精并不能带来预期的愉快反应，或减轻戒断症状。酒精的强化机制随之消失，个体使用酒精的动机下降。

一些用于治疗情绪障碍的药物也曾被用于协助治疗酗酒者的情绪问题，以达到更好的戒酒效果。

（二）心理治疗

COMBINE项目显示，在一项在多地展开的针对酒精使用障碍患者的治疗研究中，心理社会干预结合药物治疗并不比单一疗法效果好，这里的心理社会干预包括认知行为治疗、动机性访谈、社区支持以及专业人士协助，药物治疗涉及纳曲酮和阿坎酸，其中纳曲酮和心理社会干预不论是单独使用还是联合使用都具有明显的效果，但是阿坎酸不论是单独使用还是联合心理社会干预都不比安慰剂效果好，与此同时追踪研究发现，接受心理社会干预的人群预后疗效更易维持（Anton et al.，2006）。从复发的角度衡量，单一使用药物戒酒的成瘾者很容易复发，因此和其他物质成瘾的治疗一样，心理治疗起到了很重要的作用。

其中最常用的是认知行为治疗模式，它基于酒精滥用或依赖的干预手册可以帮助患者识别其最可能饮酒或失控的情境，以及面对此类情境时酒精起到的作用，这非常有助于后续的干预（Daley & Marlatt，2006）。这一模式重视三个重要的策略（Marlatt，1996）：技能训练、认知重建和生活方式干预。

技能训练包括教会患者识别和有效地处理高危险性情境，以防失控或增加复发的可能性。治疗师的目标之一是逐渐让患者在这些情境中熟练控制自我意识。运用“我知道我能应付它”这类的感觉来增加自我效能。

认知重建包括改变个体对戒酒损害的认识：如果复发真的发生了，个体不应通过产生负罪感和内部归因而将其视为个人的失败，他应该被教会“将这段插曲作为一次个别的独立的事件，并视之为一个错误而不是一个永远无法解决的灾难”（Marlatt & Gordon，1989）。

生活方式干预的原则性目标是发展能抵抗日常生活中压力源的行为，或者以积极的嗜好取代消极的癖好，比如锻炼、放松或冥想。

在酒精依赖的康复方面，一些自助组织的作用不可低估，这些自助组织中最有影响的当数匿名戒酒会。匿名戒酒会是由两个已康复的酗酒者于1936年创办的一个自助计划，现在它已经成为世界上最大的自助网络，遍及全世界90个国家或地区，约有36 000个同类组织。现在，匿名戒酒会几乎遍布全世界。我国一些地区也已开展类似的活动。

这个组织的哲学理念是将酗酒看成一种渐进性的疾病，参与者承认自己患有这种疾病，并相信需要有更强的力量来帮助自己渡过难关。匿名戒酒会相信，为了战胜疾病就必须完全戒除酒瘾。匿名戒酒会提供了酒精及其危害的教育，在小组活动中提供给戒酒者很大的社会支持。在美国，有大约2/3的酗酒者通过加入匿名戒酒会来戒酒。

第三节　阿片类物质相关障碍

一、概述

阿片类物质是指任何天然的或合成的、对机体产生类似吗啡的效果的一类物质。它包括从罂粟中榨取的一类化合物，比如阿片、吗啡、可待因以及一些人工合成物，如海洛因和杜冷丁。粗制的阿片含有包括吗啡和可待因在内的多种成分。其中吗啡是阿片中镇痛的主要成分，大约占粗制品的10%。

与其他精神活性物质一样，人类社会发现并使用阿片剂已有很长时间。对罂粟榨取物的利用始于5 000年前，人们使用这些物质来减轻疼痛。在19世纪，阿片成为英国和美国药典中的一个重要组成部分。阿片的主要活性成分是吗啡（morphine），取名于希腊梦之神摩尔甫斯（Morpheus）。吗啡现在仍作为一种减轻疼痛的药物被广泛利用。在每摩尔吗啡中加入2摩尔的醋酸基制成的一种半合成阿片剂就是海洛因。

在阿片剂减轻疼痛的作用受到重视的同时，随着其在社会上被广泛使用，它的危险性和成瘾性也变得日益显著。阿片剂成为管制药品，受到严格的控制。即便如此，阿片剂滥用仍然成为世界范围内的公共卫生和社会问题。因为它的吸食者都很隐蔽，估计滥用和依赖这种物质的具体数目非常困难，但是据估计，在美国12～17岁个体中，社区人口阿片类物质使用障碍的年患病率约为1.0%，在欧洲15～64岁的社区人口中约为0.1%～0.8%（American Psychiatric Association，2013）。

1949年，我国吸食阿片、海洛因的人数约有2 000万。20世纪50年代，通过采取坚决有效的措施，在短短的3年时间内就荡涤了旧中国的阿片毒害。进入20世纪70年代以来，毒品活动相继在西方国家，进而在全世界开始蔓延。毗邻我国西南边界的“金三角”地区逐渐成为世界上重要的毒源，国门打开、过境贩毒等因素使我国的吸毒问题死灰复燃。根据公安部门公布的数据，我国记录在案的吸毒者在1990年约为7万人，1995年为52万人，2001年为90.1万人，2006年为116万人，2011年我国登记的吸毒者达179万人，其中滥用海洛因人员为116万，占64.5%。

海洛因在19世纪70年代早期开始流行，此后，它就代替可卡因成为瘾君子们的首选。很不幸，一些迹象表明，阿片剂的使用正在随着“摇头丸”的增加而增加。

阿片剂使用者往往生活凄凉。一项对加利福尼亚的500多名瘾君子长达24年的研究（Hser，Anglin，& Powers，1993）显示，在1985—1986年，27.7%的瘾君子死亡，平均年龄约为40岁；一半以上的死因为谋杀、自杀和事故，约1/3为过量摄入药物。在这些人中，每天都服用毒品的人维持在7%～8%。

阿片类物质使用障碍的诊断标准

以不适当的形式使用阿片类物质，导致临床意义的损害或痛苦，其表现至少有以下2项，且发生在1年之内。

1. 比原计划的阿片类物质使用量更大或使用时间更长。
2. 无法减少或控制阿片类物质的使用量。
3. 将大量的时间花在获得或使用阿片类物质，以及从其作用中恢复的活动上。
4. 对阿片类物质有强烈的渴求和欲望。
5. 因阿片类物质使用导致不能履行工作、学校或家庭中的主要角色的义务。
6. 尽管阿片类物质使用导致持续、反复的社会或人际关系问题，但仍持续使用。
7. 因阿片类物质导致必要的社交、职业或娱乐活动减少。

8. 尽管对躯体有害，仍反复使用阿片类物质。

9. 尽管带来生理、心理等问题，仍继续使用阿片类物质。

10. 耐受性，通过下列两项之一来定义。

a. 需要显著增加阿片类物质的使用量以达到过瘾或预期的效果。

b. 继续使用同等量的阿片类物质会显著降低效果。

注：此诊断标准不适用于在恰当的医疗监督下使用阿片类物质的情况。

11. 戒断，表现为下列两项之一。

a. 特征性阿片类物质戒断综合征（详见阿片类物质戒断的诊断标准）。

b. 使用阿片类物质或与之密切相关的物质用于缓解或者避免戒断症状。

注：此诊断标准不适用于在恰当的医疗监督下使用阿片类物质的情况。

资料来源：DSM－5；American Psychiatric Association，2013.

阿片类物质中毒的诊断标准

阿片类物质中毒是指在使用阿片类物质的过程中或者不久后出现有临床意义的行为问题或者心理改变（如最初是欣快感，接着出现淡漠、烦躁不安、精神运动性激越或迟滞、判断力受损等），伴随瞳孔缩小（或严重中毒导致缺氧时瞳孔扩大），并出现下列至少1项的体征或者症状：

1. 嗜睡或昏迷。

2. 口齿不清。

3. 注意力或者记忆损害。

这些体征或者症状不能用其他躯体疾病或者其他精神障碍来更好地解释，包括其他物质中毒。

资料来源：DSM－5；American Psychiatric Association，2013.

二、阿片剂的作用

海洛因一开始被作为一种非成瘾的可待因物质销售。然而，人们很快就发现它是一种最能让人上瘾的阿片剂。很小的化学结构差异使得海洛因比吗啡厉害得多，因为它是一种可溶解的脂，能够以更高的浓度迅速被大脑吸收。作为阿片剂中的一员，海洛因通常用于静脉注射，但有时也用于皮肤下注射。

海洛因通过静脉注射时，能被迅速吸收，几秒内就能到达脑部。阿片剂可以引起安乐感、困倦、呼吸减缓，过量使用可能会完全抑制呼吸，引起死亡。海洛因成瘾者对海洛因作用高潮的描述是：皮肤一阵暖和，感觉很强烈，全身都非常兴奋。这一作用持续不到一分钟。除此之外，阿片剂还能减少使用者的心理痛苦，这也是使用阿片剂的一个重要动机。

（一）生理作用

阿片剂具有镇痛、镇静作用，能抑制呼吸、咳嗽中枢及胃肠蠕动，同时能兴奋呕吐中枢和具有缩瞳作用。阿片剂作用于中脑边缘系统，产生强烈的快感。

阿片剂使用产生的许多生理症状，是其作用于几个脑区的结果。因此，服用阿片剂可以通过对脑部系统的作用来减轻心理痛苦。

阿片剂的主要作用是减少痛知觉。阿片剂，尤其当初次服用时，通常会引起恶心和呕吐，并会引起瞳孔缩小，这被称为“针尖瞳孔”。在海洛因成瘾者身上通常都能发现这一症状。阿片剂会减慢食物通过消化道的速度，并引起便秘。这一作用使阿片剂成为治疗腹泻和痢疾的药物，至今已有几千年的历史。阿片剂会导致血压降低，使人发汗。虽然海洛因最初的主要作用是性兴奋，但是长期使用会导致性欲降低，性功能失调。阿片剂引起的最严重生理问题是呼吸困难，过量使用会导致死亡。

（二）药理作用

1973 年以来，学者们相继发现在脑内和脊髓内存在阿片受体。这些受体分布在痛觉传导区以及与情绪和行为相关的区域，集中分布在脑室周围灰质、腹侧被盖系统、中脑边缘系统和脊髓罗氏胶质区等区域。阿片受体已知有 μ，κ，σ，δ，θ 等多种类型，其中 μ 受体与阿片剂的镇痛与欣快作用关系最密切，在中枢神经系统的分布也最广。1975 年以来先后又发现体内有几种内源性阿片肽，如 β-内啡肽、脑啡肽、强啡肽，这些肽类均能作用于阿片受体。

阿片剂口服时以非脂溶性形式存在于胃内，很少由胃吸收进入血液循环，大部分由肠道吸收，因此吸收延缓。因为口服给药吸收不完全，所以口服阿片剂时的血药浓度一般只有同剂量注射给药的一半或更少。

阿片剂被吸收后以非脂溶性形式存在于血液中，因此非常难以透过血脑屏障作用于大脑。但吗啡被乙酰化成为海洛因后，因成为脂溶性形式，则较易透过血脑屏障，这也能解释为什么静脉注射海洛因所体验到的瞬间快感比注射吗啡更为强烈。

阿片剂可扩散到机体的所有组织，包括胎儿。对阿片剂依赖的母亲所生下的婴儿对阿片剂具有依赖性，如果在出生后不给予阿片剂，也可能出现戒断症状。

阿片剂在由肾脏排泄之前，大部分由肝脏代谢。大多数阿片剂的代谢较为迅速，平均代谢时间是 4～5 小时，故依赖者必须定期给药，否则会产生戒断症状。

三、耐药性和戒断症状

对阿片剂的依赖性与耐药性和生理依赖性程度的高低有关。多次使用之后，使用者必须吸食更大剂量才能达到同样的感觉效果。在持续大量服用之后，一些使用者一次的吸食量足以使还没有形成耐药性的使用者死亡。

需要注意的是，并不是所有的症状都表现出耐药性，比如，呼吸减慢、镇静、镇痛、令人作呕和产生安乐感等会出现明显的耐药性，而便秘和瞳孔缩小等则不会。

当一个产生依赖性的个体停止摄入阿片剂时，会表现出戒断的症状。因所使用阿片剂的剂量、对中枢神经系统作用的程度、使用时间的长短、使用途径、停药的速度等不同，戒断症状的强烈程度也不一致。短效阿片剂，如吗啡、海洛因的戒断症状一般在停药后8～12 小时出现，最高峰在 48～72 小时，持续 7～10 天。长效阿片剂，如美沙酮的戒断症状一般在停药后1～3天出现，其表现与短效阿片剂相似，最高峰在3～8天，症状持续数周。

典型的戒断症状可分为两大类：客观症状，如血压升高、脉搏增加、体温升高、出现鸡皮疙瘩、瞳孔扩大、流涕、震颤、腹泻、呕吐、失眠等；主观症状，如恶心、肌肉疼痛、骨骼疼痛、腹痛、不安、食欲差、无力、疲乏、打喷嚏、发冷、发热、渴求药物等。

任何一个阶段的症状都会因再次吸食阿片剂而马上消失。虽然戒断症状在大多数情况下不会造成生命威胁，而且并不比重度流感更严重，但这一过程中产生的焦虑等心理反应是继续使用阿片剂的主要原因。

阿片类物质戒断的诊断标准

阿片类物质戒断的特征是长期大量使用阿片类物质后，停止（或减少）使用，或者在使用阿片类物质一段时间后，使用阿片类物质拮抗剂数分钟或几天时间内，出现下列至少3项特征，从而导致临床意义的痛苦、社会功能或其他重要功能的损害。

1. 烦躁不安的心境。
2. 恶心或呕吐。
3. 肌肉疼痛。
4. 流泪、流涕。
5. 瞳孔扩大、竖毛或出汗。
6. 腹泻。
7. 打哈欠。
8. 发烧。
9. 失眠。

这些体征或者症状不能用其他躯体疾病或者其他精神障碍来更好地解释，包括其他物质中毒或戒断。

资料来源：DSM-5；American Psychiatric Association，2013.

四、治疗

思考：有什么灵丹妙药可以帮助那些瘾君子？

阿片类物质使用对健康最大的威胁来自成瘾行为。为了得到更多的毒品，成瘾者会做出很多危险行为。静脉注射针头的使用也会带来一系列的危险，比如，艾滋病的传播。许多人为了得到毒资而进行性交易，这也增加了成瘾者中艾滋病和其他传染性性疾病的发生率。此外，因为得到毒品的欲望战胜了一切，海洛因成瘾者往往忽视自己的健康，不对疾病进行预防。

因此，对海洛因依赖者进行积极的干预和治疗是非常必要的。尽管有一些偶然的吸食者能自我停止服用，但是，大部分的长期吸食者需要经过一定的治疗才能克服依赖性。

在脱毒治疗阶段，主要的治疗包括替代治疗和非替代治疗。

替代治疗的理论基础是利用与毒品有相似作用的药物来替代毒品，以减轻戒断症状的严重程度，使病人能较好地耐受。目前，常用的替代药物有美沙酮和丁丙诺啡。

在过去的几十年中，阿片类物质成瘾主要靠药物治疗，如用口服的人工合成阿片剂

（通常是美沙酮）来代替静脉注射海洛因。

研究者们发现，当大量服用了美沙酮后，海洛因成瘾者对麻醉剂的渴求明显减少了，他们对海洛因的服用量以及与毒品服用相关的案件都减少了，而且一般的社会适应能力也得到增强。

用美沙酮进行替代治疗有很多优点。首先，它可以口服。其次，美沙酮的作用时间长达 24 小时，比海洛因长很多，这能防止戒断症状的发生。最后，美沙酮不产生或只产生很少的安乐感，虽然停服美沙酮也会有一些戒断症状，但没有海洛因严重。此外，使用美沙酮似乎能阻断海洛因的作用。实验室和现实环境中的几项研究都表明，当海洛因成瘾者在服用美沙酮的同时使用海洛因，不会体验到同样的兴奋或安乐感（Kreek，1992）。因此，使用美沙酮有可能成功地戒除海洛因。即使如此，完全摆脱药物也是相当困难的。许多病人选择长期服用美沙酮，毕竟它是具有治疗性质的药物。

非替代治疗主要是使用药物来控制脱瘾者的戒断反应。常用的药物为可乐定，它是一种为 $\alpha 2$ -受体激动剂。在中国，中草药、针灸也被纳入脱毒治疗中。虽然在缓解戒药后前三天的戒断症状方面效果较差，但中医治疗能有效促进机体的康复，增强食欲，重要的是不存在撤药困难问题。

脱毒治疗后，最重要的就是防止成瘾者复吸。这一阶段所使用的药物主要为阿片剂阻滞剂——纳洛酮和纳曲酮。这类药物通过阻滞阿片剂的欣快作用来防止复吸，但效果并不理想。虽然被广泛应用于临床治疗，但仅有 30%的戒毒者能坚持使用此类药物。

生理脱毒易，心理脱毒难。大量研究表明，心理社会干预能针对某些问题，如复发等起到良好的治疗效果。主要的社会心理治疗方法包括认知行为治疗、行为治疗、团体治疗等。无论是哪种方法，其目的都在于改变导致吸毒的认知方式和行为方式，促进戒毒者对自我问题的觉察和良好行为的形成。

我国多个地区现已建立一些脱毒社区。脱毒社区不同于戒毒所，里面的生活相对自由。在社区中，戒毒者与同伴生活在一起，参加团体治疗、个体治疗、团体活动，以及日常劳动等，而帮助他们进行治疗的往往是那些已有几年操守经历的同伴。在同伴和专业医师的帮助下，在规律的作息中，戒毒者可以寻求到个人的成长，养成良好的生活习惯。在操守满一定期限后，他们就可以进入社区安排的工作站（如汽车修理铺）中进行劳作，从劳作中找到生活的意义，感受普通人的快乐。他们还可能留在脱毒社区，成为工作人员，为新来的戒毒者提供帮助，从而得到助人的快乐。

案例

20 世纪 80 年代海洛因从“金三角”流入我国西南地区，张女士就是最早接触海洛因那代人中的一位。由于好奇、空虚，她开始吸食海洛因，之后陷在毒品带来的梦幻世界中不可自拔。张女士失去工作，失去所有的储蓄，失去丈夫，闹得家里鸡犬不宁。由于频繁在娱乐场所中吸食毒品，张女士被捕进入戒毒所多次。但每次戒毒期满释放，跨出戒毒所之后的第一件事，就是找寻毒品。海洛因填补她内心的空虚，好像是她在这个世界上唯一的快乐源泉。然而海洛因带给张女士的家破人亡、身无分文、体弱多病的现状并非她想要的，她强烈地想要摆脱毒瘾，但又深感脱毒太难。在朋友的推荐下张女士进入了一个脱毒社区，打算尝试这种新的戒毒方法。

在社区中，张女士和同样想要走出毒瘾的人们生活在一起。社区中的医生每天会检查他们的生理指标，提供药物帮助。社区中大部分工作人员同样有过吸毒经验，但他们都坚持操守多年。在药物帮助下，张女士度过了生理脱毒期，而她知道“心瘾”才是最大的难关。张女士在社区里每天早上要和同伴们一起打扫卫生、晨练，结束之后要开例会。例会中他们会围成圈、牵着手背诵戒毒者的宣言，之后分享头天的新闻，再之后大家共同分享一个主题和心情。在分享中大家彼此支持，交流感受，诉说心声，并提供切实的帮助。每天下午他们有不同的活动，比如体育比赛、宗教活动、专题讲座等。和同伴们在一起，张女士感到很安全，没有歧视，没有威胁，互相之间平等尊重。看到那些曾经的同伴已经坚持了操守多年，张女士开始有了摆脱海洛因的信心。同时，张女士在各种活动中施展出了自己绘画的才能。当她被“心瘾”揪扯时，同伴和工作人员会陪伴在她身边，鼓励她，并告诉她那些能够度过这种困难时期的方法和经验。而每个成功克服“心瘾”的过程，都让她戒毒的信心得以增加。慢慢地，张女士开始重新感受到那些被她遗忘很久的东西，平和、踏实、自信。这些也让她更坚定了戒毒的信心。一年过去后，张女士从学员转为实习工作人员，开始管理一些社区的事物，并且开始帮助新学员走出毒瘾。这些工作让张女士看到自己的价值。三年操守的坚持后，张女士转为社区正式的工作人员，她拿到了一份能够养活她的薪资，并且做着让她感到有意义的事情——帮助其他学员走出毒瘾。她有责任坚持操守，她要为学员们做个榜样。张女士说，戒毒是一辈子的事，戒掉一说只有盖棺才能定论，但至少现在她身边有朋友，有想要做的事，有值得守护的信念，她的生活步入了正轨。

第四节　其他物质相关及成瘾障碍

一、烟草相关障碍

（一）概述

当提到瘾君子时，你的头脑中会浮现出怎样的画面？是肮脏的街道、衣衫褴褛、骷髅般的面容，还是衣冠楚楚的商人在俱乐部抽着雪茄？这些情况恐怕都存在。香烟中的尼古丁是一种精神活性物质，会引起依赖性和耐药性，这与我们前面讨论的物质是相同的。

烟草是原产自北美洲的一种植物，美洲土著种植、吸食烟草已经有几个世纪的历史。烟草中的尼古丁是一种无色的油状物。少量使用尼古丁会刺激中枢神经，减轻压力，调整情绪。但是会导致高血压，增加患心脏病和癌症的风险（McKim，1991）。一旦吸烟者依赖尼古丁，停止吸烟就会导致一些戒断症状，包括抑郁情绪、失眠、易怒、焦虑、注意力不集中、食欲和体重上升。如果你怀疑尼古丁使人上瘾的力量，就看一看那些想戒烟又不能如愿的人，尼古丁成瘾者复吸的比率并不比酗酒和吸食海洛因更低。三分之二以上的抽烟者对尼古丁产生依赖，这比其他类精神活性物质的依赖率都高得多（Lope-Quintero et al.，2011）。

有关统计资料表明，全世界烟民累计已达 12 亿人，每年卷烟总销量约为 5.25 万亿支，人均消耗 1 030 支。全世界吸烟人口总数仍呈增长趋势。发达国家虽香烟产量在逐年增加，但吸烟人口总数近 30 年来逐年减少，大约 25%的美国人都吸烟，而在 1965 年，这个比率为 42.4%。在美国 12 岁以下的人群中有 70%的人曾经吸过烟，28%的人正在抽烟（Johnston，O'Malley，Bachman，& Schulenberg，2012；SAMHSA，2008b）。其中尼古丁依赖的年患病率在成人中约为 13%（American Psychiatric Association，2013）。而发展中国家吸烟人数却逐年上升。在欧洲和其他发展中国家，烟草使用率很高（Danielesson，Wennberg，Hibell，& Romelejö，2012）。中国是烟草生产和消费大国，生产和消费均占全球 1/3 以上。

我国有关烟草的种植和吸烟的记载见于 1602 年，比西方国家晚 100 余年。烟草最初从菲律宾的吕宋岛传入我国并首先在福建、广东等沿海地区种植。1890 年，卷烟技术开始传入我国。20 世纪初，作为卷烟生产的主要原料烤烟开始在我国种植。20 世纪 70 年代以后由于卷烟生产的迅速发展和生活水平的不断提高，吸烟人数逐年增加。

据世界卫生组织的报告，目前中国有超过 3.5 亿吸烟者，占全球吸烟总人数的 1/3，并以每年 2%的比率增长，其中青少年吸烟者达 1.8 亿。我国 20 岁以上男性吸烟率为 68.94%，女性为 8.28%，平均吸烟年龄为 22.98 岁。2002 年，中国男性吸烟率为 66%，女性吸烟率为 3.08%。与 1996 年相比，尽管吸烟率略有下降，但是随着中国总人口的增加，吸烟人数仍然增加了 3 000 万人。三次全国吸烟调查结果表明，我国青少年吸烟率上升，烟民趋于低龄化，与 1984 年比，2002 年开始吸烟的年龄提前了 4～5 岁。

根据我国原卫生部 2006 年的报告，烟草是全球第二死亡因素，每年大约导致 500 万人死亡。2000 年，中国由吸烟导致的死亡人数近 100 万，超过艾滋病、结核、交通事故以及自杀死亡人数的总和，占全部死亡人数的 12%。如不采取控制措施，预计到 2020 年，该比例将上升至 33%，死亡人数将达 200 万，其中有一半人的死亡年龄将在 35 岁至 64 岁之间。

烟草滥用特别是吸烟的危害本可以通过人类自身的努力而避免发生，然而时至今日，在世界范围内，吸烟人数仍有增无减。吸烟和戒烟的问题也越来越引起人们的关注。

烟草使用障碍的诊断标准

以不适当的形式使用烟草，导致临床意义的损害或痛苦，其表现至少有以下 2 项，且发生在 1 年之内。

1. 比原计划的烟草使用量更大或使用时间更长。
2. 无法减少或控制烟草的使用量。
3. 将大量的时间花在获得或使用烟草，以及从其作用中恢复的必要活动上。
4. 对烟草有强烈的渴求和欲望。
5. 因烟草使用导致不能履行工作、学校或家庭中的主要角色的义务。
6. 尽管烟草使用导致持续、反复的社会或人际关系问题，但仍持续使用。
7. 因烟草使用导致必要的社交、职业或娱乐活动减少。
8. 尽管对躯体有害，仍反复使用烟草。

9. 尽管带来生理、心理等问题，仍继续使用烟草。

10. 耐受性，通过下列两项之一来定义。

a. 需要显著增加烟草的使用量以达到过瘾或预期的效果。

b. 继续使用同等量的烟草会显著降低效果。

11. 戒断，表现为下列两项之一。

a. 特征性烟草戒断综合征（详见烟草戒断的诊断标准）。

b. 使用烟草或与之密切相关的物质（如尼古丁）用于缓解或者避免戒断症状。

资料来源：DSM-5；American Psychiatric Association，2013.

烟草戒断的诊断标准

烟草戒断的特征是每日使用烟草至少使用几周后，突然停止（或减少）烟草使用量，在随后的24小时内出现下列至少4项体征或症状，并导致临床意义的痛苦、社会功能或其他重要功能的损害。

1. 易激惹、挫折感、愤怒。
2. 焦虑。
3. 注意力难以集中。
4. 食欲增加。
5. 坐立不安。
6. 心境抑郁。
7. 失眠。

这些体征或者症状不能用其他躯体疾病或者其他精神障碍来更好地解释，包括其他物质中毒或戒断。

资料来源：DSM-5；American Psychiatric Association，2013.

（二）尼古丁的作用

尼古丁（烟碱）是烟草中的依赖性成分。尼古丁能以不同的方式被摄入，但吸烟是目前最普遍的一种吸入方式。当烟雾以“焦油”的形式被摄入肺中时，尼古丁迅速被循环系统吸收。血液中尼古丁浓度急速上升，大约在7秒内到达大脑。如果尼古丁通过口腔吸收（嚼烟草、尼古丁胶，口服粉末），那么血液中尼古丁浓度的上升就更慢，作用也就持续更长的时间。

尼古丁对特定的受体——尼古丁乙酰胆碱——起作用，这一受体处于中脑网状结构和边缘系统之中，也就是所谓的“快乐通路”。在外周神经系统，尼古丁受体分布在肌肉和自主神经末梢上。

小剂量的尼古丁能引起肾上腺髓质兴奋，增加肾上腺素的分泌，并通过引起颈动脉体及主动脉化学感受器兴奋，反射性地引起呼吸兴奋、血压升高。大剂量的尼古丁使用后果表现为节细胞先兴奋，后迅速转为抑制。尼古丁对中枢神经系统的作用也同样是先兴奋后抑制。

有关吸烟的主观效果的研究发现，人们为了同时得到唤醒和放松的作用而吸烟。研究证明，尼古丁符合高依赖性物质的所有标准，依赖者通过改变吸烟量、频度、吸进呼吸道的深度等来维持体内尼古丁的水平。当依赖形成后突然戒断时，个体会出现唾液分泌增加、头痛、失眠、易激惹等戒断症状，这些问题使吸烟者难以摆脱尼古丁的控制。

青少年第一次吸烟大多会产生恶心、呕吐、脸色苍白以及眩晕等现象。但继续吸烟，身体则会很快适应这些不良症状。这表明长期吸烟可能带来吸烟者大脑长期的改变。

此外，尼古丁可以影响胎儿的大脑发育，而且怀孕期间吸烟的母亲，其子女以后吸烟的可能性也很大。吸烟者一天中常常需要不停地吸烟，以保持血液内尼古丁的含量。吸烟还与许多消极情绪有关，如沮丧、焦虑、易怒。

研究发现，依赖尼古丁的人群中，抑郁发生的概率更高。无论他们是否继续吸烟，这种情况都相同，也就是说，无论戒不戒烟，依赖尼古丁的人都更容易抑郁。这可能与尼古丁能够改变情绪有关。

（三）尼古丁的依赖性

1994 年，美国烟草公司宣布吸烟以及尼古丁并不会使人成瘾。但是，大量的科学证据却得出相反的结论。1997 年，部分烟草公司开始承认吸烟的成瘾性以及一些危险的影响。事实上，科学证据显示，与其他物质相比，尼古丁虽然在毒性和兴奋性上比较弱，却可能是最富成瘾性的。

试图戒烟的吸烟者，大约 70%在头三个月就会放弃。研究者普遍认为，尼古丁在成瘾性上和海洛因旗鼓相当。但唯一的也是最大的不同在于，尼古丁是合法的药物。为什么即使有非常强的动机，戒烟还会如此困难?

戒烟通常会引起一系列综合征，尽管在特定的症状及强度上因个体差异而有所不同。最常见的戒断症状包括易怒、焦虑、不安、注意力缺损，以及对香烟的强烈渴求。头疼、困倦、失眠以及胃肠反应同样常见。有研究发现，戒烟者在警觉性、注意力、心理动力行为方面有所下降，而在敌意方面则有所上升。

这些症状通常会在几天或几周内减缓，但和其他物质一样，对香烟的心理渴求相对于身体上的症状更为持久。戒烟时，食欲增加和体重上升是很常见的问题，这一点往往会导致吸烟者尤其是女性吸烟者戒烟的动机下降。

既然吸烟有这么多危害，戒烟又是如此困难，那为什么每天还有许许多多的人踏入这条“不归路”? 青少年的吸烟率越来越高，这一时期社会因素是非常重要的。压力、社会榜样、同伴学习等都是可能的因素。一旦习惯形成，与尼古丁生物作用相关的因素就会起到维持这一行为的强大作用。就像吸毒一样，尼古丁影响心情、情绪和人的感知功能。许多吸烟者吸烟是因为尼古丁所产生的柔和的快感、缓和的精神状态，可以提高身体的各项机能。许多研究发现，当人焦虑、紧张、心情急切时，吸烟量都会有所增加，原因是吸烟可以使他们放松。实际上，适当的尼古丁刺激确实可以增强人体的各项功能，使人处于较佳的状态。

综上所述，尼古丁的心理依赖恐怕比生理依赖更加根深蒂固，让吸烟者欲罢不能。

（四）吸烟的危害

提起肺癌，人们肯定会想到吸烟。吸烟究竟会不会致癌? 尽管人们对此说法不一，但烟草的危害却是毋庸置疑的。根据世界卫生组织的统计，20世纪，烟草使用导致了1亿人死亡，21世纪将导致10亿人死亡。烟草每年使世界上500万人丧生，其中70%来自发展中国家。在今后30年里，此数字将上升至1 000万，成为全球最大的健康负担之一。虽然尼古丁是导致吸烟上瘾的成分，但一些可怕的疾病却主要是由香烟中的一氧化碳和其他已知的致癌物导致的。香烟燃烟中所含的化学物质多达4 000种，其中在气体中含有近20种有害物质，有致癌作用的如二甲基亚硝胺、二乙基亚硝胺、联氨、乙基氯化物，其他有害物质如氮氧化物（95%为一氧化氮）、吡啶和一氧化碳（CO）等。CO对血红蛋白（Hb）的亲和性很强。因吸烟而出现的大量CO-Hb会使心血管系统受累，尤其会使运送氧的能力减弱，容易导致缺血性心脏病、心绞痛和呼吸困难。有关吸烟对健康影响的专著或论文较多，与吸烟有关的躯体疾病主要为呼吸道、消化道、心血管疾病及各种癌症等。如果人们能够停止吸烟，癌症死亡率将可减少1/3。

点燃的香烟被吸烟者吸入口中的部分称为主流烟，从点燃部分直接冒出的称为侧流烟。侧流烟比主流烟所含的烟草燃烧成分更多。其中一氧化碳，侧流烟是主流烟的5倍，焦油和烟碱是3倍，氨是46倍，亚硝胺是50倍。据计算，在通风不畅的场所，不吸烟者一小时内吸入的烟量，平均相当于吸入一支卷烟的剂量。因此，吸烟者除了给自己的身体健康造成危害以外，还会给周围吸二手烟的人，特别是小孩，带来消极的影响。

对儿童来说，被动吸烟可以引起呼吸道症状和疾病，并且影响其正常的生长发育；对于孕妇来说，被动吸烟会导致死胎、流产和生出低体重儿；被动吸烟亦会增加成人呼吸道疾病、肺癌和心血管疾病发病的危险。

（五）戒烟

与其他物质滥用的戒断一样，烟草依赖的戒断包括两个方面：戒断和预防复吸。据统计，戒烟后一年内复吸率约为70%。与其他物质依赖的治疗一样，康复过程中预防复吸是能否最终戒烟的决定因素。

绝大多数成功的戒烟者没有咨询或是药物治疗的计划。2/3的吸烟者每年都很认真地进行戒烟的尝试，不过，几周或是几个月以后，他们就又恢复原样。尽管咨询计划或药物疗法在某些情况下对戒烟者有益，但当它们和尼古丁取代疗法同时进行时，效果会更突出。尼古丁取代疗法，如使用尼古丁口香糖或尼古丁缓释贴片，已被证明对那些无法通过其他戒烟方法成功戒烟的吸烟者很有效。这种戒烟方法的原理和用美沙酮治疗阿片类物质成瘾者的原理类似。目的是在短期提供尼古丁摄取的同时去掉吸烟的习惯。通过这种方式摄取的尼古丁不会导致与吸烟同样的血液标准或是精神影响，而只会降低吸烟者对烟的渴望。

成功戒烟只是第一步，导致复吸的原因有很多，包括：负性情感体验，如愤怒、挫折感、压力感；不适宜的兴奋或愉快体验，如饮酒后的愉悦；接触到尼古丁的环境，如看到其他人吸烟等。因此，戒烟者首先应充分了解复吸的可能性和导致复吸的常见原因，并对此采取预防性措施：尽一切可能避免接触或使用含有尼古丁的物质；充分估计导致复吸的危险因素和各种诱惑；寻找可以替代吸烟的多种爱好；纠正与吸烟有关的社交和处世方式；应用在戒烟过程中学到的方法（如放松疗法等），应对焦虑、抑郁、压力感等不良情绪；建立有利于戒烟的活动空间和人际关系。

专栏13-1

影响戒烟的因素

为什么有的人能够戒烟，而有的人不能呢？很多研究者指出，动机、认知、社会环境是最主要的影响因素。戒烟动机越强的人越有可能戒烟成功，而戒烟动机来自内部而非外部的戒烟者更可能戒烟成功。认知因素主要包括两个，一个是自尊，即戒烟者是否相信自己能够成功戒烟，另一个是认知上的应对策略。那些更愿意去抗争诱惑力的戒烟者比不去抗争的更可能戒烟，这些抗争者会告诉自己吸烟对身体的伤害有多大、想要吸烟的冲动咬咬牙就会消失等等。同时，心情也是一个重要的影响因素。坏心情会降低戒烟者对烟草的抵抗力。有研究指出，反复戒烟者中有50%能达到抑郁症的诊断标准。研究者发现，这些因素中最能影响复吸的因素是环境，烟草能否购买到、抽烟能否被允许以及其他人是否在抽烟都是重要的影响因素。针对环境的影响，许多研究显示，烟草广告和有关吸烟的电视电影都是引发复吸的重要因素，特别对于女性吸烟者来说。烟草广告中对抽烟女性性感、苗条、迷人的呈现，让女性更有不戒烟的理由。当然，戒烟者身边家人朋友也吸烟会让戒烟更困难。伴侣对戒烟者的安慰、鼓励和称赞，而非唠叨、指责能够让戒烟变得更容易。一个好消息是，针对100多项尼古丁替代治疗的元分析发现，使用此疗法尼古丁的戒断率1年后可以保持50%（Stead，Bergson，& Lancaster，2008）。

二、兴奋剂相关障碍

在美国，所有精神活性物质中被使用的最普遍的就是兴奋剂，包括安非他命、咖啡或茶中所含的咖啡因、烟草中含有的尼古丁以及可卡因。据2009年报告，全球使用安非他命的人数在1 500万以上。本部分将主要介绍安非他命和可卡因两种非常具有代表性的兴奋剂。我国可卡因滥用的情况远远不及西方国家，但安非他命在我国的滥用有增加的趋势。

（一）安非他命

安非他命，化学名为苯丙胺。苯丙胺类兴奋剂指苯丙胺及其同类化合物，包括苯丙胺、甲基苯丙胺（冰毒）、3,4-亚甲二氧基甲基苯丙胺（MDMA，摇头丸）、麻黄素、芬氟拉明、哌醋甲酯（利他林）、匹莫林、伪麻黄碱等。

安非他命是一种人工合成的中枢神经系统兴奋剂，最早出现于1887年，通常为粉末状或颗粒状，可以通过注射、吸食或鼻腔吸入使用。安非他命的作用包括降低食欲和增加机体活动，因此，在临床上被用来治疗儿童的注意缺陷和由药物引起的过度肥胖。

那些滥用者试图体验由安非他命引起的中枢神经快感，那是一种陶醉和兴奋的感觉。使用安非他命后，特别是静脉使用后，使用者很快出现头脑活跃、精力充沛、能力感增强等感觉，可体验到难以言表的快感，即所谓腾云驾雾感（flash）或全身电流传导般的快感（rush）；数小时后，使用者出现全身乏力、精神压抑、倦怠、沮丧而进入所谓的苯丙胺沮丧期（amphetamines blues）。以上的正性和负性体验使得使用者陷入反复使用的恶性循环中，这也是形成精神依赖的重要原因之一。

安非他命很容易产生耐药性，因此也就更危险。停用常会导致冷漠、嗜睡、易怒和抑郁。长时间滥用安非他命可导致心力衰竭和心肌梗死，同时会对大脑造成损害。这种损害还可能引起一系列类似精神分裂症的症状，如幻觉和妄想，出现易怒、健忘症状，还可能出现躁郁状态及人格和现实解体症状、焦虑状态、认知功能损害，这些心理问题会导致出现杀人和自杀的倾向。

人们最熟知的合成药物摇头丸和冰毒就是苯丙胺类兴奋剂。1912年作为食欲抑制剂，一种叫作MDMA的安非他命在德国首次合成（Grob & Poland，1997），这种被人们用来娱乐的药物，就是摇头丸。20世纪80年代后期摇头丸的使用量剧增，我国在90年代开始遭受摇头丸的侵扰。这种毒品的效果“就像是永远不停地飞驰，你会感到温暖而且像吃了迷幻药一样出现幻觉，但却不会失去控制”。

冰毒是一种安非他命的接近提炼物。这种毒品会导致使用者攻击性显著增强，而且在体内停留的时间比可卡因更长，十分危险。这些新型安非他命，即使只是被短时间使用，也会让人们产生极高的依赖性。

苯丙胺类兴奋剂滥用可以产生精神依赖，但与海洛因、大麻等不同，在突然停用后不常产生严重的躯体戒断症状。对于苯丙胺类兴奋剂的戒断及毒性症状，只需对症处理。恰当运用心理社会干预方法，如认知治疗、行为治疗及团体治疗等，往往有助于滥用者获得心身全面康复，并为最终回归社会和预防复吸奠定基础。

（二）可卡因

可卡因，一种微细、白色结晶粉状生物碱，提取自可可类植物的叶子，这种植物已经在南美洲的森林中被种植了几千年。拉美人咀嚼可可叶子来消除饥饿和疲劳（Musto，1992）的历史有将近5 000年。19世纪最后20年，可卡因被引进美国，从那时直到20世纪20年代都被广泛地应用。对于难以承担这些产品的人们来说，摄入可卡因的便宜一点的形式就是喝可乐，直到1903年，每80盎司（约合2.34升）可口可乐中都含有60毫克可卡因。弗洛伊德就曾是可卡因的忠实拥趸，在他的散文《论可可》（1885）中描述了它的神奇效果：“我曾经尝试过可可的效果，它可以减轻饥饿和困倦，消除疲劳，增进智力，我自己感到精力旺盛了10倍。”

最初对可卡因的使用可以致使人们对生活中许多事弥散的兴奋感上升，觉得自己更有价值、更加自信，能够表现出好于平时的社会期望行为。20世纪80年代，很多人认为可卡因是一种非常棒的药物，它可以引起安乐感却不会让人上瘾（Gawin & Kleber，1985）。《精神病治疗教程》（1980年版）指出：“每星期服用两三次以下的可卡因不会引起严重的问题。”想象一下，一种药物可以给你额外的活力，使你思维清晰、富有创造性、获得更多的灵感，同时又没有任何负面作用！这是一个多么美妙的梦想。但是，这种短暂的效果需要付出高昂的代价。可卡因戏弄了我们，它的依赖性发展得很慢，直到2～5年后才会出现（Gawin & Kleber，1985）。最初，几乎没有任何消极作用表现出来，然而持续使用的话，睡眠会出现障碍，耐药性使人们需要更大的剂量，导致妄想、多疑和其他消极特征。可卡因的使用者因此会变得与社会隔离。停用可卡因不会使心跳加速、发抖、恶心，而会导致冷漠和厌倦，这使人无法从每天的生活和工作中找到乐趣，于是又开始使用可卡因，形成恶性循环。

可卡因在 20 世纪 70 年代取代安非他命成为最流行的兴奋剂。到 20 世纪 80 年代中期，可卡因滥用已经成为许多国家不可回避的重大问题。在美国，1985 年据估计大概有 570 万人使用可卡因。曾经使用过可卡因的人数也从 1974 年的 500 万上升到 1985 年的 2 200 万，而 1993 年则达到了 2 300 万。一项针对 17 个国家 5.4 万人的调查指出，美国有超过 16％的受访者有过吸食可卡因的经历。可卡因滥用的高峰出现在 20 世纪 80 年代中期，此后，可卡因在各个年龄阶段的使用都减少了很多。

可卡因成瘾会带来一系列的社会问题。一方面，对于一个可卡因使用者，每天需要花很多资金来购买可卡因，而为了得到可卡因，更会有成千上万的罪案发生。另一方面，可卡因对社会带来的负面影响是它对一个人价值观的破坏是毁灭性的。对于这些可卡因上瘾者来说，追求可卡因的快感是他们生命中最重要的事情，责任和道德对他们来说已经失去了意义。这也许可以解释为什么可卡因上瘾者抛弃或虐待他们的孩子，从事卖淫或偷窃行为。

可卡因的医学并发症是显著的。当然，这之中最严重的后果莫过于静脉注射会传染艾滋病。共用一个针头给艾滋病的传染带来了很大的机会，这对于公共健康是一个严重的威胁。此外，可卡因上瘾者还会用性爱换取可卡因，因此增加了被传染和向别人传染艾滋病的概率。

和安非他命相似，少量的可卡因可以提高警觉性，引起安乐感，血压、脉搏升高，导致失眠和食欲降低。同时，可卡因还会影响情绪和心境，通常，吸食可卡因后会有兴奋、精力充沛、自我膨胀、能量无限和性欲提高等表现。但可卡因不会引起感知觉障碍和扭曲现实。可卡因的作用时间很短，可能只持续不到一个小时。因此，使用者必须反复吸食来保持兴奋状态。在狂乱的状态下，使用者会出现妄想，变得多疑。这种妄想在可卡因使用者中非常普遍。可卡因还会引起心肌梗死，这可能会导致突然死亡。

可卡因主要作用于中枢神经系统的多巴胺系统。进入大脑后，可卡因分子阻塞多巴胺重吸收的通道。多巴胺由于无法被重吸收而在神经突触间聚积，反复刺激下一个神经元，这种在“快乐通路”的多巴胺神经刺激引起了可卡因使用的高潮。可卡因成瘾的过程和可卡因致使多巴胺在脑中发生变化高度一致。

随着可卡因使用次数的增加，剂量也会不断地增加，使用者的快感也会不断地增强（Tirelli，Tambour，& Michel，2003）。最终使用者会不断追求由可卡因中毒而带来的强烈幻觉和美妙的本体感觉，而不是一些正常的外部快感的夸大，这时已经进入一种病理状态。追求这种感觉的冲动将不可抑制，而忽略其他的问题。这一阶段的典型特征是：个体持续大剂量地集中使用可卡因，然后便停药几天，这期间个体会陶醉于可卡因带来的快感，并期望得到更多的可卡因。之后，使用者会陷入抑郁和消极的状态。这种感觉会令个体回想起使用可卡因时的快感，由于反差，个体可能会陷入不断使用可卡因的恶性循环。

可卡因长期大量摄入会导致精神疾病和妄想行为，易激惹和出现注意力障碍。在慢性可卡因吸食者中，认知和动机功能衰退，睡眠和饮食习惯都会受到严重的侵扰，体重一般会下降。当停用可卡因以后，会有一种莫名的恐惧（Aronson & Craig，1986）。

停止使用可卡因几个小时或几天之内会出现戒断反应，症状主要包括烦躁不安、疲劳、做鲜明的噩梦、失眠或者嗜睡、食欲增加和心因性动作迟滞或者激动。

为了有效戒断可卡因，对于成瘾的不断复发、不断戒断的循环是首先应当解决的问题。在戒断阶段，抗抑郁药物和多巴胺阻断类药物可以起到抗抑郁的作用。而认知行为疗法则更加注重调动患者的戒断动机。有些刺激物会使患者联想起可卡因或是引发患者对可卡因的欲望。这类环境刺激在戒断期内被有效隔离也是很重要的。

在使用药物方面，没有一种药物适合所有的可卡因成瘾者。抗抑郁药物能够减轻戒断过程中抑郁的程度，因此可以帮助那些有抑郁表现的个体顺利进行治疗。此外，有很多新药，如选择性多巴胺 D1 受体拮抗剂，被证明能够阻断多巴胺受体，从而阻断可卡因引起的快感，显著降低可卡因的作用，最终减少复发。有研究显示，个体在使用这种新药后再使用可卡因会感到更少的快感和幻觉，对可卡因的渴求也更少。治疗者正急切等待着对这种药物的进一步研究。

兴奋剂使用障碍的诊断标准

以不适当的形式使用兴奋剂，导致临床意义的损害或痛苦，其表现至少有以下 2 项，且发生在 1 年之内。

1. 比原计划的兴奋剂使用量更大或使用时间更长。
2. 无法减少或控制兴奋剂的使用量。
3. 将大量的时间花在获得或使用兴奋剂，以及从其作用中恢复的必要活动上。
4. 对使用兴奋剂有强烈的渴求和欲望。
5. 因兴奋剂使用导致不能履行工作、学校或家庭中的主要角色的义务。
6. 尽管兴奋剂使用导致持续、反复的社会或人际关系问题，但仍持续使用。
7. 因兴奋剂使用导致必要的社交、职业或娱乐活动减少。
8. 尽管对躯体有害，仍反复使用兴奋剂。
9. 尽管带来生理、心理等问题，仍继续使用兴奋剂。
10. 耐受性，通过下列两项之一来定义。

a. 需要显著增加兴奋剂的使用量以达到过瘾或预期的效果。

b. 继续使用同等量的兴奋剂会显著降低效果。

注：此诊断标准不适用于仅在恰当的医疗监督下使用兴奋剂的情况。

11. 戒断，表现为下列两项之一。

a. 特征性兴奋剂戒断综合征（详见兴奋剂戒断的诊断标准）。

b. 使用兴奋剂或与之密切相关的物质用于缓解或者避免戒断症状。

注：此诊断标准不适用于仅在恰当的医疗监督下使用兴奋剂的情况。

资料来源：DSM-5；American Psychiatric Association，2013.

兴奋剂中毒的诊断标准

兴奋剂中毒是指在使用兴奋剂的过程中或者不久后出现有临床意义的行为问题或者心理改变（如欣快或情感迟钝，社交能力的改变，过度警觉、人际关系敏感，焦虑、紧张或愤怒，刻板行为，判断力受损，等等），并出现下列至少 2 项的体征或者症状。

1. 心动过速或者过缓。
2. 瞳孔扩大。

3. 血压升高或者降低。

4. 出汗或寒战。

5. 恶心或呕吐。

6. 体重减轻。

7. 精神运动性激越或迟滞。

8. 肌力减弱、呼吸抑制、心痛或心律失常。

9. 意识模糊、惊厥发作、运动障碍、肌张力障碍或者昏迷。

这些体征或者症状不能用其他躯体疾病或者其他精神障碍来更好地解释，包括其他物质中毒。

标注特定的中毒物质（即苯丙胺类物质、可卡因或其他兴奋剂）。

资料来源：DSM-5；American Psychiatric Association，2013.

兴奋剂戒断的诊断标准

兴奋剂戒断的特征是长期使用兴奋剂后，停止（或减少）使用数小时或数天时间内心境烦躁不安，出现下列至少 2 项生理变化，并导致临床意义的痛苦、社会功能或其他重要功能的损害。

1. 疲乏。

2. 生动、不愉快的梦。

3. 失眠或嗜睡。

4. 食欲增加。

5. 精神运动性迟滞或激越。

这些体征或者症状不能用其他躯体疾病或者其他精神障碍来更好地解释，包括其他物质中毒或戒断。

资料来源：DSM-5；American Psychiatric Association，2013.

三、镇静剂、催眠药或抗焦虑药相关障碍

（一）概述

巴比妥酸盐是一系列镇静药物，包括阿密妥、司可巴比妥以及宁比泰等，于 1882 年在德国首次合成。这些药物可以助眠，在 20 世纪 30 年代到 40 年代被广泛使用，50 年代，已经成为美国人滥用药物之首。研究发现，大约 9%的成年人、9.6%的大学生以及近 5%的青少年报告在上一年将处方镇静剂用于非医疗目的（McCabe，Cranford，& West，2008）。

苯二氮卓类药物，目前包括安定、赞安诺、氟硝西泮及三唑仑等，用于降低焦虑，在 20 世纪 60 年代得到应用。总的来说，苯二氮卓类药物比巴比妥酸盐安全得多，产生滥用和依赖的危险也较少，但不适当地使用它们仍然十分危险。

镇静剂、催眠药或抗焦虑药使用障碍的诊断标准

以不适当的形式使用镇静剂、催眠药或抗焦虑药，导致临床意义的损害或痛苦，其表现至少有以下2项，且发生在1年之内。

1. 比原计划的镇静剂、催眠药或抗焦虑药使用量更大或使用时间更长。
2. 无法减少或控制镇静剂、催眠药或抗焦虑药的使用量。
3. 将大量的时间花在获得或使用镇静剂、催眠药或抗焦虑药，以及从其作用中恢复的必要活动上。
4. 对使用镇静剂、催眠药或抗焦虑药有强烈的渴求和欲望。
5. 因镇静剂、催眠药或抗焦虑药使用导致不能履行工作、学校或家庭中的主要角色的义务。
6. 尽管镇静剂、催眠药或抗焦虑药使用导致持续、反复的社会或人际关系问题，但仍持续使用。
7. 因镇静剂、催眠药或抗焦虑药使用导致必要的社交、职业或娱乐活动减少。
8. 尽管对躯体有害，仍反复使用镇静剂、催眠药或抗焦虑药。
9. 尽管带来生理、心理等问题，仍继续使用镇静剂、催眠药或抗焦虑药。
10. 耐受性，通过下列两项之一来定义。

a. 需要显著增加镇静剂、催眠药或抗焦虑药的使用量以达到过瘾或预期的效果。

b. 继续使用同等量的镇静剂、催眠药或抗焦虑药会显著降低效果。

注：此诊断标准不适用于仅在恰当的医疗监督下使用镇静剂、催眠药或抗焦虑药的情况。

11. 戒断，表现为下列两项之一。

a. 特征性镇静剂、催眠药或抗焦虑药戒断综合征（详见镇静剂、催眠药或抗焦虑药戒断的诊断标准）。

b. 使用镇静剂、催眠药或抗焦虑药或与之密切相关的物质用于缓解或者避免戒断症状。

注：此诊断标准不适用于仅在恰当的医疗监督下使用镇静剂、催眠药或抗焦虑药的情况。

资料来源：DSM-5；American Psychiatric Association，2013.

镇静剂、催眠药或抗焦虑药中毒的诊断标准

镇静剂、催眠药或抗焦虑药中毒是指在使用镇静剂、催眠药或抗焦虑药的过程中或者不久后，出现具有临床意义的适应不良行为或者心理改变（如不恰当的性或攻击行为、情绪不稳定、判断力受损等），并出现下列至少一项的体征或者症状。

1. 口齿不清。
2. 不协调。
3. 步态不稳。
4. 眼球震颤。
5. 认知损害（如注意力、记忆力）。

6. 意识模糊或昏迷。

这些体征或者症状不能用其他躯体疾病或者其他精神障碍来更好地解释，包括其他物质中毒。

资料来源：DSM－5；American Psychiatric Association，2013.

（二）临床作用和戒断反应

和酒精一样，巴比妥酸盐和苯二氮卓类药物通过γ－氨基丁酸神经递质系统对大脑产生影响（Gardner，Casper，Leith，& Wilding，1997）。所以，如果人们将这些药物和酒精一起使用，那药效就会增强。对1962年玛丽莲·梦露之死的一种解释就是，在服用大量巴比妥酸盐后饮酒，从而导致死亡。

低剂量使用这些药物能够放松肌肉并产生舒适感。然而，大剂量使用则可能导致与醉酒类似的结果：言语含糊，行走、集中精力和工作困难。使用剂量极高会使横膈肌过度松弛并因窒息导致死亡。超剂量服用则是一种自杀方式。

试图停止使用这些药物时，人们会产生和酒精戒断相似的症状，如焦虑、失眠、震颤、谵妄等。

镇静剂、催眠药或抗焦虑药戒断的诊断标准

镇静剂、催眠药或抗焦虑药戒断的特征是长期使用镇静剂、催眠药或抗焦虑药后，停止（或减少）使用数小时或数天内出现下列至少2项症状，并导致临床意义的痛苦、社会功能或其他重要功能的损害。

1. 自主神经功能亢进（如出汗或脉搏超过100次/分钟）。
2. 手部震颤。
3. 失眠。
4. 恶心或呕吐。
5. 短暂性的视觉、触觉或听觉幻觉或错觉。
6. 精神运动性激越。
7. 焦虑。
8. 癫痫发作。

这些体征或者症状不能用其他躯体疾病或者其他精神障碍来更好地解释，包括其他物质中毒或戒断。

资料来源：DSM－5；American Psychiatric Association，2013.

（三）治疗

目前，巴比妥酸盐的使用很少见，而苯二氮卓类药物的使用仍然很普遍。与其他物质使用障碍相比，在寻求物质相关障碍治疗的人群中，苯二氮卓类药物的问题不到1%。这与严格的处方药管制和遵医嘱服药密切相关。

四、咖啡因相关障碍

咖啡因是最普遍的精神活性物质，最初从咖啡豆中提取，后来发现在茶叶中也含有咖啡因。现在使用的咖啡因多为人工合成。大约90%的美国人经常使用咖啡因（Goldstein，1994）。在中国，咖啡属于舶来品，随着经济的发展，人们使用咖啡因越来越多，特别是在发达城市，咖啡已经成为很多人生活中的必需品。

咖啡因相对于其他兴奋剂而言是很温和的，被认为是所有兴奋性物质中危害最小的物质，所以在DSM-5诊断系统中不存在咖啡因使用障碍。除了咖啡中含有咖啡因，我们还能在茶叶、可乐和可可等制品中发现它的踪迹。

对于大多数人来说，咖啡因可以调节情绪，减轻疲劳，大量使用时会使人感到心神不宁，引发失眠。咖啡因在人体内代谢的时间较长，在血液中约存在3～4小时。和其他物质一样，人们对咖啡因的反应各不相同，一些人对其很敏感，另外一些人即使大量使用也只能引起很小的反应。有研究表明，孕妇适量使用咖啡因（每天一杯咖啡）不会对胎儿的发育产生影响。

咖啡因同样会引起耐药性和依赖性（Taylor，2005）。如果你一天不喝咖啡或不喝可乐就会头痛、不安、困倦的话，你就在经历咖啡因戒断症状（Silverman，Evans，Strain，& Griffiths，1992）。

咖啡因对大脑的影响可能是阻塞了腺苷的重吸收。但是我们还不知道腺苷在大脑中的作用，也不知道该系统是否与使用咖啡因后的安乐感和情绪高涨有关。

咖啡因中毒的诊断标准

咖啡因中毒是指最近摄取咖啡因，在使用的过程中或者不久后，出现下列至少五项体征或者症状，导致具有临床意义的痛苦、社会功能或其他重要功能的损害。

1. 焦虑不安。
2. 神经过敏。
3. 兴奋。
4. 失眠。
5. 面红。
6. 多尿。
7. 胃肠功能紊乱。
8. 肌肉抽搐。
9. 思维和语言散漫。
10. 心动过速或心律失常。
11. 一段时间内不知疲倦。
12. 精神运动性激越。

这些体征或者症状不能用其他躯体疾病或者其他精神障碍来更好地解释，包括其他物质中毒。

资料来源：DSM-5；American Psychiatric Association，2013.

咖啡因戒断的诊断标准

咖啡因戒断的特征是长期每日使用咖啡因，突然停止（或减少）使用 24 小时内，出现下列至少 3 项特征或症状，并导致临床意义的痛苦、社会功能或其他重要功能的损害。

1. 头疼。
2. 显著的疲劳或困倦。
3. 心境烦躁不安，心境抑郁或易激惹。
4. 注意力难以集中。
5. 感冒样症状（恶心、呕吐或肌肉疼痛/僵直）。

这些体征或者症状不能用其他躯体疾病或者其他精神障碍来更好地解释，包括其他物质中毒或戒断。

资料来源：DSM-5；American Psychiatric Association，2013.

五、大麻相关障碍

（一）概述

大麻是 20 世纪六七十年代较普遍使用的一种药物，尽管现在使用量已经下降，但它仍然是最常使用的毒品之一。

大麻植物中的精神活性成分是 THC（四氢大麻酚），集中于树脂中。绝大多数大麻使用者是吸食晾干的大麻叶子，另外一些人则使用大麻麻醉剂。这种麻醉剂是从雌性大麻叶的树脂中提取出来的。大麻中含有超过 80 种的毒麻脂类物质。这些物质会改变使用者的态度和行为。

抽食大麻能使其快速到达大脑，作用很强烈。THC 是高度溶解性的脂，它被吸收并成为一种脂肪组织，储存于体内。这使得 THC 能在体内保持相当长的一段时间，也许一次服用就能保持一个月。几项研究发现，使用大麻明显增加了罹患精神病性障碍的风险（Kuepper et al.，2011）。

滥用大麻现象遍及全球，在大多数国家中，它是滥用范围最广的毒品。《2009 年世界毒品报告》指出，全世界使用大麻的人数高达 1.4 亿～1.9 亿，在各种毒品滥用人数中名列榜首。北美洲是最大的大麻消费地区，2009 年使用大麻人数达 3 000 万。大麻使用障碍在美国的年患病率在 12～17 岁群体中约为 3.4%，成人中约为 1.5%（American Psychiatric Association，2013）。美国青少年近年来兴起抽吸一种称为“钝毒”（blunts）的大麻制品，即用大麻置换雪茄的烟丝，掺入其他毒品如苯环利定（PCP）、“快克”（crack）、甲基苯丙胺或可待因止咳糖浆。

在中国，因 2006 年底台湾多名艺人涉嫌吸食大麻成为娱乐版头条，大麻一度成为街头巷尾的热门话题。台湾管制药品管理部门负责人简俊生在接受媒体采访时表示，台湾地区吸食大麻的人数，保守估计超过 6.7 万。特别是在 2003—2005 年，吸食大麻的人数高居药物滥用的第三位，吸毒人数不断攀升。香港特别行政区 2000 年 7 月至 8 月的调查显示，香港青少年滥用的精神药物主要是摇头丸（61.4%）和大麻（53.5%）。

1996年，第二次中国药物滥用高发区（安顺、广州、重庆、兰州、西安、文山）非法成瘾物质滥用流行学调查显示，在滥用率较高的非法成瘾物质中，大麻排在第八位，终生滥用率为0.6%。

大麻使用障碍的诊断标准

以不适当的形式使用大麻，导致临床意义的损害或痛苦，其表现至少有以下2项，且发生在1年之内。

1. 比原计划的大麻使用量更大或使用时间更长。
2. 无法减少或控制大麻的使用量。
3. 将大量的时间花在获得或使用大麻，以及从其作用中恢复的必要活动上。
4. 对使用大麻有强烈的渴求和欲望。
5. 因大麻使用导致不能履行工作、学校或家庭中的主要角色的义务。
6. 尽管大麻使用导致持续、反复的社会或人际关系问题，但仍持续使用。
7. 因大麻使用导致必要的社交、职业或娱乐活动减少。
8. 尽管对躯体有害，仍反复使用大麻。
9. 尽管带来生理、心理问题，仍继续使用大麻。
10. 耐受性，通过下列两项之一来定义。

a. 需要显著增加大麻的使用量以达到过瘾或预期的效果。

b. 继续使用同等量的大麻会显著降低效果。

11. 戒断，表现为下列两项之一。

a. 特征性大麻戒断综合征（详见大麻戒断的诊断标准）。

b. 使用大麻或与之密切相关的物质用于缓解或者避免戒断症状。

资料来源：DSM－5；American Psychiatric Association，2013.

大麻中毒的诊断标准

大麻中毒是指在最近使用大麻，在使用的过程中或者不久后，出现具有临床意义的问题行为或者心理改变（如运动共济损害、欣快、焦虑、感到时间变慢、判断力受损、社交退缩），并且在使用大麻2小时内出现下列至少2项的体征或者症状。

1. 眼结膜充血。
2. 食欲增加。
3. 口干。
4. 心动过速。

这些体征或者症状不能用其他躯体疾病或者其他精神障碍来更好地解释，包括其他物质中毒。

资料来源：DSM－5；American Psychiatric Association，2013.

大麻戒断的诊断标准

大麻戒断的特征是长期大量使用大麻（通常每日或几乎每日使用，持续至少几个月）后，停止使用大约1周内，出现下列至少3项特征或症状，并导致临床意义的痛苦、社会功能或其他重要功能的损害。

1. 易激惹、愤怒或攻击。
2. 神经过敏或焦虑。
3. 睡眠困难（如失眠、做令人不安的梦）。
4. 食欲下降、体重减轻。
5. 焦躁不安。
6. 心境抑郁。
7. 以下躯体症状中至少1项造成显著的不适感：腹痛、颤抖/震颤、出汗、发烧、寒战或头痛。

这些体征或者症状不能用其他躯体疾病或者其他精神障碍来更好地解释，包括其他物质中毒或戒断。

资料来源：DSM-5；American Psychiatric Association，2013.

（二）大麻的作用

描述大麻所带来的心理变化是很困难的，因为不同的个体，由于用量、服药的经历、期望等不同，会有不同的反应。吸食大麻后，使用者常常进入一种梦境，在那里，时间似乎停止了。使用者常常会有一些夸大的知觉经验，看到缤纷的色彩，欣赏到精妙的音乐。与其他毒品不同，使用大麻的反应因人而异。少量使用产生的舒适感在大量使用时就变成了妄想、迷幻和头昏眼花。

有时，当一个人开始有规律地抽大麻时，这个人的生活方式、人格和精力会有明显的改变。长期使用大麻会造成服用者认知和记忆力下降，损害注意力、动机、自尊以及与他人的关系。对动机的损害使人变得情感淡漠，不愿执行长期的任务，对个人形象和目标追求漠不关心，这一症状被称为失动机综合征（amotivational syndrome）。

大麻的戒断症状并不明显，但长期使用会产生耐受性及心理依赖性。大部分的抽食者都只是偶尔而不是天天抽食。在某天抽了一根大麻烟，然后就不抽了，在28天内都不会产生戒断症状（Frank，Lessin，Tyrrell，Hahn，& Szara，1976）。长期服用者若突然停用会产生易怒、焦虑、食欲下降、恶心、难以入睡等症状。虽然大部分专家认为，大麻所引起的难以抑制的抽食欲望比其他成瘾物质（如可卡因、阿片剂和酒精等）少得多，但是它仍经常使人产生心理依赖。

专栏13-2

针对物质滥用的早期干预项目

如果让你设计一套对物质滥用进行早期干预的项目，你会锁定哪个年龄段的儿童青少年？18岁？因为这是合法的购买烟酒的年龄。中学生？因为他们可能开始第一次尝试抽烟喝酒。在美国，物质滥用和精神卫生服务管理局（SAMHSA）将早期干预锁定在了出生至7岁。这在我们看来有些不可思议。这样锁定的原因是，个体在7岁以前，一些日后滥用物质的危险因素就会表现出来。为此，研究者们制定了一个项目，名为“Starting Early Starting Smart”（SESS）。

SESS主要给受环境、物质滥用问题以及心理障碍困扰的孩子和家人提供行为健康服务。SESS专家会在医院儿科、儿童护理中心等地开展工作。他们认为，提供单一的治疗或者一对一的服务是没有效果的，最有效的方法是，进入孩子的家庭，提供家庭服务、精神健康服务、物质滥用服务以及儿童发展的服务。因此他们会进行个体治疗，也会进行家庭治疗、团体治疗，还会教授行为管理技术，提供社交技能的培训。他们会将工作重点放在发掘一个家庭的资源上，而非满足他们的需要上。SESS的工作理念是，提高父母的养育质量，从而创建一个健康的家庭，而这就是预防物质滥用最有效的方法。

小 结

1. 精神活性物质主要分为镇静剂、兴奋剂、阿片剂、致幻剂和其他使用依赖物质五类。

※镇静剂主要包括酒精、巴比妥酸盐和苯二氮卓类药物。

※兴奋剂主要包括安非他命、可卡因、尼古丁和咖啡因。

※阿片剂主要包括海洛因、鸦片、可待因和吗啡。

※致幻剂主要包括大麻和LSD。

※其他使用依赖物质主要为并不能很好归为以上几类的物质。

2. 根据物质成瘾机制的不同，不同类型物质带来的情绪和行为反应以及相应的戒断症状都有所不同。

※总的来说，物质成瘾的原因是很复杂的，包括生理、心理和社会等多方面因素的综合作用。因此，物质成瘾的治疗也不能单独依靠一个方面，而要结合不同个体的特点将药物治疗与心理社会治疗结合起来以达到更好的效果。

复习思考题

一、名词解释

精神活性物质　耐受性　戒断状态　物质中毒

二、简答题

1. 请列举精神活性物质的分类并举例。
2. 请简述酒精使用的功能。
3. 请简要说明阿片剂依赖的治疗方法。

三、案例分析

老张是一名45岁的地方政府公务员，男性，已婚，与妻子感情良好，育有一子并已上大学。老张大约5年前自己在单位职务聘任中落选，未能如愿升任正科级干部，后感到自己事业前途渺茫。大约从那时起较多地参与或组织朋友聚会，一起打牌喝酒，儿子上了大学后平均每周有四五天都会打牌、饮酒消遣度日。慢慢地，酒量大增，经常喝多喝高，时常因此和妻子吵架。2年前曾有一次喝酒过量晕倒在路边彻夜未归，因此妻子还差点和老张闹离婚，并要求其戒酒。老张不以为然，仍然经常喝酒打牌，后来因胃病到医院就医，诊断为慢性胃炎，医生要求戒酒。老张虽然相信医生，也确实明白喝酒伤身，但是已经很难戒掉，也曾下决心戒酒但总坚持不过数日便又重拾酒杯，喝多之后经常言语无状丢三落四，甚至打骂妻子，酒醒之后也后悔不已，过不了几天就又重蹈覆辙。

请结合案例中老张的情况对其问题做出评估，并简要说明评估依据。

推荐影片

《28 天》

格温-卡明斯是一个事业有成的女作家，也是一个无可救药的酒徒。她几乎每天都会在某家舞厅或酒吧出现，忙着参加各种聚会。每次她都要喝到酩酊大醉，惹出或大或小的麻烦。这一次，格温又在姐姐莉莉的婚礼上喝得烂醉，她不仅打翻了婚礼蛋糕，还偷了喜车的钥匙出去买蛋糕，闯下了一场大祸。为此，她被送往康复医院进行为期 28 天的强制戒酒。

入院的头几天，格温千方百计与严厉的院规对抗，但康奈尔医生还是逐步攻破了她小心筑起的心理防线，迫使她认真地审视真实的自我。在奥利佛、安德利、伯比、罗珊娜，特别是英俊的艾迪等病友的感召下，格温逐渐放弃了玩世不恭的生活态度，开始找寻原来的自我。

第十四章

儿童青少年期的心理障碍

与成人心理障碍不同，在18世纪以前，儿童青少年的心理健康问题很少被专业或非专业的刊物提及。经历了数个世纪的沉默、误解和不公正对待之后，儿童青少年的心理健康问题越来越广泛地引起了社会的关注。但是，遗憾的是，由于儿童青少年处于发展阶段，一些问题仍然被父母、老师和儿童青少年周围的重要他人忽略。更严重的是，在我们国家，很多家长和老师都不能正确地识别儿童青少年所表现出来的问题，因此，治疗也就无从谈起。

案例

两岁的时候，豆豆经常被妈妈带到单位玩耍，无论单位的叔叔阿姨怎么热情地跟他说话，豆豆都不予理睬，也和他们没有眼神交流，好像外界对他来说并不存在。他看到一个阿姨的电脑上放有一个小熊，就大哭大闹，但是大人们却都不明白为什么，他根本不会用言语向他人提出请求。一个叔叔曾经学习过有关儿童心理学的知识，他提醒豆豆妈妈注意豆豆的异常表现。

经过提醒的豆豆妈妈也有点意识到豆豆的问题：虽然跟正常孩子一样能爬能走，但是豆豆的语言能力显得比同龄孩子要差，他只会简单地称呼“爸爸”“妈妈”。另外，他跟着电视也能模仿一些广告词，如“舒肤佳”等，因为豆豆能说一些词汇，父母也没怎么在意。而在跟他人的交流方面，豆豆显然比别的同龄孩子差，他几乎从来不跟人主动交流，不论是父母还是邻居家的同伴，而当别人试图跟他交流的时候，他也完全没有反应。豆豆妈妈一度怀疑他听力有问题，但检查结果表明听力正常。豆豆还有一些特殊的行为表现，首先是他特别喜欢广告，每到广告时间他就表现得特别兴奋，并模仿广告中的一些词语，如果爸爸妈妈试图在广告时间换台，他则表现得异常愤怒，歇斯底里地大哭大叫，直到爸爸妈妈换回原来的频道。此外，豆豆一个人的时候总是抬头凝视着床头发光的台灯，有时候可以连续一个小时，如果有人打断他，他同样会以大叫的方式让大人们屈服。这时候，豆豆妈妈开始变得不安，她立即带豆豆去省城一家医院检查。结果令豆豆妈妈几近崩溃，豆豆被诊断为“自闭症”。医生告诉豆豆妈妈，目前没有针对这种疾病的较好治疗方法，但是一些培训对豆豆有较大的帮助。

稍微平稳下来的妈妈为豆豆选择了一家训练机构，目前他们正在进行一些基本的沟通和表达训练，昂贵的训练费用和各种各样的压力让豆豆的爸爸妈妈遭遇了前所未有的挑战。训练进展的缓慢也让他们觉得前途渺茫：豆豆能有多大的进步？他能在什么程度上跟他人沟通？他的一些行为表现是可以消除还是会有恶化的表现？他将来是否能处理自己的日常生活？想到这些，爸爸妈妈就觉得没有希望。值得高兴的是，医生说豆豆的智力尚属正常，因此他的训练可能会有较好的效果。

从上述例子来看，我们会发现以下一些问题：儿童青少年处于发展阶段，人们一般较难区分哪些行为表现异常，哪些行为表现正常；由于缺乏儿童青少年期心理学方面的知识，大多数父母对孩子的异常表现无法识别；由于有效治疗方法的缺乏，当儿童青少年表现出异常时，成人（尤其是父母）如何帮助他们改善状况已经成为关注的焦点；此外，父母是有异常表现的儿童青少年的首要护理者，如何帮助他们缓解压力、正确应对问题也是儿童青少年障碍综合干预的一个重要部分。本章将对上述议题作详细介绍。

人们经常认为童年期是个无忧无虑的快乐时期，儿童的自由自在、无拘无束令成人羡慕不已。然而，童年期也可能是一个令人害怕及烦乱的时期。事实上，各种不同文化背景的儿童都可能经历一些情绪和行为的问题，尤其是当他们遇到陌生的人或新情境时。

青少年期也是一个困难的时期。身体和性方面的发育、学业压力和人际冲突、个人的疑虑以及外界的诱惑，使许多青少年觉得焦虑、困惑和抑郁。社会的飞速发展和变迁也给青少年带来了不良的影响，和十几年前的青少年相比，他们更不信任他人、更敏感以及和家人更疏离。

除了这些常见的心理困惑外，有一小部分儿童青少年甚至经历了可以诊断的心理障碍。这些障碍发生在生命早期，给个体的一生发展带来了巨大的影响。DSM－5列出了如下一些通常首次在儿童或青少年期诊断出的障碍：注意缺陷/多动障碍、抽动障碍、品行障碍和对立违抗障碍、学习障碍。另外，还有一些没有单独为儿童青少年分列的障碍，如内外化问题。本章从第二节开始重点对上述各种儿童青少年心理障碍进行阐述。

第一节　概述

一、识别儿童青少年异常行为

案例

林潇是一个四年级小男生，妈妈觉得他太懦弱，因此前来寻求咨询帮助。在学校，他经常被其他孩子欺负，连女生也敢欺负他，因此在学习及其他活动上都表现得没有信心。在家里，他也没有一点独立的能力，生活上的任何事情都由妈妈操办。更令妈妈着急的是：如果不陪在他身边督促他完成作业，他绝对不会动手，也不知道该如何动手，有时候，他竟然连作业都不知道是什么，妈妈只好打电话询问老师。在和林潇交谈的时候，他怯怯地说："反正妈妈会做好一切的！"

林潇这样的孩子的确让父母比较头疼，但是依据上面的信息我们还很难识别这样的表现是正常还是异常，还有一些问题需要澄清：第一，很多孩子在学龄阶段可能会被同班同学欺负，我们该怎样判断什么样的表现属于异常？第二，到底这种行为发展到什么时候或什么程度，才会成为一个问题？林潇最终会演变成什么情况？第三，为什么有些孩子的异常行为会一直从童年期延续到成年，而另外一些孩子则在发展和适应过程中表现出更大的变化？尽管这些问题是定义和理解儿童青少年异常行为的关键，却都不存在简单和直接的答案。一般来看，儿童青少年心理障碍往往伴有各种层面的行为和发展异常，包括：明显和令人担忧的问题，如品行问题和智力落后；比较难以鉴定的问题，如青春期逆反；非常隐蔽和系统的问题，如家庭问题或父母对孩子问题的忽视。

儿童青少年心理障碍和成人的障碍一样，一般被认为是不同于正常人的，但是对于如何界定正常与异常仍然存在争议。在不得不做出区分的时候，我们需要谨记：尝试确定正常与异常功能的界限不过是一种人为的过程，目前的许多划分界限常因其不准确性和不完整性而受到诸多质疑。

心理障碍是一种综合征，其特征表现为个体的认知、情绪调节或行为方面有临床意义上的功能紊乱，反映了精神功能潜在的心理、生物或发展过程中的异常，通常与社交、职业或其他重要活动中显著的痛苦或伤残有关。异常和主要表现为与社会之间冲突的社会行为并不是心理障碍，除非这种异常或冲突是上述个体功能失调的结果（DSM－5；American Psychiatric Association，2013）。

这一评价标准对于成人和儿童青少年都是适用的，但是它也有一些不足之处。首先，在某些正常的情况下（如失去亲人），会短暂地表现出悲伤或陷入危机的感觉，因此，心理障碍并不包括这些被社会文化接纳的由特殊情境引发的反应。其次，上述特征只是做了症状描述，并没有指出个人行为异常的原因。基于儿童青少年的特殊性，在运用这一标准评价他们的行为时，则应考虑更多的因素。

一是关系。尽管异常行为通常被定义为个体的一种表现模式，但儿童青少年依赖他人的特点，意味着许多问题最好应被视为关系问题，而非局限于个人的问题。儿童青少年与家庭成员的关系，尤其是与父母的关系在他们的问题形成中似乎有着不容怀疑的影响。案例中林潇和妈妈的关系就过于缠结，这种关系让林潇始终以懦弱的姿态出现在各种场合。儿童青少年与同龄人、其他成年人组成的更为广泛的社会关系也会对他们的行为养成起辅助作用。由于各年龄阶段的儿童青少年都是生机勃勃的生命个体，他们作用于环境的同时又受到周围环境的影响，因此，他们的心理剖面图几乎总是这种交互作用的反映。此外，某些儿童青少年所表现出来的问题可能是他们试图去适应异常或特殊环境的结果。在虐待和忽视环境下长大的儿童，必须学会如何去顺从其他人，并去调节自己有时无法抵抗的情绪起伏。

二是能力。对儿童青少年异常行为进行定义必须考虑到他们适应环境的能力。判断儿童青少年能力是否异常，需要将他们的具体表现与同龄人及其本身的发展阶段相比较。也就是说，儿童青少年异常心理学的研究不仅要考虑儿童青少年表现出来的适应不良行为的程度，还要考虑他们所达到的发展阶段。

三是发展过程。为何有相似经历的儿童却不一定会出现相似的问题？为什么患同样障碍的儿童青少年往往有着不一样的早期经历或家庭特征？对异常行为的判断还涉及儿童青少年异常行为从什么时候开始变得更为突出，特别是在发展过程的什么时候开始出现明显的波动和变化。发展过程涉及特殊行为的发生顺序和发生时间，以及不同行为在时间上的关联性。这种观念使我们能够把发展视为一个积极的动态过程，这个过程可以有着非常不同的开始和结果（Cicchetti & Rogosch，1996），能帮助我们理解正常和异常发展的本质。

在考虑上述各因素的基础上，我们可以较为客观地对儿童青少年行为进行评价，但是，值得注意的是，很多心理健康专家在试图理解儿童青少年问题时，往往忽略了他们的优势和长处。事实上，尽管他们受到特定心理障碍的制约，但仍然能够有效地应付生活中的方方面面。因此，对儿童青少年自身独特优势的认识，有助于帮助他们找到健康适应的途径。

二、儿童青少年期心理障碍的易感性

儿童发展阶段的正常和异常是很多因素共同作用的结果，有些障碍的易感性会在出生时表现出来，这可能是由遗传因素、神经生物学作用或胎儿期的问题所致。遗传对儿童青少年心理障碍的影响得到较多研究的支持，大量儿童心理障碍与遗传因素有关，如精神分裂症。近年来，神经生物学研究也对人们理解儿童青少年异常行为的发生发展做出了巨大的贡献。这些研究认为，大脑结构、内分泌系统和神经递质，以及它们之间综合协调的运作方式都对儿童青少年异常行为有一定的影响，如注意缺陷/多动障碍儿童可能存在尾核异常，也可能存在脑内多巴胺能系统异常。胎儿期的问题也会导致一些异常，如精神分裂症。

除去上述因素给儿童青少年带来了生理易感性以外，外界的环境因素也可能造成某些儿童青少年具有某些问题行为的心理易感性。儿童是非常依赖成人的，儿童所经历的环境特性，尤其是儿童早期环境，会对儿童造成很重要的影响。家庭环境的作用尤为突出。在儿童出生时，其家庭环境的质量如何，这个家庭的稳定性如何，家庭的日常生活安排如何，是否受到了压力源的影响，家长是怎样对待孩子的，这些问题都会给孩子的行为打上深深的烙印。对于一些婴儿来说，他们的出生受到了诚挚的父母和家庭成员的欢迎，家长为儿童寻求种种不同的成长经验，他们可以顺利地成长。但可悲的是，有些婴儿从一出生就进入了一个没有一丝安逸的世界。他们的父母可能是瘾君子，也可能喜欢对他们施以暴力或彻底地忽视他们。对于这些孩子来说，他们就像生活在一个雷区，必须处处小心才能够求得最基本的生存空间，因此一些异常行为就此产生。

尽管研究者更倾向于接受遗传对儿童青少年心理障碍的重要影响，但鲜有单独的遗传因素被当成儿童心理障碍的根本原因（Lombroso，Pauls，& Leckman，1994）。大多数儿童期障碍会涉及先天易感性和后天环境两方面影响的共同作用。一个先天易感的儿童最终是否会患上某种障碍，取决于环境的质量和孩子所具有的承受力，或者叫作心理复原力。由此可见，遗传的禀赋可以影响儿童青少年的行为、情绪和思想，环境事件是这些影响得以表达的必要条件。

三、儿童青少年期心理障碍的特点

> **思考：**儿童青少年期的心理障碍有哪些特点？

由于儿童青少年处于不断发展变化的过程中，儿童青少年期障碍有着自身独特的特点。首先，正常的心理发展过程对不同的儿童有不同的发展速度，这使得区分真正的心理问题和暂时的发展性问题变得非常困难。例如，大多数婴儿会在10～15个月的时候开始掌握一些新词，在那些还没有掌握新词的婴儿中，一些人可能仅仅是比正常水平的婴儿稍慢一些，而另一些则可能反映了他们存在的某种问题。在进行诊断时，心理学家必须对发展中的正常变化和真正需要治疗的心理问题做出区别。

儿童期障碍的第二个特点是，它们并不像成人期障碍那样具有预示性。儿童经常在短期内就发生显著改变，因此，这就很难预测哪些儿童具有真正的患病易感性。例如，一些原本冲动而富有攻击性的孩子，到了十多岁后可能会变得非常顺从。相反，那些在两三岁时害羞退缩的孩子也可能最终发展成一个反社会的人。儿童分裂样障碍就是一个很好的例证，患有此障碍的儿童开始表现出完全正常的发展过程，但在2～4年的正常发展后却表现出言语、适应性行为和运动技能方面的严重退化。

儿童期障碍的第三个特点是，儿童可能无法清楚地表达自己的思想，因此，他们会通过破坏性行为间接地表达自己。当这种情况发生时，父母和老师应当确认这种行为是否暗示了“真正的”问题。这并不是一个简单的工作。有时成人会给儿童的行为贴上错误的标签，认为是某种心理问题。但实际上这种“心理问题”可能只是发展过程一个正常的现象。另一些时候，成人会忽视儿童的行为问题，总认为儿童是会走出困境的。而实际情况是，儿童确实需要专业人员的帮助。

最后，儿童的问题经常会针对特定的情境表现出特异性。例如，一个儿童在家里会表现得很好斗，但在学校却不是这样。类似地，过度活跃（一些老师经常抱怨这点）的儿童在不同环境中的表现也不同，在学校表现得过度活跃，而在家里和诊所里并非如此。因此，在评估时考虑一下儿童所处的生理和社会情境是非常重要的。

四、儿童青少年心理健康问题的重要性

一直以来，儿童青少年心理健康问题都没有得到重视，这与儿童青少年期心理障碍的特点有关，同时也与人们对儿童青少年心理障碍的认识和评估水平有关。现在，我们已经认识到儿童青少年心理健康问题是一个频繁出现的、非常重要的社会问题，北美每年有将近300万儿童青少年接受各种心理健康服务并为此花费超过15亿美元（Weisz & Weiss, 1993）的事实，足可以说明今天儿童青少年在心理健康方面的巨大需求。

伴随研究的进一步发展，人们对儿童青少年心理障碍的认识也在逐步提高。最重要的是，我们识别和区分各种不同心理障碍的能力已经大大提高，这就为恰当的治疗提供了基础。然而，不幸的是，和过去相比，得到恰当的专业服务的儿童青少年比例却没有改变。在中国，资源的缺乏和不重视导致相当多的儿童青少年根本得不到恰当的心理健康服务。另外，人们发现，一些心理障碍更为频繁地出现在年龄较小的儿童青少年中，比如，特殊的沟通和学习障碍，只是最近才被意识到是学前儿童和学龄儿童的一个重要问题。

新的社会变化和压力，使儿童在较小的时候便置身于一个不断增长的危险境地，从而使得心理障碍提早发生。某些不良的因素以前就存在，如长期的贫穷、父母不良的教养方式等，而另外一些现象则是当今特殊的或者表现得更为明显，如早熟、艾滋病、可卡因和酒精所引起的儿童成长和发展问题。此外，贫穷与社会处境不利（如打工子弟、留守儿童等）、儿童虐待等因素也作为非特异性刺激导致一些易感儿童或青少年出现适应不良或心

理障碍。

青春期早期和中期是一个特别重要的健康与问题相抗衡的过渡时期。青少年物质滥用、性行为、暴力、意外伤害、犯罪以及心理健康问题越来越凸显，而青少年的高死亡率也证实了青春期问题的严重性。为了解决这些令人担忧的问题，已经有越来越多的人对青少年给予了高度重视，特别是对青少年不良行为和反社会行为的发生及发展给予了更多的关注。

从长远来看，儿童青少年的心理健康问题如果持续几个月或几年都没有得到合适的处理，问题将会变得极为严重，因此可能会对其造成毕生的影响。而为此付出的代价理所当然也是非常昂贵的，既有经济的损失，也会让儿童青少年及其家庭遭受无尽的痛苦。幸运的是，当有良好的环境和机会存在时，儿童青少年能借助它们提高自己的适应能力和生存能力，从而克服发展中的障碍，即使是智力障碍的患儿，只要有合适的治疗和训练机会，他们在成年后也可能自己独立地生活，并为社会贡献力量。因此，儿童青少年心理健康问题值得引起广泛的重视。

第二节　内外化问题

> **思考：**对于儿童青少年，为什么采取的是"内外化"的分类？内外化问题分别指的是哪些心理障碍呢？

有研究表明，有40%左右的儿童青少年在患有一种心理障碍的同时还共病着其他障碍（Crick，Ostrov，& Werner，2006）。考虑到儿童青少年群体中共病高的现象（Seligman & Ollendick，1998），阿亨巴赫（Achenbach，1966）提出使用"内外化"（internalizing-externalizing）的分类标准来对儿童青少年心理障碍进行评估诊断。自从"内外化"分类标准提出，至2016年，已有超过75 000篇文献使用了"内外化"这一关键词（Achenbach，Ivanova，Rescorla，Turner，& Althoff，2016）。

一、内化问题

内化问题（障碍）（internalizing disorders）指的是个体自身所承受的一些情绪上的痛苦，包括焦虑和抑郁障碍（Cummings，Caporino，& Kendall，2014；Seligman & Ollendick，1998）。儿童青少年情绪问题相当普遍，焦虑和抑郁障碍是所有儿童青少年期精神障碍中患病率最高的两种障碍（Merikangas et al.，2010）。情绪上的问题本身会给儿童青少年造成负面影响，同时，它们还危及了学业和其他一些社会功能。然而，儿童青少年焦虑和抑郁障碍却往往被忽视，得不到应有的治疗，其主要原因有：在正常的发展过程中，情绪上的问题也是经常发生的，所以难以区别哪些问题已经达到病态的标准；许多焦虑和抑郁障碍的症状并不是外显的，患有焦虑和抑郁障碍的儿童往往更为安静、害羞或低落，他们甚至希望讨好他人，或者对自己的问题守口如瓶；此外，和外化问题（如注意缺陷/多动障碍和品行障碍）不同的是，罹患焦虑和抑郁障碍的儿童青少年一般不会对他人或财物造成严重的危害。一直以来，儿童青少年情绪上的障碍被认为是轻微的、短暂的，当他们长大后情况会逐渐减弱。但是现在的很多研究发现，他们的问题不仅仅和成人一样普遍，而且可能延续到成年期。

（一）焦虑障碍

在第四章，我们已对焦虑障碍做了详细的讨论，此处不再赘述。儿童青少年期焦虑障碍和成人焦虑障碍一样，也表现为多种形式，除分离性焦虑障碍是儿童更为常见的以外，其他形式的焦虑障碍在儿童青少年和成人中均有表现，而且大体情况基本相同，只是儿童在对自身问题的自知方面比成人差。表14－1对各种焦虑障碍做了简要描述。本节仅对分离性焦虑障碍进行介绍，其他焦虑障碍的详细情况请参见第四章。

表14－1　儿童青少年期常见的焦虑障碍

障碍名称	基本特征	备注	流行病学资料
广泛性焦虑障碍	长期或过度的担忧和紧张；在没有任何灾难迹象的情况下，持续不断地预期灾难的发生，并且是恐惧性预期；常伴有发抖、肌肉紧张、头痛、恶心等躯体症状。	DSM－5诊断标准中的第3条，对于儿童来讲，只需满足1项就可以。	美国普通社区中青少年12个月患病率为0.9%。
特定恐惧症	对特定的事物或情境（如飞行、高空、动物、接受注射、看见血液等）会产生显著的害怕或焦虑。	儿童的害怕或焦虑也可能表现为哭闹、发脾气、惊呆或依恋他人。	儿童患病率约为5%，13～17岁约为16%。女孩患病率高于男孩。
社交焦虑障碍	害怕在各种社交场合成为注意的焦点，害怕当众出丑，害怕自己的言行或焦虑症状会导致负面的评价；由于焦虑，会主动回避社交情况，或带着强烈的害怕或焦虑去忍受。	儿童的这种焦虑必须出现在与同伴交往时，而不仅仅是在与成人互动中。	儿童和青少年12个月患病率约为7%，患病率随着年龄增长而降低。
惊恐障碍	以突发的、反复发作的、没有预兆的惊恐为特征。躯体症状包括胸痛、心悸、呼吸急促、眩晕或异常的紧张。对再次发作和其他可能的预兆以及结果持续担忧。		14岁以前儿童的总患病率较低（<0.4%），青少年患病率约为2%～3%。患病率在青少年期缓慢上升。
场所恐惧症	在一些情况下或场所中（如乘坐公共交通工具、处于开放或封闭空间、排队或处于人群当中、独自离家等）会感到显著的恐惧或焦虑。		没有具体患病数据，但DSM－5显示青少年和成人的总患病率约为1.7%。

1．分离性焦虑障碍的症状

焦虑是一种适应性的情绪，适度的焦虑是有益的，分离性焦虑也是一样。在婴幼儿期，几乎所有儿童都曾因与父母或主要抚养者分离而焦躁不安，这种分离性焦虑其实说明他们存在安全性依恋。儿童缺乏这种分离性焦虑，可能会导致这样或那样的问题。但是，如果儿童的分离性焦虑表现过于强烈，或持续时间过长（超过4周），并影响正常的上学等日常生活或娱乐活动，儿童就可能患上了分离性焦虑障碍。分离性焦虑障碍的基本临床特征表现为：对离家或与主要依恋对象分离存在过度的害怕或焦虑，并且这种焦虑水平已经超出了其发育或发展水平。

分离性焦虑障碍的诊断标准

1. 个体与其依恋对象分离时，会产生与其发育阶段不相称的、过度的害怕或焦虑，至少符合以下表现中的3种：

(1) 当预期或经历与家庭或与主要依恋对象分离时，产生反复的、过度的痛苦。

(2) 持续性和过度地担心会失去主要依恋对象，或担心他们可能受到诸如疾病、受伤、灾难或死亡的伤害。

(3) 持续地、过度地担心会经历导致与主要依恋对象分离的不幸事件（比如，走失、被绑架、遭遇事故、生病）。

(4) 因害怕分离，持续表现出不愿意或拒绝出门、离开家、去上学、去工作或去其他地方。

(5) 持续地和过度地害怕或不愿独处或不愿在家或其他场所与主要依恋对象不在一起。

(6) 持续地不愿或拒绝在家以外的地方睡觉或不愿在家或其主要依恋对象不在身边时睡觉。

(7) 反复做内容与分离有关的噩梦。

(8) 当与主要依恋对象分离或预期分离时，反复地抱怨躯体症状（比如，头疼、胃疼、恶心、呕吐）。

2. 这种害怕、焦虑或回避是持续性的，儿童和青少年至少持续4周，成人则至少持续6个月。

3. 这种障碍导致临床意义上的痛苦，或导致社交、学业、职业或其他重要功能方面的损害。

4. 这种障碍不能用其他精神障碍来更好地解释，例如，自闭症谱系障碍中的因不愿过度改变而导致拒绝离家，精神病性障碍中的因妄想或幻觉而忧虑分别，场所恐惧症中的因没有一个信任的同伴陪伴而拒绝出门，广泛性焦虑障碍中的担心疾病或伤害会降临到其他重要的人身上，或疾病焦虑障碍中的担心会患病。

资料来源：DSM-5；American Psychiatric Association，2013.

据估计，儿童6～12个月的患病率为4%。在美国青少年中，分离性焦虑障碍的12个月患病率为16%。在儿童临床样本中，该障碍不存在性别差异。从儿童期到青少年期，分离性焦虑障碍的患病率呈下降趋势，而且在12岁以下儿童中是最常见的一种焦虑障碍。

在儿童青少年焦虑障碍中，分离性焦

虑障碍的患病年龄最小，这与正常发展中分离性焦虑出现较早一致。由于害怕与依恋对象分开而导致分离性焦虑上升是正常的早期发育的一部分，可能标志着安全依恋关系的发展。在分离性焦虑发病的初期，儿童通常有一些轻微的表现，如诉说晚上睡眠不好、因身体不适不想上学等。随着疾病的发展，他们的表现越来越强烈和严重，以至于完全拒绝上学，越来越关注父母日常的活动和行踪。

2. 焦虑障碍的成因

多年以来，心理学家提出了大量有关儿童期焦虑和恐惧起源的理论及病因，包括严厉的教养、条件反射和本能。有关儿童焦虑和恐惧的研究，可追溯到弗洛伊德对小汉斯的经典分析、华生和雷纳对小阿尔伯特的条件性恐惧研究，以及鲍尔比对早期依恋和丧失的研究。虽然每种理论从提出之日起就引发了广泛的争议，但是，每种理论都对我们认识儿童焦虑有持久的影响。图 14-1 总结了一些可能的原因，概括了儿童青少年焦虑障碍可能的发展过程。

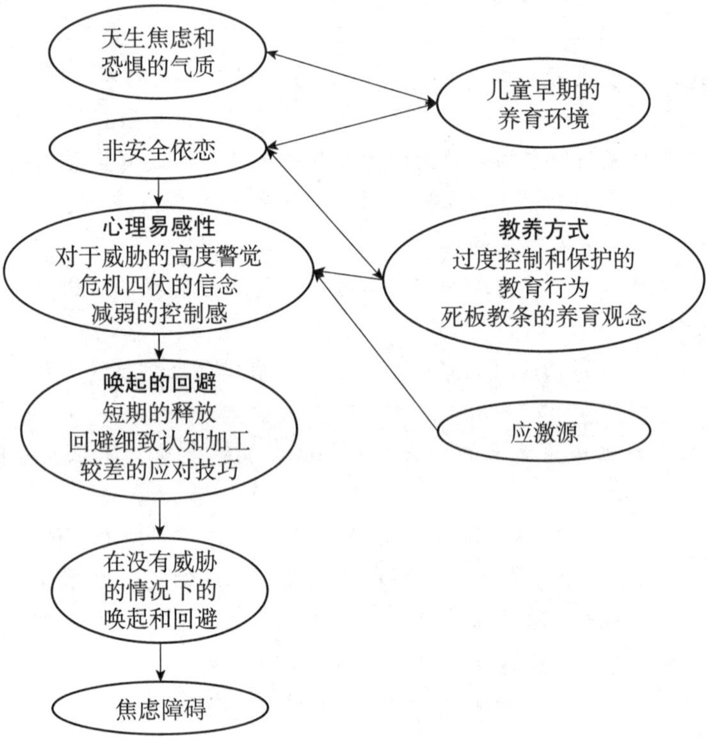

图 14-1　儿童青少年焦虑障碍可能的原因和发展过程

3. 焦虑障碍的治疗

多种治疗方法已经被用来治疗儿童青少年焦虑障碍，而且效果令人满意。尽管方法不同，但对于焦虑障碍的治疗来讲，主要是针对以下四个基本问题：(1) 歪曲的信息处理过程；(2) 对知觉到的威胁产生的生理反应；(3) 缺乏控制感；(4) 过分的逃离和回避行为。下面将简要介绍药物治疗、行为疗法、认知行为疗法、家庭治疗和游戏治疗。

目前，多种药物被用来治疗焦虑障碍，药物治疗通常与行为治疗或认知行为治疗结合使用，常用的药物包括：三环类抗抑郁药、苯二氮卓类药物和选择性 5-羟色胺再摄取抑制剂（SSRIs）。

行为治疗被认为是焦虑障碍的经典治疗方法，主要治疗技术是暴露，即让儿童面对令他们感到恐惧的情境和物体，并提供恰当的应对方法。暴露包含三种：想象暴露、现场暴露和内感性暴露。通常，想象暴露和现场暴露都是渐进的过程，被称为逐级暴露。接受治疗的儿童和治疗师一起，从恐惧程度最低的情境或物体开始列出一系列恐惧情境和物体，然后，从恐惧程度最低的情境开始暴露，逐步进入恐惧程度较高的情境进行暴露。其他一些行为技术也可以用来治疗焦虑障碍，如系统脱敏、模仿和强化训练等。

认知行为疗法是治疗焦虑障碍最有效的方法，这种疗法不仅综合运用了各种有效的行为技术，如暴露，而且让儿童青少年理解思维是怎样促使焦虑产生的，以及如何调整自己的思维来减少躯体症状。这种方法被广泛地用来治疗焦虑障碍，并取得了较好的效果。

儿童青少年焦虑障碍常常发生在不稳定的家庭中，父母的特点、父母关系、教养方式、单亲等都对儿童青少年的焦虑问题有较大的影响。因此，以儿童为对象，延伸到家庭其他成员的治疗或真正意义上的家庭治疗也是治疗焦虑障碍的不错选择。有研究者发现，使用家庭治疗或在家庭背景下的治疗比只针对儿童青少年个人的治疗有明显而持久的效果。

另外，由于儿童通常难以认识或了解他们的感觉和动机，因此很多治疗师，特别是心理动力学治疗师，使用游戏治疗作为治疗的一部分。在这种方法中，治疗人员让儿童玩玩具、画画或编故事。这样做可以透露出在他们生命中的冲突及相关的感觉。然后，治疗师可使用更多的游戏和想象，来协助儿童化解他们的冲突，并且改变他们的情绪和行为。

（二）抑郁障碍

1. 概述

DSM－5 中将心境障碍分成了独立的抑郁障碍和双相及相关障碍。抑郁障碍主要包括重性抑郁障碍、持续性抑郁障碍（心境恶劣）、破坏性心境失调障碍等。儿童青少年抑郁障碍在诊断标准（参见第八章）上和成人相差无几，但仍然有一些不一致的表现。患抑郁障碍的儿童青少年往往比成人更多表现出易激惹的情绪，他们也比成人更常出现抑郁的表情、分离性焦虑、恐惧、躯体不适和行为问题。相反，快感缺失、自杀企图、功能损害等症状则更容易在成人中出现。对于诊断儿童青少年持续性心境障碍（心境恶劣）来说，病程和成人是不一样的，如果儿童青少年持续 1 年以上终日表现出抑郁情绪，那么他们可以被诊断为持续性心境障碍（心境恶劣），而成人则需要有持续 2 年以上的症状表现才能诊断。

虽然儿童青少年的抑郁障碍容易被忽视，但是它们却比较普遍地影响着儿童青少年各方面的生活。几乎所有青少年都体验过抑郁的症状，接近 5%的儿童和 10%～20%的青少年体验过明显的抑郁。有研究表明，青少年重性抑郁障碍的 12 个月患病率约为 12.8%（12～17 岁；National Institute for Mental Health，2016），重性抑郁障碍或心境恶劣的终生患病率为 11.2%（13～18 岁；Merikangas et al.，2010）。国内的一项对 3 000 多名 6～14 岁儿童抑郁障碍的流调结果显示，抑郁障碍的流行率为 2.8%（Zhong et al.，2013）。抑郁障碍在青少年中更为常见。和成人不同的是，儿童抑郁并不存在性别差异，抑郁在 6～11 岁的男孩和女孩中的患病率相同。女性抑郁患病率高于男性的差异在 13～15 岁开始出现，这个年龄段的女孩患病率上升；在 15～18 岁，抑郁的患病率明显上升，性别差异也明显增大。青少年早期发病的群体中，女性个体患病率比男性高1.5～3倍。儿童青少年患破坏性心境失调障碍的比例为2%～5%。

2. 病因

第八章已经详细讨论了抑郁的原因，本章不再赘述，仅就儿童青少年抑郁发展进行图示说明。见图14-2。

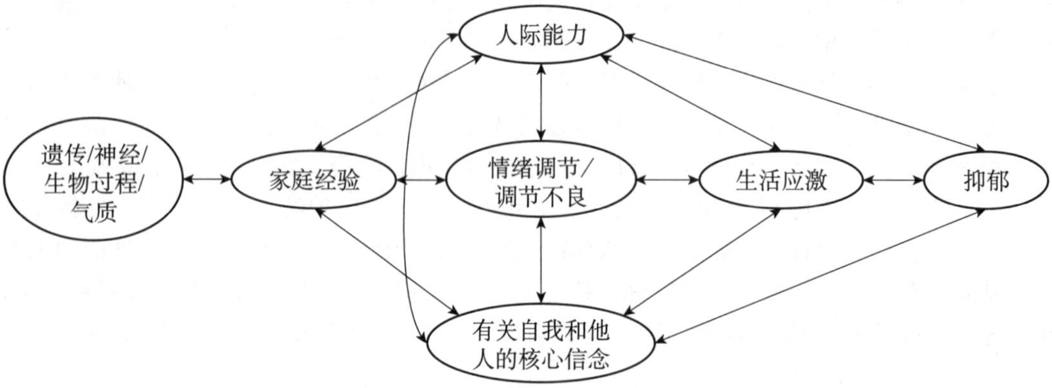

图14-2 儿童青少年抑郁发展的框架

3. 治疗

和成人的抑郁治疗一样，因为抑郁总是并发其他精神障碍，出现相关缺陷和复发的比例较高，所以治疗常使用综合方案，以求维持治疗效果，防止复发。表14-2提供了儿童青少年抑郁的各种治疗方法。

表14-2 儿童青少年抑郁的治疗方法

药物治疗	使用频率最高的抗抑郁药包括舍曲林、艾司西酞普兰、文拉法辛、氟伏沙明、西酞普兰，可以有效治疗抑郁症状，所带来的不良反应较少且轻微，大多数儿童青少年可以耐受。
行为治疗	增加引发正强化的行为，减少导致惩罚的行为。治疗包括讲授社交技巧和应对技巧，使用焦虑管理训练和放松训练。
认知治疗	重点帮助儿童青少年更好地意识到悲观和负性的思维、抑郁信念和偏见、对失败自责的归因、对成功的自我认识的缺乏。一旦儿童青少年认识到这些抑郁性思维模式，在治疗中就可以教育儿童青少年将消极悲观的信念改变为积极乐观的信念。
自我控制治疗	教导抑郁儿童青少年如何组织与长期目标有关的行为。强调对思维和情绪的自我监控，用长期目标代替短期目标；强调更加适用的归因方式、更加可行的自我评价标准；增加自我强化，减少自我惩罚。
认知行为治疗	最常用的社会心理干预方式：将行为、认知和自我控制治疗整合，可通过归因重塑挑战儿童青少年的悲观信念。
人际治疗	探索家庭成员间的互动。家庭治疗结合个人治疗，在个人治疗中鼓励抑郁儿童青少年理解自己的负性认知方式和自己的抑郁对他人的影响，增加抑郁儿童青少年与家庭成员和同伴的愉悦活动。
支持性治疗	提供治疗性的支持，创造一个安全、支持性的环境，使儿童青少年在这个环境下感觉到与他人的联系、受到他人的支持。设法提高儿童青少年的自尊，减少抑郁症状。

二、外化问题

外化问题（externalizing disorders）用以描述那些外在的和功能失调的行为或问题行为（Kovacs & Devlin，1998），主要包括注意缺陷/多动障碍、抽动障碍、品行障碍和对立违抗障碍。

（一）注意缺陷/多动障碍

注意缺陷/多动障碍（attention-deficit/hyperactivity disorder）是发生在儿童中令父母和老师十分苦恼的一种心理障碍，患儿表现出持续的与年龄不符的注意力不集中及过分多动和冲动的行动。首先我们来看一个案例。

案例

毛毛，男，10岁，小学四年级学生。他从一年级到三年级一直是令老师最头疼的孩子，到现在情况也没有好转。主要表现在：上课时不遵守纪律，爱动手摸同学，扯前面同学的头发，东张西望，转身拉别的同学和他讲话，好晃椅子、东摸西摸、玩小东西，总是心不在焉，经常忘记带作业、文具或红领巾等，有时不等老师讲完就大声插话。在家里，毛毛任性、冲动，遇到想做的事情，父母不能满足时，便火气冲天，大喊大叫。此外，他精力特别充沛，看动画片可以连续看两个小时，兴趣很浓。作业不认真完成、不主动去完成。边做作业边玩，注意力难以集中。通过和家长交流及平时的细心观察，得知他的脑子并不笨，学习认真起来比一般同学接受还快。但因为好动分心，考试经常亮红灯。

根据DSM－5的诊断标准，毛毛可以被诊断为注意缺陷/多动障碍。

注意缺陷/多动障碍的诊断标准

1. 一种持续的注意缺陷和/或多动-冲动的模式，干扰了功能或发育，以下列（1）或（2）为特征。

（1）注意障碍：下列症状中的6项（或更多）持续至少6个月，且达到了与发育水平不相符的程度，并直接对其社会或学业/职业活动带来了消极影响。

注：这些症状不仅仅是对立行为、违拗、敌意的表现，或不能理解任务或指令。年龄较大（17岁及以上）的青少年和成人，至少需要下列症状中的5项。

a. 经常不能密切关注细节，或在作业、工作或其他活动中犯粗心大意的错误（比如，忽视或遗漏细节，工作不精确）。

b. 在任务或游戏活动中经常难以维持注意力（比如，在听课、对话或长时间的阅读中难以维持注意力）。

c. 当别人对其直接讲话时，经常看起来没有在听（比如，即使在没有任何明显干扰的情况下，也显得心不在焉）。

d. 经常不遵循指示，以致无法完成作业、家务或工作中的职责（比如，可以开始任务但很快就失去注意力，容易分神）。

e. 经常难以组织任务和活动（比如，难以管理有条理的任务，难以把材料和物品放得整整齐齐，凌乱，工作没头绪，时间管理不良，不能遵守截止日期）。

f. 经常回避、厌恶或不情愿从事那些需要精神上持续努力的任务（比如，学校作业或家庭作业；对于年龄较大的青少年和成人，则为准备报告、完成表格或阅读冗长的文章）。

g. 经常丢失任务或活动中所需要的物品（比如，学校的资料、铅笔、书、工具、钱包、钥匙、文件、眼镜、手机）。

h. 经常容易被外界的刺激分神（对于年龄较大的青少年和成人，可能包括不相关的想法）。

i. 经常在日常活动中忘记事情（比如，做家务、外出办事；对于年龄较大的青少年和成人，则为回电话、付账单、约会）。

（2）多动和冲动：下列症状中的6项（或更多）持续至少6个月，且达到了与发育水平不相符的程度，并直接对其社会或学业/职业活动带来了消极影响。

注：这些症状不仅仅是对立行为、违拗、敌意的表现，或不能理解任务或指令。年龄较大（17岁及以上）的青少年和成人，至少需要下列症状中的5项。

a. 经常手脚动个不停或在座位上扭动。

b. 当被期待坐在座位上时却经常离座（比如，离开教室、办公室或其他工作的场所，或是在其他情况下需要保持原地的位置）。

c. 经常在不适合的场合跑来跑去或爬上爬下（注：对于青少年或成人，可以仅限于感到坐立不安）。

d. 经常无法安静地玩耍或从事休闲活动。

e. 经常"忙个不停"，好像"被发动机驱使着"（比如，在餐厅、会议中无法长时间保持不动，或觉得不舒服；可能被他人感受为坐立不安或难以跟上）。

f. 经常讲话过多。

g. 经常在提问还没有讲完之前就把答案脱口而出（比如，接别人的话，不能等待交谈的顺序）。

h. 经常难以等待轮到他（比如，当排队等待时）。

i. 经常打断或侵扰他人（比如，插入别人的对话、游戏或活动，没有询问或未经允许就开始使用他人的东西；对于青少年和成人，可能是侵扰或接管他人正在做的事情）。

2. 若干注意障碍或多动-冲动的症状在12岁之前就已经存在。

3. 若干注意障碍或多动-冲动的症状存在于2个或更多的场合（比如，在家里、学校或工作中，与朋友或亲属互动中，在其他活动中）。

4. 有明确的证据显示这些症状干扰或降低了社交、学业或职业功能的质量。

5. 这些症状不能仅仅出现在精神分裂症或其他精神病性障碍的病程中，也不能用其他精神障碍（比如，心境障碍、焦虑障碍、分离障碍、人格障碍、物质中毒或戒断）来更好地解释。

资料来源：DSM-5；American Psychiatric Association，2013.

1. 临床描述

从DSM-5对注意缺陷/多动障碍的诊断标准来看，这一障碍包含三种核心的特征：

注意缺陷、多动和冲动。

注意缺陷：注意分散的儿童在学习和玩耍的时候很难保持持续的注意力集中，对他们而言，集中注意于某一事物或始终如一地执行指令是相当困难的。就像毛毛那样，上课的时候他经常会有各种各样的表现，而无法认真听老师讲课，完成作业的时候也是一样，一不小心就开始做别的，做任何事都是三分钟热度，容易受外界环境干扰，经常从一个活动很快转到另一个活动，尤其是对枯燥的活动很快会失去兴趣。一些研究者对注意缺陷/多动障碍患者的注意缺陷进行了细致的研究，这些患者在短时注意和选择性注意方面并没有表现出缺陷，主要缺陷似乎是持久注意或警戒的缺陷，当要求患有注意缺陷/多动障碍的儿童完成一项乏味或重复性的任务时，随着时间的推移，他们的表现比正常儿童明显要差。

多动-冲动：通常情况下，多动和冲动两种症状会同时出现。有多动表现的儿童整天就像是上了发条一样，不停地参与各种活动，而且并不感到疲劳。他们的多动常常是唐突的、冒失的，不顾危险，过分恶作剧，并且富有破坏性，事先缺乏缜密的考虑，不顾后果，因此，他们的多动不仅仅是量上的过度，还表明质的改变，即在冲动性方面表现出明显的缺乏控制。冲动的儿童看起来无法拉住他们迅速反应的缰绳，对他们来说，停止正在进行的活动或是按情境或他人的要求规范他们的行为是很困难的。他们会打断别人的谈话，干涉别人的活动以及生气时暴跳如雷，也难以抑制愤怒或喜悦之情。

亚型：患有注意缺陷/多动障碍的儿童在许多方面都有不同。为了更好地区别对待，DSM 将注意缺陷/多动障碍分为三个亚型，分别为注意缺陷型（主要症状为注意力缺乏）、多动-冲动型（主要症状为多动和冲动）和综合型（兼有注意分散和多动、冲动症状）。注意缺陷型儿童是安静的，但是他们却是迷迷糊糊和空白的。他们通常学习能力差，处理信息缓慢，很难记住事情。而多动-冲动型和综合型的儿童则更多地表现为行为抑制和行为维持困难，而且他们一般有较高的攻击性、敌对性和挑衅性，因此带来较多的麻烦，如同伴关系恶劣等。根据症状对社会功能的影响程度，可分为“轻度”“中度”和“重度”。轻度，存在非常少的超出诊断所需的症状，且症状导致社交或职业功能方面的轻微损伤；中度，症状或功能损害介于“轻度”和“重度”之间；重度，存在非常多的超出诊断所需的症状，或存在若干特别严重的症状，或症状导致明显的社交或职业功能方面的损害。

注意缺陷/多动障碍是儿童中较为普遍的一种障碍，它至少影响了全世界几百万儿童，美国针对青少年精神健康的全国性调查结果显示，青少年注意缺陷/多动障碍的终生患病率为 9%（Merikangas et al.，2010）。男孩与女孩的患病率的比例大约是 4∶1 至 9∶1。然而，有研究者认为，这种性别差异是由研究取样、男女就诊的可能性和定义的偏见（DSM 诊断标准主要根据患有注意缺陷/多动障碍的男孩来开发和测试）导致的。

我国报告注意缺陷/多动障碍的患病率在 5%～13%之间，男孩患病率高于女孩，男女发病比约为 2∶1～3∶1（卢林，施琪嘉，钟运芬，王之敏，陈张意，2005；周克英等，2012）。不同的国家都对注意缺陷/多动障碍进行了鉴定，结果发现文化差异很大，如意大利的研究报告有 20%的男孩患有注意缺陷/多动障碍，印度男孩患病率甚至高达 29%。这种差异可能源自研究方法的不同或与不同文化的标准和忍耐程度有关。但是，最近有研究者对注意缺陷/多动障碍流行率相关研究进行元分析发现，不同文化背景中注意缺陷/多动障碍流行率的差异主要是因为测量方法之间的不一致，而并非文化差异（Polanczyk，Willcutt，Salum，Kieling，& Rohde，2014）。

2. 病因

对注意缺陷/多动障碍基本性质的研究，引出了许多有关可能的机制和成因的理论，尽管如此，还是很难得出清晰的答案。到目前为止，有关注意缺陷/多动障碍病因的研究提供了有力的证据说明神经生物因素是注意缺陷/多动障碍的决定性因素，但是，注意缺陷/多动障碍是一种复杂和慢性的大脑、行为和发展方面的障碍，其认知和行为方面的缺陷影响许多方面的功能，因此，任何只关注某一种成因的解释都可能是不充分的，图14－3给出了一个注意缺陷/多动障碍可能的发展路径，我们将就其中几个部分的原因进行讨论。

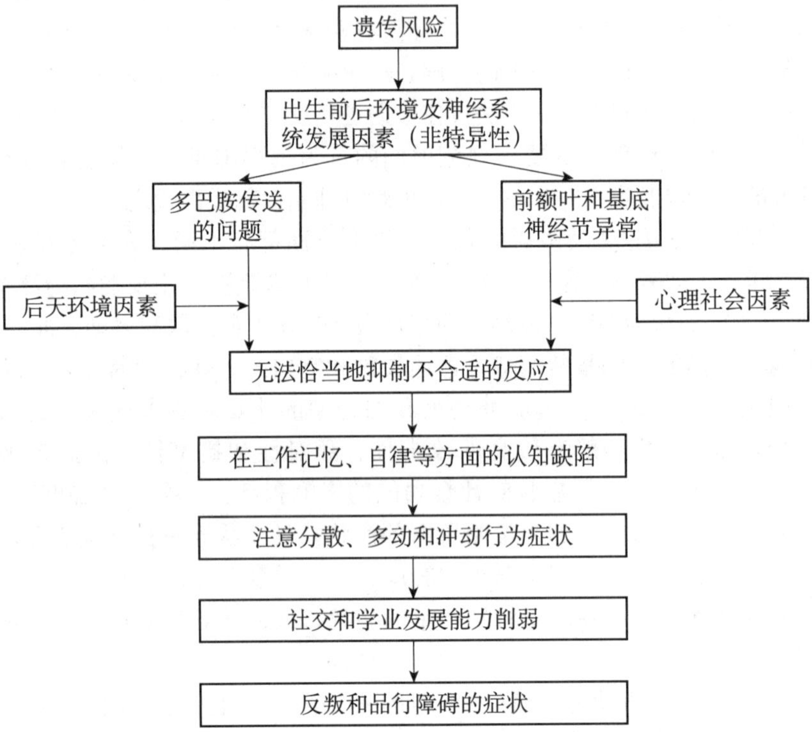

图14－3　注意缺陷/多动障碍可能的发展路径

（1）遗传因素。

一些家系研究、领养研究和双生子研究都说明了遗传因素对注意缺陷/多动障碍有一定的影响。一项双生子研究发现，注意缺陷/多动障碍同卵双生子的一致性相关系数是0.65，大约是异卵双生子的两倍。此外，基因研究也表明，特定基因是某些儿童注意缺陷/多动障碍表现的原因。一些研究者已经找到证据，认为被编码为D2和D4的多巴胺受体的亚型基因片段可能对注意缺陷/多动障碍起到相当的作用。但是，仍需要更多的研究来证实这样的结果。这些研究与某些理论相吻合，这些理论认为多巴胺受体的某种变异可能导致注意缺陷/多动障碍儿童的多巴胺活性降低，认为多巴胺在注意缺陷/多动障碍中起作用的观点同样得到了有关治疗研究的支持。

（2）神经生物因素。

一些直接和间接的证据都表明神经生物因素是注意缺陷/多动障碍可能成因的关键。对注意缺陷/多动障碍患儿和正常儿童的脑功能指标的差异研究发现，注意缺陷/多动障碍患儿有较少的唤醒和激励能力，对刺激性事件反应不强和对克制反应欠缺，流向脑额叶前部的血流量较少。同时，注意缺陷/多动障碍患儿的语言和学习能力异常，平衡协调能力较差，在某些神经心理学测试中表现较差，出生前后经历过一些特殊事件或疾病等都间接说明他们存在神经生物方面的问题。神经影像研究则发现，注意缺陷/多动障碍患儿脑部异常主要涉及前额区域，这一区域受到损伤或体积较小都与注意缺陷/多动障碍有关。

（3）环境因素。

一些特殊的后天因素引起了研究者的关注，如饮食（过量的糖、食品添加剂）、过敏和铅（接触含铅的油漆和汽油等）曾经被认为是某些注意缺陷/多动障碍的形成原因。然而，并没有实证研究支持这些观点。心理社会因素虽然只能解释注意缺陷/多动障碍症状的小部分差异，但是它们会进一步影响障碍的发展。父母、老师和同伴对注意缺陷/多动障碍患儿多动和冲动的负性反应会让他们产生低自尊，这就必然影响他们和他人交往的能力，产生更为不良的后果。

总之，注意缺陷/多动障碍具有强大的生物学基础，但是这种异常的特定成因还不得而知。注意缺陷/多动障碍的形成是一个复杂的过程，生物因素、家庭关系和更广阔的系统影响之间相互作用导致了最后的结果。

3. 治疗

常见的用于治疗注意缺陷/多动障碍的方法有两种：药物治疗和行为治疗。格林希尔（Greenhill，1998）的相关总结见表 14-3。通常，生物治疗的目标是减少儿童的多动和冲动行为并提高他们的注意水平，心理治疗主要集中在更宽泛的问题上，如提高学业成就，减少破坏行为，提高社交能力，等等。

表 14-3　注意缺陷/多动障碍的治疗方法比较

	兴奋剂	抗抑郁药	行为治疗	结合兴奋剂和行为治疗
疗效	至少 80%的人得到中等改善	大约 50%的人得到中等改善	大约 40%的人得到中等改善	比单独使用兴奋剂略好
复发[a]	高	高	中度	中度
不良反应	轻微到中等	轻微到中等	不清楚	轻微到中等
费用	便宜	便宜	较贵	较贵
时间[b]	几周/几个月	几个月	几周/几个月	几个月
总体	良好	有效	一般	良好

[a]在不连续治疗之后的复发。

[b]达到最大成效的时间。

（1）药物治疗。

几十年来，用以治疗注意缺陷/多动障碍的兴奋剂主要有三种，分别是哌醋甲酯类、安非他命类和右旋安非他命类药物（Faraone & Buitelaar，2010）。不同兴奋剂对于治疗注意缺陷/多动障碍的效果会有所差别，有研究者通过元分析发现，安非他命类药物会比利他林类药物要更有效一些（Faraone & Buitelaar，2010）。但是，总的来说，这三种兴奋剂都属于多巴胺兴奋剂，可使以多巴胺为神经递质的大脑多巴胺系统脑区的活动水平提高。对于大约80%的注意缺陷/多动障碍患儿来说，兴奋剂神奇地在提高持续性注意力，控制冲动，坚持努力工作和减少与任务无关的活动、噪声及捣乱行为方面起到了较好的作用。同时，兴奋剂还可以提高儿童的社会活动能力以及与父母、教师和同伴的合作能力，有时候还能提高身体协调能力，控制破坏和好斗行为。但是，这些效果在正常儿童中也有所体现。因此，在对注意缺陷/多动障碍患儿的药物治疗中，兴奋剂并没有表现出独特的功效。

（2）心理行为干预。

相对于药物治疗而言，行为治疗可能更受家长的欢迎。在治疗过度活跃和注意缺损时，操作性条件反射被视为是相当有效的，尤其是在短期治疗中。一些研究者通过这种技术来减少儿童的问题行为（如打扰他人），并取得了良好的效果。在治疗开始时，治疗师需要仔细评定儿童的多动程度，即多动行为稳定的基础比率（基线），而后奖励儿童持续并且安静坐着的行为。如果他每天能够安静地坐10分钟，便可得到奖励。第一次训练的时限只要求5分钟，但到了第八个训练期，他的多动行为已经基本上停止，并且，在随后的几个月中，他不仅变得更加安静，而且在阅读和交友方面也都有了改善。因此，系统的渐进性训练加上有效的强化手段，将会产生显著的改善效果。

目前，注意缺陷/多动障碍治疗领域倾向于采用综合的治疗干预，治疗既包含药物治疗，也包含行为治疗，涉及儿童、父母及支持群体，涵盖多个领域的训练。有研究者通过元分析发现，对注意缺陷和多动-冲动进行心理和药物联合治疗的效果效应值在1.0左右，表明具有较好的治疗效果（Majewicz-Hefley & Carlson，2007）。表14-4简要地介绍了这种综合的治疗干预。

表14-4　注意缺陷/多动障碍的综合治疗干预

	包含内容	治疗重点
基本治疗	药物（兴奋剂）治疗	管理孩子在校和在家的注意缺陷/多动障碍症状
	家长管理培训	管理孩子在家的捣乱行为，减少家长与孩子的矛盾，促进社交和自律行为
	教育辅导	管理课堂捣乱行为，提高学业表现，教育社交和自律行为
强化治疗	暑期治疗计划	把许多基本治疗和附加治疗综合到一个强化计划中，以对现有的家庭进行调整和进一步增强未来的学业成就
附加治疗	家庭治疗	处理注意缺陷/多动障碍带来的个人和家庭的压力，包括情绪困扰和婚姻关系的紧张
	支持群体治疗	把患注意缺陷/多动障碍孩子的父母和其他相关人员联合起来，分享共同关注的信息和经历，同时提供情感支持
	社交技巧培训	教导减少交往矛盾和提高与同龄人和成人的交往能力
	认知行为自控培训	学会识别问题情境和对情境做出认知和行为反应，学会处理注意缺陷/多动障碍症状的技巧和自我提高
	个体咨询	提供让孩子可以谈论自己的想法和感情的支持关系

（二）抽动障碍

如果你在游乐园、广场或其他孩子们经常活动的场所仔细观察，可能会发现个别孩子有下面这些表现：不停地眨眼，不时地耸肩或吸鼻子。也许你会和孩子的家长一样觉得没什么大不了，这些表现会随年龄的增长而消失或减轻，不会对孩子的学习和生活产生任何影响！也许你是对的，但还是请看看案例中的逸飞和小远。

案例

案例一：逸飞今年16岁，在一所重点高中念高一。成绩和长相都不错的逸飞在老师、家长和同学眼中是个比较完美的高中生，但是他却总是生活得小心翼翼，原因是他一直有一个毛病。从7岁开始到现在，他总感觉身体的某些部分不受自己控制，一段时间不停地耸肩，过一段又变成了晃脑袋或皱鼻子。正因为这些，逸飞被童年的伙伴起了一个难听的绰号："止不住"。一直到现在，逸飞时常为此感到苦恼。更令逸飞苦恼的是，最近一段时间好像眼睛也开始不听使唤了，不停地眨，有时候上课会因此不能很好地集中注意力。

案例二：13岁的小远越来越让老师和父母感到头疼了，很多同学现在也不敢跟他交往。两年前，他间断性地有清嗓子和脖子扭动的情况，还偶尔骂脏话，爸爸妈妈并没有太在意。从去年开始，清嗓子和扭脖子的情况没有了，小远却有了新的表现，不时地发出"啊啊"的叫声，而且声音比较大，影响了整个班级上课。除此之外，更令人担心的是，他开始频繁地向别人吐痰，经常用手打人，反复地骂脏话，老师和爸爸妈妈都拿他没有办法，同学们更是害怕他，都躲得远远的，小远越来越孤单，脾气也越来越大。

案例中的逸飞和小远虽然表现不同，严重程度也不同，但是他们却有共同的表现：都表现出一些无节律的、突然的动作或发声，这些动作和发声无法抗拒，它们在日常活动（如看电视或阅读）中会变得严重，而经常在睡眠时减轻。这些表现被称为抽动，按照DSM－5诊断系统，逸飞和小远的问题都属于抽动障碍。

抽动障碍是一种起病于儿童和青少年时期的障碍，主要表现为不自主的、反复的、快速的一个部位或多部位肌肉运动抽动和发声抽动，并可伴有注意力不集中、多动、强迫动作或其他行为症状。其中，运动抽动根据涉及肌群范围、特征性及严重性可分为简单性运动抽动和复杂性运动抽动，前者表现为眨眼、挤眉、皱额、吸鼻、张口、伸脖、摇头、耸肩等运动抽动，后者表现为缓慢的、似有目的的行为动作，如模仿行为、猥亵行为等。发声抽动也可分为一般发声抽动和复杂发声抽动。前者常表现为反复发出似动物的叫声、哼声、清嗓声等，后者表现为反复发出似有意义的语词声（包括模仿言语、重复言语）。

抽动障碍病程不一，可为短暂性，也可为长期性，因此会导致不同程度的损害。近年来，抽动障碍患病率有增加趋势，而且伴发的行为症状复杂多样，从而使治疗和管理变得更为困难。在DSM－5诊断系统中，按临床症状和病程特征分类，抽动障碍大致分为四种类型：短暂性抽动障碍、图雷特氏（Tourette）障碍、持续性（慢性）运动或发声抽动障碍及其他特定的和未特定的抽动障碍。抽动障碍的平均起病年龄在4～6岁之间，且新发抽动障碍的发病率在青少年时期下降。由于图雷特氏障碍最为严重，其严重程度高于慢性运动或发生抽动障碍和短暂性抽动障碍（朱炎等，2003），因此，本节将重点对其进行探讨，其他几种抽动障碍也将作简要介绍。

1. 图雷特氏障碍

图雷特氏障碍又名抽动秽语综合征，它最早由伊塔德（Itard）于1825年首先描述，1885年，法国医生图雷特曾报告了9例患者并作了详细描述，故该症被命名为图雷特氏障碍。

（1）临床描述。

图雷特氏障碍以突然的、不自主的、快捷的、重复的肌肉动作或发声为特征，其症状包括两大类：一是运动抽动。常见表现为眨眼、眼球转动、努嘴、翘鼻、伸舌、转头、点头、伸脖、张口、耸肩、挺腹、吸气等。重者呈奇特的多样姿态或怪样丑态，如冲动性触摸人或物、刺激动作、跺脚、似触电样全身耸动、走路回旋、转动腰臀、蹲下跪地或反复出现一系列连续无意义的动作。二是发声抽动。一般表现为清嗓、咳嗽、吸鼻，以及发出吐痰声、哼声、吠叫声、啊叫声等，也可表现为复杂性发声，如重复言语或无意义的语音、无聊的语调，至少1/3的儿童出现秽语症，如刻板地重复同一秽语。患儿在病程中存在着多种运动性抽动和一种或多种发声性抽动，但不一定同时存在。这些抽动症状在18岁之前出现，一天内发作多次，几乎天天如此，或间歇发作，病程超过1年。抽动的数量、频度、形式和部位呈现周期性变化，其严重程度可交替增减，有时抽动能完全缓解几周乃至数月。图雷特氏障碍除抽动症状之外，常伴发注意力不集中、多动、强迫动作、强迫观念、冲动、攻击行为、自伤行为、学习困难以及情绪障碍等。伴发行为症状可不同程度地引起患儿心理困扰，影响患儿适应社会的能力。

据报告，图雷特氏障碍患病率的范围是每1 000个学龄儿童中有3～8个，男童明显多于女童（约2∶1～4∶1），大多数起病于4～12岁，以7～8岁起病最多。一项美国的全国调查估计临床可确诊病例的患病率为0.3%。目前国内尚未有全国性的流行病学资料，长沙地区的地区调查结果显示，抽动障碍的时点患病率为6.78%，终生患病率为12.9%，其中图雷特氏障碍的终生患病率为0.37%（朱炎等，2003），和国外资料接近。不同文化中患儿的临床特征、家族史、伴发症状、并发症和治疗结果甚为相似，表明抽动障碍是具有生物学缺陷背景的疾病。

图雷特氏障碍的诊断标准

1. 在疾病的某段时间内存在多种运动和一个或更多的发声抽动，尽管不一定同时出现。

2. 抽动的频率可以有高有低，但自第一次抽动发生起持续超过1年。

3. 在18岁之前发生。

4. 这种障碍不能归因于某种物质（比如，可卡因）的生理效应或其他躯体疾病（比如，亨廷顿式舞蹈病、病毒后脑炎）。

资料来源：DSM－5；American Psychiatric Association，2013.

（2）病因。

图雷特氏障碍的病因尚未阐明，近年来的研究报告提示图雷特氏障碍可能是遗传、神经生物、器质性以及社会心理因素在发育过程中相互作用的结果。

a. 遗传因素。

家系及双生子的研究结果为遗传因素在图雷特氏障碍发病上所扮演的重要角色提供了强有力的证据（Pauls，Fernandez，Mathews，State，& Scharf，2014）。图雷特氏障碍患儿家族成员中患抽动症或图雷特氏障碍的较为多见，其发生率为10%～66%。以往双生子研究结果表明，单卵一致性为50%～77%，双卵一致性为10%～23%（Price，Kidd，Cohen，Pauls，& Leckman，1985）。但是，近年来双生子研究发现，单卵/双卵发病的一致性有所减少（Bolton，Rijsdijk，O'Connor，Perrin，& Eley，2007）。谱系研究认为，传递模式为常染色体显性遗传，主基因呈不完全外显性。基因作用的位置可能是中脑多巴胺能系统。一般认为图雷特氏障碍遗传方式可能是常染色体显性遗传或多基因遗传，外显率存在性别差异。也有研究发现，图雷特氏障碍可能与DLGAP3基因有关，与基因位点rs11264126以及包含rs11264126和rs12141243的单倍型有关（Crane et al.，2011）。

b. 神经生物因素。

研究发现，图雷特氏障碍的生化异常可能涉及中枢神经递质的活性和嘌呤代谢这两个系统，图雷特氏障碍的病因可能是中枢神经递质功能失调，包括中枢的多巴胺能、5-羟色胺能、去甲肾上腺素能、胆碱能、γ-氨基丁酸能及阿片系统。图雷特氏障碍的主要病理部位可能为纹状体多巴胺能系统的靶细胞膜受体，临床观察发现，图雷特氏障碍患儿服用阻滞多巴胺D2受体的抗精神病药物，如氟哌啶醇、匹莫齐特（哌迷清）等，可使症状减轻。由于图雷特氏障碍患儿尿中去甲肾上腺素代谢产物有所降低，因而有研究者认为，图雷特氏障碍与去甲肾上腺素功能失调有关。有报告称图雷特氏障碍患儿脑脊液中3-甲氧基4-羟基苯乙二醇（MHPG）水平较高，而MHPG恰是去甲肾上腺素代谢的主要产物。另外，研究发现5-羟色胺的主要代谢产物5-羟吲哚乙酸（5-HIAA）在某些图雷特氏障碍患儿脑脊液中含量较低，这是由5-羟色胺受体超敏所致反馈抑制或因5-羟色胺神经元本身脱失引起的。图雷特氏障碍患儿也可能存在乙酰胆碱不足、活性降低，导致中枢神经系统多巴胺与乙酰胆碱之间的平衡失调。虽然目前尚难直接确定图雷特氏障碍和乙酰胆碱代谢异常有关的证据，但有研究者发现至少一些与γ-氨基丁酸和乙酰胆碱相关的基因是和图雷特氏障碍的发病有关联的（Tian et al.，2011）。

c. 器质性因素。

许多研究显示，图雷特氏障碍属于器质性疾病。约50%～60%的图雷特氏障碍患儿有脑电图非特异性异常，并且伴有神经系统阳性软体征，脑电图改变主要是慢波或棘波增加。影像检测发现某些患儿有脑室轻度扩大、外侧裂明显加深、透明隔间腔、脑皮层轻度萎缩等现象。亦有报告称，图雷特氏障碍患儿存在左侧基底节体积缩小、脑半球对称性异常现象。还有研究者发现，患有图雷特氏障碍的儿童的脑电图复杂程度要低于正常儿童，这可能是因为患者大脑之间的联结受阻（Weng et al.，2017）。PET研究发现，图雷特氏障碍患儿双侧基底节、额叶皮层、颞叶的葡萄糖代谢过度。近年来的研究认为，基底节和边缘系统的特殊部位发育异常可能是图雷特氏障碍的原因。这些脑区的发育受性激素的控制，并间接地受兴奋性氨基酸神经递质的影响。

d. 社会心理因素。

图雷特氏障碍起因可能与应激因素有关，如受到强烈的精神创伤或其他重大生活事件的影响。母孕期应激事件、母子关系异常、遭受排斥、应激性生活事件等是以后发生抽动障碍的危险因素。出生后的应激可增加有遗传易感性个体的发病可能性或使症状加重。

（3）治疗。

相对于儿童青少年期的其他疾病，图雷特氏障碍的治疗效果可以说是令人满意的，主要的治疗方法包括药物治疗和心理治疗。药物治疗首选氟哌啶醇（Huys et al.，2012)。根据年龄大小、治疗效果以及出现的不良反应，不同的儿童应在医生的指导下适当调整用药剂量。由于图雷特氏障碍相对于其他抽动障碍而言病程较长和严重，因此需要较长时间服药才能控制症状。其他药物（比如，哌迷清、氟奋乃静、舒必利）等也可使用（Huys et al.，2012)。

心理治疗也是图雷特氏障碍治疗的重要组成部分，主要方法包括行为治疗、支持性心理咨询、家庭治疗等。心理治疗能帮助患儿的家长和老师理解疾病的性质和特征，减缓或消除父母的担心和焦虑，教导患儿周围的人认识这种疾病并非患儿调皮、故意做作，以取得他们的合作与支持，从而帮助患儿达成良好的社会适应。近年来，不少研究强调对抽动障碍（包括图雷特氏障碍）进行全面的行为干预。其中，习惯消除训练（habit reversal training，HRT）就是重点的治疗成分（Singer，2010)。这样的行为治疗可减轻图雷特氏障碍的抽动症状。如对于发声抽动患儿可进行闭口、有节奏缓慢地做腹式深呼吸等训练，从而减轻抽动症状。另外也有研究和临床经验表明，我国传统医学中的针灸疗法对图雷特氏障碍也有较好的疗效（Ma，Liu，Yu，& Chen，2006)。

由于治疗方法较为明确，图雷特氏障碍一般预后良好。部分患儿的抽动症状可随年龄增长自行缓解，大多数患儿的症状则可以使用药物控制。对于图雷特氏障碍患儿来说，抽动症状本身可能不会带来太大的影响，但其继发的学习困难、个性发展问题和社会退缩或敌对等问题则明显会给患儿的成长造成极大的伤害，因此尽早进行药物控制和心理治疗是十分必要的。

2. 其他抽动障碍

DSM-5描述的抽动障碍还有另外三种类型，其划分的依据为病程是否长于1年和症状是否兼有两种抽动表现，根据第一个标准可得到短暂性抽动障碍（病程短于1年），根据第二个标准可得出图雷特氏障碍（两种症状兼有，可不同时出现）和慢性运动抽动或发声抽动障碍（存在两种症状的某一种）。对于这种分型，有研究者提出了质疑。从临床角度分析，这种人为的分型并不切合实际。因为一般的图雷特氏障碍患者在发病2～3个月后即被家属送到医院，药物治疗后疗效显著，这就给分型带来困难。另外，许多患者的发声抽动仅表现为干咳、清嗓子，而且这些症状也可用意志暂时控制，因此很容易被忽视，从而造成漏诊。在这种情况下，有学者建议将抽动障碍分成简单抽动症和多发性抽动症两型，但至今尚未得到公认。

尽管如此，各种分型的抽动障碍都属于同一疾病进程，只是病情程度有差别而已，它们在病因、治疗及预后等方面都比较相似，因此，本书仅将其他抽动障碍的临床表现列表介绍。见表14-5。

表 14-5　**其他类型的抽动障碍**

	短暂性抽动障碍	持续性（慢性）运动或发声抽动障碍	未分型抽动障碍
临床表现	抽动障碍中较多见的一种类型，大多数表现为简单性运动抽动，一般以眼、面肌抽动为多见，在数周或数月内症状波动或部位转移，可向颈部或上下肢发展。常见表现为眨眼、挤眉、翻眼、皱额、咬唇、露齿、张口、点头、摇头、伸脖、耸肩等动作。少数表现为单纯发声抽动，如单纯反复咳嗽、哼气或清嗓子等。症状持续至少 4 周，病程不超过 1 年。抽动症状频率和症状严重程度不一，通常对患儿日常学习和适应环境无明显影响。	从该障碍的命名来看，其最大的特征为病程较长，至少超过 1 年，在发病期间，没有连续 3 个月症状自行缓解的情况，并且运动抽动或发声抽动单一出现，18 岁前起病。	不满足图雷特氏障碍、短暂性抽动障碍和慢性运动或发声抽动障碍诊断标准的抽动障碍。
患病率	据报告，学龄儿童患病率约为 7.8%，青少年患病率约为 3.4%（Gadow，Nolan，Sprafkin，& Schwartz，2002）。男性发病较多，起病年龄多见于 4～7 岁。国内无明确资料，温州地区（郑荣远等，2004）和长沙地区（朱炎等，2003）的调查表明患病率分别为 0.34% 和 7.7%，男性发病较多。	无明确流行病学资料，温州地区（郑荣远等，2004）和长沙地区（朱炎等，2003）的调查表明患病率分别为 0.27% 和 4.72%，男性发病较多。	无明确流行病学资料。

（三）品行障碍和对立违抗障碍

在儿童青少年期精神障碍中，在行为方面有突出表现的障碍尤其引起了人们的关注，如注意缺陷/多动障碍的多动-冲动型，患者过分的表现很容易引起父母及他人的注意，同时，这些行为表现一般来说都会引发各种冲突。除去注意缺陷/多动障碍外，另一种常见的以行为表现为主的儿童青少年期精神障碍就是品行问题（包括品行障碍和对立违抗障碍），由于目前大量的儿童青少年仍然继续表现出反社会、破坏性和暴力的行为，而且全世界为此付出的代价也极为惨重，因此理解品行问题的本质和帮助患有品行障碍的儿童青少年已经成为迫切的需要，本书将就此问题作简单介绍。

1. 临床描述

儿童和青少年品行问题表现为与年龄不符的不恰当行为和态度，这些行为和态度违背家庭愿望和社会规范，侵犯他人的人身权和财产权，主要涉及广泛的违规行为，从抱怨、诅咒、脾气暴躁到严重破坏、偷窃，甚至暴力。

品行障碍的诊断标准

1. 一种重复和持续的、侵犯他人的基本权利或违反与其年龄相适合的重要社会标准或规则的行为模式。在过去 12 个月中出现以下标准中的 3 项（或以上），而在过去 6 个月内至少出现其中 1 项。

对人和动物的攻击：

（1）经常欺负、威胁或恐吓其他人。

（2）经常挑起打架。

（3）曾对他人使用导致严重身体伤害的武器（例如棍棒、砖头、破瓶子、小刀、枪等）。

（4）曾残忍地伤害他人。

（5）曾残忍地伤害动物。

（6）曾面对受害者进行偷窃或抢劫（例如，背后袭击抢劫、攫取钱包、敲诈勒索、持凶器抢劫）。

（7）曾强迫他人与自己发生性行为。

破坏财产：

（8）故意纵火，目的是造成严重危害。

（9）故意破坏他人财产（除了纵火）。

欺骗或行窃：

（10）曾破门闯入他人的房子、建筑物或汽车。

（11）经常撒谎以骗取物品或好处而不履行义务（“哄骗”人）。

（12）曾经偷窃价值不菲的物品，但没有当着受害者的面（例如，做商店扒手，而不是破门而入；伪造）。

严重违反规定：

（13）经常不顾父母的反对在外过夜，在13岁前就开始。

（14）住在父母或父母的代理人家中的时候，曾经至少两次离家出走，在外过夜（或有一次离家很长时间没返回）。

（15）经常逃学，在13岁前就开始。

2. 此行为障碍在社交、学业或职业功能方面导致有临床意义的损害。

3. 如果个体的年龄在18岁及以上，则须不符合反社会型人格障碍的诊断标准。

资料来源：DSM－5；American Psychiatric Association，2013.

对立违抗障碍的诊断标准

1. 一种愤怒的/易激惹的心境、争辩/对抗行为，或报复模式，持续至少6个月，以下列任意类别中至少4项症状为证据，并表现在与至少1个非同胞个体的互动中。

愤怒的/易激惹的心境：

（1）经常发脾气。

（2）经常是敏感的或易被惹恼的。

（3）经常是愤怒的和怨恨的。

争辩/对抗行为：

（4）经常与权威人士辩论，或儿童和青少年与成人争辩。

(5) 经常主动地对抗或拒绝遵守权威人士或规则的要求。

(6) 经常故意惹恼他人。

(7) 自己有错误或不当行为却经常指责他人。

报复：

(8) 在过去 6 个月内至少 2 次是怀恨的或报复性的。

2. 该行为障碍与个体和他人在他目前的社会背景下（比如，家人、同伴、同事）的痛苦有关，或对社交、教育、职业或其他重要功能方面产生了负面影响。

3. 这些行为不出现在精神病性、物质使用、抑郁或双相障碍的病程中。并且，也不符合破坏性心境失调障碍的诊断标准。

资料来源：DSM－5；American Psychiatric Association，2013.

在品行障碍和对立违抗障碍之间存在许多重叠，然而它们也有不同。对立违抗障碍症状大约在 6 岁时出现，而品行障碍症状则晚出现 2～3 年。大多数对立违抗障碍患儿并没有进一步发展出更严重的品行障碍，但即便没有发展出品行障碍，也会带来罹患焦虑障碍、抑郁障碍的风险，还会增加成人期出现适应问题的风险，包括反社会行为、冲动控制问题、物质滥用等。相反，品行障碍个案差不多都以对立违抗障碍为先导，并且几乎所有的品行障碍患儿都持续表现出对立违抗障碍的症状。大量研究表明，具有品行问题的儿童青少年普遍存在冷酷无情的特质，他们缺乏负罪感，没有同情心，不表露感情，不遵守诺言。另外，加上自恋和冲动的特质，他们极易表现出反社会和攻击行为。

对立违抗障碍的症状通常首先出现在学龄前，很少出现于青春期早期之后，其患病率从 1%到 11%变化，平均患病率大约为 3.3%。在某种程度上，青春期前，男孩似乎比女孩更容易患病（1.4：1）。品行障碍的患病率估计为 2%到 10%以上，在不同民族和种族中，品行障碍的患病率相当一致。从儿童期到青春期，品行障碍的患病率有升高的趋势，男孩比女孩更高。但是性别差异在 15 岁左右减少或完全消失，青春期女孩的品行问题增加，主要表现为隐蔽的非攻击性反社会行为的增加（如偷窃、撒谎和离家出走等）。尽管如此，男孩的暴力倾向仍然更为明显。至于性别差异的确切原因，目前仍不清楚。

目前，对于品行障碍和对立违抗障碍的流行率，我国还没有全国性的调查数据。张雯菲（2010）对辽宁省 6～17 岁儿童青少年的精神障碍流行病学调查发现，品行障碍和对立违抗障碍的流行率分别为 0.11%和 0.17%。

2. 病因

关于品行障碍，没有简单或单一的原因。图 14－4 描述的是品行障碍的成因结构图。

基于其自身的特点（遗传的、神经生物的、社会认知的），个体在与家庭、学校、社会等各种环境的交互中，受不同因素影响而发展出品行障碍。其中家庭因素备受关注，包括严加管束、缺乏家长照看、婚姻矛盾、家庭孤立及家庭暴力。然而，家庭因素和儿童青少年品行障碍的关系非常复杂，不能仅仅考虑儿童自身特点和环境因素，如与婚姻冲突有关的情况，包括压力、抑郁、与父母一方失去联系、经济困境和在家庭中要负更大的责任都会促成品行障碍的形成。另外，相互影响也是认识家庭因素对品行问题形成的作用时需要铭记的，一些儿童的攻击行为无疑会影响其父母的情绪，父母又会对这些行为表现出强烈的反应，反过来父母的愤怒或苛刻则会进一步增加儿童的敌意和攻击行为。

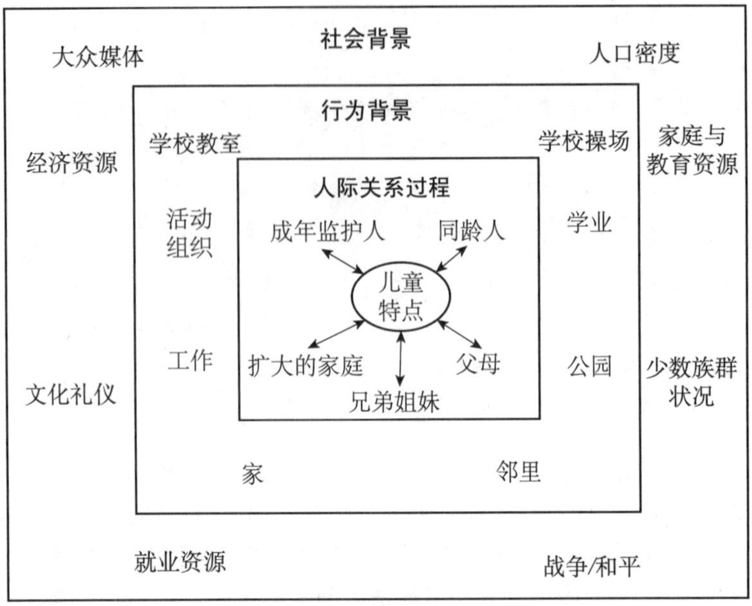

图 14-4　品行障碍成因结构图

3. *治疗*

品行障碍不仅会给儿童青少年及其周围的人带来伤害，更严重的是，品行障碍会在一生中无限制地发展。许多有品行障碍的儿童，到了成年期继续表现出犯罪行为、精神疾病问题、社会适应困难、健康不良、劳动力丧失等问题，往往给社会带来很大的危害，因此，治疗显得尤为迫切。

然而，当有品行障碍的儿童青少年表现出一些反社会行为后，他们总是会被送去各种机构进行教育或治疗，这些治疗（大多是限制性的办法，如寄宿治疗、关禁闭、进入少管所等）却收效甚微，因为它们可能没有触及问题形成的复杂原因。

有研究者认为，最有前途的治疗方法是综合使用各种方法的治疗，包括个人、家庭、学校和社区环境。有效的治疗原则为：对刚开始表现出品行障碍的年幼儿童进行早期干预；对年龄较大、出现障碍时间较长的青少年进行持续性干预，帮助他们和他们的家庭应对许多社会、情绪和学业问题。表 14-6 提供了三种已被证实有效的治疗方法。

表 14-6　品行障碍治疗方法

治疗方法	观点
家长管理培训	训练家长用行为问题处理技巧来改变儿童青少年在家里的行为。着重促进亲子互动和提高家长的管教技巧。
认知问题-解决技能训练	识别儿童在社交情境中的认知缺陷和扭曲，提供指令、练习和反馈来教他们新的处理社交情境的办法。教儿童学会评估情境，改变他对其他孩子的动机的归因，使他对别人的感受更敏感些，从而能找到灵活的和更恰当的解决办法。
多系统培训	一种吸收其他各种治疗方法的强化方法，例如，家长管理培训、认知问题-解决技能训练和婚姻治疗，还有特别干预，如特殊教育及参与物质滥用治疗计划或法律服务。

资料来源：Calin，Muscalu，& Macovei，2014.

第三节　自闭症谱系障碍

案例

小小出生几个月之后，家里人发现小小的眼神不会随着家里人的呼唤而做出注意反应，但当时没有在意。小小两岁的时候，家里人发现他和其他孩子的发展进程不太一样，小小不如同龄的孩子喜欢玩闹，也不太会用语言表达自己，别的孩子两岁多会说断断续续的话语，并通过喜怒哀乐和家人用情绪情感来表达自己，但小小好像不太常有这种表达。家里人叫他，他通常不会有眼神或者身体回应，重复的呼唤才会让小小做出一些身体上的回应。小小的家长和周围的朋友都认为，可能孩子发育得比较慢，长大就会好了，加上小小父母忙于工作，爷爷奶奶对此重视度不高，因此一直没有去医院进行过专业诊断。进入幼儿园后，老师时常反映小小不能和其他小朋友一样完全听懂老师的指令，并不太会对学习的知识做出反馈，表现出一定程度的智力问题，建议小小的父母带小小去专业医院进行诊断。

案例故事中的小小就是一个患自闭症的儿童，自闭症是一种神经发育障碍。在DSM-5中，继续沿用“自闭症谱系障碍”（autism spectrum disorder，ASD）。自闭症谱系障碍是一组以交流、语言障碍和行为异常为特征的神经发育障碍。ASD区别于其他神经发育障碍的核心症状是社交障碍，不同患者个体在各主症状的轻重、整体病情严重程度以及智力发育方面存在差异，同时病情可随时间推移发生变化。有些患有自闭症谱系障碍的青少年容易出现焦虑和抑郁。

自闭症谱系障碍诊断标准

1. 在多种场合下，社交交流和社交互动方面存在持续的缺陷，表现为目前或历史上的下列情况（以下只是示范举例，并非全部情况）：

（1）社交情感互动中的缺陷，比如，从异常的社交接触和不能正常地来回对话到兴趣、情绪或情感分享的减少，再到不能启动或对社交互动做出回应。

（2）在社交互动中使用非语言交流行为的缺陷，比如，从语言和非语言交流的整合困难到异常的眼神接触和身体语言，或从理解和使用手势方面的缺陷到面部表情和非语言交流的完全缺乏。

（3）发展、维持和理解人际关系的缺陷，比如，从难以调整自己的行为以适应各种社交情境的困难到难以分享想象的游戏或交友的困难，再到对同伴缺乏兴趣。

2. 受限的、重复的行为模式、兴趣或活动，表现为目前的或历史上的下列2种情况（以下是示范性举例，而非全部情况）：

（1）刻板或重复的躯体运动、物体或言语使用（比如，简单的躯体刻板运动、玩具摆放或物体翻转、模仿言语、特殊短语）。

（2）坚持相同性，缺乏弹性地坚持常规或仪式化的语言或非语言的行为模式（比如，对微小的变化会感觉到极端痛苦，难以转变，僵化的思维模式，仪式化的问候，需要走相同的路线或每天吃同样的食物）。

（3）高度受限的固定的兴趣，其强度和专注度方面是异常的（比如，对不寻常物体的强烈依恋或先占观念，过度的局限或持续的兴趣）。

（4）对感觉输入的过度反应或反应不足，或在对环境的感受方面不寻常的兴趣（比如，对疼痛/温度的感觉麻木，对特定的声音或质地的不良反应，对物体过度的嗅或触摸，对光线或运动的凝视）。

3. 症状必须存在于发育早期（但是，直到社交需求超过有限的能力时，缺陷可能才会完全表现出来，或可能被后天学会的策略掩盖）。

4. 这些症状导致社交、职业或目前其他重要功能方面的有临床意义的损害。

5. 这些症状不能用智力障碍（智力发育障碍）或全面发育迟缓来更好地解释。智力障碍和自闭症谱系障碍经常共同出现，做出自闭症谱系障碍和智力障碍的合并诊断时，其社交交流应低于预期的总体发育水平。

资料来源：DSM－5；American Psychiatric Association，2013.

一、临床描述

思考：自闭症谱系障碍的核心特征有哪些？

从上述诊断标准来看，自闭症谱系障碍的核心特征有三个：社交功能损害、沟通能力损害和重复的兴趣、行为模式。这三方面的缺陷互相联系，影响了儿童的社会-情感、语言和认知发展。这些症状在儿童早期出现，功能性损害的程度会因为阶段不同有所不同。许多个体有语言缺陷，其范围可以从言语完全缺乏到语言迟缓、对语言的综合理解力差、模仿性语言或生硬而过于书面化的语言等；即使正规的语言技能（比如，词汇和语法）是完整的，在自闭症谱系障碍中用于相互交流的语言使用也受到了损害。社交情感互动中的缺陷可能表现为极少或没有社交互动，也没有情绪分享，伴有对他人行为模仿的减少或缺乏。语言内容经常是单向的，缺乏社交互动，且被用来表达需求或标记而不是给予评论、分享感受或交谈。用于社交互动的非语言交流的缺陷表现为眼神接触、手势、面部表情、身体定位或语言语调等方面的缺乏、减少或不合常规的使用。自闭症谱系障碍的早期特征是联合注意力的损害，其表现为缺乏指示、展示或将物品与他人分享，或不能跟随他人的指示或眼睛的注视。

核心诊断特征在发育阶段很明显，该障碍的表现依据自闭症状态的严重程度、发育水平和生理年龄不同也会差别很大，因而使用术语“谱系”来表达。自闭症谱系障碍包括早期婴儿自闭症、儿童自闭症、坎那（Kanner）自闭症、高功能自闭症、非典型自闭症、未定型的广泛发育障碍、儿童期瓦解障碍和阿斯伯格综合征。

虽然有些自闭症儿童有平均或高于平均水平的智力，但他们在与他人的关系方面却有非常严重的困难。从很小的时候开始，他们就不能模仿别人，对社交刺激的敏感性受到限制，无法与他人分享注意焦点，更不能理解别人的情感，这些对社交发展至关重要的技能缺乏导致他们根本无法和他人建立最基本的关系，因此，长大后他们几乎没有社交行为，对他人的行为和感受也没有反应。这种冷淡的反应具有普遍性，包括对他们的父母，因

此，有研究者认为这反映了他们建立依恋关系的失败。但是近期的研究则发现，自闭症儿童形成依恋关系的能力并没有被完全破坏，大部分自闭症儿童对其照顾者的反应比对不熟悉的人显得热烈，只是可能他们对社会信息和反应的能力欠缺，他们不懂得该如何反应，从而使得他们看上去好像没有依恋。

自闭症谱系障碍儿童在很早便表现出沟通和语言方面的严重异常，而且这种异常会持续存在。自闭症谱系障碍儿童最早的语言障碍的征兆之一就是他们在运用早期非言语性沟通方式时的不一致。在会说话之前，他们不能像正常儿童一样使用面部表情、发声和姿势表达自己的意愿。当自闭症谱系障碍儿童开始使用语言时，他们对声音和单词的使用是很奇怪的。在早期阶段，他们经常会使用一种高音调、类似鸟一样的尖叫声。后来，言语的发展会出现长时期的滞后以及无意义的言语重复。几乎有一半的自闭症儿童没有发展出任何有用的语言，他们的语言通常被教师形容为荒谬的、语无伦次的和毫不相干的。除此之外，他们还有其他性质的语言障碍，包括代词颠倒（儿童重复他们确实听到的人称代词时，不能进行适合情境的代词转换）和模仿言语（儿童鹦鹉学舌般重复听到的词或词组）。虽然模仿言语被认为是病理性的，但有研究者认为它实际上是很多自闭症儿童获得语言的关键性一环。自闭症谱系障碍儿童在沟通和语言方面的严重损害表现在语用学方面，即他们不能理解词语或语句字面意思外的深层含义。

重复僵化的行为模式也是自闭症谱系障碍儿童的一个核心特征。一些儿童喜欢所有的事物都保持原样，如果稍有变化，他们就会暴跳如雷。这种对固定状态的极度偏好叫作相同性维持（maintenance of sameness）。有的儿童会对某个或某些物体表现出极度的依恋，一旦拿走这些物体，他们就会尖叫，甚至用头撞向地板。有些儿童会展现出自我刺激行为，这是一类重复的身体运动或物体运动，包括视觉、听觉、触觉、味觉、嗅觉和前庭的各种形式，如拍手、闻物品、摇摆等。

自闭症谱系障碍儿童的智力变化很大，从极重度智力低下到智力超常。虽然有些自闭症患者智力超常，并经常获得媒体的关注，但是，大约 80%的自闭症儿童都存在智力缺陷。智力是反映预后的一个重要指标，IQ 分数较高的儿童能在教育和治疗中获得更大的进步。尽管他们的智力存在缺陷，但是有少数自闭症谱系障碍儿童发展出了孤立的且经常是非凡的特殊才能，如在拼写、算术、音乐和美术等方面。这一“白痴学者”现象可能说明人类有许多相互分离的心理能力。然而，不幸的是，大部分这些孤立的特殊才能不能建设性地改善自闭症谱系障碍儿童的日常生活。

自闭症谱系障碍不是一种退行性疾病，且通常需要终生的学习和代偿策略，症状经常在儿童早期和学龄期早期最明显。在青少年时期，有一小部分个体会出现行为方面的恶化，但是大多数个体可以改善。只有少数有自闭症谱系障碍的个体在成人期可以独立地生活和工作，但是，就算是这样的个体也仍有可能表现出社交幼稚和易受伤害，在没有帮助时难以处理实际需求，且容易感到焦虑和抑郁。

国外有关自闭症谱系障碍的流行病学结果显示，近 40 年来，其发病率呈稳定增长的趋势（Baron-Cohen et al.，2009）。近年来，自闭症谱系障碍的患病率已经接近1%，儿童和成人群体中的估计值相似，自闭症谱系障碍发生的男女比例大致为4∶1（Fonbonne，2005；徐光兴，2007）。但是，这一高患病率的情况是反映了DSM-Ⅳ诊断标准的扩大以至包括了非临床案例、增加了公众知晓度、研究方法学的情况，还是自闭症谱系障碍的患病率出现了真正增长的情况，目前尚不清楚。

我国目前没有全国性的流行病学资料，中国残疾人普查报告数据显示，平均每500个儿童中就有一个是自闭症患者（黄秋平，2013）。2010年，广东省残疾人联合会公布的数据显示，广东省自闭症的发病率为0.67%（黄秋平，2013）。有研究者于2011年对广州市区学龄前儿童的调查结果发现，自闭症的发病率为1/133（王馨等，2011）。虽然，我国各地的发病率呈逐渐上升的状态，但是与其他国家或地区相比，其发病率还是比较低的。在IQ正常的自闭症患者中，性别差异比较明显，但是，在极重度智力低下的自闭症患者中，男女比例相近。因此，虽然女孩比男孩少患自闭症，但是只要她们患上自闭症，那就比较严重。

二、病因

关于自闭症谱系障碍病因方面的研究已经很多，但迄今为止，还没有一个总结性的答案。自闭症是一种复杂的病症，所以，关于其病因的理论很多也不足为奇。一个概括性的观点认为自闭症没有单一的原因（Rutter，1978）。许多的社会心理因素和生物因素共同导致了自闭症患者的异常行为。

（一）社会心理因素

在对自闭症病因的早期研究中，父母的教养失败和特殊的个性特征被认为是罪魁祸首，有些研究者认为自闭症儿童的父母大都是完美主义的、冷淡的、机械的，并且具有相对较高的社会经济地位和智力水平。随着人们对自闭症认识水平的提高，认为自闭症源自儿童对聪明、冷淡和敌对的父母做出的防御退缩的观点并没有得到证实。

另外一些关于自闭症病因方面的理论基于某些个体的异常言语模式——他们一般很少使用第一人称（I，me），而用第三人称（he，she）代替。一些理论家认为，在自闭症患者的世界里根本就没有“自己”，只有“他们”。因此其结论是，自闭症患者所表现出来的这种退缩（withdraw），反映了自我存在意识的缺乏。然而后来的研究表明，有的自闭症患者也拥有自我意识（Dawson & McKissick，1984；Spiker & Ricks，1984），且其遵循一定的发展进程。近年来，也有研究者从心理理论（Theory of Mind，ToM）的角度去解释，认为自闭症个体的心理理论功能受损，从而导致自闭症个体的社会沟通和交流问题（Boucher，2012）。

到目前为止，很少有研究者认为心理或社会影响对自闭症的发展起着主要作用，而有关自闭症的生物学原因则得到了较多实证研究的支持。

（二）生物因素

现在，研究者都倾向于认为自闭症谱系障碍是一种多原因、有生物学基础的神经发育性障碍。为了解这种障碍，我们必须考虑早期发育的问题、遗传的影响以及神经心理和神经生物方面的因素。

自闭症儿童在胎儿期、出生或新生儿各个阶段都比其他儿童有更多的健康问题。早产、孕期出血、毒血症、滤过性病毒感染以及出生后活力缺乏等都是一些危险因素，虽然它们不是自闭症谱系障碍的主要原因，但这些可以提示，胎儿和新生儿的发育过程确实受到某种一般性的威胁。

遗传影响主要来自基因和染色体异常。在2%～3%的自闭症儿童中发现有脆性X染色体异常，这导致人们对与自闭症相关的染色体异常的关注提高。然而，这些异常并不能指出自闭症的特殊基因位点，因为自闭症几乎与所有染色体的异常有关。另外，大约25%或更多患有结节性脑硬化的儿童患有自闭症，大约1%～4%的自闭症儿童患有结节性脑硬化，这一事实提示，自闭症和结节性脑硬化这种单基因异常疾病关系紧密。虽然潜在的机制尚未知晓，但如果结节性脑硬化的基因突变正好发生在与自闭症的发展有密切关系的大脑区域，而且又正好是在神经发育的关键时期，那么自闭症就会出现。一些家系研究和双生子研究都显示，自闭症潜在易感性的遗传率高于90%。令人兴奋的是，最新的分子遗传学研究已经确定了自闭症的可能易感性基因在第7对染色体上，另外，第15对染色体也进入了研究之列，新的研究将大大增加我们对这种障碍的了解。

大脑影像研究也已经找到了自闭症脑部发育的结构和功能异常，或与其症状有关的局部脑损伤，如额叶皮层异常、小脑结构异常、中颞叶异常以及有关的边缘系统结构异常。最新研究发现，同样的病因学机制可以引发自闭症不同基因表型的表现，因此，有研究者在DSM－5诊断标准（社交交流和社交互动损害，重复性的、刻板的行为模式）上，提出整合模型，认为是以下两个方面的联合作用造成了自闭症：（1）脑干中脑桥的发育不良，从而引发神经管的闭合，脑桥微结构异常直接影响到相关脑区的结构和功能发展，以及影响其与杏仁核之间的连接；（2）围产期γ-氨基丁酸的缺乏导致发育问题，而γ-氨基丁酸转化的损坏不仅会导致神经网络抑制性加工过程的损害，还会引发异常的脑细胞结构（Inui，Kumagaya，& Myowa-Yamakoshi，2017）。同时，对自闭症患者大脑代谢的神经影像研究也显示，额叶和颞叶的血流量下降，脑皮层和皮层下区域之间的功能联系减少，以及额叶皮层成熟延迟，这与临床上发现的自闭症患者存在执行功能缺陷是一致的。

自闭症的另一个可能的生物学病因是神经传递的缺陷。当神经递质活动不正常时，大脑就不能有效地将信息从一个神经元传递到另一个神经元。这就会产生在自闭症儿童身上观察到的行为与认知的异常。研究者已发现，自闭症儿童与非自闭症儿童的儿茶酚胺、多巴胺和5-羟色胺的水平是不同的。迄今为止，最可靠的证据是自闭症儿童的5-羟色胺水平的升高。但其他发现提出，自闭症儿童存在大脑左右半球5-羟色胺的不平衡。一项研究使用PET扫描显示出这种5-羟色胺的不平衡，自闭症儿童的大脑的左侧皮层和丘脑的5-羟色胺水平要低于右脑。也有研究者发现，自身机体解毒机制的受损会导致氧化应激、肠道失调和免疫功能失调的表现，而主要使用生物学方法来医治自闭症的医生则发现自闭症个体通常伴有氧化应激和免疫系统方面的问题，因此，解毒机制可能在自闭症发展过程中起到一定作用（Alabdali，Al-Ayadhi，& El-Ansary，2014）。

近年来，对于自闭症谱系障碍的研究逐渐增多，更多的是采取多方向、多维度的交互作用导致自闭症谱系障碍的观点。比如，有研究对以往自闭症谱系障碍研究进行文献综述后发现，越来越多的证据支持自闭症谱系障碍的产生可能是母亲在怀孕期间免疫系统被激活以及胚胎期大脑的表观遗传之间相互作用而产生自闭基因表型所致（Nardone & Elliott，2016）。但是，由于导致自闭症的原因（不管是社会心理，还是神经生物因素）错综复杂，所以对于自闭症谱系障碍的病因不能盖棺定论，需要进一步的探索过程。

三、治疗

据统计，目前已有33种比较常见的对自闭症谱系障碍进行干预的理论与方法（黄伟合，2008）。其中，应用行为分析（applied behavior analysis，ABA）疗法获得了最多的实验支持，将高密度的ABA训练用在自闭症谱系障碍患者身上效果非常显著（Geschwind，2009）。辛普森（Simpson，2005）根据美国21世纪有关教育法案中循证实践（evidence-based practice）的要求，使用了6种指标对这33种干预的理论与方法进行了系统的评估：（1）干预所取得的效果；（2）干预人员的训练；（3）干预的方法；（4）干预治疗所产生的不良反应；（5）干预所需的费用；（6）评估干预效果的方法（引自陈顺森，白学军，张日昇，2011）。但是这些治疗方法在严格的科学检验中，能够达到被科学检验要求的方法并不多，尤其是在生物治疗方面，人们还没有发现有效治疗自闭症的医学方法。有研究者认为，自闭症患者承受着生物学缺陷带来的痛苦，虽然他们不能被治愈，但我们可以做很多事情来改善他们的生活。因此，越来越多的专家和机构倾向于使用心理社会治疗来帮助自闭症患者，其中大部分的治疗是针对儿童潜力的最大化和帮助儿童及其家庭应付缺陷。

应用行为分析是指人们在尝试理解、解释、描述和预测行为的基础上，运用行为改变的原理和方法对行为进行干预，使其具有一定社会意义的过程。与传统的行为疗法相比，应用行为分析非常强调个体化，即强调针对不同的自闭症个体采用不同的刺激和强化策略。应用行为分析的基本原理就是“反应与强化”，目的在于减轻自闭症的核心症状（社交交流和互动方面的缺陷）（陈顺森，白学军，张日昇，2011）。应用行为分析将所要进行训练的行为内容（包括注意、基本识别、语言交流、日常生活、社会化、游戏、精细动作和大运动控制等）分解为小单元来进行训练，每周30～40小时（Zachor，Ben-Itzchak，Rabinovich，& Lahat，2007）。这也是应用行为分析的一个特点，就是从个体的需要出发，采用前提-行为-结果的模式消除问题行为或塑造社会适应行为（陈顺森，白学军，张日昇，2011）。

教自闭症儿童学习适当的社会行为在治疗中占有重要的地位。对于大多数自闭症儿童来讲，通过模仿和观察进行学习，适恰地表达情感，正确地参与社交游戏，学习特殊的社交技能如排队和分享，以及允许他人和自己共同参与活动，都是需要学习的重要社会行为。治疗师可以将儿童觉得开心或有用的动作、活动和事件、人匹配起来增强治疗的效果。另外，正常儿童或自闭症儿童的兄弟姐妹作为同伴训练员参与进来也有助于他们的社会行为进步。

在沟通技能训练领域，几种策略已经被用来帮助自闭症儿童更为适当地运用语言（White，Keonig，& Scahill，2007），操作性言语训练和手语训练是两种常用的方法。前者是一种逐步提高行为频率的方法，如增加儿童的发音，教他们理解单词的意思，提出语言要求和表达愿望，促进他们更自发且更功能性地运用言语去影响别人及更好地进行沟通。后者是对前者的辅助，同步的训练可能对那些单一使用言语训练效果不佳的儿童更为恰当。另外，家庭干预也显得相当重要。一方面，教会父母科学的训练方法可以使自闭症儿童在生活的任何一个时间点和任何一个地点都得到有益的帮助；另一方面，养育自闭症儿童的父母本身承受着巨大的压力，为他们提供咨询帮助不仅可以使他们自身得以放松，更重要的是，这样他们才可能更为积极和精力充沛地去应对这一重大的缺陷。

在对自闭症儿童治疗之前，必须考虑自闭症儿童的症状严重程度、语言能力的损害程度和智力功能水平的高低，这样为他们设置相应的治疗目标才会真正有助于他们的进一步发展。对于低功能的自闭症儿童来说，主要的治疗策略通常强调消除有害的行为和努力教儿童学会自理技能、服从简单的要求和规则、基本的社会和情感行为、沟通的需要和适当的游戏。随着儿童年龄的增长，治疗重点将转移到教他们学习与人共处和与工作相关的技能方面。而对于高功能的儿童来说，除去上述目标外，还可以教他们学习语言流畅，教他们在正常班级中所期望的行为和技能，教他们如何与同龄人交往。

通常来讲，治疗的目标针对的是自闭症儿童特殊的社交、沟通、认知和行为的缺陷。在治疗的最初阶段，治疗着眼于与儿童建立亲近关系和教儿童学习准备技能。在这一阶段，有很多方法可以帮助自闭症儿童为治疗打下坚实的基础，如模仿儿童使用玩具能增加指向治疗师的眼神交流、接触和发声。非连续尝试训练和偶发训练也可以加强一些适当的行为。前者是指以逐步方法呈现刺激并要求他们做出回应，后者是指当他们出现了某种适当行为后及时奖励，使其得以巩固增强。在治疗初期，还应对自闭症儿童表现出的破坏性行为（如扔东西、发脾气、自我刺激等）进行有针对性的干预，治疗师经常用来减少破坏性行为的方法包括奖励适当行为、忽略和给予轻微的惩罚。从目前国外的一些较为完善的治疗干预计划来看，对自闭症的治疗越来越趋向综合治疗的方式（Tuchman，Alessandri，& Cuccaro，2010）。当然，上述提到的心理社会治疗是最为关键的。另外，药物治疗也可以帮助缓解一些自闭症儿童伴发的情绪行为问题，比如，双丙戊酸钠可以有效治疗儿童青少年的易激惹（Hollander et al.，2010）。社区的支持性雇佣可以让他们获得自立和融入社会的机会。总而言之，通过各种途径提高他们的社会适应能力已经成为大多数研究者的共识。

第四节　智力障碍

在 DSM－5 中，智力问题包括智力障碍（智力发育障碍）、全面发育迟缓和未定型的智力障碍。智力障碍的诊断等同于 ICD－11 中智力发育障碍的诊断术语，虽然 DSM－5 中一直使用的是“智力障碍”，但也同时将“智力发育障碍”这个诊断术语作为标题，以澄清与其他分类系统的关系。美国联邦法律已经用“智力障碍”替换了“精神发育迟缓”，并且许多研究期刊使用的也是“智力障碍”这个术语。因此，“智力障碍”是被医疗、教育和其他行业以及普通大众共同使用的。

在本节中，着重介绍第一类，也就是智力障碍。智力障碍是在发育阶段发生的障碍，包括智力和适应功能两方面的缺陷，表现在概念、社交和实用的领域中。智力障碍在一般人群中的总体患病率约为1%～3%，并随年龄而变化，严重智力障碍的患病率大约为每1 000人中有6个，男女比例约为1.4∶1～1.6∶1（DSM－5；American Psychiatric Association，2013）。我国儿童患智力障碍的基数较大，是神经科主要的就诊人群（刘静，2013）。

智力障碍（智力发育障碍）的诊断标准

满足智力障碍（智力发育障碍）的诊断标准，必须符合下列3项诊断标准：

1. 经过临床评估和个体化、标准化的智力测评确认的智力功能的缺陷，如推理、问题解决、计划、抽象思维、判断、学业学习和从经验中学习。
2. 适应功能的缺陷导致未能达到个人的独立性和社会责任方面的发育水平和社会文化标准。在没有持续支持的情况下，适应缺陷导致一个或多个日常功能受限，如交流、社会参与和独立生活，且在多个环境，如家庭、学校、工作和社区。
3. 智力和适应缺陷发生在发育阶段。

资料来源：DSM－5；American Psychiatric Association，2013.

案例

强子是一个农村孩子，他今年10岁。同龄的孩子都上三年级了，强子却只能待在家里。他没法跟上同学们的学习进度，从学前班开始，他就远远落后于同学们，考试基本上只能靠碰运气而得到几分，这让爸爸妈妈苦恼不已。他也不太会跟小朋友及大人们交流沟通，似乎听不太懂别人的话。更让爸爸妈妈苦恼的是，他连最基本的穿衣服、吃饭这样的事情都不能完全胜任，需要爸爸妈妈帮助。由此爸爸带强子到省城的医院进行了检查，医生说强子的智力测验分数只有55分，属于智力水平低下的状况。

一、临床描述

思考：相比较DSM－Ⅳ，DSM－5中对于智力障碍的诊断标准做了哪些调整？

智力障碍是有多种病因的异质性疾病。在社交判断、风险评估、行为的自我管理、兴趣或人际关系，或在学校或工作环境中的动机等方面存在相关困难。缺乏沟通技能可能导致破坏性和攻击性行为。容易上当是一个特点，包括社交情况下表现幼稚和容易被他人操纵的倾向。有智力障碍的个体同时出现精神障碍时，存在自杀风险。

患有智力障碍的儿童具有相当广泛的能力与人际品质。其中，绝大部分的轻度表现者，在适当的帮助下，能够在各方面都表现得和其他儿童一样，如进入正常的班级学习、和他人发展有意义且持久的关系等。而小部分严重的患者，在整个童年期甚至持续到成年期，都需要较多的日常管理和照顾，不过在这个过程中，他们仍然可以发展一些独立生活所必需的技能。但是，他们在日常生活的大部分领域存在限制，最明显的困难是学习有效的沟通，因为他们的言语技能有限。除此之外，他们的其他认知能力也会受到相应的影响，因此大部分患有智力障碍的儿童存在某些学习方面的困难。与DSM-Ⅳ不同的是，DSM-5对于智力障碍不再那么强调IQ分数的高低，而是根据患者的智力发展情况、适应功能状况和所需支持多少来综合评估，将智力障碍水平分成四类：轻度、中度、重度和极重度。

第一，轻度的智力障碍。对于学龄前的儿童没有明显的概念化区别；对于学龄儿童和成年人，有学习学业技能的困难（比如，读写、计算、理解时间或金钱方面）；对于成年人而言，其抽象思维、执行功能、短时记忆以及学业技能的功能性使用（比如，阅读、财务管理）是受损的。与正常同龄人相比，患轻度智力障碍的个体在社交方面（比如，交流、对话、情绪调节和行为、社交判断）是不成熟的，并且在实施过程中会有困难，且这种困难是可以被同伴注意到的。在简单的自我照料方面，是和年龄相匹配的；但是，在复杂的日常生活任务方面，是需要一些支持的。

第二，中度的智力障碍。在所有的发育阶段（包括学龄前、学龄期和成年期），个体概念化的技能都显著落后于同龄人。对于学龄前儿童，其语言和学业技能发展缓慢；对于学龄儿童，其阅读、书写、计算和理解时间和金钱方面，在整个学校教育期间都进展缓慢；对于成年人，其学业技能的发展通常处于小学生的水平。与同伴相比，患中度智力障碍的个体在整个发育期，其社交和交流行为（比如，口语交流、发展关系、感受社交线索、社会判断和做决定）明显表现出能力不足，需要显著的支持。作为成年人，可以照顾自己的饮食起居以及参与所有的家务劳动，但是需要很长的教育和时间，才能完成这些事情。

第三，重度的智力障碍。个体只能获得有限的概念化技能，通常几乎不能理解书面言语或涉及数字、数量、时间和金钱的概念。个体在词汇和语法方面十分有限，能理解简单的语言和手势交流，但是言语和交流也只是聚焦于此时此地和日常事件。个体在一生中都需要大量的支持，其日常生活的所有活动（比如，吃饭、穿衣、洗衣服和排泄）都需要支持。所有领域技能的获得，都需要长期的教育和持续的支持。

第四，极重度的智力障碍。个体概念化技能通常涉及具体的世界而非象征性过程，能够使用一些目标导向的物体。在语言和手势的象征性交流中，个体的理解能力非常有限，表达自己的欲望或情感，主要是通过非语言、非象征性的交流；在日常的身体照顾、健康和安全的所有方面都依赖于他人，可以在持续的、高度的支持下，从事一些基础的职业活动。

二、病因

造成智力障碍的原因有很多，出生前的原因有基因障碍、染色体异常和宫内意外等；围产期的原因有早产、出生时缺氧等；后天原因主要有脑膜炎、头部外伤、感染等；环境因素包括虐待和忽视等。过去几十年中发现的智力障碍发生的器质性原因已超过了1 000种，但是科学家们仍然不清楚大部分智力障碍的原因。几乎2/3的中度到极重度智力障碍的原因是已知的，涉及基因或环境因素。因此，研究者仍然在这一领域苦苦探索。基于现有的研究和认识水平，智力障碍的原因一般有以下几类。

（一）生物因素

大部分探索智力障碍发病原因的研究都聚焦于生物因素，主要涉及基因影响和染色体畸变。

1. 基因影响

大部分研究者认为，智力障碍可能与一些基因异常有关。一部分患有严重智力障碍的个体具有某种可鉴别的单基因异常，涉及的基因既包括显性的、隐性的，也包括与X染色体相连的，比如，X染色体上ARHGAP4基因的C2822T突变位点可能就与家系中的智力障碍疾病表型有关（郭辉等，2016），X-染色体连锁智力障碍（XLMR）也是一类位于X染色体上的基因发生突变引发的先天性智力障碍（所涉及的先天性智力障碍约占所有先天性智力障碍的25%）（张文琴，杨璐，2010）。苯丙酮尿症就是隐性遗传的，在新生儿中的患病率为1/14 000，其发病原因是个体遗传的基因导致肝脏中缺乏一种酶，从而不能分解食物中的苯丙氨酸。

2. 染色体畸变

染色体畸变是重度智力障碍最常见的单一原因。目前，研究者已经发现了许多个与智力障碍有关的变异染色体。

唐氏综合征是由这类畸变导致的最常见的障碍，发生率为1.5‰。这类综合征患者具有典型的面部特征，包括眼睛在上挑时眼角有皱纹，鼻子扁平，上嘴唇扁平使得舌头有些外突，可能还会有先天性的心脏畸形。不幸的是，几乎所有唐氏综合征的患者在40岁以后都会表现出阿尔茨海默型痴呆的症状。唐氏综合征的发生与母亲怀孕的年龄有关：随着母亲年龄的增长，患病的可能性也会增大。20岁左右怀孕的妇女，其后代患唐氏综合征的可能性为1/2 000，而到35岁时这一数字会升至1/500，45岁时达到1/8。

脆性X染色体综合征是另一种比较普遍的由染色体异常引起的智力障碍，它是遗传性智力障碍最常见的原因（唐氏综合征很少遗传）。这一疾病是由X染色体的突变引起的。突变使X染色体的尖端看起来好像被一根绳子吊起来，使它变得很脆弱（Toma，Gil，Ossowski，& Dierssen，2016）。脆性X染色体对男性的影响较大，因为他们体内没有第二个正常的X染色体来平衡掉这种变异。患有此疾病的男性会表现出中度到重度的智力障碍，且有更高的概率患多动症、健忘症、视力低下和口吃。另外，诸如巨大的耳朵、睾丸和脑形等也是常见的外部特征。

（二）社会和心理因素

社会和心理因素是人们了解最少的，也可能是变化最多的导致智力障碍的一组原因。广义上来讲，这些因素包括了范围很广的环境影响，如胎儿期环境（母亲身上的高血压、糖尿病等慢性病，传染性疾病，怀孕期间饮酒，X射线）、出生时缺氧、出生后中毒、脑外伤、躯体虐待、缺乏身体和情感照顾以及刺激等都可能使个体发展出智力障碍。

为了搞清智力障碍的不同原因，有研究者将智力障碍分成两类：一类是器质性的，这类智力障碍有清楚的器质性原因，通常属于重度和极重度。另一类是文化家族性智力障碍，这是一些没有明显生理基础的智力障碍，多为轻度，患有这类智力障碍的个体一般都有相对比较好的适应技能。该领域的研究者假设：这类智力障碍完全起因于周围环境中过少的智力刺激。大部分患儿来自低收入家庭，他们的父母所受教育很少，并且能够提供给儿童的教育资源也很有限。人类某些形式的落后源于环境刺激的剥夺，这种观点似乎是有道理的。但另一些研究者却认为，尽管真正的原因并不清楚，但文化家族性智力障碍的原因更可能是心理社会影响和生物影响的共同结果。

三、预防和治疗

促进儿童健康的最好时机是产前的发育阶段。出生前筛查为产前的预防提供了一个基础。通过特殊的遗传筛查，可以判断胎儿是否有遗传异常，然后采取相应的预防措施。同样，针对出生后的一些原因，尤其是在出生后的最初两年，如果父母能进行相关的预防，儿童也可能免受智力障碍的威胁。

虽然一直有研究者在智力障碍的治疗领域孜孜以求，但有效的治疗方法却微乎其微，或不具有普遍性。药物治疗是非常有限的，虽然有些药物在一些患者中是有益的，但药物治疗的主要目标仍然是改变他们所伴随的特定行为（如攻击行为和自我伤害），而不是治疗障碍本身。

基于目前的研究和临床实践，心理社会治疗似乎是对智力障碍患者更有效的方法，这是一种整合的治疗模式，它包括对年幼儿童广泛的早期干预服务、对患者的行为矫正，以及给予家庭的指导和支持等方面。

从历史经验来看，最有希望提高智力障碍患者的智力和社会技能的方法，是从早期开始的、以儿童为核心的、照顾者和其他成员参与的活动。有研究者发现，患者的优势资源（包括自主能力、对话沟通的能力、协同合作能力等）以及与患者的照顾者、家人和监护人之间的合作是对智力障碍进行有效干预的重要因素（Buchner，2014）。还有研究者指出，第三代认知行为疗法（包括接纳承诺疗法和正念疗法）可以有效干预神经发育障碍（包括智力障碍和自闭症谱系障碍）个体的症状（Leoni，Corti，& Cavagnola，2015）。

行为治疗的出现为智力障碍患者带来了福音。通过奖励，患者可以获得在外界生存所必需的基本技能，如生活自理技能、言语技能、社交技能，以及相应的工作能力，这样他们可以为今后的独立生存打下基础。同时，通过惩罚可以消退或减轻某些患者中存在的自伤行为以及一些伴随的不良表现，提高他们的整体功能。

家庭中有智力障碍患者是一个挑战，这样的家庭承受的压力非同一般，他们父母的抑郁水平也高于平均水平。因此，为智力障碍患者的家庭成员提供指导和支持无疑是有益的。短期来讲，以问题为焦点的行为治疗是帮助父母应付实际困难的最有效方法之一，如教给父母一些肯定技巧或行为处理技术。长远来看，为父母提供适当的心理支持，让他们积极地认识和引导智力障碍患者，综合利用各种资源，从而帮助患者充分发展各种技能，将对智力障碍患者产生更深远的影响。

第五节　学习障碍

在我们的社会中，学业成就受到了人们的高度重视。就个体来讲，家长常常在孩子身上投入大量的时间和精力，以此来保证孩子的学业成功。然而，很明显的是，有些孩子在学业方面比同龄人差很多，虽然他们并没有智力缺陷，所受的教育也和其他孩子相当。当儿童的阅读、数学或书写的成绩显著低于按年龄、教育和智力所期望的水平时，他们就可能被诊断为学习障碍。

案例

小异，男，7岁，一年级。该生平时上课爱打扰同学，吃东西，站起来东张西望，爱玩一些小东西，有时下地走动，平时和小伙伴们玩也不太明白游戏规则。听课时爱插嘴，但老师叫他回答问题时，他却不知所措，回答得模模糊糊。老师对他说的话最少要说两遍，对于老师的约束他很认真地坚持，但坚持时间很短。语文阅读能力较差，阅读课文的速度也很慢，通常看字会跳行。说话也经常词不达意，有时还要想很长时间，在写生字时磨蹭、马虎，很容易将生字偏旁写颠倒，或者多笔画少笔画。通过反复观察，小异的智力发展水平是正常的。

一、临床描述

思考：学习障碍主要有哪些类型，具体表现有什么？

DSM-5列出了学习障碍的三种主要类型：伴阅读受损（阅读障碍）、伴书面表达受损、伴数学受损（数学障碍）。与智力障碍相反，患有学习障碍的个体只是在特定的认知技能方面存在问题，而不是整个脑机能都出现问题，并且并不存在神经发育障碍所特有的严重的社会问题。因此，在DSM-5中，它也被称作“特定学习障碍”，这有以下四个理由：（1）不能归因于智力障碍、全面发育迟缓；（2）不能归因于普遍的外在因素；（3）不能归因于神经性或运动障碍或者视觉或听觉障碍；（4）可能局限于一个学业技能或领域。

学习障碍的诊断标准

1. 学习和使用学业技能的困难，如存在下列所示症状中的至少1项，且持续至少6个月，尽管针对这些困难存在干预措施：

（1）不准确或缓慢而费力地读字（比如，读单字时不正确地大声或缓慢、犹豫、频繁地猜测，难以念出字）。

（2）难以理解所阅读内容的意思（比如，可以准确地读出内容但不能理解其顺序、关系、推论或更深层次的意义）。

（3）拼写方面的困难（比如，可能添加、省略或替代元音或辅音）。

（4）书面表达方面的困难（比如，在句子中犯下多种语法或标点符号的错误，段落组织差，书面表达的意思不清晰）。

（5）难以掌握数字感、数字事实或计算（比如，数学理解能力差，不能区分数字的大小和关系；用手指加个位数字而不是像同伴那样回忆数字事实）。

（6）数学推理方面的困难（比如，在应用数学概念、事实或步骤去解决数量的问题上有严重困难）。

2. 受影响的学习技能显著地、可量化地低于个体实际年龄所预期的水平，显著地干扰了学业或职业表现或日常生活的活动，且被个体的标准化成就测评和综合临床评估确认。17岁以上个体，其损害的学习困难的病史可以用标准化测评代替。

3. 学习方面的困难开始于学龄期，但直到那些受到影响的学业技能的要求超过个体的有限能力时，才会完全表现出来（比如，在定时测试中，读或写冗余、复杂的报告，并且有严格的截止日期或特别沉重的学业负担)。

4. 学习困难不能用智力障碍、未校正的视觉或听觉的敏感性、其他精神或神经病性障碍、心理社会的逆境、对学业指导的语言不精通，或不充分的教育指导来更好地解释。

资料来源：DSM－5；American Psychiatric Association，2013.

阅读是一个复杂的过程，任何领域的一个小问题都会引起阅读困难，最常见的阅读障碍的深层特征是无法区别或分辨单词的发音，这种缺陷是很关键的，因为语音技能是阅读的基础。一些具体的临床迹象只有专业人士才能识别出来，如学习书面的基本单词存在困难，尤其是那些发音不规则的和必须记忆的词语，或者表现出独特或怪异的阅读方式，如反转（将 b 读成 d)、换位（将词语语序颠倒）或遗漏（漏掉音节或字词）。有阅读障碍的儿童缺乏关键的语言技能，而这些技能对基本阅读、阅读理解、拼写和书面表达都是必需的。

数学包含许多技能：识别数字和符号、记忆数据（乘法规则）、排列数字和理解抽象概念。有数学障碍的儿童在这些技能的某些或全部方面存在困难，他们的核心缺陷是数学计算和/或数学推理困难，包括数量或数字命名，列举、对比和处理对象，阅读和书写数学符号，理解概念和心算操作，进行计算，等等。

患有书写表达障碍的儿童的视觉-运动能力往往较差，因此他们的书写、临摹和图形旋转任务成绩不佳，在完成需要眼-手协调的任务时经常出现问题。有教师注意到，他们所写的作文比较短，不愿意复习拼写、标点和语法来提高水平。一般来说，由于存在更一般的语言和神经心理发育缺陷，书写表达障碍往往和其他学习障碍同时存在。

特定学习障碍的患病率在不同语言和文化的学龄儿童中为 5%～15%，在成年人中的患病率尚不清楚，约为 4%（DSM－5；American Psychiatric Association，2013)。学习障碍在男生中更为常见，男女生患病比例约为 2∶1～3∶1。美国调查报告显示，儿童群体中患学习障碍的比例为 9.7%，目前有约 330 万名儿童在不同程度上受到学习障碍的困扰（Altarac & Saroha，2007)。学习障碍的流行率随着年龄的增加而增加，比如，在三四岁儿童群体中，约有 2%个体患学习障碍，在 6 岁儿童群体中，患学习障碍的儿童达到了 5.9%，在八九岁儿童群体中则有 10%左右，在 10～17 岁群体中，则达到了 12%～14%（Altarac & Saroha，2007)。我国学者报告的患病率为 10.3%，男童比例高于女童（王忠等，2009)。

大多数患病率的估计是依据阅读障碍得出的，因为它是最常见的，而且和数学及书写表达障碍有所重叠。受阅读障碍影响的美国儿童至少有 1 000 万人，或大约 1/5。数学和书写表达障碍的患病率就更是一个大概的估计了，因为对此缺乏流行病学的研究。临床研究发现，患学习障碍的儿童大约有 1/5 存在数学障碍，这意味着学龄儿童中大约有 1%存在数学障碍（DSM－Ⅳ－TR；American Psychiatric Association，2000)。单独的书写表达障碍相当少见，然而，有研究者估计，受书写表达障碍影响的学龄儿童至少占 10%。

二、病因

(一) 遗传因素

某些患阅读障碍的儿童的父母一方也可能有相关的问题，这说明遗传对阅读障碍有一定的影响。20世纪初，内科医生在做了大量研究后认为阅读障碍是一种遗传的学习障碍，称为先天性词盲。现在也有越来越多的研究者开始去探索不同位点基因与学习障碍或阅读障碍之间的关系。有研究者发现，KIAA0319基因可能与阅读障碍有关（Cope et al.，2005），NF1基因上的糖蛋白基因可能也与阅读障碍有关（Anlar，Oguzkan，Ayter，Terzi，& Ozyurek，2009）。遗传研究还发现，学习障碍的特殊类型是不大可能直接遗传的，所遗传的更可能是一种可以导致学习障碍的轻微大脑功能紊乱。

（二）神经生物因素

在学习障碍患者，特别是在有阅读和语言障碍患者的大脑左半球，发现存在细胞的异常。另外，学习障碍患者也可能在颞平面结构上存在缺陷，这一区域的缺陷涉及完成特殊的辨别任务的困难、与推理和数学能力有关的视觉组织功能困难。两个重要的发现表明阅读障碍有特殊的生物学基础：（1）阅读障碍患者的语言问题与特殊的语音神经加工过程有关；（2）在视觉信息的处理中存在行为和生物的异常。虽然大多数病因研究涉及阅读障碍，但是结果同样适用于数学障碍和书写表达障碍。

（三）社会和心理因素

情绪紊乱和其他适应能力差的表现经常与学习障碍相伴随，可能它们的潜在原因是相同的。图14-5展示了学习障碍发展和表现的行为系统模型，该模型描述了神经生物的、遗传的、学业的、环境和家庭的以及心理社会的因素相互作用导致学习障碍的表现。

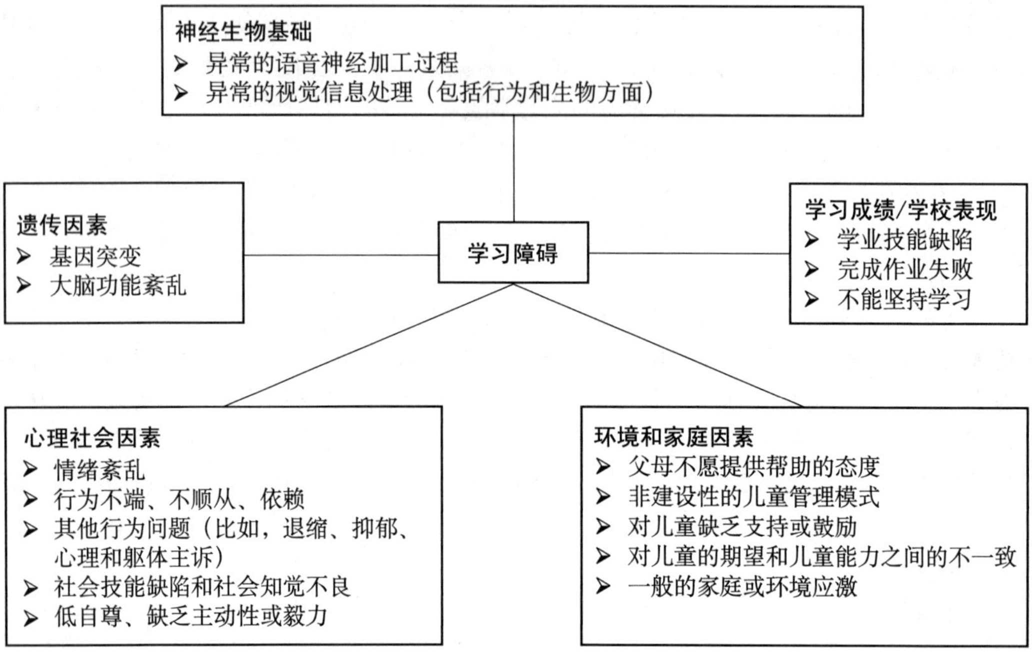

图14-5 影响学习障碍发展和表现的重要方面

三、治疗

目前，在药物治疗方面，有针对学习障碍采取锂治疗的方法。但是，尽管学习障碍有很强的生物学基础，目前针对学习障碍的生物学方法或药物还较少。干预主要依赖教育和心理社会方法。心理治疗包括元认知干预技术、认知行为干预、家庭治疗等。认知行为干预主要是通过运用自我监控、自我评估、自我记录和自我强化管理等策略，重视将学生融入积极的学习中去，让儿童监控自己的思维过程。已有的各种心理社会治疗都是综合而持续推进的，每一项新任务都细分成可控制的步骤，包括举例、练习和大量反馈。与适当的教学策略相结合，儿童和他们的家庭可以从干预中受益，这些干预的主要目的在于帮助儿童提高自我控制能力和发展他们对自己能力更加积极的态度。为家长组织支持性小组也是必要的，通过提供信息、建议和相互理解，家长可以获得更广泛的支持。

行为策略是综合干预治疗的重要方法，它经常与一个完整的指导计划结合使用，以高度结构化的方式，日积月累地向前推进。认知行为干预也非常适合学习障碍的治疗，这种干预程序将学生主动纳入学习中，指导他们监控自己的思维过程，重点强化自我控制。此外，计算机的出现为学习障碍儿童带来了光明的前途，当计算机技术已经能够帮助有学习障碍的个体克服自身缺陷的时候，我们预期将会有更多的学习障碍个体能够实现高水平的成就。同时，利用计算机设计一些特殊的程序也能帮助学习障碍儿童提高他们某些存在缺陷的技能。

小　结

对儿童青少年心理问题的考量需要考虑到他们与别人的关系、他们的能力、他们的发展过程，这样才能全面地看待他们的问题；同时，我们应该认识到儿童青少年期心理障碍具有的特点。

1. 儿童青少年期心理障碍的共病率高，因此以“内外化”来作为划分标准。内化问题包括焦虑和抑郁障碍，外化问题包括注意缺陷/多动障碍、抽动障碍、品行障碍和对立违抗障碍。

2. 焦虑障碍是儿童青少年最常见的心理健康问题，其中分离性焦虑又最为常见。各种因素都影响焦虑障碍的发生、发展，没有一种理论能单独解释所有不同形式的儿童青少年焦虑障碍。多种治疗方法，如行为治疗和药物治疗，都可以用来治疗儿童青少年焦虑障碍。

3. 儿童青少年抑郁障碍的症状表现和成人相差不大，但也有一些不同的症状表现，其原因也涉及多种因素。认知行为治疗是儿童青少年抑郁障碍的最佳治疗方法，药物治疗也有比较好的效果。

4. DSM-5 有两个诊断注意缺陷/多动障碍的症状清单，第一个包括注意分散、难以集中和组织条理性差等症状，第二个包括多动和冲动症状，并根据上述主要症状分为三种亚型：注意缺陷型、多动-冲动型和综合型。病因学研究强有力地证明了注意缺陷/多动障碍是神经生物性异常，但是，生物和环境的风险因素一起导致了注意缺陷/多动障碍的症状表现形式。目前，对注意缺陷/多动障碍的治疗采用以药物治疗和行为治疗为主，包括各种干预在内的综合干预方法。

5. 抽动障碍是一种起病于儿童和青少年时期的障碍，主要表现为不自主的、反复的、快速的一个部位或多部位肌肉运动抽动和发声抽动，并可伴有注意力不集中、多动、强迫动作或其他行为症状。抽动障碍的平均起病年龄在4～6岁，且新发抽动障碍的发病率在青少年时期下降。在抽动障碍中，图雷特氏障碍是最为常见且最严重的。研究结果提示图雷特氏障碍可能是遗传、神经生物、器质性以及社会心理因素在发育过程中相互作用的结果。针对图雷特氏障碍的药物治疗和心理治疗所带来的治疗效果还是挺令人满意的。

6. 患有品行障碍的儿童青少年表现为严重的攻击和反社会行为，给他人带来痛苦，或通过身体或语言的侵犯、偷盗，或故意破坏、干涉他人的权利；而患有对立违抗障碍的儿童则表现出与年龄不符的顽固、敌意和违抗行为。品行问题的原因较为复杂，一般认为是多种因素相互作用的结果。在治疗方面，目前仍然没有明确有效的干预方法，但一些方法（如家长管理培训、多系统治疗等）在某种程度上被证实是有效的。

7. 自闭症谱系障碍是以社会功能、语言和沟通方面的异常以及不寻常的兴趣和行为为特征的一种神经发育障碍，一般3岁前发病。许多病因学研究表明，自闭症谱系障碍是一种有生物学基础的神经发育障碍，原因可能来自染色体基因异常、脑部结构功能异常等。其最主要的治疗是使儿童的潜力最大化和帮助儿童及家庭更有效地应付这种障碍。

8. DSM-5中智力障碍的标准包括智力功能的缺陷、适应功能的不足或损害、年龄在18岁以下。DSM-5中根据智力损害程度、适应功能情况和所需外界支持程度将智力障碍分为四个等级：轻度、中度、重度和极重度。就目前的认识水平来看，生物因素是导致智力障碍最主要的原因，而在治疗方面，行为疗法有助于提高他们的生活技能。

9. 学习障碍由阅读、数学和书写方面的特殊问题组成。遗传、神经生物、社会心理因素都会影响阅读障碍的发生、发展，其主要治疗方法仍然是教育、社会心理干预。

复习思考题

一、名词解释

内外化问题　智力障碍　自闭症谱系障碍　注意缺陷/多动障碍

二、简答题

1. 儿童青少年期障碍有哪些特点？
2. 智力障碍的类型有哪些？
3. 自闭症谱系障碍的临床表现主要有哪几个方面？分别举例说明。
4. 儿童青少年外化问题主要包括哪些？
5. 简述注意缺陷/多动障碍的治疗方法。
6. 举例描述三种不同类型的学习障碍。
7. 品行障碍和对立违抗障碍有哪些表现？

三、案例分析

小诚，9岁，男孩。自幼活泼好动，7岁上学，学习成绩中等，现为小学三年级的学生。入学后就表现得注意力不集中，上课时在座位上不时扭动，容易受到环境的干扰，有一点响动立即左顾右盼，上课不能注意听讲，经常违反学校纪律，常与同学发生冲突。近一年来状况更加严重，在课堂上不能安静地坐着，常常动个不停，一会儿玩铅笔、课本，一会儿找同学说话，严重影响课堂秩序，为此经常受到老师的批评教育，但收效甚微。虽然能暂时安静几分钟，但随即又恢复原状。老师布置的家庭作业不能按时完成，作业本及课本上涂得乱七八糟。下课以后，更是动个不停，经常与同学追赶打闹，为此常常摔伤，常因小事打骂同学。喜欢插话，经常打断别人说话。平时的情绪不稳定，容易冲动，常因小事跟家长大发脾气。在家里也闲不住，上蹿下跳，不能安静，对父母的行为稍不如意就会非常不高兴或冲出门外。父母的管教对小诚收效甚微。

小诚是家里的第一个孩子，足月顺产，生长发育良好。3 岁的时候进入幼儿园，表现得活动较多，但没有引起家长的重视。小诚性格外向，做事任性，容易发脾气。

小诚的父母均为知识分子，家庭经济条件中等，对孩子期望较高，要求也较为严格，面对孩子这种难以管教的表现感到焦虑和不安，而且经常打骂孩子。

请根据本章内容回答以下问题：

（1）根据小诚的情况，可以做出何种诊断？

（2）小诚有哪些这种障碍的典型临床描述？

（3）造成小诚患病的因素有哪些？

推荐图书

《我可以抱你吗，宝贝》

《我可以抱你吗，宝贝》站在被领养的女孩王家点点的视角，讲述了她那拥有强大而固执母爱的妈妈，为了家中那个“星星的孩子”王家保保，越过无数伤心绝望、痛苦曲折，最终以无比的耐心和真爱，完成了一个“不可能完成的任务”。什么是“星星的孩子”？他们是一群患了自闭症的孩子，好像被隔绝在遥远冰冷的星球上，不会说不会看，会感到痛但不会哭。

推荐影片

《雨人》

曾获得第 61 届奥斯卡金像奖的电影《雨人》，讲述的是自闭症患者雷蒙和他弟弟之间的故事。雷蒙自幼患严重的自闭症，终日沉浸在自我幻想的世界之中，他特别怕下雨，还总把自己的名字念成雷曼（Rainman）——“雨人”。他还有一些特殊行为，如每到一个固定的时间就要看一个固定的电视节目。同时他也有惊人的记忆能力，他们在饭店打翻牙签盒的时候，他立即说出了牙签的数目。影片较为真实地描述了自闭症成人患者的生活状态，对学习和了解自闭症知识，尤其是形成感性印象有较大帮助。

《玛丽和马克斯》

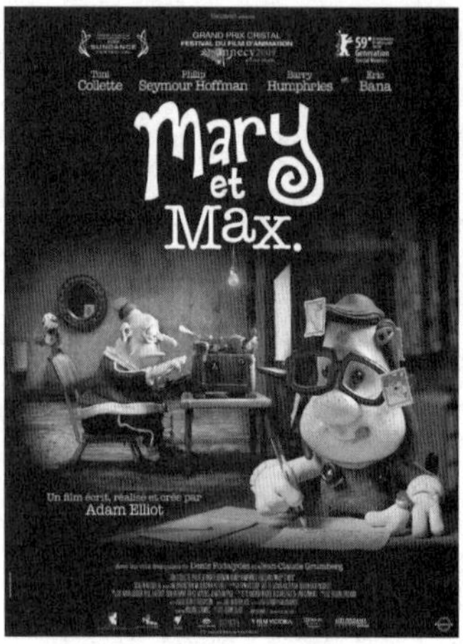

本片讲述了发生在玛丽·黛西·丁格尔和马克斯·杰瑞·霍罗威茨这两位笔友之间的纯真的故事。玛丽是一个居住在澳大利亚的小胖妞，她常常会感到孤独和抑郁；马克斯是一个住在美国的大胖子，他患有阿斯伯格综合征。通信期间，他俩遭遇了各自人生的喜与悲，彼此也产生过摩擦，但两人友谊保留了下来。影片不仅仅在剧情和内涵方面是不可多得的佳作，在描述阿斯伯格综合征患者的症状表现时也做到了精准和严谨，难能可贵。

《海洋天堂》

《海洋天堂》是由薛晓路执导，李连杰、文章、桂纶镁、高圆圆、董勇、朱媛媛等主演的亲情电影。该片讲述了一个父亲倾尽所有，守护自闭症儿子的感人故事。

推荐视频

1. 自闭症（上）：http：//open.163.com/movie/2015/9/B/S/MB2L1RATH_MB2L4JABS.html

自闭症（下）：http：//open.163.com/movie/2015/9/A/H/MB2L1RATH_MB2L4ISAH.html

2. 注意力缺陷多动症（1）：http：//open.163.com/movie/2007/5/0/C/M81TS4PMM_

M81TVHU0C. html

注意力缺陷多动症（2）：http：//open. 163. com/movie/2007/5/3/R/M81TS4PMM _ M81TVRL3R. html

3. 患 ADHD 是一种什么样的体验：https：//www. bilibili. com/video/av3595489/? from=search&seid=5804728166236630295

第十五章

老年期心理障碍

前面章节介绍了包括成年和儿童在内的心理障碍相关知识，本章把注意力转向人生的最后一个阶段——老年。

人到老年，无论是身体还是心理都有比较显著的变化，身体衰老、生活环境的改变，都会改变老年人的心理状态，使老年人成为一个特殊的群体，也让他们面临不一样的心理问题。痴呆问题在老年人中相当常见，所以我们重点介绍和痴呆有关的知识，介绍痴呆的临床表现、治疗方法，也简单介绍两种最常见的痴呆亚型：阿尔茨海默病和血管性痴呆。我们还将介绍谵妄和遗忘这两种比较常见的综合征，以及老年抑郁、焦虑、晚发性精神分裂症和老年物质滥用等问题。因为有关知识在相应的章节中有更详细的介绍，所以读者要了解某些问题的时候可以参看相关章节，这样才能对各个年龄段的心理问题有更全面的了解。

第一节　老年与心理障碍

尽管对于老年人的界定尚未形成统一的认识，但人们通常把 60 岁以上的人称为老年人。[①] 2006 年世界上 60 岁以上的老年人口达 6.88 亿，预计 2050 年这一数字将达 20 亿。同时，老年人口本身也在老化，现在 80 岁以上老年人已占老年人总数的 13%，到 2050 年将增至 20%。在我国，2000 年 60 岁以上人口就超过了 10%，正式步入老龄化社会，2015 年 60 岁及以上的老年人口大约 2.2 亿（国家统计局，2015），居世界首位；80 岁以上的老年人在 2000 年时已达 1 199 万，并以年均 5.4%的惊人速度递增。

老龄人口的急剧增加，将带来诸多问题，如老年人的赡养问题、社会医疗问题、老年护理问题等等，这些都直接影响着老年心理健康。除了社会因素，自身的生活状态和生理心理上的变化也在老年人的心理健康中有着不可忽视的作用。这部分人群大多已经退休，有较多的业余时间，工作压力和抚养孩子的压力都得到缓解，可以尽享“天伦之乐”；但与此同时，由于身体的衰老，老年人不得不面对生理疾病或同辈亲友去世所带来的痛苦，也不得不面对死亡临近所带来的恐惧。

---

① 对于老年人的标准，世界卫生组织有两条：(1) 发达国家是 65 岁以上；(2) 发展中国家是 60 岁以上。在我国，中华医学会的标准是 60 岁以上。

一、正常衰老和异常衰老

思考：从正常衰老到异常衰老，是一个质变过程还是一个量变过程？

这里讨论的衰老是正常还是异常有必要排除文化的影响。也就是说，对于衰老是正常还是异常的判断不应该以主观的社会观念为标准，而应看其是否符合生物学演化的自然过程。

正常衰老是指在自然衰老过程中出现的身心变化。例如，神经系统退行性变化、加工速度的减慢、记忆容量的减少等。一般而言，正常衰老虽然会导致各种心理能力的下降，但不会导致老年人的生活适应出现明显障碍或失调。

人们对**异常衰老**有两种理解：(1) 与年龄不相称的衰退，如某种能力提前下降；(2) 过度出现某些行为现象，如某种能力的急剧下降。可以以痴呆为例对异常衰老进行说明。记忆力越来越差本是正常衰老的一个基本现象，但一名刚过 60 岁的痴呆患者在记忆能力上可能比某些 80 岁的老年人还差，如经常出门找不到回家的路，甚至连最亲的人都无法识别等，尤其重要的是这一过程仅仅是在短短几年之内发生的。

不过需要注意的是，在日常生活中要判断正常衰老和异常衰老并不容易，一个重要的原因是，异常衰老的初期与正常衰老几乎没有太多差别，仅仅表现出轻度认知功能障碍的症状。

二、老年期心理障碍的易感性

1. 生理易感性

所谓**生理易感性**，主要是指生理上的衰老使老年人更容易患某些心理疾病。衰老即进入老年期之后的各种退行性变化（王大华，王玉龙，2014），是一个全面的、渐进的过程，涉及生理的各方面，除神经系统的衰退之外，运动能力的下降、感觉器官功能的下降、身体脏器的衰退，都会影响老年人的心理健康，增加老年人患精神疾病的可能性。

由于大脑是心理活动的主要器官，因而大脑的衰老对心理活动的影响是最直接、最深刻的。随着衰老，大脑的体积缩小、重量减轻、脑沟扩大、脑回缩小。据估算，80 岁个体的大脑重量和体积会下降 8%。在老年期，神经元数量明显减少，被起保护作用的胶质细胞替代。脑组织中的水分含量也日益下降，新生儿脑内水分高达 90%以上，以后慢慢下降，到 80 岁以后，水分含量则急剧下降。雷丁（Radin）于 1957 年发现脑的硫脂质是随着年龄而增加的，它的增加与记忆力的减退有明显的关系。另外，蛋白质、氨基酸、钾离子、DNA、RNA 也都发生了明显的改变。

老年人的运动能力也明显下降，肌肉松弛、骨骼疏松、脊柱开始弯曲，出现所谓的“驼背”。有些老年人年轻的时候生龙活虎，喜欢参加各种活动，等进入老年以后，由于年老体弱，行走不便，很多活动都是心有余而力不足，自己终日被困在家中，这种生活的落差对于老年人是一个不小的挑战。很多老年人因此而产生抑郁、孤独、被冷落等情绪。而有些老年人甚至不得不整日躺在床上，生活起居都需要别人的照顾，这对自尊心特别强的老人也是一个严峻的考验。

感觉器官功能的下降，最明显的莫过于视力和听力的下降。人们对70多岁老年人最常用的描述就是“耳聋眼花”。随着年老，眼睛晶状体弹性变小，调节力逐渐下降，时常看不清近物，出现所谓的“老花眼”。白内障、黄斑病变、青光眼等疾病也是视力下降的常见原因。据《中华老年医学杂志》的资料，我国广东省对100例90岁以上老年人视力的检查，发现视力最好的只有0.6，而视力在0.05以下的占40.5%。与视力下降相比，具有听力缺陷的老年人更多见。据估计，美国65～74岁的老年人中，听觉迟钝的占13%；75岁以上的老年人中，26%有听觉缺陷。而我国的调查也发现，63.6%的老年人听力减退，有些人甚至达到耳聋的程度。此外，老人的味觉、嗅觉和皮肤觉也日益下降。

老年人的健康问题一直广受关注。在老年期，由于身体各脏器功能的自然衰退或合并各种不良生活习惯的长期影响，老年人需要经受更多病痛的折磨。心脏病、癌症、脑血管疾病是老年人死亡的最常见原因。大部分老年人不是“尽享天年”，而是因为某些疾病而加速死亡，或者直接导致死亡。在各种疾病影响下，老人可能产生抑郁、焦虑、老朽感等负性情绪。这些负性情绪往往使人的活力进一步下降，损伤人的健康，加速人的衰老。

2. 心理易感性

衰老不仅使人的生理发生改变，同时也让人的心理发生诸多改变，而这些心理上的改变也同样会增加老人患心理障碍的可能性。在影响老年期情绪体验的各种因素中，各种“丧失”，包括社会政治和经济地位、专业、记忆、智能、健康、容貌、配偶等的丧失是最重要的激发条件。传统的老年心理学也因此把老年期看作“丧失期”。

老年人退休后，身份会发生很大的改变。他们不再是工作中的顶梁柱，也不再是家庭经济收入的主要来源，而变成一个日益被社会和家庭边缘化的个体。特别是那些离、退休干部，过去生活在群体之中，满足了交往、归属等方面的需要；而现在大部分时间无所事事，无人问津，更容易产生孤独感。有些老年人拒绝承认自己的年龄，而处处表现出不服老的行为。老年人适应退休的过程，一般都要经过期待期、退休期、适应期和稳定期四个阶段，这一过程大概需要一年的时间。

在日常生活中，时常听到一些老人说：“我老了，记性不好了。”记忆力的下降也是老年期的常见现象之一。老人学习新的知识比以前困难了，经常出现丢三落四的情况。一些人因为觉得自己记忆力退化了，因此将自己封闭起来而不去接触新鲜事物，不去学习新的知识，进一步导致记忆能力的下降。老年人记忆变化的总趋势是随着年龄的增长而下降，但下降的速度并不明显。而与此同时，人的记忆又遵循一个“用进废退”的规律，如果有意识地锻炼自己的记忆，那么这一自然衰老的过程便可以得到一定程度的延缓。加拿大著名医生潘菲尔德用实验证明了记忆的下降更可能是信息提取发生困难，而不是这些信息在脑中的丢失。他用微电极刺激一个患者的脑叶时，患者竟哼出自己50多年前唱的童谣，说出十多岁时使用的儿童语言。而患者清醒时，则完全不能回忆起这些童谣和儿童语言。这表明在老年人的头脑中，记忆的信息能很好地存储，只是提取发生了困难。

随着衰老，老年人的智力会出现一定程度的下降。除表现为记忆障碍、思维固执、注意力难以集中以外，较为严重的是“老年痴呆”。但实际上，智力和年龄间的关系非常复杂，与之有关的很多问题研究者尚未搞清楚。进入老年期，智力并非全面衰退，与语言有关的智力（理解、运用语言词汇等能力）仍然很好，直到70多岁才开始有较明显的减退；而与心理运动速度、知觉整合能力等有关的测验成绩在25岁以后就开始逐步减退。

由于社会结构变革，以往的三代同堂、四代同堂的现象已经比较少见。子女成年后往往搬出去建立自己的小家庭，所以很多老人退休后经常一个人独居在家，很难有机会享受天伦之乐，因此更容易产生孤独感。有的老人年轻时把自己的全部心思都花在子女身上，但由于子女不孝顺，不愿意承担起赡养老人的义务，因此很多老人尽管年老体衰，最后还要自己赚钱养活自己，因而更容易感到受挫，容易对将来失去信心。

总之，衰老是一个全面的过程，会引起个体生理和心理的诸多改变，使老年人患心理疾病的可能性增加。但大部分老人经过努力后能很好地适应这个过程，而不会出现严重的心理问题。有些老年人会发展一些新的兴趣，或者结交一些新的朋友，享受比较宁静、自由的生活。

第二节　神经认知障碍[①]

一、痴呆

案例

王某，男性，60 岁，是一个徒步旅行爱好者。但后来在一次徒步旅行中突然表现得极端害怕，此后几个月内对日常爱好逐渐失去了兴趣。计算也发生困难，甚至不能完成简单的加减乘除。容易迷路的情况也逐渐明显。一开始去比较远的地方容易迷路，后来在家附近也出现了迷路的情况。他开始出现丢三落四的情况，对自己刚刚做过的事情也出现遗忘。有一次在为家人做菜的时候，他刚刚往菜里放了盐，但很快就忘了，所以后来又放了一次。他有时也能发现自己的异常，为了改变容易遗忘的情况，他开始将一些事情记录在纸上，并且随身携带这些纸片，随时翻看。他的性格也出现了改变，逐渐变得固执，爱发牢骚。他没有和妻子商量就擅自提前退休了，而以前他总是喜欢和妻子一起决定重要的事情。他有时会把衣服穿反，或者穿两只不一样的鞋子。

家人逐渐觉察出他的异常，所以把他送进医院检查。医生检查时，患者清醒、合作，出现时间和地点定向障碍。给他看几件物品，几分钟后就不能回忆。他说不出自己的学历、专业。他言语流畅，口齿清楚，但是有些时候用词存在错误，如将杯子称为花瓶。他不能做最基本的计算，对自己的异常也没有足够的自知力。神经系统检查未见异常，实验室常规检查也正常，CT 扫描显示大脑皮质明显萎缩。

诊断：阿尔茨海默病。

尽管家人和医生都做了很多努力，但是王某的情况还是越来越糟糕，各种异常情况更加严重。后来他的生活自理能力严重受损，生活起居不得不借助家人的帮助。他生活邋遢，不修边幅，经常蓬头垢面，最后在 72 岁那年死于肺炎。病理解剖发现患者的大脑出现明显萎缩，镜检发现脑组织中存在大量的老年斑和神经纤维缠结。

---

① DSM-5 用“神经认知障碍”取代 DSM-Ⅳ中的“谵妄、痴呆、遗忘症及其他老年认知障碍”的分类。

上述案例的患者所患疾病属于 DSM－5 中的阿尔茨海默病所致的神经认知障碍[①]，是痴呆的常见类型。

痴呆（dementia）是一种由大脑病变或损伤导致的认知障碍，表现为记忆、抽象思维、判断、语言等多种功能的减退，可伴有幻觉、妄想、行为紊乱和人格改变。痴呆可在脑炎、脑血管病、脑外伤后急性发病，但多数起病隐匿，进展缓慢，也可呈阶梯形式发展，或在一段时期内相对稳定。

按病因学可将痴呆划分为原发性痴呆和继发性痴呆。原发性痴呆由后天获得的中枢神经系统退行性病变引起，多不可逆，是中老年常见的痴呆类型。继发性痴呆由某些确定的疾病或病因导致大脑器质性病变引起，如中枢神经梅毒、脑瘤、脑外伤等引起的痴呆。

痴呆（轻度神经认知障碍）的诊断标准

1. 在一个或多个认知领域内（复杂的注意、执行功能、学习和记忆、语言、知觉运动或社会认知），与先前表现的水平相比存在显著的认知衰退，其证据基于：

（1）个体、知情人或临床工作者对认知功能显著下降的担心。

（2）认知功能显著损害，最好能被标准化的神经心理测评证实，或者当其缺乏时，能被另一个量化的临床评估证实。

2. 认知缺乏干扰了日常活动的独立性（即最低限度而言，日常生活中复杂的重要活动需要帮助，如支付账单或管理药物）。

3. 认知缺陷不仅仅发生在谵妄的背景下。

4. 认知缺陷不能用其他精神障碍来更好地解释（如抑郁症、精神分裂症）。

资料来源：APA，DSM－5，2013.

专栏 15－1

痴呆和国际政治

大部分国家元首是老年人，他们通常在60岁或者70岁左右当选。他们拥有丰富的阅历和经验，但是，如果一个领袖患上痴呆，那又意味着什么呢？一些研究者对这一问题进行了研究。例如，弗朗索瓦·鲍勒（Francois Boller）及其同事提出，1959年就任法国总统的保罗·戴高乐就患有痴呆，他在选举过程中和选举结束后的行为显得古怪且没有规律。尽管如此，研究者并没有证据证明戴高乐的神经系统对他的政治生涯产生了负面影响。

詹姆斯·图勒（James Toole）用证据证明富兰克林·D. 罗斯福患有血管性痴呆，并且，这种疾病削弱了他第二次世界大战后在雅尔塔会议中的谈判能力。图勒指出，罗斯福的痴呆导致了波兰、德国、越南和朝鲜的分裂，而且为冷战播下了种子。

尽管里根总统执政时并未显示出健康恶化的迹象，但在卸任后的1994年，他被诊断出患有阿尔茨海默病。俄罗斯的一位精神科医师米哈伊尔·维诺格拉托夫（Mikhil

---

① 在 DSM－5 中，痴呆被替换为新命名的疾病实体，即重度神经认知障碍，尽管为了保持连续性，便于临床医生和患者的交流，病因学的亚型仍然包括痴呆的术语，但重度神经认知障碍才是标准的说法。

Vinogradov）对俄罗斯前总统叶利钦的精神健康也产生了怀疑。维诺格拉托夫注意到，叶利钦的表情困惑，回答问题时跑题，并且经常看上去不理解记者的提问。基于他的观察，他判断叶利钦患有痴呆。

在美国，由于已经意识到这些问题的严重性，一些医生建议在白宫成立一个“精神健康部门”来监测总统的精神健康。他们认为，当国家元首由于精神状况的恶化而被认为不能胜任总统这一职位时，医学监督部门有责任及时向议会报告情况。但与此同时，公众究竟是否有权利去了解总统的精神健康？能侵犯总统的健康隐私权吗？要回答这些问题，并不是件容易的事情。

（一）临床表现

思考：痴呆和器质性遗忘症有什么区别？

记忆障碍常为痴呆的首发症状。患者表现为对刚刚发生的事情产生遗忘，做事经常丢三落四，读书看报后不能回忆其中的内容，学习新事物的能力明显下降。此时，患者对记忆障碍有一定的自知力，可伴有轻度焦虑和抑郁，但往往对自己的健忘加以掩饰和否认，或者用经常记录的方式加以弥补，所以其他人很难发现他的问题。到了后期，记忆受损日益严重，患者对很久以前发生的事情不能回忆，如不能回忆自己的工作经历，忘记自己的出生年月。当患者病情继续发展至不能辨认熟悉的人或物，甚至认不出自己的家人时，即产生了我们所说的“失认症”。

智能障碍的出现是诊断痴呆的一个重要标准。痴呆患者的智能减退是一种全面的减退，理解、推理、判断、抽象概念和计算等能力都可能出现不同程度的下降。早期患者不能完成 100 减 7 的连续运算是因为不能记住上一次的运算结果。如果让患者将每次计算的结果写在纸上，他就能比较好地完成连续运算。但等患者出现智能减退的症状后，即使将每次计算的结果写于纸上，患者也不能进行计算。患者可以表现出思维迟缓、思考问题困难，特别是对新的事物表现出茫然难解，甚至不能工作或做家务。病情继续发展，患者会继而出现“失用症”，表现为运动技能的下降，如不会使用筷子，不会系鞋带、穿衣服。这个阶段的患者已经丧失了基本的生活自理能力，而需要家人的细心照顾。

语言障碍也是常见症状之一，随着病情的发展而表现出相应的发展过程。早期患者常常表现出找词困难、用词不当、讲话无序、说话内容空洞，也可出现阅读和书写困难。继之出现命名困难，看到常见的物品却不能叫出该物品的名称。最后，语言表达能力进一步退化，患者终日自发言语或者缄默不语，表现为“失语症”。

患者的时空定向也会出现障碍。例如，尽管窗外大雪纷飞，患者却坚称现在是盛夏；或者看到门外就是车水马龙，却坚持说自己是在五楼。患者外出时也容易迷路，即使在很熟悉的地方也是如此。

此外，痴呆还经常出现很多伴随症状。患者常常出现人格改变，变得慵懒、自私、不修边幅、不负责任、脾气开始暴躁，对周围环境的兴趣也明显降低；也可以出现短暂的幻听、幻视等精神病性症状；或者出现睡眠节律紊乱，白天卧床，晚上到处活动，影响家人或者其他病友休息。常见的情绪症状包括焦虑、易激惹、抑郁和情绪不稳，并可有“灾难反应”，即患者对问题不能做出响应或不能完成工作时，可能出现放声大哭或愤怒的反应。

（二）阿尔茨海默病和血管性痴呆①

痴呆有很多类型，每种类型又有不同的病因：中枢神经系统变性疾病、颅内疾病、代谢障碍和内分泌障碍、血管性疾病以及中毒、缺氧都能导致痴呆。经常发生在老年人身上的痴呆有四种：阿尔茨海默病、血管性痴呆、额叶性痴呆和由帕金森病引起的痴呆，而阿尔茨海默病和血管性痴呆又是最常见的类型。

1. 阿尔茨海默病

阿尔茨海默病（Alzheimer's disease，AD）是一组病因未明的原发性、退行性脑变性疾病，因阿尔茨海默首先对该病进行了详细的描述而得名。尽管在那时，阿尔茨海默病被认为是相当少见的，但现在，该病被认为是痴呆的最常见的病因。在美国，阿尔茨海默病患者约占痴呆患者总数的 50%，占用养老院床位半数以上，成为老年人第 4 位死因。欧盟地区有关该病的流行病学研究较多，结果比较一致，患病率通常在 5%至 8%之间，且整体上呈不断上升的趋势。日本 65 岁以上老年人阿尔茨海默病的患病率为 2.1%。韩国 65 岁以上老年人该病患病率为 4.2%。我国的研究者对阿尔茨海默病患病率的调查是地域性的，他们发现北京的患病率为 0.37%，上海的为 2.9%（王华丽，于欣，2006）。阿尔茨海默病与年龄的关系极为密切。随着年龄的增长，该病的患病率逐年增加，65～75 岁患病率为 3%，75～84 岁为 19%，超过 85 岁为 47%。

阿尔茨海默病通常起病隐匿，呈持续性、进行性病程，罕见自发缓解或自愈，从发病开始至死亡平均病程约 8～10 年，最后往往发展为严重痴呆，常因褥疮、骨折、肺炎、营养不良、衰竭等继发疾病而死亡。病理解剖检查可见大脑半球皮层弥漫性萎缩、脑回萎缩、脑沟增宽，以颞、顶和前额叶最明显。特征性病理改变包括神经细胞内出现由双股螺旋微丝构成的神经纤维缠结和以淀粉样蛋白为核心的细胞外老年斑，其分布部位和密度是阿尔茨海默病病理诊断的重要依据。由于阿尔茨海默病病因未明，因而临床诊断仍以病史和症状为主，辅以精神、智力和神经系统检查［如福尔斯坦（Folstein）等曾在研究中使用过的检查方法，见表 15-1］，确诊的标准为病理诊断（包括尸检和活检时发现神经纤维缠结和老年斑）。

表 15-1　　对阿尔茨海默病的检查

类型	最高分	问题
定向能力	5	什么时候？（年）（季）（日期）（日）（月）
	5	在哪里？（城市）（乡村）（镇上）（医院）（地板）
命名	3	命名 3 个事物，1 秒钟一个。然后要求患者复述这 3 个刚刚说过的东西。对每一个问题给出一个正确的答案。然后重复它们直到患者能将所有 3 个都记住。记录下尝试的次数。
注意和计算	5	从一个给定的数字（如 100）开始，倒着连续减去 7（每正确一次给 1 分，5 次正确回答后停止）。此外，还可用倒过来拼写“word”的方式来检查。

① 在 DSM-5 中，阿尔茨海默病和血管性痴呆分别由阿尔茨海默病所致的神经认知障碍和血管性神经认知障碍替代。

续前表

类型	最高分	问题
回忆	3	对前面所学习的 3 个东西命名。(每一次正确回答给 1 分)
语言	9	让患者命名一支铅笔或一块手表。(2 分) 重复下面的发音："No ifs，ands，or buts."(1 分) 跟着完成一个三步的指令："用你的右手拿起一张纸，从中间对折，然后把它放在地板上。"(3 分) 阅读并做出下面的行为："闭上你的眼睛。"(1 分) 写一个句子。(1 分) 描述一幅图。(1 分)

注：这个测验也包括对患者意识水平的评估，包括警觉、呆滞、昏睡、昏迷。测验得分最高为 30 分，但其低分不是确定痴呆的医学诊断的必要条件。

2. 血管性痴呆

血管性痴呆（vascular dementia）是指由脑血管疾病引起，以痴呆为主要临床表现的脑功能衰退性疾病。它主要是由高血压、动脉硬化引起的，血管壁发生病变，血液成分或血流动力学改变，造成缺血或出血性疾病，从而引起脑组织缺血、缺氧，导致脑功能衰退。

血管性疾病的潜伏期较长，早期常无症状或症状不明显，可有脑衰弱综合征和轻度认知障碍。脑衰弱综合征主要表现为头痛、头晕、肢体麻木等躯体不适症状；轻度认知障碍主要表现为记忆损害，如注意力不能集中、语言运用能力下降和视空间功能障碍。中期可出现局限性神经系统症状及体征，其具体表现视受损部分而定。一般说来，左半球大脑病变，可能有失语、失用、失读、失写、失算等症状；右半球的皮层病变可能导致视空间障碍。在脑血管疾病每次发作后，症状一次比一次严重，痴呆也逐渐恶化，从早期的某一认知功能受损的局限性痴呆直至全面性痴呆。

血管性痴呆源于脑血管疾病，因而呈现出明显的波动性、阶梯样的病程。有时出现一个较长期的病情稳定阶段，有的患者由于侧支循环的建立，痴呆及记忆力等症状还会出现一定程度的好转。

血管性痴呆的症状与阿尔茨海默病多有重叠，但也有研究对它们的不同进行了分析（见表 15 - 2）。一般而言在精神行为症状上，阿尔茨海默病患者以兴趣减退、主动性减退、易疲劳、抑郁、情绪低落为多；而血管性痴呆患者则以胃肠道症状、唠叨、激越、焦虑、躯体不适感和无目的闲逛为多。在智能障碍方面，阿尔茨海默病患者呈现出智能的全面衰退，并以记忆，尤其以短时记忆受损和言语理解受损为主；而血管性痴呆则智力受损相对较轻，但操作能力受损较为明显。此外，某些脑组织受损的神经学信号，如在许多血管性痴呆患者身上出现的行走异常和四肢虚弱，在早期阿尔茨海默病患者身上没有发现。

有关血管性痴呆流行病学的研究显示，男性患病率高于女性。这一结果与阿尔茨海默病的情况正好相反。这可用男性患脑血管疾病的比率更高来加以解释。由于脑血管疾病具有突发性，因而血管性痴呆通常是急性起病，而阿尔茨海默病起病缓慢。

表 15-2　　阿尔茨海默病与血管性痴呆的比较

	血管性痴呆	阿尔茨海默病
起病	较急，常有高血压史	徐缓
病程	波动或阶梯恶化	进行性缓慢发展
早期症状	脑衰弱综合征	近记忆障碍
精神症状	以记忆障碍为主的局限性痴呆 判断力、自知力较好 人格改变不明显 情感脆弱	全面性痴呆 判断力、自知力丧失 有人格改变 情感淡漠或欣快
神经系统	局灶性症状和体征	早期多无局灶性体征
CT 检查	多发性梗死，腔隙和软化灶	弥漫性脑皮层萎缩
Hachinski 评分	>7	<4

（三）痴呆的原因

痴呆的病因目前尚不明确。作为一种因大脑病变而产生的综合征，痴呆成因的主要证据来自病理解剖检查和组织学检查。阿尔茨海默病的病理解剖检查可见大脑半球皮层弥漫性萎缩，脑回皱缩，脑沟增宽，以颞、顶和前额叶最明显。大脑切面皮层厚度减小，脑室扩大，侧室颞角尤其明显。小脑一般正常但小脑蚓部可有中等萎缩。组织学检查除可见大量神经元脱失，皮层突触显著减少，皮层内神经元脂褐质堆积外，特征性病理性改变还有神经纤维缠结、淀粉样蛋白脑中堆积、神经元颗粒空泡变性和血管壁淀粉样蛋白变性。血管性痴呆的发生常与皮层病变，尤其是左侧皮层缺血及丘脑、海马的缺血改变密切相关，同时，双侧、多发性脑梗死，重要位置的缺血梗死以及大面积脑损害对本病的发生有重要作用。

ApoE 基因和家族遗传病史被认为是痴呆发病的主要危险因素，特别是一级亲属关系中患有痴呆的个体发病率会显著提高，是普通人群的 4.4～5.9 倍。研究还认为，阿尔茨海默病在女性中更为常见，即使将女性的高存活率因素考虑到统计过程中也是如此，即单独的长寿因素（总体上女性比男性活得更长）不能解释这一现象。由于年老的女性会失去雌激素，所以一种假说认为是雌激素对阿尔茨海默病有保护作用。有研究对那些更年期后参加雌激素替代治疗的女性进行了分析，发现这种治疗会延迟或减少阿尔茨海默病的发生。这一结果支持了这一假说。此外，还有研究发现，阿尔茨海默病在不同人种中的发生率不同，日本人、尼日利亚人、某些本土美国人、安曼教派背景的人似乎不易患这种病。研究者将这一现象解释为基因的作用。炎症也是痴呆的危险因素之一。在炎症过程中，小胶质细胞被 β-淀粉样蛋白激活，产生大量致炎性细胞因子和神经元毒性介质，形成炎症发生和持续的恶性循环，最后导致阿尔茨海默病的发生。血管性疾病则是血管性痴呆的重要危险因素（陈传锋，何承林，陈红霞，孙亚菲，潘鑫，2012）。

对痴呆病因的探讨还可从一些社会心理因素入手。一些流行病学研究认为，受教育程度低的人群患阿尔茨海默病的可能性大于受教育程度高的人群。这是否意味着一个群体在遗传素质上优于另一个群体？研究者否定了这种偏见，而是认为教育为个体创造了一种精神“储备”，这种通过学习而储备的技能和知识能帮助个体长期地对付正在出现的认知退化。例如，受过较好教育的个体能够使用记事本、纸片、图片等帮助应付日常活动。这使得在早期不容易看出他们患有痴呆。也就是说，即使大脑机能受损程度一样，也会因受教育程度的不同，在日常生活中表现出不同的心理社会功能水平。也有研究者对这一理论进行了生物学的解释——大脑储备理论（cerebral reserve hypothesis）。该理论认为，个体一生中形成的突触越多，如要患痴呆，死亡的神经元细胞也会越多，即在死同样多神经元的条件下，那些在发展中形成突触越多的个体越不容易患痴呆。教育活动作为一种精神活动的重要形式可能增强了神经突触的储备，从而成为一种保护性因素。这两种解释表明了技能发展和大脑变化都会影响痴呆发展的速度，也说明了教育起作用的方式。

（四）痴呆的治疗

由传染病、营养不良和抑郁引起的痴呆，如果发现及时，是可以治疗的。然而，对于其他大部分痴呆患者的治疗，医生可做的努力很有限。因为痴呆很难早期发现、早期治疗，而且痴呆患者的大脑也发生了不可逆的器质性改变，所以，医学上的努力很难逆转病情持续恶化的局面。由此，研究者提出应该把治疗目标放在以下几个方面：（1）努力防止相关问题的出现，如物质滥用；（2）努力阻止大脑损伤的进一步扩大和恶化；（3）帮助患者及其照料者应付更严重的退化。多数有关痴呆的治疗放在后两个目标上，通过药物治疗阻止大脑机能的进一步退化，通过心理社会治疗的方法指导患者及其照料者应付痴呆带来的问题。

目前美国食品药品监督管理局（Food and Drug Administration，FDA）批准的药物只有两类——胆碱酯酶抑制剂以及美金刚（NMDA 受体拮抗剂），但它们只能在一定程度上缓解而不能治愈阿尔茨海默病。针对痴呆的不同亚型，医护人员可以有针对性地使用一些药物进行治疗。用胆碱能药物可以减轻阿尔茨海默病的症状，使用大脑代谢调节药物和血管扩张药可以改善血管性痴呆患者的脑部血液循环，使症状得到缓解。也有研究认为，鉴于阿尔茨海默病发病机制的复杂性，中药复方有其独特的优势（臧彩霞，鲍秀琦，孙华，张丹，2016），而针刺治疗较口服药物治疗血管性痴呆患者的整体疗效更明显（黎帅，黄桂兰，谭洁，张泓，2016）。为了改善痴呆患者的智能，可使用促智药或改善认知功能的药物。针对某些患者合并有精神病性症状，可以选择性地使用一些抗精神病的药物，来减轻患者的焦虑、抑郁或者各种幻觉和妄想症状。

心理治疗主要是为了提高患者的生活质量。对轻度痴呆患者应加强心理支持和行为指导，使患者尽可能长期保持生活自理及人际交往能力；鼓励患者多参加一些活动和训练，使用一些可以缓解症状的方法来减轻痴呆对生活的影响。有人提出了“记忆皮夹”的方法：家属将一些重要信息写于纸上，然后让患者随身携带，这样患者可以经常温习，从而减轻记忆障碍带来的影响，使他们更好地和别人交流。患者家属应尽可能减少患者单独外出的机会，以防患者走失。同时，患者家属应该对痴呆的症状和预后有一定的了解，照顾患者的生活起居，并在必要的时候向专业人员寻求帮助，同时也要学会处理因为患者的失忆、退化，甚至死亡给家属带来的各种负面情绪。重症患者应加强护理，注意营养，预防感染。

二、谵妄

谵妄（delirium）是一组非特异性的脑器质性综合征，主要表现为急性、一过性、广泛性的认知障碍，尤以意识障碍为主要特征。常见的类型有物质中毒性谵妄、物质戒断性谵妄、药物所致谵妄。谵妄的高发人群是老年人、正在接受药物治疗的患者、癌症患者以及艾滋病患者，但在住院的老年患者中发病率最高，急诊就诊的老年人有10%～30%以谵妄为首发症状，而在住院的老年患者中发生谵妄的比例为6%～56%，15%～53%的术后老年患者发生谵妄，重症监护病房中高达70%～87%，在疗养院或亚急性监护环境中达60%，在临终患者中达83%。谵妄是一种可危及生命的临床综合征，住院患者中合并谵妄的死亡率达22%～76%。谵妄虽可发生在任何年龄段，但有明显随年龄增长而逐渐上升的趋势。

沙菲等（Shafi et al.，2017）认为，谵妄是个体暴露于压力之下大脑的连通性（connectivity）和可塑性（plasticity）遭受损伤后大脑功能受损引发的。谵妄的病因可以有很多，感染、内分泌紊乱、手术、颅内损伤、药物都可以导致谵妄状态的发生。心理社会应激，如亲人死亡或迁移到陌生的环境等，对谵妄发生也具有诱发作用。由于这些病因在老年人身上更常见，所以谵妄在老年群体中也更流行。

谵妄通常急性起病，症状变化大，常持续数小时或数天。主要表现为意识障碍和知觉改变。意识障碍主要表现为对周围环境与事物的认知清晰度降低，注意力不能集中，易受干扰。医生检查时很难和患者进行交流，往往需要多次重复同一个问题，患者才可能做出回答。意识障碍有明显的“昼轻夜重”现象，白天可表现正常，晚上却出现意识混浊。而知觉障碍包括记忆受损、定向障碍以及言语障碍。记忆受损以近记忆障碍最明显。定向障碍主要表现为时间和空间定向障碍，常为首发症状，自我定向障碍比较少见。言语障碍包括失命名和失写。患者在交谈时经常离题，容易从一个话题转向另一个话题。患者交谈时的语无伦次，可能会给医生的诊断带来一定的困难。这时从其他渠道，特别是从患者家属处获取信息显得尤为重要。

谵妄的诊断标准

1. 注意障碍（即指向、聚焦、维持和转移注意的能力减弱）和意识障碍（对环境的定向减弱）。

2. 该障碍在较短时间内（通常为数小时到数天）发生，表现为与基线注意和意识相比的变化，以及在一天的病程中严重程度的波动。

3. 额外的认知障碍（例如，记忆缺陷，定向障碍，语言、视空间能力或知觉缺陷）。

4. 诊断1和3中的障碍不能用其他已患的、已经确立的，或正在进行的神经认知障碍来更好地解释，也未出现在觉醒水平严重降低的情况下，例如，昏迷。

5. 病史、体格检查或实验室发现的证据表明，该障碍是其他躯体疾病、物质中毒或戒断（即由于滥用的毒品或药物），或接触毒素，或多种病因的直接生理结果。

资料来源：DSM-5；American Psychiatric Association，2013.

当谵妄状态发生时，通常不需要对谵妄本身进行处理，而应该积极地处理病因，尽快治疗感染、内分泌紊乱、损伤等器质性疾病。当谵妄较严重导致患者行为紊乱时，医护工作者或者家属应该防止患者发生意外。

三、器质性遗忘[①]

案例

在刘先生70岁生日那天，他的子女们为他过了大寿，也就是那天他突然晕倒了。醒来后，他显得很困惑和迷茫，很多事情都记不起来了。他忘了自己出生于何处、子女们的年龄以及现任国家主席是谁。子女们怀疑他有遗忘症，给他做了一个测试，让他自己先念三个词：苹果、生日、蛋糕。一分钟后他已经不能记起这三个词。刘先生也不能对任何东西的颜色进行命名，但物体命名正常，例如，指给他一片草地，问他是什么颜色，他说不出来，但他能说出这是草地。此外，他还有完整的定向机能，有正常的言语功能，能进行简单的计算而没有错误。刘先生被诊断为遗忘症。

遗忘可以由多种原因引起，就像前面所描述的那样，遗忘在痴呆或者谵妄中都是很常见的。但我们在这里介绍的器质性遗忘，主要指由躯体引起的以遗忘为主要症状的一组疾病。患者语言功能通常相对完好，并能够从事一些简单的活动。除了躯体疾病会导致遗忘之外，物质滥用、药物不良反应和中毒等也都可以导致躯体发生器质性改变，并进而引起遗忘的发生。

遗忘症的诊断标准

1. 发展性的记忆损伤，例如不能学习新的信息，或者不能回忆以往学习过的信息。
2. 明显的功能受损，代表一种从原有水平的衰退。
3. 功能失调并不仅仅发生在谵妄或痴呆的发展期。
4. 存在生理学基础，例如大脑损伤。

资料来源：DSM-Ⅳ-TR；American Psychiatric Association，2000.

除了上述诊断标准以外，不同原因引起的遗忘具有各自不同的特点。近记忆障碍在遗忘症患者身上很常见，而远记忆是否受损要视大脑损伤的部位和严重程度而定。很多患者不能很好地学习和回忆新知识，但能很好地回忆很久以前发生的事情。记忆障碍可能是对言语刺激的识记障碍，也可能是对图像刺激的识记障碍。

病因不同，病程也不同。大脑损伤、脑血管疾病和一氧化碳中毒导致的遗忘通常急性起病；而物质滥用、慢性神经毒性物质中毒或者持续的营养不良导致的遗忘则通常隐匿起病；脑血管疾病引起的遗忘容易复发，而且每次发作的病期从数小时到数天不等；大脑损伤导致的遗忘总是在受伤后最严重，在随后的两年中慢慢好转；梗死、手术切除、酒精依赖导致的维生素B1缺乏可引起颞中叶破坏，其遗忘的症状常常持续进展。

由于遗忘的病因多样，所以在诊断时需要全面、谨慎，充分考虑各种情况。有些患者经常会使用“虚构”的方法来掩盖自己的记忆缺失，医生在检查的时候很难察觉，所以向

---

① 在DSM-5中，“记忆障碍”的诊断已不再使用，而是被包括在“由其他躯体疾病所致的重度神经认知障碍”中，但这一诊断不仅仅限于老年人，非老年人的相关问题也包含于其中。由于老年人中病理性遗忘现象比较普遍，因而本书决定保留这一部分内容。

患者家属了解有关情况也非常重要。但是，在做出诊断以后，医护人员所能做的就非常有限了，因为到目前为止，我们尚未发现能有效治疗遗忘的方法。

第三节　老年期常见的其他精神障碍

思考：如何理解年龄在情绪障碍中的影响？

一、老年期的情绪障碍

1. 老年抑郁

案例

李先生，74岁，是一名退休的建筑师，拥有建筑专业的硕士学位。他和妻子一起生活已经50年了。他的妻子在7年前被诊断为肺气肿，而他们的两个儿子都已经搬出去组建了自己的家庭，因此，照顾妻子的重担就落到了李先生的身上。由于需要照顾妻子和做家务，因而李先生具有比较严重的焦虑和抑郁体验，在医生的建议下，他接受了治疗。在治疗初期，李先生非常伤心地说，由于要照顾妻子，他感到自己责任很重。他也描述了当妻子对他苛求甚至产生敌对情绪时，他是如何变得焦虑的。他说他以前从没有过抑郁体验，也没有接受过心理治疗。治疗初期，李先生表现出严重的抑郁，贝克抑郁量表的得分是20分，汉密尔顿抑郁评估量表的得分是18分。李先生想要接受心理治疗，但又怕妻子不同意。

抑郁是老年人最普遍的一种心理障碍。20世纪80年代初美国国立精神卫生研究所流行病学调查显示，在65岁以上的老人中，抑郁症的一年患病率约为1%，而在精神病院的老年病房中有一半是抑郁症患者。老年抑郁的患病率有着显著的性别差异，一般是女性多于男性。对北京市区及郊区60岁以上老人的研究显示，北京市老年抑郁的发病率为12.89%，其中男性10.43%，女性16.89%。这一结果与欧美的调查是一致的。老年抑郁症有着与普通抑郁症不同的病因，其主要危险因素是健康问题，其次是爱人生病或死亡；而导致中青年抑郁最主要的原因是个人、工作和学习等。

老年抑郁患者的抑郁症状表现往往没有年轻患者那么明显，但70%的老年抑郁患者有突出的焦虑烦躁症状，有时表现为敌意和易激惹。激越性抑郁在60岁以上的老年抑郁患者中占49%，表现为焦虑、恐惧，终日担心自己和家庭将遭遇不幸，行为上搓手顿足、坐卧不安。夜晚失眠，或反复追念以往不愉快的事，责备自己做错了事导致家人和其他人的不幸，对环境中的一切事物均无兴趣。轻则喋喋不休诉其体验及“悲惨境遇”，寻求安全的人物或地点；重则勒颈、触电、撕衣服、揪头发、满地翻滚、焦虑万分，以至企图自杀。老年人通常不能很好地表达抑郁、忧伤的情绪，或把这些负性情绪归结为身体上的不适，有时这种对躯体的焦虑完全掩盖了抑郁情绪，见到医生就一个劲地诉说躯体不适。患者主观上经常感到精力不足、疲乏无力，对生活的热情和乐趣下降，对以往喜欢的事情也逐渐地失去兴趣。而且这些症状常有明显的晨重夕轻的节律。患者入睡前感到轻松些，因为“一天终于又熬过来了”，而在凌晨醒来时感觉最难受，因为“难受的一天又要开始了”。

抑郁老人多存在执行功能、注意力、地点定向等方面的认知损害，也会出现应答反应缓慢、思考问题困难、主动言语减少等思维障碍。妄想是老年抑郁中较普遍的思维障碍症状。在妄想状态中，以疑病妄想和虚无妄想最为典型，其次为被害妄想、关系妄想、贫穷妄想和罪恶妄想。疑病内容常涉及消化系统症状，尤其便秘、肠胃不适是此类患者最常见也是较早出现的症状之一。患者常以某一种不太严重的躯体疾病开始。老年抑郁还会出现所谓的可逆性认知功能障碍，即抑郁性假性痴呆，表现为计算能力、记忆力、理解和判断能力下降。这种痴呆经过抗抑郁治疗可以得以改善，但要注意与某些器质性的不可逆性痴呆加以区别。此外，老年抑郁的常见症状还有：积极性和主动性下降，依赖性强，遇事犹豫不决；稍重时活动减少，回避社会交往，行动缓慢，卧床时间增加；严重时常处于无欲状态，日常生活完全不能自理；等等。

对于老年抑郁症的诊断，可以参考普通抑郁的标准。鉴于有些疾病或者药物可以诱导抑郁状态的发生，鉴别诊断时应详细了解病史和用药史，尽可能排除其他原因导致的抑郁状态的发生。判断情感症状是否与躯体疾病的严重程度平行并随之波动，减药或者停药是否会使抑郁减轻或者消失，有助于鉴别诊断。

前面有关章节所述的治疗抑郁的方法，也同样适用于老年抑郁症。认知行为疗法、抗抑郁药物等都经常被用来对抑郁患者进行治疗。有人做了一个对比研究，将抗抑郁药物治疗和认知行为疗法进行了比较，结果发现，两种治疗方法对治疗老年抑郁症的疗效相近。此外，睡眠剥夺治疗也在抑郁治疗中显示了良好的效果，适应症主要是中度抑郁，并且几乎没有不良反应。

2. 老年焦虑

和抑郁一样，焦虑也是老年人常见的情绪体验。据统计，国外有4%～10%的老年人存在焦虑症，有焦虑症状但未达到诊断标准的有15%～20%。中国老年焦虑症的患病率为6.79%、焦虑症状的流行率为22.11%（苏亮，蔡亦蕴，施慎逊，王立伟，2011）。老年焦虑症高危人群有伴有躯体疾病者、居住在私人疗养院或伴有慢性疾病者。40%有残疾或慢性疾病的老年患者存在焦虑症状。焦虑也常见于痴呆患者，8%～71%的痴呆患者存在焦虑症状，其中5%～21%达到DSM诊断系统中某种焦虑障碍的诊断标准。老年人可能存在的焦虑和担心主要在躯体健康（疾病、听觉或视觉减退）、认知障碍、财政和社会地位改变（守寡或守鳏、照顾责任、退休）上。

对于焦虑障碍的治疗，认知行为疗法和药物疗法都可以使用。认知行为疗法主要通过减少患者对死亡、残疾以及日常生活变化的过度担心来缓解焦虑。而在使用药物进行治疗时，应该考虑到老人的身体耐受性，适当地减少药物剂量。

二、晚发性精神分裂症[①]

老年精神病患者可以分为两种：一种是年轻时发病并一直持续至老年的；还有一种是

---

① 在DSM-5中并无“晚发性精神分裂症”的诊断，事实上这一说法仅在DSM-Ⅲ-R中存在过很短的一段时间，但长期的随访研究发现，一些60岁以后患此病的人与偏执型精神分裂症青壮年患者的症状表现是一致的，因而晚发性精神分裂症的概念是有意义的。

进入老年以后才首次发病的。后者就是我们所说的晚发性精神分裂症（late onset schizophrenia）。虽然对于早发性精神分裂症和晚发性精神分裂症没有一个固定的年龄分界线，但是很多研究者都同意将45岁作为一个分界线，45岁以后首次发病的精神分裂症称为晚发性精神分裂症。

晚发性精神分裂症以慢性起病为多，在翟书涛报告的317例晚发性精神分裂症中，急性起病的占22.7%，亚急性起病的占27.1%，慢性起病的占50.2%。其临床特点以妄想和幻听最常见。妄想在很大一部分患者那里被系统化，主要涉及精神和躯体影响妄想，有时可见色情和夸大妄想。幻听是第二个常见的症状。思维插入、思维广播有时可见。有研究者报告了83名晚发性精神分裂症患者的症状，其中87%的患者有被害妄想，64%的患者有非言语幻听，51%的患者有第三人称言语幻听。国内研究发现，有16%的晚发性精神分裂症患者有思维插入，6%的患者有思维剥夺。还有研究者发现，晚发性精神分裂症的被害妄想和幻听常见，而情感不协调、思维联想松弛比早发性精神分裂症少见，阴性症状较少，预后较好。

思考：晚发性精神分裂症和早发性精神分裂症有何区别？

尽管很多人认为晚发性精神分裂症和早发性精神分裂症有着不同的病因，但是到目前为止，尚无明确的证据支持这个假设。目前的研究发现，早发性精神分裂症患者的亲属中，患有精神分裂症的人数要多于正常人群，而在晚发性精神分裂症患者中则没有这种现象，所以，遗传因素在早发性精神分裂症中可能起着更大的作用。另外，环境因素（如10岁前头部创伤史和物质滥用史）和早发性精神分裂症也有着更紧密的联系。

早发性和晚发性精神分裂症之间在治疗上并没有明显不同，临床医生需要谨慎的是要考虑老年人的药物耐受性，避免由于用药过量给患者造成不良影响。

三、老年期物质滥用

和青少年大量使用成瘾物质不同的是，65岁以上的老年人在成瘾物质的使用上，一般会有所减少。但是，有学者发现，在过去十年期间，寻求大麻、可卡因、海洛因和其他成瘾物质滥用治疗的老年人已经开始增多，并且这还只是个开始，老年人的物质滥用问题将会日益凸显。老年人群中物质滥用问题已经成为精神健康工作者面临的一个新挑战。

尽管酒精依赖的老年人相对较少，但酒精滥用在老年人中依然最为常见。研究发现，在60岁以上的人群中，大约9%的男性和2%的女性报告说他们每周喝酒超过21瓶。酒精滥用会加速人的衰老，对老年人的影响更加直接、严重。例如，酒精依赖的老年人，其驾驶能力的衰退要比正常老年人更加快速。长期过量饮酒导致的脂肪肝，在老年人中也相当常见，给老年人的生活带来很多不良影响。

老年人中另一个常见的物质滥用问题是处方药的滥用。美国物质滥用和精神卫生服务管理局（SAMHSA）前主任克拉克（Westley Clark）指出："随着年龄增长，人们会越来越多地使用治疗躯体疾病的处方药，当这些药物与成瘾药物共同使用时，患者所处的境况会更危险。"许多老年人使用精神药物（如抗焦虑药或镇静剂）来帮助他们应对焦虑或睡眠问题。然而，这些药物会干扰认知功能，并且容易成瘾。专栏15-2的资料说明了这个问题。

专栏 15-2

老年人的安眠药滥用

在美国，老年人口只占到人口总数的10%，但他们却消费了国民处方药物的25%～40%。在65岁以上的人群中，尤其在那些有生理疾病的患者中，安眠药的使用是相当普遍的。事实上，在被送入社会机构的老年人中，有超过90%的人在使用镇静-安眠类药物。这是因为，睡眠障碍在老年人中太普遍了。呼吸系统、循环系统或躯体疼痛等方面的疾病都可以引起老年人的睡眠问题。医生很关心老年人睡眠障碍的治疗，因为睡眠的不足会降低老年人的生活质量，慢性失眠症更会导致疲劳和抑郁。

给年纪较大的患者开安眠药这种做法可能会很危险。有记忆障碍的老年人常常会忘记他们已经吃过药了，最后可能会服用“双倍剂量”的药，从而导致昏睡、嗜睡以及事故发生频率的提高。安眠药的其他消极作用包括白天嗜睡、睡眠障碍恶化、警觉性受损、药物的相互作用、产生抗药性以及失眠症状的反弹。此外，老年人在服用安眠药时可能出现上瘾、滥用以及谵妄的危险。因为失眠经常是慢性的、反复的，所以，我们有必要制定应对失眠症的长期策略。为降低老年人用药过量的危险，我们需要使用一些针对睡眠障碍的替代性非药理学手段。

小　结

1. 老年人之所以会有一些比较特殊的心理问题，主要是因为他们的身体和心理因素构成了相应的身体及心理易感性，使老年人成为某些问题的易感人群。

2. 痴呆在老年人中相当常见。痴呆是由很多因素引起的一组表现相似的综合征。痴呆到目前为止尚缺乏有效的治疗手段，给患者、家属以及整个社会带来了比较明显的不良影响。

3. 同样缺乏有效治疗方法的还有遗忘。对于这些疾病，我们目前能做的就是尽量减少疾病的影响，延缓它们的进程。

4. 精神分裂症和抑郁容易复发，这在老年人中也是如此。晚发性精神分裂症和老年抑郁复发率都比较高。医护人员对待这些问题，可能与治疗普通的精神分裂症和抑郁症没什么区别，但是需要考虑老年人的药物耐受性问题，适当地减少药物剂量。

复习思考题

一、简答题

1. 老年人中最常见的两类痴呆是什么？如何鉴别？
2. 什么是谵妄？如何诊断和处理？
3. 不同原因所致的遗忘各有什么区别？
4. 什么是晚发性精神分裂症？

二、案例分析

老李，63岁，退休。老李记忆力一直不好，时常忘事，但不会影响正常的工作和生活。退休后老李不小心摔过一跤，把腿摔断了，头也撞破了。在医院里住了几个月后，腿治好了，性情却变得和以前很不一样。记忆力变得更差，老说不清现在是几点，有时连上下午都分不清，刚做的事情也记不起来。以前喜欢的娱乐活动如钓鱼、打牌等，现在都不喜欢了。对于这些，家里人并不是太在意，直到有一天，老李去买东西竟然连最简单的账都算不出来时，家里人才觉得老李不太正常。老李的问题越来越严重，后来他不能出门，因为一出门就会迷路，即使在附近的社区也是如此；行为也发生了很大变化，时常表现出幼稚、不检点的行为，夜里不睡觉白天睡，而且容易冲动，家里人被折磨得苦不堪言。

案例中的老李该做何诊断？诊断依据是什么？

推荐影片

《明日记忆》

日本电影《明日记忆》是由堤幸彦执导，渡边谦、樋口可南子主演的剧情影片。讲述的是年届五十的佐伯雅行患上了早老性痴呆症的故事。年届五十的佐伯雅行是某个大广告代理店的营业部长，每天都带领部下忙碌在工作的第一线。妻子枝实子与他在学生时代相识，夫妻两人感情甚笃；24岁的独生女梨惠不久将步入婚姻的殿堂，腹中孕育着新生命。事业顺利、家庭美满的雅行正处于人生的丰收期。不料，突然间雅行被诊断患上了早老性痴呆症，健忘、失眠、头痛等症状开始折磨他。无论他如何努力与病魔斗争，记忆却总是不断衰退，以往熟知的人和事物都变得陌生。雅行因此遭受欺骗、背叛，并失去了工作。枝实子温柔地支持着处于绝望边缘的丈夫，一直鼓励他直面磨难。一年后，雅行的病情愈发严重，嗅觉和味觉都开始混乱，并出现幻觉，以致失手打了枝实子。他离家出走来到了奥多摩的山中，当雅行走出深山时，却看到了吊桥边等待着他的熟悉身影……

资料来源：http：//baike. sogou. com/v29285430. htm.

推荐视频

1. 阿尔茨海默病：http：//video. tudou. com/v/XMjMyOTM3NTk4OA==. html
2. 关爱阿尔茨海默病群体：http：//www. le. com/ptv/vplay/23564894. html?ch=360kandsp

第十六章

变态心理学的伦理和法律问题

变态心理学的临床与伦理和相关的法律无法分开，相互之间交互影响。凡是从事精神卫生工作的人员，在他们开始工作之前，首先需要了解这个领域的伦理限制和法律条文，这是保证工作顺利进行的前提条件。而法律界的工作人员也需要了解变态心理学的内容，以帮助他们做出相对公正和正确的判断。在这一章，我们首先对产生这一现象的原因、我国现行法律和法规中的相关内容做出概述。随后以美国的历史与现状为主要参照，介绍心理健康专业人员的伦理准则、司法系统对心理健康看护的主要影响和刑事司法中涉及精神障碍患者的主要问题。

第一节　概述

与心理学其他分支学科相比，变态心理学领域更多地涉及法律问题，究其原因，有以下几个主要方面。

第一，精神疾病会影响患者的思维和行为方式，导致一些患者不能做出客观决策，因而不会主动寻求专业帮助，或是虽由他人协助前往，也不愿接受诊治。于是往往需要第三者（如监护人）代做决策，或是违背患者意愿而实施治疗措施（如强制住院治疗）。

第二，精神障碍患者几乎在任何一个社会都是处于边缘状态，偏见和歧视使他们无法得到应有的医疗服务，或只能得到较低质量的服务，加上患者本身对其应得的尊重与权益麻木不知，由此也增加了提供精神卫生服务的人员侵害患者基本权利（如隐私权、知情同意权）的危险。

第三，精神疾病的特点也可导致由疾病状态或药物治疗引起的一系列安全问题，如攻击、自杀自伤、擅自出走、意外死亡等，从而引发医患纠纷甚至法律诉讼。

以上可见，在民事和刑事司法体系中必然涉及许多精神医学问题，如刑事责任能力、民事行为能力、受审能力等。精神卫生工作也会涉及大量与法律相关的问题，如强制住院、患者权利等。国际上，这些问题通常经由精神卫生专门立法来解决。尤其是近几十年来，随着人们对患者权益和临床安全问题的日益重视，国际社会进行了大量卓有成效的努力，在立法基本原则和临床行为规范等方面形成了许多共识。就我国而言，1986 年中华医学会精神科分会司法精神病学学组的成立，标志着我国司法精神病学发展进入一个新阶段。在数十年卓有成效的研究和实践过程中，逐步发展和完善的“精神病理现象与案件事实的因果关系理论”和对于精神障碍者对自己作案行为的辨认和控制能力的科学评定方法，已经成为学界和法学界专家的广泛共识。在立法方面，《中华人民共和国精神卫生法》（以下简称《精神卫生法》）自1985年开始起草，终于于2012年10月26日通过，并自2013年5月1日起施行。这一过程尽管漫长而艰难，但毕竟完成了，对于精神卫生事业的进一步发展无疑是意义重大的。在此之前，我国也存在着一些精神卫生的地方法规，如2002年4月7日起实施的《上海市精神卫生条例》、2007年3月1日起实施的《北京市精神卫生条例》和2007年11月1日起实施的《无锡市精神卫生条例》。

在国外，临床与法律领域的互动主要涉及危险评估、决定无行为能力者是否需要保护人、精神病人强制住院、住院患者的权利、从非自愿拘禁中释放、精神失常辩护、受审能力、陪审团的选择、目击证明准确性的评估等问题。本节仅就我国现行相关立法中涉及精神病患者的隐私保护、民事行为能力和刑事责任能力等方面的内容及规定做简要概述。

一、精神病患者的隐私保护

思考：保护精神病患者隐私的必要性是什么？

在《精神卫生法》中不止一次地提到保护精神障碍患者的隐私问题。其中第4条规定：“有关单位和个人应对精神障碍患者的姓名、肖像、住址、工作单位、病历资料以及其他可能推断出其身份的信息予以保密；但是，依法履行职责需要公开的除外。”第23条规定：“心理咨询人员应当尊重接受咨询人员的隐私，并为其保守秘密。”有学者（费安玲，2014）认为，精神障碍患者的隐私范围需要根据其是否为重性精神障碍患者而适用不同规则。例如，鉴于重性精神障碍患者的病情对周边公众存在一定的潜在危险性，故应让周边人们知情，以防止因重性精神障碍患者无控制能力而产生损害他人人身或财产的情况。但是，鉴于轻性精神障碍患者无此威胁，因而不应随意披露其病情信息，以免影响患者的正常生活和工作。

在临床实务工作中，医患关系一旦建立，医生就自动地承担起保证患者的隐私不予泄露的义务。对此，《执业医师法》第22条有明确规定，关心、爱护、尊重患者并保护患者的隐私是医师在执业活动中应履行的义务。

对于患者的隐私权和侵犯隐私权的后果，现行《上海市精神卫生条例》第71条规定：精神卫生医疗机构及其工作人员有未经精神障碍患者或者其监护人书面同意，擅自进行涉及精神障碍患者个人的医学教学、科研等活动的，情节严重的，依法吊销有关医务人员的执业证书。

现行《北京市精神卫生条例》的有关规定则更为详细，具体为：“政府部门、医疗机构、与精神卫生工作相关的其他单位及人员应当依法保护精神疾病患者的隐私权。未经精神疾病患者或者其监护人、近亲属书面同意，不得对该精神疾病患者进行录音、录像、摄影或者播放与该精神疾病患者有关的视听资料。因学术交流等原因需要在一定场合公开精神疾病患者病情资料的，应当隐去能够识别该精神疾病患者身份的内容。”（第42条）违反上述规定的，“由卫生行政部门责令改正，可以并处3 000元以上3万元以下罚款；造成精神疾病患者人身损害、财产损失的，依法承担民事责任；构成犯罪的，依法追究相关责任人的刑事责任。”（第50条）

二、民事行为能力

行为能力是民法学的概念，是指公民以自己的行为取得民事权利或为自己设定民事义务的能力。行为能力是公民直接参与民事活动、进行法律行为的前提。公民享有行为能力，就可以通过自己的行为取得法律所赋予的种种权利，履行义务。

《中华人民共和国民法通则》第13条规定：“不能辨认自己行为的精神病人是无民事行为能力人，由他的法定代理人代理民事活动。不能完全辨认自己行为的精神病人是限制民事行为能力人，可以进行与他的精神健康状况相适应的民事活动；其他民事活动由他的法定代理人代理，或者征得他的法定代理人的同意。”

《中华人民共和国民事诉讼法》第187条规定：“申请认定公民无民事行为能力或限制民事行为能力，由其近亲属或者其他利害关系人向该公民住所地基层人民法院提出。”从此条规定可以看出，除了近亲属和其他利害关系人以外，他人无权主张某人有精神病。

精神病人虽然有权利管理个人事务，包括结婚、离婚、选举、签署合同等，但通常是有限制的。《中华人民共和国婚姻法》第10条规定，婚前患有医学上认为不应当结婚的疾病，婚后尚未治愈的为无效婚姻的情形之一。有些精神疾病，包括精神分裂症、躁狂抑郁性精神病以及其他重性精神病，在发病期间不应结婚。

鉴于许多精神障碍患者在症状严重时需要住院治疗，而他们受疾病影响不能完全辨认自己的行为，属无民事行为能力或限制民事行为能力人，因此常需采取非自愿住院的方式安排治疗。非自愿住院通常要有比较严格的标准。这类标准传统上分为英国模式和美国模式。英国模式以患者“（因病情严重而）需要得到治疗”为主要标准，强调治疗的恰当性、监护人和医生在做出住院决定上的权力；美国模式则以患者“具有（针对自身或他人的）危险性”为主要标准，强调正当程序和警察在决定住院方面的权力。《精神卫生法》更接近美国模式，第30条规定：“诊断结论、病情评估表明，就诊者为严重精神障碍患者并有下列情形之一的，应对其实施住院治疗：（一）已经发生伤害自身的行为，或者有伤害自身的危险的；（二）已经发生危害他人安全的行为，或者有危害他人安全的危险的。”但在我国的实践中似乎更倾向于英国模式，2001年通过的《上海市精神卫生条例》中规定，具有主治医师以上职称的精神科执业医师应当按照入院的医学标准和患者就诊当时的自知力状况对是否需要住院治疗进行评定，如果认为需要住院治疗而患者又为完全或者部分丧失自知力者，则医师应当出具医疗保护住院通知书，患者的承担医疗看护职责的监护人在签署住院同意书后，应代为或者协助患者办理入院手续。这里，“自知力标准”其实就是强调了疾病严重程度对患者判断和决策能力的影响，所谓入院的“医学标准”也远较危险性标准宽泛。医生和监护人掌握着决定和办理住院手续的几乎全部权力，无须警察出面，法庭听证等程序也没有必要。

三、刑事责任能力

案例

2006年5月24日下午，一名地产公司的驾驶员李某开了一辆套牌的奥迪牌轿车在上海市中心连续撞伤9人和9车，致使多名警察和路人受伤和多辆警车毁损。犯罪嫌疑人到案后，反映："2006年5月24日12时左右，我从女友处出来，我感觉到有人会对我不利，于是我边开车，边报警……"问其结识女友张某后，有无发现异常情况，答称："出事前几天，约在（5月）20日左右，她老是把手放在鼻孔处吸手指甲，吸指甲里的粉末（指毒品）。她总是注意自己的臀部。在厕所（与其女友同居住地）的地砖缝间看到白色粉末，第二天早晨这些粉末没有了，她不肯承认。我要她脱下裤子，看到她肛门口有像毒品样东西没有排掉……"但张某的尿液检查报告显示，吗啡类、甲基苯丙胺类、氯胺酮、苯丙胺类均为阴性。问其2006年5月24日早晨出门后遇到什么情况，答称："……在中午12点以后，发现有好几部车子，有轿车、摩托车，约有5～8部跟着我的车，开这些车子的人我不认识，这些车围着我车转，当时我心里考虑张某吸毒对我不利，我怕她找人来，对我不利……"检查中，情感反应平淡，思维内容脱离现实，存在逻辑推理障碍，有明显的被害妄想，自知力无，从而被鉴定为急性短暂性精神障碍，对本案无刑事责任能力。

资料来源：孙大明，2013.

责任能力是一个刑法学概念，它指的是行为人负担刑事责任的资格。法律明确规定，只有有责任能力的人才适宜用刑罚。无责任能力的概念指的是实行犯罪行为时排除责任能力。无责任能力不会因疾病和时间因素而有所改变。迄今为止，英美出台了多部因精神障碍而判定无刑事责任能力的法律规则（见表16-1）。

表16-1　英美法系中因精神障碍而判定无刑事责任能力的主要法律规则

规则名称	形成及适用时间	医学要素	心理学要素		主要适用范围
			辨认能力	控制能力	
麦那顿规则	1843年至今	精神疾病	不知道行为的性质、意义，或者不了解行为是错误的		英国、美国多数州、加拿大等
不能控制规则	19世纪末20世纪初至今	同上	同上	不能控制自己的行为	美国适用麦那顿规则的约一半法院并用此规则；英国1957年《杀人罪法》
德赫姆规则	1954年至1972年	精神疾病或精神缺陷			美国新罕布什尔州、哥伦比亚特区（现在无法院适用）

续前表

规则名称	形成及适用时间	医学要素	心理学要素		主要适用范围
			辨认能力	控制能力	
模范刑法典规则	1962 年至今	精神疾病或精神缺陷（心理变态者除外）	无法识别自己行为的违法性（非道德性）	缺乏使自己的行为符合法律要求的实质能力	美国 20 多个州法院
犯罪综合控制法规则	1984 年至今	严重的精神疾病或精神缺陷	无法识别行为的性质或对错		美国联邦法院

《中华人民共和国刑法》第 18 条规定："精神病人在不能辨认或者不能控制自己行为的时候造成危害结果，经法定程序鉴定确认的，不负刑事责任……间歇性的精神病人在精神正常的时候犯罪，应当负刑事责任。尚未完全丧失辨认或者控制自己行为能力的精神病人犯罪的，应当负刑事责任，但是可以从轻或者减轻处罚。"

根据我国 1997 年《刑法》规定的原则，无责任能力的判定标准是：（1）医学标准：患有急性、慢性或暂时性精神障碍；（2）一般标准：上述精神病必须达到一定的严重程度，即此时精神病人丧失辨认或者控制本人行为的能力。这两条标准缺一不可，必须同时具备才能判定为无责任能力。认定为无责任能力者可进行精神失常辩护。

《全国人大常委会关于司法鉴定管理问题的决定》（2015 年修正版）明确规定，从事司法鉴定业务的人员必须具备下列条件之一："（一）具有与所申请从事的司法鉴定业务相关的高级专业技术职称；（二）具有与所申请从事的司法鉴定业务相关的专业执业资格或者高等院校相关专业本科以上学历，从事相关工作五年以上；（三）具有与所申请从事的司法鉴定业务相关工作十年以上经历，具有较强的专业技能。"

第二节　心理健康专业人员的伦理准则

在临床心理学领域，心理学家对个体所实施的一切干预措施，都必须在保护被干预者最大福祉的原则下进行。干预的最佳效果是最大限度地保护患者的个人利益以及社会的整体利益。为此，任何执业的临床心理学家都必须明确自己的职责和专业范围，在该范围内开展工作，并且必须遵守一定的伦理准则。

一、伦理准则概述

思考：如何理解伦理准则在临床心理学领域中的意义？

（一）伦理准则的含义与作用

道德是评断行为的适当性与正确性的文化或宗教标准。伦理是个人或团体用以评量正当行为的道德准则，它代表一种专业上理想的目标或至高至善的行为准则，并为专业学会、国家认证机关及政府主管当局所强调以规范该专业。

伦理准则在本质上具有较宽广的概念并可由个人进行解释。专业人员通过阅读并思考这些准则，能够扩展觉察、澄清价值并从中发现处理工作挑战的指导原则，借此不断提升专业素养，了解与实践伦理准则的精神，从而在提供心理健康服务的过程中敏感觉察与核检自己的伦理行为，发展出成熟、公正、审慎、明智的决策风格，确保患者的最大利益。

在美国，心理健康专业领域的一些伦理准则见表16-2。

表16-2　美国一些主要的心理健康专业机构及其伦理准则

伦理准则	所属机构
《心理学家伦理原则与行为准则》	美国心理学会 (American Psychological Association，APA)
《咨询督导之伦理指导准则》	咨询师教育与督导学会 (Association for Counselor Education and Supervision，ACES)
《国际婚姻与家庭咨询师学会伦理准则》	国际婚姻与家庭咨询师学会 (International Association for Marriage and Family Counselors，IAMFC)
《伦理准则与实务标准》	美国咨询学会 (American Counseling Association，ACA)
《网络咨询伦理实务标准》	国家咨询师认证委员会 (National Board for Certified Counselors，NBCC)
《学校咨询师伦理标准》	美国学校咨询师学会 (American School Counselor Association，ASCA)
《网际网络线上咨询伦理标准》	美国咨询学会 (American Counseling Association，ACA)
《美国社工师学会伦理准则》	美国社工师学会 (National Association of Social Workers，NASW)
《国家全人服务教育伦理标准》	国家全人服务教育组织 (National Organization for Human Service Education，NOHSE)
《美国婚姻与家庭治疗学会伦理准则》	美国婚姻与家庭治疗学会 (American Association for Marriage and Family Therapy，AAMFT)

（二）伦理准则的应用

《美国社工师学会伦理准则》曾简明地描述出规范的界限：

> 伦理准则不能保证合乎伦理的行为，甚而一个伦理准则不能解决所有的伦理议题或争论，或者涵盖负责任的伦理决策时的丰富性与复杂性。宁可将规范视为专业工作上的指导原则与伦理标准，并据此评价专业行为。

可见，专业伦理并非一个工作蓝图，要求实务工作者无须思考与判断就加以应用。事实上，由于实务工作中个体状况的独特性和情境的差异性，临床心理学工作者必然不能刻板地使用伦理准则，而是必须主动、谨慎与创造性地处理伦理问题，寻求最具针对性的适宜的解决之道。

例如，以劳务或物品交换咨询服务是双重关系的情形之一，伦理准则通常不赞成以等价物品或劳务交换专业服务，但在某些文化或环境中，这样的安排是可以被接受的。一位咨询师就曾记录了一个在阿帕契文化中，调整自己实务工作方式的例子。当地人对于能够负担自己与所爱的人的生活所需相当引以为傲。有一次她要对一名少女进行咨询，少女的单亲妈妈却无法负担收费，因为这个家庭经济十分困难。当咨询师告诉这位母亲愿意免费提供咨询时，母亲表示无法接受这样的做法。然而，她询问咨询师是否愿意接受自己亲手缝制的拼布被子当作咨询的费用。这位母亲与咨询师讨论被子可以折抵的金钱价值，并以此作为数次咨询的费用。咨询师认为这是一个很好的解决办法，因为它让少女接受了必需的咨询服务，也让母亲以自己的方式维护了尊严。

从上例可见，在实务工作中所服务对象的价值观和信念与明文规定的特定准则可能产生冲突的情形下，伦理准则的应用就必须有适度的弹性，从而在文化架构下得以被了解，并得到调整以适应不同的文化要求。

专栏 16－1

《心理学家伦理原则与行为准则》（2010）的五大原则

原则 A：善行和不伤害原则

心理学家努力惠及那些与他们一起工作的人，并照顾他们以免其受到伤害。心理学家寻求在他们的专业行动中保障那些与他们互动的专业人员和其他受影响的人的福利和权利，以及研究中受试动物的福利。当心理学家出现犹豫时，他们解决问题的负责任的方式，就是避免或最大限度地减少危害。

原则 B：忠诚与责任

心理学家坚持职业行为标准，明确自己的职业角色和义务，接受适当的责任，为自己的行为负责，管理利益冲突。心理学家为与他们一起工作的人提供最佳利益服务。

原则 C：诚实正直

心理学家努力信守承诺，以避免不明智或不清楚的承诺。欺骗带来的不信任或其他有害影响是心理学家应该严肃对待的。

原则 D：公平公正

心理学家需要做出合理的判断，并采取预防措施，以确保避免可能的偏见和其专业知识的局限性所带来的不公正做法。

原则 E：尊重人们的权利和尊严

心理学家尊重所有人的尊严和价值，尊重个人权利的隐私。心理学家要力图消除那些基于年龄、性别、语言、宗教等因素的偏见行为。

二、临床工作中保密与警告的责任

在心理干预的过程中，患者可能会透露一些生活中最秘密的事情。按照心理干预伦理和道德准则的要求，治疗师必须保证在治疗过程中，个人信息和隐私始终只是患者和治疗师之间的秘密，这意味着即使是家庭成员也无权获得患者的治疗信息（只有未成年的孩子除外，他们的父母或监护人有权知情）。不过，一旦隐私中包含对患者利益或他人利益构成威胁的内容，治疗师就有义务和责任向特定的法律机构或社会机构透露相关信息，如涉及自杀、对他人的暴力威胁、对儿童的躯体伤害或性骚扰等方面的内容，这一点是法律明文规定的。在美国历史上，1976 年发生的塔拉索夫案是影响患者与治疗师之间这一特定关系的最重要的案件之一。

案例

1976 年 10 月 27 日，加州大学学生塔拉索夫（Tatiana Tarasoff）在自家的阳台上被一个来自印度的同校同学波达尔（Prosenjit Poddar）枪杀了。灾难起因于两人一次短暂的约会后，波达尔疯狂地爱上了塔拉索夫，并产生了病态的嫉妒心理。当这种痴迷与日俱增时，朋友劝他去学校的学生健康服务中心寻求心理帮助。一位精神病学专家对波达尔进行了评估后，建议他去找健康中心的一位心理学家咨询。在心理治疗的过程中，波达尔曾说过他可能会杀死塔拉索夫，朋友也将他有枪的事告诉了这位心理学家。心理学家考虑到波达尔的潜在危险性，通知校园警察，建议他们带波达尔到精神卫生机构接受治疗。警察拘留并询问了波达尔后认为，他思考理智，情感正常，因此在他承诺远离塔拉索夫之后就释放了他。于是，波达尔中止了心理治疗。遗憾的是，最终枪杀塔拉索夫的恶性事件还是发生了。塔拉索夫的父母在极度悲痛的情况下状告学校、精神病学家及心理学家，认为是他们没有及时地告知塔拉索夫其处于极度危险的状态中，才使凶手有机会得逞。加州法院最后裁定塔拉索夫的父母胜诉，宣布要对来访者与治疗师之间的保密权加以限制。

对于这一案件，法院裁决：保护个体免受他人伤害的责任，要高于患者与治疗师之间的保密权。法院认为虽然很难预测暴力行为是否真的会发生，但是与暴露来访者暴力行为倾向产生的负面影响相比，保护可能的受害者的权利还是更为重要，个体有权知道有人会对自己的生命产生威胁。这个制度使治疗师与患者之间的关系开始有了一些改变。现在，当治疗师认为患者对自身安全或他人利益产生威胁时，他们就会向有关部门和人员讲出这些秘密。

可见，在临床干预过程中，患者的隐私权是受到法律保护的，但这种权利并不是绝对的。在实务工作中，专业人员有责任将干预的相关内容与特点告诉患者，包括可能存在的泄露隐私的各种情形，以保证患者享有知情同意权。

第三节　精神疾病患者的监管与看护

一直以来，立法与司法系统都会影响到心理健康看护制度。通常，法律会有系统、有组织地保护那些有异常行为和精神病态的个体。但这种保护制度的确立需要在有利于个体权利和有利于社会之间进行仔细权衡，并在不断调整的过程中逐渐完善。本节介绍其中所涉及的三个主要方面的内容：精神疾病患者的危险性评估、民事安置及患者的权利。

一、精神疾病患者的危险性评估

（一）危险性评估的意义与作用

所谓**危险性评估**，是指精神卫生专业人员综合考虑多种因素，预测精神疾病患者对自己或他人的潜在危险性。

专栏 16－2

治疗师处于被攻击的情况

有一些治疗师发现他们的权利受到侵犯，包括他们安全开展工作的权利。约有12%到14%的心理治疗师在私人的治疗中至少有一次曾经被他的患者攻击，其中精神科医师受到攻击的比例更高。有一个研究发现，40%的精神科医师在他的职业生涯中至少受到过一次攻击。患者攻击时使用各种不同的武器，包括一般生活用品，如鞋子、台灯、灭火器以及手杖等。有些人使用刀或枪，并严重地伤害甚至杀死他们的治疗师。

很多治疗师在被攻击之后，有一段时间在工作中会持续感到焦虑和不安全，有些治疗师想办法对患者进行挑选，并尽量识别患者产生暴力行为的前兆。有一个治疗师甚至花了一年半来学习空手道。

实施评估的目的在于帮助决定患者是否需要强制入院接受治疗或强制留院继续治疗，以及对他的限制程度和看护等级，或者决定是否有责任联络相关部门做好预防工作，以便最大限度地减少或预防危害的发生。

对患者进行危险性评估是精神卫生工作者必须承担的职责，正如在第二节中所看到的，塔拉索夫案导致加利福尼亚州法院做出判决，认定治疗师有责任保护那些可能受患者暴力行为攻击的人免受攻击。事实上，危险性评估与公共政策紧密相关，也是强制执行民事安置的必要条件。在考虑保释、判决、假释、精神疾病患者非自愿住院或释放，精神障碍犯罪人的释放，甚至包括死刑的执行时，都要涉及对未来危险性的预测。

（二）危险性评估的影响因素

影响专业人员对精神疾病患者进行危险性评估的因素很多，包括个体的性别、年龄、种族、个性特征、婚姻状况、工作经历以及青少年时期的拒捕记录，过去暴力行为的历史，精神病院住院史以及酒精或药物滥用情况，等等。这些资料可以通过临床访谈或心理测验等方式搜集。

在评估过程中，有很多原因可能导致临床工作者无法准确评估个体的危险性。首要因素是对危险性的法律界定问题。判断个体是否具有危险性，首先要明确什么行为属于暴力或危险行为。谋杀、强奸或以致命武器攻击是暴力行为，但对于是否应该将鲁莽驾驶、毁坏资产、偷盗汽车等归为暴力行为，即使在专家中也缺乏一致性意见。其次，基于过去资料，在个体水平上对未来发生暴力行为的可能性进行预测本身就是极其困难的，更何况所搜集到的信息常常是模糊的，因为在治疗过程中个体一般不会直接泄露威胁，治疗师通常只能从其敌对的态度和掩饰的信息中进行推测。此外，暴力行为的发生常与行为发生当时患者所处的情境有关，这一情境因素在对住院患者进行危险性评估时显得尤为突出。因为适应精神病院环境的患者并不一定能够独立应对社区生活，此时若单纯依靠个体在住院期间的行为，往往很难准确推测其进入社区后的潜在危险性。

需要指出的是，精神卫生专业人员并不具备预测个体潜在危险性的特殊知识与技能。总体而言，他们倾向于过度预测危险性，即对可能没有危险性的个体也预测其存在潜在的危险性。专业人员之所以倾向于过度谨慎，是因为他们认为，如果没有预测可能有危险而实际上发生了暴力行为，后果可能更为严重。事实上，只要是错误预测就会带来消极影响。例如，错报了本来没有危险的病患，可能导致其自身或其他无辜者处于危险境地。因此，作为美国首要的专业组织，美国心理学会和美国精神病学协会规定，无论是心理学家还是精神病学家，都不能作为可靠预测暴力行为的重要权威。

二、民事安置

（一）民事安置的含义及实施标准

所谓**民事安置**（civil commitment），是指依据司法程序，对被认为需要接受治疗及对自己或他人有危险性的精神疾病患者所进行的强制安置，即违背患者个人意愿将其合法地安置到精神治疗机构实行拘禁强制治疗。

国外实施民事安置的标准已经越来越严格。法律规定，只有当个体确实患有精神疾病而且对自己或他人构成清晰的、即刻的威胁时，才可以对其实行精神病学拘禁，对行为古怪或者不符合社会常规的个体，不能将其送往精神病院。

在美国，法庭规定在安置一个人之前，临床工作人员必须提供清楚而且具有说服性的证明，证明此人患有心理疾病，并符合州政府的强制安置标准。历史上，许多州允许在下列几种条件下将患者强制送入精神病医院：（1）有“精神疾病”并需要治疗的人；（2）对自己或其他人造成威胁的人；（3）不能照顾自己，被认为有“严重的失能”的人。

美国各州政府的当权者安置精神疾病患者，是基于其所被赋予的保护个人利益以及社会安全的监护权（parent patriae）和治安权。根据监护权，州政府有权增进患者的最大福祉，并提供免遭自我伤害的保护，包括把他们强制送入医院。政府行使监护权的时候，就像是父母一样，为那些需要帮助的人找到最好的方案。相反，治安权允许州政府采取行动来保护社会，使其不至于受到个人暴力以及危险行为的侵犯。因此，当患者的行为对公众的健康、安全及财产造成威胁时，就可以对他们进行监管。

（二）民事安置的程序

1. 基本程序

在美国，虽然管制民事安置程序的相关法令各州有所不同，但是一些基本的程序仍然具有相似性。通常情况下，是由患者的亲属、医生或专业人员提出安置的要求，经过合法的诉讼程序，最终由法庭发布民事安置的命令。例如，儿子有精神病的行为并对他人一再攻击，他的父母会尝试劝他进入精神治疗机构。如果儿子拒绝，父母就可以到法庭上寻求强制安置命令。如果儿子尚未成年，那么这个程序就很简单。美国最高法院在 1979 年裁定，在这种情形下，只要心理健康专业人员认为这种安置是有必要的即可。不过，如果儿子已经成年，这个程序就比较复杂。法庭通常会要求做一个心智的检查，并且允许当事人或其律师在法庭中对这种安置争辩。

2. 紧急情况下的安置

民事安置的程序在紧急状况下和正常情形时有所不同。倘若在急诊室里有患者要自杀，或是要对别人采取敌对的行动，他可能需要立刻的治疗或一天 24 小时的监督。在这种情况之下，非经患者同意就不能治疗的话，其后果可能是一个悲剧。

在美国，紧急情况指精神疾病非常严重、对自己或他人构成严重威胁时，可立即将精神疾病患者暂时禁闭在精神病院强制治疗。这种紧急安置的时间长短，各州有所不同，但通常都限定在三天以内。如果临床工作人员认为患者需要住得更长，那么就要加入正式安置的程序，向法庭提交申请登记备案，否则，被拘禁的个体有权在 72 小时后要求出院。有资格决定患者是否需要紧急安置的人员，在美国各州都有所不同，有的州可能由医生决定，或者必须由精神卫生专业人员决定，还有的可能由警察决定。

三、患者的权利

（一）接受治疗的权利

思考：如何理解精神疾病患者拥有的各种权利？

接受治疗的权利是精神疾病患者最基本的权利之一。精神卫生机构至少应该能够提供最低标准的医疗和护理，满足基本治疗需要，包括人道的心理和物理环境、具有足够资格的工作人员，并提供个体化的治疗方案。只要可能，患者应该在所受限制最少的情况下接受照顾以及治疗。例如，法庭对于智力发育迟滞的患者有以下的条文：

> 患者有权利要求在最低限制程度的条件下接受治疗。精神卫生机构应尽一切努力以达到以下的目标，使患者：(1) 生活上的限制越来越少；(2) 由公共的大房间逐渐过渡到小房间；(3) 由集体居住过渡到独自居住；(4) 由从社会中分离出来过渡到融入社会之中；(5) 由依赖他人过渡到独立生活。

专栏 16－3

未获治疗的一群人

在刑事强制安置机构接受治疗的人，大部分是在监狱中出现了心理问题的人，而不是那些心智失常被判无罪，或被认定心智上无能力接受审判的人。由于大部分的监狱过分拥挤，而且缺乏安全保障，因而服刑的罪犯中，有心理问题的比率高得惊人，而且只有少数需要治疗者得到心理健康服务。

尽管以上内容确保了患者在精神卫生机构中会得到治疗，但在确定哪一种方案是适宜的治疗方案方面还是空白。美国议会在 1986 年通过了一项关于保护精神疾病患者的法案，其中提供了多项保护措施。这项法律使各个州建立了代办处，以调查是否有虐待及忽视患者权利的事情，并宣传这些保护措施，力图在专业人员的治疗要求与住院患者的需要和权利之间建立平衡。

（二）拒绝治疗的权利

拒绝服药或治疗的权利是一个复杂而又具争议的问题，特别是严重精神疾病患者是否有权利拒绝接受治疗。事实上，并非每一个精神疾病患者都没有行为能力，如果一个具有行为能力的患者认为，精神卫生机构所提供的治疗是不适当的，特别是当治疗违背其宗教信仰，或者有同样有效且更容易接受的其他方法时，患者有权对现有治疗予以拒绝。但是在一些特殊情况下，例如，被判定为没有责任能力的患者、有自杀倾向的抑郁症患者、处于妄想状态的患者等均没有权利拒绝治疗。另外，美国的法律规定，即使是有责任能力、自愿入院治疗的患者，如果其拒绝治疗将导致社区医疗费用增加，那么他们也同样没有权利拒绝治疗。

（三）其他权利

其他权利主要涉及患者的个人衣着与活动。在美国，住院患者享有进行私人谈话、打电话、寄信、在规定时间接受探视的权利。患者有权利穿自己的衣服，但必须保证被认定是安全的。例如，有自杀倾向的患者，不允许衣服上有带子等饰物，以免被用作轻生的工具。此外，精神疾病患者是否参加劳动，主要取决于该项工作对患者而言是否具有治疗意义以及是否适当。非自愿性的劳动通常是被禁止的，但如果患者愿意参加劳动，就必须给予相应的劳动报酬。

第四节　精神障碍与刑事司法

在变态心理学领域，变态行为通常被定义为偏离社会常模的行为。然而，依据法律标准的界定，有些变态行为同时也是违法行为，比如物质滥用。如何处置患有精神障碍的犯罪人，是刑事司法领域中一个充满争议的问题。

一、精神障碍证据对法律行为的影响

思考：如何看待精神障碍与法律行为的关系？

精神失常是一个法律名词，它由立法者界定，并没有正式的精神病学的意义。确定精神障碍的法律标准随社会和法律环境的不同而变化。按照刑事司法系统的观点，提供有关精神障碍的证据对法律行为的影响主要表现在以下五个关键方面：

第一，某些确认患有精神障碍的犯罪嫌疑人，可能因其完全丧失了刑事责任能力而被免予起诉。

第二，在审判时，若发现被告无能力受审，他就会被送到精神病院接受治疗，直到有能力接受审判为止。

第三，精神障碍可能是一种辩护的理由；如果辩护成功，“因精神失常而无罪”的“特别裁决”就会出现。

第四，如果发现被告可能有罪但精神上有障碍的证据，可以减轻判决的严厉程度，使法院准予安排“治疗”而不是进行“惩罚”。

第五，已被判刑的罪犯在服刑期间出现精神障碍时，可以被移送至精神卫生系统。

从以上可见，相比其他犯罪嫌疑人，患有精神障碍的犯罪嫌疑人在待遇上确有不同，并在刑事司法过程中受到更多的注意。通常而言，罪犯是否患有精神障碍是法官在宣判以前考虑减轻惩罚的因素之一，特别是在可能宣判死刑的案件中，这是必须要考虑的。

二、无受审能力

不论被控犯罪者在犯罪当时的心理状态如何，有些被告都可能被判断为无受审能力（mentally incompetent）而被监禁在精神病院接受治疗到其有能力出庭受审，或者被认定为不能恢复受审能力。在“不能恢复受审能力”的案例中，有人提出对这一事实的特殊审判，考虑合适的“无罪”裁决。在这种裁决不可能获得时，法官可斟酌处理。不过“不能恢复受审能力”的数量可能不多，在美国已经证明，通过临床治疗和与法庭有关的技能训练，恢复受审能力的方案有很高的成功率。

受审能力的问题通常由被告的辩护律师提出，但有时检察官、逮捕被告的警察，甚至法官都有可能提出这个问题。他们情愿因过度谨慎而犯错，因为在上诉中，被告的能力如果在开始没有被建立起来的话，有些犯罪判决就会被推翻。当受审能力的问题被提出时，法官会指定做心理评鉴，通常是在住院的情况下进行。大约20%接受这种评鉴的被告，被发现事实上没有能力接受审判。如果法庭判决被告没有受审能力，此人就要被安置在有关机构接受治疗，直到有能力接受审判。

受审能力的必要条件，是要确保这个被告的确了解他所面临的控诉，而且可以跟他的律师合作，来准备和从事适当的辩护。对这种最低限度的能力标准，美国最高法院在1960年的“达斯基诉美国案”（Dusky v. United States）中有特别的规定。这一案件提出，一般情况下，被告必须满足三项标准：第一，被告必须对审判过程具有某些实际的理解。第二，被告必须对过程有理性认识。第三，被告必须具备向一位律师寻求咨询的基本理解力。应该注意的是，有关受审能力的司法意见（例如，来自心理学家或精神科医生的判断）仅仅是一种临床意见，而最终的决定则是司法判决。

三、精神失常辩护

> 思考：精神失常辩护存在的合理性是什么？

刑事司法系统存在的目的是保护人们的生命、自由以及对幸福的追求，但并非所有人犯罪都一定会受到惩罚。通常情况下，个体可以控制自己的行为并必须为其行为负责，如果做了违法的事情就应该受惩罚。但是，如果个体由于某些原因不能控制自己的行为，却坚持让他们为自己的行为负责，或为此接受惩罚，就是不适当的。于是，出现了精神失常辩护（the insanity defense）的概念，其基础信念是：在某个可以施加惩罚的罪行发生时，非法的行动和有罪的头脑必须同时存在。精神失常辩护通常是在被告被起诉有罪后才要求提出医学证据，意图获得法庭的从轻处罚。

在判定刑事责任的同时对行动和意图加以考虑，减轻精神疾病患者刑事责任的观点，在历史记载中至少可以追溯到2 000年以前。美国司法过程在历史上曾经有过各种确定刑事责任能力的标准，用以判定犯罪人是否可因精神失常而被宣判无罪。如表16－3所示。

表16－3　精神失常辩护所依据标准的演变过程

检验法则	年份	法律标准
麦那顿规则	1843	有足够的证据表明在犯罪的当时，被指控者由于精神疾病不知道自己到底在做什么，或者不知道行为是错误的。
德赫姆规则	1954	犯罪行为是精神疾病或缺陷所致。
《美国法律协会标准》	1962	1. 犯罪行为是精神疾病或缺陷使得理解罪行和遵守法律的相当部分能力缺乏所致。 2. “精神疾病或缺陷”不包括重复犯罪或反社会行为单独出现时的异常状态。
《精神失常辩护改革法》	1984	被指控者在犯罪时没有意识到自己行为的错误性，并且这种无意识被证明是源于精神疾病或者精神迟滞。

麦那顿规则是从英国案例法中借用过来的（1843年的“丹尼尔·麦那顿案”），它在100多年的时间内构成了英国和美国精神失常辩护的基础。其表述如下：

> 如果因为某种心理疾病或缺陷，被告并不能理解他到底做了什么，或者不能理解他做错了，或者说他当时处于一种错觉之下（但并没有其他方面的精神失常），并且这的确是事实，那么这就能够作为一种有效的辩护。因此，如果被告完全不能理解他在干什么，或者完全不知道他所做的是错误的，那么他可以被免除责任。如果被告是因为处于某种错觉之下，从而认为自己是在自我防卫或是执行上帝的意志，那么他也可以被免除责任（通常被称为正确/错误检验）。

在美国，刑事责任的标准一直保持了这一形式，直到其上又增加了不可抑制的冲动或意志检验的标准（1897年的“戴维斯诉美国案”）。问题于是演变为尽管知道这种行为是错误的，但个体是否因为心理疾病或缺陷而被剥夺了控制自己行为的自由意志。

1954年，德赫姆规则被提出。根据这一规则，可以证明自己患有精神疾病或者有精神缺陷的被告将不会得到有罪的审判，而他是否犯下这个罪行的问题变得无关紧要。德赫姆规则标志着法律对现代精神病学的正式认可。

1962年，当美国法律协会对精神失常做出新的界定时，美国的精神失常法律发生了一个重大的转变。《美国法律协会标准》明确规定，如果因为心理障碍或缺陷，个体缺乏足够的能力来察觉到自己行为的错误性，或是缺乏足够的能力使其行为服从法律的规定，那么此人就不承担刑事责任。因此，《美国法律协会标准》限制了德赫姆规则，但并不像更早之前的麦那顿规则那么严格。而在刑事责任问题上的下一个重要改变则是由欣克利审判案件引发的。

1981年3月30日，约翰·欣克利（John Hinckly）在华盛顿希尔顿饭店外面的大街上向美国总统罗纳德·里根开枪射击，并造成里根总统受伤。欣克利被立即逮捕，并受到包括企图刺杀总统在内的13项刑事指控，但是最终，法庭采纳了因精神失常而无罪的裁定，欣克利被送入医院接受治疗。这一裁定激起了公众要求修订法律的呼吁，以至于美国国会于1984年通过了《精神失常辩护改革法》，这部法律提高了证明精神失常的门槛。在

《精神失常辩护改革法》出台之前，类似于约翰·欣克利的被告被看作是精神失常的，除非有证据证明他没有精神失常。现在，这个被告事先被假定是心智健全的，除非他能够使法官和陪审团相信他确实精神失常。

著名的欣克利案件改变了美国的司法传统。它的第一个影响是鼓励重新回到认知因素而非意志因素至上的麦那顿规则时代。第二个影响体现在最高法院的规定中，即因精神失常辩护成功而获得赦免的罪犯，自动地和无限期地被拘禁是符合宪法规定的。第三个影响是将“有罪但精神失常”的裁决引入几个州和联邦政府的辩护法令中。最后一个影响是更多的州将精神失常的举证责任放在了被告一方，而不是要求被害方证明被告是精神健全的。

在当前的美国，精神失常辩护大体上已经被“责任能力减弱”的借口取代。在这些案件中，被告认为自己对这个犯罪行为确实有责任，但是他所提供的证据表明他在实施犯罪时并没有想清楚。被告之所以实施犯罪行为可能是处于巨大的压力之下或者是遭受到某些精神障碍的折磨所致。在这种条件下，被告仍然有罪，但是，如果陪审团认为“责任能力减弱”在这个案子中确实发挥了作用，那么他将受到更轻的处罚。

小　结

1. 精神疾病对个人、家庭及社会的影响。

※ 精神疾病会给患者及其家人带来沉重的经济负担和情绪负担。社会也会因其而承受诸如经济损失、公共安全问题等方面的负担。

2. 心理健康专业人员的伦理准则。

※ 每个临床专业都有伦理法则。心理治疗师的法则，包括禁止超越职能范围，以及对患者在性及其他方面对他们不利。这些法则也包括尊重患者的隐私权，设立保密规则。著名的塔拉索夫案意味着，在某些情况下治疗师有义务保护患者或者其他人免于受到伤害，而打破保密原则。

3. 民事安置与患者权利。

※ 民事安置规定了在什么情况下可以违背患者意愿将其合法地安置在精神治疗机构强制治疗。

※ 法庭和立法机构对心理健康专业有重大影响，因为它们规定了患者在法律上应该享有的权利。这些权利，最受到关注的是治疗的权利以及拒绝治疗的权利。

4. 精神障碍与刑事司法。

※ 刑事监管法中，最常出现的两种情况是：个体被指控犯有罪行，被拘留在精神病医院直到被评估为可以或者不可以参加法律程序为止；个体因为患有精神疾病而被认为无罪。

※ 对精神疾病患者的保护体现在一系列的法律原则中。

麦那顿规则：由于精神疾病的影响，不能意识到自己正在进行的行为本质以及后果，或者能意识到这些，但是并不知道正在进行的行为是不正确的，在这种情况下的行为不负法律责任。

德赫姆规则：把免除责任的范围从不能区分对错扩展到罪犯的违法行为是由于“精神疾病或者缺陷”导致的。

《美国法律协会标准》：一个人由于精神疾病或者缺陷而产生能力上的缺陷，以致不能意识到自己行为的错误性或者行为与法律是冲突的，在这种情况下的行为不负法律责任。

复习思考题

1. 变态心理学领域涉及法律问题的原因有哪些？
2. 为什么要对精神疾病患者进行危险性评估？影响评估的因素有哪些？
3. 精神疾病患者享有哪些基本权利？权利的行使会受到何种限制？
4. 精神障碍证据对刑事司法有哪几个方面的影响？

推荐影片

《一级恐惧》

由格里高利·霍布里特执导，理查·基尔、劳拉·琳妮、爱德华·诺顿等主演的犯罪剧情片。该片讲述了发生于芝加哥的一桩震惊全城的恐怖血案，辩护律师马丁·威尔在为嫌疑人阿伦辩护的过程中发现其人格分裂真相的故事。芝加哥发生了一桩震惊全城的恐怖血案。当地一间教堂的主教罗森惨遭杀害，身上被刻上神秘数字，警方逮捕了当时在场身染血迹的犯罪嫌疑人阿伦。马丁作为阿伦的辩护律师，和他的前女友检控官珍妮特较上了劲。马丁并不在乎事实，他为阿伦辩护的唯一目的就是要赢得官司，让自己一战成名。而珍妮特作为正义的代表当然寸步不让。珍妮特调查得知罗森主教生前曾对阿伦等人进行性侵犯，而阿伦关于自己患有“时间失忆”症的辩解亦显得荒唐，关于他提到的凶案证人一直都未找到。珍妮特认为杀人动机等一切证据俱全。马丁借口阿伦患精神病使其成功脱罪，然而，一切皆出人意料……

资料来源：https：//baike. so. com/doc/5401689 - 5639333. html.

参考文献

Aarons, S. J., Jenkins, R. R., Raine, T. R., El-Khorazaty, M. N., Woodward, K. M., Williams, R. L., ... Wingrove, B. K. (2000). Postponing sexual intercourse among urban junior high school students—a randomized controlled evaluation. Journal of Adolescent Health, 27 (4), 236 - 247.

Abrams, K., Kushner, M., Medina, K. L., & Voight, A. (2001). The pharmacologic and expectancy effects of alcohol on social anxiety in individuals with social phobia. Drug & Alcohol Dependence, 64 (2), 219 - 231.

Achenbach, T. M. (1966). The classification of children's psychiatric symptoms: A factor-analytic study. Psychological Monographs: General and Applied, 80 (7), 1 - 37.

Achenbach, T. M., Ivanova, M. Y., Rescorla, L. A., Turner, L. V., & Althoff, R. R. (2016). Internalizing/externalizing problems: Review and recommendations for clinical and research applications. Journal of the American Academy of Child & Adolescent Psychiatry, 55 (8), 647 - 656.

Agras, W. S., Telch, C. F., Arnow, B., Eldridge, K., & Marnell, M. (1997). One-year follow-up of cognitive-behavioral therapy for obese individuals with binge eating disorder. Journal of Consulting and Clinical Psychology, 65 (2), 343 - 347.

Agrawal, A., Heath, A. C., & Lynskey, M. T. (2011). DSM-Ⅳ to DSM-5: The impact of proposed revisions on diagnosis of alcohol use disorders. Addiction, 106 (11), 1935 - 1943.

Alabdali, A., Al-Ayadhi, L., & El-Ansary, A. (2014). A key role for an impaired detoxification mechanism in the etiology and severity of autism spectrum disorders. Behavioral and Brain Functions, 10 (1), 14.

Albert, U., Aguglia, E., & Bogetto, F. (2002). Venlafaxine versus clomipramine in the treatment of obsessive-compulsive disorder: A preliminary single-blind, 12-week, controlled study. The Journal of Clinical Psychiatry, 63 (11), 1004 - 1009.

Allnutt, S., & Links, P. S. (1996). Diagnosing specific personality disorders and the optimal criteria. In P. S. Links (Ed.), Clinical assessment and management of the severe personality disorders (pp. 21 - 47). Washington DC: American Psychiatric Press.

Altarac, M., & Saroha, E. (2007). Lifetime prevalence of learning disability among US children. Pediatrics, 119 (Supplement 1), S77 - S83.

Amaral, D. G. (2002). The primate amygdala and the neurobiology of social behavior: Implications for understanding social anxiety. Biological psychiatry, 51 (1), 11 - 17.

American Psychiatric Association. (2013). Diagnostic and statistical manual of mental disorders (5th ed.). Washington, DC: Author.

American Psychiatric Association. (2000). Diagnostic and statistical manual of mental disorders (4th ed., text revision). Washington, DC: Author.

Anlar, B., Oguzkan, S., Ayter, S., Terzi, Y. K., & Ozyurek, H. (2009). O10-3 Oligodendrocyte myelin glycoprotein (OMGP) gene polymorphism in NF1 patients with learning disability. European Journal of Paediatric Neurology, 13, S23 - S24.

Anton, R. F., O'Malley, S. S., Ciraulo, D. A., Cisler, R. A., Couper, D., Donovan, D. M., ... Longabaugh, R. (2006). Combined pharmacotherapies and behavioral interventions for alcohol dependence: The COMBINE study: A randomized controlled trial. Journal of the American Medical Association, 295 (17), 2003 - 2017.

Aronson, T. A., & Craig, T. J. (1986). Cocaine precipitation of panic disorder. American Journal of Psychiatry, 143 (5), 643 - 645.

Barlow, D. H. (2004). Anxiety and its disorders: The nature and treatment of anxiety and panic (2nd ed.). New York: Guilford Press.

Baron-Cohen, S., Scott, F. J., Allison, C., Williams, J., Bolton, P., Matthews, F. E., & Brayne, C. (2009). Prevalence of autism-spectrum conditions: UK school-based population study. The British Journal of Psychiatry, 194 (6), 500 - 509.

Barrash, J., Tranel, D., & Anderson, S. W. (2000). Acquired personality disturbances associated with bilateral damage to the ventromedial prefrontal region. Developmental Neuropsychology, 18 (3), 355 - 381.

Barrett, D. H., Resnick, H. S., Foy, D. W., Dansky, B. S., Flanders, W. D., & Stroup, N. E. (1996). Combat exposure and adult psychosocial adjustment among US Army veterans serving in Vietnam, 1965 - 1971. Journal of Abnormal Psychology, 105 (4), 575 - 581.

Barron, H. F. (2001). Family relationships, problem drinking and antisocial behavior among adolescent males. Journal of Abnormal Child Psychology, 29 (2), 91 - 106.

Beck, A. T., & Freeman, A. (1990). Cognitive therapy of personality disorders. New York: Guilford.

Bench, C., Frith, C. D., Grasby, P. M., Friston, K. J., Paulesu, E., Frackowiak, R. S. J., & Dolan, R. J. (1993). Investigations of the functional anatomy of attention using the Stroop test. Neuropsychologia, 31 (9), 907 - 922.

Berry, R. L. (1966). The Scully Estate and its cash-leasing system in the Midwest (Doctoral dissertation). The Ohio State University, Columbus, Ohio.

Bierut, L. J., Dinwiddie, S. H., Begleiter, H., Crowe, R. R., Hesselbrock, V., Nurnberger, J. I., ... Reich, T. (1998). Familial transmission of substance dependence: Alcohol, marijuana, cocaine, and habitual smoking: A report from the Collaborative Study on the Genetics of Alcoholism. Archives of General Psychiatry, 55 (11), 982 - 988.

Bleich, S., Bönsch, D., Rauh, J., Bayerlein, K., Fiszer, R., Frieling, H., & Hillemacher, T. (2007). Association of the long allele of the 5-HTTLPR polymorphism with compulsive craving in alcohol dependence. Alcohol & Alcoholism, 42 (6), 509 - 512.

Bolton, D., Rijsdijk, F., O'Connor, T. G., Perrin, S., & Eley, T. C. (2007). Obsessive-compulsive disorder, tics and anxiety in 6-year-old twins. Psychological Medicine, 37 (1), 39 - 48.

Bond, M. H. (1991). Chinese values and health: A cultural-level examination. Psychology & Health, 5 (2), 137 - 152.

Bornovalova, M. A., Lejuez, C. W., Daughters, S. B., Rosenthal, M. Z., & Lynch, T. R. (2005). Impulsivity as a common process across borderline personality and substance use disorders. Clinical Psychology Review, 25 (6), 790 - 812.

Boucher, J. (2012). Putting theory of mind in its place: Psychological explanations of the socio-emotional-communicative impairments in autistic spectrum disorder. Autism, 16 (3), 226 - 246.

Bree, V. D., Johnson, E. O., Neale, M. C., & Pickens, R. W. (1998). Genetic and environmental influences on drug use and abuse/dependence in male and female twins. Drug & Alcohol Dependence, 52 (3), 231 - 241.

Bremner, J. D., Randall, P., Vermetten, E., Staib, L., Bronen, R. A., Mazure, C., ... Charney, D. S. (1997). Magnetic resonance imaging-based measurement of hippocampal volume in posttraumatic stress disorder related to childhood physical and sexual abuse—a preliminary report. Biological Psychiatry, 41 (1), 23 - 32.

Brower, M. C., & Price, B. H. (2001). Neuropsychiatry of frontal lobe dysfunction in violent and criminal behaviour: A critical review. Journal of Neurology, Neurosurgery & Psychiatry, 71 (6), 720 - 726.

Brown, A. S., Bottiglieri, T., Schaefer, C. A., Quesenberry, C. P., Liu, L., Bresnahan, M., & Susser, E. S. (2007). Elevated prenatal homocysteine levels as a risk factor for schizophrenia. Archives of General Psychiatry, 64 (1), 31 - 39.

Brown, G. W., & Harris, T. (1978). Social origins of depression: A reply. Psychological Medicine, 8 (4), 577 - 588.

Brown, J., & Finn, P. (1982). Drinking to get drunk: Findings of a survey of junior and senior high school students. Journal of Alcohol and Drug Education, 27 (3), 13 - 25.

Buchner, J. V. (2014). Modifying psychotherapy when working with an adult diagnosed with a co-occurring intellectual disability and mental disorder. Retrieved from https://sophia.stkate.edu/msw_papers/298

Calin, O. D., Muscalu, M., & Macovei, S. C. (2014). Perspectives in treatment of conduct disorder in children and adolescents. Romanian Journal of Child & Adolescent Psychiatry, 2 (1), 10 - 14.

Cénat, J. M., & Derivois, D. (2014). Assessment of prevalence and determinants of posttraumatic stress disorder and depression symptoms in adults survivors of earthquake in Haiti after 30 months. Journal of Affective Disorders, 159, 111 - 117.

Cheung, F. M., & Song, W. (1989). A review on the clinical applications of the Chinese MMPI. Psychological Assessment, 1 (3), 230 - 237.

Chretien, R. D., & Persinger, M. A. (2000). "Prefrontal deficits" discriminate young offenders from age-matched cohorts: Juvenile delinquency as an expected feature of the normal distribution of prefrontal cerebral development. Psychological Reports, 87 (3 Pt 2), 1196 - 1202.

Cicchetti, D., & Rogosch, F. A. (1996). Equifinality and multifinality in developmental psychopathology. Development and Psychopathology, 8, 597 - 600.

Clark, D. B., Lesnick, L., & Hegedus, A. M. (1997). Traumas and other adverse life events in adolescents with alcohol abuse and dependence. Journal of the American Academy of Child & Adolescent Psychiatry, 36 (12), 1744 - 1751.

Coid, J., Yang, M., Tyrer, P., Roberts, A., & Ullrich, S. (2006). Prevalence and correlates of personality disorder in Great Britain. British Journal of Psychiatry, 188 (5), 423 - 431.

Cooney, N. L., Litt, M. D., Morse, P. A., Bauer, L. O., & Gaupp, L. (1997). Alcohol cue reactivity, negative-mood reactivity, and relapse in treated alcoholic men. Journal of Abnormal Psychology, 106 (2), 243 - 250.

Cooper, M. L., Russell, M., & George, W. H. (1988). Coping, expectancies, and alcohol abuse: A test of social learning formulations. Journal of Abnormal Psychology, 97 (2), 218 - 230.

Cope, N., Harold, D., Hill, G., Moskvina, V., Stevenson, J., Holmans, P., ... Williams, J. (2005). Strong evidence that KIAA0319 on chromosome 6p is a susceptibility gene for developmental dyslexia. The American Journal of Human Genetics, 76 (4), 581 - 591.

Costa Jr, P. T., & McCrae, R. R. (1995). Domains and facets: Hierarchical personality assessment using the Revised NEO Personality Inventory. Journal of Personality Assessment, 64 (1), 21 - 50.

Crane, J., Fagerness, J., Osiecki, L., Gunnell, B., Stewart, S. E., Pauls, D. L., & Scharf, J. M. (2011). Family-based genetic association study of DLGAP3 in Tourette Syndrome. American Journal of Medical Genetics Part B: Neuropsychiatric Genetics, 156 (1), 108 - 114.

Crick, N. R., Ostrov, J. M., & Werner, N. E. (2006). A longitudinal study of relational aggression, physical aggression, and children's social-psychological adjustment. Journal of Abnormal Child Psychology, 34 (2), 127 - 138.

Crismon, M. L., Trivedi, M., Pigott, T. A., Rush, A. J., Hirschfeld, R. M., Kahn, D. A., ... Thase, M. E. (1999). The Texas Medication Algorithm Project: Report of the Texas Consensus Conference Panel on Medication Treatment of Major Depressive Disorder. The Journal of Clinical Psychiatry, 60 (3), 142 - 156.

Crowe, R. R. (1974). An adoption study of antisocial personality. Archives of General Psychiatry, 31 (6), 785 - 791.

Cummings, C. M., Caporino, N. E., & Kendall, P. C. (2014). Comorbidity of anxiety and depression in children and adolescents: 20 years after. Psychological Bulletin, 140 (3), 816 - 845.

Daley, D. C., & Marlatt, G. A. (2006). Overcoming your alcohol or drug problem: Effective recovery strategies (2nd ed.). New York: Oxford University Press.

Danielsson, A. K., Wennberg, P., Hibell, B., & Romelsjö, A. (2012). Alcohol use, heavy episodic drinking and subsequent problems among adolescents in 23 European countries: Does the prevention paradox apply? . Addiction, 107 (1), 71 - 80.

Davidson, J. R., Hughes, D., Blazer, D. G., & George, L. K. (1991). Post-traumatic stress disorder in the community: An epidemiological study. Psychological Medicine, 21 (3), 713 - 721.

Davidson, R. J., Jackson, D. C., & Kalin, N. H. (2000). Emotion, Plasticity, context, and regulation: Perspectives from affective neuroscience. Psychological Bulletin, 126 (6), 890 - 909.

Dawson, G., & McKissick, F. C. (1984). Self-recognition in autistic children. Journal of Autism and Developmental Disorders, 14 (4), 383 - 394.

Dick, D. M., & Bierut, L. J. (2006). The genetics of alcohol dependence. Current Psychiatry Reports, 8 (2), 151 - 157.

Dodge, K. A., & Frame, C. L. (1982). Social cognitive biases and deficits in aggressive boys. Child Development, 53 (3), 620 - 635.

Eagles, J. M., Johnston, M. I., Hunter, D., Lobban, M., & Millar, H. R. (1995). Increasing incidence of anorexia nervosa in the female population of northeast Scotland. The American Journal of Psychiatry, 152 (9), 1266 - 1271.

Eaton, W. W., Muntaner, C., & Sapag, J. C. (1999). Socioeconomic stratification and mental disorder. In A. V. Horwitz & T. L. Scheid (Eds.), A handbook for the study of mental health: Social contexts, theories, and systems (pp. 226 - 255). Cambridge, England: Cambridge University Press.

Ellis, A. (1962). Reason and emotion in psychotherapy. Oxford, England: Lyle Stuart.

Eysenck, H. J. (1978). The development of personality and its relation to learning. Critical Studies in Education, 20 (1), 134 - 181.

Fallon, A. E., & Rozin, P. (1985). Sex differences in perceptions of desirable body shape. Journal of Abnormal Psychology, 94 (1), 102 - 105.

Faraone, S. V., & Buitelaar, J. (2010). Comparing the efficacy of stimulants for ADHD in children and adolescents using meta-analysis. European Child & Adolescent Psychiatry, 19 (4), 353 - 364.

Farrington, D. P. (2000). Psychosocial predictors of adult antisocial personality and adult convictions. Behavioral Sciences & the Law, 18 (5), 605 - 622.

Field, M., Eastwood, B., Bradley, B. P., & Mogg, K. (2006). Selective processing of cannabis cues in regular cannabis users. Drug & Alcohol Dependence, 85 (1), 75 - 82.

Field, M., Mogg, K., & Bradley, B. P. (2005). Craving and cognitive biases for alcohol cues in social drinkers. Alcohol and Alcoholism, 40 (6), 504 - 510.

Foa, E. B., & Kozak, M. J. (1997). Beyond the efficacy ceiling? Cognitive behavior therapy in search of theory. Behavior Therapy, 28 (4), 601 - 611.

Foa, E. B., Steketee, G., & Rothbaum, B. O. (1989). Behavioral/cognitive conceptualizations of post-traumatic stress disorder. Behavior Therapy, 20 (2), 155 - 176.

Fonbonne, E. (2005). Epidemiology of autistic disorder and other pervasive developmental disorders. Journal of Clinical Psychiatry, 66 (10), 3 - 8.

Ford, M. R., & Widiger, T. A. (1989). Sex bias in the diagnosis of histrionic and antisocial personality disorders. Journal of Consulting and Clinical Psychology, 57 (2), 301 - 305.

Frank, I. M., Lessin, P. J., Tyrrell, E. D., Hahn, P. M., & Szara, S. (1976). Acute and cumulative effects of marijuana smoking in hospitalized subjects: A 36-day study. In M. C. Braude & S. Szara (Eds.), The pharmacology of marijuana (Vol. 2, pp. 673 - 679). New York: Raven Press.

Friedman, R. S., McCarthy, D. M., Förster, J., & Denzler, M. (2005). Automatic effects of alcohol cues on sexual attraction. Addiction, 100 (5), 672 - 681.

Frodi, A., Dernevik, M., Sepa, A., Philipson, J., & Bragesjö, M. (2001). Current attachment representations of incarcerated offenders varying in degree of psychopathy. Attachment & Human Development, 3 (3), 269 - 283.

Frost, R. O., Steketee, G., & Williams, L. (2002). Compulsive buying, compulsive hoarding, and obsessive-compulsive disorder. Behavior Therapy, 33 (2), 201 - 214.

Gadow, K. D., Nolan, E. E., Sprafkin, J., & Schwartz, J. (2002). Tics and psychiatric comorbidity in children and adolescents. Developmental Medicine and Child Neurology, 44 (5), 330 - 338.

Gardner, D., Casper, R., Leith, F., & Wilding, L. (1997). Noninvasive methodology for assessing regional drug absorption from the gastrointestinal tract. Pharmaceutical Technology, 21 (10), 82 - 89.

Garfinkel, P. E. (1992). Evidence in support of attitudes to shape and weight as a diagnostic criterion of bulimia nervosa. International Journal of Eating Disorders, 11 (4), 321 - 325.

Garner, D. M., & Fairburn, C. G. (1988). Relationship between anorexia nervosa and bulimia nervosa: Diagnostic implications. In D. M. Garner & P. E. Garfinkel (Eds.), Diagnostic issues in anorexia nervosa and bulimia nervosa (pp. 56 - 79). New York: Brunner/Mazel.

Gawin, F. H., & Kleber, H. D. (1985). Neuroendocrine findings in chronic cocaine abusers: A preliminary report. The British Journal of Psychiatry, 147 (5), 569 - 573.

Gerstley, L. J., Alterman, A. I., McLellan, A. T., & Woody, G. E. (1990). Antisocial personality disorder in patients with substance abuse disorders: A problematic diagnosis? . The American Journal of Psychiatry, 147 (2), 173 - 178..

Geschwind, D. H. (2009). Advances in autism. Annual Review of Medicine, 60, 367 - 380.

Goldstein, G., & Shelly, C. (1984). Discriminative validity of various intelligence and neuropsychological tests. Journal of Consulting & Clinical Psychology, 52 (3), 383 - 389.

Goldstein, T. (1994). Addiction: From biology to drug policy. New York: W. H. Freeman.

Gordis, E. (1991). Alcohol research: Promise for the decade. Rockville, MD: National Institute on Alcohol Abuse and Alcoholism.

Gould, M. S., Wallenstein, S., Kleinman, M. H., O'Carroll, P., & Mercy, J. (1990). Suicide clusters: An examination of age-specific effects. American Journal of Public Health, 80 (2), 211 - 212.

Grant, B. F., Stinson, F. S., Hasin, D. S., Dawson, D. A., Chou, S. P., & Anderson, K. (2004). Immigration and lifetime prevalence of DSM-IV Psychiatric disorders among Mexican Americans and non-Hispanic whites in the United States: Results from the national epidemiologic survey on alcohol and related conditions. Archives of General Psychiatry, 61 (12), 1226 - 1233.

Gray, J. (1982). On mapping anxiety. Behavioral and Brain Sciences, 5 (3), 506 - 534.

Greenberg, D. R., & LaPorte, D. J. (1996). Racial differences in body type preferences of men for women. International Journal of Eating Disorders, 19 (3), 275 - 278.

Greenhill, L. (1998). Childhood attention deficit hyperactivity disorder: Pharmacological treatment. In P. Nathan, & J. Gorman (Eds.), A guide to treatments that work (pp. 42 - 64). New York: Oxford University Press.

Grob, C. S., & Poland, R. E. (1997). MDMA. In J. H. Lowinson, P. Ruiz, R. B. Millman, & J. G. Langrod (Eds.), Substance abuse: A comprehensive textbook (3rd ed., pp. 269 - 275). Baltimore: Williams & Wilkins.

Guida, F. V., & Ludlow, L. H. (1989). A cross-cultural study of test anxiety. Journal of Cross-Cultural Psychology, 20 (2), 178 - 190.

Hesselbrock, V., Meyer, R., & Hesselbrock, M. (1992). Psychopathology and addictive disorders: The specific case of antisocial personality disorder. In C. P. O'Brien & J. H. Jaffe (Eds.), Addictive states (pp. 179 - 191). New York: Raven Press.

Higley, J. D., Hasert, M. F., Suomi, S. J., & Linnoila, M. (1991). Nonhuman primate model of alcohol abuse: Effects of early experience, personality, and stress on alcohol consumption. Proceedings of the National Academy of Sciences, 88 (16), 7261 - 7265.

Hollander, E., Chaplin, W., Soorya, L., Wasserman, S., Novotny, S., Rusoff, J., ... Anagnostou, E. (2010). Divalproex sodium vs placebo for the treatment of irritability in children and adolescents with autism spectrum disorders. Neuropsychopharmacology, 35 (4), 990 - 998.

Hser, Y. I., Anglin, M. D., & Powers, K. (1993). A 24-year follow-up of California narcotics addicts. Archives of General Psychiatry, 50 (7), 577 - 584.

Hsu, L. K. G. (1990). Eating disorders (Eds.), Handbook of outpatient treatment of adults: Nonpsychotic mental disorders (pp. 443 - 460). New York: Plenum Press.

Hughes, T., McCabe, S. E., Wilsnack, S. C., West, B. T., & Boyd, C. J. (2010). Victimization and substance use disorders in a national sample of heterosexual and sexual minority women and men. Addiction, 105 (12), 2130 - 2140.

Husaini, B. A. (1997). Predictors of depression among the elderly: Racial differences over time. American Journal of Orthopsychiatry, 67 (1), 48 - 58..

Huys, D., Hardenacke, K., Poppe, P., Bartsch, C., Baskin, B., & Kuhn, J. (2012). Update on the role of antipsychotics in the treatment of Tourette syndrome. Neuropsychiatric Disease and Treatment, 8 (3), 95 - 104.

Hyman, S. E. (1999). Looking to the future: The role of genetic and molecular biology in research on mental illness. In S. H. Weissman, M. Sabshin, & H. Eist (Eds.), Psychiatry in the new millennium (pp. 97 - 117). Washington, DC: American Psychiatric Press..

Insel, T. R. (2010). Rethinking schizophrenia. Nature, 468 (7321), 187 - 193.

Inui, T., Kumagaya, S., & Myowa-Yamakoshi, M. (2017). Neurodevelopmental hypothesis about the etiology of autism spectrum disorders. Frontiers in Human Neuroscience, 11, 354.

Ivanov, I., Schulz, K. P., London, E. D., & Newcorn, J. H. (2008). Inhibitory control deficits in childhood and risk for substance use disorders: A review. The American Journal of Drug and Alcohol Abuse, 34 (3), 239 - 258.

Jackson, H. J., & Burgess, P. M. (2000). Personality disorders in the community: A report from the Australian National Survey of Mental Health and Wellbeing. Social Psychiatry and Psychiatric Epidemiology, 35 (12), 531 - 538.

Jacobson, N. S., Follette, W. C., & Revenstorf, D. (1984). Psychotherapy outcome research: Methods for reporting variability and evaluating clinical significance. Behavior Therapy, 15 (4), 336 - 352.

Jensen, G. B., & Pakkenberg, B. (1993). Do alcoholics drink their neurons away?. The Lancet, 342 (8881), 1201 - 1204.

Johnston, L. D., O'Malley, P. M., Bachman, J. G., & Schulenberg, J. E. (2012). Monitoring the future national survey results on drug use, 1975 - 2011. Volume Ⅱ: College students and adults ages 19 - 50. Ann Arbor, MI: Institute for Social Research, University of Michigan.

Karno, M., Golding, J. M., Sorenson, S. B., & Burnam, M. A. (1988). The epidemiology of obsessive-compulsive disorder in five US communities. Archives of General Psychiatry, 45 (12), 1094 - 1099.

Kendler, K. S., MacLean, C., Neale, M., Kessler, R. C., Heath, A., & Eaves, L. (1991). The genetic epidemiology of bulimia nervosa. The American Journal of Psychiatry, 148 (12), 1627 - 1637.

Kendler, K. S., & Prescott, C. A. (1998). Cocaine use, abuse and dependence in a population-based sample of female twins. The British Journal of Psychiatry, 173 (4), 345 - 350.

Kessler, R. C., Berglund, P., Demler, O., Jin, R., Merikangas, K. R., & Walters, E. E. (2005). Lifetime prevalence and age-of-onset distributions of DSM-Ⅳ disorders in the National Comorbidity Survey Replication. Archives of General Psychiatry, 62 (6), 593 - 602.

Kessler, R. C., Ruscio, A. M., Shear, K., & Wittchen, H. U. (2009). Epidemiology of anxiety disorders. In Behavioral neurobiology of anxiety and its treatment (pp. 21 - 35). Berlin/Heidelberg: Springer.

Keyes, K. M., Martins, S. S., Blanco, C., & Hasin, D. S. (2010). Telescoping and gender differences in alcohol dependence: New evidence from two national surveys. American Journal of Psychiatry, 167 (8), 969 - 976.

Killen, J. D., Taylor, C. B., Hayward, C., Haydel, K. F., Wilson, D. M., Hammer, L., ... Strachowski, D. (1996). Weight concerns influence the development of eating disorders: A 4-year prospective study. Journal of Consulting and Clinical Psychology, 64 (5), 936 - 940.

Kleinman, A. (1982). Neurasthenia and depression: A study of somatization and culture in China. Culture, Medicine and Psychiatry, 6 (2), 117 - 190.

Koob, G. F. (1992). Drugs of abuse: Anatomy, pharmacology and function of reward pathways. Trends in Pharmacological Sciences, 13, 177 - 184.

Koob, G. F., & Volkow, N. D. (2010). Neurocircuitry of addiction. Neuropsychopharmacology, 35, 217 - 238.

Kovacs, M., Akiskal, H. S., Gatsonis, C., Parrone, P. L., & Schowalter, J. E. (1996). Childhood-onset dysthymic disorder: Clinical features and prospective naturalistic outcome. Year Book of Psychiatry & Applied Mental Health, 1996 (3), 75 - 76.

Kovacs, M., & Devlin, B. (1998). Internalizing disorders in childhood. Journal of Child Psychology and Psychiatry, 39 (1), 47 - 63.

Kozarić-Kovačić, D., & Kocijan-Hercigonja, D. (2001). Assessment of PTSD and comorbidity. Military

Medicine，166（8），677－680.

Kreek，M. J. (1992). The addict as patient. In J. H. Lowinson，P. Ruiz，R. B. Millman，& J. G. Langrod (Eds.)，Substance abuse：A comprehensive textbook（3rd ed.，pp. 997－1009). Baltimore：Williams & Wilkins.

Kuepper，R.，van Os，J.，Lieb，R.，Wittchen，H. U.，Höfler，M.，& Henquet，C. (2011). Continued cannabis use and risk of incidence and persistence of psychotic symptoms：10 year follow-up cohort study. British Medical Journal，342，d738.

Lambert，M. C.，Weisz，J. R.，Knight，F.，Desrosiers，M. F.，Overly，K.，& Thesiger，C.（1992). Jamaican and American adult perspectives on child psychopathology：Further exploration of the threshold model. Journal of Consulting and Clinical Psychology，60（1），146－149.

Langer，E. J. & Rodin，J. (1976). The effects of choice and enhanced personal responsibility for the aged：A field experiment in an institutional setting. Journal of Personality and Social Psychology，34（2），191－198.

Lenzenweger，M. F.，Lane，M. C.，Loranger，A. W.，& Kessler，R. C.（2007). DSM-Ⅳ personality disorders in the national comorbidity survey replication. Biology Psychiatry，62（6），553－564.

Leoni，M.，Corti，S.，& Cavagnola，R. (2015). Third generation behavioural therapy for neurodevelopmental disorders：Review and trajectories. Advances in Mental Health and Intellectual Disabilities，9（5），265－274.

Leung，K. (1987). Some determinants of reactions to procedural models for conflict resolution：A cross-national study. Journal of Personality and Social Psychology，53（5），898－908.

Lieb，K.，Zanarini，M. C.，Schmahl，C.，Linehan，M. M.，& Bohus，M. (2004). Borderline personality disorder. The Lancet，364（9432），453－461.

Lieberman，D. Z. (2000). Children of alcoholics：An update. Current Opinion in Pediatrics，12（4），336－340.

Lilienfeld，S. O.，Valkenburg C. V.，Larntz，K.，& Akiskal，H. S. (1986). The relationship of histrionic personality disorder to antisocial personality and somatization disorders. American Journal of Psychiatry，143（6），718－722.

Lombroso，P. J.，Pauls，D. L.，& Leckman，J. F. (1994). Genetic mechanisms in childhood psychiatric disorders. Journal of the American Academy of Child & Adolescent Psychiatry，33（7），921－938.

Looper，K. J.，& Kirmayer，L. J.（2002）. Behavioral medicine approaches to somatoform disorders. Journal of Consulting and Clinical Psychology，70（3），810－827.

Lopez-Quintero，C.，de los Cobos，J. P.，Hasin，D. S.，Okuda，M.，Wang，S.，Grant，B. F.，& Blanco，C. (2011). Probability and predictors of transition from first use to dependence on nicotine，alcohol，cannabis，and cocaine：Results of the National Epidemiologic Survey on Alcohol and Related Conditions（NESARC). Drug & Alcohol Dependence，115（1），120－130.

Lykken，D. T. (1957). A study of anxiety in the sociopathic personality，Journal of Abnormal Psychology，55（1），6－10.

Lynch，T. R.，Chapman，A. L.，Rosenthal，M. Z.，Kuo，J. R.，& Linehan，M. M. (2006). Mechanisms of change in dialectical behavior therapy：Theoretical and empirical observations. Journal of Clinical Psychology，62（4），459－480.

Lyons，M. J.，True，W. R.，Eisen，S. A.，Goldberg，J.，Meyer，J. M.，Faraone，S. V.，... Tsuang，M. T. (1995). Differential heritability of adult and juvenile antisocial traits. Archives of General Psychiatry，52（11），906－915.

Ma，S.，Liu，X. Y.，Yu，R. L.，& Chen，L. J. (2006). Clinical observation on acupuncture for treatment of Tourette's syndrome. Zhongguo Zhen jiu= Chinese Acupuncture & Moxibustion, 26 (6), 392－394.

Maher, J. J. (1997). Exploring alcohol's effects on liver function. Alcohol Health & Research World, 21 (1), 5－12.

Majewicz-Hefley, A., & Carlson, J. S. (2007). A meta-analysis of combined treatments for children diagnosed with ADHD. Journal of Attention Disorders, 10 (3), 239－250.

Mancini, C., Van Ameringen, M., Szatmari, P., Fugere, C., & Boyle, M. (1996). A high-risk pilot study of the children of adults with social phobia. Journal of the American Academy of Child & Adolescent Psychiatry, 35 (11), 1511－1517.

Marlatt, G. A. (1996). Taxonomy of high-risk situations for alcohol relapse: Evolution and development of a cognitive-behavioral model. Addiction, 91 (12s1), 37－50.

Marlatt, A. G., & Gordon, J. R. (1989). Relapse prevention: Future directions. In M. Gossop (Ed.), Relapses and addictive behavior (pp. 278－292). New York: Tavistock and Routledge.

Mataix-Cols, D., Frost, R. O., Pertusa, A., Clark, L. A., Saxena, S., Leckman, J. F., ... Wilhelm, S. (2010). Hoarding disorder: A new diagnosis for DSM-V? . Depression and Anxiety, 27 (6), 556－572.

Martin, G., & Pear, J. (1999). Behavior modification: What it is and how to do it (6th ed.). Upper Saddle River, NJ: Prentice Hall.

Maultsby, M. C. (1984). Rational behavior therapy. Englewood Cliffs, NJ: Prentice Hall.

Max, J. E., Robertson, B. A., & Lansing, A. E. (2001). The phenomenology of personality change due to traumatic brain injury in children and adolescents. Journal of Neuropsychiatry & Clinical Neurosciences, 13 (2), 161－170.

Mayer, P., & Höllt, V. (2005). Genetic disposition to addictive disorders—current knowledge and future perspectives. Current Opinion in Pharmacology, 5 (1), 4－8.

McCabe, S. E., Cranford, J. A., & West, B. T. (2008). Trends inprescription drug abuse and dependence, co-occurrence with other substance use disorders, and treatment utilization: Results from two national surveys. Addictive Behaviors, 33 (10), 1297－1305.

McKenzie, S. J., Williamson, D. A., & Cubic, B. A. (1993). Stable and reactive body image disturbances in bulimia nervosa. Behavior Therapy, 24 (2), 195－207.

McKim, W. A. (1991). Drugs and behavior: An introduction to behavioral pharmacology. Englewood Cliffs, NJ: Prentice Hall.

Merikangas, K. R., He, J. P., Burstein, M., Swanson, S. A., Avenevoli, S., Cui, L., ... Swendsen, J. (2010). Lifetime prevalence of mental disorders in US adolescents: Results from the National Comorbidity Survey Replication-Adolescent Supplement (NCS-A). Journal of the American Academy of Child & Adolescent Psychiatry, 49 (10), 980－989.

Millon, T. (2011). Disorders of personality: Introducing a DSM/ICD spectrum from normal to abnormal (3rd ed.). NY: John Wiley & Sons.

Moeller, F. G., Dougherty, D. M., Barratt, E. S., Schmitz, J. M., Swann, A. C., & Grabowski, J. (2001). The impact of impulsivity on cocaine use and retention in treatment. Journal of Substance Abuse Treatment, 21 (4), 193－198.

Moghaddam, B. (2002). Stress activation of glutamate neurotransmission in the prefrontal cortex: Implications for dopamine-associated psychiatric disorders. Biological Psychiatry, 51 (10), 775－787.

Morey, L. C. (1988). The categorical representation of personality disorder: A cluster analysis of DSM-Ⅲ-R personality features. Journal of Abnormal Psychology, 97 (3), 314－321.

Morin, C. M., Vallières, A., Guay, B., Ivers, H., Savard, J., Mérette, C., ... Baillargeon, L.

(2009). Cognitive behavioral therapy, singly and combined with medication, for persistent insomnia: A randomized controlled trial. The Journal of the American Medical Association, 301 (19), 2005 - 2015.

Musto, D. F. (1992). Cocaine's history, especially the American experience. Ciba Foundation Symposium, 166, 7 - 14.

Nardone, S., & Elliott, E. (2016). The interaction between the immune system and epigenetics in the etiology of autism spectrum disorders. Frontiers in Neuroscience, 10, 329.

Nathan, P. E., & Gorman, J. M. (2007). A guide to treatments that work (3rd ed.). New York: Oxford University Press.

National Institute for Mental Health. (2016). Major depression. Retrieved from https://www.nimh.nih.gov/health/statistics/major-depression.shtml#part_155031

Noble, E. P. (2003). D2 dopamine receptor gene in psychiatric and neurologic disorders and its phenotypes. American Journal of Medical Genetics Part B: Neuropsychiatric Genetics, 116 (1), 103 - 125.

Olds, J. (1956). Pleasure centers in the brain. Scientific American, 195 (4), 105 - 117.

Olds, J., & Milner, P. (1954). Positive reinforcement produced by electrical stimulation of septal area and other regions of rat brain. Journal of Comparative and Physiological Psychology, 47 (6), 419 - 427.

Oscar-Berman, M., Shagrin, B., Evert, D. L., & Epstein, C. (1997). Impairments of brain and behavior. Alcohol Health and Research World, 21 (1), 65 - 75.

Patronek, G. J., & Nathanson, J. N. (2009). A theoretical perspective to inform assessment and treatment strategies for animal hoarders. Clinical Psychology Review, 29 (3), 274 - 281.

Pauls, D. L., Fernandez, T. V., Mathews, C. A., & Scharf, J. M. (2014). The inheritance of Tourette disorder: A review. Journal of Obsessive-compulsive and Related Disorders, 3 (4), 380 - 385.

Pearce, P. (2011). Person-centered and experiential therapies work: A review of the research on counseling, psychotherapy and related practices. British Journal of Guidance & Counseling, 39 (5), 501 - 504.

Phillips, K. A. (2005). The broken mirror: Understanding and treating body dysmorphic disorder. New York: Oxford University Press.

Phillips, K. A. (2006). "I look like a monster": Pharmacotherapy and cognitive-behavioral therapy for body dysmorphic disorder. In R. L. Spitzer, M. B. First, J. B. W. Williams, & M. Gibbon (Eds.), DSM-Ⅳ-TR case book: Experts tell how they treated their own patients (pp. 263 - 276). Washington, DC: American Psychiatric Publishing.

Phillips, K. A., Wilhelm, S., Koran, L. M., Didie, E. R., Fallon, B. A., Feusner, J., & Stein, D. J. (2010). Body dysmorphic disorder: Some key issues for DSM - Ⅴ. Depression and Anxiety, 27 (6), 573 - 591.

Pike, K. M., & Rodin, J. (1991). Mothers, daughters, and disordered eating. Journal of Abnormal Psychology, 100 (2), 198 - 204.

Polanczyk, G. V., Willcutt, E. G., Salum, G. A., Kieling, C., & Rohde, L. A. (2014). ADHD prevalence estimates across three decades: An updated systematic review and meta-regression analysis. International Journal of Epidemiology, 43 (2), 434 - 442.

Price, D. D., Craggs, J. G., Zhou, Q., Verne, G. N., Perlstein, W. M., & Robinson, M. E. (2009). Widespread hyperalgesia in irritable bowel syndrome is dynamically maintained by tonic visceral impulse input and placebo/nocebo factors: Evidence from human psychophysics, animal models, and neuroimaging. NeuroImage, 47 (3), 995 - 1001.

Price, R. A., Kidd, K. K., Cohen, D. J., Pauls, D. L., & Leckman, J. F. (1985). A twin study of Tourette syndrome. Archives of General Psychiatry, 42 (8), 815 - 820.

Rachman, S. , & de Silva, P. (1978). Abnormal and normal obsessions. Behaviour Research and Therapy, 16 (4), 233 - 248.

Raine, A. , Venables, P. H. , & Williams, M. (1990). Autonomic orienting responses in 15-year-old male subjects and criminal behavior at age 24. American Journal of Psychiatry, 147 (7), 933 - 937.

Rey, J. M. , & Walter, G. (1997). Half a century of ECT use in young people. The American Journal of Psychiatry, 154 (5), 595 - 602.

Roehrig, J. P. , & McLean, C. P. (2010). A comparison of stigma toward eating disorders versus depression. International Journal of Eating Disorders, 43 (7), 671 - 674.

Rogers, J. , Siggins, G. R. , Schulman, J. A. , & Bloom, F. E. (1980). Physiological correlates of ethanol intoxication, tolerance, and dependence in rat cerebellar Purkinje cells. Brain Research, 196 (1), 183 - 198.

Rothbaum, B. O. (1997). A controlled study of eye movement desensitization and reprocessing in the treatment of posttraumatic stress disordered sexual assault victims. Bulletin of the Menninger Clinic, 61 (3), 317 - 334.

Roy, M. A. , Neale, M. C. , Pedersen, N. L. , Mathé, A. A. , & Kendler, K. S. (1995). A twin study of generalized anxiety disorder and major depression. Psychological Medicine, 25 (5), 1037 - 1049.

Rubonis, A. V. , Colby, S. M. , Monti, P. M. , Rohsenow, D. J. , Gulliver, S. B. , & Sirota, A. D. (1994). Alcohol cue reactivity and mood induction in male and female alcoholics. Journal of Studies on Alcohol, 55 (4), 487 - 494.

Rutter, M. (1978). Diagnosis and definition of childhood autism. Journal of Autism and Childhood Schizophrenia, 8 (2), 139 - 161.

Ryan, F. (2002). Detected, selected, and sometimes neglected: Cognitive processing of cues in addiction. Experimental and Clinical Psychopharmacology, 10 (2), 67 - 76.

Sackeim, H. A. , Prudic, J. , Devanand, D. P. , Decina, P. , Kerr, B. , & Malitz, S. (1990). The impact of medication resistance and continuation pharmacotherapy on relapse following response to electroconvulsive therapy in major depression. Journal of Clinical Psychopharmacology, 10 (2), 96 - 104.

Sampson, R. J. , Raudenbush, S. W. , & Earls, F. (1997). Neighborhoods and violent crime: A multilevel study of collective efficacy. Science, 277 (5328), 918 - 924.

Sar, V. , Akyuz, G. , Kundakci, T. , Kiziltan, E. , & Dogan, O. (2004). Childhood trauma, dissociation, and psychiatric comorbidity in patients with conversion disorder. American Journal of Psychiatry, 161 (12), 2271 - 2276.

Schneider, K. (1959). Clinical psychopathology. New York: Grune & Stratton.

Schneidman, E. S. (Ed.). (1976). Death: Current perspectives. Oxford, England: Mayfield.

Schuckit, M. A. , Daeppen, J. B. , Tipp, J. E. , Hesselbrock, M. , & Bucholz, K. K. (1998). The clinical course of alcohol-related problems in alcohol dependent and nonalcohol dependent drinking women and men. Journal of Studies on Alcohol, 59 (5), 581 - 590.

Schweizer, E. , Rickels, K. , Case, W. G. , & Greenblatt, D. J. (1990). Long-term therapeutic use of benzodiazepines: Ⅱ. Effects of gradual taper. Archives of General Psychiatry, 47 (10), 908 - 915.

Seligman, E. P. , Gillham, J. , Reivich, K. J. & Jaycox, L. H. (1994). Prevention of depressive symptoms in school children. Behaviour Research and Therapy, 32 (8), 801 - 816.

Seligman, L. D. , & Ollendick, T. H. (1998). Comorbidity of anxiety and depression in children and adolescents: An integrative review. Clinical Child and Family Psychology Review, 1 (2), 125 - 144.

Shafi, M. M. , Santarnecchi, E. , Fong, T. G. , Jones, R. N. , Marcantonio, E. R. , Pascual-Leone,

A.，& Inouye，S. K. (2017). Advancing the neurophysiological understanding of delirium. Journal of the American Geriatrics Society，65 (6)，1114－1118.

Shafti，S. S. (2016). Practicing psychoanalysis and psychodynamic psychotherapies in developing societies. American Journal of Psychotherapy，70 (3)，329－342.

Siever，L. J. (1992). Schizophrenia spectrum personality disorders. American Psychiatric Press Review of Psychiatry，11，25－42.

Silverman，K.，Evans，S. M.，Strain，E. C.，& Griffiths，R. R. (1992). Withdrawal syndrome after the double-blind cessation of caffeine consumption. New England Journal of Medicine，327 (16)，1109－1114.

Simon，G. E.，Vonkorff，M.，Piccinelli，M.，Fullerton，C.，& Ormel，J. (1999). An international study of the relation between somatic symptoms and depression. New England Journal of Medicine，341 (18)，1329－1335.

Simpson，R. L. (2005). Evidence-based practices and students with autism spectrum disorders. Focus on Autism and Other Developmental Disabilities，20 (3)，140－149.

Singer，H. S. (2010). Treatment of tics and Tourette syndrome. Current Treatment Options in Neurology，12 (6)，539－561.

Smith，D. E.，Marcus，M. D.，& Kaye，W. (1992). Cognitive-behavioral treatment of obese binge eaters. International Journal of Eating Disorders，12 (3)，257－262.

Snorrason，I.，Ricketts，E. J.，Flessner，C. A.，Franklin，M. E.，Stein，D. J.，& Woods，D. W. (2012). Skin picking disorder is associated with other body-focused repetitive behaviors：Findings from an Internet study. Annals of Clinical Psychiatry，24 (4)，292－299.

Sommer，W. H.，Arlinde，C.，& Heilig，M. (2005). The search for candidate genes of alcoholism：Evidence from expression profiling studies. Addiction Biology，10 (1)，71－79.

Spatz，W. C. (1998). Child victims：Searching for opportunities to break the cycle of violence. Applied and Preventive Psychology，7 (4)，225－234.

Spiker，D.，& Ricks，M. (1984). Visual self-recognition in autistic children：Developmental relationships. Child Development，55 (1)，214－225.

Staiger，P. K.，Kambouropoulos，N.，& Dawe，S. (2007). Should personality traits be considered when refining substance misuse treatment programs?. Drug and Alcohol Review，26 (1)，17－23.

Stead，L. F.，Bergson，G.，& Lancaster，T. (2008). Physician advice for smoking cessation. The Cochrane Database of Systematic Reviews，2，CD000165.

Stewart，S. E.，Rosario，M. C.，Brown，T. A.，Carter，A. S.，Leckman，J. F.，Sukhodolsky，D.，... Pauls，D. L. (2007). Principal components analysis of obsessive-compulsive disorder symptoms in children and adolescents. Biological Psychiatry，61 (3)，285－291.

Stewart，S. H. (1996). Alcohol abuse in individuals exposed to trauma：A critical review. Psychological Bulletin，120 (1)，83－112.

Stice，E.，Schupak-Neuberg，E.，Shaw，H. E.，& Stein，R. I. (1994). Relation of Media exposure to eating disorder symptomatology：An examination of mediating mechanisms. Journal of Abnormal Psychology，103 (4)，836－840.

Stinson，F. S.，Ruan，W. J.，Pickering，R.，& Grant，B. F. (2006). Cannabis use disorders in the USA：Prevalence，correlates and co-morbidity. Psychological Medicine，36 (10)，1447－1460.

Stravynski，A.，Elie，R.，& Franche，R. L. (1989). Perception of early parenting by patients diagnosed avoidant personality disorder：A test of the overprotection hypothesis. Acta Psychiatrica Scandinavica，80 (5)，415－420.

Striegel-Moore, R., Silberstein, L. R., & Rodin, J. (1993). The social self in bulimia nervosa: Public self-consciousness, social anxiety, and perceived fraudulence. Journal of Abnormal Psychology, 102 (2), 297-303.

Substance Abuse and Mental Health Services Administration. (2008a). Drug Abuse Warning Network, 2006: National estimates of drug-related emergency department visits (DAWN Series D-30, DHHS Publication No. SMA 08-4339), Rockville, MD: Author.

Substance Abuse and Mental Health Services Administration. (2008b). Results from the 2007 Nation Survey on Drug Use and Health: National findings (Office of Applied Studies, NSDUH Series H-34, DHHS Publication No. SMA 08-4343), Rockville, MD: Author.

Suzdak, P. D., Schwartz, R. D., Skolnick, P., & Paul, S. M. (1986). Ethanol stimulates gamma-aminobutyric acid receptor-mediated chloride transport in rat brain synaptoneurosomes. Proceedings of the National Academy of Sciences, 83 (11), 4071-4075.

Taylor, W. C. (2005). Transforming work breaks to promote health. American Journal of Preventive Medicine, 29 (5), 461-465.

Thoits, P. A. (1999). Sociological approaches to mental illness. In A. V. Horwitz & T. L. Scheid (Eds.), A handbook for the study of mental health: Social contexts, theories, and systems (pp. 121-138). Cambridge, England: Cambridge University Press.

Tian, Y., Gunther, J. R., Liao, I. H., Liu, D., Ander, B. P., Stamova, B. S., ... Sharp, F. R. (2011). GABA-and acetylcholine-related gene expression in blood correlate with tic severity and microarray evidence for alternative splicing in Tourette syndrome: A pilot study. Brain Research, 1381 (3), 228-236.

Timmerman, I. G., & Emmelkamp, P. M. (2005). Parental rearing styles and personality disorders in prisoners and forensic patients. Clinical Psychology & Psychotherapy, 12 (3), 191-200.

Timpano, K. R., Çek, D., Fu, Z. F., Tang, T., Wang, J. P., & Chasson, G. S. (2015). A consideration of hoarding disorder symptoms in China. Comprehensive Psychiatry, 57, 36-45.

Tinsley, J. A., Finlayson, R. E., & Morse, R. M. (1998). Developments in treatment of alcoholism. Mayo Clinic Proceedings, 73, 857-863.

Tirelli, E., Tambour, S., & Michel, A. (2003). Sensitised locomotion does not predict conditioned locomotion in cocaine-treated mice: Further evidence against the excitatory conditioning model of context-dependent sensitisation. European Neuropsychopharmacology, 13 (4), 289-296.

Tolin, D. F., Frost, R. O., & Steketee, G. (2007). An open trial of cognitive-behavioral therapy for compulsive hoarding. Behaviour Research and Therapy, 45 (7), 1461-1470.

Toma, I. D., Gil, L. M., Ossowski, S., & Dierssen, M. (2016). Where environment meets cognition: A focus on two developmental intellectual disability disorders. Neural Plasticity, 8, 4235898.

Torres, A. R., Prince, M. J., Bebbington, P. E., Bhugra, D., Brugha, T. S., Farrell, M., ... Singleton, N. (2006). Obsessive-compulsive disorder: Prevalence, comorbidity, impact, and help-seeking in the British National Psychiatric Morbidity Survey of 2000. American Journal of Psychiatry, 163 (11), 1978-1985.

Trauer, J. M., Qian, M. Y., Doyle, J. S., Rajaratnam, S. M., & Cunnington, D. (2015). Cognitive behavioral therapy for chronic insomnia: A systematic review and meta-analysis. Annals of Internal Medicine, 163 (3), 191-204.

True, R. (1993, June). Single and multistage depressed collector design in high power linear beam tubes. Paper presented at the 1993 IEEE International Conference, Vancouver, BC, Canada. Abstract retrieved from http：//ieeexplore. ieee. org/document/593021/

Tsai，S. J.，& Hsiao，Y. H. (1999). Secondary personality change in psychiatric in-patients. Psychiatry and Clinical Neurosciences，53 (3)，433 - 435.

Tuchman，R.，Alessandri，M.，& Cuccaro，M. (2010). Autism spectrum disorders and epilepsy：Moving towards a comprehensive approach to treatment. Brain and Development，32 (9)，719 - 730.

Ullrich，S.，Borkenau，P.，& Marneros，A. (2001). Personality disorders in offenders：Categorical versus dimensional approaches. Journal of Personality Disorders，15 (5)，442 - 449.

Urbanoski，K. A.，& Kelly，J. F. (2012). Understanding genetic risk for substance use and addiction：A guide for non-geneticists. Clinical Psychology Review，32 (1)，60 - 70.

Vernberg，E. M.，Jacobs，A. K.，& Hershberger，S. L. (1999). Peer victimization and attitudes about violence during early adolescence. Journal of Clinical Child Psychology，28 (3)，386 - 395.

Voglmaier，M. M.，Seidman，L. J.，Salisbury，D.，& McCarley，R. W. (1997). Neuropsychological dysfunction in schizotypal personality disorder：A profile analysis. Biological Psychiatry，41 (5)，530 - 540.

Walters，E. E.，& Kendler，K. S. (1995). Anorexia nervosa and anorexic-like syndromes in a population-based female twin sample. The American Journal of Psychiatry，152 (1)，64 - 71.

Walters，G. D. (2002). The heritability of alcohol abuse and dependence：A meta-analysis of behavior genetic research. The American Journal of Drug and Alcohol Abuse，28 (3)，557 - 584.

Weisz，J. R.，& Weiss，B. (1993). Effects of psychotherapy with children and adolescents. Thousand Oaks，CA：Sage.

Weng，W. C.，Chang，C. F.，Wong，L. C.，Lin，J. H.，Lee，W. T.，& Shieh，J. S. (2017). Altered resting-state EEG complexity in children with Tourette syndrome：A preliminary study. Neuropsychology，31 (4)，395 - 402.

White，S. W.，Keonig，K.，& Scahill，L. (2007). Social skills development in children with autism spectrum disorders：A review of the intervention research. Journal of Autism and Developmental Disorders，37 (10)，1858 - 1868.

Wilson，D. L.，Silver，S. M.，Covi，W. G.，& Foster，S. (1996). Eye movement desensitization and reprocessing：Effectiveness and autonomic correlates. Journal of Behavior Therapy and Experimental Psychiatry，27 (3)，219 - 229.

Wingfield，N.，Kelly，N.，Serdar，K.，Shivy，V. A.，& Mazzeo，S. E. (2011). College students' perceptions of individuals with anorexia and bulimia nervosa. International Journal of Eating Disorders，44 (4)，369 - 375.

Wiseman，C. V.，Gray，J. J.，Mosimann，J. E.，& Ahrens，A. H. (1992). Cultural expectations of thinness in women：An update. International Journal of Eating Disorders，11 (1)，85 - 89.

Wittchen，H. U.，Nocon，A.，Beesdo，K.，Pine，D. S.，Höfler，M.，Lieb，R.，& Gloster，A. T. (2008). Agoraphobia and panic. Psychotherapy and Psychosomatics，77 (3)，147 - 157.

Yamamoto，J.，Silva，J. A.，Sasao，T.，Wang，C. H. A. O.，& Nguyen，L. (1993). Alcoholism in Peru. The American Journal of Psychiatry，150 (7)，1059 - 1062.

Young，A. M.，& Herling，S. (1986). Drugs as reinforcers：Studies in laboratory animals. In S. R. Goldberg，& I. P. Stolerman (Eds.)，Behavioral analysis of drug dependence (pp. 9 - 67). New York：Academic Press.

Zachor，D. A.，Ben-Itzchak，E.，Rabinovich，A. L.，& Lahat，E. (2007). Change in autism core symptoms with intervention. Research in Autism Spectrum Disorders，1 (4)，304 - 317.

Zanarini，M. C.，& Frankenburg，F. R. (1997). Pathways to the development of borderline personality disorder. Jou

Zhong, B. L., Di

sive disorders

relates, and se

Zilbergeld, B. (1980

Zinbarg, R. E., Barl

P. J. (1994). The DSM-IV

1153 - 1162.

贝德尔，布利克，斯坦利.(2013).变态心理

贝内特.(2005).异常与临床心理学．陈传锋，严建

曹文胜，于宏华，焦志安.(2011).强迫障碍患者的共病人格障

陈传锋，何承林，陈红霞，孙亚菲，潘鑫.(2012).我国老年痴呆

版)，34 (2)，45 - 50.

陈顺森，白学军，张日昇.(2011).自闭症谱系障碍的症状、诊断与干预．心理

60 - 72.

陈祉妍，李新影，杨小冬，葛小佳.(2006).青少年焦虑、抑郁与偏差行为的行为遗传学研究．心理

进展，14 (4)，540 - 545.

戴明月.(2008).中国传统变态心理学思想研究（硕士论文).南京师范大学，南京．

杜兰德，巴洛.(2009).变态心理学纲要．4 版．王建平，张宁，等译．北京：中国人民大学出版社．

费安玲.(2014).精神障碍患者隐私权探析．法学论坛，29 (1)，20 - 25.

付艳芬，王剑华，廖剑英，汤珺，李娟.(2011).我国近 30 年引进的心理咨询与治疗理论分析．保健医学研究与实践，8 (4)，89 - 91.

郭辉，刘富华，欧明林，林琳华，任景慧，曾君……戴勇.(2016).智力障碍小家系中致病基因的研究．第三军医大学学报，38 (8)，889 - 892.

国家统计局.(2015).2014 年国民经济和社会发展统计公报．采自 http://www.stats.gov.cn/tjsj/zxfb/201502/t20150226_685799.html

郝伟（主编).(2008).精神病学．6 版．北京：人民卫生出版社．

黄秋平.(2013).孤独症儿童的心理理论发展特点之信念理解能力的研究（硕

黄伟合.(2008).用当代科学征服自闭症．上海：华东师范大学出版社

金瑜.(2001).心理测量．上海：华东师范大学出版社．

黎帅，黄桂兰，谭洁，张泓.(2016).针刺疗法治疗

36 (12)，91 - 95.

凌辉，黄希庭，窦刚，陈有国，王晓

277 - 281.

凌辉，钟妮，张建人

志，22 (1)

刘静.(

……（哲学社会科学版），29（5），1-2.
……（案头参考书）. 张道龙等译. 北京：北京大
……虑障碍患病率 Meta 分析. 临床精神医学杂志，21
吕秋云，钱铭怡……
美国精神医学学……精神障碍犯罪嫌疑人及其疑似者为对象. 北京：法律出版
学出版社……
苏亮，蔡亦……朱晓静.（2004）. 中国汉族反社会人格障碍 SLC6A 基因启动子区基因多
（2），……学学报（自然科学版），24（6），630-632.
孙大明……老年心理病理学. 北京：中央广播电视大学出版社.
社……
谭钊……. 中国阿尔茨海默病的流行病学现状. 中华全科医师杂志，5（6），358-360.
王……（2005）. 变态心理学. 北京：高等教育出版社.
……庆宏，肖泽萍.（2007）. 精神科门诊边缘型人格障碍的共病情况调查. 上海精神医学，19（3），……-139.
……馨，杨文翰，金宇，静进，黄旭，李秀红……修丽.（2011）. 广州市幼儿园儿童孤独症谱系障碍患病率和相关因素. 中国心理卫生杂志，25（6），401-408.
王忠，静进，陈赵，陈汉汛，林娇，艾素英，喻起.（2009）. 湛江市区儿童学习障碍流行特征分析. 中国学校卫生，30（6），508-509.
吴天诚.（2009）. 门诊森田疗法治疗癌症所致创伤后应激障碍的个案报告. 中国心理卫生杂志，23（11），772-775.
徐光兴.（2007）. 自闭症的性别差异及其与认知神经功能障碍的关系. 心理科学，30（2），425-427.
徐韬圆.（1979）. 2 000 例精神分裂症的临床及随访资料. 中国神经精神疾病杂志，5，244-247.
余波，徐方云.（2013）. 精神分裂症发病原因及与遗传关系的研究进展. 南昌大学学报（医学版），53（6），97-100.
臧彩霞，鲍秀琦，孙华，张丹.（2016）. 中药复方治疗阿尔茨海默症的研究进展. 中药药理与临床，4，157-162.
翟书涛，杨德森（主编）.（1998）. 人格形成与人格障碍. 长沙：湖南科学技术出版社.
张……，陈……
张维熙，沈渔邨（1986）. 变态心理学. 北京：北京科学技术出版社.
张文琴，杨……中国七个地区精神疾病流行病学调查. 中华精神科杂志，31（2），69-71.
张斐菲.（2010）. 江……体连锁智力障碍相关基因研究进展. 中国产前诊断杂志，2（3），46-52.
郑荣远，金嵘，徐惠……
抽动障碍的现况调查……青少年精神障碍流行病学调查（硕士论文）. 大连医科大学，大连.
郑铮，张宁.（2012）. 躯体变……
周克英，文飞球，高美好，杨邵蓓，邹有林……周祖木.（2004）. 温州地区 7～16 岁中小学生……25（9），745-747.
缺陷多动障碍流行病学调查……
周楠，沈铁伦，赵栋.（2012）. 关注……科的患病率调查. 医学与哲学，33（10），52-53.
……金枝……张蔚.（2012）. 深圳市小学儿童注意力
12-13.
朱焱，王凯，张纪水，郎艳，苏林雁……（6），689-692.
现状调查. 中国心理卫生杂志，17……难解“心荒”. 法制与经济旬刊，5，
……6～15 岁学龄儿童抽动障碍

disorder. Journal of Personality Disorders，11（1），93－104.
Zhong，B. L.，Ding，J.，Chen，H. H.，Li，Y.，Xu，H. M.，Tong，J.，... Liu，B.(2013). Depressive disorders among children in the transforming China：An epidemiological survey of prevalence，correlates，and service use. Depression and Anxiety，30（9），881－892.
Zilbergeld，B.(1980). Men and sex a guide to sexual fulfillment. London：Fontana.
Zinbarg，R. E.，Barlow，D. H.，Liebowitz，M.，Street，L.，Broadhead，E.，Katon，W.，... Brantley，P. J.(1994). The DSM-Ⅳ field trial for mixed anxiety-depression. American Journal of Psychiatry，151（8），1153－1162.
贝德尔，布利克，斯坦利.(2013). 变态心理学．2 版．袁立壮译．北京：机械工业出版社．
贝内特.(2005). 异常与临床心理学．陈传锋，严建雯，金一波，等译．北京：人民邮电出版社．
曹文胜，于宏华，焦志安.(2011). 强迫障碍患者的共病人格障碍．中国心理卫生杂志，25（2），98－101.
陈传锋，何承林，陈红霞，孙亚菲，潘鑫.(2012). 我国老年痴呆研究概况．宁波大学学报（教育科学版），34（2），45－50.
陈顺森，白学军，张日昇.(2011). 自闭症谱系障碍的症状、诊断与干预．心理科学进展，19（1），60－72.
陈祉妍，李新影，杨小冬，葛小佳.(2006). 青少年焦虑、抑郁与偏差行为的行为遗传学研究．心理科学进展，14（4），540－545.
戴明月.(2008). 中国传统变态心理学思想研究（硕士论文）. 南京师范大学，南京．
杜兰德，巴洛.(2009). 变态心理学纲要．4 版．王建平，张宁，等译．北京：中国人民大学出版社．
费安玲.(2014). 精神障碍患者隐私权探析．法学论坛，29（1），20－25.
付艳芬，王剑华，廖剑英，汤珺，李娟.(2011). 我国近 30 年引进的心理咨询与治疗理论分析．保健医学研究与实践，8（4），89－91.
郭辉，刘富华，欧明林，林琳华，任景慧，曾君……戴勇.(2016). 智力障碍小家系中致病基因的研究．第三军医大学学报，38（8），889－892.
国家统计局.(2015). 2014 年国民经济和社会发展统计公报．采自 http：//www. stats. gov. cn/tjsj/zxfb/201502/t20150226_685799. html
郝伟（主编）.(2008). 精神病学．6 版．北京：人民卫生出版社．
黄秋平.(2013). 孤独症儿童的心理理论发展特点之信念理解能力的研究（硕士论文）. 中南大学，长沙．
黄伟合.(2008). 用当代科学征服自闭症．上海：华东师范大学出版社．
金瑜.(2001). 心理测量．上海：华东师范大学出版社．
黎帅，黄桂兰，谭洁，张泓.(2016). 针刺疗法治疗血管性痴呆的临床研究进展．湖南中医药大学学报，36（12），91－95.
凌辉，黄希庭，窦刚，陈有国，王晓刚.(2008). 中国大学生人格障碍的现状调查．心理科学，31（2），277－281.
凌辉，钟妮，张建人，阳子光，刘家旺，祁虹鹏.(2014). 人格障碍研究现状与展望．中国临床心理学杂志，22（1），135－139.
刘静.(2013). 373 例不明原因智力障碍/生长发育迟缓、多发畸形患者的全基因组拷贝数变异分析（博士论文）. 中南大学，长沙．
刘兴华，韩开雷，徐慰.(2011). 以正念为基础的认知行为疗法对强迫症患者的效果．中国心理卫生杂志，25（12），915－920.
刘秀芬.(2000). 大学生人格障碍的流行病学调查．包头医学院学报，16（1），7－10.
卢林，施琪嘉，钟运芬，王之敏，陈张意.(2005). 武汉市儿童青少年注意力缺陷多动障碍相关因素调查：12 个年级的 2 199 份问卷分析．中国组织工程研究，9（12），116－118.

吕秋云，钱铭怡.（2010）. EMDR 在中国的发展历程．西华大学学报（哲学社会科学版），29（5），1－2.
美国精神医学学会（编著）.（2014）. 精神障碍诊断与统计手册（案头参考书）. 张道龙等译．北京：北京大学出版社．
苏亮，蔡亦蕴，施慎逊，王立伟.（2011）. 中国老年焦虑障碍患病率 Meta 分析．临床精神医学杂志，21（2），87－90.
孙大明.（2013）. 刑事责任能力评定研究：以精神障碍犯罪嫌疑人及其疑似者为对象．北京：法律出版社．
谭钊安，张建平，曾彦英，正红，朱晓静.（2004）. 中国汉族反社会人格障碍 SLC6A 基因启动子区基因多态性的分析．南京医科大学学报（自然科学版），24（6），630－632.
王大华，王玉龙.（2014）. 老年心理病理学．北京：中央广播电视大学出版社．
王华丽，于欣.（2006）. 中国阿尔茨海默病的流行病学现状．中华全科医师杂志，5（6），358－360.
王建平（主编）.（2005）. 变态心理学．北京：高等教育出版社．
王兰兰，张天宏，肖泽萍.（2007）. 精神科门诊边缘型人格障碍的共病情况调查．上海精神医学，19（3），136－139.
王馨，杨文翰，金宇，静进，黄旭，李秀红……修丽.（2011）. 广州市幼儿园儿童孤独症谱系障碍患病率和相关因素．中国心理卫生杂志，25（6），401－408.
王忠，静进，陈赵，陈汉汛，林娇，艾素英，喻起.（2009）. 湛江市区儿童学习障碍流行特征分析．中国学校卫生，30（6），508－509.
吴天诚.（2009）. 门诊森田疗法治疗癌症所致创伤后应激障碍的个案报告．中国心理卫生杂志，23（11），772－775.
徐光兴.（2007）. 自闭症的性别差异及其与认知神经功能障碍的关系．心理科学，30（2），425－427.
徐韬圆.（1979）. 2 000 例精神分裂症的临床及随访资料．中国神经精神疾病杂志，5，244－247.
余波，徐方云.（2013）. 精神分裂症发病原因及与遗传关系的研究进展．南昌大学学报（医学版），53（6），97－100.
臧彩霞，鲍秀琦，孙华，张丹.（2016）. 中药复方治疗阿尔茨海默症的研究进展．中药药理与临床，4，157－162.
翟书涛，杨德森（主编）.（1998）. 人格形成与人格障碍．长沙：湖南科学技术出版社．
张伯源，陈仲庚.（1986）. 变态心理学．北京：北京科学技术出版社．
张维熙，沈渔村.（1998）. 中国七个地区精神疾病流行病学调查．中华精神科杂志，31（2），69－71.
张文琴，杨璐.（2010）. X-染色体连锁智力障碍相关基因研究进展．中国产前诊断杂志，2（3），46－52.
张雯菲.（2010）. 辽宁省 6～17 岁儿童青少年精神障碍流行病学调查（硕士论文）. 大连医科大学，大连．
郑荣远，金嵘，徐惠琴，黄文武，陈宏，邵蓓，邹有林……周祖木.（2004）. 温州地区 7～16 岁中小学生抽动障碍的现况调查．中华流行病学杂志，25（9），745－747.
郑铮，张宁.（2012）. 躯体变形障碍在南京市某美容整形科的患病率调查．医学与哲学，33（10），52－53.
周克英，文飞球，高美好，杨春何，张佳楠，陈言钊，宋金枝……张蔚.（2012）. 深圳市小学儿童注意力缺陷多动障碍流行病学调查．中国当代儿科杂志，14（9），689－692.
周楠，沈轶伦，赵栋.（2012）. 关注老年群体垃圾收藏症：拾荒囤积难解“心荒”．法制与经济旬刊，5，12－13.
朱焱，王凯，张纪水，郎艳，苏林雁，周明.（2003）. 长沙市一所小学和中学 6～15 岁学龄儿童抽动障碍现状调查．中国心理卫生杂志，17（6），363－366.